FORTSCHRITTE DER PHYSIKALISCHEN CHEMIE

FORTSCHRITTE DER PHYSIKALISCHEN CHEMIE

HERAUSGEGEBEN VON

PROF. DR. W. JOST · GÖTTINGEN

BAND 8

THERMODYNAMIK DER IRREVERSIBLEN PROZESSE

DR. DIETRICH STEINKOPFF VERLAG

DARMSTADT 1963

THERMODYNAMIK
DER IRREVERSIBLEN PROZESSE

VON

ROLF HAASE

Dr. phil., apl. Professor für Physikalische Chemie an der Technischen Hochschule Aachen

Mit 40 Abbildungen und 23 Tabellen

DR. DIETRICH STEINKOPFF VERLAG

DARMSTADT 1963

ISBN-13: 978-3-7985-0223-9 e-ISBN-13: 978-3-642-88485-6
DOI: 10.1007/978-3-642-88485-6

Zweck und Ziel der Sammlung

Die vorliegende Monographienreihe verdankt ihre Entstehung noch einer Anregung H. ULICHS. Sie wird in sich abgeschlossenen Bänden die heutigen Kenntnisse aus verschiedenen Zweigen unseres Faches darstellen. Der in Industrie, Forschung oder Lehre tätige Wissenschaftler kann daraus den neuesten Stand eines Gebietes kennenlernen, der Studierende Ergänzungen über den knappen Rahmen vorhandener Lehrbücher hinaus finden. Auch mag diese Reihe in gewissem Sinne sich zu einem flexiblen Ersatz nicht existierender Handbücher entwickeln.

HERAUSGEBER UND VERLAG

Vorwort

Die Thermodynamik der irreversiblen Prozesse stellt einen relativ jungen Zweig der makroskopischen Physik dar, der in seinen Anwendungen insbesondere für die Physikalische Chemie große Bedeutung erlangt hat. So wendet sich die vorliegende Monographie in erster Linie an Physikochemiker und Physiker. Aber auch Chemiker und Ingenieure mit gründlicher Ausbildung in Physikalischer Chemie werden dem Text folgen können. Der Leser sollte die Differential- und Integralrechnung, die Elemente der Vektorrechnung und linearen Algebra sowie die Grundzüge der Mechanik und Elektrodynamik beherrschen.

Zwei Dinge lagen mir bei der Abfassung des Buches besonders am Herzen: die kritische Darstellung der Grundlagen und die ausführliche Schilderung der Anwendungen mit experimentellen Beispielen.

Zunächst wird die Verbindung zwischen den Gedankengängen der klassischen Thermodynamik und denjenigen der thermodynamisch-phänomenologischen Theorie der irreversiblen Vorgänge aufgezeigt. Dies erfordert eine Rekapitulation der wichtigsten Gesetzmäßigkeiten der klassischen Thermodynamik. Dabei wird jedoch eine allgemeinere und prägnantere Formulierung der Grundgesetze angestrebt. Auf diese Weise soll dargelegt werden, wie klassische Thermodynamik und Thermodynamik der irreversiblen Prozesse in ihren Wurzeln zu einer Einheit verschmelzen. Auch wird der Gültigkeitsbereich der thermodynamisch-phänomenologischen Theorie durch grundsätzliche Betrachtungen und einfache Beispiele so klar wie möglich abgesteckt.

Die Anwendung der Theorie reicht von chemischen Reaktionen und Relaxationserscheinungen in homogenen Systemen bis zu Prozessen in Systemen mit elektromagnetischen Feldern und in anisotropen Medien. Ausführlich werden diejenigen Gebiete behandelt, für die präzise experimentelle Daten vorliegen. In anderen Fällen können nur Musterbeispiele durchgerechnet oder Resultate der Theorie kurz skizziert werden.

Alle größeren Paragraphen, insbesondere diejenigen, die ein geschlossenes Gebiet behandeln (etwa elektrokinetische Effekte, Elektrizitätsleitung, Diffusion, thermoelektrische Effekte, Thermodiffusion, innere Reibung usw.), sind so abgefaßt, daß sie weitgehend für sich verständlich sind. Auch die Bedeutung der Symbole wird in diesen Paragraphen stets neu erklärt. Damit sind ein Formelverzeichnis und das lästige Zurückblättern entbehrlich. Die Zitate werden als Fußnoten – ohne Rückverweisungen – gebracht.

Das Namenverzeichnis enthält hinter den Autorennamen diejenigen Seitenzahlen, die sich auf das erstmalige Auftreten der betreffenden Literaturzitate beziehen.

Jeden Hinweis aus dem Leserkreis werde ich dankbar entgegennehmen.

Mein besonderer Dank gilt dem Herausgeber, Herrn Professor Dr. W. JOST, der das Manuskript kritisch begutachtet und mir wertvolle Ratschläge erteilt hat.

Herr Dr. E. HEMMER und Herr Dr. H. SCHÖNERT haben die Korrekturen sorgfältig durchgesehen und viele Formeln kontrolliert. Herr Dipl.-Ing. J. K. RASTAS (jetzt in Finnland) hat mir bei manchen mathematischen Problemen und numerischen Rechnungen geholfen. Frau Dipl.-Chem. C. SCHÖNERT sowie die Herren Dr.-Ing. G. LEHNERT und Dipl.-Ing. M. SIRY sind mir bei der Herstellung der Abbildungen und Tabellen behilflich gewesen. Ihnen allen danke ich herzlichst.

Dem Verlag bin ich für die verständnisvolle Zusammenarbeit sehr dankbar.

Aachen, im Juni 1963

ROLF HAASE

Inhaltsverzeichnis

1. Kapitel: Grundlagen

2. Kapitel: Prozesse in homogenen Systemen

Universelle Konstanten

Vakuumlichtgeschwindigkeit $c_0 = (2{,}99793 \pm 0{,}00001) \cdot 10^{10}$ cm sec^{-1}
Elementarladung $e = (1{,}60203 \pm 0{,}00006) \cdot 10^{-19}$ Coul
LOSCHMIDTsche Konstante $L = (6{,}0250 \pm 0{,}0002) \cdot 10^{23}$ mol^{-1}
FARADAYsche Konstante $\mathfrak{F} = (9{,}6522 \pm 0{,}0002) \cdot 10^{4}$ Coul mol^{-1}
BOLTZMANNsche Konstante $k = (1{,}38041 \pm 0{,}00007) \cdot 10^{-23}$ Joule grad^{-1}
Gaskonstante $R = (8{,}3169 \pm 0{,}0004)$ Joule grad^{-1} mol^{-1}

Umrechnung von Einheiten

1 l = $(1000{,}028 \pm 0{,}003)$ cm^3

1 atm = 760 Torr = 1013250 dyn cm^{-2}

1 Joule = 10^7 erg $= \frac{1}{4{,}184}$ cal

1 Coul = 1 Joule Volt^{-1} = 1 Amp sec = $(2{,}99793 \pm 0{,}00001) \cdot 10^9$ Franklin

Dabei bedeutet „atm“ die physikalische Atmosphäre und „cal“ die an das absolute Joule („Joule“) angeschlossene thermochemische Kalorie. Über die Einheit „Franklin“ findet sich Näheres auf S. 469. Die Mengeneinheit „mol“ beruht auf der physikalischen Atomgewichtsskala mit dem Bezugsnuklid ^{16}O.

Nach U. STILLE, Messen und Rechnen in der Physik, 2. Aufl. (Braunschweig 1961).

1. Kapitel

Grundlagen

§ 1.1. Einführung

Die klassische Thermodynamik ist ein Teilgebiet der klassischen makroskopischen Physik. Darin gleicht sie der klassischen Mechanik und Elektrodynamik, deren Darstellung logisch derjenigen der Thermodynamik vorausgeht. Die „Thermodynamik der irreversiblen Prozesse" nun, mit der wir uns hier befassen wollen, müßte genauer als „thermodynamisch-phänomenologische Theorie der irreversiblen Prozesse" bezeichnet werden; denn sie besteht aus einem thermodynamischen und einem phänomenologischen Teil. Der thermodynamische Teil der Theorie arbeitet im Prinzip mit denselben Methoden wie die klassische Thermodynamik; selbst die für die neue Theorie so bezeichnenden Begriffe „Entropieströmung" und „Entropieerzeugung" (§ 1.24) entstehen durch eine folgerichtige Erweiterung und Präzisierung der Begriffsbildungen der klassischen Thermodynamik. Der phänomenologische Teil der Theorie führt vom Standpunkt der makroskopischen Physik mit den „phänomenologischen Ansätzen" (§ 1.25) und den „ONSAGERschen Reziprozitätsbeziehungen" (§ 1.26) neue Postulate ein, die gleich den Hauptsätzen der Thermodynamik durch die Erfahrung zu rechtfertigen sind. Aber vom Standpunkt einer generalisierten Kinetik oder einer Statistischen Mechanik der irreversiblen Erscheinungen sind diese Postulate prinzipiell genau so durch allgemeine molekularstatistische Betrachtungen zu begründen wie die Hauptsätze der Thermodynamik.

Wir werden zunächst (§ 1.2 bis § 1.22) die Grundlagen der Thermodynamik entwickeln und sodann zu den typischen Begriffsbildungen der „Thermodynamik der irreversiblen Prozesse" (§ 1.23 bis § 1.27) übergehen. Dabei sind die Grundlagen so allgemein gehalten, daß bei diesem Übergang keine Diskontinuitäten in der Darstellung entstehen. Es soll damit zum Ausdruck gebracht werden, daß klassische Thermodynamik und Thermodynamik der irreversiblen Prozesse zu einer höheren Einheit verschmelzen, nämlich zu einer generellen Theorie derjenigen Eigenschaften makroskopischer Systeme, die noch nicht von der klassischen Mechanik und Elektrodynamik erfaßt werden.

Die von uns behandelten Systeme bestehen entweder aus einer einzigen Phase, d. h. aus einem einzigen makroskopisch homogenen Körper, oder aus einer endlichen Anzahl von Phasen, so daß „heterogene" oder „diskontinuierliche" Systeme vorliegen, oder sie stellen „kontinuierliche" Systeme dar, bei denen Größen wie Druck, Dichte, Konzentrationen usw. stetig im Raume von Punkt zu Punkt variieren. Demgemäß bezieht sich das 2. Kapitel auf Prozesse in homogenen Systemen, das 3. Kapitel auf Vorgänge in heterogenen (diskontinuierlichen) Systemen und das 4. Kapitel auf Prozesse in kontinuierlichen Systemen. Im 5. Kapitel werden die stationären Zustände, die für alle Arten von Systemen von Bedeutung sind, besprochen.

Bei den allgemeinen Betrachtungen dieses Kapitels verstehen wir unter einem *Bereich* eines Systems entweder eine einzelne Phase (ein homogenes System oder eine Phase eines heterogenen Systems) oder ein Volumenelement eines kontinuierlichen Systems, z. B. ein Raumelement, das in Gedanken aus einem Gas im Schwerefeld oder aus einer Flüssigkeit in einer Zentrifuge herausgeschnitten ist. Wenn wir es mit anisotropen Körpern oder Systemen in äußeren Kraftfeldern (im Schwerefeld, Zentrifugalfeld oder elektromagnetischen Feld) zu tun haben, müssen wir bedenken, daß es sich hier im allgemeinen um kontinuierliche Systeme handelt.

Ein System, das von der Außenwelt so abgeriegelt ist, daß keine Materie durch die Begrenzungsflächen des Systems treten kann, heißt *geschlossen*. Ein System, das mit der Umgebung Stoff austauschen kann, wird als *offen* bezeichnet. Entsprechend sind die Ausdrücke „geschlossener Bereich" und „offener Bereich" zu verstehen. Hiermit darf der Begriff „abgeschlossenes System" nicht verwechselt werden; denn er bezeichnet ein System, das nicht nur stofflich, sondern in jeder Hinsicht von allen Einwirkungen der Umwelt isoliert ist.

Diejenigen Variablen, die das Verhalten eines Systems makroskopisch beschreiben, heißen *Zustandsvariable*. Man unterscheidet zwei Klassen dieser Variablen: *äußere Koordinaten* (makroskopische Geschwindigkeiten des Gesamtsystems oder von zusammenhängenden Systemteilen und Lagekoordinaten in äußeren Kraftfeldern) und *innere Zustandsvariable* (Druck, Volumen, Mengen der einzelnen Bestandteile usw.). Bestimmte Werte der inneren Zustandsvariablen charakterisieren einen definierten *inneren Zustand*. Einer Änderung der genannten Variablen entspricht eine *innere Zustandsänderung*.

Die inneren Zustandsvariablen unterteilt man wieder in „intensive" und „extensive" Größen. Eine *intensive Variable* ist unabhängig von den Mengen der einzelnen Substanzen und hat in jedem Punkt eines materieerfüllten Raumes einen bestimmten Wert, speziell innerhalb eines homogenen Systems einen konstanten Wert. Eine *extensive Größe* hängt von den

Mengen der einzelnen Stoffe des betrachteten Bereiches ab und nimmt den n-fachen Wert an, wenn alle Substanzmengen bei festen Werten der intensiven Zustandsvariablen n-mal so groß werden. Ferner ist jede extensive Zustandsvariable eines Systems gleich der Summe dieser Variablen für die makroskopischen Teilsysteme, in die man das gegebene System unterteilen kann. Beispiele für intensive Größen sind: Druck, Dichte, elektrische Feldstärke usw., für extensive Größen: Gesamtmasse, Volumen, totales elektrisches Moment usw.

Die in der Natur in makroskopischen Systemen tatsächlich ablaufenden Vorgänge nennen wir *wirkliche Vorgänge* oder *natürliche Prozesse.* Die gedanklichen Grenzfälle solcher Vorgänge, bei denen in jedem Augenblick „Gleichgewicht" im Inneren des Systems (vgl. § 1.17) herrscht und von „dissipativen Effekten" wie Reibung, Stromdurchgang usw. (vgl. § 1.3) abgesehen werden kann, heißen *quasistatische Prozesse.*

Ein Vorgang wird als *reversibel* („umkehrbar") bezeichnet, wenn die durch ihn im betrachteten System bewirkte Zustandsänderung wieder rückgängig gemacht werden kann, ohne daß Änderungen in der Natur (d. h. in der gesamten Umgebung des Systems) zurückbleiben. Ein Prozeß wird *irreversibel* („nicht umkehrbar") genannt, wenn sich die entsprechende Zustandsänderung nicht ohne bleibende Änderungen in der Natur rückgängig machen läßt. Es ergibt sich aus der Definition des Begriffes „quasistatisch", daß alle quasistatischen Prozesse reversibel sein müssen. Daß aber alle wirklichen (natürlichen) Vorgänge irreversibel sind, läßt sich erst mit Hilfe des Zweiten Hauptsatzes der Thermodynamik (§ 1.8) zeigen. Wir nehmen trotzdem die Begriffsidentitäten „quasistatisch gleich reversibel" und „wirklich gleich irreversibel" vorweg, um von vornherein den Anschluß an die allgemein übliche Ausdrucksweise zu gewinnen.

Bei den folgenden Ausführungen werden die Grundbegriffe der Mechanik und Elektrodynamik als bekannt vorausgesetzt. Für die Thermodynamik typische Größen wie „Temperatur", „Wärme", „innere Energie", „Entropie" werden kurz erläutert und durch ihre Haupteigenschaften eindeutig charakterisiert. Ausführlichere Darstellungen der Grundlagen der Thermodynamik müssen an anderer Stelle[1]) nachgelesen werden. Es sei aber darauf hingewiesen, daß der in diesem Kapitel behandelte Gesamtaufbau der Thermodynamik in allgemeinerer Form als in den bisherigen Darstellungen entwickelt wird.

Die bislang auf dem Gebiet der Thermodynamik der irreversiblen Prozesse erschienenen Monographien, Handbuchartikel usw. sind am Schluß von § 1.24 (S. 99) zusammengestellt.

[1]) Vgl. R. Haase, Thermodynamik der Mischphasen (Berlin-Göttingen-Heidelberg 1956).

§ 1.2. Empirische Temperatur (Nullter Hauptsatz)

Jede stoffundurchlässige und chemisch unveränderliche Hülle, die ein System umgibt, wird der Kürze halber als „Wand" bezeichnet. Wir unterscheiden zwei Arten von Wänden, die sich durch das Verhalten der von ihnen eingeschlossenen Systeme, falls sich diese im inneren Gleichgewicht[1]) befinden, charakterisieren lassen und die zur Definition der „empirischen Temperatur" bzw. der „Energie" und „Wärme" (§ 1.4) dienen sollen[2]).

Eine *thermisch leitende Wand* ist durch folgende Eigenschaft gekennzeichnet: Ein von ihr umschlossenes, im inneren Gleichgewicht befindliches System zeigt bei Kontakt mit einem zweiten System im allgemeinen Zustandsänderungen, auch wenn die Wand vollkommen starr ist. Während eines solchen Kontaktes ändern sich die Zustände beider Systeme, bis Gleichgewicht zwischen beiden Systemen eingetreten ist. Diese spezielle Art des Gleichgewichtes, die offensichtlich nichts mit Erscheinungen wie Druck- und Konzentrationsausgleich oder chemischen Reaktionen zu tun hat, wird als *thermisches Gleichgewicht* bezeichnet. (Die zweite Art von Wänden, die „thermisch isolierende Wand", wird in § 1.4 besprochen.)

Der wichtigste Erfahrungssatz über das thermische Gleichgewicht ist folgender:

„Sind zwei Systeme A und B im thermischen Gleichgewicht mit einem dritten System, so besteht auch thermisches Gleichgewicht zwischen A und B".

Dieses allgemeine Gesetz wird nach Fowler und Guggenheim als *Nullter Hauptsatz der Thermodynamik* bezeichnet. Der Satz erlaubt zunächst die qualitative Festlegung einer das thermische Gleichgewicht charakterisierenden intensiven Größe, die wir *empirische Temperatur* nennen. Man ordnet allen miteinander im thermischen Gleichgewicht befindlichen Systemen die gleiche empirische Temperatur zu, während man bei Systemen, die nicht miteinander im thermischen Gleichgewicht sind, von verschiedenen empirischen Temperaturen spricht. Durch eine geeignete Meßvorschrift, die auf dem einfachen Verhalten der Gase bei verschwindendem Druck beruht, und eine Fixpunktsfestlegung wird die empirische Temperatur schließlich auch quantitativ definiert. Wir nennen die so fixierte Größe die „empirische Temperatur in der Kelvin-Skala".

---

[1]) Die genaue Definition des Begriffes „Gleichgewicht" findet sich in § 1.17. Hier genügt es, wenn wir bemerken, daß ein „System im inneren Gleichgewicht" keinerlei Zustandsänderungen aufweist, solange es nicht in Berührung mit einem zweiten System kommt. Der Ausdruck „*inneres* Gleichgewicht" soll hervorheben, daß ein Gleichgewicht zwischen dem System und der Außenwelt nicht zu bestehen braucht.

[2]) Diese Betrachtungsweise geht auf Born und Carathéodory zurück.

Durch den Zweiten Hauptsatz der Thermodynamik (§ 1.8) wird für jeden Systembereich eine nur von der empirischen Temperatur des Bereiches abhängige positive Größe, die „absolute Temperatur T", eingeführt, wobei keine Bezugnahme auf spezielle Stoffeigenschaften notwendig ist. Es läßt sich dann zeigen, daß die empirische Temperatur in der KELVIN-Skala der absoluten Temperatur proportional ist. Legt man auch die absolute Temperatur durch eine geeignete Fixpunktswahl numerisch fest, so werden die beiden Temperaturen identisch. Der Einfachheit halber nehmen wir diese Identität vorweg, schreiben also schon vor Besprechung des Zweiten Hauptsatzes für die empirische Temperatur das Symbol T und reden von der „Temperatur" schlechthin.

§ 1.3. Arbeit

Wir betrachten ein geschlossenes System[1]). Eine beliebige makroskopische Kraft (die mechanischen, elektrischen oder magnetischen Ursprungs sein kann) wirke auf dieses System oder einen Teil des Systems ein, wobei eine Deformation, eine Ladungsverschiebung oder dergleichen stattfinde. Bezeichnen wir die Kraft mit dem Vektor $\vec{K}$ und die zugehörige infinitesimale Verrückung des betreffenden Systemteils mit dem Vektor $\vec{ds}$, so ist die am System geleistete *Arbeit* W wie folgt definiert[2]):

$$W \equiv \int \vec{K}\,\vec{ds}. \qquad [1\text{-}3.1]$$

Diese Definition wird auch in der Thermodynamik beibehalten.

Wir geben zunächst einige Beispiele für wichtige Spezialformen von Gl. [1]. Dabei beginnen wir mit Ausdrücken für die reversible Arbeit dW bei infinitesimalen Zustandsänderungen. Die infinitesimale Größe dW ist im allgemeinen ein unvollständiges Differential, weil W nicht generell zu den Zustandsfunktionen gehört. Der Begriff der reversiblen Arbeit setzt voraus, daß der mit der Arbeitsleistung verbundene Vorgang quasistatisch verläuft. Eine Deformation muß z. B. unter der Bedingung der Gleichheit von Kraft und Gegenkraft und ohne Reibung, also „unendlich langsam", vor sich gehen[3]).

---

[1]) Hier sowie in § 1.4 und § 1.5 werden stets *geschlossene* Systeme bzw. Bereiche vorausgesetzt. Von *offenen* Systemen wird zuerst in § 1.6 die Rede sein.

[2]) Seitdem im internationalen Schrifttum das früher in der deutschen Literatur für die Arbeit benutzte Symbol A als Zeichen für die Affinität (§ 1.14) verwendet wird, ist es angebracht, die Arbeit mit W (work) zu bezeichnen.

[3]) Vorgänge im Inneren des Systems, etwa Stofftransport oder chemische Reaktionen, können dabei irreversibel erfolgen.

Ein homogener, isotroper Körper vom variablen Volumen V werde unter dem variablen Druck P reversibel komprimiert oder expandiert. Dann folgt aus Gl. [1] für die infinitesimale Kompressions- oder Expansionsarbeit (reversible Volumenarbeit):

$$dW = -P\,dV. \qquad [1\text{-}3.2]$$

Dieser Ausdruck gilt auch für ein Volumenelement eines isotropen kontinuierlichen Systems.

Wenn ein Volumenelement eines anisotropen Mediums vom Volumen V_0 (dem Bezugsvolumen für die Definition der Dehnung) reversibel deformiert wird, so läßt sich aus Gl. [1] für die infinitesimale Deformationsarbeit ableiten[1]):

$$dW = V_0 \sum_{i=1}^{3} \sum_{k=1}^{3} \tau_{ik}\, d\varepsilon_{ik}. \qquad [1\text{-}3.3]$$

Hierin bedeuten $\varepsilon_{11}, \varepsilon_{12} = \varepsilon_{21}, \ldots \varepsilon_{33}$ die sechs Dehnungskomponenten (Komponenten des Verzerrungstensors) und $\tau_{11}, \tau_{12} = \tau_{21}, \ldots \tau_{33}$ die sechs Spannungskomponenten (Komponenten des Spannungstensors).

Wird die Oberfläche ω einer autonomen Grenzflächenphase[2]) vom Volumen V infinitesimal geändert, so gilt für die reversible Deformationsarbeit:

$$dW = -P\,dV + \sigma\, d\omega. \qquad [1\text{-}3.4]$$

Dabei ist P der Druck[3]) und σ die Grenzflächenspannung[4]).

Eine Phase oder ein Volumenelement eines isotropen Mediums werde bei der elektrischen bzw. magnetischen Feldstärke $\vec{\mathfrak{E}}$ bzw. $\vec{\mathfrak{H}}$ reversibel bei variablen Werten des Druckes P und des Volumens V elektrisiert bzw. magnetisiert. Dann gilt für die infinitesimale Arbeit, die am betrachteten Materiebereich geleistet wird[5]):

$$dW = -P\,dV + \vec{\mathfrak{E}}\, d(\vec{\mathfrak{P}}\, V) + \vec{\mathfrak{H}}\, d(\vec{\mathfrak{M}}\, V). \qquad [1\text{-}3.5]$$

---

[1]) Vgl. A. Sommerfeld, Vorlesungen über Theoretische Physik, Band II: Mechanik der deformierbaren Medien, 4. Aufl. (Leipzig 1957).

[2]) Eine Grenzflächenphase heißt „autonom", wenn ihr Zustand allein durch die Variablen der Grenzflächenschicht selbst, nicht durch diejenigen der angrenzenden „Volumenphasen" bestimmt wird. Im Falle des Gleichgewichtes darf eine Grenzflächenphase als autonom angesehen werden, sonst nur unter speziellen Bedingungen. Vgl. R. Defay, Étude thermodynamique de la Tension superficielle (Paris 1934).

[3]) Über den problematischen Begriff „Druck" bei Grenzflächenphasen s. S. 72

[4]) Vgl. E. A. Guggenheim, Thermodynamics, 3. Aufl. (Amsterdam 1957) 47.

[5]) Vgl. M. W. Zemansky, Heat and Thermodynamics (London 1951) 51 und 292; H. S. Frank, J. Chem. Physics **23**, 2023 (1955); E. A. Guggenheim, Thermodynamics, 3. Aufl. (Amsterdam 1957) 438.

Hierin ist $\vec{\mathfrak{P}}$ die elektrische Polarisation und $\vec{\mathfrak{M}}$ die Magnetisierung. Demgemäß bedeutet $\vec{\mathfrak{P}} V$ bzw. $\frac{1}{\mu_0} \vec{\mathfrak{M}} V$ (μ_0 = magnetische Fundamentalkonstante) das totale elektrische bzw. magnetische Moment des Bereiches (Näheres findet sich in § 4.34).

Handelt es sich um ein anisotropes Medium mit Elektrisierung und Magnetisierung, so müssen wir außer den in Gl. [3] auftretenden sechs Dehnungs- und Spannungskomponenten die drei Komponenten der elektrischen bzw. magnetischen Feldstärke ($\mathfrak{E}_1$, $\mathfrak{E}_2$, $\mathfrak{E}_3$ bzw. $\mathfrak{H}_1$, $\mathfrak{H}_2$, $\mathfrak{H}_3$) und die drei Komponenten der elektrischen Polarisation bzw. Magnetisierung ($\mathfrak{P}_1$, $\mathfrak{P}_2$, $\mathfrak{P}_3$ bzw. $\mathfrak{M}_1$, $\mathfrak{M}_2$, $\mathfrak{M}_3$) einführen. Wir finden dann für die an einem Volumenelement bei einer infinitesimalen Zustandsänderung geleistete reversible Arbeit[1]):

$$d W = V_0 \sum_{i=1}^{3} \sum_{k=1}^{3} \tau_{ik}\, d\varepsilon_{ik} + \sum_{j=1}^{3} \mathfrak{E}_j\, d(\mathfrak{P}_j V) + \sum_{j=1}^{3} \mathfrak{H}_j\, d(\mathfrak{M}_j V). \qquad [1\text{-}3.6]$$

In dieser Beziehung sind die Gln. [2], [3] und [5] als Sonderfälle enthalten.

Die Ausdrücke [2] bis [6] sind alle vom gleichen Typ: Sie beziehen sich auf reversible Deformationsarbeit bzw. reversible Elektrisierungs- und Magnetisierungsarbeit an einem einzelnen Bereich α und lassen sich in der allgemeinen Gestalt

$$d W_l^\alpha = \sum_i L_i^\alpha\, d l_i^\alpha \qquad [1\text{-}3.7]$$

schreiben. Hierin ist l_i^α eine *Arbeitskoordinate* von extensivem Charakter und L_i^α der zugehörige *Arbeitskoeffizient* von intensivem Charakter. (Auch die Oberfläche einer Grenzflächenphase ist eine extensive Größe im Sinne von § 1.1, weil eine Massenänderung bei Konstanz der intensiven Variablen, d. h. bei Erhaltung des qualitativen Charakters der Phase, nur bei gegebener Dicke der Grenzschicht denkbar ist.) Nach unseren Definitionen sind äußere Kräfte wie die Schwerkraft, Zentrifugalkraft, das System beschleunigende Kräfte bzw. Größen wie die Reibungskraft, die sich nur auf Änderungen der äußeren Koordinaten des Systems bzw. auf irreversible Prozesse beziehen, *nicht* als Arbeitskoeffizienten zu interpretieren.

Der *innere* Zustand eines Bereiches ist erfahrungsgemäß durch die Variablen L_i^α oder l_i^α festgelegt, falls die Temperatur und die Zusammensetzung des Bereiches gegeben sind. Daß wir nur entweder die Arbeitskoeffizienten oder die Arbeitskoordinaten als unabhängige innere Zustandsvariable einzuführen brauchen, hat seinen Grund im Bestehen einer

---

[1]) Vgl. J. C. M. Li und T. W. Ting, J. Chem. Physics **27**, 693 (1957).

Zustandsgleichung[1]). Diese bedingt nämlich einen funktionellen Zusammenhang zwischen einer Arbeitskoordinate und dem zugehörigen Arbeitskoeffizienten (bei Konstanz der übrigen Arbeitskoeffizienten, der Temperatur und der Zusammensetzung).

In Tab. 1 geben wir eine Übersicht über die Werte der Arbeitskoordinaten und der zugehörigen Arbeitskoeffizienten in einigen wichtigen Spezialfällen. Dabei bezeichnen wir einen Bereich als „einfach", wenn er weder Elektrisierung noch Magnetisierung aufweist. Die beiden ersten Fälle (isotropes Medium und einseitig – d. h. in einer Raumrichtung – gespannter Stab) sind Spezialisierungen des dritten Falles (anisotropes Medium), wie aus Gl. [3] abgeleitet werden kann.

Tabelle 1

Bedeutung der Arbeitskoordinaten l_i und Arbeitskoeffizienten L_i in speziellen Fällen

Art des Bereiches	l_i	L_i
Einfacher isotroper Bereich	V (Volumen)	$-P$ (negativer Druck)
Einfacher Stab (einseitig gespannt)	l (Länge)	K (Zugkraft)
Einfacher anisotroper Bereich	$V_0 \varepsilon_{ik}$ (Produkt aus Bezugsvolumen und Dehnungskomponente)	τ_{ik} (Spannungskomponente)
Einfache autonome Grenzflächenphase	V (Volumen) ω (Oberfläche)	$-P$ (negativer Druck) σ (Grenzflächenspannung)
Elektrisierter isotroper Bereich	V (Volumen) $\vec{\mathfrak{P}}\, V$ (Produkt aus elektrischer Polarisation und Volumen)	$-P$ (negativer Druck) $\vec{\mathfrak{E}}$ (elektrische Feldstärke)
Magnetisierter isotroper Bereich	V (Volumen) $\vec{\mathfrak{M}}\, V$ (Produkt aus Magnetisierung und Volumen)	$-P$ (negativer Druck) $\vec{\mathfrak{H}}$ (magnetische Feldstärke)

[1]) Außer der bekannten Form der Zustandsgleichung für isotrope Bereiche (T = Temperatur, n_k = Molzahlen der verschiedenen Stoffe)

$$V = V(P, T, n_k),$$

die speziell für ideale Gase lautet (R = Gaskonstante, $n \equiv \sum_k n_k$):

$$V = \frac{nRT}{P},$$

gibt es noch andere Zusammenhänge dieser Art, etwa die Spannung-Dehnung-Beziehung (das verallgemeinerte HOOKEsche Gesetz) bei anisotropen Körpern (vgl. S. 513) oder den Ansatz (4-34.20) bzw. (4-38.6) für die elektrische Polarisation als Funktion der elektrischen Feldstärke oder die Beziehung (4-34.21) für die Magnetisierung in Abhängigkeit von der magnetischen Feldstärke.

Wir betrachten nun nicht mehr den idealisierten Grenzfall einer reversiblen Deformation, Elektrisierung oder Magnetisierung, sondern eine wirkliche Zustandsänderung. Dabei sollen sich sowohl die inneren Zustandsvariablen als auch die äußeren Koordinaten des betreffenden Bereiches ändern können.

Wenn wir z.B. ein Gas im Realfalle vom Volumen V_I auf das Volumen V_{II} komprimieren, haben wir einen größeren Druck aufzuwenden, als dem Gasdruck P entspricht, da sich sonst der Kolben im Kompressionsgefäß nicht mit von Null verschiedener Geschwindigkeit bewegen würde. Hierbei ist aber gleichzeitig Reibung unvermeidlich. Insgesamt haben wir demnach bei der Kompression mehr Arbeit zu leisten, als dem aus Gl. [2] folgenden, für den reversiblen Grenzfall gültigen Ausdruck

$$W_l = W_{\text{rev}} = -\int_{V_I}^{V_{II}} P\,dV$$

entspricht. Die Differenz zwischen der wirklich am Gas geleisteten Kompressionsarbeit und dem obigen Ausdruck bezeichnen wir als „dissipierte Arbeit“. Wird das Gas gleichzeitig im Schwerefeld gehoben, so haben wir auch noch „äußere Arbeit“ zu leisten.

Wir werden also ganz allgemein für die an einem Bereich α während einer infinitesimalen Zustandsänderung geleistete Arbeit $d\,W^\alpha$ ansetzen:

$$d\,W^\alpha = d\,W_l^\alpha + d\,W_{\text{diss}}^\alpha + d\,W_a^\alpha, \qquad [1\text{-}3.8]$$

wobei $d\,W_l^\alpha$ durch Gl. [7] gegeben ist, $d\,W_{\text{diss}}^\alpha$ die „dissipierte Arbeit“ und $d\,W_a^\alpha$ die „äußere Arbeit“ bedeutet. Im einzelnen hängt $d\,W_{\text{diss}}^\alpha$ mit „dissipativen Effekten“ wie Reibung, Turbulenz oder plastischem Fließen bei der Deformation, Hystereseerscheinungen bei der wirklichen Elektrisierung oder Magnetisierung, Elektrizitätsdurchgang aus äußeren Stromquellen usw. zusammen, während $d\,W_a^\alpha$ sich auf die Arbeit von Kräften bezieht, die den Bereich beschleunigen oder bestehenden äußeren Kraftfeldern entgegenwirken. Durch die „äußere Arbeit“ werden nur Änderungen der äußeren Koordinaten (Lagekoordinaten, Geschwindigkeit), nicht aber – wie durch die beiden ersten Terme der rechten Seite von Gl. [8] – Änderungen der inneren Zustandsvariablen des Bereiches herbeigeführt.

Die Arbeit, die an einem aus mehreren Bereichen bestehenden System geleistet wird, ist nicht notwendig gleich der Summe der Arbeiten an den einzelnen Bereichen. Wir erläutern dies an zwei Beispielen.

Das erste Beispiel betrifft ein heterogenes System, das von einer starren Wand umschlossen ist. Hier kann keine Deformationsarbeit geleistet werden, auch wenn im Inneren des Systems Vorgänge ablaufen, die zu Volumenänderungen gewisser Phasen führen. Es darf also für die am Gesamtsystem geleistete reversible Kompressions- oder Expansionsarbeit nicht der durch Summation über alle Phasen aus Gl. [2] folgende Ausdruck

$$-\sum_{\alpha} P^{\alpha}\, d\, V^{\alpha}$$

angesetzt werden, obwohl die Einzelvolumina V^{α} variabel sind. Der Ausdruck stellt vielmehr nur dann die am System geleistete reversible Volumenarbeit dar, wenn jede Phase α vom Rest des Systems durch starre Wände, von der Außenwelt jedoch durch eine bewegliche Wand, auf der ein Druck P^{α} lastet, getrennt ist. Nun ist aber eine solche Anordnung der einzige *praktisch* wichtige Fall, bei dem die Drucke P^{α} in den einzelnen Phasen verschiedene Werte haben. Sonst nämlich wird sich das mechanische Gleichgewicht, das zu einem örtlich konstanten Druck P führt, sehr rasch – im Verhältnis zu anderen Vorgängen, an denen man interessiert ist – einstellen, und in diesem Falle reduziert sich die Summe auf den Ausdruck

$$-P\, d\, V \;(V = \text{Gesamtvolumen}),$$

der wiederum die reversible Volumenarbeit darstellt. Daraus folgt, daß der obige Summenausdruck zwar nicht prinzipiell, aber doch praktisch die reversible Kompressions- oder Expansionsarbeit angibt.

Das zweite Beispiel bezieht sich auf ein heterogenes System, das zu einer galvanischen Kette angeordnet ist. Hier tritt auch im reversiblen Grenzfalle (d. h. bei verschwindender Stromstärke) ein Arbeitsterm auf, der die EMK der Kette enthält. Dieser Arbeitsterm findet sich in Gl. [8] nicht wieder, da aus einer einzelnen Phase keine galvanische Kette hergestellt werden kann und bei allen reversiblen Ketten die Potentialdifferenzen sich nur an Phasengrenzen ausbilden.

Wir schreiben allgemein für die Arbeit, die an einem aus mehreren Bereichen bestehenden System bei einer beliebigen infinitesimalen Zustandsänderung geleistet wird:

$$d\, W = d\, W_a + d\, W_l + d\, W'. \qquad [1\text{-}3.9]$$

Daraus ergibt sich für eine endliche Zustandsänderung:

$$W = W_a + W_l + W'. \qquad [1\text{-}3.10]$$

Hierin bedeutet W_a die am Gesamtsystem geleistete Beschleunigungsarbeit und Arbeit gegen äußere Kraftfelder, W_l die am Gesamtsystem geleistete reversible Deformations-, Elektrisierungs- und Magnetisierungsarbeit und W' die restliche Arbeit (Reibungsarbeit, elektrische Arbeit von äußeren Stromquellen usw.), die nun auch reversible Anteile (reversible elektrische

Arbeit bei galvanischen Ketten) enthalten kann. Nach obigem gilt:

$$d W_l = \sum_\alpha \sum_i L_i^\alpha \, dl_i^\alpha, \qquad [1\text{-}3.11]$$

worin unter dl_i^α in Strenge nur diejenigen Änderungen der Arbeitskoordinaten der einzelnen Bereiche zu verstehen sind, die zu einer Arbeit am Gesamtsystem beitragen.

Wie aus den vorangehenden Formeln ersichtlich, sind die Arbeitskoeffizienten L_i^α und Arbeitskoordinaten l_i^α dadurch festgelegt, daß die an einem geschlossenen Bereich bei einer infinitesimalen Änderung des *inneren* Zustandes geleistete *reversible* Arbeit gleich dem Ausdruck $\sum_i L_i^\alpha dl_i^\alpha$ wird. Infolgedessen kann an einem System auch bei Konstanz aller Arbeitskoordinaten noch Arbeit geleistet werden, z. B. Hubarbeit im Schwerefeld, Beschleunigungsarbeit, Reibungsarbeit, elektrische Arbeit usw. Diese paradox erscheinende Situation ist nur eine Konsequenz unserer Konventionen. Unsere Definitionen sind aber durchaus nützlich; denn die Arbeitskoeffizienten und Arbeitskoordinaten treten später in zahlreichen thermodynamischen Funktionen auf.

§ 1.4. Energie und Wärme (Erster Hauptsatz)

Eine *thermisch isolierende Wand* ist dadurch definiert, daß ein von ihr allseitig eingeschlossenes System, das sich im inneren Gleichgewicht befindet, nur dann eine Zustandsänderung erleiden kann, wenn am oder vom System Arbeit geleistet wird. Ein von einer solchen Wand umgebenes System nennt man *thermisch isoliert*, auch wenn es nicht im inneren Gleichgewicht ist. Jede in einem derartigen System stattfindende Zustandsänderung heißt *adiabatisch*.

Man findet aus der Erfahrung: Die an einem thermisch isolierten System geleistete Arbeit W_{ad} hängt nur vom Anfangszustand (I) und Endzustand (II) des Systems, nicht aber vom Wege der Zustandsänderung I → II ab. Dies ist eine Teilaussage des *Ersten Hauptsatzes der Thermodynamik*. Sie ermöglicht die Definition einer Zustandsfunktion E:

$$W_{ad} \equiv E_{II} - E_I \equiv \Delta E. \qquad [1\text{-}4.1]$$

Man bezeichnet E als die *Energie* des Systems. Da erfahrungsgemäß alle Zustandsänderungen – mindestens in einer Richtung – auf adiabatischem Wege ausführbar sind, bleibt die Energieänderung ΔE für *jede* Zustandsänderung angebbar. Diese eindeutige Definition der Energie geht auf Carathéodory (1909) zurück.

Wir betrachten nun eine beliebige, also eine nicht-adiabatische Zustandsänderung in einem geschlossenen System. Ist W die am System geleistete Arbeit, so gilt, wie die Erfahrung zeigt:

$$\Delta E \neq W. \qquad [1\text{-}4.2]$$

Dabei kann $\Delta E \neq 0$ sein, auch wenn $W = 0$ ist und das System sich ursprünglich im inneren Gleichgewicht befindet. Dieser Tatbestand stellt eine weitere Teilaussage des Ersten Hauptsatzes dar. Es gibt also Einwirkungen von seiten der Umgebung, die zu einer Zustandsänderung und damit zu einer Änderung der Energie des Systems führen, aber nichts mit der am System geleisteten Arbeit zu tun haben. Da diese Einwirkungen insbesondere dann auftreten, wenn zwischen System und Umgebung Temperaturunterschiede bestehen, nennt man die Differenz

$$Q \equiv \Delta E - W \qquad [1\text{-}4.3]$$

die *Wärme*, die dem System aus der Umgebung zugeführt wird. Diese eindeutige Definition der Wärme verdanken wir Born (1921).

Wir können jetzt sagen: Eine „thermisch leitende Wand" (§ 1.2) läßt den Wärmeaustausch zwischen dem von der Wand eingeschlossenen System und der Umgebung zu, während eine „thermisch isolierende Wand" einen solchen Wärmeaustausch verhindert.

Man erkennt aus obigem, daß in dem allgemeinen Ausdruck

$$\Delta E = E_{\mathrm{II}} - E_{\mathrm{I}} = Q + W \qquad [1\text{-}4.4]$$

die Energie E des Systems eine Zustandsfunktion ist, während die dem System zugeführte Wärme Q und die am System geleistete Arbeit W keine Zustandsfunktionen sind. Entsprechend sind in dem für infinitesimale Zustandsänderungen geltenden Ausdruck

$$dE = dQ + dW \qquad [1\text{-}4.5]$$

dQ und dW unvollständige Differentiale, während dE ein vollständiges Differential darstellt. Die Größe W bzw. dW in Gl. [4] bzw. [5] ist im einzelnen durch Gl. [1-3.10] bzw. [1-3.9] gegeben.

Die bisherigen Aussagen sind noch zu ergänzen durch die Feststellung, daß die Energie E eines Systems folgendermaßen aufspaltbar ist:

$$E = E_{\mathrm{kin}} + E_{\mathrm{pot}} + U. \qquad [1\text{-}4.6]$$

Hierbei bedeutet E_{kin} die makroskopische *kinetische Energie* des Systems, E_{pot} die *potentielle Energie* des Systems in äußeren Kraftfeldern und U die *innere Energie* des Systems. Die Größen E_{kin} und E_{pot} sind wie in der

Mechanik definiert. Die kinetische Energie eines Systems oder Systembereiches der Masse m, dessen makroskopische Geschwindigkeit v beträgt, ist also $\frac{m}{2} v^2$ und hängt dementsprechend von keinen anderen Zustandsvariablen als der Geschwindigkeit ab. Die potentielle Energie eines Systems oder Systembereiches ist dadurch definiert, daß ihre Zunahme gleich der Arbeit ist, die man am System oder Systembereich bei der Überführung von einem Ort im jeweils ruhend vorausgesetzten äußeren Kraftfeld zu einem anderen Ort in diesem Feld leistet, wobei wir nur „konservative" Kraftfelder in Betracht ziehen[1]). Demgemäß hängt die potentielle Energie von keinen anderen Zustandsvariablen als den Lagekoordinaten (hinsichtlich der äußeren Kraftfelder) ab. Die innere Energie eines Systems oder Systembereiches schließlich ist nur eine Funktion der inneren Zustandsvariablen (Temperatur, Arbeitskoeffizienten oder Arbeitskoordinaten, Mengen der einzelnen Bestandteile). Sie stellt außerdem eine extensive Größe im Sinne von § 1.1 dar. Es gilt also für die innere Energie U eines aus mehreren Bereichen zusammengesetzten Systems:

$$U = \sum_{\alpha} U^{\alpha}, \qquad [1\text{-}4.7]$$

worin U^{α} die innere Energie des Bereiches α darstellt und die Summe über alle Bereiche zu erstrecken ist.

Aus Gl. [1-3.10], [4] und [6] folgt für eine *innere* Zustandsänderung in einem geschlossenen System ($W_a = 0$, $\Delta E = \Delta U$):

$$\Delta U = Q + W = Q + W_l + W'. \qquad [1\text{-}4.8]$$

Bei Konstanz aller Arbeitskoordinaten verschwindet gemäß Gl. [1-3.11] der Term W_l. Somit erhalten wir:

$$\Delta U = Q + W' \text{ (konstante Arbeitskoordinaten)}. \qquad [1\text{-}4.9]$$

Eine weitere Spezialisierung entsteht hieraus bei Voraussetzung eines thermisch isolierten Systems ($Q = 0$):

$$\Delta U = W' \text{ (adiabatische Zustandsänderung bei konstanten Arbeitskoordinaten)}. \qquad [1\text{-}4.10]$$

Für ein isotropes System ohne Elektrisierung und Magnetisierung stellen die Volumina der einzelnen Bereiche die einzigen Arbeitskoordinaten dar (vgl. Tab. 1, S. 8). Eine innere Zustandsänderung bei konstantem Volumen

[1]) Das Feld einer Kraft $\vec{K}$ heißt „konservativ", wenn die Bedingung rot $\vec{K} = 0$ gilt (rotationsfreies Kraftfeld oder Potentialfeld). Beispiele sind: Gravitationsfelder, Zentrifugalfelder, elektrostatische Felder.

des Gesamtsystems wird nun als *isochorer Prozeß* bezeichnet, wobei die Volumina der einzelnen Bereiche variabel sein können. Nach unseren Bemerkungen auf S. 10 entfällt der Arbeitsterm W_l in Gl. [8], wenn das Gesamtvolumen des Systems unverändert bleibt sowie Druckdifferenzen zwischen den einzelnen Bereichen des Systems ausgeschlossen werden[1]). Demnach sind unter der zuletzt genannten Voraussetzung die Beziehungen [9] und [10] für isochore Zustandsänderungen in isotropen Systemen ohne Elektrisierung und Magnetisierung gültig.

Man denke sich ein in starre Wände eingeschlossenes System der betrachteten Art. Dann kann man z. B. mit Hilfe eines Rührwerks Reibungsarbeit am System leisten und damit in Gl. [9] oder [10] einen von Null verschiedenen Wert von W' erzielen. Man spricht in diesem Zusammenhang oft von „Reibungswärme". Dieser Ausdruck ist mißverständlich, in gewissen Fällen sogar sinnlos. Wenn wir die Temperatur als einzige veränderliche innere Zustandsvariable betrachten, wird ΔU allein durch die Temperaturänderung bestimmt. Wir unterscheiden nun zwei Grenzfälle:

1. Der Vorgang erfolgt isotherm, d. h. bei konstanter Temperatur. Dann gilt: $\Delta U = 0$, also nach Gl. [9]: $Q = - W'$. In diesem Falle wird die am System geleistete Reibungsarbeit gleich der vom System an die Umgebung abgegebenen Wärme.

2. Der Prozeß läuft adiabatisch ab. Dann gilt auf Grund von Gl. [10]: $\Delta U = W'$. Die Reibungsarbeit ist also hier gleich der Zunahme der inneren Energie, die sich durch eine Temperaturänderung bemerkbar macht. Es ist in diesem Falle sinnlos, von „Reibungswärme" zu sprechen, da das System mit der Umgebung keine Wärme austauscht.

Analoge Betrachtungen gelten für den Begriff der „Jouleschen Wärme" (vgl. S. 97).

Erweitert man ein beliebiges System durch Einschluß aller Arbeits- und Wärmequellen zu einem *abgeschlossenen System* (§ 1.1), so verschwinden die Größen Q und W. Dann gilt nach Gl. [4] und [6]:

$$\Delta E = \Delta E_{\text{kin}} + \Delta E_{\text{pot}} + \Delta U = 0 \text{ (abgeschlossenes System)}, \quad [1\text{-}4.11]$$

worin E jetzt die Energie des Gesamtsystems bedeutet. In dieser Form wird der Erste Hauptsatz als *Satz von der Erhaltung der Energie* bezeichnet. An

[1]) Realisiert man eine isochore Zustandsänderung durch Einschluß des Systems in starre Wände, so verschwindet der Arbeitsterm W_l stets. Läßt man aber z. B. in einem System aus zwei homogenen Teilen (Phasen ' und '') variable Volumina (V' unfl V'') sowie verschiedene Drucke ($P' \neq P''$) zu, wie dies etwa bei osmotischen Versuchen vorkommt, so gilt für Konstanz des Gesamtvolumens, also für isochore Prozesse im allgemeinsten Sinne:

$$V' + V'' = \text{const},$$

$$W_l = -\int (P'\,dV' + P''\,dV'') = \int (P'' - P')\,dV' \neq 0.$$

eine solche Betrachtungsweise anknüpfend, interpretiert man Gl. [4] häufig in folgender Weise: Die Energie E eines beliebigen Systems kann nur durch „Energiezufuhr" aus der Umwelt (in Form von Arbeit W und Wärme Q), nicht aber durch „Energieerzeugung" im Inneren des Systems zunehmen. Damit bringt man den Unterschied zwischen Energie und Entropie (vgl. § 1.8, § 1.10 und § 1.24) zum Ausdruck; denn für die Entropie gilt ein solcher Erhaltungssatz nicht.

Bei Systemen in elektromagnetischen Feldern kann man nicht mehr generell eine „potentielle Energie" definieren, da hier im allgemeinen keine konservativen Kraftfelder vorliegen. Auch ist es schwierig, alle Einwirkungen von seiten der Umgebung eindeutig auf die Begriffe „Arbeit" und „Wärme" zurückzuführen. Man legt daher die „Energie" eines solchen Systems durch die Bedingung fest, daß die betreffende Größe – die natürlich zunächst die richtige Dimension haben muß – einem Erhaltungssatz gehorcht und sich bei Verschwinden des elektromagnetischen Feldes auf die im obigen Sinne definierte Energie reduziert (§ 4.34).

§ 1.5. Enthalpie

Wir definieren für irgendeinen Bereich α (innere Energie U^α, Arbeitskoeffizienten L_i^α, Arbeitskoordinaten l_i^α) eine neue Zustandfunktion:

$$H^\alpha \equiv U^\alpha - \sum_i L_i^\alpha l_i^\alpha, \qquad [1\text{-}5.1]$$

die wir als *Enthalpie* des Bereiches bezeichnen. Die Größe

$$H \equiv \sum_\alpha H^\alpha \qquad [1\text{-}5.2]$$

sei die Enthalpie des Gesamtsystems. Offensichtlich ist die Enthalpie, wie die innere Energie, eine extensive Funktion der inneren Zustandsvariablen.

Bei isotropen Bereichen ohne Elektrisierung und Magnetisierung stellt der negative Druck ($-P^\alpha$) bzw. das Volumen (V^α) den einzigen Arbeitskoeffizienten bzw. die einzige Arbeitskoordinate dar (vgl. Tab. 1, S. 8). Wir erhalten dann aus Gl. [1] die gewohnte Definition der Enthalpie:

$$H^\alpha \equiv U^\alpha + P^\alpha V^\alpha. \qquad [1\text{-}5.3]$$

Für eine Grenzflächenphase (vgl. Tab. 1, S. 8) hingegen gilt (bei Weglassen des Phasenindex$^\alpha$):

$$H = U + PV - \sigma\omega, \qquad [1\text{-}5.3a]$$

worin σ die Grenzflächenspannung und ω die Oberfläche bedeutet. Für einen elektrisierten isotropen Bereich (vgl. Tab. 1, S. 8) finden wir:

$$H = U + PV - \vec{\mathfrak{E}}\,\vec{\mathfrak{P}}\,V. \qquad [1\text{-}5.3\text{b}]$$

Dabei ist $\vec{\mathfrak{E}}$ die elektrische Feldstärke und $\vec{\mathfrak{P}}$ die elektrische Polarisation[1]).

Die wichtigste Eigenschaft der Enthalpie folgt bei Anwendung von Gl. [1-3.11], [1-4.7], [1-4.8] sowie [1] und [2] auf eine innere Zustandsänderung in einem geschlossenen System bei Konstanz aller Arbeitskoeffizienten:

$$\Delta H = Q + W' \text{ (konstante Arbeitskoeffizienten)}. \qquad [1\text{-}5.4]$$

Hierin bedeutet Q die dem System zugeführte Wärme und W' die am System geleistete Arbeit bei Ausschluß der reversiblen Deformations-, Elektrisierungs- und Magnetisierungsarbeit (vgl. § 1.3). Für ein thermisch isoliertes System ($Q = 0$) finden wir:

$$\Delta H = W' \text{ (adiabatische Zustandsänderung bei konstanten Arbeitskoeffizienten)}. \qquad [1\text{-}5.5]$$

Die Beziehungen [4] und [5] für die Enthalpie sind den Gl. [1-4.9] und [1-4.10] für die innere Energie vollkommen analog.

Bei isotropen Systemen ohne Elektrisierung und Magnetisierung entspricht die Konstanz aller Arbeitskoeffizienten der Unveränderlichkeit der Drucke in den einzelnen Bereichen. Sind die Drucke nicht nur zeitlich, sondern auch örtlich konstant, so spricht man von einem *isobaren Prozeß*. Für isobare Vorgänge in geschlossenen isotropen Systemen ohne Elektrisierung und Magnetisierung gelten also die Aussagen [4] und [5].

Betrachtet man eine innere Zustandsänderung in einem *abgeschlossenen System* – das wiederum isotrop sein und keine Elektrisierung oder Magnetisierung aufweisen soll – und setzt den Druck P als örtlich konstant voraus ($P^\alpha = P$ für alle Phasen α), so muß es sich um einen *isochoren Prozeß* handeln (Beispiel: chemische Reaktionen in einem thermisch isolierten Gefäß mit starren Wänden). Wir erhalten dann aus Gl. [1-4.7], [1-4.11], [2] und [3]:

$$\Delta H = V \Delta P,$$

---

[1]) In manchen Darstellungen wird die Definition [3] für die Enthalpie in allen Fällen beibehalten. Das ist aus zwei Gründen unvorteilhaft:
a) Bei anisotropen Medien treten Druck und Volumen nicht als Zustandvariable auf, zumal der Begriff „Druck“ hier überhaupt keinen bestimmten Sinn hat.
b) Viele einfache Gesetzmäßigkeiten, wie etwa Gl. [4], verlieren ihre generelle Gültigkeit.

worin

$$V = \sum_{\alpha} V^{\alpha}$$

das konstante Gesamtvolumen und ΔP die Druckzunahme des Systems bedeutet. Hieraus erkennen wir, daß die Enthalpie H, im Gegensatz zur inneren Energie U, sich bei inneren Zustandänderungen in abgeschlossenen Systemen ändern kann.

§ 1.6. Partielle molare Größen

Wir betrachten eine beliebige extensive Zustandsfunktion Z (z. B. Volumen, innere Energie, Enthalpie). Dann gilt für einen einzelnen Bereich (wobei wir der Kürze halber den Index $^{\alpha}$ weglassen):

$$Z = Z\,(T, L_i, n_k). \qquad [1\text{-}6.1]$$

Hier haben wir die Temperatur T, die Arbeitskoeffizienten L_i und die Molzahlen n_k der im Bereich enthaltenen Stoffe als unabhängige Variable gewählt.

Änderungen der Molzahlen können außer durch chemische Reaktionen im Inneren des Bereiches auch durch Stoffaustausch mit der Umgebung zustande kommen. Wir schließen also von jetzt ab *offene* Bereiche in unsere Diskussion ein. Die Tatsache, daß Größen wie die Arbeitskoeffizienten L_i, die Arbeitskoordinaten l_i, die innere Energie U und die Enthalpie H ursprünglich (§ 1.3 bis § 1.5) nur für geschlossene Bereiche definiert worden sind, stellt bei näherem Zusehen keine Schwierigkeit dar. Man kann z. B. den Druck P oder das Volumen V eines offenen Bereiches angeben, ohne daß der Ausdruck $-P\,dV$ die am Bereich während einer infinitesimalen Zustandsänderung geleistete reversible Volumenarbeit zu bedeuten braucht. Ebenso haben Größen wie U oder H für offene Bereiche einen bestimmten Sinn, da es für die Änderung einer Zustandsfunktion gleichgültig ist, auf welchem Wege die betreffende Zustandsänderung stattfindet. Es ist also insbesondere die Änderung einer extensiven Größe Z unabhängig davon, ob Mengenänderungen der einzelnen Stoffe durch chemische Reaktionen im Inneren des Bereiches oder durch Materieaustausch mit der Umwelt hervorgerufen werden. Dagegen sind die Begriffe „Arbeit“ und „Wärme“ bei offenen Bereichen vieldeutig, wie man sich an Hand von einfachen Beispielen überlegen kann[1][2]. Daher sind von den vorangehenden Formeln nur

---

[1]) R. Defay, Bull. Acad. roy. Belg. (Classe Sciences) **15**, 678 (1929).

[2]) R. Haase, Thermodynamik der Mischphasen (Berlin-Göttingen-Heidelberg 1956) 57.

diejenigen für offene Bereiche bzw. offene Systeme gültig, die *nicht* die Arbeit W und die Wärme Q enthalten, wie z.B. Gl. [1-4.7], [1-5.1] und [1-5.2].

Wir definieren nun eine *partielle molare Zustandsfunktion* des Stoffes k für den betrachteten Bereich:

$$Z_k \equiv \left(\frac{\partial Z}{\partial n_k}\right)_{T, L_i, n_j}, \qquad [1\text{-}6.2]$$

wobei L_i für alle Arbeitskoeffizienten und n_j für alle Molzahlen außer n_k steht. Wenn der einzige in Frage kommende Arbeitskoeffizient der negative Druck ($-P$) ist, geht Gl. [2] in die seit LEWIS und RANDALL (1921) übliche Definition einer partiellen molaren Größe über:

$$Z_k \equiv \left(\frac{\partial Z}{\partial n_k}\right)_{T, P, n_j}. \qquad [1\text{-}6.3]$$

Gl. [3] gilt also nur für einen isotropen Bereich ohne Elektrisierung und Magnetisierung.

Die durch Gl. [2] eingeführten partiellen molaren Zustandsfunktionen sind *intensive* Größen. Sie hängen mithin nur von der Temperatur T, den Arbeitskoeffizienten L_i und der *Zusammensetzung* des Bereiches, d. h. den Konzentrationen der einzelnen Stoffe, ab. Beispiele sind: das partielle Molvolumen V_k, die partielle molare innere Energie U_k und die partielle molare Enthalpie H_k.

Als Konzentrationsvariable führen wir vorläufig zwei Größen ein: den *Molenbruch* des Stoffes k

$$x_k \equiv \frac{n_k}{\sum\limits_k n_k} = \frac{n_k}{n} \qquad [1\text{-}6.4]$$

und die *molare Volumenkonzentration* des Stoffes k

$$c_k \equiv \frac{n_k}{V}, \qquad [1\text{-}6.5]$$

worin n die Gesamtmolzahl und V das Volumen des Bereiches bedeutet.

Wir definieren ferner die *molare Zustandsfunktion*

$$\overline{Z} \equiv \frac{Z}{n} \qquad [1\text{-}6.6]$$

und die *Dichte der Zustandsfunktion Z*

$$Z_V \equiv \frac{Z}{V}, \qquad [1\text{-}6.7]$$

die beide wiederum intensive Größen darstellen. Beispiele sind: das Molvolumen $\overline{V}$, die molare innere Energie $\overline{U}$ und die molare Enthalpie $\overline{H}$ sowie die (innere) Energiedichte U_V und die Enthalpiedichte H_V.

Auf Grund der allgemeinen Definition der extensiven Zustandsgrößen (§ 1.1) folgt bei Beachtung von Gl. [2] aus dem EULERschen Satz für homogene Funktionen ersten Grades:

$$Z = \sum_k n_k Z_k, \qquad [1\text{-}6.8]$$

wobei die Summe über alle Stoffe zu erstrecken ist. Mit Hilfe von Gl. [4] bis [7] finden wir hieraus:

$$\overline{Z} = \sum_k x_k Z_k, \qquad [1\text{-}6.9]$$

$$Z_V = \sum_k c_k Z_k. \qquad [1\text{-}6.10]$$

Setzen wir in Gl. [7] und [10] für Z das Volumen V ein, so ergibt sich die Identität:

$$\sum_k c_k V_k = 1. \qquad [1\text{-}6.11]$$

Wir können nach Gl. [1] und [2] für das totale Differential von Z schreiben:

$$dZ = \frac{\partial Z}{\partial T} dT + \sum_i \frac{\partial Z}{\partial L_i} dL_i + \sum_k Z_k dn_k, \qquad [1\text{-}6.12]$$

worin die erste Summe über alle Arbeitskoeffizienten und die zweite über alle Stoffe zu erstrecken ist.

Wenn man das totale Differential des Ausdrucks [8] bildet und mit Gl. [12] vergleicht, erhält man die Beziehung:

$$\frac{\partial Z}{\partial T} dT + \sum_i \frac{\partial Z}{\partial L_i} dL_i - \sum_k n_k dZ_k = 0. \qquad [1\text{-}6.13]$$

Diese Gleichung, aus der die verallgemeinerte GIBBS-DUHEMsche Beziehung (§ 1.13) folgt, läßt sich mit Hilfe von Gl. [4] und [6] auch in der Form

$$\frac{\partial \overline{Z}}{\partial T} dT + \sum_i \frac{\partial \overline{Z}}{\partial L_i} dL_i - \sum_k x_k dZ_k = 0 \qquad [1\text{-}6.14]$$

schreiben.

Wegen der mathematischen Identitäten

$$d\left(\frac{Z}{n}\right) = Z d\left(\frac{1}{n}\right) + \frac{1}{n} dZ,$$

$$d\left(\frac{n_k}{n}\right) = n_k d\left(\frac{1}{n}\right) + \frac{1}{n} dn_k$$

läßt sich aus Gl. [4], [6], [8] und [12] ableiten:

$$d\overline{Z} = \frac{\partial \overline{Z}}{\partial T} dT + \sum_i \frac{\partial \overline{Z}}{\partial L_i} dL_i + \sum_k Z_k \, dx_k. \qquad [1\text{-}6.15]$$

Durch Vergleich des totalen Differentials des Ausdrucks [9] mit Gl. [15] findet man wiederum Gl. [14].

Die den Beziehungen [14] und [15] entsprechenden Ausdrücke für die Konzentrationsvariablen c_k an Stelle der x_k können aus Gl. [5], [7], [8], [12] und [13] gewonnen werden:

$$\frac{1}{V}\left(\frac{\partial Z}{\partial T} dT + \sum_i \frac{\partial Z}{\partial L_i} dL_i\right) - \sum_k c_k \, dZ_k = 0, \qquad [1\text{-}6.16]$$

$$dZ_V = \frac{1}{V}\left(\frac{\partial Z}{\partial T} dT + \sum_i \frac{\partial Z}{\partial L_i} dL_i\right) + \sum_k Z_k \, dc_k. \qquad [1\text{-}6.17]$$

Bildet man das totale Differential des Ausdrucks [10] und vergleicht mit Gl. [17], so erhält man wiederum Gl. [16]. Daß die Analogie der Beziehungen [16] und [17] zu den Ausdrücken [14] und [15] nicht vollständig ist, liegt daran, daß die Gesamtmolzahl n unabhängig von der Temperatur T und den Arbeitskoeffizienten L_i ist, das Volumen V aber eine Funktion dieser Variablen darstellt.

§ 1.7. Wärme bei offenen Systemen

Der Begriff „Arbeit“ ist bei offenen Bereichen unbestimmt (vgl. § 1.6). Man kann aber den Ausdruck für die Arbeit W^* angeben, die an dem betreffenden Bereich geleistet *würde*, wenn dieser geschlossen *wäre*. Es gilt nach Gl. [1-3.7] und [1-3.8] für eine infinitesimale Zustandsänderung:

$$dW^* = \sum_i L_i \, dl_i + dW_{\text{diss}} + dW_a. \qquad [1\text{-}7.1]$$

Darin bedeuten die L_i bzw. l_i die Arbeitskoeffizienten bzw. Arbeitskoordinaten, die auch für offene Bereiche einen bestimmten Sinn haben, ohne daß der Summenterm in Gl. [1], wie bei geschlossenen Bereichen, die physikalische Bedeutung einer reversiblen Deformations-, Elektrisierungs- und Magnetisierungsarbeit zu haben braucht (vgl. § 1.6). Der Term dW_{diss} bzw. dW_a ist die am Bereich während der infinitesimalen Zustandsänderung geleistete Arbeit, soweit sie mit dissipativen Effekten (vgl. S. 9) bzw. mit Kräften, die den Bereich beschleunigen oder äußeren Kraftfeldern entgegenwirken, zusammenhängt. Diese beiden Terme sind auch für offene Bereiche definiert, da sie aus den von außen wirkenden Ursachen stets berechenbar sind, z. B. als elektrische Arbeit, Reibungsarbeit, Beschleunigungsarbeit, Hubarbeit im Schwerefeld usw. Im einfachsten Falle, nämlich bei einem ruhenden isotropen Bereich ohne Elektrisierung und Magnetisierung sowie ohne dissipative Effekte und äußere Kraftfelder, reduziert sich Gl. [1] auf den Ausdruck:

$$dW^* = -P\,dV,$$

worin P der Druck und V das Volumen des offenen Bereiches ist, ohne daß $-P\,dV$ die am Bereich wirklich geleistete Arbeit zu sein braucht.

Wir legen nun den Begriff „Wärme" für offene Bereiche durch Definition neu fest, da dieser Begriff im Rahmen der Thermodynamik der irreversiblen Prozesse benötigt wird.

Es erweist sich als zweckmäßig, die einer offenen Phase aus der Umgebung bei einer infinitesimalen Zustandsänderung zugeführte „Wärme" dQ wie folgt zu definieren[1]):

$$dQ \equiv dE - dW^* - \sum_k H_k\, d_e n_k. \qquad [1\text{-}7.2]$$

Hierin ist E die (gesamte) Energie der Phase, W^* die oben erklärte Größe, H_k die partielle molare Enthalpie des Stoffes k und $d_e n_k$ die infinitesimale Zunahme der Molzahl n_k des Stoffes k infolge von „externen" Ursachen, d. h. nicht durch chemische Reaktionen im Inneren der Phase, sondern durch Materieaustausch mit der Außenwelt, also entweder mit benachbarten Systembereichen oder mit der Umgebung des Gesamtsystems.

Wie durch Vergleich mit Gl. [1-4.5] ersichtlich, reduziert sich Gl. [2] im Falle stofflicher Abriegelung von der Außenwelt ($dW^* = dW$, $d_e n_k = 0$) auf den klassischen Ausdruck für die Wärme bei geschlossenen Systemen.

Andere Definitionen der „Wärme" bei offenen Systemen führen an Stelle der partiellen molaren Enthalpien in Gl. [2] andere intensive Zustandsfunktionen ein. Die Endresultate der Thermodynamik der irreversiblen Prozesse werden durch derartige abweichende Konventionen nicht berührt; aber die Festsetzung [2] erweist sich als vorteilhaft für die einfache Durchführbarkeit der Rechnungen.

Ein weiterer Vorteil der Definition [2] besteht darin, daß die so festgelegte „Wärme" unabhängig vom willkürlichen Nullpunkt der inneren Energie ist. Um dies zu zeigen, zerlegen wir die Änderung der Molzahl n_k des Stoffes k in zwei Anteile, von denen sich der erste ($d_r n_k$) auf innere Ursachen (chemi-

---

[1]) Die Formulierung für ein Volumenelement eines kontinuierlichen Systems ist komplizierter (vgl. § 4.6).

sche Reaktionen im Inneren der Phase) und der zweite ($d_e n_k$) auf äußere Ursachen (Stoffaustausch mit der Umgebung) bezieht:

$$dn_k = d_r n_k + d_e n_k,$$

$$d_r n_k = \sum_r \nu_{kr}\, d\xi_r.$$

Hierin ist ν_{kr} der stöchiometrische Koeffizient des Stoffes k in der chemischen Reaktion r (positiv bzw. negativ zu zählen, wenn der betreffende Stoff bei der Reaktion entsteht bzw. verschwindet) und ξ_r die Reaktionslaufzahl der Reaktion r (vgl. § 1.14). Die Summe ist über alle chemischen Reaktionen zu erstrecken. Damit erhalten wir bei Beachtung von Gl. [1-6.12] für die Änderung der inneren Energie U der Phase:

$$dU = \frac{\partial U}{\partial T} dT + \sum_i \frac{\partial U}{\partial L_i} dL_i + \sum_k \sum_r \nu_{kr} U_k\, d\xi_r + \sum_k U_k\, d_e n_k,$$

wobei T die Temperatur und U_k die partielle molare innere Energie des Stoffes k bedeutet. Während die Koeffizienten von dT, dL_i und $d\xi_r$ vollständig bestimmt sind ($\sum_k \nu_{kr} U_k$ ist z. B. die Reaktionsenergie der chemischen Reaktion r), enthält der letzte Term in den partiellen molaren inneren Energien U_k willkürliche additive Konstanten (a_k). Es verbleibt demnach in dU ein unbestimmter Ausdruck der Form

$$\sum_k a_k\, d_e n_k.$$

Infolge von Gl. [1-5.1] und [1-6.2] tritt aber derselbe Ausdruck auch im letzten Term von Gl. [2] mit umgekehrtem Vorzeichen auf, während $dE_{\text{pot}} + dE_{\text{kin}} = dE - dU$ (s. Gl. [1-4.6]) und dW^* (s. Gl. [1]) von den Energienullpunkten nicht berührt werden. Also fallen in dQ die unbestimmten additiven Konstanten heraus. Dieselbe Invarianzanzeigenschaft würde man allerdings auch finden, wenn in Gl. [2] an Stelle der partiellen molaren Enthalpien H_k die partiellen molaren inneren Energien U_k ständen.

Wir erhalten aus Gl. [1] und [2] bei Beschränkung auf *innere* Zustandsänderungen ($dE = dU$, $dW_a = 0$):

$$dQ = dU - \sum_i L_i\, dl_i - dW_{\text{diss}} - \sum_k H_k\, d_e n_k, \qquad [1\text{-}7.3]$$

eine Gleichung, die wir später benutzen werden.

Wir betrachten jetzt einen wichtigen Spezialfall von Gl. [3]: Die Phase möge isotrop sein und keine Elektrisierung und Magnetisierung sowie keine dissipativen Effekte aufweisen. Dann folgt[1]):

$$dQ = dU + PdV - \sum_k H_k d_e n_k. \qquad [1\text{-}7.4]$$

An Hand der letzten Gleichung können wir uns klar machen, daß die hier gewählte Wärmedefinition für offene Systeme physikalisch sinnvoll ist. Wir betrachten eine einzelne offene Phase, z. B. eine homogene flüssige Mischung konstanter Temperatur und konstanten Druckes, der (z. B. durch Wegziehen einer Scheidewand oder Zutropfen aus einer Bürette) weitere Flüssigkeit von derselben Temperatur, demselben Druck und derselben Zusammensetzung hinzugefügt wird. Dann gilt auf Grund von Gl. [1-5.3] und [1-6.3] bei Abwesenheit von chemischen Reaktionen:

$$dU + PdV = d(U + PV) = dH = \sum_k H_k d_e n_k.$$

Daraus ergibt sich mit Gl. [4]:

$$dQ = 0.$$

Dieses Resultat empfindet man als „vernünftig". Es würde nicht gefunden werden, wenn an Stelle der H_k in Gl. [2], [3] und [4] andere Größen ständen.

Es sei darauf hingewiesen, daß eine sinngemäße Übertragung der Konvention [2] auf kontinuierliche Systeme zur Festlegung eines „Wärmestromes" führt, der sich vor anders definierten „Wärmeströmen" durch viele einfache Eigenschaften auszeichnet, z. B. durch Invarianz sowohl gegenüber Nullpunktsverschiebungen der inneren Energie (vgl. oben) als auch gegenüber Änderungen der Bezugsgeschwindigkeit (§ 4.7). Diese in Analogie zu Gl. [2] eingeführte Größe ist in der Literatur meist unter dem (historisch bedingten) Namen „reduzierter Wärmestrom" bekannt[2]).

Bei heterogenen (diskontinuierlichen) Systemen wendet man Gl. [2] auf jede Phase α des Systems an. Die Größe $d_e n_k^\alpha$ bzw. dQ^α wird hierbei in zwei Anteile aufgespalten, von denen der erste ($d_a n_k^\alpha$ bzw. $d_a Q^\alpha$) sich auf den Materie- bzw. Wärmeaustausch mit der Umgebung des gesamten Systems bezieht, während der zweite ($d_u n_k^\alpha$ bzw. $d_i Q^\alpha$) den Übergang von Materie bzw. Wärme von anderen Phasen des Systems zu der betrachteten Phase kennzeichnet, also mit Vorgängen im Inneren des Gesamtsystems zu-

[1]) Vgl. L. J. Gillespie und J. R. Coe jr., J. Chem. Physics 1, 103 (1933).

[2]) Vgl. I. Prigogine, Étude Thermodynamique des Phénomènes irréversibles (Paris-Liège 1947); H. A. Tolhoek und S. R. de Groot, Physica 18, 780 (1952); R. Haase, Z. Naturforschg. 8a, 729 (1953).

sammenhängt. Wir erhalten demnach:

$$d_e n_k^\alpha = d_a n_k^\alpha + d_u n_k^\alpha, \qquad [1\text{-}7.5]$$

$$d n_k^\alpha = d_r n_k^\alpha + d_e n_k^\alpha, \qquad [1\text{-}7.6]$$

$$dm = \sum_\alpha \sum_k M_k d_a n_k^\alpha, \qquad [1\text{-}7.7]$$

$$dQ^\alpha = d_a Q^\alpha + d_i Q^\alpha, \qquad [1\text{-}7.8]$$

$$dQ = \sum_\alpha d_a Q^\alpha. \qquad [1\text{-}7.9]$$

Hierin ist $d_r n_k^\alpha$ die infinitesimale Zunahme von n_k^α infolge von chemischen Reaktionen innerhalb der Phase (vgl. oben), m die totale Masse des Systems, M_k die Molmasse (das „Molekulargewicht") des Stoffes k und dQ die Wärme, die dem Gesamtsystem während einer infinitesimalen Zustandsänderung aus der Umgebung zugeführt wird. Die letzte Größe ist im Falle eines geschlossenen Systems ($dm = 0$) durch Gl. [1-4.5] gegeben. Dadurch ist die Aufspaltung [8] mit Gl. [9] eindeutig festgelegt[1]).

§ 1.8. Entropie und absolute Temperatur (Zweiter Hauptsatz)

Durch den *Zweiten Hauptsatz der Thermodynamik* werden zwei Funktionen der inneren Zustandsvariablen, nämlich die *Entropie* und die *absolute Temperatur*, gleichzeitig eingeführt. Wir gehen von folgender Fassung[2]) des Zweiten Hauptsatzes aus, die gegenüber allen früheren Formulierungen den Vorzug größter Allgemeinheit und Eindeutigkeit hat:

„Für jeden Systembereich α, dessen innerer Zustand durch die innere Energie U^α (oder die empirische Temperatur), die Arbeitskoordinaten l_i^α (oder die Arbeitskoeffizienten L_i^α) und die Mengen (Massen oder Molzahlen) der einzelnen Stoffe beschreibbar ist, gibt es eine extensive Zustandsfunktion

---

[1]) Die Größe $d_r n_k^\alpha$ hat kein Analogon in einem entsprechenden Ausdruck für die Wärme, da die *Molzahl* durch Vorgänge im Inneren einer einzelnen Phase, nämlich chemische Reaktionen, zu- oder abnehmen kann, die *Wärme* aber ihrer Definition nach keine Zustandsfunktion einer Phase ist, die ab- oder zunehmen könnte, sondern eine Größe darstellt, die der betrachteten Phase aus der Umgebung zugeführt oder von der Phase an die Umgebung abgegeben wird, wobei die „Umgebung" sowohl benachbarte Phasen als auch die Umgebung des Gesamtsystems bedeuten kann. Bezeichnet man Ausdrücke, die sich auf das Innere des *gesamten* Systems beziehen, generell durch den Index $_i$, so kann man der Größe $d_i Q^\alpha$ den Ausdruck $d_i n_k^\alpha = d_u n_k^\alpha + d_r n_k^\alpha$ gegenüberstellen.

[2]) Vgl. R. Haase, Thermodynamik der Mischphasen (Berlin-Göttingen-Heidelberg 1956) 66.

S^α, die *Entropie* des Bereiches, die von allen genannten Variablen abhängig ist und folgende Eigenschaften hat:
a) Für das Differential der Entropie des Bereiches gilt bei Konstanz der Mengen aller Stoffe:

$$T^\alpha \, dS^\alpha = dU^\alpha - \sum_i L_i^\alpha \, dl_i^\alpha . \qquad [1\text{-}8.1]$$

Darin ist T^α eine intensive positive Größe, die eine universelle Funktion der empirischen Temperatur des Bereiches darstellt und als *absolute Temperatur* des Bereiches bezeichnet wird.
b) Bei einer beliebigen Zustandsänderung I → II des Systems sind für die Entropie des gesamten Systems

$$S \equiv \sum_\alpha S^\alpha \qquad [1\text{-}8.2]$$

folgende Aussagen gültig:

$$\Delta S = S_{\rm II} - S_{\rm I} = \Delta_a S + \Delta_i S, \qquad [1\text{-}8.3]$$

$$\Delta_i S = 0 \text{ (reversible Zustandsänderung)}, \qquad [1\text{-}8.4]$$

$$\Delta_i S > 0 \text{ (irreversible Zustandsänderung)}, \qquad [1\text{-}8.5]$$

$$\Delta_i S < 0 \text{ (unmögliche Zustandsänderung)}. \qquad [1\text{-}8.6]$$

Dabei ist die Aufspaltung der Entropieänderung in Gl. [3] durch die Forderung

$$\Delta_a S = 0 \text{ bei thermischer Isolierung des Systems} \qquad [1\text{-}8.7]$$

festgelegt."

Die Aussage a) führt mit der Differentialbeziehung [1] für jeden Systembereich gleichzeitig die Entropie S^α und die absolute Temperatur T^α ein. Gl. [1] bleibt erhalten, wenn man S^α mit einer beliebigen positiven Größe multipliziert und T^α durch dieselbe Größe dividiert. Die Willkür in der Definition von S^α und T^α verschwindet, wenn man für T^α einen Fixpunkt festlegt. Da sich zeigen läßt, daß T^α der empirischen Temperatur des Bereiches (gemessen in der KELVIN-Skala, § 1.2) proportional ist, kann durch geeignete Fixpunktswahl die Identität der beiden Temperaturen erreicht werden[1]). Diese Identität setzen wir im folgenden stets voraus.

Die Aussage a) kann in mathematisch strengerer Gestalt nach CARATHÉODORY folgendermaßen formuliert werden: Es gibt für jeden Bereich gegebener Menge

[1]) Vgl. R. HAASE, Thermodynamik der Mischphasen (Berlin-Göttingen-Heidelberg 1956) 48.

und Zusammensetzung zu dem unvollständigen Differential

$$dU^\alpha - \sum_i L_i^\alpha \, dl_i^\alpha$$

einen integrierenden Nenner T^α, der nur von der empirischen Temperatur des Bereiches abhängt und den obigen Ausdruck zu einem vollständigen Differential, nämlich zum Differential der Zustandsfunktion S^α, macht.

Bei Systemen mit nicht-autonomen Grenzflächenphasen (vgl. S. 6, Fußnote 2) kann die Differentialbeziehung [1] nicht mehr für jeden einzelnen Bereich des Systems angeschrieben werden. Dagegen bleiben selbst hier die Aussagen über die Gesamtentropie S, nämlich die Beziehungen [3] bis [7], bestehen. Wir müssen jetzt S dadurch definieren, daß wir verlangen, daß im Falle eines geschlossenen Gesamtsystems die Beziehung [1-10.10] gilt (vgl. § 1.10).

Die Aussage b) bezieht sich auf die Entropiezunahme $\Delta S = S_{II} - S_I$ des gesamten Systems bei der Zustandsänderung I → II. Nun bedeutet thermische Isolierung des Systems nichts weiter als Unterbindung des Stoff- und Wärmeaustauschs mit der Umgebung, also adiabatischen Verlauf der Zustandsänderung. Demnach stellt $\Delta_a S$ die Entropiezunahme des Systems auf Grund des Stoff- und Wärmeaustauschs mit der Außenwelt und $\Delta_i S$ die Entropiezunahme des Systems infolge der im Inneren des Systems ablaufenden Vorgänge dar[1]). Während $\Delta_a S$ und ΔS bei einer beliebigen Zustandsänderung positiv, negativ oder Null sein können, ist $\Delta_i S$ gemäß [4] bis [6] niemals negativ, bei wirklichem (irreversiblem) Ablauf der Prozesse im Inneren des Systems sogar stets positiv.

Wenn die bei einem bestimmten Problem interessierenden Vorgänge im Inneren eines einzelnen Bereiches ablaufen, entfällt das Summenzeichen in Gl. [2], so daß die Aussagen [3] bis [7] jetzt für die Entropie des Bereiches gelten. Bei kontinuierlichen Systemen, bei denen der „Bereich" ein Volumenelement darstellt, gelangt man auf diese Weise zu einer „lokalen" Formulierung des Zweiten Hauptsatzes (§ 4.8).

Betrachtet man nur *adiabatische* Zustandsänderungen, so ergeben die Beziehungen [3] bis [7] sofort die klassischen Aussagen:

$$\Delta S = 0 \text{ (reversible adiabatische Zustandsänderung)}, \qquad [1\text{-}8.8]$$

$$\Delta S > 0 \text{ (irreversible adiabatische Zustandsänderung)}, \qquad [1\text{-}8.9]$$

$$\Delta S < 0 \text{ (unmögliche adiabatische Zustandsänderung)}. \qquad [1\text{-}8.10]$$

---

[1]) Viele Autoren interpretieren $\Delta_a S$ als denjenigen Teil der Entropieänderung des Systems, der auf einer „Wechselwirkung zwischen System und Umgebung" beruht. Diese Aussage ist irreführend; denn auch die am oder vom System geleistete Arbeit stellt eine solche Wechselwirkung dar, obwohl sie nach der Aufspaltungsvorschrift [7] zu $\Delta_i S$ und nicht zu $\Delta_a S$ beiträgt. Man erkennt dies ganz deutlich im Falle der „dissipierten Arbeit", die auch bei adiabatischen Zustandsänderungen irreversible Prozesse im Inneren des Systems hervorruft und explizit in $\Delta_i S$ erscheint, wie aus unseren Ausführungen in § 1.10 ersichtlich sein wird.

Wie in § 1.1 erwähnt wurde, ist die Bezeichnung „irreversibel" hier zunächst als Synonym für „wirklich" eingeführt worden. Es bleibt zu beweisen, daß der mit der genannten Bezeichnung verbundene Begriff der „Nichtumkehrbarkeit" (§ 1.1) zutreffend ist.

Wir betrachten einen beliebigen wirklichen (natürlichen) Vorgang in einem System. Wir machen die durch ihn bewirkte Zustandsänderung rückgängig, indem wir das betrachtete System auf irgendeinem Wege in den Ausgangszustand zurückbringen, wobei der Prozeß, der dies bewirkt, entweder ein quasistatischer (reversibler) oder ein wirklicher Vorgang sein kann. Dann hat die Entropie des Systems wieder ihren ursprünglichen Wert. Wenn wir nun das System durch Einschluß aller an den Prozessen beteiligten Körper zu einem „abgeschlossenen System" (§ 1.1) erweitern, stellt das so entstandene Gesamtsystem einen Sonderfall eines thermisch isolierten Systems dar. Es gelten also die Beziehungen [8] und [9], wonach die Entropie des gesamten Systems bei den genannten Vorgängen in jedem Falle zugenommen hat. Da das ursprüngliche System nach obigem keine Entropieänderung erlitten hat, beruht die Entropiezunahme auf einer Zustandsänderung in der Umgebung des ursprünglichen Systems. Demnach sind bei der Wiederherstellung des Anfangszustandes des ursprünglichen Systems Änderungen in der Natur zurückgeblieben: Der wirkliche Vorgang ist irreversibel im Sinne der Definition in § 1.1.

Die Aussage, daß alle natürlichen Prozesse irreversibel sind, hängt aufs engste mit dem Prinzip der Unmöglichkeit eines „Perpetuum mobile zweiter Art" zusammen. Dieses Prinzip steht in den traditionellen Darstellungen der Thermodynamik meist an der Spitze der Ausführungen über den Zweiten Hauptsatz. Da sich aber mit Hilfe dieses Prinzips nicht alle Aussagen, die man für die moderne Formulierung des Zweiten Hauptsatzes benötigt, ableiten lassen, haben wir die Beweisführung umgekehrt.

Wie ersichtlich, enthält unsere Fassung des Zweiten Hauptsatzes nicht nur alle traditionellen Formulierungen der wissenschaftlichen Thermodynamik (vgl. oben und § 1.10), sondern auch alle Aussagen der technischen Thermodynamik (Wirkungsgrade von Dampfmaschinen, Motoren, Kühlaggregaten usw.) als Sonderfälle.

Der Begriff der absoluten Temperatur geht auf W. Thomson (Lord Kelvin) zurück (1848), der Entropiebegriff auf Clausius (1864). Mehrere Autoren (Gibbs, Planck, Carathéodory, De Donder u. a.) haben in der Folgezeit die Argumentationen verschärft und die Formulierungen in mannigfacher Weise abgewandelt.

Das „Nernstsche Wärmetheorem" (Nernst, 1906) und der „Satz von der Unerreichbarkeit des absoluten Nullpunktes" (Nernst, 1912) werden häufig als äquivalent angesehen und als „Dritter Hauptsatz der Thermodynamik" dem Ersten und Zweiten Hauptsatz der Thermodynamik gegenübergestellt. Es läßt sich aber zeigen[1]), daß der Satz von der Unerreichbarkeit des absoluten Nullpunktes in gewissen Fällen bereits aus dem Ersten und Zweiten Hauptsatz folgt, während er in anderen Fällen erst als Konsequenz des NERNSTschen Wärmetheorems zu betrachten ist. Außerdem ist die exakte Formulierung[2]) des NERNSTschen Wärmetheorems viel komplizierter und weniger fundamental als die ursprüngliche Fassung des Theorems durch NERNST. Die Bezeichnung „Dritter Hauptsatz der Thermodynamik" ist also in jedem Falle unangebracht.

§ 1.9. Chemische Potentiale und Gibbssche Hauptgleichung

Gl. [1-8.1] gibt die Abhängigkeit der Entropie S^α eines Bereiches α von der inneren Energie U^α und den Arbeitskoordinaten l_i^α bei konstanten Molzahlen n_k^α an. Wir können also schreiben:

$$T^\alpha \left(\frac{\partial S^\alpha}{\partial U^\alpha}\right)_{l_i^\alpha,\, n_k^\alpha} = 1, \qquad [1\text{-}9.1]$$

$$T^\alpha \left(\frac{\partial S^\alpha}{\partial l_i^\alpha}\right)_{U^\alpha,\, l_j^\alpha,\, n_k^\alpha} = -L_i^\alpha, \qquad [1\text{-}9.2]$$

wobei l_j^α in Gl. [2] für alle Arbeitskoordinaten außer l_i^α steht, L_i^α den zu l_i^α gehörigen Arbeitskoeffizienten bedeutet und T^α die absolute Temperatur ist.

Da die Entropie nach § 1.8 auch von den Molzahlen n_k^α abhängt, führen wir, in Analogie zu den Arbeitskoeffizienten, folgenden Ausdruck ein:

$$\mu_k^\alpha \equiv -T^\alpha \left(\frac{\partial S^\alpha}{\partial n_k^\alpha}\right)_{U^\alpha,\, l_i^\alpha,\, n_j^\alpha}, \qquad [1\text{-}9.3]$$

worin n_j^α für alle Molzahlen außer n_k^α steht. Die intensive Zustandsfunktion μ_k^α bezeichnen wir als *chemisches Potential* des Stoffes k im Bereich α. Diese fundamentale Größe wurde auf ähnliche Weise schon von GIBBS (1875) definiert[3]).

---

[1]) R. HAASE, Z. physik. Chem. Neue Folge **12**, 1 (1957).

[2]) R. HAASE, Z. physik. Chem. Neue Folge **9**, 355 (1956).

[3]) Der Differentialquotient in Gl. [3] darf nicht mit der *partiellen molaren Entropie* S_k^α des Stoffes k im Bereich α verwechselt werden. Für diese gilt nach Gl. [1-6.2]:

$$S_k^\alpha = \left(\frac{\partial S^\alpha}{\partial n_k^\alpha}\right)_{T^\alpha,\, L_i^\alpha,\, n_j^\alpha}.$$

Der Zusammenhang zwischen dem chemischen Potential und der partiellen molaren Entropie wird in § 1.12 abgeleitet.

Mit Gl. [1] bis [3] können wir den allgemeinen Ausdruck für das Differential der Entropie irgendeines Bereiches variabler Menge und Zusammensetzung formulieren und somit Gl. [1-8.1] erweitern:

$$T^\alpha\, dS^\alpha = d\,U^\alpha - \sum_i L_i^\alpha\, dl_i^\alpha - \sum_k \mu_k^\alpha\, dn_k^\alpha. \qquad [1\text{-}9.4]$$

Hierin ist die erste Summe über alle Arbeitskoeffizienten bzw. Arbeitskoordinaten und die zweite Summe über alle Stoffe zu erstrecken. Diese grundlegende Beziehung nennen wir *verallgemeinerte* GIBBS*sche Hauptgleichung*. Sie gilt, da die Änderungen der Molzahlen sowohl durch chemische Reaktionen im Inneren des Bereiches als auch durch Materieaustausch mit der Außenwelt zustande kommen können, in gleicher Weise für geschlossene wie für offene Bereiche. Auch ist sie, weil sie nur Differentiale von Zustandsvariablen enthält, keineswegs auf reversible Zustandsänderungen beschränkt (vgl. § 1.23).

Wie aus Gl. [1-7.1] bzw. [1-7.2] ersichtlich, hat der in Gl. [4] auftretende Term

$$\sum_i L_i^\alpha\, d\,l_i^\alpha$$

bzw. der Ausdruck

$$d\,U^\alpha - \sum_i L_i^\alpha\, d\,l_i^\alpha$$

nur dann die Bedeutung einer am Bereich geleisteten Arbeit bzw. einer dem Bereich zugeführten Wärme, wenn der Bereich *geschlossen* ist und es sich um eine infinitesimale Änderung des *inneren* Zustandes *ohne* dissipative Effekte handelt.

Im einfachsten Falle, d. h. wenn nur das Volumen (V^α) als Arbeitskoordinate und dementsprechend der negative Druck ($-P^\alpha$) als zugehöriger Arbeitskoeffizient auftritt, reduziert sich Gl. [4] auf die klassische GIBBS*sche Hauptgleichung*:

$$T^\alpha\, dS^\alpha = d\,U^\alpha + P^\alpha\, d\,V^\alpha - \sum_k \mu_k^\alpha\, d\,n_k^\alpha, \qquad [1\text{-}9.5]$$

die für jeden isotropen Bereich ohne Elektrisierung und Magnetisierung gilt.

Die als Differentiale in Gl. [4] enthaltenen Größen sind extensive, die übrigen Größen aber intensive Zustandsvariable. Daher folgt:

$$T^\alpha S^\alpha = U^\alpha - \sum_i L_i^\alpha\, l_i^\alpha - \sum_k \mu_k^\alpha\, n_k^\alpha. \qquad [1\text{-}9.6]$$

Der Übergang von Gl. [4] zu Gl. [6] kann entweder anschaulich als Integrationsprozeß bei Konstanz der intensiven Größen, entsprechend einer

Änderung der Menge des Bereiches bei Erhaltung der qualitativen Beschaffenheit (Temperatur, Druck, Zusammensetzung usw.), oder formal als Anwendung des EULERschen Satzes auf homogene Funktionen ersten Grades angesehen werden.

Bezeichnen wir mit y irgendeine Zustandsvariable des Bereiches (unter Fortlassen des Index α), so gilt:

$$T d\left(\frac{S}{y}\right) = T S d\left(\frac{1}{y}\right) + \frac{T}{y} dS.$$

Hieraus ergibt sich mit Hilfe von Gl. [4] und [6]:

$$T d\left(\frac{S}{y}\right) = \left(U - \sum_i L_i l_i - \sum_k \mu_k n_k\right) d\left(\frac{1}{y}\right)$$

$$+ \frac{1}{y}\left(dU - \sum_i L_i \, dl_i - \sum_k \mu_k \, dn_k\right).$$

Damit erhalten wir:

$$T d\left(\frac{S}{y}\right) = d\left(\frac{U}{y}\right) - \sum_i L_i \, d\left(\frac{l_i}{y}\right) - \sum_k \mu_k \, d\left(\frac{n_k}{y}\right). \qquad [1\text{-}9.7]$$

Setzen wir z. B. für y die Gesamtmolzahl n bzw. das Volumen V des Bereiches ein, so finden wir bei Beachtung von Gl. [1-6.4] bis [1-6.7] für das Differential der molaren Entropie $\overline{S}$ bzw. der Entropiedichte S_V:

$$T \, d\overline{S} = d\overline{U} - \sum_i L_i \, d\overline{l}_i - \sum_k \mu_k \, dx_k \qquad [1\text{-}9.8]$$

bzw.

$$T \, dS_V = dU_V - \sum_i L_i \, dl_{iV} - \sum_k \mu_k \, dc_k. \qquad [1\text{-}9.9]$$

Hierin bedeutet $\overline{U}$ die molare innere Energie, $\overline{l}_i$ eine molare Arbeitskoordinate (z. B. Molvolumen $\overline{V}$, molares elektrisches Moment $\vec{\mathfrak{P}}\,\overline{V}$), x_k den Molenbruch des Stoffes k, U_V die Dichte der inneren Energie, l_{iV} eine auf die Volumeneinheit bezogene Arbeitskoordinate (z. B. elektrische Polarisation $\vec{\mathfrak{P}}$) und c_k die molare Volumenkonzentration des Stoffes k.

Im Falle eines isotropen Bereiches ohne elektrische und magnetische Polarisation tritt wieder, wie in Gl. [5], das Volumen (V) bzw. der negative Druck ($-P$) als einzige Arbeitskoordinate bzw. als einziger Arbeitskoeffizient auf. Wir erhalten dann aus Gl. [7] bis [9] folgende Formen der

GIBBSschen Hauptgleichung:

$$T d\left(\frac{S}{y}\right) = d\left(\frac{U}{y}\right) + P d\left(\frac{V}{y}\right) - \sum_k \mu_k d\left(\frac{n_k}{y}\right), \qquad [1\text{-}9.10]$$

$$T d\bar{S} = d\bar{U} + P d\bar{V} - \sum_k \mu_k dx_k, \qquad [1\text{-}9.11]$$

$$T dS_V = dU_V - \sum_k \mu_k dc_k. \qquad [1\text{-}9.12]$$

Für isotrope Bereiche ohne Elektrisierung und Magnetisierung, die nur einen einzigen Stoff enthalten, findet man aus Gl. [5] bzw. [11]:

$$TdS = dU + PdV - \mu dn$$

bzw.

$$Td\bar{S} = d\bar{U} + Pd\bar{V}.$$

Die letzte Gleichung ist im wesentlichen die von PLANCK benutzte Form der GIBBSschen Hauptgleichung. (Bei Mischungen verwendet PLANCK eine andere Darstellungsweise.)

Setzt man isotrope Bereiche ohne elektrische und magnetische Polarisation voraus, bei denen Menge und Zusammensetzung konstant sind, so leitet man aus Gl. [5] ab:

$$TdS = dU + PdV.$$

Diese einfache Beziehung war schon CLAUSIUS bekannt.

Zwei weitere Spezialformen der verallgemeinerten GIBBSschen Hauptgleichung sollen noch erörtert werden, da sie später verwendet werden.

Für einen isotropen Bereich mit Elektrisierung und Magnetisierung folgt aus Gl. [9] und Tab. 1, S. 8:

$$T dS_V = dU_V - \vec{\mathfrak{E}} d\vec{\mathfrak{P}} - \vec{\mathfrak{H}} d\vec{\mathfrak{M}} - \sum_k \mu_k dc_k. \qquad [1\text{-}9.13]$$

Dabei ist $\vec{\mathfrak{E}}$ die elektrische Feldstärke, $\vec{\mathfrak{P}}$ die elektrische Polarisation, $\vec{\mathfrak{H}}$ die magnetische Feldstärke und $\vec{\mathfrak{M}}$ die Magnetisierung. Gl. [13] wird in § 1.12 und in § 4.34 benutzt.

Bei anisotropen Bereichen ohne elektrische und magnetische Polarisation gehen wir von Gl. [7] aus und setzen $y = m$ (Masse des Bezugsvolumenelementes vom Volumen V_0). Mit $m/V_0 = \varrho$ (Dichte des Bereiches) erhalten wir dann gemäß Tab. 1, S. 8:

$$T\,ds = du - \frac{1}{\varrho}\sum_{i,j}\tau_{ij}\,d\varepsilon_{ij} - \sum_k \mu_k^* \,d y_k. \qquad [1\text{-}9.14]$$

Hierin sind s ($= S/m$) die spezifische Entropie, u ($= U/m$) die spezifische innere Energie, die τ_{ij} bzw. ε_{ij} die Spannungs- bzw. Dehnungskomponenten, y_k ($= M_k n_k/m$, $M_k =$ Molmasse des Stoffes k) der Massenbruch der Substanz k und

$$\mu_k^* = \frac{\mu_k}{M_k} \qquad [1\text{-}9.15]$$

das spezifische chemische Potential des Stoffes k. Die erste Summe in Gl. [14] ist eine Abkürzung:

$$\sum_{i,j}\tau_{ij}\,d\varepsilon_{ij} \equiv \sum_{i=1}^{3}\sum_{j=1}^{3}\tau_{ij}\,d\varepsilon_{ij}.$$

Gl. [14] wird in § 4.37 benötigt.

Die verallgemeinerte GIBBSsche Hauptgleichung, die in unserer Darstellung eine direkte Konsequenz der generellen Formulierung des Zweiten Hauptsatzes in § 1.8 ist, bildet zusammen mit den Aussagen [1-8.2] bis [1-8.7] eine der wichtigsten Grundlagen der Thermodynamik, auch im Falle des Ablaufs von irreversiblen Prozessen. Eine eingehende Diskussion der Anwendbarkeit dieser fundamentalen Beziehung auf Nichtgleichgewichtszustände findet sich in § 1.23.

§ 1.10. Zusammenhang zwischen Entropie und Wärme

Wir wollen den Zusammenhang zwischen der Entropieänderung eines beliebigen heterogenen (diskontinuierlichen) Systems und der den einzelnen Systemteilen aus der Umgebung zugeführten Wärme ableiten. Wir betrachten den allgemeinsten Fall, nämlich den eines offenen nicht-isothermen Systems, bei dem sowohl zwischen den einzelnen Systemteilen (Phasen) als auch zwischen System und Umgebung beliebiger Wärme- und Stoffaustausch möglich ist[1]).

Nach Gl. [1-7.5] und [1-7.6] ist die infinitesimale Zunahme der Molzahl n_k^α des Stoffes k in der Phase α folgendermaßen zerlegbar:

$$dn_k^\alpha = d_a n_k^\alpha + d_u n_k^\alpha + d_r n_k^\alpha, \qquad [1\text{-}10.1]$$

---

[1]) Vgl. R. HAASE, Medizin. Grundlagenforschg., Band II (1959) 717.

worin sich der erste Term der rechten Seite auf Stoffaustausch mit der Umgebung des Gesamtsystems, das zweite Glied auf Materieübergang von oder zu Nachbarphasen des Systems und der dritte Term auf chemische Reaktionen im Inneren der Phase α bezieht.

Die der Phase α während einer infinitesimalen *inneren* Zustandsänderung zugeführte Wärme dQ^α ist gemäß Gl. [1-7.3], [1-7.5] und [1-7.8] durch den Ausdruck

$$dQ^\alpha = d_a Q^\alpha + d_i Q^\alpha = dU^\alpha - \sum_i L_i^\alpha \, dl_i^\alpha$$
$$- dW_{\text{diss}}^\alpha - \sum_k H_k^\alpha (d_a n_k^\alpha + d_u n_k^\alpha) \qquad [1\text{-}10.2]$$

gegeben. Dabei betrifft $d_a Q^\alpha$ den Wärmeaustausch mit der Umgebung des Gesamtsystems und $d_i Q^\alpha$ den Wärmeübergang von oder zu Nachbarphasen des Systems. U^α bedeutet die innere Energie der Phase α und H_k^α die partielle molare Enthalpie des Stoffes k in der Phase α. Die L_i^α bzw. l_i^α sind die Arbeitskoeffizienten bzw. Arbeitskoordinaten der Phase α. Der Term dW_{diss}^α schließlich ist die während einer infinitesimalen Zustandsänderung an der Phase α geleistete „dissipierte Arbeit" (elektrische Arbeit, Reibungsarbeit usw.).

Die verallgemeinerte Gibbssche Hauptgleichung [1-9.4] ergibt für das Differential der Entropie S^α der Phase α:

$$T^\alpha dS^\alpha = dU^\alpha - \sum_i L_i^\alpha \, dl_i^\alpha - \sum_k \mu_k^\alpha \, dn_k^\alpha. \qquad [1\text{-}10.3]$$

Hierin ist T^α die absolute Temperatur der Phase α und μ_k^α das chemische Potential des Stoffes k in der Phase α. Weiterhin gilt nach der in § 1.12 abzuleitenden[1]) Beziehung [1-12.6]:

$$\mu_k^\alpha = H_k^\alpha - T^\alpha S_k^\alpha,$$

wobei S_k^α die partielle molare Entropie der Substanz k in der Phase α darstellt.

Durch Kombination von Gl. [1] und [2] mit Gl. [3] findet man bei Beachtung der letzten Beziehung:

$$T^\alpha dS^\alpha = d_a Q^\alpha + T^\alpha \sum_k S_k^\alpha \, d_a n_k^\alpha + dW_{\text{diss}}^\alpha$$
$$+ d_i Q^\alpha + T^\alpha \sum_k S_k^\alpha \, d_u n_k^\alpha - \sum_k \mu_k^\alpha \, d_r n_k^\alpha. \qquad [1\text{-}10.4]$$

[1]) Die Ableitung von Gl. [1-12.6] setzt nicht etwa Ergebnisse dieses Paragraphen voraus, sondern läßt sich ohne jede Bezugnahme auf die physikalische Interpretation der Funktion G aus Gl. [1-6.2], [1-9.4] und [1-11.2] auf mathematischem Wege gewinnen.

Die ersten beiden Terme der rechten Seite hängen offensichtlich mit dem Wärme- und Stoffaustausch des Gesamtsystems mit der Außenwelt (Umgebung des Gesamtsystems) zusammen, während die folgenden Terme der Reihe nach die dissipativen Effekte (Stromdurchgang, Reibung usw.), den Wärmeübergang von oder zu benachbarten Phasen des Systems, den Materieaustausch mit Nachbarphasen und die chemischen Reaktionen im Inneren der betrachteten Phase berücksichtigen, sich also auf Vorgänge im Inneren des Gesamtsystems beziehen.

Für die Änderung der Entropie S des gesamten Systems während einer beliebigen Zustandsänderung I → II erhalten wir mit [1-8.2] bis [1-8.5]:

$$S = \sum_{\alpha} S^{\alpha}, \tag{1-10.5}$$

$$\Delta S = S_{\mathrm{II}} - S_{\mathrm{I}} = \int_{\mathrm{I}}^{\mathrm{II}} dS = \sum_{\alpha} \int_{\mathrm{I}}^{\mathrm{II}} dS^{\alpha} = \Delta_a S + \Delta_i S, \tag{1-10.6}$$

$$\Delta_i S \geqslant 0, \tag{1-10.7}$$

wobei das Ungleichheitszeichen für irreversiblen (wirklichen) Ablauf der Prozesse im Inneren des Systems und das Gleichheitszeichen für den reversiblen Grenzfall gilt.

Nach der Bedingung [1-8.7] gehören die beiden ersten Glieder der rechten Seite von Gl. [4] zu $\Delta_a S$, die restlichen Glieder zu $\Delta_i S$, wie auch aus der obigen Interpretation der einzelnen Terme hervorgeht. Wir leiten daher aus Gl. [4] bis [6] ab:

$$\Delta_a S = \sum_{\alpha} \int_{\mathrm{I}}^{\mathrm{II}} \left(\frac{d_a Q^{\alpha}}{T^{\alpha}} + \sum_{k} S_k^{\alpha} \, d_a n_k^{\alpha} \right). \tag{1-10.8}$$

Aus [6], [7] und [8] ergibt sich die Ungleichung:

$$\Delta S = S_{\mathrm{II}} - S_{\mathrm{I}} \geqslant \sum_{\alpha} \int_{\mathrm{I}}^{\mathrm{II}} \left(\frac{d_a Q^{\alpha}}{T^{\alpha}} + \sum_{k} S_k^{\alpha} \, d_a n_k^{\alpha} \right), \tag{1-10.9}$$

die für jede innere Zustandsänderung eines diskontinuierlichen Systems gültig ist. Die zu [9] analoge Beziehung für kontinuierliche Systeme wird in § 4.11 abgeleitet. Aus [9] folgen alle klassischen Formulierungen des Zweiten Hauptsatzes. Außerdem enthält [9] den gesuchten allgemeinen Zusammenhang zwischen der Entropieänderung (ΔS) eines heterogenen Systems und den infinitesimalen Wärmen ($d_a Q^{\alpha}$), die den einzelnen Phasen aus der Umgebung des Systems zugeführt werden.

Für ein *geschlossenes System* ($d_a n_k^\alpha = 0$ für alle Stoffe k und alle Phasen α) finden wir aus [9]:

$$\Delta S = S_{II} - S_I \geqslant \sum_\alpha \int_I^{II} \frac{d_a Q^\alpha}{T^\alpha}. \qquad [1\text{-}10.10]$$

Verwendet man eine andere Wärmedefinition als diejenige in Gl. [1-7.2], ersetzt also die partiellen molaren Enthalpien H_k^α in Gl. [2] durch irgendwelche andere intensive Funktionen ζ_k^α (vgl. § 1.7), so treten an die Stelle von $T^\alpha\ S_k^\alpha$ in Gl. [4], [8] und [9] die Größen $\zeta_k^\alpha - \mu_k^\alpha$. Die Ungleichung [10] bleibt aber unverändert, ist demnach invariant gegenüber einer Änderung der Definition der „Wärme" für offene Phasen, obwohl auch in einem geschlossenen System die einzelnen Phasen offen sein, d. h. beliebigen Wärme- und Materieaustausch mit Nachbarphasen aufweisen können.

Für ein *thermisch isoliertes System*, also für eine *adiabatische* Zustandsänderung, ergibt sich aus [10] mit $d_a Q^\alpha = 0$ (für alle Phasen α):

$$\Delta S \geqslant 0 \text{ (adiabatische Zustandsänderung)}, \qquad [1\text{-}10.11]$$

in Übereinstimmung mit [1-8.8] und [1-8.9].

Für eine *isotherme* Zustandsänderung in einem geschlossenen System folgt aus [10] mit Gl. [1-7.9]:

$$\Delta S \geqslant \frac{Q}{T} \text{ (isotherme Zustandsänderung)}, \qquad [1\text{-}10.12]$$

worin T die (örtlich und zeitlich konstante) absolute Temperatur des Systems und Q die dem System aus der Umgebung zugeführte Wärme ist.

Die Beziehung [10] wird in vielen traditionellen Darstellungen der Thermodynamik an den Anfang der Ausführungen über den Zweiten Hauptsatz gestellt, und zwar meist in der Form

$$\Delta S = \int \frac{d\,Q_{\text{rev}}}{T}, \qquad [1\text{-}10.13]$$

$$\Delta S > \int \frac{d\,Q_{\text{irrev}}}{T}, \qquad [1\text{-}10.14]$$

wobei die erste Gleichung geradezu als „Entropiedefinition" benutzt wird. Eine solche Betrachtungsweise führt zu begrifflichen Schwierigkeiten. Auch hat die Formulierung [14] oft zu Mißverständnissen bezüglich der Bedeutung der Größen $d\,Q_{\text{irrev}}$ und T Anlaß gegeben.

Daß die klassischen Beziehungen [13] und [14] im Sinne von [10] zu interpretieren sind, bemerkt schon Gibbs, der in der Einleitung zu seiner Abhandlung

"On the Equilibrium of Heterogeneous Substances" im Jahre 1875 schreibt[1]): "... the difference of entropy is the limit of all the possible values of the integral $\int \frac{dQ}{t}$ (dQ denoting the element of the heat received from external sources, and t the temperature of the part of the system receiving it) ..."

§ 1.11. Freie Energie und Freie Enthalpie

Wir definieren zwei weitere extensive Zustandsfunktionen, die *Freie Energie* F und die *Freie Enthalpie* G (vgl. Gl. [1-5.1] und [1-5.2]):

$$F^\alpha \equiv U^\alpha - T^\alpha S^\alpha, \qquad [1\text{-}11.1]$$

$$G^\alpha \equiv H^\alpha - T^\alpha S^\alpha = U^\alpha - \sum_i L_i^\alpha l_i^\alpha - T^\alpha S^\alpha = F^\alpha - \sum_i L_i^\alpha l_i^\alpha, \qquad [1\text{-}11.2]$$

$$F \equiv \sum_\alpha F^\alpha, \qquad G \equiv \sum_\alpha G^\alpha. \qquad [1\text{-}11.3]$$

Die Funktion G^α wird mit der gewöhnlich „Freie Enthalpie" genannten Größe

$$G^\alpha \equiv U^\alpha + P^\alpha V^\alpha - T^\alpha S^\alpha = F^\alpha + P^\alpha V^\alpha \qquad [1\text{-}11.4]$$

identisch, wenn es sich um einen isotropen Bereich ohne Elektrisierung und Magnetisierung handelt.

Infolge von Gl. [1-9.6] und Gl. [2] gilt ganz allgemein für einen einzelnen Bereich α:

$$G^\alpha = \sum_k \mu_k^\alpha n_k^\alpha. \qquad [1\text{-}11.5]$$

Mit Gl. [1-6.4] bis [1-6.7] folgt für die molare Freie Enthalpie des Bereiches:

$$\overline{G}^\alpha = \sum_k \mu_k^\alpha x_k^\alpha \qquad [1\text{-}11.6]$$

und für die Dichte der Freien Enthalpie des Bereiches:

$$G_V^\alpha = \sum_k \mu_k^\alpha c_k^\alpha. \qquad [1\text{-}11.7]$$

Aus Gl. [6] ist ersichtlich, daß bei Einstoffsystemen das chemische Potential mit der molaren Freien Enthalpie des betreffenden Bereiches zusammenfällt.

---

[1]) J. W. Gibbs, The Collected Works, Vol. I (Thermodynamics) (New Haven 1948) 55.

Wir betrachten jetzt eine *isotherme* Änderung des *inneren* Zustandes eines *geschlossenen* Systems. Dann finden wir nach Gl. [1-10.12]:

$$T\Delta S \geqslant Q \text{ (isotherme Zustandsänderung)}, \qquad [1\text{-}11.8]$$

worin Q die dem geschlossenen System bei örtlich und zeitlich konstanter Temperatur T zugeführte Wärme bedeutet. Das Ungleichheitszeichen gilt bei irreversiblem (wirklichem) Ablauf der Prozesse und das Gleichheitszeichen für den reversiblen Grenzfall.

Mit Gl. [1] und [3] ergibt sich für die Zunahme der Freien Energie F bei isothermen Vorgängen:

$$\Delta F = \Delta U - T\Delta S. \qquad [1\text{-}11.9]$$

Hieraus leiten wir mit Hilfe von Gl. [1-4.8] und [8] für eine isotherme Änderung des inneren Zustandes eines geschlossenen Systems ab:

$$\Delta F \leqslant W \text{ (isotherme Zustandsänderung)} \qquad [1\text{-}11.10]$$

mit

$$W = W_l + W', \qquad [1\text{-}11.11]$$

worin W die gesamte am System geleistete Arbeit, W_l die reversible Deformations-, Elektrisierungs- und Magnetisierungsarbeit und W' die restliche Arbeit ist. Bei Konstanz aller Arbeitskoordinaten folgt aus Gl. [1-3.11], [10] und [11]:

$$\Delta F \leqslant W' \text{ (isotherme Zustandsänderung bei konstanten Arbeitskoordinaten)}. \qquad [1\text{-}11.12]$$

Aus Gl. [2] und [3] finden wir für die Zunahme der Freien Enthalpie G bei einem isothermen Prozeß:

$$\Delta G = \Delta H - T\Delta S. \qquad [1\text{-}11.13]$$

Daraus ergibt sich mit Hilfe von Gl. [1-5.4] und [8] für eine isotherme innere Zustandsänderung eines geschlossenen Systems bei Konstanz aller Arbeitskoeffizienten:

$$\Delta G \leqslant W' \text{ (isotherme Zustandsänderung bei konstanten Arbeitskoeffizienten)}. \qquad [1\text{-}11.14]$$

Durch die Aussagen [10], [12] und [14] erhalten die oben formal eingeführten Größen F und G eine einfache physikalische Interpretation.

Ein häufig in Frage kommender Spezialfall ist ein geschlossenes System, in dem sich Prozesse wie Phasenumwandlungen, Mischungs- und Entmischungsvorgänge oder chemische Reaktionen abspielen, die isotherm und bei konstanten Arbeitskoeffizienten vor sich gehen. Sieht man von chemischen Reaktionen in galvanischen Ketten ab, so besteht die am System geleistete Arbeit praktisch nur in reversibler Deformations-, Elektrisierungs- und Magnetisierungsarbeit (insbesondere in reversibler Volumenarbeit), die auf den mit den genannten Prozessen verknüpften Änderungen der Arbeitskoordinaten (insbesondere den Volumenänderungen) beruht. Wir erhalten für diesen Fall aus Gl. [14]:

$$\Delta G \leqslant 0. \qquad [1\text{-}11.15]$$

Bei isotropen Systemen ohne Elektrisierung und Magnetisierung ergibt sich aus Gl. [1-5.3], [1-5.4], [4], [13] und [15]:

$$\Delta H = \Delta U + P\Delta V = Q, \qquad [1\text{-}11.16]$$

$$\Delta G = \Delta H - T\Delta S = \Delta F + P\Delta V = \Delta U - T\Delta S + P\Delta V \leqslant 0. \qquad [1\text{-}11.17]$$

Hierin ist P der (örtlich und zeitlich konstante) Druck und ΔV die bei den betrachteten isotherm-isobaren Prozessen auftretende Volumenzunahme[1]). Bei chemischen Reaktionen bezieht man diese Gleichungen auf einen Formelumsatz und nennt dann ΔU die „Reaktionsenergie", ΔH die „Reaktionsenthalpie", ΔS die „Reaktionsentropie" und ΔG die „Freie Reaktionsenthalpie".

§ 1.12. Charakteristische Funktionen und Fundamentalgleichungen

Betrachten wir die verallgemeinerte GIBBSsche Hauptgleichung [1-9.4] genauer, so erkennen wir, daß alle thermodynamischen Größen (einschließlich H, F und G) aus der Entropie S (U, l_i, n_k) und ihren Differentialquotienten nach den zugehörigen unabhängigen Variablen ableitbar sind. Man nennt eine so gewählte Zustandsfunktion nach MASSIEU eine *charakteristische Funktion* für die betreffenden Variablen und die zugehörige Differentialbeziehung nach GIBBS eine *Fundamentalgleichung*. So ist die Entropie S die charakteristische Funktion für die Variablen U, l_i, n_k, und entsprechend stellt die verallgemeinerte GIBBSsche Hauptgleichung [1-9.4] eine Fundamentalgleichung dar.

---

[1]) Die Beziehungen [15] und [17] sind nicht an die Voraussetzung $W' = 0$ gebunden, wenn die Änderungen der Arbeitskoordinaten nur Begleiterscheinungen der betrachteten Prozesse darstellen. Dann kann man nämlich in Gedanken die Vorgänge immer so ablaufen lassen, daß nur reversible Deformations-, Elektrisierungs- und Magnetisierungsarbeit geleistet wird. Da Anfangs- und Endzustand des Systems bei diesem Gedankenversuch ($W' = 0$) mit den entsprechenden Zuständen beim wirklichen Experiment ($W' \neq 0$) übereinstimmen, hat ΔG stets denselben Wert, so daß die Aussagen [15] und [17] gültig bleiben.

Wenn wir einfachheitshalber den Index α in allen folgenden Beziehungen, die für einen einzelnen Bereich gelten, fortlassen, erhalten wir aus Gl. [1-9.4] bei Berücksichtigung von Gl. [1-5.1], [1-11.1] und [1-11.2]:

$$dU = \quad T\,dS + \sum_i L_i\,dl_i + \sum_k \mu_k\,dn_k, \qquad [1\text{-}12.1]$$

$$dH = \quad T\,dS - \sum_i l_i\,dL_i + \sum_k \mu_k\,dn_k, \qquad [1\text{-}12.2]$$

$$dF = -S\,dT + \sum_i L_i\,dl_i + \sum_k \mu_k\,dn_k, \qquad [1\text{-}12.3]$$

$$dG = -S\,dT - \sum_i l_i\,dL_i + \sum_k \mu_k\,dn_k. \qquad [1\text{-}12.4]$$

Diese Differentialbeziehungen sind Fundamentalgleichungen, so daß die Funktionen $U\,(S, l_i, n_k)$, $H\,(S, L_i, n_k)$, $F\,(T, l_i, n_k)$ und $G\,(T, L_i, n_k)$ charakteristische Funktionen darstellen. In Verallgemeinerung eines Merkschemas von GUGGENHEIM können wir symbolisch schreiben:

$$\begin{matrix} S & U & l \\ H & & F \\ L & G & T \end{matrix}$$

Aus Gl. [1] bis [4] leitet man zunächst einen Ausdruck für das chemische Potential ab, der die ursprüngliche Definition [1-9.3] ergänzt:

$$\mu_k = \left(\frac{\partial U}{\partial n_k}\right)_{S,\,l_i,\,n_j} = \left(\frac{\partial H}{\partial n_k}\right)_{S,\,L_i,\,n_j} = \left(\frac{\partial F}{\partial n_k}\right)_{T,\,l_i,\,n_j} = \left(\frac{\partial G}{\partial n_k}\right)_{T,\,L_i,\,n_j} \qquad [1\text{-}12.5]$$

Hieraus geht bei Vergleich mit Gl. [1-6.2] hervor: Das chemische Potential kann als „partielle molare Freie Enthalpie" bezeichnet werden und hängt als *intensive* Zustandsfunktion von der Temperatur, den Arbeitskoeffizienten und der Zusammensetzung, nicht aber von der Substanzmenge des betrachteten Bereiches ab.

Aus Gl. [1-6.2], [1-11.2], [4] und [5] folgen einige wichtige Zusammenhänge für das chemische Potential μ_k:

$$\mu_k = H_k - T S_k, \qquad [1\text{-}12.6]$$

$$\left(\frac{\partial \mu_k}{\partial T}\right)_{L_i,\,n_k} = -S_k, \qquad [1\text{-}12.7]$$

$$\left(\frac{\partial(\mu_k/T)}{\partial T}\right)_{L_i,n_k} = -\frac{H_k}{T^2}, \qquad [1\text{-}12.8]$$

$$\left(\frac{\partial \mu_k}{\partial L_i}\right)_{T,\,L_j,\,n_k} = -\left(\frac{\partial l_i}{\partial n_k}\right)_{T,\,L_i,\,n_j}, \qquad [1\text{-}12.9]$$

worin H_k die partielle molare Enthalpie und S_k die partielle molare Entropie des Stoffes k ist. Der Differentialquotient auf der rechten Seite von Gl. [9] bedeutet eine partielle molare Arbeitskoordinate[1]).

Bei isotropen Bereichen ohne elektrische und magnetische Polarisation gilt:

$$\sum_i L_i l_i = -PV. \qquad [1\text{-}12.10]$$

Führen wir das partielle Molvolumen des Stoffes k

$$\left(\frac{\partial V}{\partial n_k}\right)_{T,\,P,\,n_j} \equiv V_k \qquad [1\text{-}12.11]$$

ein, so finden wir aus Gl. [9]:

$$\left(\frac{\partial \mu_k}{\partial P}\right)_{T,\,n_k} = V_k. \qquad [1\text{-}12.12]$$

Für den genannten Fall nehmen auch die Fundamentalgleichungen [1] bis [4] eine einfachere Gestalt an. Es gilt nämlich nach Gl. [10]:

$$\sum_i L_i \, dl_i = -P\,dV, \quad \sum_i l_i \, dL_i = -V\,dP. \qquad [1\text{-}12.13]$$

Daraus resultiert mit Gl. [1] bis [4]:

$$dU = T\,dS - P\,dV + \sum_k \mu_k \, dn_k, \qquad [1\text{-}12.14]$$

$$dH = T\,dS + V\,dP + \sum_k \mu_k \, dn_k, \qquad [1\text{-}12.15]$$

$$dF = -S\,dT - P\,dV + \sum_k \mu_k \, dn_k, \qquad [1\text{-}12.16]$$

$$dG = -S\,dT + V\,dP + \sum_k \mu_k \, dn_k. \qquad [1\text{-}12.17]$$

Dies sind die klassischen GIBBSschen Fundamentalgleichungen.

Schreibt man die GIBBSsche Hauptgleichung in der Form [1-9.11], beachtet die Definitionen [1-5.3], [1-6.6], [1-11.1] und [1-11.4] sowie die aus Gl. [1-6.4] folgende Identität

$$\sum_{k=1}^{N} dx_k = 0, \qquad [1\text{-}12.18]$$

---

[1]) Gl. [9] liefert u. a. die „teinochemischen Beziehungen“ von KUHN[2]).

[2]) W. KUHN, I. TÓTH und H. J. KUHN, Helv. Chim. Acta **45**, 2325 (1962).

wobei x_k der Molenbruch des Stoffes k und N die Zahl der Stoffe ist, und wählt die Molenbrüche $x_1, x_2, \ldots x_{N-1}$ als unabhängige Konzentrationsvariable, so erhält man an Stelle von Gl. [14] bis [17] folgende Beziehungen:

$$d\overline{U} = T\,d\overline{S} - P\,d\overline{V} + \sum_{k=1}^{N-1} (\mu_k - \mu_N)\,dx_k, \qquad [1\text{-}12.19]$$

$$d\overline{H} = T\,d\overline{S} + \overline{V}\,dP + \sum_{k=1}^{N-1} (\mu_k - \mu_N)\,dx_k, \qquad [1\text{-}12.20]$$

$$d\overline{F} = -\overline{S}\,dT - P\,d\overline{V} + \sum_{k=1}^{N-1} (\mu_k - \mu_N)\,dx_k, \qquad [1\text{-}12.21]$$

$$d\overline{G} = -\overline{S}\,dT + \overline{V}\,dP + \sum_{k=1}^{N-1} (\mu_k - \mu_N)\,dx_k. \qquad [1\text{-}12.22]$$

Hierin sind $\overline{U}$, $\overline{S}$ usw. molare Zustandsfunktionen und μ_N das chemische Potential derjenigen Komponente (N), deren Molenbruch (x_N) als abhängige Variable erscheint. Aus Gl. [19] bis [22] findet man:

$$\mu_k - \mu_N = \left(\frac{\partial \overline{U}}{\partial x_k}\right)_{\overline{S},\,\overline{V},\,x} = \left(\frac{\partial \overline{H}}{\partial x_k}\right)_{\overline{S},\,P,\,x}$$

$$= \left(\frac{\partial \overline{F}}{\partial x_k}\right)_{T,\,\overline{V},\,x} = \left(\frac{\partial \overline{G}}{\partial x_k}\right)_{T,\,P,\,x} (k = 1, 2, \ldots N-1). \qquad [1\text{-}12.23]$$

Dabei bedeutet der Index $_x$ Konstanz aller unabhängigen Molenbrüche außer x_k.

Für isotrope Bereiche mit Elektrisierung und Magnetisierung gilt (vgl. Tab. 1, S. 8):

$$\sum_i L_i l_{iV} = -P + \vec{\mathfrak{E}}\,\vec{\mathfrak{P}} + \vec{\mathfrak{H}}\,\vec{\mathfrak{M}}, \qquad [1\text{-}12.24]$$

worin l_{iV} eine auf die Volumeneinheit bezogene Arbeitskoordinate, $\vec{\mathfrak{E}}$ bzw. $\vec{\mathfrak{H}}$ die elektrische bzw. magnetische Feldstärke und $\vec{\mathfrak{P}}$ bzw. $\vec{\mathfrak{M}}$ die elektrische Polarisation bzw. Magnetisierung ist. Wir gehen hier von der verallgemeinerten GIBBSschen Hauptgleichung in der Gestalt [1-9.13] aus und schreiben dementsprechend für das Differential der Entropiedichte S_V (U_V = Dichte der inneren Energie):

$$T\,dS_V = dU_V - \vec{\mathfrak{E}}\,d\vec{\mathfrak{P}} - \vec{\mathfrak{H}}\,d\vec{\mathfrak{M}} - \sum_k \mu_k\,dc_k. \qquad [1\text{-}12.25]$$

Dabei bedeutet c_k die molare Volumenkonzentration des Stoffes k. Mit Gl. [24] folgt aus Gl. [1-5.1], [1-6.7], [1-11.1] und [1-11.2]:

$$H_V = U_V + P - \vec{\mathfrak{E}}\vec{\mathfrak{P}} - \vec{\mathfrak{H}}\vec{\mathfrak{M}} \text{ (Enthalpiedichte)}, \qquad [1\text{-}12.26]$$

$$F_V = U_V - TS_V \text{ (Dichte der Freien Energie)}, \qquad [1\text{-}12.27]$$

$$G_V = H_V - TS_V \text{ (Dichte der Freien Enthalpie)}. \qquad [1\text{-}12.28]$$

Aus Gl. [25] bis [28] ergeben sich die Fundamentalgleichungen:

$$dU_V = T\,dS_V + \vec{\mathfrak{E}}\,d\vec{\mathfrak{P}} + \vec{\mathfrak{H}}\,d\vec{\mathfrak{M}} + \sum_k \mu_k\,dc_k, \qquad [1\text{-}12.29]$$

$$dH_V = T\,dS_V + dP - \vec{\mathfrak{P}}\,d\vec{\mathfrak{E}} - \vec{\mathfrak{M}}\,d\vec{\mathfrak{H}} + \sum_k \mu_k\,dc_k, \qquad [1\text{-}12.30]$$

$$dF_V = -S_V\,dT + \vec{\mathfrak{E}}\,d\vec{\mathfrak{P}} + \vec{\mathfrak{H}}\,d\vec{\mathfrak{M}} + \sum_k \mu_k\,dc_k, \qquad [1\text{-}12.31]$$

$$dG_V = -S_V\,dT + dP - \vec{\mathfrak{P}}\,d\vec{\mathfrak{E}} - \vec{\mathfrak{M}}\,d\vec{\mathfrak{H}} + \sum_k \mu_k\,dc_k. \qquad [1\text{-}12.32]$$

Aus Gl. [32] resultiert nun beispielsweise:

$$\left(\frac{\partial \mu_k}{\partial P}\right)_{T,\vec{\mathfrak{E}},\vec{\mathfrak{H}},c_k} = 0, \qquad [1\text{-}12.33]$$

$$d\mu_k = -\left(\frac{\partial \vec{\mathfrak{P}}}{\partial c_k}\right)_{T,\vec{\mathfrak{E}},\vec{\mathfrak{H}},c_j} d\vec{\mathfrak{E}} \;\; (T = \text{const}, \vec{\mathfrak{H}} = \text{const}, c_k = \text{const}), \qquad [1\text{-}12.34]$$

$$d\mu_k = -\left(\frac{\partial \vec{\mathfrak{M}}}{\partial c_k}\right)_{T,\vec{\mathfrak{E}},\vec{\mathfrak{H}},c_j} d\vec{\mathfrak{H}} \;\; (T = \text{const}, \vec{\mathfrak{E}} = \text{const}, c_k = \text{const}). \qquad [1\text{-}12.35]$$

Die chemischen Potentiale μ_k – sowie $\vec{\mathfrak{P}}$ und $\vec{\mathfrak{M}}$ (vgl. Gl. [32]) – hängen in dieser Darstellungsweise von der Temperatur T, den Konzentrationen c_1, $c_2, \ldots, c_N$ der N Stoffe sowie der elektrischen Feldstärke $\vec{\mathfrak{E}}$ und der magnetischen Feldstärke $\vec{\mathfrak{H}}$ ab. (Der Druck P fällt hier als unabhängige Variable weg. Andernfalls müßten wir eine der Konzentrationen gemäß Gl. [1-6.11] eliminieren.) Die Beziehungen [25], [26], [34] und [35] werden uns später (§ 4.34) nützlich sein.

Als weiteres Beispiel betrachten wir einen elastischen Stab oder Draht der Länge l unter der (inneren) Zugkraft K (vgl. S. 49), der gleichzeitig in einem elektrostatischen Felde in Längsrichtung polarisierbar ist. Hier können wir direkt von den Fundamentalgleichungen [1] bis [4] ausgehen. Es gilt für den vorliegenden Fall (vgl. Tab. 1, S. 8):

$$\sum_i L_i l_i = K l + \mathfrak{E}\mathfrak{P}', \tag{1-12.36}$$

wobei $\mathfrak{E}$ bzw. $\mathfrak{P}'$ die Komponente der elektrischen Feldstärke bzw. des totalen elektrischen Momentes (des Produktes aus elektrischer Polarisation und Volumen) in der Längsrichtung bedeutet. Wir haben also folgende Fundamentalgleichungen, wenn wir der Einfachheit halber konstante Menge und konstante Zusammensetzung voraussetzen:

$$dU = TdS + Kdl + \mathfrak{E}d\mathfrak{P}', \tag{1-12.37}$$

$$dH = TdS - ldK - \mathfrak{P}'d\mathfrak{E}, \tag{1-12.38}$$

$$dF = -SdT + Kdl + \mathfrak{E}d\mathfrak{P}', \tag{1-12.39}$$

$$dG = -SdT - ldK - \mathfrak{P}'d\mathfrak{E}. \tag{1-12.40}$$

In diesen Beziehungen sind die Verknüpfungen zwischen den thermoelastischen, pyroelektrischen und piezoelektrischen Erscheinungen für den einfachsten (eindimensionalen) Fall enthalten. So folgt etwa aus Gl. [40]:

$$\left(\frac{\partial l}{\partial \mathfrak{E}}\right)_{T,K} = \left(\frac{\partial \mathfrak{P}'}{\partial K}\right)_{T,\mathfrak{E}}. \tag{1-12.41}$$

Die linke Seite von Gl. [41] beschreibt die „Elektrostriktion", die rechte Seite die „Piezoelektrizität".

§ 1.13. Gibbs-Duhemsche Beziehung

Setzen wir in der Differentialbeziehung [1-6.13] die Freie Enthalpie G an die Stelle von Z, so finden wir mit Hilfe von Gl. [1-12.4] die *verallgemeinerte* GIBBS-DUHEM*sche Beziehung*, gültig für jeden beliebigen Bereich:

$$SdT + \sum_i l_i\, dL_i + \sum_k n_k\, d\mu_k = 0\,. \tag{1-13.1}$$

Mit Gl. [1-6.4] bis [1-6.7] können wir Gl. [1] auch in der Gestalt

$$\bar{S}dT + \sum_i \bar{l}_i\, dL_i + \sum_k x_k\, d\mu_k = 0 \tag{1-13.2}$$

oder

$$S_V\, dT + \sum_i l_{iV}\, dL_i + \sum_k c_k\, d\mu_k = 0 \tag{1-13.3}$$

schreiben.

Für isotrope Bereiche ohne Elektrisierung und Magnetisierung erhalten wir mit Gl. [1-12.13] aus Gl. [1] bis [3] die verschiedenen Formen der klassischen GIBBS-DUHEM*schen Beziehung*:

$$S dT - V dP + \sum_k n_k \, d\mu_k = 0, \qquad [1\text{-}13.4]$$

$$\overline{S} dT - \overline{V} d P + \sum_k x_k \, d\mu_k = 0, \qquad [1\text{-}13.5]$$

$$S_V \, dT - dP + \sum_k c_k \, d \mu_k = 0. \qquad [1\text{-}13.6]$$

Gl. [4] geht auf GIBBS (1875) und DUHEM (1886) zurück. Gl. [5] bildet einen der Ausgangspunkte für die Thermodynamik der Mehrphasengleichgewichte[1]).

Bei isotropen Bereichen mit elektrischer und magnetischer Polarisation ergibt sich aus Gl. [1-12.24] und Gl. [3]:

$$S_V \, dT - dP + \vec{\mathfrak{P}} \, d\vec{\mathfrak{E}} + \vec{\mathfrak{M}} \, d\vec{\mathfrak{H}} + \sum_k c_k \, d\mu_k = 0. \qquad [1\text{-}13.7]$$

Diese Differentialbeziehung wird später (§ 4.34) benötigt. Sie reduziert sich für $\vec{\mathfrak{P}} = 0$, $\vec{\mathfrak{M}} = 0$ auf Gl. [6].

Ein weiteres Beispiel liefert eine autonome Grenzflächenphase, bei der das Volumen (V) und die Oberfläche (ω) die Arbeitskoordinaten, der negative Druck ($-P$) und die Grenzflächenspannung (σ) die zugehörigen Arbeitskoeffizienten darstellen (vgl. Tab. 1, S. 8). Wir schreiben Gl. [1] für diesen Fall an, dividieren durch ω und setzen

$$\frac{S}{\omega} \equiv S_\omega, \quad \frac{V}{\omega} \equiv \tau, \quad \frac{n_k}{\omega} \equiv \Gamma_k, \qquad [1\text{-}13.8]$$

wobei S_ω die „Oberflächendichte" der Entropie der Grenzflächenphase, τ die Dicke der Grenzschicht und Γ_k die „Oberflächenkonzentration" des Stoffes k in der Grenzflächenphase ist. Dann finden wir:

$$S_\omega \, dT - \tau dP + d\sigma + \sum_k \Gamma_k \, d \mu_k = 0. \qquad [1\text{-}13.9]$$

Diese Beziehung bildet einen der Ausgangspunkte für die Thermodynamik der Grenzflächengleichgewichte[2]).

[1]) Vgl. R. HAASE, Thermodynamik der Mischphasen (Berlin-Göttingen-Heidelberg 1956) 183.

[2]) Vgl. E. A. GUGGENHEIM, Thermodynamics, 3. Aufl. (Amsterdam 1957) 50.

§ 1.14. Affinität

Wir betrachten wieder einen einzelnen Bereich. Darin mögen sich beliebig viele chemische Reaktionen abspielen. Es sei ν_{kr} der *stöchiometrische Koeffizient* oder die *stöchiometrische Zahl* des Stoffes k in der chemischen Reaktion r und ξ_r die *Reaktionslaufzahl* dieser Reaktion. Dann gilt für eine infinitesimale Zunahme der Molzahl n_k des Stoffes k, falls der Bereich *geschlossen* ist (vgl. S. 22):

$$dn_k = \sum_r \nu_{kr}\, d\,\xi_r\,. \qquad [1\text{-}14.1]$$

Hierbei ist die Summe über alle chemischen Reaktionen zu erstrecken.

Als Beispiel betrachten wir die Reaktion

$$2\,H_2 + O_2 \rightarrow 2\,H_2O\,,$$

die innerhalb eines Bereiches ablaufen soll. Wir haben dann:

$$\nu_{H_2} = -2\,, \quad \nu_{O_2} = -1\,, \quad \nu_{H_2O} = 2\,.$$

Die Reaktionslaufzahl ξ der Reaktion ist im Falle eines geschlossenen Bereiches, d. h. bei Fehlen jeglichen Stoffaustausches mit der Umwelt, durch folgenden Ausdruck gegeben:

$$d\,\xi = \frac{1}{\nu_k}\, dn_k = -\frac{1}{2}\, dn_{H_2} = -dn_{O_2} = \frac{1}{2}\, dn_{H_2O}\,.$$

Die Größe ξ ist also eine „Umsatzvariable".

Wir definieren mit De Donder[1]) die *Affinität* A_r der chemischen Reaktion r als eine bestimmte Linearkombination der chemischen Potentiale der an der Reaktion beteiligten Substanzen:

$$A_r \equiv -\sum_k \nu_{kr}\, \mu_k\,, \qquad [1\text{-}14.2]$$

wobei μ_k das chemische Potential des Stoffes k im betrachteten Bereich (der auch offen sein kann) bedeutet und die Summe über alle Stoffe zu bilden ist.

Für die Affinität A der oben betrachteten Reaktion gilt mithin:

$$A = 2\,\mu_{H_2} + \mu_{O_2} - 2\,\mu_{H_2O}\,.$$

Daß solche Linearkombinationen von chemischen Potentialen besonders einfach zu formulierende Eigenschaften haben, zeigen wir in § 1.19, § 1.21 und § 2.3.

---

[1]) Th. de Donder, L'Affinité (Paris 1927—1936).

Mit Gl. [1] und [2] finden wir aus der verallgemeinerten GIBBSschen Hauptgleichung [1-9.4] für einen geschlossenen Bereich:

$$TdS = dU - \sum_i L_i dl_i + \sum_r A_r \, d\,\xi_r \,. \qquad [1\text{-}14.3]$$

Daraus folgt unmittelbar:

$$A_r = T \left(\frac{\partial S}{\partial \xi_r}\right)_{U,\, l_i,\, \xi_s}, \qquad [1\text{-}14.4]$$

worin ξ_s für alle Reaktionslaufzahlen außer ξ_r steht. Diese Beziehung ist der Definitionsgleichung [1-9.3] für das chemische Potential analog.

Durch Einsetzen von Gl. [1] und [2] in die Fundamentalgleichungen [1-12.1] bis [1-12.4] erhalten wir für einen geschlossenen Bereich:

$$dU = TdS + \sum_i L_i \, d\, l_i - \sum_r A_r \, d\,\xi_r\,, \qquad [1\text{-}14.5]$$

$$dH = TdS - \sum_i l_i \, d\, L_i - \sum_r A_r \, d\,\xi_r\,, \qquad [1\text{-}14.6]$$

$$dF = -SdT + \sum_i L_i \, d\, l_i - \sum_r A_r \, d\,\xi_r\,, \qquad [1\text{-}14.7]$$

$$dG = -SdT - \sum_i l_i \, d\, L_i - \sum_r A_r \, d\,\xi_r\,, \qquad [1\text{-}14.8]$$

wobei die erste Differentialbeziehung mit Gl. [3] identisch ist. Hieraus leiten wir sofort ab:

$$\begin{aligned} -A_r &= \left(\frac{\partial U}{\partial \xi_r}\right)_{S,\, l_i,\, \xi_s} = \left(\frac{\partial H}{\partial \xi_r}\right)_{S,\, L_i,\, \xi_s} \\ &= \left(\frac{\partial F}{\partial \xi_r}\right)_{T,\, l_i,\, \xi_s} = \left(\frac{\partial G}{\partial \xi_r}\right)_{T,\, L_i,\, \xi_s} \end{aligned} \qquad [1\text{-}14.9]$$

in Analogie zu Gl. [1.12-5].

Handelt es sich um einen geschlossenen isotropen Bereich ohne Elektrisierung und Magnetisierung, so reduzieren sich die Fundamentalgleichungen [5] bis [8] auf folgende Ausdrücke:

$$dU = TdS - PdV - \sum_r A_r \, d\,\xi_r\,, \qquad [1\text{-}14.10]$$

$$dH = TdS + VdP - \sum_r A_r \, d\,\xi_r\,, \qquad [1\text{-}14.11]$$

$$dF = -SdT - PdV - \sum_r A_r \, d\,\xi_r\,, \qquad [1\text{-}14.12]$$

$$dG = -SdT + VdP - \sum_r A_r \, d\xi_r \,, \qquad [1\text{-}14.13]$$

die den Gl. [1-12.14] bis [1-12.17] entsprechen.

Wenn im betrachteten Bereich eine einzige chemische Reaktion (Reaktionslaufzahl ξ, Affinität A) abläuft, gilt nach Gl. [13]:

$$dG = -SdT + VdP - Ad\xi. \qquad [1\text{-}14.14]$$

Daraus ergibt sich (vgl. Gl. [9]):

$$A = -\left(\frac{\partial G}{\partial \xi}\right)_{T,P}. \qquad [1\text{-}14.15]$$

Mit Hilfe der Definitionsgleichung [1-11.2] für die Freie Enthalpie

$$G = H - TS \qquad [1\text{-}14.16]$$

folgt aus Gl. [15]:

$$-A = h_{TP} - Ts_{TP} \,, \qquad [1\text{-}14.17]$$

worin

$$h_{TP} \equiv \left(\frac{\partial H}{\partial \xi}\right)_{T,P} \qquad [1\text{-}14.18]$$

die Reaktionsenthalpie und

$$s_{TP} \equiv \left(\frac{\partial S}{\partial \xi}\right)_{T,P} \qquad [1\text{-}14.19]$$

die Reaktionsentropie der betreffenden Reaktion ist.

Wir leiten ferner durch Anwendung des SCHWARZschen Satzes aus Gl. [14] und [19] ab:

$$\left(\frac{\partial A}{\partial T}\right)_{P,\xi} = \left(\frac{\partial S}{\partial \xi}\right)_{T,P} = s_{TP} \,, \qquad [1\text{-}14.20]$$

$$\left(\frac{\partial A}{\partial P}\right)_{T,\xi} = -\left(\frac{\partial V}{\partial \xi}\right)_{T,P} \equiv -v_{TP} \,. \qquad [1\text{-}14.21]$$

Dabei ist v_{TP} die Reaktionsvolumenänderung (für einen Formelumsatz). Aus Gl. [17], [18] und [20] erhalten wir endlich:

$$\left(\frac{\partial (A/T)}{\partial T}\right)_{P,\xi} = \frac{1}{T^2}\left(\frac{\partial H}{\partial \xi}\right)_{T,P} = \frac{h_{TP}}{T^2} \,. \qquad [1\text{-}14.22]$$

Die Beziehungen [17], [20], [21] und [22] sind den Gl. [1-12.6], [1-12.7], [1-12.8] und [1-12.12] analog.

Eine „differentielle" Reaktionsgröße im obigen Sinne (z. B. h_{TP}) ist mit der auf S. 38 definierten „integralen" Reaktionsgröße (z. B. ΔH), wie sie in Gl. [1-11.16] oder [1-11.17] vorkommt, nur dann identisch, wenn bei Ablauf der chemischen Reaktion die Zusammensetzung des Reaktionsgemisches sich nicht ändert oder eine derartige Änderung keinen Einfluß auf die betreffende differentielle Reaktionsgröße (z. B. h_{TP}) hat. Dann nämlich folgt für einen Formelumsatz ($\Delta \xi = 1$) z. B. aus Gl. [18]:

$$(\Delta H)_{T,P} = \int h_{TP}\, d\xi = h_{TP}\, \Delta \xi = h_{TP}\,.$$

Die auf S. 22 erwähnte Größe $\sum_k \nu_{kr} U_k$ ist die „differentielle" Reaktionsenergie der chemischen Reaktion r, entspricht also h_{TP}.

§ 1.15. Wärmekapazität

Für jeden Systembereich (Temperatur T, Arbeitskoordinaten l_i, Arbeitskoeffizienten L_i, Molzahlen n_k ,innere Energie U, Enthalpie H, Entropie S) definieren wir eine *Wärmekapazität bei konstanten Arbeitskoordinaten*

$$C_l \equiv \left(\frac{\partial U}{\partial T}\right)_{l_i,\, n_k} \qquad [1\text{-}15.1]$$

und eine *Wärmekapazität bei konstanten Arbeitskoeffizienten*

$$C_L \equiv \left(\frac{\partial H}{\partial T}\right)_{L_i,\, n_k}\,. \qquad [1\text{-}15.2]$$

Mit Hilfe der Fundamentalgleichung [1-12.1] bzw. [1-12.2] leiten wir ab:

$$C_l = T\left(\frac{\partial S}{\partial T}\right)_{l_i,\, n_k}, \quad C_L = T\left(\frac{\partial S}{\partial T}\right)_{L_i,\, n_k}\,. \qquad [1\text{-}15.3]$$

Wie ersichtlich, reduziert sich für das Volumen als einzige Arbeitskoordinate bzw. für den (negativen) Druck als einzigen Arbeitskoeffizienten die Größe C_l bzw. C_L auf die „Wärmekapazität bei konstantem Volumen" (C_V) bzw. auf die „Wärmekapizatät bei konstantem Druck" (C_P). Es gilt also für einen isotropen Bereich ohne Elektrisierung und Magnetisierung:

$$C_V = \left(\frac{\partial U}{\partial T}\right)_{V,\, n_k} = T\left(\frac{\partial S}{\partial T}\right)_{V,\, n_k}, \qquad [1\text{-}15.4]$$

$$C_P = \left(\frac{\partial H}{\partial T}\right)_{P,\, n_k} = T\left(\frac{\partial S}{\partial T}\right)_{P,\, n_k}\,. \qquad [1\text{-}15.5]$$

Ein anderes bekanntes Beispiel betrifft einen Stab, Faden oder Draht, der in Richtung seiner Länge l mit der Zugkraft K gedehnt wird[1]). Wenn wir einfachheitshalber annehmen, daß neben der zu K gehörenden Normalspannung in Längsrichtung alle übrigen Spannungskomponenten verschwinden, stellt l bzw. K die einzige Arbeitskoordinate bzw. den einzigen Arbeitskoeffizienten dar (vgl. Tab. 1, S. 8). Wir finden also mit Gl. [1] bis [3] für die „Wärmekapazität bei konstanter Dehnung“:

$$C_l = \left(\frac{\partial U}{\partial T}\right)_{l,\, n_k} = T\left(\frac{\partial S}{\partial T}\right)_{l,\, n_k} \qquad [1\text{-}15.6]$$

und für die „Wärmekapazität bei konstanter Zugkraft“:

$$C_K = \left(\frac{\partial H}{\partial T}\right)_{K,\, n_k} = T\left(\frac{\partial S}{\partial T}\right)_{K,\, n_k}. \qquad [1\text{-}15.7]$$

Mit Hilfe des SCHWARZschen Satzes ergibt sich aus der Fundamentalgleichung [1-12.3] bzw. [1-12.4]:

$$-\left(\frac{\partial S}{\partial l_i}\right)_{T,\, l_j,\, n_k} = \left(\frac{\partial L_i}{\partial T}\right)_{l_i,\, n_k}, \qquad [1\text{-}15.8]$$

$$\left(\frac{\partial S}{\partial L_i}\right)_{T,\, L_j,\, n_k} = \left(\frac{\partial l_i}{\partial T}\right)_{L_i,\, n_k}, \qquad [1\text{-}15.9]$$

wobei der Index l_j bzw. L_j anzeigt, daß alle Arbeitskoordinaten bzw. Arbeitskoeffizienten mit Ausnahme derjenigen Größe, nach der differenziert wird, konstant zu halten sind.

---

[1]) Mit dem Symbol K ist die *innere* Zugkraft gemeint, für die eine Zustandsgleichung

$$K = K(T, l, n_k)$$

gilt, wie im analogen Falle des im Inneren eines isotropen Mediums herrschenden Druckes P, für den wir eine Zustandsgleichung in der gewohnten Form

$$P = P(T, V, n_k)$$

aufstellen können. Nur bei unendlich langsamer Dehnung ist strenggenommen die am System von außen angreifende Zugkraft gleich der inneren Zugkraft. Wenn wir später, z. B. in Gl. [15] und [16], Abwesenheit von dissipativen Effekten postulieren, so ist dabei eine solche Identität der den Arbeitskoeffizienten entsprechenden inneren Kräfte (innere Zugkraft, innerer Druck usw.) mit den von außen angreifenden Kräften (äußerer Zugkraft, äußerem Druck usw.) generell vorausgesetzt. Anderenfalls muß man bei einer infinitesimalen Verformung eine „dissipierte Arbeit“ dW_{diss} (vgl. S. 9) einführen, wie in Gl. [13] und [14]. So gilt z. B. im Falle eines einseitig gespannten Stabes, der mit der äußeren Zugkraft K' gedehnt wird:

$$dW_{\text{diss}} = (K' - K)\, dl.$$

Mit Gl. [8] und [9] erhalten wir aus Gl. [3] den allgemeinen Zusammenhang zwischen den beiden Wärmekapazitäten:

$$C_l - C_L = T \sum_i \left(\frac{\partial L_i}{\partial T}\right)_{l_i, n_k} \left(\frac{\partial l_i}{\partial T}\right)_{L_i, n_k}. \qquad [1\text{-}15.10]$$

Das bekannteste Beispiel stellt wieder ein isotroper Bereich ohne Elektrisierung und Magnetisierung dar, wie er schon in Gl. [4] und [5] betrachtet wurde:

$$C_P - C_V = T \left(\frac{\partial P}{\partial T}\right)_{V, n_k} \left(\frac{\partial V}{\partial T}\right)_{P, n_k}. \qquad [1\text{-}15.11]$$

Für den bei Gl. [6] und [7] vorausgesetzten einseitig gespannten Stab, Faden oder Draht gilt nach Gl. [10]:

$$C_l - C_K = T \left(\frac{\partial K}{\partial T}\right)_{l, n_k} \left(\frac{\partial l}{\partial T}\right)_{K, n_k}. \qquad [1\text{-}15.12]$$

Bei Vergleich von Gl. [11] mit Gl. [12] ist darauf zu achten, daß die Größe K einem negativen Druck ($-P$) entspricht.

Wir betrachten nun eine infinitesimale innere Zustandsänderung in einem Bereich gegebener Menge und Zusammensetzung. Dann folgt aus Gl. [1-3.7], [1-3.8], [1-4.8] und [1-5.1]:

$$dU = dH + \sum_i L_i \, dl_i + \sum_i l_i \, dL_i = dQ + dW_{\text{diss}} + \sum_i L_i \, dl_i ,$$

worin dQ die dem Bereich zugeführte Wärme und dW_{diss} die am Bereich geleistete dissipierte Arbeit ist. Hieraus ergibt sich mit Gl. [1] und [2]:

$$C_l \, dT + \sum_i \left[\left(\frac{\partial U}{\partial l_i}\right)_{T, l_j, n_k} - L_i\right] dl_i = dQ + dW_{\text{diss}}, \qquad [1\text{-}15.13]$$

$$C_L \, dT + \sum_i \left[\left(\frac{\partial H}{\partial L_i}\right)_{T, L_j, n_k} + l_i\right] dL_i = dQ + dW_{\text{diss}}. \qquad [1\text{-}15.14]$$

Diese Gleichungen beschreiben u. a. drei Arten von Experimenten:

1. Wärmeaustausch mit der Umgebung unter Vermeidung von dissipativen Effekten ($dW_{\text{diss}} = 0$) bei Konstanz aller Arbeitskoordinaten ($dl_i = 0$) bzw. aller Arbeitskoeffizienten ($dL_i = 0$). Dann resultiert aus Gl. [13] bzw. [14]: $C_l dT = dQ$ bzw. $C_L dT = dQ$, womit die Bezeichnung „Wärmekapazität" für C_l bzw. C_L erklärt ist.

2. „Kalorimetrische" Ermittlung von C_l bzw. C_L durch Messung von W_{diss} (als elektrische Arbeit aus äußeren Stromquellen) und der dazu gehörigen Temperaturänderung unter der Bedingung thermischer Isolierung bei

konstanten Arbeitskoordinaten bzw. konstanten Arbeitskoeffizienten. Dann finden wir aus Gl. [13] bzw. [14]: $C_l dT = d W_{\text{diss}}$ bzw. $C_L dT = d W_{\text{diss}}$.

3. Adiabatische Änderung der Arbeitskoordinaten bzw. Arbeitskoeffizienten bei Vermeidung von dissipativen Effekten ($dQ = 0$, $d W_{\text{diss}} = 0$). Dann erhalten wir aus Gl. [13] bzw. [14]:

$$C_l\, dT + \sum_i \left[\left(\frac{\partial U}{\partial l_i}\right)_{T, l_j, n_k} - L_i\right] d\, l_i = 0, \qquad [1\text{-}15.15]$$

$$C_L\, dT + \sum_i \left[\left(\frac{\partial H}{\partial L_i}\right)_{T, L_j, n_k} + l_i\right] d\, L_i = 0. \qquad [1\text{-}15.16]$$

In diesen Formeln sind u. a. die Gleichungen der „Adiabaten“ bei isotropen Körpern und die Formeln für adiabatische Magnetisierung und Entmagnetisierung sowie für den Joule-Gough-Effekt enthalten (vgl. unten).

Die Beziehungen [15] und [16] basieren nur auf dem Ersten Hauptsatz. Wir benutzen jetzt auch den Zweiten Hauptsatz in Form der Fundamentalgleichungen [1-12.1] und [1-12.2] und der Gl. [8] und [9]. Wir leiten damit für die in Gl. [15] und [16] auftretenden Differentialquotienten ab:

$$\left(\frac{\partial U}{\partial l_i}\right)_{T, l_j, n_k} = L_i - T\left(\frac{\partial L_i}{\partial T}\right)_{l_i, n_k}, \qquad [1\text{-}15.17]$$

$$\left(\frac{\partial H}{\partial L_i}\right)_{T, L_j, n_k} = T\left(\frac{\partial l_i}{\partial T}\right)_{L_i, n_k} - l_i. \qquad [1\text{-}15.18]$$

Diese Formeln geben die isotherme Abhängigkeit der inneren Energie bzw. Enthalpie von den Arbeitskoordinaten bzw. Arbeitskoeffizienten wieder. Das bekannteste Beispiel ist wieder eine isotrope Phase ohne Elektrisierung und Magnetisierung:

$$\left(\frac{\partial U}{\partial V}\right)_{T, n_k} = T\left(\frac{\partial P}{\partial T}\right)_{V, n_k} - P, \qquad [1\text{-}15.19]$$

$$\left(\frac{\partial H}{\partial P}\right)_{T, n_k} = V - T\left(\frac{\partial V}{\partial T}\right)_{P, n_k}. \qquad [1\text{-}15.20]$$

Wir wenden Gl. [16] und [18] auf drei praktisch wichtige Beispiele an:

a) Adiabatisch-reversible Kompression oder Expansion von isotropen Medien (vgl. Gl. [20]):

$$\left(\frac{dT}{dP}\right)_{\text{ad}} = \frac{T}{C_P}\left(\frac{\partial V}{\partial T}\right)_{P, n_k}. \qquad [1\text{-}15.21]$$

Dies ist die Gleichung der „Adiabaten“ oder „Isentropen“ für den einfachsten Fall.

b) Adiabatisch-reversible Stauchung oder Dehnung von einseitig gespannten Stäben, Fäden oder Drähten (JOULE-GOUGH-Effekt):

$$\left(\frac{dT}{dK}\right)_{\mathrm{ad}} = -\frac{T}{C_K}\left(\frac{\partial l}{\partial T}\right)_{K,n_k}. \qquad [1\text{-}15.22]$$

Da C_K stets positiv ist, tritt bei einer adiabatischen Zugkrafterhöhung Abkühlung bzw. Erwärmung des Materials ein, wenn der lineare Ausdehnungskoeffizient positiv (Metalldraht) bzw. negativ (Kautschukfaden) ist.

c) Adiabatisch-reversible Magnetisierung oder Entmagnetisierung von isotropen Medien bei konstantem Druck (vgl. Tab. 1, S. 8):

$$\left(\frac{dT}{d\mathfrak{H}}\right)_{\mathrm{ad}} = -\frac{T}{C_L}\left(\frac{\partial(\mathfrak{M}V)}{\partial T}\right)_{P,\mathfrak{H},n_k}. \qquad [1\text{-}15.23]$$

Hierin ist $\mathfrak{H}$ bzw. $\mathfrak{M}$ der Betrag der magnetischen Feldstärke bzw. der Magnetisierung und C_L die Wärmekapazität bei konstantem Druck und konstanter Feldstärke. Bei den meisten paramagnetischen Salzen ist der Differentialquotient auf der rechten Seite von Gl. [23] negativ. Mit $C_L > 0$ ergibt sich also, daß man hier durch adiabatische Entmagnetisierung eine Temperaturerniedrigung erzielt (Methode von GIAUQUE zur Erreichung tiefster Temperaturen).

Die Wärmekapazitäten C_l und C_L eines heterogenen Systems definieren wir durch die Beziehungen

$$C_l \equiv \sum_\alpha C_l^\alpha, \quad C_L \equiv \sum_\alpha C_L^\alpha, \qquad [1\text{-}15.24]$$

wobei der Index $^\alpha$ die Phase α bezeichnet und die Summen über alle Phasen des Systems zu erstrecken sind. Mit Hilfe von Gl. [1-4.7], [1-5.2] und [1-8.2] folgt hieraus auf Grund von Gl. [1] bis [3] für ein heterogenes System mit örtlich konstanter Temperatur:

$$C_l = \left(\frac{\partial U}{\partial T}\right)_{l_i^\alpha,n_k^\alpha} = T\left(\frac{\partial S}{\partial T}\right)_{l_i^\alpha,n_k^\alpha}, \qquad [1\text{-}15.25]$$

$$C_L = \left(\frac{\partial H}{\partial T}\right)_{L_i^\alpha,n_k^\alpha} = T\left(\frac{\partial S}{\partial T}\right)_{L_i^\alpha,n_k^\alpha}. \qquad [1\text{-}15.26]$$

Darin ist T die allen Phasen des Systems gemeinsame absolute Temperatur, U bzw. H bzw. S die innere Energie bzw. Enthalpie bzw. Entropie des gesamten Systems. Die Indices in Gl. [25] bzw. [26] zeigen an, daß bei den Differentiationen die Molzahlen und Arbeitskoordinaten bzw. Arbeitskoeffizienten in jeder einzelnen Phase konstant zu halten sind.

§ 1.16. Komponenten, Teilchenarten, innere Parameter und innere Freiheitsgrade

Bisher haben wir von der „Molzahl“ und dementsprechend von der partiellen molaren Enthalpie, dem chemischen Potential usw. eines „Stoffes“ gesprochen, ohne die Ausdrücke „Molzahl“ und „Stoff“ näher zu erläutern. Für das Folgende ist es angebracht, die Bedeutung der Größe n_k („Molzahl des Stoffes k“) genauer zu betrachten.

Man bezeichnet diejenigen Substanzen eines Systems, deren Mengen man unabhängig ändern kann, als *Komponenten* des Systems. Demgegenüber wollen wir alle Arten von Partikeln im Sinne der Chemie (Atome, Moleküle, Radikale, Ionen, Elektronen), die im betreffenden System überhaupt auftreten können, *Teilchenarten* nennen. So sind in einer flüssigen Mischung aus Chloroform ($CHCl_3$) und Stickstofftetroxyd (N_2O_4), das gemäß der Reaktionsgleichung

$$N_2O_4 \rightleftharpoons 2\,NO_2 \qquad [1\text{-}16.1]$$

dissoziiert, drei Teilchenarten, aber nur zwei Komponenten enthalten, sobald das Dissoziationsgleichgewicht [1] sich eingestellt hat.

Die Größe n_k kann dementsprechend entweder die „Molzahl“ der Komponente k oder die „Molzahl“ der Teilchenart k bedeuten. Dabei ist der Ausdruck „Molzahl“ als das Verhältnis der Masse des betreffenden Stoffes zu der aus der chemischen Formel errechenbaren Molmasse („Molekulargewicht“) definiert.

Viele Folgerungen der Thermodynamik bleiben davon unberührt, ob man die Komponenten oder die einzelnen Teilchenarten des Systems als „Stoffe“, die das System aufbauen, zugrunde legt, vorausgesetzt, daß zwischen reaktionsfähigen Teilchenarten das chemische Gleichgewicht (vgl. § 1.19) eingetreten ist[1]).

Abgesehen von einigen Spezialfällen, bei denen man am vorteilhaftesten mit dem Komponentenbegriff operiert, soll von nun an unter dem „Stoff k“ stets die Teilchenart k verstanden werden; denn nur so können die chemischen Reaktionen und überhaupt alle wirklich ablaufenden Prozesse im Inneren des betreffenden Systems explizit beschrieben werden. Will man z. B. in einer Lösung von Stickstofftetroxyd in Chloroform die Geschwindigkeit der Reaktion

$$N_2O_4 \rightarrow 2\,NO_2 \qquad [1\text{-}16.2]$$

in die Diskussion einbeziehen oder die Diffusion von $CHCl_3$, N_2O_4 und NO_2 in einer Lösung mit Konzentrationsgradienten verfolgen – was auch im Falle

---

[1]) Näheres bei R. Haase, Thermodynamik der Mischphasen (Berlin-Göttingen-Heidelberg 1956) 118.

des nach Gl. [1] eingestellten Gleichgewichtes von Interesse ist –, so muß man die drei Teilchenarten einzeln betrachten.

Es kann nun vorkommen, daß in einem Systembereich bei festen Werten der Temperatur, der Arbeitskoeffizienten und der Molzahlen aller Teilchenarten noch innere Zustandsänderungen möglich sind. So beobachtet man bei einem „Glas" oder einer anderen „eingefrorenen Phase" unter den genannten Bedingungen z. B. Volumenänderungen. In diesem Falle sind offensichtlich die von uns gewählten Variablen zur Festlegung des „inneren Zustandes" nicht ausreichend. Während man früher solche Situationen als thermodynamisch überhaupt nicht beschreibbar ansah, hat es sich in neuerer Zeit herausgestellt, daß man auch „eingefrorene Zustände" mit Hilfe thermodynamischer Begriffsbildungen erfassen kann. Man beschreibt nämlich die in einem solchen Falle auftretenden Nachwirkungs- oder Relaxationserscheinungen formal wie unbekannte chemische Reaktionen, denen man „Reaktionslaufzahlen" zuordnet. Diese Reaktionslaufzahlen heißen *innere Parameter* und vervollständigen die Zustandsvariablen des betreffenden Bereiches in der Weise, daß der „innere Zustand" makroskopisch definiert ist, obwohl man die zu den inneren Parametern gehörenden Relaxationsmechanismen meist nicht kennt. Näheres findet sich in § 2.11.

Schließlich kann man noch einen Schritt weiter gehen und auch die Einstellung von *inneren Freiheitsgraden* (im molekularphysikalischen Sinne) makroskopisch, d. h. mit Hilfe der Thermodynamik der irreversiblen Prozesse, beschreiben. Hierher gehören Probleme wie Deformation von Makromolekülen bei Strömungsvorgängen oder Orientierung von Dipolmolekülen in elektromagnetischen Feldern. Dann ist schon im Falle einer einzigen Teilchenart, deren Molzahl n beträgt, eine Größe n_k einzuführen, wobei der Index k einen Molekularzustand charakterisiert, etwa die Länge eines deformierten Moleküls oder den Winkel zwischen der Dipolrichtung eines polaren Moleküls und der Richtung eines äußeren elektrischen Feldes (vgl. § 4.40).

§ 1.17. Gleichgewicht und stationärer Zustand

Wenn in einem System alle intensiven Größen (Temperatur, Druck, Konzentrationen usw.) zeitunabhängige Werte haben, befindet sich das System entweder im „Gleichgewicht" oder in einem „stationären Nichtgleichgewichtszustand". An Stelle des letzten Ausdrucks verwenden wir der Kürze halber die einfachere Bezeichnung „stationärer Zustand". Es fragt sich nun, wie wir die beiden Fälle durch ein einfaches makroskopisches Kriterium voneinander unterscheiden können.

Wir betrachten als erstes Beispiel ein Metallstück, in dem ein Temperaturgefälle herrscht, das zeitlich konstant ist. Die Temperatur ist also eine Funktion des Ortes, hängt aber nicht von der Zeit ab. Hier liegt ein „stationärer Zustand" vor; denn das „Gleichgewicht" erfordert eine örtlich konstante Temperatur. Wenn wir das Metallstück von allen Einwirkungen der Umgebung und somit auch von allen Wärmequellen isolieren, es also zu einem „abgeschlossenen System" machen, wird der Unterschied zwischen dem „stationären Zustand" und dem „Gleichgewicht" augenfällig: Im ersten Falle laufen nach der Isolierung noch Prozesse ab (Temperaturausgleich), im zweiten Falle aber nicht.

Als zweites Beispiel sei ein einfaches Gas im Schwerefeld genannt, das zeitlich, aber nicht örtlich konstante Werte der Temperatur und des Druckes aufweist. Hier erfordert das „Gleichgewicht" örtlich konstante Temperatur und örtlich variablen Druck P, der mit der Höhe h über einer festen horizontalen Bezugsebene durch die hydrostatische Gleichgewichtsbedingung

$$dP = -\varrho g dh \; (\varrho = \text{Dichte}, g = \text{Erdbeschleunigung}) \qquad [1\text{-}17.1]$$

verknüpft ist. Wenn die Temperatur nicht örtlich konstant oder der Druck nicht durch Gl. [1] gegeben ist, liegt bei zeitlich konstanten Werten von Temperatur und Druck ein „stationärer Zustand" vor. Isolieren wir das Gas von allen Einwirkungen der Umwelt, das Schwerefeld ausgenommen, so wird der Unterschied zwischen dem „stationären Zustand" und dem „Gleichgewicht" offensichtlich: Im ersten Falle laufen nach der Isolierung noch Prozesse ab (Temperaturausgleich und Anstreben der Gleichgewichtsdruckverteilung), im zweiten Falle aber nicht.

Die Zahl dieser Beispiele läßt sich beliebig vermehren. Wir kommen dabei stets zum gleichen Ergebnis: Wird ein System mit zeitlich konstanten Werten der intensiven Zustandsvariablen von allen Einwirkungen der Umwelt isoliert, wobei zeitlich konstante (stationäre) äußere Kraftfelder auszunehmen sind, so laufen im Falle eines „stationären Zustandes" nach der Isolierung innerhalb des Systems noch Prozesse ab, im Falle eines „Gleichgewichtes" aber nicht. Wir können dieses Kriterium als Definition des „stationären Zustandes" bzw. des „Gleichgewichtes" bei beliebig komplizierten Systemen ansehen.

Offensichtlich wird die zeitliche Konstanz der intensiven Größen beim „stationären Zustand" durch Umwelteinflüsse, beim „Gleichgewicht" durch innere Ursachen bestimmt. Daraus folgt, daß die Bedingungen für das Gleichgewicht in einem System mit Hilfe von Zustandsfunktionen des Systems formulierbar sein müssen. Diese Formulierungen werden im folgenden entwickelt. Der viel schwierigeren Frage nach einer thermodynamischen Charakterisierung des stationären Zustandes können wir uns erst später (5. Kap.) zuwenden.

Bei manchen Systemen ist der Begriff des „lokalen Gleichgewichtes" von Bedeutung. Ein solcher Fall tritt ein, wenn entweder nur für bestimmte Systemteile die Gleichgewichtsbedingungen erfüllt sind (Beispiel: lokales heterogenes Gleichgewicht an den Elektroden bei irreversiblen galvanischen Ketten, vgl. S. 328) oder wenn zeitlich variable äußere Felder vorliegen, deren Änderungen die Gleichgewichtswerte der intensiven Zustandsvariablen des Systems an jeder Stelle in jedem Augenblick folgen (Beispiel: lokales Gleichgewicht bei Systemen in zeitlich veränderlichen elektromagnetischen Feldern, vgl. S. 487).

§ 1.18. Allgemeines Gleichgewichtskriterium

Es sei ein beliebiges System gegeben, in dem irgendwelche Vorgänge (Wärme-, Stoff- und Elektrizitätstransport, chemische Reaktionen usw.) ablaufen können. Wir denken uns das System von einer ortsfesten und starren Wand umgeben, die undurchlässig für Materie, elektrischen Strom und Wärme ist, die aber eine etwaige Einwirkung stationärer (zeitlich konstanter) äußerer Kraftfelder nicht beeinträchtigt. Dann herrscht gemäß § 1.17 *Gleichgewicht* innerhalb des Systems, wenn nach dieser Isolierung im System keine Zustandsänderungen mehr stattfinden können. Da ein in der beschriebenen Weise von der Außenwelt abgeriegeltes System einen Sonderfall eines thermisch isolierten Systems darstellt, müssen die Beziehungen [1-8.8] bis [1-8.10] gelten. Demnach ist das Gleichgewicht dadurch charakterisiert, daß die Entropie des Systems unter den angegebenen Nebenbedingungen nicht mehr zunehmen kann. Vor allen benachbarten Nichtgleichgewichtszuständen ist also der Gleichgewichtszustand durch einen Höchstwert der Entropie S ausgezeichnet. Für eine virtuelle Verrückung aus dem Gleichgewicht (in benachbarte Nichtgleichgewichtszustände) erhalten wir mithin als *allgemeines Gleichgewichtskriterium*[1])[2]):

$$\delta S \leqslant 0, \qquad [1\text{-}18.1]$$

wobei das Symbol δ eine Variation erster Ordnung bedeutet[3]). Sind alle virtuellen Verrückungen zweiseitige (nach beiden Richtungen mögliche) Zustandsänderungen, so gilt in Gl. [1] das Gleichheitszeichen. Gibt es unter den virtuellen Verrückungen auch einseitige (nur in einer Richtung mög-

[1]) J. W. Gibbs, The Collected Works I, 56.
[2]) M. Planck, Vorlesungen über Thermodynamik (Berlin 1897–1954).
[3]) Näheres bei R. Haase, Thermodynamik der Mischphasen (Berlin-Göttingen-Heidelberg 1956) 105.

liche) Zustandsänderungen, so muß die generelle Form von [1] beibehalten werden.

In der Literatur wird häufig in [1] das Ungleichheitszeichen von vornherein weggelassen, und die so auf zweiseitige Veränderungen eingeengten virtuellen Verrückungen werden als „reversible Zustandsänderungen" im Sinne von Gl. [1-8.8] interpretiert. Das ist völlig irreführend, weil eine virtuelle Verrückung aus dem Gleichgewicht nicht einer reversiblen, sondern einer unmöglichen Zustandsänderung (vgl. Gl. [1-8.10]) entspricht. Das Gleichheitszeichen im Falle der zweiseitigen Veränderungen kommt dadurch zustande, daß hier der Höchstwert der Entropie einen stationären Punkt (im einfachsten Falle, d. h. bei einer Entropiekurve in der Ebene, ein Maximum mit horizontaler Tangente) bedingt[1]. Daher verschwindet jede Variation *erster* Ordnung, die das System aus dem Gleichgewicht in benachbarte Nichtgleichgewichtszustände führt.

Mathematisch gesehen, liegen zweiseitige virtuelle Zustandsänderungen vor, wenn alle Nebenbedingungen *Gleichungen* sind, während bei einseitigen Änderungen sich unter den Nebenbedingungen auch *Ungleichungen* finden (vgl. § 1.22).

Als Ergänzung zu [1] sind noch die Nebenbedingungen, d. h. die oben beschriebene Isolierung des Systems und andere, durch das spezielle Problem vorgegebene Bedingungen, zu berücksichtigen. Die mathematische Formulierung der letzten Bedingungen erfolgt am zweckmäßigsten von Fall zu Fall. Die gedankliche Isolierung des Systems durch eine ortsfeste, starre Wand, die undurchlässig für Materie, elektrischen Strom und Wärme, aber durchlässig für zeitunabhängige äußere Kraftfelder ist, hat zur Folge, daß alle Einwirkungen von außen sich auf den Einfluß der zeitlich konstanten Felder beschränken, die wir hier der Einfachheit halber als Potentialfelder (konservative Kraftfelder) voraussetzen (vgl. § 1.4). Dann ist der Einfluß der äußeren Felder global durch eine variable potentielle Energie des Systems beschreibbar. Es ergibt sich also, daß bei allen virtuellen Verrückungen, auf die sich Gl. [1] bezieht,

1. die makroskopische kinetische Energie des Gesamtsystems konstant ist,
2. keine Arbeit am Gesamtsystem geleistet wird,
3. keine Wärme aus der Umgebung in das System fließt,
4. das Gesamtvolumen des Systems konstant ist,
5. kein Stoffaustausch mit der Außenwelt stattfindet.

Die ersten drei Voraussetzungen besagen gemäß Gl. [1-4.5] und [1-4.6]:

$$\delta E^* \equiv \delta U + \delta E_{\text{pot}} = 0, \qquad [1\text{-}18.2]$$

worin U die totale innere Energie des Systems und E_{pot} die potentielle Energie des gesamten Systems (bedingt durch stationäre konservative Kraftfelder)

[1] Vorausgesetzt wird, daß die Ableitungen der Funktion S stetig und beschränkt sind.

bedeutet. Gl. [2] ist so zu verstehen, daß durch eine Neuverteilung der Materie bei den betrachteten virtuellen Zustandsänderungen in äußeren Kraftfeldern die innere Energie U und die potentielle Energie E_{pot} des Systems sich ändern können, daß aber die Summe $E^* = U + E_{\text{pot}}$ bei allen virtuellen Verrückungen konstant bleiben muß. Die vierte bzw. fünfte Voraussetzung verlangt die Konstanz des Gesamtvolumens bzw. der Gesamtmasse des Systems, während die Volumina der einzelnen Bereiche und die Mengen (Massen oder Molzahlen) der einzelnen Stoffe variabel sein können. Diese Bedingungen werden wir von Fall zu Fall formulieren.

Wenn wir die dritte Nebenbedingung (thermische Isolierung des Systems) aufgeben und stattdessen die Nebenbedingung

$$\delta S = 0 \qquad [1\text{-}18.3]$$

vorschreiben, erhalten wir das Gleichgewichtskriterium

$$\delta E^* \geqslant 0. \qquad [1\text{-}18.4]$$

Dabei bleiben die Nebenbedingungen 1, 2, 4 und 5 nach wie vor gültig. Dieses Gleichgewichtskriterium, dem GIBBS aus mathematischen Gründen den Vorzug vor dem Kriterium [1] gibt, sei etwas näher betrachtet, da die Darstellung bei GIBBS leicht zu Mißverständnissen Anlaß geben kann.

Zunächst soll die Bedingung [3] bedeuten, daß durch passenden Wärmeaustausch mit der Umgebung (in Gedanken) dafür gesorgt wird, daß bei allen virtuellen Verrückungen aus dem Gleichgewicht das System dieselbe Entropie S behält („isentrope" Zustandsänderungen). Da das System nicht mehr thermisch isoliert ist, kann nach Gl. [1-4.5] und [1-4.6] die Bedingung [2] nicht mehr allgemein erfüllt sein. Daß tatsächlich die Beziehung [4] gilt, soll durch eine indirekte Schlußweise gezeigt werden.

Wir bezeichnen – in Anlehnung an FOWLER und GUGGENHEIM – der Kürze halber jedes System, das den Bedingungen 1, 2, 4 und 5 unterliegt, als ein „System gegebener Konfiguration". Dann können wir die beiden Gleichgewichtskriterien [1] und [4] samt den jeweiligen Nebenbedingungen folgendermaßen formulieren:

$$\delta S \leqslant 0 \text{ für } \delta E^* = 0 \text{ und gegebene Konfiguration}, \qquad [1\text{-}18.5]$$

$$\delta E^* \geqslant 0 \text{ für } \delta S = 0 \text{ und gegebene Konfiguration}. \qquad [1\text{-}18.6]$$

Man kann nun die Werte der Größen E^* und S bei gegebener Konfiguration immer gleichzeitig erhöhen bzw. erniedrigen, indem man dem System (oder Systemteilen) Wärme zuführt bzw. entzieht (vgl. Gl. [1-4.5] und Gl. [1-10.10]). Wenn es daher eine Variation gibt, für die, im Widerspruch zu [5], gilt:

$$\delta S > 0, \quad \delta E^* = 0 \text{ (gegebene Konfiguration)},$$

so ist es auf Grund der letzten Überlegung möglich, dem System in seinem variierten Zustand Wärme so zu entziehen, daß der ursprüngliche Wert der

Entropie S wieder erreicht wird, wobei aber E^* abnehmen muß. Es gibt also eine virtuelle Zustandsänderung

$$\delta S = 0, \quad \delta E^* < 0 \text{ (gegebene Konfiguration)},$$

die [6] widerspricht. Ist umgekehrt [6] nicht erfüllt, so muß es eine Variation geben, die durch die Aussage

$$\delta E^* < 0, \quad \delta S = 0 \text{ (gegebene Konfiguration)}$$

gekennzeichnet ist. Mithin existiert nach obigem eine virtuelle Zustandsänderung

$$\delta E^* = 0, \quad \delta S > 0 \text{ (gegebene Konfiguration)},$$

die im Widerspruch zu [5] steht. Demnach sind die Kriterien [5] und [6] äquivalent.

Die Gleichgewichtskriterien von Gibbs lauten in der Originalfassung[1]:

"I. For the equilibrium of any isolated system it is necessary and sufficient that in all possible variations of the state of the system which do not alter its energy, the variation of its entropy shall either vanish or be negative.

II. For the equilibrium of any isolated system it is necessary and sufficient that in all possible variations in the state of the system which do not alter its entropy, the variation of its energy shall either vanish or be positive."

Diese Sätze sind nach obigem offenbar so zu verstehen, daß „energy" die Größe E^* bedeutet und „isolated system" als „System gegebener Konfiguration" zu interpretieren ist.

Bei den Ableitungen spezieller Gleichgewichtsbedingungen (§ 1.19 bis § 1.21) beschränken wir uns der Kürze halber auf Systeme, bei denen Grenzflächenerscheinungen, anisotrope Spannungen sowie elektrische und magnetische Polarisation der Materie nicht berücksichtigt zu werden brauchen. Wir werden aber einige Ergebnisse, die sich auf die letzten Phänomene beziehen, ohne Beweis mitteilen (vgl. auch § 4.34).

Außer dem allgemeinen Gleichgewichtskriterium [1] und den zugehörigen Nebenbedingungen (Gl. [2] usw.) ist bei Systemen, die sich aus isotropen Bereichen ohne Elektrisierung und Magnetisierung zusammensetzen, noch die Gibbssche Hauptgleichung [1-9.5] heranzuziehen. Ersetzen wir in dieser Gleichung das Differentialzeichen (d) durch das Variationszeichen (δ), so erhalten wir eine Verknüpfung zwischen den Variationen der Entropie S^α, der inneren Energie U^α, des Volumens V^α und der Molzahlen $n_k{}^\alpha$ innerhalb jedes Bereiches α:

$$T^\alpha \delta S^\alpha = \delta U^\alpha + P^\alpha \delta V^\alpha - \sum_k \mu_k{}^\alpha \delta n_k{}^\alpha \,. \qquad [1\text{-}18.7]$$

[1]) J. W. Gibbs, The Collected Works **I**, 56.

Hierin ist T^α die absolute Temperatur, P^α der Druck und $\mu_k{}^\alpha$ das chemische Potential des Stoffes k. Für ein Volumenelement eines kontinuierlichen Systems ist es zweckmäßig, die GIBBSsche Hauptgleichung in der Form [1-9.12] zu schreiben:

$$T\,\delta S_V = \delta\, U_V - \sum_k \mu_k\, \delta c_k\,, \qquad [1\text{-}18.8]$$

wobei S_V bzw. U_V die Entropiedichte bzw. Dichte der inneren Energie des Volumenelementes und c_k die molare Volumenkonzentration der Substanz k bedeutet. Die Anwendbarkeit der GIBBSschen Hauptgleichung auf virtuelle Verrückungen aus dem Gleichgewicht wird in § 1.23 näher begründet.

Die Entropie S eines heterogenen (diskontinuierlichen) Systems ist durch die Beziehung [1-8.2]

$$S = \sum_\alpha S^\alpha\,, \qquad [1\text{-}18.9]$$

gegeben, wobei die Summe über alle Phasen zu bilden ist. Bei kontinuierlichen Systemen ersetzt man Gl. [9] durch die Beziehung

$$S = \int S_V\, d\tau\,. \qquad [1\text{-}18.10]$$

Darin stellt $d\tau$ ein Volumenelement dar. Die Integration ist über den gesamten Raum, den das System ausfüllt, zu erstrecken.

§ 1.19. Gleichgewicht in homogenen Systemen

Wir betrachten eine einzelne isotrope Phase ohne Elektrisierung und Magnetisierung. Die einzigen Vorgänge, die bei einer virtuellen Verrückung aus dem Gleichgewicht im Sinne von § 1.18 bei einem solchen homogenen System in Betracht kommen, sind virtuelle chemische Reaktionen, die in beiden Richtungen möglich sind. Wir erhalten also aus Gl. [1-18.1] für eine Variation der Entropie S:

$$\delta S = 0. \qquad [1\text{-}19.1]$$

Da eine Änderung der potentiellen Energie hier nicht interessiert, lauten die Nebenbedingungen gemäß § 1.18 (vgl. Gl. [1-14.1] und [1-18.2]):

$$\delta U = 0,\ \ \delta V = 0,\ \ \delta n_k = \sum_r \nu_{kr}\, \delta \xi_r\ . \qquad [1\text{-}19.2]$$

Hierin bedeutet U die innere Energie, V das Volumen, n_k die Molzahl des Stoffes k, ν_{kr} den stöchiometrischen Koeffizienten des Stoffes k in der Reaktion r (positiv bzw. negativ zu zählen, wenn der betreffende Stoff bei der

Reaktion entsteht bzw. verschwindet) und ξ_r die Reaktionslaufzahl der Reaktion r. Die Summe ist über alle Reaktionen zu erstrecken.

Die Variationen der verschiedenen Größen in Gl. [1] und [2] sind durch die GIBBSsche Hauptgleichung [1-18.7] miteinander verknüpft. Infolge der letzten Gleichung in [2] und der Definition [1-14.2] läßt sich Gl. [1-18.7] in folgender Form schreiben (vgl. Gl. [1-14.10]):

$$T\delta S = \delta U + P\delta V + \sum_r A_r \delta \xi_r \,. \qquad [1\text{-}19.3]$$

Hierbei ist T die absolute Temperatur, P der Druck und A_r die Affinität der Reaktion r.

Berücksichtigen wir die ersten beiden Gleichungen in [2], so finden wir aus [1] und [3] die Gleichgewichtsbedingung

$$T\delta S = \sum_r A_r \delta \xi_r = 0 \,, \qquad [1\text{-}19.4]$$

in die bereits alle Nebenbedingungen einbezogen sind.

Wenn die chemischen Reaktionsgleichungen so formuliert worden sind, daß alle Reaktionen voneinander linear unabhängig sind, können wir die Variationen der verschiedenen ξ_r als voneinander unabhängig betrachten. Andernfalls müssen wir vorher die chemischen Umsetzungen in Form von unabhängigen Reaktionsgleichungen darstellen. Unter diesen Umständen können wir irgendeine Reaktion, z. B. die erste Reaktion, gekennzeichnet durch die Affinität A_1 und die Reaktionslaufzahl ξ_1, herausgreifen und alle übrigen Reaktionen (2, 3, . . .) als „gehemmt" ansehen ($\delta\xi_2 = 0$, $\delta\xi_3 = 0, \ldots$). Wir erhalten dann aus [4] die Bedingungsgleichung:

$$A_1 \delta \xi_1 = 0 \,,$$

die für jeden beliebigen Wert von $\delta\xi_1$ erfüllt sein muß. Wir finden also:

$$A_1 = 0 \,.$$

In analoger Weise ergibt sich:

$$A_2 = 0 \,, \quad A_3 = 0 \,, \quad \ldots$$

Demnach lauten die allgemeinen Gleichgewichtsbedingungen für R unabhängige chemische Reaktionen in einem homogenen System („Homogenreaktionen"):

$$A_r = 0 \; (r = 1, 2, \ldots R) \,. \qquad [1\text{-}19.5]$$

Diese R Gleichungen beschreiben das *chemische Gleichgewicht* in der Formulierung von DE DONDER[1]).

[1]) TH. DE DONDER, L'Affinité (Paris 1927—1936).

Wenn wir die Definitionsgleichung für die Affinität [1-14.2]

$$A_r \equiv -\sum_k \nu_{kr}\mu_k \qquad [1\text{-}19.6]$$

beachten, wobei μ_k das chemische Potential des Stoffes k bedeutet und die Summe über alle Teilchenarten zu erstrecken ist, erhalten wir die GIBBSsche Formulierung der Bedingungen für das chemische Gleichgewicht:

$$\sum_k \nu_{kr}\mu_k = 0 \; (r = 1, 2, \ldots R)\,. \qquad [1\text{-}19.7]$$

Anwendung von Gl. [7] auf ideale Gasgemische oder ideal verdünnte Lösungen führt auf das klassische „Massenwirkungsgesetz" (§ 2.5 und § 2.8).

Ein anderer wichtiger Spezialfall der Gleichgewichtsbedingung [7] ergibt sich bei Betrachtung des Dissoziationsgleichgewichtes eines gelösten Elektrolyten.

Es sei $A_{\nu_+}B_{\nu_-}$ ein Elektrolytmolekül, das in ν_+ Kationen (A) der elektrochemischen Valenz z_+ und ν_- Anionen (B) der elektrochemischen Valenz z_- zerfallen kann:

$$A_{\nu_+}B_{\nu_-} \rightleftharpoons \nu_+ A + \nu_- B,$$

z. B.:

$$Fe_2(SO_4)_3 \rightleftharpoons 2\,Fe^{+++} + 3\,SO_4^{--}.$$

Die elektrochemische Valenz z_+ bzw. z_- ist eine positive bzw. negative ganze Zahl. Die Größen ν_+ und ν_- sind die Zerfallszahlen. (Beim genannten Beispiel des Eisen(III)sulfats gilt: $z_+ = 3$, $z_- = -2$, $\nu_+ = 2$, $\nu_- = 3$.) Die Elektroneutralität verlangt:

$$z_+\nu_+ + z_-\nu_- = 0\,. \qquad [1\text{-}19.8]$$

Wir führen weiterhin die Größen

$$\nu \equiv \nu_+ + \nu_-, \qquad [1\text{-}19.9]$$

$$\nu_\pm{}^\nu \equiv \nu_+{}^{\nu_+}\nu_-{}^{\nu_-} \qquad [1\text{-}19.10]$$

ein. Sind n_+, n_- und n_u die Molzahlen der Kationen, Anionen und undissoziierten Elektrolytmoleküle und bedeutet n_1 bzw. n_2 die (stöchiometrische) Molzahl des Lösungsmittels bzw. des Elektrolyten, so definiert man als *Molaritäten* m_i der einzelnen Teilchenarten:

$$m_i \equiv \frac{n_i}{M_1 n_1} \quad (i = +, -, u) \qquad [1\text{-}19.11]$$

und als *Molarität* m des Elektrolyten:

$$m \equiv \frac{n_2}{M_1 n_1}\,, \qquad [1\text{-}19.12]$$

worin M_1 die Molmasse (das „Molekulargewicht") des Lösungsmittels darstellt. Ist α der Dissoziationsgrad des Elektrolyten, so gilt:

$$m_+ = \nu_+ \alpha m, \quad m_- = \nu_- \alpha m, \quad m_u = (1 - \alpha) m. \qquad [1\text{-}19.13]$$

Aus Gl. [9], [10] und [13] folgt:

$$m_+^{\nu_+} m_-^{\nu_-} = (\nu_\pm \alpha m)^\nu. \qquad [1\text{-}19.14]$$

Die Größe m dient uns als unabhängige Konzentrationsvariable.

Die *praktischen Aktivitätskoeffizienten* γ_i $(i = +, -, u)$ der einzelnen Teilchenarten sind durch folgende Beziehungen festgelegt:

$$\mu_+ = \mu_+^0 + RT \ln (m_+ \gamma_+), \qquad [1\text{-}19.15a]$$

$$\mu_- = \mu_-^0 + RT \ln (m_- \gamma_-), \qquad [1\text{-}19.15b]$$

$$\mu_u = \mu_u^0 + RT \ln (m_u \gamma_u), \qquad [1\text{-}19.15c]$$

wobei μ_i^0 ein nur von Temperatur und Druck abhängiger Standardwert des chemischen Potentials der Teilchenart i $(i = +, -, u)$ und R die Gaskonstante ist. (Mit $\gamma_i = 1$ ergeben sich die Gesetze der ideal verdünnten Lösungen.) Dabei gilt wegen der Grenzgesetze für unendliche Verdünnung die Normierung:

$$\lim_{m \to 0} (\ln \gamma_i) = 0 \ (i = +, -, u). \qquad [1\text{-}19.16]$$

Ferner definieren wir:

$$\gamma_\pm^\nu \equiv \gamma_+^{\nu_+} \gamma_-^{\nu_-}, \qquad [1\text{-}19.17]$$

$$\gamma \equiv \alpha \gamma_\pm. \qquad [1\text{-}19.18]$$

Die Größe $\gamma_\pm$ ist als *mittlerer praktischer Aktivitätskoeffizient* bekannt. Das Symbol γ bezeichnet eine meßbare Größe (vgl. unten), die sich in allen modernen Tabellen über Elektrolytlösungen findet und daher *konventioneller Aktivitätskoeffizient* genannt werden soll.

Es läßt sich zeigen[1]), daß μ_u, also das chemische Potential des undissoziierten Anteils des Elektrolyten, mit μ_2, dem chemischen Potential der

---

[1]) Gl. [19] ist aus Gl. [1-11.5] ableitbar, die für die Freie Enthalpie G der Elektrolytlösung stets denselben Ausdruck ergeben muß, gleichgültig, ob als „Stoffe" die Komponenten (Lösungsmittel = Komponente 1, Elektrolyt = Komponente 2) oder die einzelnen Teilchenarten (Lösungsmittelmoleküle = Teilchenart L, undissoziierte Elektrolytmoleküle = Teilchenart u, Kationen = Teilchenart +, Anionen = Teilchenart —) gewählt werden (vgl. § 1-16). Es gilt nämlich nach Gl. [1-11.5]:

$$G = n_1 \mu_1 + n_2 \mu_2 = n_L \mu_L + n_u \mu_u + n_+ \mu_+ + n_- \mu_-.$$

(Fortsetzung S. 64.)

Komponente 2 (d. h. des Elektrolyten schlechthin ohne Beachtung der Dissoziation), identisch ist:

$$\mu_u = \mu_2 . \qquad [1\text{-}19.19]$$

Die aus Gl. [7] folgende allgemeine Bedingung für das hier betrachtete Dissoziationsgleichgewicht

$$\mu_u = \nu_+ \mu_+ + \nu_- \mu_- \qquad [1\text{-}19.20]$$

hat also auch dann noch einen Sinn, wenn der Elektrolyt vollständig dissoziiert ist ($\alpha = 1$) und somit die Größe μ_u undefiniert ist. Bei unvollständiger Dissoziation ($\alpha \neq 1$) verknüpft Gl. [20] die chemischen Potentiale und damit auch die Konzentrationen der einzelnen Teilchenarten miteinander und führt auf ein verallgemeinertes Massenwirkungsgesetz (s. unten).

Mit der Abkürzung

$$\mu_u^0 - \nu_+ \mu_+^0 - \nu_- \mu_-^0 \equiv RT \ln K_m , \qquad [1\text{-}19.21]$$

worin K_m nur von T und P abhängt, ergibt sich aus Gl. [15] und [20]:

$$K_m = \frac{(m_+ \gamma_+)^{\nu_+} (m_- \gamma_-)^{\nu_-}}{m_u \gamma_u} \qquad [1\text{-}19.22]$$

oder mit Gl. [13], [14], [17] und [18]:

$$K_m = \frac{\nu_\pm{}^\nu m^{\nu-1} \gamma^\nu}{(1-\alpha)\gamma_u} . \qquad [1\text{-}19.23]$$

Gl. [22] oder [23] ist das verallgemeinerte Massenwirkungsgesetz für das Dissoziationsgleichgewicht eines Elektrolyten, der zwei Ionenarten liefert. Die Größe K_m heißt *Dissoziationskonstante* (in der m-Skala). Gl. [22] geht mit $\gamma_i = 1$ ($i = +, -, u$) in das klassische Massenwirkungsgesetz über.

Kennt man γ (z. B. aus EMK-Messungen, vgl. § 4.19) und α (z. B. aus optischen Daten, vgl. S. 292) als Funktion der Molarität m, so kann man

---

Hieraus resultiert mit den Beziehungen (vgl. Gl. [13] und [20])

$$n_L = n_1, \; n_u = (1-\alpha) n_2, \; n_+ = \nu_+ \alpha n_2, \; n_- = \nu_- \alpha n_2, \; \mu_L = \mu_1, \; \mu_u = \nu_+ \mu_+ + \nu_- \mu_-$$

der Ausdruck:

$$G = n_1 \mu_1 + n_2 \mu_2 = n_1 \mu_1 + n_2 \mu_u .$$

Es folgt also:

$$\mu_2 = \mu_u .$$

Bei vollständiger Dissoziation ($\alpha = 1$) finden wir aus obigen Beziehungen:

$$\mu_2 = \nu_+ \mu_+ + \nu_- \mu_- .$$

gemäß Gl. [16] und [23] folgenden Grenzübergang vollziehen:

$$\ln K_m = \lim_{m \to 0} (\ln K_m \gamma_u) = \nu \ln \nu_{\pm} + \lim_{m \to 0} \left(\ln \frac{m^{\nu-1} \gamma^{\nu}}{1-\alpha} \right). \qquad [1\text{-}19.24]$$

Mit Hilfe dieser Beziehung ist eine exakte Bestimmung von K_m möglich[1]).

Schließlich finden wir mit

$$\nu_+ \mu_+^0 + \nu_- \mu_-^0 \equiv \mu_2^0 \qquad [1\text{-}19.25]$$

aus Gl. [14], [15a], [15b], [17], [18], [19] und [20] den generellen Ausdruck für das chemische Potential μ_2 des Elektrolyten:

$$\mu_2 = \mu_2^0 + \nu R T \ln (\nu_{\pm} m \gamma). \qquad [1\text{-}19.26]$$

Auf Grund dieser Formel, die auch für vollständige Dissoziation gilt (vgl. oben), wird der konventionelle Aktivitätskoeffizient γ zu einer meßbaren Größe (vgl. § 4.19). Da $\mu_2 - \mu_2^0$ experimentell ermittelbar ist, kann Gl. [26] sogar als Definition für γ angesehen werden[2]).

Bei Dissoziation in mehreren Stufen hat man mehrere Dissoziationskonstanten. Aber auch in diesem Falle definiert man den konventionellen Aktivitätskoeffizienten γ durch Gl. [26]. Man setzt dabei für ν und $\nu_{\pm}$ diejenigen Werte ein, die sich für die Dissoziation in der *letzten* Stufe ergeben. So muß man für wäßrige Schwefelsäure, bei der die Dissoziationsgleichgewichte $H_2SO_4 \rightleftharpoons H^+ + HSO_4^-$,

---

[1]) Es ist zu beachten, daß nicht nur die Molmasse M_1 und die Molaritäten m_+, m_-, m_u, m, sondern auch die Aktivitätskoeffizienten $\gamma_+, \gamma_-, \gamma_u, \gamma_{\pm}, \gamma$ dimensionierte Größen sind. Dies geht aus Gl. [11], [12], [15], [17] und [18] hervor. Die Dissoziationskonstante K_m hingegen ist nach Gl. [21], [22] oder [23] dimensionslos. Messen wir M_1 in der Einheit kg mol^{-1} – wie bei Elektrolytlösungen üblich –, so haben wir die Molaritäten in mol kg^{-1} und die Aktivitätskoeffizienten in kg mol^{-1} anzugeben. Die korrekte Formulierung der Beziehungen [16] und [24] lautet demnach:

$$\lim_{m \to 0} \left(\ln \frac{\gamma_i}{\text{kg mol}^{-1}} \right) = 0 \; (i = +, -, u), \qquad [1\text{-}19.16\text{a}]$$

$$\ln K_m = \nu \ln \nu_{\pm} + \lim_{m \to 0} \left[\ln \frac{m^{\nu-1} \gamma^{\nu}}{(1-\alpha) \text{ kg mol}^{-1}} \right]. \qquad [1\text{-}19.24\text{a}]$$

Das klassische Massenwirkungsgesetz resultiert aus Gl. [22] mit $\gamma_i = 1$ kg mol^{-1}:

$$K_m = \frac{m_+^{\nu_+} m_-^{\nu_-} m_u^{-1}}{\text{kg}^{1-\nu} \text{ mol}^{\nu-1}}. \qquad [1\text{-}19.22\text{a}]$$

Bei konsequenter Schreibweise verschwinden also alle Unstimmigkeiten oder Unklarheiten hinsichtlich der Dimensionen. Dafür muß man sich mit einigen ungewohnten Formulierungen abfinden.

[2]) Näheres über die thermodynamischen Funktionen für Elektrolytlösungen beliebiger Konzentration findet sich bei R. Haase, Z. physik. Chem. N. F. (im Druck).

$HSO_4^- \rightleftharpoons H^+ + SO_4^{--}$ vorliegen, für den genannten Zweck das Dissoziationsgleichgewicht

$$H_2SO_4 \rightleftharpoons 2\,H^+ + SO_4^{--}$$

betrachten und demgemäß nach Gl. [9] und [10] in Gl. [26] schreiben:

$$\nu = 3, \quad \nu_{\pm} = \sqrt[3]{4}\,.$$

§ 1.20. Gleichgewicht in heterogenen (diskontinuierlichen) Systemen

Wir betrachten ein System, das aus zwei isotropen Phasen ohne Elektrisierung und Magnetisierung besteht. Dies ist das einfachste Beispiel für ein heterogenes oder diskontinuierliches System. Äußere Kraftfelder wie Gravitations- oder Zentrifugalfelder sind wie bei homogenen Systemen auszuschließen, damit die beiden Phasen als makroskopisch homogene Körper behandelt werden können. Wir lassen indessen jetzt elektrische Potentialdifferenzen zwischen den Phasen zu. Diese Potentialdifferenzen beruhen auf dem Vorhandensein von geladenen Teilchenarten (Ionen oder Elektronen), welche die Phasengrenzfläche passieren können, und haben den Charakter von „Galvanispannungen“[1]). Die beiden Phasen können voneinander getrennt sein durch eine natürliche Phasengrenze oder durch eine (starre oder bewegliche) Membran, die entweder für alle Teilchenarten („permeable Membran“) oder nur für bestimmte Partikelsorten („semipermeable Membran“) durchlässig ist. Auch natürliche Phasengrenzen können „halbdurchlässig“ sein, z. B. die Grenzfläche Metall/Lösung.

Bei der Betrachtung der virtuellen Verrückungen aus dem Gleichgewicht, die in virtuellem Wärme-, Stoff- und Elektrizitätstransport zwischen den

[1]) Als „Galvanispannung“ bezeichnet man nach LANGE[2]) die Differenz der *inneren* elektrischen Potentiale bei zwei benachbarten Phasen, während man die Differenz der äußeren elektrischen Potentiale „Voltaspannung“ nennt. Die Voltaspannung ist meßbar, die Galvanispannung nicht. Da aber bei der Summierung der einzelnen Potentialdifferenzen in einer galvanischen Kette (auch in einem Thermoelement), die auf die meßbare EMK führt, nur die Galvanispannungen mitzählen, erscheinen lediglich diese in unseren Formeln. Der Unterschied zwischen Volta- und Galvanispannung beruht auf den (mehr oder weniger zufälligen) Oberflächenladungen an Phasengrenzen. Die Galvanispannung an der Phasengrenze Metall/Metall heißt „Kontaktpotential“, diejenige an der Phasengrenze Metall/Lösung „Elektrodenpotential“. Die meßbare EMK einer galvanischen Kette (oder eines Thermoelementes) kommt stets durch Addition von mehreren Typen von Potentialdifferenzen zustande. So kann etwa die EMK einer reversiblen galvanischen Kette ohne Druckgradienten als Summe von Kontakt- und Elektrodenpotentialen aufgefaßt werden, während z. B. die EMK eines Thermoelementes sich aus „thermoelektrischen Potentialen“ und Kontaktpotentialen zusammensetzt.

[2]) E. LANGE, Handbuch d. Experimentalphysik, Band 12/2 (Leipzig 1933) 305.

beiden Phasen bestehen sollen, kommen nur zweiseitige Veränderungen in Frage[1]). Chemische Reaktionen schließen wir aus; denn es ergeben sich dieselben Bedingungen wie in § 1.19, falls es sich um Homogenreaktionen handelt, während „Heterogenreaktionen" am einfachsten als Überlagerungen von Homogenreaktionen und Stoffübergängen zwischen den beiden Phasen aufgefaßt werden.

Wir charakterisieren die beiden Phasen durch einfach (′) bzw. doppelt (″) gestrichene Symbole, bezeichnen mit U die innere Energie, mit E_{pot} die potentielle Energie, die durch die genannten elektrostatischen Potentialdifferenzen bedingt ist, mit V das Volumen, mit P den Druck, mit T die absolute Temperatur, mit S die Entropie, mit n_k bzw. μ_k die Molzahl bzw. das chemische Potential der Teilchenart k und mit N die Gesamtzahl der Teilchenarten. Dann gilt auf Grund von Gl. [1-4.7], [1-18.1], [1-18.2] und [1-18.9] für eine virtuelle Verrückung aus dem Gleichgewicht (vgl. § 1.18):

$$\delta S = \delta S' + \delta S'' = 0 \qquad [1\text{-}20.1]$$

unter den Nebenbedingungen

$$\delta U + \delta E_{\text{pot}} = \delta U' + \delta U'' + \delta E_{\text{pot}} = 0, \qquad [1\text{-}20.2]$$

$$\delta V' + \delta V'' = 0, \qquad [1\text{-}20.3]$$

$$\delta n_k' + \delta n_k'' = 0 \quad (k = 1, 2, \ldots N). \qquad [1\text{-}20.4]$$

Ferner ist die GIBBSsche Hauptgleichung [1-18.7] für jede der beiden Phasen zu berücksichtigen:

$$T'\,\delta S' = \delta U' + P'\,\delta V' - \sum_{k=1}^{N} \mu_k'\,\delta n_k', \qquad [1\text{-}20.5]$$

$$T''\,\delta S'' = \delta U'' + P''\,\delta V'' - \sum_{k=1}^{N} \mu_k''\,\delta n_k''. \qquad [1\text{-}20.6]$$

Obwohl eigentlich keine „äußeren" Kraftfelder vorliegen, haben wir in Gl. [2] die gesamte innere Energie des Systems in die „eigentliche innere Energie" U und die „potentielle elektrostatische Energie" E_{pot} zerlegt, so daß U' und U'' und damit auch die chemischen Potentiale μ_k' und μ_k'' nur von der Temperatur, vom Druck und von der Zusammensetzung, nicht aber vom elektrischen Zustand der betreffenden Phase abhängen. Diese fiktive

[1]) Dies ist keineswegs a priori evident, wie schon GIBBS erkannt hat. Das Ungleichheitszeichen in [1-18.1] ist vielmehr aus Gründen, die mit den Grenzgesetzen für unendliche Verdünnung zusammenhängen, a posteriori auszuschließen. Vgl. R. HAASE, Thermodynamik der Mischphasen (Berlin-Göttingen-Heidelberg 1956) 111.

Aufspaltung ist zweckmäßig, damit die elektrischen Potentiale φ' und φ'' explizit in den Formeln erscheinen (auch wenn sie weder einzeln noch als Differenz meßbar sind) und der Zusammenhang mit den Überlegungen im nächsten Paragraphen deutlich wird. Gehört zu einer geladenen Teilchenart i, für welche die Grenzfläche durchlässig ist, die elektrochemische Valenz z_i (positive bzw. negative ganze Zahl für Kationen bzw. Anionen), so gilt bei Beachtung von Gl. [4] nach der Definition der potentiellen elektrostatischen Energie ($\mathfrak{F}$ = FARADAYsche Konstante):

$$\delta E_{\text{pot}} = \sum_i z_i \mathfrak{F} (\varphi' - \varphi'') \delta n_i' = \sum_i z_i \mathfrak{F} (\varphi'' - \varphi') \delta n_i''. \qquad [1\text{-}20.7]$$

Jede Teilchenart, welche die Phasengrenze passieren kann, sei mit dem Index i bezeichnet; denn für ungeladene Partikelsorten ist Gl. [7] wegen $z_i = 0$ identisch erfüllt. Bezieht sich der Index j auf alle Teilchenarten (geladene und neutrale), für welche die Phasengrenze undurchlässig ist, so haben wir an Stelle von Gl. [4] folgende detaillierte Bedingungsgleichungen:

$$\delta n_i' + \delta n_i'' = 0, \quad \delta n_j' = 0, \quad \delta n_j'' = 0. \qquad [1\text{-}20.8]$$

Wenn schließlich die beiden Phasen voneinander durch eine starre Membran getrennt sind, so sind die zusätzlichen Nebenbedingungen (vgl. Gl. [3])

$$\delta V' = 0, \quad \delta V'' = 0 \qquad [1\text{-}20.9]$$

bei den virtuellen Zustandsänderungen zu berücksichtigen.

Die notwendigen, aber nach den letzten Ausführungen nur für bewegliche Phasengrenzflächen hinreichenden Nebenbedingungen [2], [3] und [8] vereinigen wir nun auf Grund von Gl. [5], [6] und [7] mit dem allgemeinen Gleichgewichtskriterium [1] zu folgendem Ausdruck:

$$\delta S = \left(\frac{1}{T'} - \frac{1}{T''}\right) \delta U' + \left(\frac{P'}{T'} - \frac{P''}{T''}\right) \delta V'$$
$$- \sum_i \left(\frac{\mu_i'}{T'} + \frac{z_i \mathfrak{F} \varphi'}{T''} - \frac{\mu_i'' + z_i \mathfrak{F} \varphi''}{T''}\right) \delta n_i' = 0. \qquad [1\text{-}20.10]$$

Da die Variationen $\delta U'$ (virtueller Wärmeübergang zwischen den beiden Phasen), $\delta V'$ (virtuelle Volumenzunahme einer Phase auf Kosten der anderen) und $\delta n_i'$ (virtueller Stoff- und Ladungsübergang zwischen den beiden Phasen) voneinander unabhängig sind und ihnen – im Falle beweglicher Grenzflächen – willkürliche Werte erteilt werden können, lauten die notwendigen und hinreichenden Bedingungen für *heterogenes Gleichgewicht bei beweglichen Phasengrenzen*:

$$T' = T'' \text{ (thermisches Gleichgewicht)}, \qquad [1\text{-}20.11]$$

$$P' = P'' \text{ (mechanisches Gleichgewicht)}, \qquad [1\text{-}20.12]$$

$$\mu_i' + z_i \mathfrak{F} \varphi' = \mu_i'' + z_i \mathfrak{F} \varphi''. \qquad [1\text{-}20.13]$$

Für ungeladene Teilchenarten ($z_i = 0$) reduziert sich die letzte Gleichung auf die Bedingung

$$\mu_i' = \mu_i'' \text{ (stoffliches Gleichgewicht)}. \qquad [1\text{-}20.14]$$

Bei geladenen Partikelsorten (Ionen oder Elektronen) führt man mit GUGGENHEIM das *elektrochemische Potential* der Teilchensorte i

$$\eta_i \equiv \mu_i + z_i \mathfrak{F} \varphi \qquad [1\text{-}20.15]$$

ein und schreibt dementsprechend:

$$\eta_i' = \eta_i'' \text{ (elektrochemisches Gleichgewicht)}. \qquad [1\text{-}20.16]$$

In den Gleichungen [11] bis [16] sind die Gleichgewichtsbedingungen für alle heterogenen Systeme mit natürlichen Phasengrenzen enthalten.

Besteht die Phasengrenzfläche in einer starren Membran, so entfällt infolge von Gl. [9] die Variation $\delta V'$ in Gl. [10], so daß die Bedingung [12] nicht mehr gefunden wird, während die Gleichgewichtsbeziehungen [11] und [13] erhalten bleiben. Ob tatsächlich die Drucke P' und P'' in den beiden Phasen voneinander verschieden sind, hängt von der Art der starren Membran ab. Ist diese permeabel, d. h. für alle Teilchenarten durchlässig, so werden die beiden homogenen Teilsysteme, wenn sie Phasen derselben Natur (z. B. zwei Gase oder zwei Flüssigkeiten mit vollständiger Mischbarkeit) darstellen, im Gleichgewicht identisch. Dann gilt auch Gl. [12]. Wenn es sich hingegen um eine semipermeable Membran handelt, so können die beiden Phasen im Gleichgewicht nicht identisch werden, sondern müssen verschiedene Zusammensetzungen aufweisen. Da gemäß Gl. [11] und [13] die Temperaturen und die elektrochemischen Potentiale aller Teilchenarten, welche die Membran passieren können, im Gleichgewicht für beide Phasen dieselben Werte haben, die chemischen Potentiale aber nur von Temperatur, Druck und Zusammensetzung abhängen, müssen die Drucke P' und P'' im allgemeinen verschieden sein, so daß Gl. [12] ungültig wird. In diesem Falle, in dem kein mechanisches Gleichgewicht herrscht, spricht man vom „osmotischen Gleichgewicht“, wenn die Teilchenarten der Sorte i (für welche die Membran durchlässig ist) alle ungeladen sind ($z_i = 0$ für alle i), und vom „DONNAN-Gleichgewicht“, wenn die genannten Teilchenarten, wenigstens teilweise, Ionen sind. Im ersten Falle entsteht keine elektrische Potentialdifferenz; im zweiten Falle ergibt sich aus Gl. [13] eine Differenz der elektrostatischen Potentiale ($\varphi'' - \varphi'$), die als „DONNAN-Potential“ bezeichnet wird.

Wir finden also für das *osmotische Gleichgewicht*:

$$T' = T'' \qquad [1\text{-}20.17]$$

$$P' \neq P'', \qquad [1\text{-}20.18]$$

$$\mu_i' = \mu_i'', \qquad [1\text{-}20.19]$$

während für das DONNAN-*Gleichgewicht* gilt:

$$T' = T'' \qquad [1\text{-}20.20]$$

$$P' \neq P'', \qquad [1\text{-}20.21]$$

$$\mu_i' + z_i \mathfrak{F} \varphi' = \mu_i'' + z_i \mathfrak{F} \varphi''. \qquad [1\text{-}20.22]$$

Die Gleichgewichtsdruckdifferenz $P'' - P'$ ist in beiden Fällen aus den anderen Bedingungen indirekt ermittelbar. Sie wird *osmotischer Druck* genannt, falls die eine Phase ein reiner Stoff ist.

Außer der Ungleichung [18] bzw. [21]

$$P' \neq P''$$

haben wir beim osmotischen Gleichgewicht und DONNAN-Gleichgewicht noch die Aussage

$$\mu_j' \neq \mu_j''$$

für alle Teilchenarten, welche die Membran nicht passieren können.

Bei einer gedankenlosen Generalisierung dieser Überlegungen könnte man schließen, daß bei einer wärmeundurchlässigen Membran die Aussage

$$T' \neq T''$$

gelte, während nach wie vor die Gleichgewichtsbedingungen [13], [14], [19] oder [22] für alle Teilchenarten, welche die Phasengrenze passieren können, erfüllt seien. Daß dies ein Fehlschluß ist, läßt sich leicht einsehen; denn eine wärmeundurchlässige Membran ist immer gleichzeitig stoffundurchlässig, so daß sich kein stoffliches Gleichgewicht einstellen kann, wenn die Bedingungen für das thermische Gleichgewicht prinzipiell nicht erfüllbar sind. Hält man durch Eingriff von außen, d. h. durch passenden Wärmeaustausch mit der Umgebung, eine Temperaturdifferenz zwischen zwei Phasen aufrecht, so kann zwar bei stoffdurchlässiger Phasengrenze ein stationärer Zustand auftreten, bei dem der Materieaustausch zwischen den beiden Phasen zum Stillstand kommt, aber diese Situation entspricht keineswegs einem Gleichgewicht, wie aus dem allgemeinen Kriterium in § 1.17 hervorgeht, und wird daher nicht durch die Gleichgewichtsbedingungen der klassischen Thermodynamik, sondern mit Hilfe der Methoden der Thermodynamik der irreversiblen Prozesse beschrieben (§ 3.9).

Man erkennt hieraus, daß den Bedingungen für thermisches Gleichgewicht eine fundamentalere Bedeutung zukommt als denen für mechanisches Gleichgewicht. Bei der Diskussion des allgemeineren Falls der kontinuierlichen Systeme (§ 1.21) werden wir in der Tat sehen, daß die Bedingungen für mechanisches Gleichgewicht aus den übrigen Gleichgewichtsbedingungen ableitbar sind, falls man Systeme mit natürlichen Phasengrenzen (Flüssigkeit/Dampf, Flüssigkeit/Flüssigkeit bei Systemen mit Entmischung usw.) ausschließt.

Die Gleichgewichtsbedingungen [11] bis [22] stellen die von DONNAN und GUGGENHEIM präzisierten Fassungen der GIBBSschen Formulierungen dar. Die Methodik der hier benutzten Ableitungen geht aber direkt auf GIBBS zurück. Sie ist exakter und allgemeiner als alle späteren Beweisführungen. Wir haben das Verfahren dadurch abgekürzt, daß wir alle Einzelfälle (gewöhnliches heterogenes Gleichgewicht, elektrochemisches Gleichgewicht, osmotisches Gleichgewicht und DONNAN-Gleichgewicht) in einen einzigen Beweisgang zusammengefaßt haben.

Ohne Beweis seien noch die Gleichgewichtsbedingungen für ein System mit Berücksichtigung der *Grenzflächenerscheinungen*[1]) mitgeteilt. Für die in Abb. 1 skizzierte Anordnung gilt (bei Voraussetzung von N ungeladenen Teilchenarten, für welche die Phasengrenzfläche durchlässig ist):

$$T' = T'' = T''', \qquad [1\text{-}20.23]$$

$$P' - P'' = \sigma \left(\frac{1}{r_1} + \frac{1}{r_2}\right), \qquad [1\text{-}20.24]$$

$$\mu_k' = \mu_k'' = \mu_k''' \quad (k = 1, 2, \ldots N), \qquad [1\text{-}20.25]$$

worin σ die Grenzflächenspannung und r_1 und r_2 die beiden Hauptkrümmungsradien der Grenzfläche sind. Wir sehen, daß die Bedingungen für

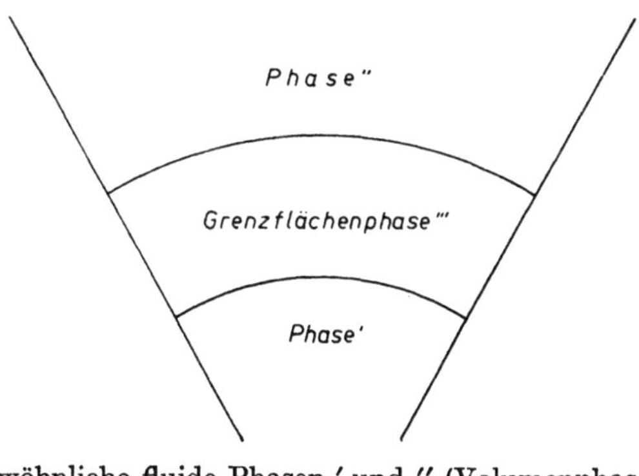

Abb. 1. Zwei gewöhnliche fluide Phasen ′ und ″ (Volumenphasen) mit einer sie trennenden Grenzschicht ‴ (Grenzflächenphase).

---

[1]) J. W. GIBBS, The Collected Works **I, 219.**

thermisches und stoffliches Gleichgewicht (vgl. Gl. [11] und [14]) bei Berücksichtigung der Grenzschicht unverändert bleiben, daß aber die Bedingung für mechanisches Gleichgewicht (vgl. Gl. [12]) modifiziert wird, ausgenommen im Sonderfalle einer ebenen Grenzfläche ($r_1 \to \infty, r_2 \to \infty$, also $P' = P''$). Darüber hinaus macht Gl. [23] bzw. [25] die Aussage, daß bei Gleichgewicht die Temperatur T''' der Grenzflächenphase bzw. das chemische Potential μ_k''' des Stoffes k in der Grenzflächenphase denselben Wert hat wie in den angrenzenden Volumenphasen. Gl. [24] wird als „LAPLACEsche Formel" bezeichnet.

Über den problematischen Begriff „Druck in der Grenzflächenphase" ist in den obigen Gleichgewichtsbeziehungen nichts enthalten. Andererseits kommt in den grundlegenden Gleichungen, die sich auf die Grenzflächenphase selbst beziehen und hier zum Ausgangspunkt der Thermodynamik der Grenzflächenerscheinungen gewählt wurden, formal der negative „Druck" ($-P'''$) als Arbeitskoeffizient vor, so daß man zunächst nicht weiß, was man unter der Größe P''' zu verstehen hat. Nun ist aber die Grenzflächenspannung σ bei Voraussetzung einer nicht verschwindenden Dicke der Grenzschicht („Grenzflächenphase" an Stelle einer abstrakten „Grenzfläche" in mathematischem Sinne) nur definierbar, falls die Dicke der Grenzschicht klein im Vergleich zu den Hauptkrümmungsradien der Grenzfläche ist. Daraus läßt sich ableiten[1]), daß man für P''' unterschiedslos den Druck P' oder den Druck P'' oder irgendeinen Zwischenwert einsetzen darf.

§ 1.21. Gleichgewicht in kontinuierlichen Systemen

Befindet sich Materie in einem Gravitations-, Zentrifugal- oder elektromagnetischen Feld, so haben wir es im allgemeinen mit einem kontinuierlichen System zu tun. Größen wie Druck, Konzentrationen und chemische Potentiale hängen – selbst im Gleichgewicht, wie wir sehen werden – in stetiger Weise von den Raumkoordinaten ab, wenn wir Phasengrenzen ausschließen und nicht gerade homogene Felder betrachten. Wir beschränken unsere Ableitungen auf den Fall zeitlich konstanter (stationärer) konservativer Kraftfelder, wie sie das Schwerefeld der Erde, das Zentrifugalfeld in einer Zentrifuge konstanter Umlaufgeschwindigkeit oder ein elektrostatisches Feld darstellen. Auch setzen wir isotrope Medien voraus und sehen von Polarisation der Materie ab. Dagegen werden elektrisch geladene Teilchenarten und chemische Reaktionen ausdrücklich in unsere Darstellung einbezogen.

---

[1]) E. A. GUGGENHEIM, Thermodynamics, 3. Aufl. (Amsterdam 1957) 53.

Das Potential der äußeren Kraftfelder, d. h. die auf die Masseneinheit bezogene potentielle Energie eines Volumenelementes des betrachteten kontinuierlichen Systems, sei mit ψ bezeichnet. Das Potential ψ ist eine Ortsfunktion.

Im Falle des Schwerefeldes hängt ψ mit der Erdbeschleunigung $\vec{g}$ wie folgt zusammen[1]):

$$\vec{g} = -\operatorname{grad} \psi. \qquad [1\text{-}21.1]$$

Für ein Zentrifugalfeld gilt der Zusammenhang:

$$\omega^2 \vec{r} = -\operatorname{grad} \psi, \qquad [1\text{-}21.2]$$

worin ω den Betrag der Winkelgeschwindigkeit und $\vec{r}$ den Abstand von der Rotationsachse bedeutet. Bei einem elektrostatischen Feld ist das elektrische Potential φ bzw. die elektrische Feldstärke $\vec{\mathfrak{E}}$ so definiert, daß wir folgende Beziehungen erhalten:

$$M_k \psi = z_k \mathfrak{F} \varphi, \quad \vec{\mathfrak{E}} = -\operatorname{grad} \varphi. \qquad [1\text{-}21.3]$$

Hierbei ist M_k die Molmasse (das „Molekulargewicht") der geladenen Teilchenart k, z_k ihre elektrochemische Valenz und $\mathfrak{F}$ die FARADAYsche Konstante.

Im allgemeinsten Falle enthält also das Potential ψ drei Terme, die sich auf das Schwerefeld, das Zentrifugalfeld und das elektrostatische Feld beziehen. Es folgt aus Gl. [1] bis [3]:

$$\vec{K}_k = -M_k \operatorname{grad} \psi = M_k (\vec{g} + \omega^2 \vec{r}) + z_k \mathfrak{F} \vec{\mathfrak{E}}. \qquad [1\text{-}21.4]$$

Hierin ist $\vec{K}_k$ die auf ein Mol der Teilchensorte k wirkende äußere Kraft. Dabei sieht man von der CORIOLIS-Kraft in rotierenden Systemen ab, weil diese keinen Beitrag zur potentiellen Energie des Systems liefert[2]).

Wir betrachten zunächst ein Volumenelement des kontinuierlichen Systems. Dann gilt in unserem Falle die GIBBSsche Hauptgleichung in der Form [1-18.8]:

$$T\,\delta S_V = \delta U_V - \sum_{k=1}^{N} \mu_k\,\delta c_k. \qquad [1\text{-}21.5]$$

---

[1]) Die Größe grad ψ ist, wie $\vec{g}$ oder $\vec{r}$, ein Vektor und wird „*Gradient von* ψ" genannt. Setzen wir rechtwinklige Koordinaten (x, y, z) voraus, so sind die drei Komponenten des Vektors grad ψ:

$$\frac{\partial \psi}{\partial x}, \quad \frac{\partial \psi}{\partial y}, \quad \frac{\partial \psi}{\partial z}.$$

[2]) Näheres hierüber findet sich in § 4.33.

Hierin bedeutet das Zeichen δ eine Variation erster Ordnung, S_V die Entropiedichte, U_V die Dichte der inneren Energie, c_k die molare Volumenkonzentration der Teilchenart k, T die absolute Temperatur, μ_k das chemische Potential der Partikelsorte k und N die Anzahl der Teilchenarten. Ferner schreiben wir (vgl. Gl. [1-19.?]):

$$\delta c_k = \delta' c_k + \sum_{r=1}^{R} \nu_{kr}\, \delta\xi_{rV} \quad (k = 1, 2, \ldots N). \qquad [1\text{-}21.6]$$

Dabei ist $\delta' c_k$ die virtuelle Zunahme von c_k infolge von Stoffaustausch mit benachbarten Volumenelementen, ν_{kr} der stöchiometrische Koeffizient der Partikelsorte k in der chemischen Reaktion r, ξ_{rV} die Reaktionslaufzahl der Reaktion r, bezogen auf die Volumeneinheit, und R die Anzahl der unabhängigen chemischen Reaktionen.

Bezeichnen wir mit $d\tau$ ein Volumenelement, so finden wir für die Entropie S bzw. innere Energie U des gesamten Systems (vgl. Gl. [1-18.10]):

$$S = \int S_V\, d\tau, \qquad [1\text{-}21.7]$$

$$U = \int U_V\, d\tau. \qquad [1\text{-}21.8]$$

Die Integration ist über den gesamten Raum, den das betrachtete System ausfüllt, zu erstrecken. Entsprechend ergibt sich für die totale potentielle Energie E_{pot} des Systems:

$$E_{\text{pot}} = \int \sum_{k=1}^{N} M_k c_k \psi\, d\tau\,, \qquad [1\text{-}21.9]$$

worin $\sum_{k=1}^{N} M_k c_k = \varrho$ die Dichte des Volumenelementes bedeutet.

Die virtuellen Verrückungen aus dem Gleichgewicht, die wir gemäß § 1.18 zum Auffinden der Gleichgewichtsbedingungen zu betrachten haben, bestehen in virtuellem Wärmeübergang, Stoff- und Elektrizitätstransport zwischen benachbarten Volumenelementen sowie in virtuellen lokalen chemischen Reaktionen. Wir können demgemäß alle Variationen als zweiseitig ansehen und nach Gl. [1-18.1] bei Beachtung von Gl. [5], [6] und [7] ansetzen:

$$\begin{aligned} \delta S &= \delta \int S_V\, d\tau = \int \delta S_V\, d\tau \\ &= \int \frac{1}{T}\left(\delta U_V - \sum_{k=1}^{N} \mu_k\, \delta' c_k - \sum_{k=1}^{N} \sum_{r=1}^{R} \nu_{kr}\, \mu_k\, \delta\xi_{rV}\right) d\tau = 0. \qquad [1\text{-}21.10] \end{aligned}$$

Dabei konnte das Integrationszeichen mit dem Variationszeichen vertauscht werden, weil bei den hier interessierenden virtuellen Verrückungen jedes

Volumenelement an seinem Orte bleibt. Deshalb darf im folgenden auch ψ in Gl. [9] als konstant angesehen werden.

Die zu Gl. [10] gehörenden Nebenbedingungen besagen gemäß Gl. [1-18.2], daß die Summe aus innerer und potentieller Energie für das Gesamtsystem konstant bleiben muß und durch die Begrenzungsflächen des Gesamtsystems keine Materie fließen kann (vgl. § 1.18). Wir erhalten also mit [8] und [9], wenn wir die Bedingungen $\psi = \text{const}$ (s. oben) und

$$\sum_{k=1}^{N} M_k \nu_{kr} = 0 \quad (r = 1, 2, \ldots R)$$

(Erhaltung der Masse bei chemischen Reaktionen)

sowie Gl. [6] beachten:

$$\delta U + \delta E_{\text{pot}} = \int \left(\delta U_V + \sum_{k=1}^{N} M_k \psi \delta' c_k\right) d\tau = 0, \qquad [1\text{-}21.11]$$

$$\int \delta' c_k \, d\tau = 0 \quad (k = 1, 2, \ldots N). \qquad [1\text{-}21.12]$$

Wir multiplizieren nun Gl. [11] mit der willkürlichen Konstanten λ, die erste, zweite, ... N-te Gleichung in [12] mit der willkürlichen Konstanten $\lambda_1, \lambda_2, \ldots \lambda_N$ und subtrahieren die so erhaltenen Gleichungen von Gl. [10], entsprechend der Methode von LAGRANGE. Wir finden auf diese Weise eine von allen Nebenbedingungen befreite Gleichung:

$$\int \left[\left(\frac{1}{T} - \lambda\right) \delta U_V - \sum_{k=1}^{N} \left(\frac{\mu_k}{T} + \lambda M_k \psi + \lambda_k\right) \delta' c_k \right.$$
$$\left. - \frac{1}{T} \sum_{k=1}^{N} \sum_{r=1}^{R} \nu_{kr} \mu_k \delta \xi_{rV}\right] d\tau = 0. \qquad [1\text{-}21.13]$$

Da jetzt alle Variationen δU_V, $\delta' c_1$, $\delta' c_2, \ldots \delta' c_N$, $\delta \xi_{1V}$, $\delta \xi_{2V}, \ldots \delta \xi_{RV}$ voneinander unabhängig sind und dies für jedes beliebige Volumenelement gelten muß, verschwindet das Integral dann und nur dann, wenn die Koeffizienten der genannten Variationen einzeln verschwinden. Wir erhalten demnach:

$$\frac{1}{T} = \lambda, \qquad [1\text{-}21.14]$$

$$\mu_k + M_k \psi = -\frac{\lambda_k}{\lambda} \quad (k = 1, 2, \ldots N), \qquad [1\text{-}21.15]$$

$$\sum_{k=1}^{N} \nu_{kr} \mu_k = 0 \quad (r = 1, 2, \ldots R). \qquad [1\text{-}21.16]$$

Gl. [14] bedeutet Temperaturkonstanz, also thermisches Gleichgewicht:

$$T = \text{const}. \qquad [1\text{-}21.17]$$

Gl. [15] besagt, daß für jede Teilchenart k die Summe aus dem chemischen Potential (μ_k) und dem auf ein Mol dieses Stoffes bezogenen Potential der äußeren Kraftfelder ($M_k \psi$) überall denselben Wert hat:

$$\mu_k + M_k \psi = \text{const} \quad (k = 1, 2, \ldots N). \qquad [1\text{-}21.18]$$

Aus Gl. [16] folgt schließlich bei Beachtung von Gl. [1-19.6] für jedes Volumenelement:

$$A_r = 0 \quad (r = 1, 2, \ldots R), \qquad [1\text{-}21.19]$$

mithin das Verschwinden der Affinität A_r für jede unabhängige chemische Reaktion, genau wie bei homogenen Systemen (vgl. Gl. [1-19.5]).

Im Falle eines elektrostatischen Feldes reduzieren sich die Gln. [18] wegen Gl. [3] auf die Bedingungen

$$\mu_i + z_i \mathfrak{F} \varphi = \text{const}, \qquad [1\text{-}21.20]$$

$$\mu_j = \text{const}, \qquad [1\text{-}21.21]$$

worin sich der Index i auf alle geladenen Teilchenarten (Ionen oder Elektronen) und der Index j auf alle neutralen Partikelsorten bezieht. Gl. [20] kann mit Hilfe von Gl. [3] auf die Form

$$\operatorname{grad} \mu_i = z_i \mathfrak{F} \vec{\mathfrak{E}} \qquad [1\text{-}21.22]$$

gebracht werden.

Beachten wir Gl. [1] und [2], so können wir Gl. [18] umformen in die Beziehung

$$\operatorname{grad} \mu_k = M_k (\vec{g} + \omega^2 \vec{r}) \quad (k = 1, 2, \ldots N), \qquad [1\text{-}21.23]$$

die für das Schwere- und Zentrifugalfeld gilt.

Infolge von Gl. [4] und [18] lautet die allgemeine Gleichgewichtsbedingung für die Stoffverteilung:

$$\operatorname{grad} \mu_k = \vec{K}_k = M_k (\vec{g} + \omega^2 \vec{r}) + z_k \mathfrak{F} \vec{\mathfrak{E}} \quad (k = 1, 2, \ldots N), \qquad [1\text{-}21.24]$$

in der Gl. [22] und [23] als Sonderfälle enthalten sind.

Die Gleichgewichtsbedingungen [17] bis [19] bleiben auch bei elektrischer Polarisation[1]) und bei Vorhandensein von Phasengrenzen[2]) erhalten. Im ersten Falle ist darauf zu achten, daß die chemischen Potentiale μ_k außer

---

[1]) Vgl. § 4.34 (S. 486).

[2]) J. W. Gibbs, The Collected Works **I**, 276.

von Temperatur, Druck und Zusammensetzung noch von der elektrischen Feldstärke abhängen. Im zweiten Falle hat man wieder, wie bei den heterogenen Gleichgewichten (§ 1.20), zwischen permeablen und semipermeablen Phasengrenzen zu unterscheiden, wobei es sich entweder um natürliche Grenzflächen oder um Membranen handeln kann. Bei semipermeablen Phasengrenzen gilt Gl. [18] nur für diejenigen Teilchenarten, welche die Grenzfläche passieren können. Eine *starre* semipermeable Membran verhindert lediglich die Einstellung des mechanischen Gleichgewichtes, wie schon in § 1.20 beschrieben.

Wir können die in diesem und in den vorangehenden Paragraphen abgeleiteten Gleichgewichtsbedingungen wie folgt zusammenfassen: Die Beziehungen [17], [18] und [19] sind bei isotropen Medien, bei denen eventuelle äußere Kraftfelder zeitlich unveränderliche Potentialfelder darstellen, *immer* erfüllt, wenn man den Index k in Gl. [18] auf diejenigen Teilchenarten beschränkt, für welche etwa vorhandene Phasengrenzen durchlässig sind. Nur die Bedingungen für das mechanische Gleichgewicht – falls dieses sich überhaupt einstellen kann – sind von Fall zu Fall verschieden.

Bei kontinuierlichen Systemen sind die Bedingungen für das mechanische Gleichgewicht aus Gl. [17] und [18] ableitbar. Wir zeigen dies für ein System ohne elektrische Polarisation. Wir können dann gemäß Gl. [17] und [24] schreiben:

$$\operatorname{grad} T = 0, \qquad [1\text{-}21.25]$$

$$\operatorname{grad} \mu_k = V_k \operatorname{grad} P + (\operatorname{grad} \mu_k)_{T,P} = \vec{K}_k \quad (k = 1, 2, \ldots N), \qquad [1\text{-}21.26]$$

wobei das partielle Molvolumen V_k des Stoffes k mit Hilfe von Gl. [1-12.12] eingeführt wurde und der Term $(\operatorname{grad} \mu_k)_{T,P}$ Gradientenbildung bei konstanter Temperatur T und konstantem Druck P anzeigt, sich mithin nur auf die örtliche Änderung von μ_k mit den Konzentrationen der einzelnen Stoffe bezieht.

Wir multiplizieren nun jede der Gleichungen [26] mit c_k, addieren und berücksichtigen Gl. [1-6.11] und [1-13.6]. Wir erhalten so die Bedingung für das mechanische Gleichgewicht:

$$\operatorname{grad} P = \sum_{k=1}^{N} c_k \vec{K}_k . \qquad [1\text{-}21.27]$$

Mit Gl. [27] gleichwertig ist eine Beziehung, die sich aus Gl. [4] und [27] bei Einführen der Dichte

$$\varrho = \sum_{k=1}^{N} c_k M_k$$

ergibt:

$$\operatorname{grad} P = \varrho\,(\vec{g} + \omega^2 \vec{r}) + \sum_{k=1}^{N} z_k\, c_k\, \mathfrak{F}\,\vec{\mathfrak{E}}. \qquad [1\text{-}21.28]$$

In einem System ohne elektrisch geladene Teilchen oder in einem elektrisch leitenden Medium gilt die Bedingung

$$\sum_{k=1}^{N} z_k\, c_k = 0\,, \qquad [1\text{-}21.29]$$

die das Verschwinden der Raumladung mathematisch formuliert. Die Beziehung [29] ist nur bei Isolatoren, die elektrische Ladungen tragen, nicht generell erfüllt. Aus Gl. [28] und [29] folgt:

$$\operatorname{grad} P = \varrho\,(\vec{g} + \omega^2 \vec{r}\,). \qquad [1\text{-}21.30]$$

Gl. [1-17.1] ist hierin als Spezialfall enthalten.

Mit Gl. [3], [24], [26] und [30] ergibt sich bei Beachtung von Gl. [1-20.15] für Medien ohne Raumladung:

$$(M_k - \varrho\, V_k)(\vec{g} + \omega^2 \vec{r}\,) = (\operatorname{grad} \mu_k)_{T,P} + z_k\, \mathfrak{F} \operatorname{grad} \varphi = (\operatorname{grad} \eta_k)_{T,P}\,, \qquad [1\text{-}21.31]$$

wobei η_k das elektrochemische Potential der Teilchenart k darstellt. Liegt kein äußeres elektrostatisches Feld vor, so spricht man von einem *Sedimentationsgleichgewicht*. Die Größe φ bedeutet dann das *Sedimentationspotential* im Gleichgewichtsfalle. Die „barometrische Höhenformel" und andere bekannte Formeln für die Konzentrationsverteilung der Komponenten eines idealen Gasgemisches, einer ideal verdünnten Lösung oder einer idealen Mischung im Schwerefeld oder in einer Zentrifuge gehen aus Gl. [31] durch Integration unter den jeweiligen speziellen Voraussetzungen hervor (vgl. Gl. [4-20.22], S. 340).

Die Gleichgewichtsbedingungen für ein System im Schwerefeld (auch mit Berücksichtigung von Grenzflächenerscheinungen) wurden zuerst von GIBBS abgeleitet. Später hat VAN DER WAALS[1]) diese Überlegungen auf beliebige stationäre Felder verallgemeinert. Wir haben die Ableitungen hier durch Einschluß der chemischen Reaktionen und explizite Berücksichtigung geladener Teilchenarten abermals generalisiert[2]).

---

[1]) Vgl. J. D. VAN DER WAALS, Lehrbuch der Thermodynamik, 2. Teil (Leipzig 1912) 560.

[2]) Vgl. R. HAASE, Z. physik. Chem. Neue Folge **25**, 26 (1960).

§ 1.22. Stabilität und kritische Erscheinungen

a) *Allgemeines.* Die bisher diskutierten Gleichgewichtsbedingungen beschreiben das Gleichgewicht in bezug auf die ursprünglich vorhandenen Bereiche. Wenn nun innerhalb der ursprünglichen Phasen oder Volumenelemente die Bildung von neuen Bezirken, etwa von „Keimen" neuer Phasen (z. B. Tröpfchenbildung in einem übersättigten Dampf oder Kristallisation in einer übersättigten Lösung), möglich ist, haben wir noch eine weitere Klasse von virtuellen Zustandsänderungen in Betracht zu ziehen: die Entstehung von neuen Bereichen. Die sich so ergebenden zusätzlichen Gleichgewichtsbedingungen nennt man *Stabilitätsbedingungen.* Es kann also in einem System Gleichgewicht herrschen bezüglich aller denkbaren Veränderungen in den ursprünglichen Phasen oder Volumenelementen, während doch noch ein Übergang des gegebenen Systems in ein qualitativ anderes, d. h. aus anderen Bereichen aufgebautes System möglich ist. In diesem Falle handelt es sich um ein *instabiles* Gleichgewicht bzw. System. Wenn ein Übergang der genannten Art unmöglich ist, nennt man das Gleichgewicht bzw. das System *stabil.* Ein Gleichgewicht bzw. ein System heißt „relativ instabil" oder „metastabil", wenn der betrachtete Übergang nur bei diskontinuierlichen Zustandsänderungen eintreten kann. Ist der Übergang schon bei beliebig kleinen Zustandsänderungen, d. h. bei Entstehung von infinitesimal benachbarten Bereichen, möglich, so wird das Gleichgewicht bzw. das System als „absolut instabil" oder „labil" bezeichnet. Metastabile Systeme sind existenzfähig, labile Systeme – von einigen Ausnahmen bei Mischkristallen abgesehen – hingegen nicht.

Als Ausgangspunkt für die Ableitung der Stabilitätsbedingungen dient wieder das allgemeine Gleichgewichtskriterium [1-18.1]. Dabei muß jetzt aber das Ungleichheitszeichen beibehalten werden; denn unter den virtuellen Verrückungen befinden sich auch einseitige Veränderungen (nämlich die mit der virtuellen Entstehung neuer Bezirke zusammenhängenden Zustandsänderungen). Dies kommt mathematisch durch das Vorliegen von Ungleichungen unter den Nebenbedingungen zum Ausdruck.

Wir wollen im folgenden die langwierigen Ableitungen, deren Methodik auf GIBBS zurückgeht, nicht bringen, sondern uns mit der Mitteilung einiger Resultate begnügen. Die Beweise und alle weiteren Einzelheiten müssen an anderer Stelle[1]) nachgelesen werden.

Wir betrachten zunächst die Bedingungen dafür, daß eine einzelne Phase (oder ein Volumenelement) nicht labil ist. Diese „Stabilitätsbedingungen im engeren Sinne" sind im Rahmen unserer Darstellung der Thermodynamik

[1]) R. HAASE, Thermodynamik der Mischphasen (Berlin-Göttingen-Heidelberg 1956) 135.

der irreversiblen Prozesse die einzig interessierenden Stabilitätsbedingungen. Sie geben an, unter welchen Umständen eine Phase (oder ein Volumenelement) stabil oder metastabil ist, und können als Vorzeichenaussagen über die zweiten und höheren Differentialquotienten der charakteristischen Funktionen nach den zugehörigen Variablen formuliert werden („Gleichgewichtsbedingungen zweiter und höherer Ordnung").

Bezeichnet man die innere Energie mit U, die Entropie mit S, das Volumen mit V, die Molzahl des Stoffes k (Komponente oder Teilchenart k) mit n_k, die Enthalpie mit H, den Druck mit P, die Freie Energie mit F, die absolute Temperatur mit T und die Freie Enthalpie mit G, so lauten die genannten Stabilitätsbedingungen in ihrer allgemeinen Form (bei Beschränkung auf isotrope Bereiche ohne Elektrisierung und Magnetisierung):

$$\Delta^2 U(S, V, n_k) \geqslant 0, \qquad [1\text{-}22.1]$$

$$[\Delta^2 H(P)]_{S, n_k} < 0, \qquad [1\text{-}22.2]$$

$$[\Delta^2 H(S, n_k)]_P \geqslant 0, \qquad [1\text{-}22.3]$$

$$[\Delta^2 F(T)]_{V, n_k} < 0, \qquad [1\text{-}22.4]$$

$$[\Delta^2 F(V, n_k)]_T \geqslant 0, \qquad [1\text{-}22.5]$$

$$[\Delta^2 G(T, P)]_{n_k} < 0, \qquad [1\text{-}22.6]$$

$$[\Delta^2 G(n_k)]_{T,P} \geqslant 0. \qquad [1\text{-}22.7]$$

Dabei bedeutet das Symbol $\Delta^2 Z$ eine Variation der Funktion Z (bezüglich der jeweils angegebenen Variablen) von Gliedern der zweiten Ordnung an bis zu Termen beliebig hoher Ordnung. Es gilt also z. B. im Falle von [2]:

$$[\Delta^2 H(P)]_{S, n_k} = \frac{1}{2!}\left(\frac{\partial^2 H}{\partial P^2}\right)_{S, n_k} (\Delta P)^2 + \frac{1}{3!}\left(\frac{\partial^3 H}{\partial P^3}\right)_{S, n_k} (\Delta P)^3 + \ldots < 0,$$

worin ΔP eine Variation des Druckes bezeichnet.

Das Gleichheitszeichen in [1], [3], [5] und [7] ist nur für den Fall gültig, daß die Variation in einer reinen Massenänderung des Bereiches besteht, wobei sich alle Molzahlen im gleichen Verhältnis ändern, so daß die Natur des Bereiches nicht variiert wird[1]). Man kann sich von diesen überflüssigen

[1]) Die schon bei GIBBS kurz angedeutete, im Rahmen gewisser moderner molekularstatistischer Theorien wieder aktuell gewordene Möglichkeit der „Koexistenz benachbarter Phasen" im kritischen Gebiet wird ebenfalls durch das Gleichheitszeichen in den obigen Beziehungen beschrieben. Wir schließen jedoch diese mögliche Komplikation hier aus, weil sie einerseits noch nicht endgültig bewiesen, andererseits für die von uns benötigten Endresultate ohne Bedeutung ist. Vgl. R. HAASE, Thermodynamik der Mischphasen 179 (Berlin-Göttingen-Heidelberg 1956).

Variationen befreien, indem man die extensiven Zustandsfunktionen auf die Mengeneinheit (z. B. ein Mol) oder auf die Volumeneinheit bezieht. Wir finden dann z. B. aus [7]:

$$[\Delta^2 \overline{G}(x_k)]_{T,P} > 0, \qquad [1\text{-}22.8]$$

wobei $\overline{G}$ die molare Freie Enthalpie und x_k der Molenbruch der Komponente k ist.

Auch wenn man voraussetzt, daß Änderungen der Molzahlen nur durch chemische Reaktionen zustande kommen, entfällt das Gleichheitszeichen in [1], [3], [5] und [7]. Man hat dann an Stelle der n_k als unabhängige Variable die Reaktionslaufzahlen ξ_r der unabhängigen chemischen Reaktionen einzuführen. Man erhält in diesem Falle z. B. aus [7]:

$$[\Delta^2 G(\xi_r)]_{T,P} > 0. \qquad [1\text{-}22.9]$$

b) *Mechanische und thermische Stabilität.* Wenn wir zunächst von Stabilitätsgrenzen und kritischen Erscheinungen absehen, können wir uns damit begnügen, die Variationen nur bis zur zweiten Ordnung zu betrachten. Dann ergeben sich aus den vorangehenden Ungleichungen Vorzeichenaussagen über die zweiten Differentialquotienten der charakteristischen Funktionen. Wir leiten im folgenden einige wichtige Beispiele für solche Aussagen ab. Wir beginnen mit dem einfachsten Fall: konstante Menge und Zusammensetzung des Bereiches.

Aus [2] resultiert unter den genannten Bedingungen:

$$\left(\frac{\partial^2 H}{\partial P^2}\right)_{S,n_k} < 0.$$

Daraus folgt mit Gl. [1-12.15] die Bedingung für „mechanische Stabilität":

$$\left(\frac{\partial V}{\partial P}\right)_{S,n_k} < 0.$$

Für die als „adiabatische Kompressibilität" bezeichnete Größe

$$\chi_S \equiv -\frac{1}{V}\left(\frac{\partial V}{\partial P}\right)_{S,n_k} \qquad [1\text{-}22.10]$$

gilt also:

$$\chi_S > 0. \qquad [1\text{-}22.11]$$

Aus [5] finden wir:

$$\left(\frac{\partial^2 F}{\partial V^2}\right)_{T,n_k} > 0,$$

woraus wir mit Gl. [1-12.16] ableiten:

$$\left(\frac{\partial P}{\partial V}\right)_{T,n_k} < 0.$$

Das ist wiederum ein Ausdruck für die „mechanische Stabilität". Für die „isotherme Kompressibilität"

$$\chi_T \equiv -\frac{1}{V}\left(\frac{\partial V}{\partial P}\right)_{T,n_k} \qquad [1\text{-}22.12]$$

ergibt sich mithin:

$$\chi_T > 0. \qquad [1\text{-}22.13]$$

Aus [3] erhalten wir:

$$\left(\frac{\partial^2 H}{\partial S^2}\right)_{P,n_k} > 0.$$

Mit Gl. [1-12.15] gewinnen wir hieraus die Bedingung für „thermische Stabilität":

$$\left(\frac{\partial S}{\partial T}\right)_{P,n_k} > 0.$$

Für die „Wärmekapazität bei konstantem Druck" (s. Gl. [1-15.5])

$$C_P = T\left(\frac{\partial S}{\partial T}\right)_{P,n_k} \qquad [1\text{-}22.14]$$

finden wir also:

$$C_P > 0. \qquad [1\text{-}22.15]$$

Aus [4] ergibt sich:

$$\left(\frac{\partial^2 F}{\partial T^2}\right)_{V,n_k} < 0,$$

woraus mit Gl. [1-12.16] folgt:

$$\left(\frac{\partial S}{\partial T}\right)_{V,n_k} > 0,$$

wiederum ein Ausdruck für die „thermische Stabilität". Für die „Wärmekapazität bei konstantem Volumen" (s. Gl. [1-15.4])

$$C_V = T\left(\frac{\partial S}{\partial T}\right)_{V,n_k} \qquad [1\text{-}22.16]$$

resultiert mithin:

$$C_V > 0. \qquad [1\text{-}22.17]$$

Mit Hilfe der mathematischen Identitäten

$$\left(\frac{\partial V}{\partial P}\right)_{S,n_k}\left(\frac{\partial S}{\partial T}\right)_{P,n_k} = \left(\frac{\partial V}{\partial P}\right)_{T,n_k}\left(\frac{\partial S}{\partial T}\right)_{V,n_k}$$

und

$$\left(\frac{\partial P}{\partial T}\right)_{V,n_k}\left(\frac{\partial V}{\partial P}\right)_{T,n_k} = -\left(\frac{\partial V}{\partial T}\right)_{P,n_k}$$

leiten wir aus Gl. [10], [12], [14] und [16] bei Beachtung von Gl. [1-15.11] ab:

$$\frac{\chi_S}{\chi_T} = \frac{C_V}{C_P}, \qquad [1\text{-}22.18]$$

$$C_P - C_V = \frac{T\,V\,\alpha^2}{\chi_T}, \qquad [1\text{-}22.19]$$

worin

$$\alpha \equiv \frac{1}{V}\left(\frac{\partial V}{\partial T}\right)_{P,n_k} \qquad [1\text{-}22.20]$$

der Ausdehnungskoeffizient ist. Schließen wir den singulären Fall $\alpha = 0$ (der z. B. für Wasser bei 4 °C zutreffen würde) aus, so finden wir aus [13], [17], [18] und [19] die allgemeinen Vorzeichenaussagen:

$$C_P - C_V > 0, \qquad [1\text{-}22.21]$$

$$\chi_T - \chi_S > 0. \qquad [1\text{-}22.22]$$

c) *Chemische Stabilität.* Wenn wir nach dem Vorbild von [9] in [1], [3], [5] und [7] die Reaktionslaufzahlen ξ_r einführen und nur Variationen bis zur zweiten Ordnung in den ξ_r betrachten, erhalten wir auf Grund von Gl. [1-14.10] bis [1-14.13] folgende Bedingungen für „chemische Stabilität“, gültig für einen geschlossenen Bereich mit R unabhängigen chemischen Reaktionen (A_r = Affinität der Reaktion r):

$$\frac{\partial A_r}{\partial \xi_r} < 0 \quad (r = 1, 2, \ldots R), \qquad [1\text{-}22.23]$$

$$\frac{\partial A_r}{\partial \xi_r}\,\frac{\partial A_s}{\partial \xi_s} - \left(\frac{\partial A_r}{\partial \xi_s}\right)^2 > 0 \text{ mit } \frac{\partial A_r}{\partial \xi_s} = \frac{\partial A_s}{\partial \xi_r}\ (r, s = 1, 2, \ldots R;\ r \neq s), \qquad [1\text{-}22.24]$$

... (usw.)

Die Determinante

$$\left|\frac{\partial A_r}{\partial \xi_s}\right|$$

ist positiv bzw. negativ, wenn sie gerader bzw. ungerader Ordnung ist. Als gleichwertige Aussage ergibt sich: Die mit beliebigen Variablen a_r und a_s gebildete quadratische Form

$$\sum_{r=1}^{R}\sum_{s=1}^{R} a_r\,a_s\,\frac{\partial A_r}{\partial \xi_s} < 0 \qquad [1\text{-}22.25]$$

ist negativ-definit.

Bei den partiellen Differentiationen ist von den Variablenpaaren

$$S, V$$
$$S, P$$
$$T, V$$
$$T, P$$

wahlweise eines konstant zu halten. Im Falle einer einzigen chemischen Reaktion (Reaktionslaufzahl ξ, Affinität A) gilt also:

$$\left(\frac{\partial A}{\partial \xi}\right)_{S,V} < 0, \quad \left(\frac{\partial A}{\partial \xi}\right)_{S,P} < 0, \quad \left(\frac{\partial A}{\partial \xi}\right)_{T,V} < 0, \quad \left(\frac{\partial A}{\partial \xi}\right)_{T,P} < 0. \quad [1\text{-}22.26]$$

d) *Stabilitätsgrenzen und kritische Phasen.* Die Begriffe „Stabilitätsgrenze" und „kritische Phase" wollen wir uns an Hand eines binären Systems, bestehend aus den Komponenten 1 und 2, klar machen. Wählen wir den Molenbruch x_1 des Stoffes 1 als unabhängige Variable zur Beschreibung der Zusammensetzung der Mischphase, so lautet nach [8] eine der Bedingungen dafür, daß die Phase nicht labil ist:

$$[\Delta^2 \overline{G}(x_1)]_{T,P} = \frac{1}{2!}\left(\frac{\partial^2 \overline{G}}{\partial x_1^2}\right)_{T,P} (\Delta x_1)^2 + \frac{1}{3!}\left(\frac{\partial^3 \overline{G}}{\partial x_1^3}\right)_{T,P} (\Delta x_1)^3 + \ldots > 0, \quad [1\text{-}22.27]$$

worin Δx_1 eine Variation des Molenbruches der Komponente 1 bedeutet.

Die *Stabilitätsgrenze*, d. h. die Grenze zwischen dem stabilen oder metastabilen und dem labilen Zustandsgebiet, ist, wie sich zeigen läßt, durch die Gleichung

$$\left(\frac{\partial^2 \overline{G}}{\partial x_1^2}\right)_{T,P} = 0 \quad [1\text{-}22.28]$$

gegeben, während für die *labilen* Bereiche im Zustandsraum gilt:

$$\left(\frac{\partial^2 \overline{G}}{\partial x_1^2}\right)_{T,P} < 0, \quad [1\text{-}22.29]$$

so daß hier auch $\Delta^2 \overline{G}(x_1)$ nach [27] negativ wird. *Innerhalb* des von der Stabilitätsgrenze umschlossenen stabilen und metastabilen Zustandsgebietes haben wir hingegen die Stabilitätsbedingung

$$\left(\frac{\partial^2 \overline{G}}{\partial x_1^2}\right)_{T,P} > 0. \quad [1\text{-}22.30]$$

Eine *kritische Phase* entsteht durch Zusammenfallen zweier koexistenter Phasen. Sie liegt einerseits an der Stabilitätsgrenze, andererseits auf der Koexistenzkurve. Demnach sind zwei Gleichungen zur Charakterisierung des kritischen Zustandes erforderlich. Sie lauten im vorliegenden Falle[1]):

$$\left(\frac{\partial^2 \overline{G}}{\partial x_1^2}\right)_{T,P} = 0, \quad \left(\frac{\partial^3 \overline{G}}{\partial x_1^3}\right)_{T,P} = 0. \qquad [1\text{-}22.31]$$

Da die kritische Phase nicht labil ist, gilt für sie auf Grund von [27]:

$$\left(\frac{\partial^4 \overline{G}}{\partial x_1^4}\right)_{T,P} > 0. \qquad [1\text{-}22.32]$$

Sollte der Differentialquotient in [32] verschwinden, so muß der nächsthöhere nicht verschwindende Differentialquotient *gerader* Ordnung von $\overline{G}$ nach x_1 (T = const, P = const) positiv sein.

Aus Gl. [1-6.4] und [1-11.6] ergibt sich für ein Zweistoffsystem:

$$\overline{G} = x_1 \mu_1 + x_2 \mu_2 = x_1 \mu_1 + (1 - x_1) \mu_2, \qquad [1\text{-}22.33]$$

worin x_i bzw. μ_i der Molenbruch bzw. das chemische Potential der Komponente i ($i = 1, 2$) ist. Ferner folgt aus der Gibbs-Duhemschen Beziehung [1-13.5] für eine binäre Mischung:

$$x_1 \left(\frac{\partial \mu_1}{\partial x_1}\right)_{T,P} + (1 - x_1) \left(\frac{\partial \mu_2}{\partial x_1}\right)_{T,P} = 0. \qquad [1\text{-}22.34]$$

Aus den beiden Gleichungen leiten wir ab (vgl. Gl. [1-12.23]):

$$\left(\frac{\partial \overline{G}}{\partial x_1}\right)_{T,P} = \mu_1 - \mu_2, \qquad [1\text{-}22.35]$$

$$\left(\frac{\partial^2 \overline{G}}{\partial x_1^2}\right)_{T,P} = \frac{1}{1 - x_1} \left(\frac{\partial \mu_1}{\partial x_1}\right)_{T,P}, \qquad [1\text{-}22.36]$$

$$\left(\frac{\partial^3 \overline{G}}{\partial x_1^3}\right)_{T,P} = \frac{1}{(1 - x_1)^2} \left(\frac{\partial \mu_1}{\partial x_1}\right)_{T,P} + \frac{1}{1 - x_1} \left(\frac{\partial^2 \mu_1}{\partial x_1^2}\right)_{T,P}. \qquad [1\text{-}22.37]$$

Mit Gl. [36] und [37] können wir die Aussagen [28] bis [31] in folgender Form schreiben:

$$\left(\frac{\partial \mu_1}{\partial x_1}\right)_{T,P} > 0 \text{ (stabiles oder metastabiles Gebiet innerhalb Stabilitätsgrenze)}, \qquad [1\text{-}22.38]$$

$$\left(\frac{\partial \mu_1}{\partial x_1}\right)_{T,P} = 0 \text{ (Stabilitätsgrenze)}, \qquad [1\text{-}22.39]$$

$$\left(\frac{\partial \mu_1}{\partial x_1}\right)_{T,P} < 0 \text{ (labiles Gebiet)}, \qquad [1\text{-}22.40]$$

---

[1]) Die allgemeinsten Bedingungsgleichungen für eine kritische Phase, die sowohl für Einstoff- als auch für Zwei- und Mehrstoffsysteme gelten, finden sich bei R. Haase, Thermodynamik der Mischphasen (Berlin-Göttingen-Heidelberg 1956) 177.

$$\left(\frac{\partial \mu_1}{\partial x_1}\right)_{T,P} = 0, \quad \left(\frac{\partial^2 \mu_1}{\partial x_1{}^2}\right)_{T,P} = 0 \text{ (kritischer Zustand)}. \qquad [1\text{-}22.41]$$

Diese Formulierungen sind für spätere Anwendungen bei Zweistoffsystemen wichtig.

§ 1.23. Thermodynamische Funktionen bei Nichtgleichgewichtszuständen

Bei der Ableitung der verschiedenen Gleichgewichtsbedingungen aus dem allgemeinen Gleichgewichtskriterium (§ 1.18) haben wir stets vorausgesetzt, daß bei einem virtuellen Übergang des Systems aus dem Gleichgewicht in einen benachbarten Nichtgleichgewichtszustand die verallgemeinerte GIBBSsche Hauptgleichung [1-9.4]

$$T\,dS = dU - \sum_i L_i dl_i - \sum_k \mu_k dn_k \qquad [1\text{-}23.1]$$

bzw. im speziellen Falle eines isotropen Mediums ohne Elektrisierung und Magnetisierung die klassische GIBBSsche Hauptgleichung [1-9.5]

$$T\,dS = dU + P\,dV - \sum_k \mu_k dn_k \qquad [1\text{-}23.2]$$

für jeden Bereich des Systems gilt. Wir wollen jetzt untersuchen, warum diese Annahme berechtigt ist, und weiterhin zeigen, daß unter gewissen Voraussetzungen selbst bei Ablauf von wirklichen (irreversiblen) Prozessen im betrachteten Bereich die Beziehung [1] beibehalten werden kann. Ist dies einmal erwiesen, so bleiben auch alle aus Gl. [1] ableitbaren Beziehungen, wie etwa die Fundamentalgleichungen (§ 1.12) und die GIBBS-DUHEMsche Beziehung (§ 1.13), für die betreffenden Vorgänge gültig.

Gl. [1] enthält nur Differentiale von Zustandsvariablen. Ist also der innere Zustand eines Bereiches zu dem jeweils betrachteten Zeitpunkt vollständig durch Größen wie die innere Energie U (oder die absolute Temperatur T), die Arbeitskoordinaten l_i (oder die Arbeitskoeffizienten L_i) und die Molzahlen n_k beschreibbar, so existiert nach dem Zweiten Hauptsatz (§ 1.8) auch die Entropie S als Funktion dieser Größen, und das Differential dS ist nach § 1.9 durch Gl. [1] gegeben. Selbst wenn bei einer endlichen Zustandsänderung undefinierte Zwischenzustände durchlaufen werden, bleibt Gl. [1] – diesmal in integrierter Form – in Kraft, falls nur Anfangs- und Endzustand durch den genannten Variablensatz charakterisierbar sind. Daraus folgt zunächst, daß die Gültigkeit der (verallgemeinerten) GIBBSschen Hauptgleichung keineswegs auf reversible Zustandsänderungen beschränkt ist.

Bei der Ableitung der Gleichgewichtsbedingungen hat man nun den gesuchten Gleichgewichtszustand lediglich mit solchen benachbarten Nichtgleichgewichtszuständen zu vergleichen, die durch dieselbe Variablenzahl wie das Gleichgewicht selbst beschreibbar sind. Man macht sich dies am besten an Hand des heterogenen Gleichgewichtes (§ 1.20) klar; denn hier wissen wir von vornherein, daß die verschiedenen homogenen Körper (Phasen) des heterogenen Systems immer durch Variablen wie U, l_i (speziell: Volumen V) und n_k hinsichtlich ihres inneren Zustandes charakterisierbar sind und daß es bei der Ableitung der Gleichgewichtsbedingungen nur darauf ankommt, die Bedingungen für die „richtige" Verteilung der inneren Energien, Volumina, Molzahlen usw. auf die verschiedenen Phasen des Systems aufzufinden. Ähnliche Überlegungen lassen sich auch für andere Arten von Gleichgewichten anstellen. Demnach ist Gl. [1] stets auf virtuelle Verrückungen aus dem Gleichgewicht anwendbar.

Wir können die letzte Aussage auch strenger beweisen. Wir betrachten dazu einen Nichtgleichgewichtszustand in einem Bereich, dessen Entropie außer von den Variablen U, l_i, n_k noch von den zusätzlichen Variablen λ_1, λ_2, ... abhängt. (Die verallgemeinerte Definition der Entropie im Sinne der Statistischen Mechanik kann z. B. eine Abhängigkeit von Größen wie Temperatur- und Konzentrationsgradienten ergeben.) Wir finden dann für die Entropie S des Bereiches:

$$dS = \frac{\partial S}{\partial U} dU + \sum_i \frac{\partial S}{\partial l_i} dl_i + \sum_k \frac{\partial S}{\partial n_k} dn_k + \frac{\partial S}{\partial \lambda_1} d\lambda_1 + \frac{\partial S}{\partial \lambda_2} d\lambda_2 + \dots$$

Bei einer virtuellen Verrückung aus dem Gleichgewicht haben wir eine Variation erster Ordnung, ausgehend vom Gleichgewichtszustand, zu betrachten, so daß sich die obigen Differentialquotienten auf das Gleichgewicht beziehen. Da die verallgemeinerte GIBBSsche Hauptgleichung für das Gleichgewicht selbst erfüllt ist, ergibt sich aus Gl. [1]:

$$\frac{\partial S}{\partial U} = \frac{1}{T}, \quad \frac{\partial S}{\partial l_i} = -\frac{L_i}{T}, \quad \frac{\partial S}{\partial n_k} = -\frac{\mu_k}{T}, \quad \frac{\partial S}{\partial \lambda_1} = 0, \quad \frac{\partial S}{\partial \lambda_2} = 0, \dots .$$

Darin bedeuten T, L_i und μ_k die Gleichgewichtswerte der absoluten Temperatur, der Arbeitskoeffizienten (speziell: des Druckes P) und der chemischen Potentiale. Für eine virtuelle Verrückung aus dem Gleichgewicht gilt also:

$$T\delta S = \delta U - \sum_i L_i \delta l_i - \sum_k \mu_k \delta n_k ,$$

wie oben behauptet.

Wenn wir jetzt einen Systembereich zu irgendeinem Zeitpunkt während des Ablaufs von wirklichen (irreversiblen) Prozessen ins Auge fassen, wird die Entscheidung über die Gültigkeit von Gl. [1] schwieriger, weil es nicht von vornherein sicher ist, ob der oben genannte Variablensatz zur Beschreibung des inneren Zustandes des Bereiches ausreichend ist und ob überhaupt von einem „inneren Zustand“ im Sinne der Thermodynamik gesprochen werden darf. Zur Klärung des Sachverhaltes betrachten wir zunächst ein einfaches Beispiel.

Eine isotrope Phase ohne Elektrisierung und Magnetisierung gehe bei gegebener Menge und Zusammensetzung aus einem Zustand I (charakterisiert durch die Temperatur T_{I} und das Volumen V_{I}) in einen Zustand II (gekennzeichnet durch die Temperatur T_{II} und das Volumen V_{II}) über. Dann ist auf den Prozeß I → II in jedem Falle die integrierte Form der aus Gl. [2] für konstante Werte der Molzahlen folgenden Differentialbeziehung

$$T\,dS = dU + P\,dV \qquad [1\text{-}23.3]$$

anwendbar. Wir erhalten also:

$$\Delta S = S_{\mathrm{II}} - S_{\mathrm{I}} = \int_{\mathrm{I}}^{\mathrm{II}} \frac{dU}{T} + \int_{\mathrm{I}}^{\mathrm{II}} \frac{P}{T}\,dV\,. \qquad [1\text{-}23.4]$$

Die Integrale sind auswertbar, sobald die Funktionen $U(T, V)$ und $P(T, V)$ bekannt sind. Da die Entropie S eine Zustandsfunktion ist, muß die Entropieänderung ΔS unabhängig vom Wege, also auch dann noch aus Gl. [4] berechenbar sein, wenn Gl. [3] nicht mehr in jedem Augenblick der Zustandsänderung gilt.

Die Anwendbarkeit von Gl. [3] auf irgendeinen Zeitpunkt während des Ablaufs einer Zustandsänderung ist nun ebenfalls nicht auf reversible Vorgänge beschränkt. Man denke etwa an eine langsam gerührte Flüssigkeit oder einen homogenen Draht, der von einem elektrischen Strom konstanter Stärke durchflossen wird. Hier ist die betreffende Phase in jedem Augenblick praktisch homogen und hinsichtlich ihres inneren Zustandes durch die beiden Variablen U und V (oder T und V) bestimmt, so daß Gl. [3] für einen beliebigen Zeitpunkt erfüllt ist, obwohl die Zustandsänderung irreversibel ist. Dabei bedeutet aber der Term

$$-P\,dV$$

jetzt nicht mehr die am System geleistete Arbeit und dementsprechend der Ausdruck

$$dU + P\,dV$$

nicht mehr die dem System zugeführte Wärme.

Noch deutlicher wird der Sachverhalt, wenn wir weiter spezialisieren und die Phase als *ideales Gas* voraussetzen, so daß die Zustandsgleichung

$$P\,V = n\,R\,T \quad (n = \text{Molzahl},\ R = \text{Gaskonstante}) \qquad [1\text{-}23.5]$$

gilt, woraus mit Gl. [1-15.19] folgt:

$$\left(\frac{\partial U}{\partial V}\right)_T = 0. \qquad [1\text{-}23.6]$$

Die in Gl. [4] betrachtete Zustandsänderung sei nun eine *isotherme Expansion* ($T_{\mathrm{I}} = T_{\mathrm{II}} = T$, $V_{\mathrm{II}} > V_{\mathrm{I}}$). Dann ergibt sich aus Gl. [4], [5] und [6]:

$$\Delta U = U_{\mathrm{II}} - U_{\mathrm{I}} = 0, \Delta S = S_{\mathrm{II}} - S_{\mathrm{I}} = nR \ln \frac{V_{\mathrm{II}}}{V_{\mathrm{I}}} > 0. \qquad [1\text{-}23.7]$$

Diese Beziehungen sind, unabhängig vom speziellen Verlauf der Zustandsänderung, bei jeder isothermen Expansion eines idealen Gases erfüllt. Wir betrachten drei Wege eines solchen Vorganges:

1. *Reversible Expansion in einem Thermostaten.* Hier gilt nach Gl. [1-3.2] und Gl. [5] für die während einer infinitesimalen Zustandsänderung zu einem beliebigen Zeitpunkt am Gas geleistete Arbeit:

$$dW = -P dV = -nRT \frac{dV}{V}.$$

Entsprechend resultiert gemäß Gl. [1-4.8] und Gl. [6] für die dabei dem Gas aus dem Thermostaten zugeführte Wärme:

$$dQ = dU + P dV = P dV = -dW = nRT \frac{dV}{V}. \qquad [1\text{-}23.8]$$

Ferner ist Gl. [3] in jedem Augenblick gültig. Wir finden also:

$$T dS = dU + P dV = dQ, \qquad [1\text{-}23.9]$$

woraus für die gesamte Zustandsänderung I → II folgt:

$$\Delta S = \frac{Q}{T}, \qquad [1\text{-}23.10]$$

eine Beziehung, die nach Gl. [1-10.12] für jede reversible und isotherme Zustandsänderung in einem geschlossenen System erfüllt sein muß. Aus Gl. [8] und [10] erhalten wir wiederum Gl. [7].

2. *Versuch von* Joule *und* Thomson. Hier wird das Gas bei thermischer Isolierung langsam durch ein Drosselventil geschickt, wobei es vor Passieren des Ventils (Zustand I) das Volumen V_{I} und den Druck P_{I} und nach Passieren des Ventils (Zustand II) das Volumen V_{II} und den Druck P_{II} aufweist. Da es sich um einen adiabatischen Prozeß handelt, ist die Arbeit W, die am Gas geleistet wird, gleich der Zunahme der inneren Energie (ΔU) und damit unabhängig vom Wege. Sie kann also unter Voraussetzung einer reversiblen Kompression und anschließenden reversiblen Expansion be-

rechnet werden. Demnach erhalten wir:

$$Q = 0, \qquad [1\text{-}23.11]$$

$$W = P_{\mathrm{I}} V_{\mathrm{I}} - P_{\mathrm{II}} V_{\mathrm{II}} = \Delta U = U_{\mathrm{II}} - U_{\mathrm{I}}. \qquad [1\text{-}23.12]$$

Bei Einführen der Enthalpie (vgl. Gl. [1-5.3])

$$H \equiv U + PV \qquad [1\text{-}23.13]$$

ergibt sich:

$$\Delta H = H_{\mathrm{II}} - H_{\mathrm{I}} = 0. \qquad [1\text{-}23.14]$$

Nun folgt aus Gl. [5] mit Gl. [1-15.20] für ein ideales Gas:

$$\left(\frac{\partial H}{\partial P}\right)_T = 0. \qquad [1\text{-}23.15]$$

Aus Gl. [14] und [15] leiten wir sofort ab, daß die Temperatur des Gases sich bei dem Drosselungsvorgang nicht ändern kann, in Übereinstimmung mit unserer Voraussetzung, nach der die Zustandsänderung I → II insgesamt in einer isothermen Expansion bestehen soll. Es gilt also wiederum Gl. [7]. Die Beziehung [10] hingegen wird ungültig (s. Gl. [11]), da ein irreversibler Prozeß vorliegt. Andererseits bleibt Gl. [3] bei hinreichend langsamem Strömen für jeden homogenen Gasteil in jedem Augenblick in Kraft, weil der Zustand des Gases dann zu irgendeinem Zeitpunkt der irreversiblen Zustandsänderung durch die Variablen U und V (oder T und V) beschreibbar ist.

3. *Versuch von* Gay-Lussac *und* Joule. Hier dehnt sich das Gas durch Ausströmen in ein Vakuum adiabatisch vom Volumen V_{I} auf das Volumen V_{II} aus, wobei wegen des Einschlusses in feste Wände auch keine Arbeit am System geleistet wird. Wir finden mithin:

$$Q = 0, \quad W = 0, \quad \Delta U = 0, \qquad [1\text{-}23.16]$$

in scharfem Gegensatz zu Gl. [8] bzw. zu Gl. [12]. Aus Gl. [6] und [16] folgt zunächst, daß der Vorgang isotherm ist, also unserer Grundvoraussetzung entspricht. Demnach bleibt Gl. [7] gültig, während Gl. [10] ganz offensichtlich unrichtig ist, wie auch von vornherein zu erwarten war, da es sich – wie beim vorigen Beispiel – um einen irreversiblen Prozeß handelt. Im vorliegenden Falle ist jedoch auch Gl. [3] nicht mehr auf einen beliebigen Zeitpunkt im Verlauf der irreversiblen Zustandsänderung anwendbar; denn während des Ausströmens des Gases in das Vakuum treten turbulente Erscheinungen auf, die nicht nur die Homogenität und die Beschreibbarkeit des Zustandes des Gases durch zwei Variable hinfällig machen, sondern auch den Begriff des thermodynamischen „Zustandes" fraglich werden lassen.

Der zwischen den beiden Extremen (reversible Expansion und irreversibles Ausströmen ins Vakuum) liegende Fall des langsamen Strömens durch ein Drosselventil ist für alle diejenigen Fälle repräsentativ, die sich mit den Methoden der Thermodynamik der irreversiblen Prozesse behandeln lassen: Der Vorgang ist irreversibel, aber die (verallgemeinerte) GIBBSsche Hauptgleichung bleibt für jeden Zeitpunkt der Zustandsänderung auf jeden Systembereich anwendbar.

Wenn wir ein aus beliebig vielen Phasen aufgebautes heterogenes System betrachten, können wir in Verallgemeinerung der obigen Ausführungen feststellen: Die (verallgemeinerte) GIBBSsche Hauptgleichung gilt in jedem Augenblick einer irreversiblen Zustandsänderung für jede einzelne Phase, falls die im System ablaufenden Vorgänge so langsam vonstatten gehen, daß die Homogenität der einzelnen Phasen nicht aufgehoben wird. Jede Phase des heterogenen Systems muß sich also zu einem beliebigen Zeitpunkt im inneren thermischen und mechanischen Gleichgewicht befinden und örtlich konstante Konzentrationen aufweisen. Dagegen sind chemisches Gleichgewicht in den einzelnen Phasen oder mechanisches, thermisches und stoffliches Gleichgewicht zwischen den verschiedenen Phasen nicht erforderlich. Man wird demnach an der Art des jeweils ausgeführten Experimentes erkennen können, ob die (verallgemeinerte) GIBBSsche Hauptgleichung anwendbar ist, und gegebenenfalls die Versuchsbedingungen so einrichten können (z. B. durch Rühren in den einzelnen Phasen), daß die genannte Gleichung gültig bleibt.

Die Frage nach der Anwendbarkeit der verallgemeinerten GIBBSschen Hauptgleichung auf ein Volumenelement eines kontinuierlichen Systems, in dem sich irreversible Prozesse abspielen, ist nicht mehr so leicht zu beantworten. Zunächst wird man hier Gl. [1] auf eine Form bringen, die nur intensive Größen enthält, weil diese für jeden Punkt des Raumes definierbar sind. Wir können z. B. Gl. [1-9.9] benutzen:

$$T\,dS_V = dU_V - \sum_i L_i\,dl_{iV} - \sum_k \mu_k\,dc_k\,, \qquad [1\text{-}23.17]$$

die sich im Spezialfalle eines isotropen Bereiches ohne Elektrisierung und Magnetisierung auf die Beziehung (vgl. Gl. [1-9.12] und [1-21.5])

$$T\,dS_V = dU_V - \sum_k \mu_k\,dc_k \qquad [1\text{-}23.18]$$

reduziert. Dabei ist S_V die Entropiedichte, U_V die Dichte der inneren Energie, l_{iV} eine auf die Volumeneinheit bezogene Arbeitskoordinate (wie etwa die elektrische Polarisation) und c_k die molare Volumenkonzentration der Teilchensorte k. Die Zugrundelegung der verallgemeinerten GIBBSschen Hauptgleichung bedeutet also in unserem Falle, daß in jedem Volumenelement die Entropiedichte S_V auch außerhalb des Gleichgewichtes explizit nur von Variablen wie U_V, l_{iV} und c_k abhängt, wobei natürlich vorausgesetzt ist, daß es überhaupt noch sinnvoll ist, von einer „Entropie" des Bereiches zu sprechen.

Eine allgemeine molekularstatistische Theorie der irreversiblen Prozesse, die eine generelle Beantwortung der hier aufgeworfenen Fragen ermöglichen würde, existiert nicht. Man kann aber im Falle von chemischen Reaktionen und Transporterscheinungen in idealen Gasen die Probleme kinetisch diskutieren[1]). Man findet dann, daß die GIBBSsche Hauptgleichung [18] auf einen großen Bereich im gesamten Gebiet der irreversiblen Prozesse anwendbar bleibt. Dieser Bereich umfaßt alle chemischen Reaktionen, die so langsam ablaufen, daß sie die MAXWELLsche Geschwindigkeitsverteilung für die einzelnen reagierenden Stoffe nicht merklich stören – was übrigens bei den meisten reaktionskinetischen Untersuchungen als selbstverständlich vorausgesetzt wird –, und alle Transportvorgänge wie Wärmeleitung, Diffusion und Thermodiffusion, die kinetisch nach der ENSKOG-CHAPMANschen Methode durch eine Potenzreihenentwicklung der statistischen Verteilungsfunktionen bis zur zweiten Näherung, im Rahmen unserer makroskopischen Theorie aber durch die später (§ 1.25) zu besprechenden linearen „phänomenologischen Ansätze" beschrieben werden. Nachdem man sich im Spezialfalle der idealen Gase von der inneren Widerspruchsfreiheit der Methodik der thermodynamisch-phänomenologischen Theorie, die von der verallgemeinerten GIBBSschen Hauptgleichung ausgeht, überzeugt hat, wird man nicht zögern, die Theorie auch in anderen Fällen auf Phänomene wie „langsame" chemische Reaktionen, Wärmeleitung, Diffusion, Thermodiffusion usw. anzuwenden. In der Tat ergibt sich stets Übereinstimmung mit der Erfahrung, wenn man extreme Fälle wie Situationen während des turbulenten Strömens einer Gasmasse (vgl. oben) oder riesige Konzentrations- und Temperaturgradienten – bei denen überhaupt die Bedeutung der makroskopischen Begriffe „Temperatur", „Entropie" usw. fraglich wird – von der Betrachtung ausschließt.

Insgesamt können wir sagen: Thermodynamische Funktionen wie Temperatur, Entropie usw. und die verallgemeinerte GIBBSsche Hauptgleichung bleiben auch bei Nichtgleichgewichtszuständen sinnvoll, wenn die betreffenden Vorgänge nicht zu heftig ablaufen. Dabei muß gegebenenfalls eine genauere Analyse der experimentellen Bedingungen oder eine kinetische Diskussion eines durchrechenbaren Analogiefalles darüber entscheiden, was der Ausdruck „nicht zu heftig" bedeutet.

---

[1]) Vgl. J. MEIXNER, Ann. Physik [5] **39**, 333 (1941); Z. physik. Chem. (B) **53**, 235 (1943); I. PRIGOGINE, Physica **15**, 272 (1949); J. Physic. Coll. Chem. **55**, 765 (1951); H. G. REIK, Z. Physik **148**, 156, 333 (1957).

§ 1.24. Entropieströmung und Entropieerzeugung

Wir verfolgen einen wirklichen (irreversiblen) Prozeß oder – als Grenzfall desselben – einen reversiblen Vorgang in irgendeinem System unter der in § 1.23 diskutierten Voraussetzung eines „nicht zu heftigen" Verlaufs.

Zunächst gilt dann für jeden Bereich α des Systems zu einem beliebigen Zeitpunkt die verallgemeinerte GIBBSsche Hauptgleichung [1-9.4] oder [1-23.1]:

$$T^\alpha dS^\alpha = dU^\alpha - \sum_i L_i^\alpha dl_i^\alpha - \sum_k \mu_k^\alpha dn_k^\alpha, \qquad [1\text{-}24.1]$$

worin T^α die absolute Temperatur, S^α die Entropie, U^α die innere Energie, die L_i^α bzw. l_i^α die Arbeitskoeffizienten bzw. Arbeitskoordinaten und die μ_k^α bzw. n_k^α die chemischen Potentiale bzw. Molzahlen im betrachteten Bereich sind. Die gesamte Entropie S des Systems ist nach Gl. [1-8.2] durch die Beziehung

$$S = \sum_\alpha S^\alpha \qquad [1\text{-}24.2]$$

gegeben.

Ferner müssen die Aussagen [1-8.3], [1-8.4] und [1-8.5] auch für den Fall, daß die betrachteten Zustände (I und II in Gl. [1-8.3]) beliebig benachbart sind, erfüllt sein. Wenn also die Entropie des Systems zur Zeit t den Wert S und zur Zeit $t + dt$ den Wert $S + dS$ hat, so erhalten wir die *Entropiebilanzgleichung:*

$$\frac{dS}{dt} = \frac{d_aS}{dt} + \frac{d_iS}{dt} \qquad [1\text{-}24.3]$$

und die Aussage:

$$\frac{d_iS}{dt} \geqslant 0, \qquad [1\text{-}24.4]$$

worin das Ungleichheitszeichen für wirklichen (irreversiblen) Ablauf der Prozesse und das Gleichheitszeichen für den reversiblen Grenzfall gilt. Die Aufspaltung der Zunahmegeschwindigkeit dS/dt der Entropie des Systems in zwei Terme gemäß Gl. [3] ist durch die Bedingung [1-8.7]

$$\frac{d_aS}{dt} = 0 \text{ bei thermischer Isolierung des Systems} \qquad [1\text{-}24.5]$$

eindeutig festgelegt. Demnach bedeutet d_aS/dt die Zunahmegeschwindigkeit der Entropie des Systems durch Wärme- und Stoffaustausch mit der Außenwelt und heißt *Entropieströmung*. Der Ausdruck d_iS/dt ist die Zunahmegeschwindigkeit der Entropie des Systems auf Grund der Vorgänge, die sich im Inneren des Systems abspielen, und wird als *Entropieerzeuguug* bezeichnet.

Die totale Zunahmegeschwindigkeit der Entropie des Systems (dS/dt) und die Entropieströmung ($d_a S/dt$) können – je nach Richtung und Größe der Wärme- und Materieströme, durch die das System mit der Umgebung in Verbindung steht – positiv oder negativ oder Null sein. Die Entropieerzeugung ($d_i S/dt$) hingegen ist niemals negativ und verschwindet nur im reversiblen Grenzfalle.

Die quantitative Auswertung der Beziehungen [3] und [4] erfolgt mit Hilfe der verallgemeinerten GIBBSschen Hauptgleichung [1] bei Beachtung von Gl. [2] und einiger weiterer Gleichungen, die durch die Massen- und Energiebilanz (bei kontinuierlichen Systemen auch durch den Impulssatz) bedingt sind. Die Aufstellung der detaillierten „Entropiebilanz" kann im einzelnen recht kompliziert sein. Wir besprechen unten nur den einfachen Fall eines homogenen Systems. Für die komplizierteren Fälle (diskontinuierliche und kontinuierliche Systeme) verweisen wir auf die Anfänge des 3. und 4. Kapitels. Es sei hier lediglich bemerkt, daß bei kontinuierlichen Systemen an Stelle von Gl. [3] eine „lokale Entropiebilanz" aufgestellt wird, die für jedes Volumenelement gilt und in der neben der Divergenz eines „Entropiestromes" – dem Analogon des Ausdrucks $d_a S/dt$ – die „lokale Entropieerzeugung" – die dem Ausdruck $d_i S/dt$ entsprechende, aber auf die Volumeneinheit bezogene Größe – auftritt.

Wir benutzen die Abkürzung

$$\Theta \equiv \frac{d_i S}{dt} \qquad [1\text{-}24.6]$$

für die Entropieerzeugung bei homogenen und heterogenen (diskontinuierlichen) Systemen und das Symbol ϑ für die lokale Entropieerzeugung bei kontinuierlichen Systemen. Das Produkt

$$T\Theta \equiv \Psi \qquad [1\text{-}24.7]$$

bzw.

$$T\vartheta \equiv \Psi , \qquad [1\text{-}24.8]$$

worin T die absolute Temperatur des Bereiches oder die mittlere absolute Temperatur im Falle eines heterogenen (diskontinuierlichen) Systems bedeutet, belegen wir der Kürze halber mit dem gemeinsamen Namen *Dissipationsfunktion*. Die Größe [7] enthält in der Tat bei homogenen Systemen die „dissipativen Effekte" (s. unten), und der Ausdruck [8] wird bei kontinuierlichen Systemen, falls sich außer der inneren Reibung keine weiteren irreversiblen Prozesse abspielen, mit der „RAYLEIGHschen Dissipationsfunktion" der Hydrodynamik identisch (vgl. S. 452).

Wir betrachten als einfachstes Beispiel ein homogenes System, in dem irreversible Prozesse ablaufen können. Es soll sich dabei um eine offene Phase handeln, die isotrop ist und keine Elektrisierung oder Magnetisierung aufweist. Dann sind im Inneren dieses homogenen Systems irreversible Vorgänge in Form von „dissipativen Effekten" (Stromdurchgang, Reibung usw.) und chemischen Reaktionen möglich. Hier entfällt Gl. [2], und Gl. [1] reduziert sich auf die klassische GIBBSsche Hauptgleichung [1-9.5] oder [1-23.2]:

$$T dS = dU + P dV - \sum_k \mu_k dn_k \,, \qquad [1\text{-}24.9]$$

worin P der Druck und V das Volumen ist. Die von uns in § 1.7 gewählte Definition der „Wärme" dQ, die einer offenen Phase während einer infinitesimalen Zustandsänderung zugeführt wird, ergibt gemäß Gl. [1-7.3] und [1-7.5] folgenden Ausdruck für die „Energiebilanz":

$$dQ = dU + P dV - dW_{\text{diss}} - \sum_k H_k d_a n_k \,. \qquad [1\text{-}24.10]$$

Darin bedeutet dW_{diss} die mit den dissipativen Effekten zusammenhängende Arbeit, H_k die partielle molare Enthalpie der Teilchenart k und $d_a n_k$ die Zunahme der Molzahl des Stoffes k durch Stoffaustausch mit der Umgebung. Ferner ist noch die „Massenbilanz" zu berücksichtigen (vgl. Gl. [1-7.5], [1-7.6] und [1-14.1]):

$$dn_k = d_a n_k + \sum_r \nu_{kr} d\xi_r \,. \qquad [1\text{-}24.11]$$

Hierbei ist ν_{kr} der stöchiometrische Koeffizient des Stoffes k in der chemischen Reaktion r und ξ_r die Reaktionslaufzahl der Reaktion r. Führen wir endlich die Affinität der Reaktion r gemäß Gl. [1-14.2]

$$A_r = - \sum_k \nu_{kr} \mu_k$$

ein und beachten den Zusammenhang [1-12.6]

$$\mu_k = H_k - T S_k \; (S_k = \text{partielle molare Entropie der Teilchenart } k),$$

so finden wir aus Gl. [9], [10] und [11]:

$$T dS = dQ + T \sum_k S_k d_a n_k + dW_{\text{diss}} + \sum_r A_r d\xi_r \,. \qquad [1\text{-}24.12]$$

Der erste bzw. zweite Term der rechten Seite von Gl. [12] bezieht sich auf den Wärme- bzw. Stoffaustausch mit der Umgebung, der dritte Term auf die dissipativen Effekte und der vierte Term auf die chemischen Reaktionen im

Inneren der Phase. Schreiben wir also Gl. [12] nach dem Vorbild von Gl. [3], so muß infolge der Aufspaltungsvorschrift [5], nach der $d_a S/dt$ für $dQ/dt = 0$ und $d_a n_k/dt = 0$ verschwindet, die „Entropiebilanz" folgendermaßen aussehen:

$$\frac{dS}{dt} = \frac{d_a S}{dt} + \frac{d_i S}{dt}$$

mit der „Entropieströmung"

$$\frac{d_a S}{dt} = \frac{1}{T}\frac{dQ}{dt} + \sum_k S_k \frac{d_a n_k}{dt} \qquad [1\text{-}24.13]$$

und der „Entropieerzeugung"

$$\frac{d_i S}{dt} = \frac{1}{T} \quad \frac{dW_{\text{diss}}}{dt} + \frac{1}{T}\sum_r A_r w_r \,, \qquad [1\text{-}24.14]$$

worin die Größe

$$w_r \equiv \frac{d\xi_r}{dt} \qquad [1\text{-}24.15]$$

als „Reaktionsgeschwindigkeit" der chemischen Reaktion r eingeführt wurde. Ferner finden wir mit Gl. [4], [6] und [7] die Aussage:

$$\Psi = T\Theta = T\frac{d_i S}{dt} = \frac{dW_{\text{diss}}}{dt} + \sum_r A_r w_r \geqslant 0\,. \qquad [1\text{-}24.16]$$

Die plausible Gestalt der Entropieströmung [13] ist eine Folge der von uns gewählten Wärmedefinition (§ 1.7). In der Entropieerzeugung [14] bzw. in der Dissipationsfunktion [16] findet man neben einer Summe von Produkten aus Reaktionsgeschwindigkeiten und zugehörigen Affinitäten die pro Zeiteinheit dissipierte Arbeit („dissipierte Leistung"), die mit „dissipativen Effekten" wie Stromdurchgang und Reibung – die bei homogenen Systemen als Eingriffe von außen erscheinen – zusammenhängt.

Auch bei heterogenen (diskontinuierlichen) Systemen hat die Entropieströmung eine zu Gl. [13] analoge Form (vgl. Gl. [1-10.8]), während die Entropieerzeugung komplizierter aussieht, da diese noch Terme enthält, die sich auf Wärme-, Elektrizitäts- und Stofftransport zwischen den einzelnen Phasen beziehen.

Bei kontinuierlichen Systemen entspricht der „Entropiestrom" dem Ausdruck [13], während in der „lokalen Entropieerzeugung" noch Terme vorkommen, die irreversible Prozesse wie Wärmeleitung, elektrische Leitung, Diffusion usw. beschreiben.

Wir betrachten nun einen definierten Fall von dissipativen Effekten in einem homogenen System, z. B. den ohne stoffliche Zersetzung erfolgenden

Durchgang eines elektrischen Stromes der Stärke I bei einer von außen angelegten Spannung Φ. Dann erhalten wir mit Hilfe der Beziehung[1])

$$\frac{d W_{\text{diss}}}{dt} = I \Phi$$

aus Gl. [16] für die Dissipationsfunktion:

$$\Psi = T\Theta = I\Phi + \sum_r w_r A_r \geqslant 0 \,. \qquad [1\text{-}24.17]$$

Da ein Stromdurchgang ohne stoffliche Zersetzung durch einen als homogen vorausgesetzten Körper sich auf Elektronenleitung beziehen muß, sind die beiden Arten von irreversiblen Prozessen (Elektrizitätsleitung und chemische Reaktionen) voneinander unabhängig. Praktisch kommt nur entweder der eine oder der andere Typ von Vorgängen in Frage. Wir schreiben also für die Elektrizitätsleitung:

$$\Psi = I\Phi \geqslant 0 \qquad [1\text{-}24.18]$$

---

[1]) Der Ausdruck

$$d W_{\text{diss}} = I \, \Phi \, dt$$

wird meist als „JOULEsche Wärme" (für das Zeitelement dt) bezeichnet. Wie man aber bei Einsetzen dieses Ausdruckes in Gl. [10] erkennt, gilt die Beziehung

$$dQ = -I \, \Phi \, dt$$

nur für den Spezialfall

$$dU + PdV = \sum_k H_k \, d_a n_k \,.$$

Diese Bedingung ist z. B. erfüllt, wenn in der Phase Temperatur T und Druck P konstant sind und sich keine chemischen Reaktionen abspielen. Es folgt dann nämlich aus Gl. [11] mit Gl. [1-5.3] und [1-6.3] für die Enthalpie H:

$$dH = dU + PdV = \sum_k H_k \, dn_k = \sum_k H_k \, d_a n_k \,.$$

Ist die betrachtete Phase geschlossen, so gilt:

$$d_a n_k = 0, dU + PdV = 0 \,.$$

Dieser Fall ist insbesondere bei einem stromdurchflossenen Metalldraht gegebener Masse und Zusammensetzung realisiert, falls sich ein stationärer Zustand, der einer zeitlichen Konstanz von T und P entspricht, eingestellt hat. Strenggenommen ist ein Leiter, an den eine elektrische Spannung angelegt worden ist, kein homogenes, sondern ein kontinuierliches System. Wenn wir aber von der – chemisch nicht feststellbaren – Konzentrationsdifferenz der Elektronen absehen, ist der Zustand der hier diskutierten Medien in bezug auf Temperatur, Druck und Zusammensetzung homogen. Wir können daher, soweit wir uns nicht für das Zustandekommen der Elektrizitätsleitung interessieren, auf den größeren Aufwand bei der Behandlung irreversibler Prozesse in kontinuierlichen Systemen (4. Kapitel) vorläufig noch verzichten.

und für die chemischen Reaktionen:

$$\Psi = \sum_r w_r A_r \geqslant 0 . \qquad [1\text{-}24.19]$$

Die letzte Beziehung ist die Ungleichung von DE DONDER[1]).

In Gl. [18] bedeutet das Gleichheitszeichen, also der reversible Grenzfall, Verschwinden des Stromdurchgangs ($I = 0$, $\Phi = 0$). In Gl. [19] entspricht das Gleichheitszeichen, falls man die reversiblen Gedankenexperimente der traditionellen Thermodynamik ausschließt, entweder gehemmten Reaktionen ($w_r = 0$, $A_r \neq 0$) oder dem chemischen Gleichgewicht ($w_r = 0$, $A_r = 0$, vgl. § 1.19). Für wirklichen (irreversiblen) Ablauf der Prozesse ergibt sich mithin:

$$\Psi = I\Phi > 0 \qquad [1\text{-}24.20]$$

bzw.

$$\Psi = \sum_r w_r A_r > 0 . \qquad [1\text{-}24.21]$$

Auf die Beziehung [20] kommen wir in § 1.25 zurück. Die Ungleichung [19] bzw. [21] wird ausführlich im 2. Kapitel behandelt.

Wie sich bei Diskussion der einzelnen Probleme in den folgenden Kapiteln zeigen wird, hat die Dissipationsfunktion Ψ stets die Gestalt

$$\Psi = \sum_i J_i X_i \geqslant 0 . \qquad [1\text{-}24.22]$$

Darin sind die J_i *generalisierte Ströme* (im obigen Beispiel elektrische Stromstärke und Reaktionsgeschwindigkeiten) und die X_i die zugehörigen (konjugierten) *generalisierten Kräfte* (oben die elektrische Potentialdifferenz und die Affinitäten), wobei diese Größen auch Vektoren oder Tensoren sein können. Bei geeigneter Wahl der „Ströme" und „Kräfte" verschwinden diese alle einzeln im Gleichgewicht, wie dies etwa bei den Reaktionsgeschwindigkeiten und Affinitäten aller (linear unabhängigen) chemischen Reaktionen der Fall ist (vgl. § 1.19). Läßt man das Gleichheitszeichen in [22], das sich auf den reversiblen Grenzfall und somit auch auf das Gleichgewicht bezieht, beiseite, so findet man folgenden Ausdruck für den wirklichen (irreversiblen) Ablauf der Prozesse:

$$\Psi = \sum_i J_i X_i > 0 . \qquad [1\text{-}24.23]$$

Wie wir später im einzelnen sehen werden, haben wir beim Übergang von [22] zu [23] die Fälle $\Psi = 0$, $J_i = 0$, $X_i = 0$ (Gleichgewicht) und $\Psi = 0$,

[1]) TH. DE DONDER, L'Affinité (Paris 1927-1936).

$J_i = 0$, $X_i \neq 0$ (gehemmte Prozesse, vgl. oben und § 2.3, oder, bei abhängigen Strömen, reversible Bewegungen, vgl. § 1.27 und § 4.12) ausgeschlossen.

Nach obigem enthält die Entropieströmung den Wärmestrom und die Materieströme, die zwischen System und Umgebung auftreten, die Dissipationsfunktion aber Größen wie die Reaktionsgeschwindigkeiten. Daraus ist sofort ersichtlich, daß Entropieströmung und (lokale) Entropieerzeugung – im Gegensatz zur Gesamtentropie des Systems oder zur Entropie eines Volumenelementes – *keine* Zustandsfunktionen darstellen: Sie hängen vom speziellen Wege der Zustandsänderung ab.

Die in diesem Paragraphen skizzierten und später zu Beginn der einzelnen Kapitel näher erläuterten Aussagen bilden den Inhalt des thermodynamischen Teils der „thermodynamisch-phänomenologischen Theorie der irreversiblen Prozesse". Dabei wird, wie ersichtlich, nur von einer Verallgemeinerung und Präzisierung der Begriffsbildungen der klassischen Thermodynamik Gebrauch gemacht. Demgemäß wurde dieser thermodynamische Teil der Theorie im Prinzip schon zu einer Zeit entwickelt, als der „phänomenologische" Teil der Theorie (§ 1.25 und § 1.26) noch nicht bekannt war. So haben bereits JAUMANN[1]) und LOHR[2]) diesbezügliche Rechnungen durchgeführt. Die Arbeiten dieser Autoren gerieten aber in Vergessenheit. Spätere Veröffentlichungen von DE DONDER (vgl. oben und § 1.25) sind von den genannten Arbeiten unabhängig. Erst durch ONSAGER (vgl. § 1.25 und § 1.26) gewinnt die Theorie grundsätzlich neue Züge, wie im folgenden näher auseinandergesetzt wird. Der Ausbau der Thermodynamik der irreversiblen Prozesse zu einer systematischen Theorie erfolgt dann nach und nach durch mehrere Autoren, insbesondere ECKART[3]), MEIXNER[4]), PRIGOGINE[5]) und DE GROOT[6]).

Als besondere Züge der vorliegenden Darstellung können u. a. die Einführung und konsequente Anwendung beliebig vieler Arbeitskoordinaten und Arbeitskoeffizienten (§ 1.3), die kritische Diskussion des Wärmebegriffs (§ 1.4 und

---

[1]) G. JAUMANN, Sitzgsber. Akad. Wiss. Wien, Math.-naturwiss. Kl. **120**, 385 (1911); Denkschr. Akad. Wiss. Wien, Math.-naturwiss. Kl. **95**, 461 (1918).

[2]) E. LOHR, Denkschr. Akad. Wiss. Wien, Math.-naturwiss. Kl. **93**, 339 (1916); Festschr. Dtsch. T. H. in Brünn, S. 176 (Brünn 1924).

[3]) C. ECKART, Physic. Rev. **58**, 267, 269, 919 (1940).

[4]) J. MEIXNER, Thermodynamik der irreversiblen Prozesse (Aachen 1954) (vervielfältigter Nachdruck von Originalarbeiten); J. MEIXNER und H. G. REIK, Handbuch der Physik, Band III/2 (Berlin-Göttingen-Heidelberg 1959) 413.

[5]) I. PRIGOGINE, Étude Thermodynamique des Phénomènes irréversibles (Paris-Liège 1947); Introduction to Thermodynamics of Irreversible Processes (Springfield, Illinois, 1955).

[6]) S. R. DE GROOT, Thermodynamics of Irreversible Processes (Amsterdam 1951); S. R. DE GROOT und P. MAZUR, Non-Equilibrium Thermodynamics (Amsterdam 1962).

§ 1.7) und die generalisierte Formulierung des Zweiten Hauptsatzes (§ 1.8 bis § 1.10) gelten. Damit soll eine allgemeine, moderne und logische Darstellung der „Thermodynamik der irreversiblen Prozesse" versucht werden[1]).

§ 1.25. Phänomenologische Ansätze

Da bei thermodynamischem Gleichgewicht die „Ströme" J_i und die zugehörigen „treibenden Kräfte" X_i verschwinden – geeignete Wahl dieser Größen vorausgesetzt (vgl. § 1.24) –, liegt es nahe, die Abweichungen vom Gleichgewicht und damit die betreffenden irreversiblen Prozesse in erster Näherung durch eine *lineare* Abhängigkeit der generalisierten Ströme von den generalisierten Kräften zu beschreiben. Man benutzt dabei nach ONSAGER[2]) folgende Gleichungen als allgemeinsten Ausdruck einer linearen Abhängigkeit der „Ströme" $J_1, J_2, \ldots J_m$ von den „Kräften" $X_1, X_2, \ldots X_m$:

$$J_i = \sum_{j=1}^{m} \alpha_{ij} X_j \quad (i = 1, 2, \ldots m). \qquad [1\text{-}25.1]$$

Diese homogenen linearen Beziehungen werden als *phänomenologische Ansätze* bezeichnet. Die Größen $\alpha_{ij}(i, j = 1, 2, \ldots m)$ heißen *phänomenologische Koeffizienten*. Sie sind keine thermodynamischen Funktionen, sondern kinetische Größen, deren Bedeutung sich erst bei der Diskussion der jeweiligen speziellen Probleme ergibt. Sie können beliebige Funktionen der Zustandsvariablen (Temperatur, Druck, Zusammensetzung usw.) sein, hängen aber voraussetzungsgemäß nicht von den J_i und X_i ab.

Bei der Besprechung der Einzelphänomene wird ersichtlich werden, inwieweit die Ansätze [1], die „Gleichgewichtsnähe" verlangen, der Realität entsprechen. Hier sei vorausgeschickt, daß die Beziehungen [1] bei chemischen Reaktionen von beschränktem Anwendungsbereich sind, da die meisten wirklich ablaufenden Reaktionen so weit vom Gleichgewicht entfernt sind, daß eine lineare Abhängigkeit der Reaktionsgeschwindigkeiten von den Affinitäten nicht mehr in Frage kommt. Die Mehrzahl der Transporterscheinungen liegt aber vollständig im Gültigkeitsbereich von Gl. [1].

---

[1]) Weitere Monographien und zusammenfassende Artikel sind folgende Schriften:
K. G. DENBIGH, The Thermodynamics of the Steady State (London-New York 1951).
D. D. FITTS, Nonequilibrium Thermodynamics (New York - San Francisco - Toronto - London 1962).
R. HAASE, Ergebn. exakt. Naturwiss. **26**, 56 (1952).

[2]) L. ONSAGER, Physic. Rev. **37**, 405 (1931); **38**, 2265 (1931).

An dieser Stelle sei als Beispiel nur der schon in § 1.24 erwähnte Fall der reinen Elektrizitätsleitung betrachtet.

Bei Stromdurchgang durch einen homogenen Körper (ohne chemische Reaktionen) finden wir nach Gl. [1-24.20] für die Dissipationsfunktion:

$$\Psi = I\,\Phi > 0, \qquad [1\text{-}25.2]$$

wobei I die elektrische Stromstärke umd Φ die an die Phase gelegte elektrische Potentialdifferenz bedeutet. Die phänomenologischen Ansätze [1] besagen in diesem einfachen Falle:

$$I = \alpha\,\Phi, \qquad [1\text{-}25.3]$$

worin der phänomenologische Koeffizient α eine Funktion der Temperatur, des Druckes und der Zusammensetzung der Phase sein, aber nicht von I oder Φ abhängen kann. Offensichtlich ist Gl. [3] nichts weiter als das OHMsche Gesetz, wobei α die elektrische Leitfähigkeit (den reziproken Widerstand) bedeutet. Aus der Ungleichung [2] folgt mit [3]:

$$\alpha > 0, \qquad [1\text{-}25.4]$$

so daß hier das positive Vorzeichen der Entropieerzeugung auf eine relativ triviale Aussage führt. Wir erkennen weiterhin, daß Abweichungen vom linearen Ansatz [3] Ungültigkeit des OHMschen Gesetzes, also extrem hohe elektrische Feldstärken, bedingen würden.

Wir werden später sehen, daß in den phänomenologischen Ansätzen [1] außer dem OHMschen Gesetz für die Elektrizitätsleitung auch andere bekannte lineare Beziehungen für irreversible Prozesse enthalten sind. Dazu gehören z. B. das FOURIERsche Gesetz für die Wärmeleitung, eine generalisierte Form des FICKschen Gesetzes für die Diffusion und entsprechende lineare Gesetze für die Überlagerungserscheinungen (thermoelektrische Effekte, Thermodiffusion, Diffusionsthermoeffekt usw.) sowie die für Gleichgewichtsnähe geltenden linearen Zusammenhänge zwischen Reaktionsgeschwindigkeiten und Affinitäten bei chemischen Reaktionen, die schon DE DONDER[1]) aufstellte. Dabei beschreiben die Koeffizienten α_{ij} für $i = j$ die „einfachen" Prozesse (etwa Elektrizitätsleitung, Wärmeleitung und Diffusion in isotropen Medien mit höchstens zwei Teilchenarten) und für $i \neq j$ die Überlagerungseffekte.

Aus der Ungleichung [1-24.22] folgt mit den phänomenologischen Ansätzen [1] für die Dissipationsfunktion die allgemeine Aussage:

$$\Psi = \sum_{i=1}^{m} \sum_{j=1}^{m} \alpha_{ij}\, X_i\, X_j \geqslant 0\,. \qquad [1\text{-}25.5]$$

[1]) TH. DE DONDER, L'Affinité (Paris 1927—1936); Bull. Acad. Roy. Belg. (Classe Sciences) 24, 15 (1938).

Daraus ergibt sich eine Reihe von Ungleichungen für die phänomenologischen Koeffizienten. Wir erhalten z. B. für $m = 2$:

$$\alpha_{11}\alpha_{22} - \frac{1}{4}(\alpha_{12} + \alpha_{21})^2 \geqslant 0, \quad \alpha_{11} \geqslant 0, \quad \alpha_{22} \geqslant 0. \qquad [1\text{-}25.6]$$

Sind alle „Ströme" und „Kräfte" und damit auch alle phänomenologischen Koeffizienten unabhängig und liegen keine gehemmten Prozesse vor (vgl. § 1.24), so ist das Gleichheitszeichen in [5] und [6] auszuschließen; denn dann entsprechen die Gleichgewichtsbedingungen $J_i = 0$, $X_i = 0$ (für alle i) nach Gl. [1] genau der Bedingung $\Psi = 0$. Sind also die α_{ij} unabhängig und betrachtet man nur den wirklichen Ablauf von Vorgängen, so gelten die Beziehungen [5] und [6] mit dem Ungleichheitszeichen. Bei gehemmten Prozessen und bei abhängigen Strömen oder Kräften hingegen können einzelne phänomenologische Koeffizienten oder gewisse Kombinationen dieser Größen (vgl. [6]) verschwinden (vgl. auch § 1.27).

§ 1.26. Onsagers Reziprozitätsbeziehungen

Wie sowohl die klassischen als auch die quantenmechanischen Bewegungsgleichungen zeigen, sind alle mikrophysikalischen Gesetze, welche die Bewegungen der einzelnen Teilchen eines Systems bestimmen, symmetrisch in bezug auf Vergangenheit und Zukunft, also invariant gegen eine Transformation der Zeit $t \to -t$ („Prinzip der mikroskopischen Reversibilität"). Dabei ist vorausgesetzt, daß auf die Teilchen keine Kräfte wirken, die ungerade Funktionen der Geschwindigkeiten sind, wie etwa die CORIOLIS-Kraft bei rotierenden Systemen oder die LORENTZ-Kraft in magnetischen Feldern, die beide linear von den Geschwindigkeiten abhängen.

Baut man das genannte „Prinzip der mikroskopischen Reversibilität" in den Rahmen einer allgemeinen molekularstatistischen Theorie der irreversiblen Vorgänge ein, so erhält man, wie ONSAGER[1]) in zwei glänzenden Abhandlungen im Jahre 1931 gezeigt hat, im einfachsten Falle folgende Aussage über die phänomenologischen Koeffizienten in den Ansätzen [1-25.1]:

$$\alpha_{ij} = \alpha_{ji} \quad (i, j = 1, 2, \ldots m). \qquad [1\text{-}26.1]$$

Die Koeffizientenmatrix ist also symmetrisch.

Der Zusatz „im einfachsten Falle" soll andeuten, daß Gl. [1] einen Sonderfall einer allgemeineren Aussage darstellt. Man muß nämlich, wie CASIMIR[2])

[1]) L. ONSAGER, Physic. Rev. **37**, 405 (1931); **38**, 2265 (1931).
[2]) H. B. G. CASIMIR, Rev. Mod. Phys. **17**, 343 (1945).

dargelegt hat, zwischen zwei verschiedenen Typen von generalisierten Kräften unterscheiden, die man als „Kräfte vom α-Typ" und „Kräfte vom β-Typ" bezeichnet. Die „Kräfte vom α-Typ" sind in bezug auf Zeitumkehr gerade, die „Kräfte vom β-Typ" aber ungerade. Alle im Rahmen unserer Darstellung bei Prozessen in homogenen Systemen (2. Kapitel) und in diskontinuierlichen Systemen (3. Kapitel) auftretenden generalisierten Kräfte sowie die Mehrzahl der bei kontinuierlichen Systemen (4. Kapitel) erscheinenden „Kräfte" gehören zum α-Typ. Das erste Beispiel für Kräfte vom β-Typ, das uns begegnen wird, bezieht sich auf kontinuierliche Systeme *mit innerer Reibung* (vgl. § 4.12 und § 4.32): Es sind die Geschwindigkeitsgefälle (bzw. Linearkombinationen dieser Größen), die den „Impulsströmen" (Reibungsdrucken) konjugiert sind.

Nach diesen Erklärungen formulieren wir die Verallgemeinerung der Symmetrieaussage [1]:

$$\alpha_{ij} = \varepsilon_i \varepsilon_j \alpha_{ji} \quad (i, j = 1, 2, \ldots m). \qquad [1\text{-}26.2]$$

Hierin gilt:

$$\varepsilon_k = 1, \text{ wenn } X_k \text{ eine Kraft vom } \alpha\text{-Typ ist,}$$
$$\varepsilon_k = -1, \text{ wenn } X_k \text{ eine Kraft vom } \beta\text{-Typ ist,}$$

wobei der Index k für i oder j steht. Sind also X_i und X_j vom gleichen Typ (insbesondere, wie in der Mehrzahl der Fälle, beide vom α-Typ), so geht Gl. [2] in Gl. [1] über. Gehören X_i und X_j zu verschiedenen Typen von Kräften, so folgt aus Gl. [2]:

$$\alpha_{ij} = -\alpha_{ji}. \qquad [1\text{-}26.3]$$

Bei Gültigkeit von Gl. [1] nennt man die phänomenologischen Koeffizienten (α_{ij} und α_{ji}) „ONSAGERsche Koeffizienten", im Falle von Gl. [3] „CASIMIRsche Koeffizienten".

Treten CORIOLIS-Kräfte oder magnetische Felder auf, so sind die obigen Beziehungen zu modifizieren, da hier die „mikroskopische Reversibilität" nur erfüllt ist, wenn gleichzeitig mit allen Teilchengeschwindigkeiten auch die Richtung des Kraftfeldes umgekehrt wird[1]). Es ergibt sich, wenn wir die Winkelgeschwindigkeit bei Rotationsbewegungen und die magnetische Induktion bei Magnetfeldern mit dem gemeinsamen Symbol $\vec{b}$ bezeichnen, an Stelle von Gl. [2] folgende Aussage[2]):

$$\alpha_{ij}(\vec{b}) = \varepsilon_i \varepsilon_j \alpha_{ji}(-\vec{b}). \qquad [1\text{-}26.4]$$

Hierüber findet sich Näheres in § 4.35.

[1]) L. ONSAGER, Physic. Rev. **38**, 2265 (1931).
[2]) H. B. G. CASIMIR, Rev. Mod. Phys. **17**, 343 (1945).

Die Gl. [1] werden als ONSAGERsche *Reziprozitätsbeziehungen*, die Gl. [2] und [4] als ONSAGER-CASIMIRsche *Reziprozitätsbeziehungen* bezeichnet. Sie sind eine wesentliche Ergänzung zu den allgemeinen Aussagen der makroskopischen Physik, da sie nicht aus strukturellen Symmetrieeigenschaften der Materie (wie etwa aus der Isotropie bei fluiden Medien oder aus Symmetriebeziehungen bei Kristallen) herleitbar sind. Auf den Reziprozitätsbeziehungen beruht, wie später im einzelnen gezeigt wird, ein großer Teil der generellen Aussagen der Thermodynamik der irreversiblen Prozesse; denn diese Beziehungen verknüpfen die jeweiligen Überlagerungserscheinungen (z. B. Thermodiffusion) auf völlig allgemeine Weise mit den zugehörigen Umkehreffekten (z. B. Diffusionsthermoeffekt). Am Beispiel der „Kopplung" von zwei chemischen Reaktionen (§ 2.7) sowie am Fall der Wärmeleitung in anisotropen Körpern (§ 4.39) kann man sich die Bedeutung und den historischen Ursprung des Reziprozitätssatzes am einfachsten klar machen. Neuere Untersuchungen haben zu einer weitgehenden Präzisierung und Generalisierung der molekulartheoretischen Interpretation der Reziprozitätsbeziehungen geführt[1][2][3].

Wenn wir vom Fall [4] zunächst absehen, können wir einige allgemeine Vorzeichenaussagen über (ungehemmte) irreversible Prozesse in Gleichgewichtsnähe gewinnen. Tragen wir nämlich die Reziprozitätsbeziehungen [2] in die Ungleichung [1-25.5] für die Dissipationsfunktion ein, so fallen infolge von [3] alle Terme mit CASIMIRschen Koeffizienten heraus. Es verbleibt eine positiv-definite quadratische Form, wenn man voraussetzt, daß alle phänomenologischen Koeffizienten unabhängig sind (vgl. § 1.25). Dann ist die Determinante aus diesen Koeffizienten mit sämtlichen Hauptminoren positiv:

$$\alpha_{ii} > 0, \quad \alpha_{ii}\alpha_{jj} - \alpha_{ij}^2 > 0, \quad \ldots (i, j = 1, 2, \ldots m;\ i \neq j), \qquad [1\text{-}26.5]$$

. . . .

. . . .

$$\begin{vmatrix} \alpha_{11}\alpha_{12}\cdots\alpha_{1m} \\ \alpha_{21}\alpha_{22}\cdots\alpha_{2m} \\ \cdots\cdots\cdots \\ \cdots\cdots\cdots \\ \alpha_{m1}\alpha_{m2}\cdots\alpha_{mm} \end{vmatrix} > 0. \qquad [1\text{-}26.6]$$

Für $m = 2$ gelten also die Aussagen:

$$\alpha_{11} > 0, \quad \alpha_{22} > 0, \quad \alpha_{11}\alpha_{22} - \alpha_{12}^2 > 0, \qquad [1\text{-}26.7]$$

[1]) L. ONSAGER und S. MACHLUP, Physic. Rev. **91**, 1505, 1512 (1953).
[2]) S. R. DE GROOT und P. MAZUR, Physica **23**, 73 (1957).
[3]) J. MEIXNER und H. G. REIK, Handbuch der Physik, Band III/2, 505 (Berlin-Göttingen-Heidelberg 1959).

die auch direkt aus [1-25.6] mit [1] ableitbar sind. Wir werden im Laufe der Diskussion spezieller Prozesse zahlreiche Beispiele für die Ungleichungen [7] anführen.

§ 1.27. Transformationen der generalisierten Ströme und Kräfte

Es wurde in § 1.7 erwähnt, daß neben der von uns gewählten Wärmedefinition bei offenen Systemen noch andere Festlegungen des Begriffes „Wärme“ in der Literatur anzutreffen sind. Bei den kontinuierlichen Systemen (§ 4.7) werden wir im einzelnen zeigen, wie die verschiedenen „Wärmeströme“ miteinander zusammenhängen. Auch werden bei kontinuierlichen Systemen verschiedene Definitionen von „Diffusionsströmen“, die auf unterschiedlicher Festlegung der Bezugsgeschwindigkeit beruhen, nebeneinander benutzt (§ 4.3). Schließlich kann man eine Folge von chemischen Reaktionen durch verschiedene, makroskopisch gleichwertige Formulierungen beschreiben (vgl. unten), was wiederum einer gewissen Willkür in der Wahl der „generalisierten Ströme“ entspricht.

In allen diesen und ähnlichen Fällen geht man von einem gegebenen System von „generalisierten Strömen“ J_i und „generalisierten Kräften“ X_i aus und führt neue „Ströme“ J_i' ein, die homogene lineare Funktionen der alten „Ströme“ J_i sind. Dann hängen auch die neuen „Kräfte“ X_i' von den alten „Kräften“ X_i homogen und linear ab; denn die Dissipationsfunktion Ψ muß aus physikalischen Gründen unabhängig von der speziellen Wahl der Ströme und Kräfte sein, so daß nach Gl. [1-24.22] folgende Beziehung gilt:

$$\Psi = \sum_i J_i X_i = \sum_i J_i' X_i'. \qquad [1\text{-}27.1]$$

Damit sind die zu den neuen Strömen J_i' gehörenden Kräfte X_i' festgelegt, wie auch umgekehrt zu neu gewählten Kräften X_i' die konjugierten Ströme J_i' durch Gl. [1] bestimmt sind. Hierbei ist zunächst vorausgesetzt, daß die Ströme bzw. Kräfte in jeder der beiden Summen voneinander unabhängig sind. Demnach enthalten die beiden Summen in [1] die gleiche Anzahl von Termen. Auf den Fall abhängiger Ströme bzw. Kräfte kommen wir unten zu sprechen.

Ehe wir auf eine allgemeine Theorie der genannten Transformationen von Strömen und Kräften und auf die wichtige Frage nach der Invarianz der ONSAGERschen Reziprozitätsbeziehungen bei solchen Transformationen eingehen, wollen wir noch ein einfaches Beispiel anführen.

Wir betrachten die Reaktionsfolge

$$\mathrm{L} \rightarrow \mathrm{M}, \quad (\mathrm{I})$$
$$\mathrm{M} \rightarrow \mathrm{N}, \quad (\mathrm{II})$$

die sich in einem homogenen geschlossenen System abspielen möge. Wenn die Molzahlen der Stoffe L, M und N mit n_L, n_M und n_N und die Reaktionsgeschwindigkeiten der chemischen Reaktionen I und II mit w_{I} und w_{II} bezeichnet werden, gilt gemäß Gl. [1-24.11] und [1-24.15]:

$$\frac{dn_L}{dt} = - w_{\mathrm{I}} , \quad \frac{dn_M}{dt} = w_{\mathrm{I}} - w_{\mathrm{II}} , \quad \frac{dn_N}{dt} = w_{\mathrm{II}} , \qquad [1\text{-}27.2]$$

worin t die Zeit bedeutet. Die Affinitäten A_{I} und A_{II} der beiden Reaktionen I und II sind nach Gl. [1-14.2] durch die Beziehungen

$$A_{\mathrm{I}} = \mu_L - \mu_M , \quad A_{\mathrm{II}} = \mu_M - \mu_N \qquad [1\text{-}27.3]$$

gegeben. Dabei ist μ_k das chemische Potential des Stoffes k in der betrachteten Phase.

Man kann nun das hier behandelte Reaktionssystem makroskopisch auch durch die Reaktionsgleichungen

$$\mathrm{L} \rightarrow \mathrm{N}, \quad (\mathrm{I}')$$

$$\mathrm{M} \rightarrow \mathrm{N}, \quad (\mathrm{II}')$$

beschreiben. Formal entstehen die Gl. [I′], [II′] durch eine lineare Kombination der Gl. [I], [II]. Die zu der neuen Formulierung gehörenden Reaktionsgeschwindigkeiten w_{I}' und w_{II}' bzw. die entsprechenden Affinitäten A_{I}' und A_{II}' ergeben sich wieder aus Gl. [1-24.11] und [1-24.15] bzw. aus Gl. [1-14.2]:

$$\frac{dn_L}{dt} = - w_{\mathrm{I}}' , \quad \frac{dn_M}{dt} = - w_{\mathrm{II}}' , \quad \frac{dn_N}{dt} = w_{\mathrm{I}}' + w_{\mathrm{II}}' , \qquad [1\text{-}27.4]$$

$$A_{\mathrm{I}}' = \mu_L - \mu_N , \quad A_{\mathrm{II}}' = \mu_M - \mu_N . \qquad [1\text{-}27.5]$$

Der Vergleich von Gl. [2] mit Gl. [4] bzw. von Gl. [3] mit Gl. [5] liefert uns die Verknüpfung zwischen den alten und den neuen Größen:

$$w_{\mathrm{I}}' = w_{\mathrm{I}} , \quad w_{\mathrm{II}}' = w_{\mathrm{II}} - w_{\mathrm{I}} , \qquad [1\text{-}27.6]$$

$$A_{\mathrm{I}}' = A_{\mathrm{I}} + A_{\mathrm{II}} , \quad A_{\mathrm{II}}' = A_{\mathrm{II}} . \qquad [1\text{-}27.7]$$

Die neuen „Ströme" w_{I}' und w_{II}' bzw. die neuen „Kräfte" A_{I}' und A_{II}' sind also homogene lineare Funktionen der alten „Ströme" w_{I} und w_{II} bzw. der alten „Kräfte" A_{I} und A_{II}. Dabei transformieren sich die Affinitäten gemäß Gl. [7] wie die zugehörigen Reaktionsgleichungen, während die Reaktionsgeschwindigkeiten nach Gl. [6] einer komplementären Transformation unterliegen. Wie aus Gl. [1-24.19] sowie Gl. [6] und [7] ableitbar, bleibt bei diesen linearen Transformationen der Ströme und Kräfte die Dissipationsfunktion

Ψ invariant:

$$\Psi = w_{\mathrm{I}} A_{\mathrm{I}} + w_{\mathrm{II}} A_{\mathrm{II}} = w'_{\mathrm{I}} A'_{\mathrm{I}} + w'_{\mathrm{II}} A'_{\mathrm{II}}, \qquad [1\text{-}27.8]$$

in Übereinstimmung mit der allgemeinen Beziehung [1]. Analoge Schlußfolgerungen gelten für beliebige chemische Reaktionen[1]).

In Gl. [8] sind sowohl w_{I} und w_{II} bzw. A_{I} und A_{II} als auch w'_{I} und w'_{II} bzw. A'_{I} und A'_{II} voneinander unabhängig, entsprechen also der bei Gl. [1] gemachten Voraussetzung, daß in jeder Summe einzeln sowohl die Ströme als auch die Kräfte voneinander unabhängig sind.

Wir betrachten jetzt eine beliebige lineare Transformation von den m unabhängigen Strömen J_j zu den m unabhängigen Strömen J'_i:

$$J_i' = \sum_{j=1}^{m} \beta_{ij} J_j \quad (i = 1, 2, \ldots m), \qquad [1\text{-}27.9]$$

worin die β_{ij} irgendwelche Koeffizienten sind. Dann gilt auf Grund von Gl. [1]:

$$\sum_{i=1}^{m} J'_i X'_i = \sum_{j=1}^{m} J_j \sum_{i=1}^{m} \beta_{ij} X'_i = \sum_{j=1}^{m} J_j X_j .$$

Daraus folgt der Zusammenhang zwischen den alten Kräften X_j und den neuen Kräften X'_i:

$$X_j = \sum_{i=1}^{m} \beta_{ij} X'_i \quad (j = 1, 2, \ldots m) . \qquad [1\text{-}27.10]$$

Als Beispiel für die Umrechnungsbeziehungen [9] und [10] behandeln wir den Übergang von den Reaktionsgleichungen (I), (II) zu den Reaktionsgleichungen (I'), (II'). Mit den aus Gl. [9] für $m = 2$ folgenden Beziehungen

$$J'_1 = \beta_{11} J_1 + \beta_{12} J_2 ,$$
$$J'_2 = \beta_{21} J_1 + \beta_{22} J_2$$

erhalten wir aus Gl. [6], wenn wir der Reihe nach w'_{I}, w'_{II}, w_{I}, w_{II} mit J'_1, J'_2, J_1, J_2 identifizieren:

$$\beta_{11} = 1, \quad \beta_{12} = 0, \quad \beta_{21} = -1, \quad \beta_{22} = 1 .$$

Es gilt gemäß Gl. [10]:

$$X_1 = \beta_{11} X'_1 + \beta_{21} X'_2 ,$$
$$X_2 = \beta_{12} X'_1 + \beta_{22} X'_2 .$$

---

[1]) Th. de Donder, Bull. Acad. Roy. Belg. (Classe Sciences) **23**, 936 (1937).

Demnach ergibt sich:

$$X_1 = X_1' - X_2', \quad X_2 = X_2',$$

was mit Gl. [7] übereinstimmt, wenn wir $X_1 = A_{\mathrm{I}}$, $X_2 = A_{\mathrm{II}}$, $X_1' = A_{\mathrm{I}}'$, $X_2' = A_{\mathrm{II}}'$ setzen.

Wir stellen nun die phänomenologischen Ansätze auf und untersuchen die Transformationseigenschaften der phänomenologischen Koeffizienten[1][2][3]). Es gilt nach Gl. [1-25.1]:

$$J_j = \sum_{k=1}^{m} \alpha_{jk} X_k \quad (j = 1, 2, \ldots m), \qquad [1\text{-}27.11]$$

worin die J_j die alten Ströme, die X_k die alten Kräfte und die α_{jk} die alten phänomenologischen Koeffizienten sind. Die entsprechenden linearen Ansätze für die neuen Ströme und Kräfte (J_i' und X_l') mit neuen phänomenologischen Koeffizienten (α'_{il}) lauten:

$$J_i' = \sum_{l=1}^{m} \alpha_{il}' X_l' \quad (i = 1, 2, \ldots m). \qquad [1\text{-}27.12]$$

Die Beziehungen zwischen den beiden Sätzen von Koeffizienten finden wir, wenn wir Gl. [10] mit veränderter Indizierung anschreiben:

$$X_k = \sum_{l=1}^{m} \beta_{lk} X_l' \quad (k = 1, 2, \ldots m). \qquad [1\text{-}27.13]$$

Durch Einsetzen von Gl. [13] in Gl. [11] und Beachtung von Gl. [9] erhalten wir:

$$J_i' = \sum_{j=1}^{m} \sum_{k=1}^{m} \sum_{l=1}^{m} \alpha_{jk} \beta_{ij} \beta_{lk} X_l' \quad (i = 1, 2, \ldots m). \qquad [1\text{-}27.14]$$

Vergleich von Gl. [12] mit Gl. [14] ergibt:

$$\alpha_{il}' = \sum_{j=1}^{m} \sum_{k=1}^{m} \alpha_{jk} \beta_{ij} \beta_{lk} \quad (i, l = 1, 2, \ldots m). \qquad [1\text{-}27.15]$$

Dies sind die Verknüpfungen zwischen den alten und den neuen phänomenologischen Koeffizienten.

Wir beschränken die folgende Diskussion auf den Fall von „ONSAGERschen Koeffizienten" (§ 1.26). Der ONSAGERsche Reziprozitätssatz in der Form

---

1) J. MEIXNER, Ann. Physik (5) **43**, 244 (1943).

2) I. PRIGOGINE, Bull. Acad. Roy. Belg. (Classe Sciences) [5] **32**, 30 (1946).

3) G. J. HOOYMAN und S. R. DE GROOT, Physica **21**, 73 (1955). G. J. HOOYMAN, S. R. DE GROOT und P. MAZUR, Physica **21**, 360 (1955).

[1-26.1] gilt seiner Ableitung gemäß für jedes aus der Dissipationsfunktion gewonnene System von phänomenologischen Ansätzen, wenn die Ströme und Kräfte unabhängig sind. Wir können also die Gültigkeit der Reziprozitätsbeziehungen von vornherein sowohl in der Darstellung [11] als auch in der Darstellung [12] erwarten. Es läßt sich aber auch explizit zeigen, daß die ONSAGERschen Beziehungen invariant gegenüber den von uns betrachteten linearen Transformationen sind. Es folgt nämlich aus der Symmetriebeziehung

$$\alpha_{jk} = \alpha_{kj} (j, k = 1, 2, \ldots m) \qquad [1\text{-}27.16]$$

mit Hilfe von Gl. [15] sofort:

$$\alpha'_{il} = \alpha'_{li} \quad (i, l = 1, 2, \ldots m) \qquad [1\text{-}27.17]$$

und umgekehrt.

Wenn zwischen den Strömen oder den Kräften lineare Abhängigkeiten bestehen – wofür in § 2.7 und § 4.12 Beispiele angeführt werden –, ist die Gültigkeit des ONSAGERschen Reziprozitätssatzes nicht mehr so selbstverständlich. Der Fall linear abhängiger Ströme und Kräfte bedarf daher einer besonderen Untersuchung[1]).

Wir setzen zunächst voraus, daß wir *abhängige Ströme* bei unabhängigen Kräften haben. So erhalten wir z. B. bei der Aufstellung der Entropiebilanz für kontinuierliche Systeme einen Ausdruck für die Dissipationsfunktion, in dem Kräfte (X_i) auftreten, die – wenigstens im allgemeinsten Falle – unabhängig sind, während für die zugehörigen Ströme (J_i) eine lineare Abhängigkeit der generellen Form

$$\sum_{i=1}^{m\rightarrow} a_i J_i = 0 \qquad [1\text{-}27.18]$$

besteht (vgl. § 4.12), worin die a_i gewisse Konstanten sind. Eliminieren wir den Strom J_m, der so gewählt ist, daß der Koeffizient a_m nicht verschwindet, so finden wir:

$$J_m = -\sum_{i=1}^{m-1} \frac{a_i}{a_m} J_i . \qquad [1\text{-}27.19]$$

Die Dissipationsfunktion Ψ kann also sowohl in ihrer ursprünglichen Gestalt

$$\Psi = \sum_{i=1}^{m} J_i X_i \qquad [1\text{-}27.20]$$

1) J. MEIXNER, Ann. Physik (5) **43**, 244 (1943).

als auch in der verkürzten, aus Gl. [19] folgenden Form

$$\Psi = \sum_{i=1}^{m-1} J_i \left(X_i - \frac{a_i}{a_m} X_m\right) \qquad [1\text{-}27.21]$$

geschrieben werden, in der nur noch $m - 1$ unabhängige Ströme (J_i) und $m - 1$ unabhängige Kräfte $\left(X_i - \frac{a_i}{a_m} X_m\right)$ enthalten sind (vgl. § 4.12).

Wir formulieren jetzt die phänomenologischen Ansätze, die zu den beiden Ausdrücken [20] und [21] gehören:

$$J_i = \sum_{k=1}^{m} \alpha'_{ik} X_k \quad (i = 1, 2, \ldots m), \qquad [1\text{-}27.22]$$

$$J_i = \sum_{j=1}^{m-1} \alpha_{ij} \left(X_j - \frac{a_j}{a_m} X_m\right) \; (i = 1, 2, \ldots m - 1). \qquad [1\text{-}27.23]$$

Hierin sind die α'_{ik} bzw. α_{ij} die phänomenologischen Koeffizienten. Zwischen den α'_{ik} bestehen auf Grund von Gl. [18] von vornherein folgende lineare Beziehungen:

$$\sum_{i=1}^{m} a_i \alpha'_{ik} = 0 \quad (k = 1, 2, \ldots m). \qquad [1\text{-}27.24]$$

Der Zusammenhang zwischen den beiden Sätzen von phänomenologischen Koeffizienten ergibt sich bei Vergleich von Gl. [22] mit Gl. [23] bei Beachtung von Gl. [19]:

$$\alpha'_{ij} = \alpha_{ij} (i, j = 1, 2, \ldots m - 1), \qquad [1\text{-}27.25]$$

$$\alpha'_{im} = -\sum_{j=1}^{m-1} \frac{a_j}{a_m} \alpha_{ij} \; (i = 1, 2, \ldots m - 1), \qquad [1\text{-}27.26]$$

$$\alpha'_{mi} = -\sum_{j=1}^{m-1} \frac{a_j}{a_m} \alpha_{ji} \; (i = 1, 2, \ldots m - 1), \qquad [1\text{-}27.27]$$

$$\alpha'_{mm} = \sum_{i=1}^{m-1} \sum_{j=1}^{m-1} \frac{a_i a_j}{a_m^2} \alpha_{ij}. \qquad [1\text{-}27.28]$$

In diesen Gleichungen sind auch die Beziehungen [24] enthalten.

Da in den Ansätzen [23] nur unabhängige Ströme und Kräfte vorkommen, gilt hier der ONSAGERsche Reziprozitätssatz:

$$\alpha_{ij} = \alpha_{ji} \quad (i, j = 1, 2, \ldots m - 1). \qquad [1\text{-}27.29]$$

Damit folgt aus Gl. [25] bis [27]:

$$\alpha'_{ij} = \alpha'_{ji}, \quad \alpha'_{im} = \alpha'_{mi} \quad (i, j = 1, 2, \ldots m - 1). \qquad [1\text{-}27.30]$$

Demnach bleiben die Reziprozitätsbeziehungen auch für die (linear abhängigen) phämenonologischen Koeffizienten der Ansätze [22] bestehen. Da nach Gl. [21] die Dissipationsfunktion Ψ auch für $X_i = \frac{a_i}{a_m} X_m$ $(i = 1, 2, \ldots m - 1)$ verschwindet, stellt sie in der Form [20] nicht mehr, wie im Falle unabhängiger Ströme und Kräfte, eine positiv-definite quadratische Form dar (vgl. § 1.26), sondern ist positiv-semidefinit. Der bei kontinuierlichen Systemen vorkommende Fall $\Psi = 0$ mit $X_i \neq 0$, $X_m \neq 0$ (zumindest für einige Kräfte) entspricht physikalisch „reversiblen Bewegungen" (vgl. § 4.12).

Als einfaches Beispiel betrachten wir zwei abhängige Ströme (J_1 und J_2) und zwei unabhängige Kräfte (X_1 und X_2). Dabei soll die lineare Verknüpfung [18] die Gestalt

$$J_1 + J_2 = 0 \qquad [1\text{-}27.31]$$

haben. Die Dissipationsfunktion kann dann entweder in der Form [20]

$$\Psi = J_1 X_1 + J_2 X_2 \qquad [1\text{-}27.32]$$

oder in der Gestalt [21]

$$\Psi = J_1 (X_1 - X_2) \qquad [1\text{-}27.33]$$

angeschrieben werden. Die phänomenologischen Ansätze sind gemäß Gl. [22] und [23]:

$$\left.\begin{aligned} J_1 &= \alpha'_{11} X_1 + \alpha'_{12} X_2, \\ J_2 &= \alpha'_{21} X_1 + \alpha'_{22} X_2, \end{aligned}\right\} \qquad [1\text{-}27.34]$$

$$J_1 = \alpha (X_1 - X_2), \qquad [1\text{-}27.35]$$

worin $\alpha\ (= \alpha_{11})$ der einzige phänomenologische Koeffizient bei Zugrundelegung des unabhängigen Stromes J_1 und der konjugierten Kraft $(X_1 - X_2)$ ist. Trägt man die Bedingung [31] in die Beziehungen [34] ein, so erhält man – als Sonderfall von Gl. [24] – folgende lineare Beziehungen zwischen den vier phänomenologischen Koeffizienten der Ansätze [34]:

$$\alpha'_{11} + \alpha'_{21} = 0, \quad \alpha'_{12} + \alpha'_{22} = 0. \qquad [1\text{-}27.36]$$

Daraus folgt mit Gl. [31] und [34]:

$$J_1 = -J_2 = \alpha'_{11} X_1 - \alpha'_{22} X_2. \qquad [1\text{-}27.37]$$

Damit dieser Ausdruck mit Gl. [35] übereinstimmt, muß gelten:

$$\alpha'_{11} = \alpha'_{22} = \alpha. \qquad [1\text{-}27.38]$$

Es ist also nach Gl. [36]:

$$\alpha'_{12} = \alpha'_{21}, \qquad [1\text{-}27.39]$$

der ONSAGERsche Reziprozitätssatz in der Darstellung [34] mithin formal erfüllt.

Komplizierter wird die Situation, wenn wir *abhängige Kräfte* haben (vgl. § 2.7). Wir untersuchen hier nicht den allgemeinsten Fall[1]), sondern beschränken die Diskussion auf zwei einfache Beispiele.

Wir betrachten als ersten Fall zwei unabhängige Ströme (J_1 und J_2) und zwei abhängige Kräfte (X_1 und X_2). Dabei soll die lineare Verknüpfung zwischen den Kräften die Form

$$X_1 + X_2 = 0 \qquad [1\text{-}27.40]$$

haben. Die Dissipationsfunktion kann dann geschrieben werden:

$$\Psi = J_1 X_1 + J_2 X_2 \qquad [1\text{-}27.41]$$

oder

$$\Psi = (J_1 - J_2) X_1. \qquad [1\text{-}27.42]$$

Die entsprechenden phänomenologischen Ansätze sind (bei Vertauschung der Rollen der Ströme und Kräfte):

$$\left.\begin{aligned} X_1 &= \alpha_{11} J_1 + \alpha_{12} J_2, \\ X_2 &= \alpha_{21} J_1 + \alpha_{22} J_2 \end{aligned}\right\} \qquad [1\text{-}27.43]$$

oder

$$X_1 = \alpha (J_1 - J_2). \qquad [1\text{-}27.44]$$

Durch Vergleich von Gl. [43] mit Gl. [44] ergibt sich bei Beachtung von Gl. [40]:

$$\alpha_{11} = \alpha_{22} = -\alpha_{12} = -\alpha_{21} = \alpha. \qquad [1\text{-}27.45]$$

Auch hier ist also formal die Reziprozitätsbeziehung in der Darstellung [43] erfüllt.

Wir behandeln als zweites Beispiel zwei abhängige Ströme (J_1 und J_2) und zwei abhängige Kräfte (X_1 und X_2). Dabei sollen die linearen Verknüpfungen

$$X_1 + X_2 = 0, \qquad [1\text{-}27.46]$$

$$2 J_1 + J_2 = 0 \qquad [1\text{-}27.47]$$

gelten. Dann hat die Dissipationsfunktion die Form

$$\Psi = J_1 X_1 + J_2 X_2 \qquad [1\text{-}27.48]$$

oder

$$\Psi = 3 J_1 X_1. \qquad [1\text{-}27.49]$$

[1]) J. K. RASTAS (unveröffentlicht).

Die entsprechenden phänomenologischen Ansätze lauten (vgl. Gl. [34]):

$$\left.\begin{aligned} J_1 &= \alpha_{11} X_1 + \alpha_{12} X_2\,, \\ J_2 &= \alpha_{21} X_1 + \alpha_{22} X_2 \end{aligned}\right\} \qquad [1\text{-}27.50]$$

oder

$$J_1 = \alpha X \qquad [1\text{-}27.51]$$

mit

$$X \equiv 3\,X_1 = -3\,X_2. \qquad [1\text{-}27.52]$$

Aus Gl. [47], [51] und [52] folgt:

$$\left.\begin{aligned} J_1 &= 3\,\alpha X_1\,, \\ J_2 &= -6\,\alpha X_1\,. \end{aligned}\right\} \qquad [1\text{-}27.53]$$

Aus Gl. [46] und [50] resultiert:

$$\left.\begin{aligned} J_1 &= (\alpha_{11} - \alpha_{12}) X_1\,, \\ J_2 &= (\alpha_{21} - \alpha_{22}) X_1\,. \end{aligned}\right\} \qquad [1\text{-}27.54]$$

Wir erhalten also lediglich die Bedingungen:

$$\left.\begin{aligned} \alpha_{11} - \alpha_{12} &= 3\,\alpha\,, \\ \alpha_{21} - \alpha_{22} &= -6\,\alpha\,. \end{aligned}\right\} \qquad [1\text{-}27.55]$$

Es sind mithin in den Ansätzen [50] *zwei Koeffizienten frei wählbar.* Wir können somit zwei Bedingungsgleichungen willkürlich vorschreiben. Treffen wir die Wahl

$$\alpha_{12} = \alpha_{21}\,, \qquad [1\text{-}27.56]$$

$$\alpha_{22} = 5\,\alpha\,, \qquad [1\text{-}27.57]$$

so sind nach Gl. [55] alle Koeffizienten festgelegt:

$$\alpha_{11} = 2\,\alpha, \quad \alpha_{12} = \alpha_{21} = -\alpha, \quad \alpha_{22} = 5\,\alpha. \qquad [1\text{-}27.58]$$

Jetzt ist ONSAGERS Reziprozitätssatz erfüllt, was für andere Koeffizientenwahl nicht zuzutreffen braucht. Außerdem ist für $\alpha > 0$ die Dissipationsfunktion positiv-definit. Es folgt nämlich aus Gl. [58]:

$$\begin{vmatrix} \alpha_{11} & \alpha_{12} \\ \alpha_{21} & \alpha_{22} \end{vmatrix} = \begin{vmatrix} 2\,\alpha & -\alpha \\ -\alpha & 5\,\alpha \end{vmatrix} = 9\,\alpha^2 > 0, \qquad [1\text{-}27.59]$$

woraus sich mit Gl. [48] und [50] unter der Bedingung $\alpha > 0$ ergibt:

$$\Psi > 0. \qquad [1\text{-}27.60]$$

Die Aussage [60] resultiert auch direkt aus [49] und [53] mit $\alpha > 0$.

Die Gültigkeit des ONSAGERschen Reziprozitätssatzes ist generell bei abhängigen Strömen *und* abhängigen Kräften nur für *vorgeschriebene Koeffizientenwahl* gewährleistet.

Das sicherste und eindeutigste Verfahren besteht nach obigem darin, sowohl die Ströme als auch die Kräfte so zu wählen, daß beide Sätze von Variablen unabhängig sind. Dabei muß man gleichzeitig darauf achten, daß alle Ströme und Kräfte im Falle des Gleichgewichtes verschwinden; denn nur dann darf man phänomenologische Ansätze formulieren. In den vorangehenden Gleichungen war dies als selbstverständlich vorausgesetzt worden; es gibt aber Fälle, bei denen man sich von dieser weiteren Eigenschaft der Ströme und Kräfte überzeugen muß, bevor man zur Aufstellung der phänomenologischen Ansätze übergeht (vgl. § 2.7 und § 3.5).

Insgesamt wird man mithin bei der Anwendung der Theorie auf spezielle Fälle wie folgt vorgehen: Man stellt die Entropiebilanz auf, leitet daraus den expliziten Ausdruck für die Dissipationsfunktion ab, bestimmt sodann die Ströme und Kräfte derart, daß alle diese Größen unabhängig sind und bei Gleichgewicht verschwinden, formuliert damit die phänomenologischen Ansätze und wendet schließlich den ONSAGERschen Reziprozitätssatz an.

§ 1.28. Irreversible Prozesse und Gleichgewicht

In einem gegebenen System werden irreversible Prozesse stets so lange ablaufen, bis sich entweder ein stationärer Zustand oder ein Gleichgewicht eingestellt hat (vgl. § 1.17). (Hierbei sehen wir von periodischen Vorgängen ab.) Überlagern sich mehrere irreversible Vorgänge und entspricht der erreichte Endzustand einem Gleichgewicht, so kann man in bestimmten Fällen generelle Aussagen über die Koeffizienten, welche die irreversiblen Prozesse beschreiben, ohne die Thermodynamik der irreversiblen Prozesse gewinnen.

Als einfaches Beispiel betrachten wir eine chemische Homogenreaktion

$$\mathrm{L} \rightleftharpoons \mathrm{M},$$

die in beiden Richtungen ablaufen kann. Spielt sich die Reaktion in idealer Gasphase oder in ideal verdünnter Lösung ab, so wissen wir aus der Erfahrung, daß die Reaktionsgeschwindigkeit w durch den Ausdruck (vgl. § 2.5)

$$w = \varkappa c_L - \varkappa' c_M \qquad [1\text{-}28.1]$$

gegeben ist. Darin ist c_L bzw. c_M die molare Volumenkonzentration der Teilchenart L bzw. M und $\varkappa$ bzw. $\varkappa'$ die Geschwindigkeitskonstante für die Teilreaktion von links nach rechts bzw. von rechts nach links. Das Gleichgewicht (homogene chemische Gleichgewicht) ist eingetreten, wenn die Beträge der Geschwindigkeiten der beiden Teilreaktionen gleich sind, die Reaktionsgeschwindigkeit w der Gesamtreaktion also verschwindet:

$$w = 0 \text{ (Gleichgewicht)}. \qquad [1\text{-}28.2]$$

Nun besagen aber die Gleichgewichtsbedingungen der klassischen Thermodynamik für den obigen Fall (vgl. § 2.5):

$$\frac{c_M}{c_L} = K \text{ (Gleichgewicht)}, \qquad [1\text{-}28.3]$$

wobei K die Gleichgewichtskonstante darstellt. Die Größe K ist, wie $\varkappa$ und $\varkappa'$, unabhängig von c_L und c_M. Aus Gl. [1], [2] und [3] folgt sofort:

$$\frac{\varkappa}{\varkappa'} = K. \qquad [1\text{-}28.4]$$

Wir erhalten demnach aus dem Gesetz [1], das direkt der Erfahrung entnommen ist, der evidenten Aussage [2] und der Beziehung [3], die der klassischen Thermodynamik entstammt, einen Zusammenhang zwischen Koeffizienten ($\varkappa$ und $\varkappa'$), die irreversible Prozesse beschreiben, mit Gleichgewichtsgrößen (K).

Ein anderes Beispiel betrifft ein weniger geläufiges Problem: den Zusammenhang zwischen Diffusion und Sedimentation (vgl. § 4.20). In einem kontinuierlichen System mit zwei unabhängig wandernden Stoffen, in dem Konzentrationsgradienten und ein stationäres äußeres Kraftfeld (Gravitations- oder Zentrifugalfeld) wirksam sind, kann der gleichzeitige Ablauf von Diffusion (Stofftransport infolge von Konzentrationsgradienten) und Sedimentation (Materiefluß auf Grund der äußeren Felder) in einem Volumenelement unter normalen Bedingungen erfahrungsgemäß durch folgenden Ansatz beschrieben werden:

$${}_w\vec{J}_2 = -D \operatorname{grad} c_2 + c_2 s \vec{g}. \qquad [1\text{-}28.5]$$

Darin ist ${}_w\vec{J}_2$ der in bestimmter Weise (s. § 4.3) definierte Diffusionsstrom (Vektor der Diffusionsstromdichte) des Stoffes 2, c_2 die molare Volumenkonzentration der Substanz 2, $\vec{g}$ der Vektor der Erd- oder Zentrifugalbeschleunigung, D der Diffusionskoeffizient und s der Sedimentationskoeffizient. Die letzten beiden Größen sind unabhängig von grad c_2 und $\vec{g}$. Bei Gleichgewicht (Sedimentationsgleichgewicht) müssen sich offensichtlich Diffusion und Sedimentation in jedem Volumenelement kompensieren. Es gilt also:

$${}_w\vec{J}_2 = 0 \text{ (Gleichgewicht)}. \qquad [1\text{-}28.6]$$

Nun besagen aber die Gleichgewichtsbedingungen der klassischen Thermodynamik für diesen Fall, wie man aus Gl. [1-21.31] ableitet (vgl. auch § 4.20):

$$(M_2 - \varrho\, V_2)\,\vec{g} = \left(\frac{\partial \mu_2}{\partial c_2}\right)_{T,P} \operatorname{grad} c_2 \text{ (Gleichgewicht).} \qquad [1\text{-}28.7]$$

Hierbei ist M_2 die Molmasse (das „Molekulargewicht"), V_2 das partielle Molvolumen und μ_2 das chemische Potential des Stoffes 2; ϱ bedeutet die Dichte, T die Temperatur und P den Druck des Volumenelementes. Vergleich von Gl. [5], [6] und [7] ergibt:

$$\frac{D}{s} = \frac{c_2}{M_2 - V_2\,\varrho}\left(\frac{\partial \mu_2}{\partial c_2}\right)_{T,P}. \qquad [1\text{-}28.8]$$

Wir erhalten demnach einen Zusammenhang zwischen zwei Transportkoeffizienten (D und s) mit Gleichgewichtsgrößen aus dem empirischen Gesetz [5], der evidenten Aussage [6] und der aus der klassischen Thermodynamik folgenden Beziehung [7]. Die Verallgemeinerung dieses Zusammenhangs auf Systeme mit beliebig vielen Stoffen wird auf analogem Wege in § 4.20 abgeleitet.

In § 3.12 werden wir auf ähnliche Weise eine generelle Beziehung zwischen Permeation und Osmose bei binären Membransystemen gewinnen.

Wenn wir in bezug auf die Transportvorgänge das gemeinsame Kriterium für die Ableitbarkeit solcher Zusammenhänge auf dem beschriebenen Wege suchen, stellen wir fest: Falls sich in einem System mehrere Transportprozesse so überlagern, daß der Endzustand des Systems einem *Gleichgewicht in einem nicht-homogenen System* entspricht, erlaubt uns bereits die *klassische Thermodynamik* die Deduktion eines generellen Zusammenhangs zwischen den verschiedenen Transportkoeffizienten. Diese allgemeine Erkenntnis[1]) erleichtert sehr das Auffinden von Beziehungen zwischen Transportgrößen, da sie in bestimmten Fällen die Anwendung der komplizierteren Methoden der Thermodynamik der irreversiblen Prozesse überflüssig macht.

Führt die Überlagerung von mehreren Transportvorgängen zu einem Gleichgewicht in einem homogenen System, so läßt sich die beschriebene Methode nicht anwenden; denn jetzt verschwinden bei Gleichgewicht alle Gradienten, die in den Transportgleichungen auftreten, so daß sich mit Hilfe der Gleichgewichtsbedingungen keine Aussage über die Transportkoeffizienten gewinnen läßt.

Auf den ersten Blick könnte man bei den obigen Überlegungen einwenden, die Beziehungen für die Geschwindigkeitskonstanten und Transportkoeffizienten bezögen sich der Ableitung gemäß nur auf das Gleichgewicht, während sie doch in Wirklichkeit für Nichtgleichgewichtszustände gelten müßten. Dieser Einwand

---

[1]) R. Haase, Z. physik. Chem. Neue Folge **25**, 26 (1960).

läßt sich leicht entkräften. Die genannten Koeffizienten sind nämlich nur Funktionen der lokalen Zustandsvariablen (Temperatur, Druck, Konzentrationen usw.) und nicht explizite Funktionen des Abstandes vom Gleichgewicht. Man kann daher z. B. bei gegebener Temperatur und gegebenem Druck beliebige Konzentrationen vorschreiben und die betreffenden irreversiblen Prozesse ablaufen lassen, bis das Gleichgewicht erreicht ist. Da die jetzt nur von den Konzentrationen abhängigen Koeffizienten nicht „wissen", ob die Konzentrationen Gleichgewichts- oder Nichtgleichgewichtszustände darstellen, muß die Argumentation vollkommen allgemeingültig sein.

2. Kapitel

Prozesse in homogenen Systemen

§ 2.1. Einleitung

Wir beschränken die Diskussion der „Prozesse in homogenen Systemen" auf den wichtigsten Spezialfall: Wir betrachten chemische Reaktionen und Relaxationserscheinungen (chemische Umsetzungen, Anregungsvorgänge, innere Umwandlungen usw.), die sich in einem homogenen, isotropen Medium ohne Elektrisierung und Magnetisierung abspielen. Dadurch vereinfachen sich unsere Formeln erheblich, ohne daß die wesentlichen Züge der thermodynamisch-phänomenologischen Theorie verloren gehen.

Infolge der genannten Beschränkungen entfallen in den allgemeinen Gleichungen des vorigen Kapitels alle Terme, die sich auf dissipative Effekte und Änderungen der äußeren Koordinaten beziehen, und das Volumen bzw. der negative Druck stellt die einzige Arbeitskoordinate bzw. den einzigen Arbeitskoeffizienten dar. Insbesondere gilt die Energiegleichung in der Form [1-7.4] und die GIBBSsche Hauptgleichung in der Gestalt [1-9.5].

Wir lassen beliebigen Materieaustausch mit der Umwelt zu, da dies keine wesentlichen Komplikationen bedingt. Die von uns behandelten homogenen Systeme sind mithin „offene Phasen".

Damit die Methoden der Thermodynamik der irreversiblen Prozesse auf homogene Systeme anwendbar sind, insbesondere die GIBBSsche Hauptgleichung für einen beliebigen Zeitpunkt während des Ablaufs der irreversiblen Vorgänge gültig bleibt, muß vorausgesetzt werden, daß die chemischen Reaktionen und Relaxationserscheinungen genügend langsam vor sich gehen, so daß die Homogenität der betreffenden Phase nicht aufgehoben wird. Die Phase muß sich also in jedem Augenblick im inneren thermischen und mechanischen Gleichgewicht befinden und örtlich konstante Konzentrationen aufweisen, obwohl Temperatur, Druck und Konzentrationen sich im Laufe der Zeit ändern (vgl. § 1.23). Wie chemische Reaktionen bei Vorhandensein von Temperatur-, Druck- und Konzentrationsgradienten, also bei gleichzeitigem Ablauf von anderen irreversiblen Prozessen (Wärmeleitung, Diffusion usw.) zu behandeln sind, wird später (4. Kapitel) gezeigt werden. Die Beschränkung auf hinreichend langsamen

Verlauf – die übrigens auch in den elementaren kinetischen Theorien implizit enthalten ist – bedingt keineswegs Gleichgewichtsnähe. Diese wird erst mit den linearen phänomenologischen Ansätzen (§ 2.4) postuliert.

§ 2.2. Entropiebilanz

Es sei n_k die Molzahl der Teilchenart k, ν_{kr} der stöchiometrische Koeffizient des Stoffes k in der Reaktion r und ξ_r die Reaktionslaufzahl der Reaktion r. Bei Relaxationserscheinungen bedeutet n_k die Zahl der Mole einer herausgegriffenen Teilchenart, die sich in einem bestimmten molekularen Zustand (Anregungs-, Schwingungs-, Rotationszustand usw.) befindet, so daß ξ_r zu einem „inneren Parameter" wird, der dem r-ten Relaxationsmechanismus zugeordnet ist. Die „Mengenbilanz" lautet dann (vgl. Gl. [1-24.11]):

$$dn_k = \sum_r \nu_{kr} d\xi_r + d_a n_k, \qquad [2\text{-}2.1]$$

wobei die Summe über alle chemischen Reaktionen (oder Relaxationsmechanismen) zu erstrecken ist und $d_a n_k$ die infinitesimale Zunahme der Molzahl des Stoffes k durch Zufuhr von außen bedeutet. Betrachten wir das Zeitelement dt und führen die „Reaktionsgeschwindigkeit" der Reaktion r

$$w_r \equiv \frac{d\xi_r}{dt} \qquad [2\text{-}2.2]$$

ein[1]), so erhalten wir aus Gl. [1] für die Zunahmegeschwindigkeit der Molzahl der Teilchenart k:

$$\frac{dn_k}{dt} = \sum_r \nu_{kr} w_r + \frac{d_a n_k}{dt}, \qquad [2\text{-}2.3]$$

worin der letzte Term der „Materiestrom" des Stoffes k aus der Umgebung ist.

---

[1]) Bezeichnen wir den in der Reaktionskinetik üblichen Begriff „Reaktionsgeschwindigkeit" mit w_r', so gilt:

$$w_r' = \frac{1}{\nu_{kr}} \frac{d}{dt}\left(\frac{n_k}{V}\right),$$

wobei das System als geschlossen und alle Reaktionen außer der betrachteten Reaktion r als gehemmt angesehen werden. Ist das Volumen V konstant, so lautet der Zusammenhang zwischen den beiden Reaktionsgeschwindigkeiten:

$$w_r' = \frac{w_r}{V}.$$

Die „Energiebilanz“ folgt aus Gl. [1-7.4], die strenggenommen eine Definition der „Wärme“ dQ für eine infinitesimale innere Zustandsänderung in einer offenen isotropen Phase ohne Elektrisierung und Magnetisierung und ohne dissipative Effekte darstellt:

$$dU = dQ - P\,dV + \sum_k H_k d_a n_k\,. \qquad [2\text{-}2.4]$$

Hierbei bedeutet U die innere Energie, P den Druck, V das Volumen und H_k die partielle molare Enthalpie des Stoffes k. Die Summe ist über alle Teilchenarten zu erstrecken. Die Größe dQ/dt ist der „Wärmestrom“ aus der Umgebung.

Ferner gilt unter den oben (§ 2.1) diskutierten Voraussetzungen die GIBBSsche Hauptgleichung [1-9.5]. Wir erhalten also für das Differential der Entropie S der Phase:

$$T\,dS = dU + P\,dV - \sum_k \mu_k dn_k\,. \qquad [2\text{-}2.5]$$

Hierin ist T die absolute Temperatur und μ_k das chemische Potential der Teilchenart k.

Wenn wir mit Gl. [1-14.2] die Affinität der Reaktion r

$$A_r = -\sum_k \nu_{kr} \mu_k \qquad [2\text{-}2.6]$$

einführen, finden wir aus Gl. [1] und [5]:

$$T\,dS = dU + P\,dV + \sum_r A_r d\xi_r - \sum_k \mu_k d_a n_k\,. \qquad [2\text{-}2.7]$$

Weiterhin beachten wir Gl. [1-12.6]:

$$T S_k = H_k - \mu_k\,, \qquad [2\text{-}2.8]$$

worin S_k die partielle molare Entropie des Stoffes k ist. Aus Gl. [4], [7] und [8] leiten wir ab:

$$T\,dS = dQ + T \sum_k S_k d_a n_k + \sum_r A_r d\xi_r\,, \qquad [2\text{-}2.9]$$

eine Formel, die einen Sonderfall von Gl. [1-24.12] darstellt.

Führen wir bei Berücksichtigung von Gl. [2] die Zeit t explizit ein, so erhalten wir nach dem allgemeinen Vorbild von Gl. [1-24.3], [1-24.4] und [1-24.5] die *Entropiebilanz*:

$$\frac{dS}{dt} = \frac{d_a S}{dt} + \frac{d_i S}{dt} \qquad [2\text{-}2.10]$$

mit der *Entropieströmung* (vgl. Gl. [1-24.13])

$$\frac{d_a S}{dt} = \frac{1}{T} \frac{dQ}{dt} + \sum_k S_k \frac{d_a n_k}{dt} \qquad [2\text{-}2.11]$$

und der *Entropieerzeugung* (vgl. Gl. [1-24.6])

$$\Theta = \frac{d_i S}{dt} = \frac{1}{T} \sum_r A_r w_r \geqslant 0\,. \qquad [2\text{-}2.12]$$

Das Ungleichheitszeichen in [12] gilt für wirklichen (irreversiblen) Ablauf der Reaktionen (oder Relaxationsmechanismen), das Gleichheitszeichen für den reversiblen Grenzfall. Die Beziehung [12] ist ein Spezialfall von Gl. [1-24.14] und [1-24.16].

Die Entropieströmung [11] enthält den „Wärmestrom" (dQ/dt) und die „Materieströme" ($d_a n_k/dt$), die aus der Umgebung in das betrachtete homogene System fließen. Sie kann demgemäß positiv, negativ oder Null sein (vgl. § 1.24). Bei geschlossenen Systemen entfallen die Terme mit den Materieströmen. Die plausible Form von Gl. [11] im Falle offener Systeme ist eine Folge der von uns in § 1.7 gewählten Wärmedefinition, die auf Gl. [4] führt.

Die Entropieerzeugung [12] bezieht sich auf die chemischen Reaktionen (oder Relaxationserscheinungen), die im Inneren der Phase ablaufen. Sie ist niemals negativ, bei wirklichem Ablauf der Prozesse stets positiv.

Die *Dissipationsfunktion* Ψ hat nach Gl. [1-24.7] und Gl. [12] die Gestalt

$$\Psi = T\Theta = \sum_r w_r A_r \geqq 0\,, \qquad [2\text{-}2.13]$$

stellt also einen Sonderfall der Beziehung [1-24.16] oder der noch allgemeineren Formel [1-24.22] dar. Die Reaktionsgeschwindigkeiten w_r sind die „generalisierten Ströme" und die Affinitäten A_r die zugehörigen „generalisierten Kräfte" (vgl. § 1.24).

Von der Beziehung [13], die mit der „de Donderschen Ungleichung" (vgl. Gl. [1-24.19]) identisch ist, werden wir bei unseren weiteren Betrachtungen in diesem Kapitel ausgehen.

§ 2.3. Reaktionsgeschwindigkeiten und Affinitäten

Es seien R unabhängige chemische Reaktionen (oder Relaxationsphänomene) in der betrachteten Phase möglich. Dann besagt die Ungleichung von de Donder [2-2.13] für die Reaktionsgeschwindigkeiten $w_1, w_2, \ldots w_R$ und die Affinitäten $A_1, A_2, \ldots A_R$:

$$\sum_{r=1}^{R} w_r A_r \geqslant 0\,, \tag{2-3.1}$$

worin das Ungleichheitszeichen für wirklichen (irreversiblen) Ablauf der Prozesse und das Gleichheitszeichen für den reversiblen Grenzfall gilt.

Nach der Definition des Gleichgewichtes (§ 1.17) und den allgemeinen Gleichgewichtsbedingungen für homogene Systeme (§ 1.19) müssen im *chemischen Gleichgewicht* alle Reaktionsgeschwindigkeiten und Affinitäten der linear unabhängigen Reaktionen verschwinden:

$$w_r = 0, \quad A_r = 0 \quad (r = 1, 2, \ldots R). \tag{2-3.2}$$

In diesem Falle ist in Gl. [1] das Gleichheitszeichen gültig.

Ein „reversibler Grenzfall" würde aber formal auch vorliegen, wenn in [1] die Bedingungen

$$w_r = 0, \quad A_r \neq 0$$

oder

$$w_r \neq 0, \quad A_r = 0$$

erfüllt wären. Die erste Möglichkeit entspricht „gehemmten Reaktionen" oder „falschen Gleichgewichten", wie sie häufig bei Abwesenheit von Katalysatoren beobachtet werden. Die zweite Möglichkeit entspricht gewissen Gedankenexperimenten in der traditionellen Thermodynamik, bei denen Umsetzungen bei „währendem chemischen Gleichgewicht" betrachtet werden. Solche Umsetzungen sind nicht realisierbar; denn bei verschwindenden Affinitäten können die Reaktionsgeschwindigkeiten nicht von Null verschieden sein, wie denn überhaupt die „unendlich langsamen Prozesse" in unserer Darstellungsweise keinen Platz haben. Der einzige uns interessierende Fall, für den das Gleichheitszeichen in [1] gilt, ist demnach der des chemischen Gleichgewichtes, beschrieben durch Gl. [2].

Gilt in [1] das Ungleichheitszeichen, so haben wir es mit *wirklichem Ablauf* der Reaktionen zu tun:

$$w_r \neq 0\,, A_r \neq 0 \quad (r = 1, 2, \ldots R), \quad \sum_{r=1}^{R} w_r A_r > 0\,. \tag{2-3.3}$$

Bei einer einzigen Reaktion haben nach [3] Reaktionsgeschwindigkeit w und Affinität A stets dasselbe Vorzeichen:

$$wA > 0\,. \tag{2-3.4}$$

Wenn sich zwei unabhängige Reaktionen gleichzeitig abspielen, so besagt die Ungleichung [3]:

$$w_1 A_1 + w_2 A_2 > 0\,. \tag{2-3.5}$$

Dabei kann z. B. der Fall

$$w_1 A_1 < 0 \qquad [2\text{-}3.6]$$

eintreten. Dann müssen natürlich nach [5] die Bedingungen

$$w_2 A_2 > 0, \qquad [2\text{-}3.7]$$

$$w_2 A_2 > |w_1 A_1| \qquad [2\text{-}3.8]$$

erfüllt sein.

In § 2.4 wird – für Gleichgewichtsnähe – bewiesen, daß der Fall [6] nur eintreten kann, wenn die beiden Reaktionen miteinander „gekoppelt" sind. Den Begriff der „Kopplung" zweier Reaktionen machen wir uns an der einfachen Reaktionsfolge (vgl. § 2.5 und § 2.7)

$$\mathrm{L} \rightleftharpoons \mathrm{M}, \qquad [2\text{-}3.9]$$

$$\mathrm{M} \rightleftharpoons \mathrm{N} \qquad [2\text{-}3.10]$$

klar. Ist der direkte Übergang zwischen den Molekülarten L und N, also die Umwandlungsreaktion

$$\mathrm{L} \rightleftharpoons \mathrm{N} \qquad [2\text{-}3.11]$$

unmöglich, stimmt demnach die Zahl der Elementarreaktionen mit der Anzahl der linear unabhängigen Reaktionsgleichungen überein, so sind die Reaktionen [9] und [10] definitionsgemäß nicht miteinander gekoppelt, obwohl die Molekülart M in beiden Reaktionen auftritt. Wenn aber die Umsetzung [11] möglich ist, mithin die Zahl der Elementarreaktionen (drei) diejenige der linear unabhängigen Reaktionsgleichungen (zwei) übersteigt, so liegt definitionsgemäß eine „Kopplung" der beiden Reaktionen [9] und [10] vor. Die nähere Behandlung gekoppelter Reaktionen erfolgt in § 2.7 und § 2.8.

§ 2.4. Phänomenologische Ansätze und Onsagers Reziprozitätssatz

Da nach Gl. [2-3.2] bei R unabhängigen Reaktionen in einer beliebigen Phase alle Reaktionsgeschwindigkeiten $w_1, w_2, \ldots w_R$ und alle Affinitäten $A_1, A_2, \ldots A_R$ im Falle des Gleichgewichtes verschwinden, liegt es nahe, für den wirklichen Ablauf der Reaktionen in *Gleichgewichtsnähe* homogene lineare Beziehungen zwischen Reaktionsgeschwindigkeiten und Affinitäten anzusetzen[1]):

$$w_r = \sum_{s=1}^{R} a_{rs} A_s \quad (r = 1, 2, \ldots R). \qquad [2\text{-}4.1]$$

[1]) Th. de Donder, Bull. Acad. Roy. Belg., (Classe Sciences) **24**, 15 (1938).

Dies sind die *phänomenologischen Ansätze* im Sinne von Gl. [1-25.1] mit den *phänomenologischen Koeffizienten* $a_{11}, a_{12}, a_{21}, \ldots, a_{RR}$, deren Bedeutung an Hand von Beispielen in den folgenden Paragraphen erläutert wird.

Für $r \neq s$ bedeutet die Aussage $a_{rs} \neq 0$ eine „Kopplung" der Reaktionen r und s (vgl. § 2.7 und § 2.8). Bei solchen gekoppelten Reaktionen gilt der *Reziprozitätssatz von* ONSAGER [1-26.1]:

$$a_{rs} = a_{sr} \quad (r, s = 1, 2, \ldots R). \qquad [2\text{-}4.2]$$

Diese Reziprozitätsbeziehungen werden später ausführlich besprochen.

Die Dissipationsfunktion Ψ, also das Produkt aus absoluter Temperatur T und Entropieerzeugung Θ, ergibt sich aus Gl. [2-2.13] und Gl. [1] für den Fall des wirklichen Ablaufs der Reaktionen in Gleichgewichtsnähe (vgl. Gl. [2-3.3]):

$$\Psi = T\Theta = \sum_{r=1}^{R} \sum_{s=1}^{R} a_{rs} A_r A_s > 0\,. \qquad [2\text{-}4.3]$$

Dieser Ausdruck ist infolge der Reziprozitätsbeziehungen [2] eine symmetrische positiv-definite quadratische Form. Es folgt mithin (vgl. Gl. [1-26.5] und [1-26.6]):

$$a_{rr} > 0, \quad a_{rr} a_{ss} - a_{rs}^2 > 0, \quad \ldots (r, s = 1, 2, \ldots R,\ r \neq s) \qquad [2\text{-}4.4]$$

. . . .

. . . .

$$\begin{vmatrix} a_{11} a_{12} \ldots a_{1R} \\ a_{21} a_{22} \ldots a_{2R} \\ \ldots\ldots\ldots \\ \ldots\ldots\ldots \\ a_{R1} a_{R2} \ldots a_{RR} \end{vmatrix} > 0. \qquad [2\text{-}4.5]$$

Demnach ist die Determinante aus den phänomenologischen Koeffizienten mit sämtlichen Hauptminoren positiv.

Bei zwei unabhängigen Reaktionen ($R = 2$) gilt gemäß Gl. [1] bis [5]:

$$\left.\begin{aligned} w_1 &= a_{11} A_1 + a_{12} A_2, \\ w_2 &= a_{21} A_1 + a_{22} A_2, \end{aligned}\right\} \qquad [2\text{-}4.6]$$

$$a_{12} = a_{21}, \qquad [2\text{-}4.7]$$

$$\Psi = a_{11} A_1^2 + 2\, a_{12} A_1 A_2 + a_{22} A_2^2 > 0, \qquad [2\text{-}4.8]$$

$$a_{11} > 0, \quad a_{22} > 0, \quad a_{11} a_{22} - a_{12}^2 > 0. \qquad [2\text{-}4.9]$$

Die letzten Ungleichungen sind ein Spezialfall der Beziehungen [1-26.7].

Für $a_{12} = a_{21} = 0$ (keine Kopplung) folgt aus [6] und [9]:

$$w_1 A_1 = a_{11} A_1^2 > 0, \quad w_2 A_2 = a_{22} A_2^2 > 0,$$

so daß der Fall [2-3.6] unmöglich ist. Für $a_{12} = a_{21} \neq 0$ (Kopplung der beiden Reaktionen) gilt hingegen auf Grund von [6], [7] und [9]:

$$w_1 A_1 = a_{11} A_1^2 + a_{12} A_1 A_2,$$

$$w_2 A_2 = a_{12} A_1 A_2 + a_{22} A_2^2.$$

Hier ist also der Fall [2-3.6] möglich.

§ 2.5. Gültigkeitsbereich der phänomenologischen Ansätze

Um den Gültigkeitsbereich der phänomenologischen Ansätze zu erkennen, betrachten wir zunächst den einfachsten Fall: eine einzige chemische Reaktion.

Nach Gl. [2-4.1] erhalten wir für Gleichgewichtsnähe einen phänomenologischen Ansatz, der die Reaktionsgeschwindigkeit w mit der Affinität A in Form einer linearen Beziehung verknüpft:

$$w = aA, \qquad [2\text{-}5.1]$$

worin für den phänomenologischen Koeffizienten a nach [2-4.4] die Vorzeichenaussage

$$a > 0 \qquad [2\text{-}5.2]$$

erfüllt sein muß. Wir zeigen nun an Hand von allgemeinen Überlegungen und speziellen Beispielen, unter welchen Bedingungen der Ansatz [1] gilt und welche Bedeutung der Koeffizient a hat.

Wir beginnen mit einer generellen Betrachtung[1]). Die Reaktionsgeschwindigkeit w der betrachteten Bruttoreaktion, deren Mechanismus nicht bekannt zu sein braucht, wird von mehreren makroskopischen Variablen, z. B. Temperatur, Druck, Konzentrationen der reagierenden Stoffe, Mengen und Zusammensetzungen der Katalysatoren, abhängen. Bezeichnen wir diese Variablen mit $x_1, x_2, \ldots x_n, x_{n+1}$, so gilt:

$$w = w(x_1, x_2, \ldots x_n, x_{n+1}).$$

---

[1]) Vgl. I. Prigogine, P. Outer und Cl. Herbo, J. Physic. Coll. Chem. **52**, 321 (1948).

Andererseits ist auch die Affinität A der Reaktion von mindestens einigen der genannten Variablen abhängig[1]). Wir schreiben daher:

$$A = A(x_1, \ldots x_n, x_{n+1}).$$

Durch Elimination von x_{n+1} folgt:

$$w = f(x_1, x_2, \ldots x_n, A). \qquad [2\text{-}5.3]$$

Ist $\bar{x}_i$ der Gleichgewichtswert von x_i, so muß nach Gl. [2-3.2] die allgemeine Gleichgewichtsbedingung

$$w = f(A, x_1, x_2, \ldots x_n) = 0 \text{ für } A = 0, x_i = \bar{x}_i \; (i = 1, 2, \ldots n) \qquad [2\text{-}5.4]$$

erfüllt sein. Da die Funktion A allein schon ein Maß für den Abstand vom Gleichgewicht ist, setzen wir folgende Reihenentwicklung an:

$$w = \left(\frac{\partial f}{\partial A}\right)_{x_i = \bar{x}_i} A + \ldots (i = 1, 2, \ldots n). \qquad [2\text{-}5.5]$$

Für „Gleichgewichtsnähe", d. h. kleine Werte von A, dürfen wir die Potenzreihe nach dem linearen Term in A abbrechen. Wir erhalten mithin einen phänomenologischen Ansatz der Form [1]:

$$w = aA$$

mit

$$a \equiv \left(\frac{\partial f}{\partial A}\right)_{x_i = \bar{x}_i}. \qquad [2\text{-}5.6]$$

Dabei hängt der phänomenologische Koeffizient a zunächst von den n Größen $\bar{x}_1, \ldots \bar{x}_n$ ab. Nun ergibt aber die Gleichgewichtsbedingung $A = 0$ einen Zusammenhang zwischen der Temperatur, dem Druck und den Gleichgewichtskonzentrationen. Daher ist a eine Funktion von $n - 1$ Variablen. Hält man also während einer Versuchsreihe von den Größen $x_1, x_2, \ldots x_n$, x_{n+1}, die ursprünglich als makroskopische Variable auftreten, mindestens $n - 1$ Größen konstant, so daß nur noch höchstens zwei Größen veränderlich sind, so gilt in Gleichgewichtsnähe die Beziehung $w = aA$ mit konstantem Koeffizienten a.

Der genaue Sinn des Ausdrucks „Gleichgewichtsnähe" und die physikalische Bedeutung des phänomenologischen Koeffizienten a bei einer gegebenen Bruttoreaktion werden indessen erst deutlich, wenn man die

[1]) Im allgemeinsten Falle ist A eine Funktion der Temperatur, des Druckes und der Konzentrationen der vorhandenen Stoffe. Im speziellen Falle eines idealen Gasgemisches oder einer ideal verdünnten Lösung hängt A von der Temperatur, dem Druck (bei ideal verdünnten Lösungen) und den Konzentrationen der reagierenden Substanzen ab (s. Gl. [2-5.12]).

zugehörigen Elementarreaktionen formuliert – wobei wir anfänglich nur *eine* Elementarreaktion zulassen – und außerdem die Betrachtungen auf *ideale Gasgemische* oder *ideal verdünnte Lösungen* beschränkt. Die letzte Voraussetzung erlaubt die Anwendung eines bestimmten Ansatzes der Reaktionskinetik, des „kinetischen Massenwirkungsgesetzes", das für beliebigen Abstand vom Gleichgewicht gilt[1]). Auch nimmt das chemische Potential μ_k der Teilchenart k eine analytisch einfache Gestalt an:

$$\mu_k = \mu_k^0 + RT \ln \frac{c_k}{c^+} . \qquad [2\text{-}5.7]$$

Hierin ist μ_k^0 ein Standardwert des chemischen Potentials, R die Gaskonstante, T die absolute Temperatur, c_k die molare Volumenkonzentration der Teilchenart k und c^+ eine Standardkonzentration. (Meist setzt man: $c^+ = 1 \text{ mol l}^{-1}$.) Die Größe μ_k^0 hängt bei idealen Gasgemischen nur von der Temperatur, bei ideal verdünnten Lösungen aber auch vom Druck ab. Im letzten Falle gilt der Ansatz [7] für alle gelösten Teilchenarten (wir schließen mithin im folgenden solche Lösungsreaktionen aus, an denen das Lösungsmittel beteiligt ist).

Wir betrachten eine Elementarreaktion der allgemeinen Form

$$\sum_i \nu_i \, [\mathrm{M}_i] \underset{\varkappa'}{\overset{\varkappa}{\rightleftharpoons}} \sum_j \nu_j \, [\mathrm{M}_j] . \qquad [2\text{-}5.8]$$

Dabei bezeichnen die Symbole $[\mathrm{M}_i]$ bzw. $[\mathrm{M}_j]$ die verschiedenen reagierenden Molekülarten. Die Zahlen ν_i bzw. ν_j sind gleich den negativen bzw. positiven Werten der stöchiometrischen Koeffizienten ν_k, die definitionsgemäß negativ bzw. positiv zu zählen sind, wenn sie auf der linken bzw. rechten Seite der Reaktionsgleichung stehen. Wir finden also den Zusammenhang:

$$\prod_k c_k^{\nu_k} = \prod_j c_j^{\nu_j} \Big/ \prod_i c_i^{\nu_i} . \qquad [2\text{-}5.9]$$

Das Symbol $\varkappa$ in Gl. [8] bedeutet die „Geschwindigkeitskonstante" für die „Hinreaktion", d. h. für die Teilreaktion von links nach rechts, das Symbol $\varkappa'$ die „Geschwindigkeitskonstante" für die „Rückreaktion", d. h. für die Teilreaktion von rechts nach links. Beide Größen sind positiv und hängen – außer von den Mengen und Konzentrationen gegebenenfalls vorhandener Katalysatoren – bei idealen Gasgemischen nur von der Temperatur, bei ideal verdünnten Lösungen auch vom Druck ab.

---

[1]) Ein *makroskopisch* formulierbarer reaktionskinetischer Ansatz für *beliebige* Phasen ist bisher nicht aufgefunden worden.

Wenn wir das Volumen V des Systems als gegeben ansehen und zur Umrechnung auf die in der klassischen Reaktionskinetik übliche „Reaktionsgeschwindigkeit“ w/V (siehe Fußnote auf S. 119) uns den konstanten Faktor V in $\varkappa$ und $\varkappa'$ einbezogen denken, können wir das „kinetische Massenwirkungsgesetz“ für die Reaktionsgeschwindigkeit w der chemischen Reaktion [8] bei Beachtung von Gl. [9] in folgender Form anschreiben:

$$w = \varkappa \prod_i c_i^{\nu_i} - \varkappa' \prod_j c_j^{\nu_j} = \omega \left(1 - \lambda \prod_k c_k^{\nu_k}\right) \qquad [2\text{-}5.10]$$

mit

$$\omega \equiv \varkappa \prod_i c_i^{\nu_i}, \; \lambda \equiv \frac{\varkappa'}{\varkappa}. \qquad [2\text{-}5.11]$$

Der Ausdruck ω ist die Geschwindigkeit der Hinreaktion in [8].

Die Affinität A der Reaktion [8] berechnet sich aus Gl. [2-2.6] und Gl. [7]:

$$A = -\sum_k \nu_k \mu_k = RT \ln \frac{K\,(c^+)^\nu}{\prod_k c_k^{\nu_k}} \qquad [2\text{-}5.12]$$

mit

$$\nu \equiv \sum_k \nu_k, \quad RT \ln K \equiv -\sum_k \nu_k \mu_k^0. \qquad [2\text{-}5.13]$$

Einsetzen der Gleichgewichtsbedingung $A = 0$ in Gl. [12] liefert das „klassische Massenwirkungsgesetz“ für das chemische Gleichgewicht:

$$\prod_k \bar{c}_k^{\nu_k} (c^+)^{-\nu} = K, \qquad [2\text{-}5.14]$$

worin $\bar{c}_k$ die Gleichgewichtskonzentration des Stoffes k und K die „Gleichgewichtskonstante“ ist[1]). K hängt gemäß Gl. [13] bei idealen Gasgemischen

[1]) K entspricht der Größe K_c in der traditionellen Darstellungsweise.

Bei *idealen Gasgemischen* haben wir:

$$p_k = c_k RT = P x_k, \qquad [2\text{-}5.14\text{a}]$$

worin p_k bzw. x_k der Partialdruck bzw. Molenbruch der Teilchenart k und P der Gesamtdruck ist. Mit den Definitionen

$$K\left(\frac{c^+ RT}{P^+}\right)^\nu \equiv K_p, \; K\left(\frac{c^+ RT}{P}\right)^\nu \equiv K_x, \qquad [2\text{-}5.14\text{b}]$$

wobei P^+ einen Standarddruck bedeutet – meist setzt man: $P^+ = 1$ atm $=$ 760 Torr –, folgt aus Gl. [14] und [14a]:

$$\prod \bar{p}_k^{\nu_k} (P^+)^{-\nu} = K_p, \; \prod \bar{x}_k^{\nu_k} = K_x. \qquad [2\text{-}5.14\text{c}]$$

Hierin ist $\bar{p}_k$ bzw. $\bar{x}_k$ der Gleichgewichtswert von p_k bzw. x_k. Die Größen K_p und K_x heißen ebenfalls „Gleichgewichtskonstanten“. Alle drei Konstanten (K, nur von der Temperatur, bei ideal verdünnten Lösungen von der Temperatur und vom Druck ab.

Durch Kombination von Gl. [10] mit Gl. [12] erhalten wir den allgemeinen Zusammenhang zwischen Reaktionsgeschwindigkeit und Affinität bei idealen Gasgemischen und ideal verdünnten Lösungen:

$$w = \omega \left[1 - \lambda K (c^+)^\nu \exp\left(-\frac{A}{RT}\right)\right], \qquad [2\text{-}5.15]$$

der für beliebigen Abstand vom Gleichgewicht gilt.

Mit der Gleichgewichtsbedingung $w = 0$ folgt aus Gl. [10], [11] und [14]:

$$\frac{\varkappa}{\varkappa'} = \frac{1}{\lambda} = K (c^+)^\nu. \qquad [2\text{-}5.16]$$

Diese Beziehung zwischen den Geschwindigkeitskonstanten und der Gleichgewichstkonstanten ist also im Falle einer einzigen Elementarreaktion eine Konsequenz des kinetischen Massenwirkungsgesetzes und der thermodynamischen Gleichgewichtsbedingungen (vgl. § 1.28).

Aus Gl. [15] und [16] finden wir den einfachen Ausdruck:

$$w = \omega \left[1 - \exp\left(-\frac{A}{RT}\right)\right], \qquad [2\text{-}5.17]$$

der, wie Gl. [15], für beliebigen Abstand vom Gleichgewicht gültig ist.

K_p, K_x) sind in unserer Darstellungsweise dimensionslos. Während aber K und K_p nur von der Temperatur T abhängen, ist K_x eine Funktion der Temperatur T und des Druckes P.

Bei *ideal verdünnten Lösungen* gilt für jede Teilchenart k, die zu den gelösten Stoffen gehört:

$$c_k = \frac{x_k}{V_{01}} = \frac{M_1}{V_{01}} m_k = \varrho_{01} m_k. \qquad [2\text{-}5.14\text{d}]$$

Dabei ist m_k die Molarität der Teilchenart k (Gleichgewichtswert: $\overline{m}_k$), V_{01} das Molvolumen, M_1 die Molmasse und ϱ_{01} die Dichte des reinen Lösungsmittels (vgl. Gl. [1-19.12]). Mit den Definitionen

$$K (c^+ V_{01})^\nu \equiv K_x, K \left(\frac{c^+}{m^+ \varrho_{01}}\right)^\nu \equiv K_m \qquad [2\text{-}5.14\text{e}]$$

ergibt sich aus Gl. [14] und [14d]:

$$\prod \overline{x}_k^{\nu_k} = K_x, \prod \overline{m}_k^{\nu_k} (m^+)^{-\nu} = K_m. \qquad [2\text{-}5.14\text{f}]$$

m^+ bedeutet eine Standardmolarität (meist: 1 mol kg^{-1}). K_m ist die „Gleichgewichtskonstante in der m-Skala". Sie wird besonders bei Elektrolytlösungen benutzt (vgl. S. 64). Die drei dimensionslosen Größen K, K_x und K_m hängen hier von T und P ab.

Wir fordern nun in Gl. [17] *Gleichgewichtsnähe*, die wir durch die Bedingung

$$\left|\frac{A}{RT}\right| \ll 1 \qquad [2\text{-}5.18]$$

definieren. Dann können wir bei Entwicklung der Exponentialfunktion

$$1 - e^{-\frac{A}{RT}} = \frac{A}{RT} - \frac{1}{2!}\left(\frac{A}{RT}\right)^2 + \frac{1}{3!}\left(\frac{A}{RT}\right)^3 \ldots$$

die Reihe nach dem ersten Term abbrechen und Gl. [17] in der Form

$$w = \omega \frac{A}{RT}$$

schreiben. Da dies dem Abbruch einer TAYLOR-Entwicklung für die Funktion $w(A)$ nach dem ersten Glied entspricht, bezieht sich der Koeffizient ω auf die Stelle $w = 0$, $A = 0$ (Gleichgewicht) und wird demgemäß mit $\overline{\omega}$ bezeichnet. Nach Gl. [11] gilt:

$$\overline{\omega} = \varkappa \prod_i \overline{c_i}^{\nu_i} . \qquad [2\text{-}5.19]$$

Wir erhalten also an Stelle von Gl. [17]:

$$w = \frac{\overline{\omega}}{RT} A . \qquad [2\text{-}5.20]$$

Diese Formel ist nur für Reaktionen in idealen Gasgemischen und ideal verdünnten Lösungen im Falle der durch [18] festgelegten Gleichgewichtsnähe gültig. Sie stellt einen phänomenologischen Ansatz im Sinne von Gl. [1] mit dem phänomenologischen Koeffizienten

$$a = \frac{\overline{\omega}}{RT} \qquad [2\text{-}5.21]$$

dar.

Der phänomenologische Koeffizient a ist nach Gl. [19] und [21] stets positiv, in Übereinstimmung mit Gl. [2]. Ferner hängt a, wie schon bei Gl. [6] generell gezeigt, von einer geringeren Anzahl von Variablen als die Reaktionsgeschwindigkeit w ab. Gemäß Gl. [19] und [21] ist nämlich a eine Funktion der Temperatur T, des Druckes (bei ideal verdünnten Lösungen), der Mengen und Zusammensetzungen der gegebenenfalls vorhandenen Katalysatoren sowie der Gleichgewichtskonzentrationen $\overline{c_i}$ der Stoffe auf der linken Seite der Reaktionsgleichung [8], während w gemäß Gl. [10], [12] und [20] anstatt von den $\overline{c_i}$ von den *augenblicklichen* Konzentrationen c_k *aller* Substanzen abhängt.

Bei *mehreren Reaktionen*, die sich gleichzeitig in einer Phase abspielen, haben wir zwei Fälle zu unterscheiden.

Im ersten Falle ist die Anzahl der Elementarreaktionen gleich derjenigen der linear unabhängigen Reaktionen. Dann können wir die Beziehungen [10] bis [21] für jede einzelne Elementarreaktion anschreiben, wobei nur die Größen w, $\varkappa$, $\varkappa'$, A, K usw. mit dem entsprechenden Index, der die herausgegriffene Reaktion kennzeichnet, versehen werden müssen. Es handelt sich hier um Reaktionen ohne „Kopplung" (vgl. § 2.3).

Im zweiten Falle übersteigt die Zahl der Elementarreaktionen diejenige der linear unabhängigen Reaktionen, so daß sich formal bestimmte Reaktionsgleichungen durch Linearkombinationen anderer Reaktionsgleichungen ableiten lassen (vgl. § 2.3). Dann sind die Beziehungen [16] und [17] nicht mehr allein aus dem kinetischen Massenwirkungsgesetz und den thermodynamischen Gleichgewichtsbedingungen zu gewinnen, und es handelt sich um Reaktionen mit „Kopplung". Diese schließen wir von unseren Betrachtungen in diesem Paragraphen aus.

Wir besprechen nun einige *Reaktionsfolgen*, die durch linear unabhängige Reaktionsgleichungen darstellbar und demgemäß ungekoppelt sind.

Das einfachste Beispiel ist die in § 2.3 diskutierte Reaktionsfolge [2-3.9] und [2-3.10]:

$$\left.\begin{array}{l} \mathrm{L} \rightleftharpoons \mathrm{M}\ (\text{Reaktion } 1), \\ \mathrm{M} \rightleftharpoons \mathrm{N}\ (\text{Reaktion } 2), \end{array}\right\} \qquad [2\text{-}5.22]$$

die zwei gleichzeitig ablaufenden Umlagerungsreaktionen entspricht[1]). Unter den Bedingungen (vgl. Gl. [18])

$$\left|\frac{A_1}{RT}\right| \ll 1\,, \quad \left|\frac{A_2}{RT}\right| \ll 1 \qquad [2\text{-}5.23]$$

---

[1]) Die Isomerisierungsreaktionen

$$o\text{-Xylol} \underset{\varkappa_1'}{\overset{\varkappa_1}{\rightleftharpoons}} m\text{-Xylol},$$

$$m\text{-Xylol} \underset{\varkappa_2'}{\overset{\varkappa_2}{\rightleftharpoons}} p\text{-Xylol},$$

die ein Beispiel für die Reaktionsfolge [22] darstellen, wurden für verdünnte Lösungen von Xylol in Toluol bei 50 °C (mit Aluminiumchlorid als Katalysator in Gegenwart von HCl) quantitativ von ALLEN und YATS [2]) untersucht. Dabei zeigte sich, daß die direkte Umwandlung o-Xylol $\rightleftharpoons$ p-Xylol nicht abläuft und die Geschwindigkeitskonstanten folgende Relativwerte (bezogen auf $\varkappa_1' = 1$) haben:

$$\varkappa_1 = 3{,}6,\ \varkappa_1' = 1{,}0\,,$$

$$\varkappa_2 = 2{,}1,\ \varkappa_2' = 6{,}0\,.$$

[2]) R. H. ALLEN und L. D. YATS, J. Amer. Chem. Soc. 81, 5289 (1959).

gelten die phänomenologischen Ansätze (vgl. Gl. [20] und [21])

$$w_1 = a_{11} A_1, \quad w_2 = a_{22} A_2 \qquad [2\text{-}5.24]$$

mit den phänomenologischen Koeffizienten

$$a_{11} = \frac{\overline{\omega_1}}{RT}, \qquad a_{22} = \frac{\overline{\omega_2}}{RT}, \qquad [2\text{-}5.25]$$

wobei $\overline{\omega_1}$ bzw. $\overline{\omega_2}$ der Gleichgewichtswert der Reaktionsgeschwindigkeit der Teilreaktion L → M bzw. M → N ist. Wir erkennen bei Vergleich von Gl. [24] mit Gl. [2-4.6], daß hier keine „Kopplung" der beiden Reaktionen vorliegt ($a_{12} = a_{21} = 0$). Die Situation wird sofort komplizierter, wenn wir den in [22] verbotenen Übergang L ⇌ N zulassen. Hierüber wird in § 2.7 berichtet.

In ähnlicher Weise finden wir für die Reaktionsfolge[1])

$$\left.\begin{array}{l} \mathrm{L} \rightleftharpoons \mathrm{M}\ (\text{Reaktion } 1), \\ \mathrm{M} \rightleftharpoons \mathrm{N}\ (\text{Reaktion } 2), \\ \cdots\cdots \\ \cdots\cdots \\ \mathrm{Y} \rightleftharpoons \mathrm{Z}\ (\text{Reaktion } R) \end{array}\right\} \qquad [2\text{-}5.26]$$

bei Voraussetzung der Bedingungen[2])

$$\left|\frac{A_r}{RT}\right| \ll 1 \quad (r = 1, 2, \ldots R) \qquad [2\text{-}5.27]$$

die phänomenologischen Ansätze:

$$w_r = a_{rr} A_r \quad (r = 1, 2, \ldots R), \qquad [2\text{-}5.28]$$

entsprechend den Beziehungen [2-4.1] mit $a_{rs} = 0$ für $r \neq s$ (keine Kopplungen). Sind die Einzelschritte in [26] nicht bekannt, so ist es angebracht, für die Bruttoreaktion

$$\mathrm{L} \rightleftharpoons \mathrm{Z} \qquad [2\text{-}5.29]$$

eine Affinität A und eine Reaktionsgeschwindigkeit w einzuführen. Aus der Definition der Affinitäten nach Gl. [2-2.6] folgt unmittelbar:

$$A = A_1 + A_2 + \ldots + A_R. \qquad [2\text{-}5.30]$$

Sind ferner die Zwischenprodukte M, N, ... Y instabil, so können wir nach einem in der Reaktionskinetik üblichen Verfahren einen quasistationären

[1]) Vgl. I. PRIGOGINE, Introduction to Thermodynamics of Irreversible Processes (Springfield, Illinois, 1955) 59.

[2]) Das Symbol R bedeutet als Formelzeichen die Gaskonstante, als Index die letzte (R-te) Reaktion.

Zustand annehmen:

$$w_1 = w_2 = \ldots = w_R = w. \qquad [2\text{-}5.31]$$

Aus Gl. [28] und [31] ergibt sich:

$$w = a_{11} A_1 = a_{22} A_2 = \ldots = a_{RR} A_R. \qquad [2\text{-}5.32]$$

Aus Gl. [30] und [32] folgt:

$$w = a A \qquad [2\text{-}5.33]$$

mit

$$\frac{1}{a} \equiv \sum_{r=1}^{R} \frac{1}{a_{rr}}. \qquad [2\text{-}5.34]$$

Nach Gl. [30] und [33] kann die gemessene Reaktionsgeschwindigkeit w der Affinität A der Gesamtreaktion [29] proportional sein, ohne daß die Bedingung

$$\left| \frac{A}{RT} \right| \ll 1 \qquad [2\text{-}5.35]$$

erfüllt zu sein braucht, wenn nur die Voraussetzungen [27] gelten.

§ 2.6. Experimentelles Beispiel

Die Gasreaktion

$$C_6H_{12} \rightleftharpoons C_6H_6 + 3\,H_2, \qquad [2\text{-}6.1]$$

d. h. die Dehydrierung von Cyclohexan bzw. die Hydrierung von Benzol in der Gasphase, ist von PRIGOGINE, OUTER und HERBO[1]) sorgfältig experimentell und theoretisch untersucht worden.

Die Reaktion [1] kann als in idealer Gasphase sich abspielend vorausgesetzt werden. Die Reaktionsgeschwindigkeit w wurde von den Autoren nach einer Strömungsmethode als Bildungsgeschwindigkeit des Benzols (Einheit: gh^{-1}) gemessen, die Affinität A nach der Formel (s. Gl. [2-5.12], [2-5.14a] und [2-5.14b])

$$\frac{A}{RT} = \ln \frac{K\,(c^+)^3\,c_1}{c_2\,c_3^{\,3}} = \ln \frac{K_p\,(P^+)^3\,p_1}{p_2\,p_3^{\,3}} \qquad [2\text{-}6.2]$$

aus der experimentell ermittelten Gleichgewichtskonstanten berechnet. Hierin ist R die Gaskonstante, T die absolute Temperatur, P^+ der Standard-

[1]) I. PRIGOGINE, P. OUTER und CL. HERBO, J. Physic. Coll. Chem. **52**, 321 (1948).

druck, c^+ die Standardkonzentration, c_k die molare Volumenkonzentration der Teilchenart k,

$$p_k = c_k R T \quad (k = 1, 2, 3) \qquad [2\text{-}6.3]$$

der Partialdruck der Partikelsorte k und K bzw. K_p die Gleichgewichtskonstante in der c-Skala bzw. p-Skala, wobei der Zusammenhang

$$K_p = K \left(\frac{c^+ RT}{P^+}\right)^3 \qquad [2\text{-}6.4]$$

gilt. Der Index 1 bzw. 2 bzw. 3 bezieht sich auf Cyclohexan bzw. Benzol bzw. Wasserstoff.

Wie aus Tab. 2 sowie Abb. 2 und Abb. 3 hervorgeht, gilt der phänomenologische Ansatz

$$w = aA \qquad [2\text{-}6.5]$$

mit konstantem phänomenologischen Koeffizienten a, ohne daß die Bedingung

$$\left|\frac{A}{RT}\right| \ll 1 \qquad [2\text{-}6.6]$$

in jedem Falle erfüllt ist. Nach unseren Ausführungen am Schluß von § 2.5 entspricht dieser Befund einer Reaktionsfolge vom Schema [2-5.26] unter den Bedingungen [2-5.27] und [2-5.31]. Bei der zu Abb. 2 gehörenden

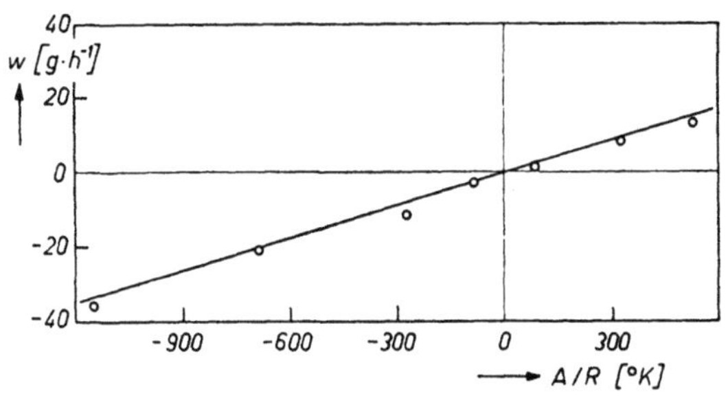

Abb. 2 (Siehe Text)

Versuchsreihe wurde von allen makroskopischen Variablen nur die Temperatur T verändert (s. Tab. 2). In Abb. 3 hingegen ist ein Satz von Experimenten dargestellt, bei dem drei Größen, nämlich p_1, p_2 und p_3, variabel sind (s. Tab. 2). Der Koeffizient a in Gl. [5] ist nach unseren Darlegungen auf S. 126 konstant, wenn entweder lediglich die Temperatur oder bei gegebener Temperatur nur zwei Konzentrationen verändert werden. Diese Bedingungen sind bei den Daten in Abb. 2 streng, in Abb. 3 annähernd erfüllt, da p_3 sehr wenig variiert.

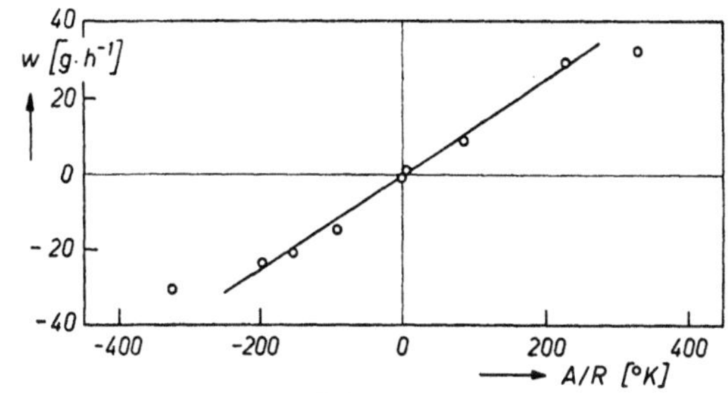

Abb. 3 (Siehe Text vorher)

Tabelle 2

Reaktionsgeschwindigkeit w und Affinität A der Reaktion [1]

1. Katalysator: 50% Ni, 25% ZnO, 23% Cr_2O_3 (Molprozente), Menge: 200 mg. Graphische Darstellung in Abb. 2.

p_1[atm]	p_2 [atm]	p_3 [atm]	T [°K]	A/R [°K]	w [gh⁻¹]
0,0262	0,0977	0,925	500	—1150	—36
			524	—686	—21
			545	—271	—11,5
			554	— 85	— 3
			561	+ 84	+ 1
			571	+323	+ 8
			582	+526	+13
2. Katalysator: 50% Ni, 10% ZnO, 40% Cr_2O_3 (Molprozente), Menge: 175 mg. Graphische Darstellung in Abb. 3.					
0,073	0,179	0,792	548	—197	—24
0,048	0,204	0,790		—323	—31
0,195	0,051	0,799		+328	+32
0,145	0,107	0,796		+ 86	+ 9
0,097	0,154	0,792		— 92	—15
0,121	0,128	0,797		0	— 1
0,017	0,077	0,786		+227	+29
0,073	0,179	0,781		—154	—21
0,121	0,128	0,782		+ 1	+ 1

§ 2.7. Kopplung zweier Reaktionen

Wir betrachten die gegenseitige Umwandlung der drei Substanzen **L**, **M** und **N**:

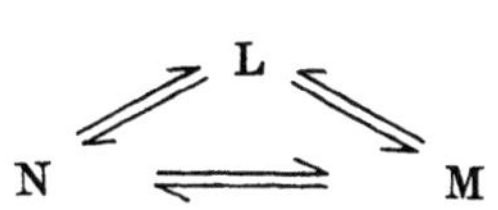

Diese „unimolekulare Dreiecksreaktion" läßt sich auf zwei verschiedene Weisen beschreiben: entweder durch das Schema der *linear unabhängigen*

Reaktionen

$$\left.\begin{array}{l} \mathrm{L} \rightleftharpoons \mathrm{M}\ (\text{Reaktion 1}), \\ \mathrm{M} \rightleftharpoons \mathrm{N}\ (\text{Reaktion 2}) \end{array}\right\} \qquad [2\text{-}7.1]$$

oder durch das Schema der linear abhängigen *Elementarreaktionen*

$$\left.\begin{array}{l} \mathrm{L} \underset{\varkappa_{\mathrm{I}}'}{\overset{\varkappa_{\mathrm{I}}}{\rightleftharpoons}} \mathrm{M}\ (\text{Reaktion I}), \\ \mathrm{M} \underset{\varkappa_{\mathrm{II}}'}{\overset{\varkappa_{\mathrm{II}}}{\rightleftharpoons}} \mathrm{N}\ (\text{Reaktion II}), \\ \mathrm{N} \underset{\varkappa_{\mathrm{III}}'}{\overset{\varkappa_{\mathrm{III}}}{\rightleftharpoons}} \mathrm{L}\ (\text{Reaktion III}). \end{array}\right\} \qquad [2\text{-}7.2]$$

Das erste Reaktionsschema entspricht der rein makroskopischen Betrachtungsweise, bei der nur der Bruttovorgang durch mathematisch voneinander unabhängige Reaktionsgleichungen beschrieben wird. Das zweite Reaktionsschema (in das auch die Geschwindigkeitskonstanten $\varkappa_{\mathrm{I}}$, $\varkappa_{\mathrm{I}}'$ usw. für die einzelnen Teilreaktionen eingetragen sind, vgl. § 2.5) gibt den Reaktionsmechanismus, d. h. den tatsächlichen Ablauf der chemischen Umsetzung wieder. Es handelt sich hier um den Fall der *Kopplung* zweier Reaktionen.

Wir diskutieren diese Reaktionsfolge zunächst genau so wie die Reaktionsfolgen ohne Kopplung in § 2.5: Wir setzen ideale Gasgemische oder ideal verdünnte Lösungen voraus und wenden sowohl die Gleichgewichtsbedingungen der klassischen Thermodynamik als auch die Ansätze der klassischen Reaktionskinetik an. Der Einfachheit halber nehmen wir ein homogenes geschlossenes System konstanten Volumens an. Wir beginnen unsere Ausführungen mit einigen allgemeinen Betrachtungen.

Es sei n_k die Molzahl des Stoffes k, t die Zeit, w_1 bzw. w_2 die Reaktionsgeschwindigkeit der Bruttoreaktion 1 bzw. 2 im Schema [1], w_{I} bzw. w_{II} bzw. w_{III} die Reaktionsgeschwindigkeit der Elementarreaktion I bzw. II bzw. III im Schema [2]. Dann gilt nach Gl. [2-2.3] für unser geschlossenes System:

$$\left.\begin{array}{l} -\dfrac{dn_L}{dt} = w_1 = w_{\mathrm{I}} - w_{\mathrm{III}}, \\ -\dfrac{dn_M}{dt} = w_2 - w_1 = w_{\mathrm{II}} - w_{\mathrm{I}}, \\ -\dfrac{dn_N}{dt} = -w_2 = w_{\mathrm{III}} - w_{\mathrm{II}}. \end{array}\right\} \qquad [2\text{-}7.3]$$

Daraus folgt:

$$w_1 = w_{\mathrm{I}} - w_{\mathrm{III}}, \quad w_2 = w_{\mathrm{II}} - w_{\mathrm{III}}. \qquad [2\text{-}7.4]$$

Bezeichnen wir mit μ_k das chemische Potential des Stoffes k, mit A_1 bzw. A_2 die Affinität der Bruttoreaktion 1 bzw. 2 im Schema [1] und mit A_{I} bzw. A_{II} bzw. A_{III} die Affinität der Elementarreaktion I bzw. II bzw. III im Schema [2], so leiten wir aus Gl. [2-2.6] ab:

$$\left.\begin{aligned} \mu_L - \mu_M &= A_1 = A_{\text{I}}, \\ \mu_M - \mu_N &= A_2 = A_{\text{II}}, \\ \mu_N - \mu_L &= -(A_1 + A_2) = A_{\text{III}}. \end{aligned}\right\} \qquad [2\text{-}7.5]$$

Somit erhalten **wir:**

$$A_{\text{I}} = A_1, \quad A_{\text{II}} = A_2, \quad A_{\text{III}} = -A_1 - A_2. \qquad [2\text{-}7.6]$$

Die dem Reaktionsschema [1] zugeordneten „Ströme" (Reaktionsgeschwindigkeiten) und „Kräfte" (Affinitäten) sind die linear unabhängigen Größen

$$w_1, w_2 \text{ und } A_1, A_2.$$

Zum Reaktionsschema [2] gehören die linear abhängigen Ströme und Kräfte

$$w_{\text{I}}, w_{\text{II}}, w_{\text{III}} \text{ und } A_{\text{I}}, A_{\text{II}}, A_{\text{III}}.$$

Beim Übergang von einem Satz von Strömen und Kräften zu einem anderen solchen Satz bleibt die Dissipationsfunktion Ψ invariant (vgl. § 1.27). Dies ergibt sich explizit aus Gl. [2-2.13] bei Beachtung der Umrechnungsbeziehungen [4] und [6]:

$$\Psi = w_1 A_1 + w_2 A_2 = w_{\text{I}} A_{\text{I}} + w_{\text{II}} A_{\text{II}} + w_{\text{III}} A_{\text{III}}.$$

Für das *chemische Gleichgewicht* gilt nach den Prinzipien der klassischen Thermodynamik, daß die Reaktionsgeschwindigkeiten und Affinitäten aller linear *unabhängigen* chemischen Reaktionen verschwinden (vgl. § 1.19, § 2.3 und § 2.5):

$$w_1 = 0, \quad w_2 = 0 \text{ (Gleichgewicht)}, \qquad [2\text{-}7.7]$$

$$A_1 = 0, \quad A_2 = 0 \text{ (Gleichgewicht)}, \qquad [2\text{-}7.8]$$

woraus mit Gl. [4] bzw. [6] folgt:

$$w_{\text{I}} = w_{\text{II}} = w_{\text{III}} \text{ (Gleichgewicht)}, \qquad [2\text{-}7.9]$$

$$A_{\text{I}} = 0, \quad A_{\text{II}} = 0, \quad A_{\text{III}} = 0 \text{ (Gleichgewicht)}. \qquad [2\text{-}7.10]$$

Die Bedingungen [7] und [9] fordern gemäß Gl. [3] für das Gleichgewicht zeitliche Konstanz der Molzahlen n_L, n_M und n_N. Da wir gegebenes Volumen vorausgesetzt haben, läuft dies auf eine zeitliche Konstanz der Konzentrationen der drei Stoffe L, M und N hinaus. Bemerkenswerterweise brauchen die Geschwindigkeiten w_{I}, w_{II} und w_{III} der drei Elementarreaktionen nicht einzeln zu verschwinden, um den thermodynamischen Gleichgewichtsbedingungen zu genügen. Wollten wir also in diesem Stadium unserer Überlegungen phänomenologische Ansätze für den Fall der Gleichgewichtsnähe aufstellen, so dürften wir nicht die Reaktionsgeschwindigkeiten bzw. Affinitäten der drei Elementarreaktionen als Ströme bzw. Kräfte wählen, zumal darüber hinaus beide Sätze von Variablen linear abhängig sind (vgl. § 1.27).

Bis hierher waren unsere Betrachtungen hinsichtlich der Dreiecksreaktion in einem geschlossenen homogenen System konstanten Volumens völlig generell. Wir benutzen nun die Voraussetzung, wonach das System ein ideales Gasgemisch oder eine ideal verdünnte Lösung darstellt, so daß sowohl das klassische Massenwirkungsgesetz für das chemische Gleichgewicht als auch das kinetische Massenwirkungsgesetz für die Geschwindigkeiten der Elementarreaktionen gültig sind.

Zunächst ergibt sich mit Hilfe von Gl. [2-5.7] aus Gl. [5] für die Affinitäten der drei Elementarreaktionen (vgl. Gl. [2-5.12] und [2-5.13]):

$$\left.\begin{aligned} A_{\mathrm{I}} &= RT \ln\left(K_{\mathrm{I}} \frac{c_L}{c_M}\right), \\ A_{\mathrm{II}} &= RT \ln\left(K_{\mathrm{II}} \frac{c_M}{c_N}\right), \\ A_{\mathrm{III}} &= RT \ln\left(K_{\mathrm{III}} \frac{c_N}{c_L}\right) \end{aligned}\right\} \qquad [2\text{-}7.11]$$

mit den Abkürzungen

$$\left.\begin{aligned} RT \ln K_{\mathrm{I}} &\equiv \mu_L^0 - \mu_M^0 , \\ RT \ln K_{\mathrm{II}} &\equiv \mu_M^0 - \mu_N^0 , \\ RT \ln K_{\mathrm{III}} &\equiv \mu_N^0 - \mu_L^0 . \end{aligned}\right\} \qquad [2\text{-}7.12]$$

Hierin ist R die Gaskonstante, T die absolute Temperatur, c_k die molare Volumenkonzentration des Stoffes k und μ_k^0 der Standardwert des chemischen Potentials der Teilchenart k. Die μ_k^0 hängen ebenso wie die K, definiert durch Gl. [12], von der Temperatur (bei idealen Gasgemischen) bzw. von der Temperatur und vom Druck (bei ideal verdünnten Lösungen) ab.

Durch Einsetzen der Gleichgewichtsbedingungen [10] in die Beziehungen [11] finden wir das *klassische Massenwirkungsgesetz* für jede der drei Elementarreaktionen (vgl. Gl. [2-5.14]):

$$\left.\begin{aligned} \frac{\bar{c}_M}{\bar{c}_L} &= K_{\mathrm{I}} , \\ \frac{\bar{c}_N}{\bar{c}_M} &= K_{\mathrm{II}} , \\ \frac{\bar{c}_L}{\bar{c}_N} &= K_{\mathrm{III}} , \end{aligned}\right\} \qquad [2\text{-}7.13]$$

wobei c_k die Gleichgewichtskonzentration des Stoffes k ist. Man erkennt hieraus, daß $K_{\rm I}$, $K_{\rm II}$ und $K_{\rm III}$ die Gleichgewichtskonstanten der drei Elementarreaktionen I, II und III darstellen. Sie sind nicht voneinander unabhängig, sondern auf Grund von Gl. [13] wie folgt miteinander verknüpft:

$$K_{\rm I} K_{\rm II} K_{\rm III} = 1. \qquad [2\text{-}7.14]$$

Ferner gilt für unser geschlossenes System konstanten Volumens infolge der Massenerhaltung:

$$c_L + c_M + c_N = \bar{c}_L + \bar{c}_M + \bar{c}_N. \qquad [2\text{-}7.15]$$

Somit haben wir drei unabhängige Gleichungen zur Verfügung, welche die drei Gleichgewichtskonzentrationen $\bar{c}_L$, $\bar{c}_M$ und $\bar{c}_N$ bestimmen.

Anwendung des *kinetischen Massenwirkungsgesetzes* auf die Geschwindigkeiten $w_{\rm I}$, $w_{\rm II}$ und $w_{\rm III}$ der drei Elementarreaktionen I, II und III des Reaktionsschemas [2] ergibt (vgl. Gl. [2-5.10] und [2-5.11]):

$$\left.\begin{aligned} w_{\rm I} &= \varkappa_{\rm I}\, c_L - \varkappa'_{\rm I}\, c_M = \omega_{\rm I}\left(1 - \lambda_{\rm I}\, \frac{c_M}{c_L}\right), \\ w_{\rm II} &= \varkappa_{\rm II}\, c_M - \varkappa'_{\rm II}\, c_N = \omega_{\rm II}\left(1 - \lambda_{\rm II}\, \frac{c_N}{c_M}\right), \\ w_{\rm III} &= \varkappa_{\rm III}\, c_N - \varkappa'_{\rm III}\, c_L = \omega_{\rm III}\left(1 - \lambda_{\rm III}\, \frac{c_L}{c_N}\right) \end{aligned}\right\} \qquad [2\text{-}7.16]$$

mit den Abkürzungen

$$\omega_{\rm I} \equiv \varkappa_{\rm I} c_L, \quad \omega_{\rm II} \equiv \varkappa_{\rm II} c_M, \quad \omega_{\rm III} \equiv \varkappa_{\rm III} c_N, \qquad [2\text{-}7.17]$$

$$\lambda_{\rm I} \equiv \frac{\varkappa'_{\rm I}}{\varkappa_{\rm I}}, \quad \lambda_{\rm II} \equiv \frac{\varkappa'_{\rm II}}{\varkappa_{\rm II}}, \quad \lambda_{\rm III} \equiv \frac{\varkappa'_{\rm III}}{\varkappa_{\rm III}}. \qquad [2\text{-}7.18]$$

Hierin sind die $\varkappa$ und $\varkappa'$ die (bei idealen Gasgemischen temperaturabhängigen, bei ideal verdünnten Lösungen temperatur- und druckabhängigen) Geschwindigkeitskonstanten der sechs Teilreaktionen und die ω die Geschwindigkeiten der drei Teilreaktionen von links nach rechts („Hinreaktionen") im Schema [2].

Durch Einsetzen von Gl. [11] in Gl. [16] erhalten wir die allgemeinen Zusammenhänge zwischen den Reaktionsgeschwindigkeiten und den Affinitäten der drei Elementarreaktionen (vgl. Gl. [2-5.15]):

$$\left.\begin{aligned} w_{\rm I} &= \omega_{\rm I}\left[1 - \lambda_{\rm I}\, K_{\rm I}\, \exp\left(-\frac{A_{\rm I}}{RT}\right)\right], \\ w_{\rm II} &= \omega_{\rm II}\left[1 - \lambda_{\rm II}\, K_{\rm II}\, \exp\left(-\frac{A_{\rm II}}{RT}\right)\right], \\ w_{\rm III} &= \omega_{\rm III}\left[1 - \lambda_{\rm III}\, K_{\rm III}\, \exp\left(-\frac{A_{\rm III}}{RT}\right)\right]. \end{aligned}\right\} \qquad [2\text{-}7.19]$$

Diese Beziehungen gelten, wie die reaktionskinetischen Ansätze [16], für beliebigen Abstand vom Gleichgewicht.

Die Gleichgewichtsbedingungen [9] und [10] ergeben bei Anwendung auf die Beziehungen [19]:

$$\bar{\omega}_{\mathrm{I}}(1-\lambda_{\mathrm{I}}K_{\mathrm{I}}) = \bar{\omega}_{\mathrm{II}}(1-\lambda_{\mathrm{II}}K_{\mathrm{II}}) = \bar{\omega}_{\mathrm{III}}(1-\lambda_{\mathrm{III}}K_{\mathrm{III}}) \qquad [2\text{-}7.20]$$

mit den Abkürzungen (s. Gl. [17])

$$\bar{\omega}_{\mathrm{I}} \equiv \varkappa_{\mathrm{I}}\bar{c}_L, \quad \bar{\omega}_{\mathrm{II}} \equiv \varkappa_{\mathrm{II}}\bar{c}_M, \quad \bar{\omega}_{\mathrm{III}} \equiv \varkappa_{\mathrm{III}}\bar{c}_N \qquad [2\text{-}7.21]$$

für die Gleichgewichtswerte der Geschwindigkeiten der drei „Hinreaktionen" im Schema [2]. Infolge von Gl. [18] und [21] stellen die Gl. [20] zwei unabhängige Beziehungen zwischen den sechs Geschwindigkeitskonstanten ($\varkappa_{\mathrm{I}}, \varkappa'_{\mathrm{I}}, \varkappa_{\mathrm{II}}, \varkappa'_{\mathrm{II}}, \varkappa_{\mathrm{III}}$ und $\varkappa'_{\mathrm{III}}$) dar.

In den vorangehenden Formeln sind alle Aussagen enthalten, die mit Hilfe der thermodynamischen Gleichgewichtsbedingungen und der reaktionskinetischen Ansätze gewonnen werden können. Wie insbesondere aus Gl. [9] hervorgeht, bleibt für den Fall des chemischen Gleichgewichtes noch die Möglichkeit einer cyclischen Reaktion offen, die sich z. B. in der Form

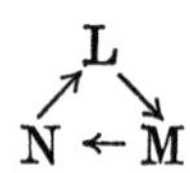

[2-7.22]

abspielen kann. Eine solche Reaktion würde keiner der oben für das Gleichgewicht abgeleiteten Beziehungen widersprechen, worauf insbesondere ONSAGER[1]) mit Nachdruck hingewiesen hat.

Nun besagt ein in der klassischen Reaktionskinetik meist als selbstverständlich betrachteter, im Rahmen unserer Darstellung jedoch neuer Satz, daß *jede* Elementarreaktion im Gleichgewicht genau so oft von links nach rechts wie von rechts nach links abläuft. Dieses *Prinzip des detaillierten Gleichgewichtes* stellt einen Spezialfall des „Prinzips der mikroskopischen Reversibilität" (§ 1.26) dar[2]). Es führt auf die Gleichgewichtsbedingung $w_l = 0$ für jeden einzelnen Reaktionsmechanismus (w_l = Reaktionsgeschwindigkeit der l-ten Elementarreaktion). Demnach gilt in unserem Falle:

$$w_{\mathrm{I}} = 0, \quad w_{\mathrm{II}} = 0, \quad w_{\mathrm{III}} = 0 \text{ (Gleichgewicht)}. \qquad [2\text{-}7.23]$$

---

[1]) L. ONSAGER, Physic. Rev. **37**, 405 (1931).

[2]) Der Name „Prinzip des detaillierten Gleichgewichtes" geht auf FOWLER[3]), die Bezeichnung „Prinzip der mikroskopischen Reversibilität" auf TOLMAN [4]) zurück.

[3]) R. H. FOWLER, Statistical Mechanics (Cambridge 1929).

[4]) R. C. TOLMAN, Physic. Rev. **23**, 699 (1924); The Principles of Statistical Mechanics (Oxford 1938).

Das Prinzip des detaillierten Gleichgewichtes schließt also die cyclische Umsetzung [22] aus und verschärft die Aussage [9].

Aus Gl. [19] und [23] folgt bei Beachtung von Gl. [10]:

$$\lambda_{\mathrm{I}} K_{\mathrm{I}} = \lambda_{\mathrm{II}} K_{\mathrm{II}} = \lambda_{\mathrm{III}} K_{\mathrm{III}} = 1 \qquad [2\text{-}7.24]$$

oder mit Gl. [18]:

$$\frac{\varkappa_{\mathrm{I}}}{\varkappa'_{\mathrm{I}}} = K_{\mathrm{I}}, \quad \frac{\varkappa_{\mathrm{II}}}{\varkappa'_{\mathrm{II}}} = K_{\mathrm{II}}, \quad \frac{\varkappa_{\mathrm{III}}}{\varkappa'_{\mathrm{III}}} = K_{\mathrm{III}}\,. \qquad [2\text{-}7.25]$$

Diese Formeln erfüllen die Gl. [20] identisch und stellen drei unabhängige Beziehungen zwischen den sechs Geschwindigkeitskonstanten dar.

Es ist bemerkenswert, daß im Falle *gekoppelter* Reaktionen Zusammenhänge der Form [25] erst mit Hilfe des Prinzips des detaillierten Gleichgewichtes gewonnen werden können, während sie sonst bereits eine Konsequenz der thermodynamischen Gleichgewichtsbedingungen und der reaktionskinetischen Ansätze sind (vgl. S. **131**).

Aus Gl. [19] und [24] leiten wir ab (vgl. Gl. [2-5.17)]:

$$\left.\begin{aligned} w_{\mathrm{I}} &= \omega_{\mathrm{I}} \left[1 - \exp\left(-\frac{A_{\mathrm{I}}}{RT}\right)\right], \\ w_{\mathrm{II}} &= \omega_{\mathrm{II}} \left[1 - \exp\left(-\frac{A_{\mathrm{II}}}{RT}\right)\right], \\ w_{\mathrm{III}} &= \omega_{\mathrm{III}} \left[1 - \exp\left(-\frac{A_{\mathrm{III}}}{RT}\right)\right]. \end{aligned}\right\} \qquad [2\text{-}7.26]$$

Diese Zusammenhänge, die das Prinzip des detaillierten Gleichgewichtes enthalten, gelten wiederum für beliebigen Abstand vom Gleichgewicht.

Wir fordern nun *Gleichgewichtsnähe* durch die Bedingungen (vgl. Gl. [2-5.18], [2-5.23] und [2-5.27])

$$\left|\frac{A_{\mathrm{I}}}{RT}\right| \ll 1, \quad \left|\frac{A_{\mathrm{II}}}{RT}\right| \ll 1, \quad \left|\frac{A_{\mathrm{III}}}{RT}\right| \ll 1\,. \qquad [2\text{-}7.27]$$

Wir entwickeln dementsprechend die Exponentialfunktionen in [26] bis zu den linearen Termen und beachten, daß gemäß Gl. [10] und [23] die Reaktionsgeschwindigkeiten w_{I}, w_{II}, w_{III} und die Affinitäten A_{I}, A_{II}, A_{III} bei Gleichgewicht verschwinden. Bei einer TAYLOR-Entwicklung der Funktionen $w(A)$ um das Gleichgewicht nehmen also die Koeffizienten ω ihre Gleichgewichtswerte $\bar{\omega}$, gegeben durch Gl. [21], an. Wir erhalten demnach:

$$\left.\begin{aligned} w_{\mathrm{I}} &= \frac{\bar{\omega}_{\mathrm{I}}}{RT} A_{\mathrm{I}} \;, \\ w_{\mathrm{II}} &= \frac{\bar{\omega}_{\mathrm{II}}}{RT} A_{\mathrm{II}} \;, \\ w_{\mathrm{III}} &= \frac{\bar{\omega}_{\mathrm{III}}}{RT} A_{\mathrm{III}} \;, \end{aligned}\right\} \qquad [2\text{-}7.28]$$

in Analogie zu Gl. [2-5.20] und [2-5.24].

Für die Reaktionsgeschwindigkeiten w_1, w_2 und Affinitäten A_1, A_2 der linear unabhängigen Reaktionen 1, 2 (Bruttoreaktionen) im Schema [1] folgt aus [28] mit Hilfe von Gl. [4] und [6]:

$$\left.\begin{aligned} w_1 &= \frac{\bar{\omega}_{\mathrm{I}} + \bar{\omega}_{\mathrm{III}}}{RT} A_1 + \frac{\bar{\omega}_{\mathrm{III}}}{RT} A_2 \,, \\ w_2 &= \frac{\bar{\omega}_{\mathrm{III}}}{RT} A_1 + \frac{\bar{\omega}_{\mathrm{II}} + \bar{\omega}_{\mathrm{III}}}{RT} A_2 \,. \end{aligned}\right\} \qquad [2\text{-}7.29]$$

Diese Ausdrücke haben die allgemeine Form der phänomenologischen Ansätze [2-4.6]

$$\left.\begin{aligned} w_1 &= a_{11} A_1 + a_{12} A_2 \,, \\ w_2 &= a_{21} A_1 + a_{22} A_2 \,, \end{aligned}\right\} \qquad [2\text{-}7.30]$$

wobei der ONSAGERsche Reziprozitätssatz [2-4.7]

$$a_{12} = a_{21} \qquad [2\text{-}7.31]$$

erfüllt ist. Die Bedeutung der phänomenologischen Koeffizienten a_{ik} $(i, k = 1, 2)$ ist in diesem Falle festgelegt, wie der Vergleich von Gl. [29] mit [30] lehrt:

$$\left.\begin{aligned} a_{11} &= \frac{\bar{\omega}_{\mathrm{I}} + \bar{\omega}_{\mathrm{III}}}{RT} \,, \\ a_{12} = a_{21} &= \frac{\bar{\omega}_{\mathrm{III}}}{RT} \,, \\ a_{22} &= \frac{\bar{\omega}_{\mathrm{II}} + \bar{\omega}_{\mathrm{III}}}{RT} \,. \end{aligned}\right\} \qquad [2\text{-}7.32]$$

Auch erkennen wir, daß die Reziprozitätsbeziehung [31] ihren Ursprung im Prinzip des detaillierten Gleichgewichtes [23] hat. Diese wichtige Erkenntnis geht auf ONSAGER[1]) zurück.

Würden wir die Bedingungen [27] für Gleichgewichtsnähe in die Beziehungen [19], die das Prinzip des detaillierten Gleichgewichtes noch nicht enthalten,

[1]) L. ONSAGER, Physic. Rev. **37**, 405 (1931).

eintragen und Gl. [20] benutzen, so würden wir die phänomenologischen Ansätze mit dem ONSAGERschen Reziprozitätssatz *nicht* finden. In diesem Falle darf man nämlich in dem aus [19] und [27] folgenden Ausdruck nicht $\omega = \bar{\omega}$ setzen, weil man dann Terme von derselben Größenordnung wie A/RT vernachlässigen würde. (Das Argument, das wir bei Gl. [28] für den Ersatz der ω durch die $\bar{\omega}$ benutzt haben, ist nicht mehr gültig; denn ohne das Prinzip [23] kann man in [19] nicht auf das gleichzeitige Verschwinden der w und A schließen!) Die resultierenden Gleichungen sind vielmehr so gebaut, daß sich erst bei Einführen der Zusammenhänge [24] die phänomenologischen Ansätze [30] mit der Reziprozitätsbeziehung [31] ergeben.

Da auch die Größen $w_{\mathrm{I}}, w_{\mathrm{II}}, w_{\mathrm{III}}$ und $A_{\mathrm{I}}, A_{\mathrm{II}}, A_{\mathrm{III}}$ „Ströme" und „Kräfte" darstellen, die bei Gleichgewicht verschwinden, könnte man die linearen Beziehungen [28] ebenfalls als phänomenologische Ansätze auffassen, die dem ONSAGERschen Reziprozitätssatz in trivialer Weise dadurch genügen, daß alle „Kopplungskoeffizienten" verschwinden. Indessen ist eine solche Aussage nicht eindeutig, weil in [28] sowohl die „Ströme" als auch die „Kräfte" linear abhängig sind, so daß es unendlich viele Möglichkeiten gibt, homogene lineare Beziehungen zwischen den w und den A aufzustellen (vgl. § 1.27). Addiert man z. B. zur rechten Seite der ersten Gleichung in [28] den gemäß Gl. [6] identisch verschwindenden Ausdruck

$$\text{const}\,(A_{\mathrm{I}} + A_{\mathrm{II}} + A_{\mathrm{III}}) = 0,$$

so ist der ONSAGERsche Reziprozitätssatz in der Darstellungsweise [28] nicht mehr gültig[1]).

Wir sehen also, daß die invariante Schreibweise [29] bzw. [30] die physikalisch wesentlichen Aussagen über die beiden Bruttoreaktionen für den Fall der Gleichgewichtsnähe enthält und daß die Bedingung $a_{12} = a_{21} \neq 0$ wirklich eine Kopplung der Reaktionen bedeutet (vgl. Gl. [2-5.24] und [2-5.25]).

§ 2.8. Kopplungen bei beliebig vielen Reaktionen

Die Überlegungen des vorangehenden Paragraphen sollen nun auf beliebig viele gekoppelte Reaktionen in idealen Gasgemischen oder ideal verdünnten Lösungen verallgemeinert werden[3]).

Wenn wir die Entropieerzeugung und die Reaktionsgeschwindigkeiten auf die Volumeneinheit beziehen, wie bei kontinuierlichen Systemen (vgl. § 4.13),

---

[1]) Eine solche mathematische Mehrdeutigkeit findet sich auch in der ursprünglichen Darstellungsweise von ONSAGER[2]), obwohl der physikalische Kern der Sache erstmalig gerade durch ONSAGER herausgearbeitet worden ist.

[2]) L. ONSAGER, Physic. Rev. **37**, 405 (1931).

[3]) Vgl. J. MEIXNER, Ann. Physik (5) **43**, 244 (1943).

ist die in § 2.7 gemachte Voraussetzung eines geschlossenen Systems konstanten Volumens unnötig. Die nachfolgenden Rechnungen gelten also prinzipiell auch für offene Phasen bei variablem Volumen.

Es seien L Elementarreaktionen in unserer Phase möglich. Dazu sollen R linear unabhängige Reaktionen gehören. Es gilt allgemein: $L \geqslant R$. Im Falle $L > R$ liegen Kopplungen zwischen den unabhängigen Reaktionen vor. Bei dem in § 2.7 behandelten Beispiel ist $L = 3$, $R = 2$.

Wir schreiben die Reaktionsgleichungen für die Elementarreaktionen $1, 2, \ldots L$ in folgender genereller Form an:

$$\sum_i \nu_{il} [\mathrm{M}_i] \underset{\varkappa_l'}{\overset{\varkappa_l}{\rightleftharpoons}} \sum_j \nu_{jl} [\mathrm{M}_j] \quad (l = 1, 2, \ldots L). \qquad [2\text{-}8.1]$$

Dabei gilt

$$\prod_k c_k^{\nu_{kl}} = \prod_j c_j^{\nu_{jl}} / \prod_i c_i^{\nu_{il}}. \qquad [2\text{-}8.2]$$

Die Zahlen ν_{il} bzw. ν_{jl} sind gleich den negativen bzw. positiven Werten der stöchiometrischen Koeffizienten ν_{kl}. Die Symbole $[\mathrm{M}_i]$ bzw. $[\mathrm{M}_j]$ bezeichnen die verschiedenen Reaktionspartner. Die c_i bzw. c_j bzw. c_k sind die molaren Volumenkonzentrationen der Teilchenarten. Die Symbole $\varkappa_l$ bzw. $\varkappa_l'$ endlich bedeuten die (bei idealen Gasgemischen temperaturabhängigen, bei ideal verdünnten Lösungen temperatur- und druckabhängigen) Geschwindigkeitskonstanten der einzelnen Teilreaktionen. Die Beziehungen [1] und [2] stellen die Verallgemeinerungen von Gl. [2-5.8] und [2-5.9] dar.

Die reaktionskinetischen Ansätze für die Umsetzungen [1] lassen sich bei Beachtung von Gl. [2] folgendermaßen formulieren:

$$w_l = \varkappa_l \prod_i c_i^{\nu_{il}} - \varkappa_l' \prod_j c_j^{\nu_{jl}} = \omega_l \left(1 - \lambda_l \prod_k c_k^{\nu_{kl}}\right)$$
$$(l = 1, 2, \ldots L) \qquad [2\text{-}8.3]$$

mit

$$\omega_l \equiv \varkappa_l \prod_i c_i^{\nu_{il}}, \quad \lambda_l \equiv \frac{\varkappa_l'}{\varkappa_l} \quad (l = 1, 2, \ldots L). \qquad [2\text{-}8.4]$$

Hierin ist w_l die Geschwindigkeit der l-ten Elementarreaktion in [1] und ω_l die Geschwindigkeit der l-ten „Hinreaktion" in [1], d. h. der Teilreaktion von links nach rechts beim l-ten Mechanismus in [1]. Gl. [3] stellt die allgemeinste Fassung des *kinetischen Massenwirkungsgesetzes* dar.

Für die Affinitäten A_l der Elementarreaktionen folgt aus Gl. [2-2.6] und [2-5.7]:

$$A_l = -\sum_k \nu_{kl}\, \mu_k = RT \ln \frac{K_l (c^+)^{\nu_l}}{\prod_k c_k^{\nu_{kl}}} \quad (l = 1, 2, \ldots L) \qquad [2\text{-}8.5]$$

mit

$$\nu_l \equiv \sum_k \nu_{kl}, \quad RT \ln K_l \equiv -\sum_k \nu_{kl} \mu_k^0 \quad (l = 1, 2, \ldots L), \qquad [2\text{-}8.6]$$

wobei μ_k das chemische Potential des Stoffes k, μ_k^0 ein Standardwert von μ_k, c^+ eine Standardkonzentration, R die Gaskonstante und T die absolute Temperatur ist. Die Größen μ_k^0 und K_l sind bei idealen Gasgemischen bzw. ideal verdünnten Lösungen nur Funktionen der Temperatur bzw. der Temperatur und des Druckes.

Einsetzen von Gl. [5] in Gl. [3] ergibt die Zusammenhänge zwischen den Reaktionsgeschwindigkeiten und den Affinitäten der Elementarreaktionen bei idealen Gasgemischen und ideal verdünnten Lösungen:

$$w_l = \omega_l \left[1 - \lambda_l K_l (c^+)^{\nu_l} \exp\left(-\frac{A_l}{RT}\right)\right] \quad (l = 1, 2, \ldots L). \qquad [2\text{-}8.7]$$

Diese Beziehungen enthalten nur die reaktionskinetischen Ansätze und die Ausdrücke für die Affinitäten. Sie sind demgemäß für beliebigen Abstand vom Gleichgewicht gültig.

Die thermodynamischen Gleichgewichtsbedingungen besagen zunächst nur (vgl. § 2.3 und § 2.7), daß die Reaktionsgeschwindigkeiten w_r ($r = 1, 2, \ldots R$) und Affinitäten A_r ($r = 1, 2, \ldots R$) der linear *unabhängigen* Reaktionen 1, 2, ... R im Falle des chemischen Gleichgewichtes verschwinden:

$$w_r = 0, \quad A_r = 0 \quad (r = 1, 2, \ldots R) \text{ (Gleichgewicht)}. \qquad [2\text{-}8.8]$$

Da die Affinitäten der einzelnen Reaktionen sich wie die Reaktionsgleichungen addieren lassen, müssen homogene lineare Beziehungen der Gestalt

$$A_l = \sum_{r=1}^{R} b_{rl} A_r \quad (l = 1, 2, \ldots L) \qquad [2\text{-}8.9]$$

zwischen den Affinitäten A_l der Elementarreaktionen und den Affinitäten A_r der linear unabhängigen Reaktionen bestehen, wobei die b_{rl} irgendwelche Konstanten sind. Die Gl. [2-7.6] stellen ein Beispiel für die Zusammenhänge [9] dar.

Die zu den Affinitäten A_r gehörenden Reaktionsgeschwindigkeiten w_r findet man aus der Invarianzbedingung für die Dissipationsfunktion [2-2.13]:

$$\sum_{l=1}^{L} w_l A_l = \sum_{r=1}^{R} w_r A_r.$$

Hieraus ergibt sich mit Gl. [9]:

$$\sum_{r=1}^{R} \sum_{l=1}^{L} b_{rl} w_l A_r = \sum_{r=1}^{R} w_r A_r ,$$

woraus folgt:

$$w_r = \sum_{l=1}^{L} b_{rl} w_l \quad (r = 1, 2, \ldots R). \qquad [2\text{-}8.10]$$

Diese allgemeinen Zusammenhänge zwischen den Geschwindigkeiten w_r der linear unabhängigen Reaktionen und den Geschwindigkeiten w_l der Elementarreaktionen werden durch die Beziehungen [2-7.4] für den Spezialfall $R = 2$, $L = 3$ verifiziert.

Für das chemische Gleichgewicht erhalten wir nun aus Gl. [8], [9] und [10]:

$$\sum_{l=1}^{L} b_{rl} w_l = 0 \quad (r = 1, 2, \ldots R) \quad \text{(Gleichgewicht)}, \qquad [2\text{-}8.11]$$

$$A_l = 0 \quad (l = 1, 2, \ldots L) \quad \text{(Gleichgewicht)}. \qquad [2\text{-}8.12]$$

Wir können also, wie bei Gl. [2-7.9] und [2-7.10], zunächst nur schließen, daß bestimmte Linearkombinationen der w_l Null werden, während alle A_l verschwinden. Dieser Schluß gilt für beliebige Reaktionen.

Aus Gl. [5] und [12] finden wir für jede Elementarreaktion das *klassische Massenwirkungsgesetz* für das chemische Gleichgewicht:

$$\prod_k \bar{c}_k^{-\nu_{kl}} (c^+)^{\nu_l} = K_l \qquad (l = 1, 2, \ldots L), \qquad [2\text{-}8.13]$$

worin $\bar{c}_k$ die Gleichgewichtskonzentration des Stoffes k bedeutet. Die dimensionslose Größe K_l ist demnach die Gleichgewichtskonstante der Elementarreaktion l. Die Beziehung [13] ist wiederum nur für ideale Gasgemische und ideal verdünnte Lösungen gültig.

Wir führen jetzt, wie in § 2.7, eine Aussage ein, die über die thermodynamischen Gleichgewichtsbedingungen und die reaktionskinetischen Ansätze hinausgeht: das *Prinzip des detaillierten Gleichgewichtes:*

$$w_l = 0 \quad (l = 1, 2, \ldots L) \text{ (Gleichgewicht)}. \qquad [2\text{-}8.14]$$

Hierdurch wird die Aussage [11] verschärft und jeder cyclische Reaktionsmechanismus, wie etwa die Umsetzung [2-7.22], für den Fall des chemischen Gleichgewichtes ausgeschlossen.

Mit dem Prinzip des detaillierten Gleichgewichtes [14] ergibt sich aus Gl. [7] und [12]:

$$\lambda_l K_l (c^+)^{\nu_l} = 1 \quad (l = 1, 2, \ldots L), \qquad [2\text{-}8.15]$$

woraus mit Gl. [4] der generelle Zusammenhang zwischen den Geschwindigkeitskonstanten für die Hin- und Rückreaktion ($\varkappa_l$ und $\varkappa_l'$) und der Gleichgewichtskonstanten (K_l) folgt:

$$\frac{\varkappa_l}{\varkappa_l'} = K_l \, (c^+)^{\nu_l} \quad (l = 1, 2, \ldots L) . \qquad [2\text{-}8.16]$$

Die Beziehungen [15] und [16] verallgemeinern die Gl. [2-5.16], [2-7.24] und [2-7.25].

Aus Gl. [7] und [15] leiten wir sofort ab:

$$w_l = \omega_l \left[1 - \exp\left(-\frac{A_l}{RT}\right)\right] \quad (l = 1, 2, \ldots L). \qquad [2\text{-}8.17]$$

Diese wichtigen Beziehungen generalisieren die Gl. [2-5.17] und [2-7.26]. Sie gelten für beliebigen Abstand vom Gleichgewicht bei idealen Gasgemischen und ideal verdünnten Lösungen.

Für *Gleichgewichtsnähe*, definiert durch die Bedingungen

$$\left|\frac{A_l}{RT}\right| \ll 1 \quad (l = 1, 2, \ldots L), \qquad [2\text{-}8.18]$$

können wir die Exponentialfunktion in [17] entwickeln und nach dem ersten Term abbrechen sowie ω_l gemäß Gl. [4] durch den Gleichgewichtswert

$$\overline{\omega}_l \equiv \varkappa_l \prod_i \bar{c}_i^{\,\nu_{il}} \quad (l = 1, 2, \ldots L) \qquad [2\text{-}8.19]$$

ersetzen. Wir erhalten dann:

$$w_l = \frac{\overline{\omega}_l}{RT} A_l \quad (l = 1, 2, \ldots L). \qquad [2\text{-}8.20]$$

Bei Beachtung von Gl. [9] und [10] folgt hieraus:

$$w_r = \frac{1}{RT} \sum_{l=1}^{L} b_{rl} \overline{\omega}_l A_l = \frac{1}{RT} \sum_{l=1}^{L} \sum_{s=1}^{R} b_{rl} \, b_{sl} \overline{\omega}_l A_s$$
$$(r = 1, 2, \ldots R). \qquad [2\text{-}8.21]$$

Diese Gleichungen verallgemeinern Gl. [2-7.28] und [2-7.29].

Die homogenen linearen Beziehungen [21] lassen sich in der Form

$$w_r = \sum_{s=1}^{R} a_{rs} A_s \quad (r = 1, 2, \ldots R) \qquad [2.8.22]$$

mit den „phänomenologischen Koeffizienten“

$$a_{rs} \equiv \frac{1}{RT} \sum_{l=1}^{L} b_{rl} b_{sl} \overline{\omega}_l \quad (r, s = 1, 2, \ldots R) \qquad [2\text{-}8.23]$$

schreiben. Durch Vertauschen der Indizes r und s in Gl. [23] erkennt man, daß die Symmetriebeziehung

$$a_{rs} = a_{sr} \quad (r, s = 1, 2, \ldots R) \qquad [2\text{-}8.\mathbf{24}]$$

erfüllt ist. Im Sonderfalle $L = R$ (keine Kopplungen) werden Gl. [20] und [22] identisch, weil dann $a_{rs} = 0$ für $r \neq s$ wird, so daß Gl. [24] in trivialer Weise erfüllt ist.

Wie der Vergleich von Gl. [22] bzw. [24] mit Gl. [2-4.1] bzw. [2-4.2] lehrt, haben wir durch die obigen Rechnungen die *phänomenologischen Ansätze* [22] mit den ONSAGER*schen Reziprozitätsbeziehungen* [24] gewonnen. Wir sehen, daß wiederum das Prinzip des detaillierten Gleichgewichtes bei der Ableitung benutzt wurde. Das war zu erwarten, weil sowohl dieses Prinzip als auch der ONSAGERsche Reziprozitätssatz in seiner allgemeinsten Form (§ 1.26) aus dem „Prinzip der mikroskopischen Reversibilität“ folgen.

Die Gln. [17] gelten für beliebigen Abstand vom Gleichgewicht, während die Beziehungen [22] bis [24] wegen der Bedingungen [18] nur für Gleichgewichtsnähe richtig sind. Demnach sagen die reaktionskinetischen Ansätze und das Prinzip des detaillierten Gleichgewichtes mehr aus als die phänomenologischen Ansätze und die ONSAGERschen Reziprozitätsbeziehungen, vorausgesetzt, daß man die Reaktionsmechanismen kennt und es sich um Reaktionen in idealen Gasgemischen oder ideal verdünnten Lösungen handelt. Unter diesen Voraussetzungen wird man also aus der klassisch-reaktionskinetischen Behandlung mehr herausholen als aus der thermodynamisch-phänomenologischen Beschreibung, und zwar sowohl für beliebigen Abstand vom Gleichgewicht[1]) als auch für Gleichgewichtsnähe[2]).

Liegen jedoch Reaktionen mit unbekanntem Mechanismus vor, die zudem noch in beliebigen Phasen ablaufen, wie dies etwa bei Nachwirkungs- und Relaxationserscheinungen der Fall ist, so können weder reaktionskinetische Ansätze noch das Prinzip des detaillierten Gleichgewichtes formuliert werden. In diesem Falle dürfen wir aber stets bei Voraussetzung der Gleichgewichtsnähe – bei Nachwirkungs- und Relaxationsphänomenen meist eine ausreichende Näherung (vgl. § 2.11) – die phänomenologischen Beziehungen und den ONSAGERschen Reziprozitätssatz benutzen, weil

---

[1]) Vgl. W. JOST, Z. Naturforschg. **2a**, 159 (1947).
[2]) Vgl. R. HAASE und W. JOST, Z. physik. Chem. **196**, 215 (1950).

dieser sich generell – ohne Zugrundelegung eines speziellen Mechanismus – aus dem Prinzip der mikroskopischen Reversibilität ableiten läßt (vgl. § 1.26). Solche allgemeinen Betrachtungen liegen unseren Ausführungen in den folgenden Paragraphen zugrunde.

Wie in § 2.10 gezeigt wird, ist es möglich, jedes System von unabhängigen Reaktionsgleichungen so zu transformieren, daß die Kopplungskoeffizienten a_{rs} $(r \neq s)$ verschwinden. Beschränkt man die Betrachtungen nicht auf Gleichgewichtsnähe, so läßt sich allgemein beweisen, daß es immer möglich ist, die Reaktionen so zu formulieren, daß im Ausdruck $\sum_r w_r A_r$ (vgl. § 2.3) jeder einzelne Summand positiv ist[1]). Man könnte hieraus schließen, daß der Begriff der „Kopplung" bei chemischen Reaktionen von rein formaler Bedeutung sei[1]). Wie jedoch aus den Ausführungen dieses und des vorangehenden Paragraphen ersichtlich sein dürfte, spielen die Kopplungskoeffizienten bei der Verknüpfung der Elementarreaktionen mit den „zugehörigen" Bruttoreaktionen – wie etwa beim Übergang vom Reaktionsschema [2-7.2] zum Schema [2-7.1] – die entscheidende Rolle, und genau diese Überlegung war für Onsager der Ausgangspunkt bei der Aufstellung des Reziprozitätssatzes.

§ 2.9. Relaxationszeit einer Reaktion

Während eine „Reaktionsgeschwindigkeit" der Reaktion r

$$w_r = \frac{d\xi_r}{dt}$$

nach Gl. [2-2.2] und [2-2.3] für beliebige Systeme definierbar ist, darf man nur bei *geschlossenen* Systemen und bei linear *unabhängigen* Reaktionen die Reaktionslaufzahl ξ_r als Zustandsvariable und demnach die Reaktionsgeschwindigkeit w_r als Ableitung einer Zustandsgröße nach der Zeit t auffassen[2]). Bei offenen Systemen und linear abhängigen Reaktionen kann nämlich eine bestimmte Änderung der Masse oder Molzahl eines Stoffes auf mehreren Wegen erfolgen, denen verschiedene Änderungen der Reaktionslaufzahlen der einzelnen (elementaren) Reaktionen zugeordnet sind. Da wir bei den folgenden Ausführungen voraussetzen, daß ξ_r als Funktion der Zeit t angesehen werden darf, nehmen wir von nun an stets geschlossene Systeme an und denken uns die Reaktionsgleichungen so formuliert, daß sie linear unabhängigen Reaktionen entsprechen.

[1]) F. O. Koenig, F. H. Horne und D. M. Mohilner, J. Amer. Chem. Soc. **83**, 1029 (1961). Vgl. auch M. Manes, J. Physic. Chem. **67**, 651 (1963).

[2]) S. R. de Groot, Thermodynamics of Irreversible Processes 174 (Amsterdam 1951).

Wir betrachten zunächst eine einzige Reaktion (Reaktionslaufzahl ξ, Affinität A), die in einer beliebigen geschlossenen Phase unter der Bedingung der Gleichgewichtsnähe abläuft. Dann läßt sich, wie wir sehen werden, die Reaktion als „Relaxationsvorgang" formulieren, bei dem die Variable ξ nach einem exponentiellen Gesetz auf den Gleichgewichtswert $\bar{\xi}$ abklingt:

$$\xi = \bar{\xi} + C e^{-\frac{t}{\tau}} . \qquad [2\text{-}9.1]$$

Darin ist C eine Integrationskonstante (der Anfangswert von $\xi - \bar{\xi}$) und τ eine „Relaxationszeit". Hierbei sind gewisse Variable (z. B. Temperatur T und Druck P) konstant zu halten. Wir entwickeln diese Art der Formulierung im folgenden genauer.

Wir beginnen mit dem phänomenologischen Ansatz, der aus Gl. [2-2.2] und [2-5.1] folgt und für Gleichgewichtsnähe gilt:

$$\frac{d\xi}{dt} = aA . \qquad [2\text{-}9.2]$$

Dabei ist a ein phänomenologischer Koeffizient.

Da unser System als geschlossen vorausgesetzt ist, hängt die Affinität A von der Reaktionslaufzahl ξ und zwei weiteren Variablen ab. Es ist zweckmäßig, als zusätzliches Variablenpaar eine der vier folgenden Kombinationen zu wählen:

Temperatur T und Druck P:	$A = A\,(T, P, \xi)$,
Temperatur T und Volumen V:	$A = A\,(T, V, \xi)$,
Entropie S und Druck P:	$A = A\,(S, P. \xi)$,
Entropie S und Volumen V:	$A = A\,(S, V, \xi)$.

Die Konstanz eines der genannten Variablenpaare entspricht folgenden realisierbaren Bedingungen für den Ablauf der Reaktion:

T, P const: isotherm-isobar, [2-9.3]

T, V const: isotherm-isochor, [2-9.4]

S, P const: adiabatisch-isobar, [2-9.5]

S, V const: adiabatisch-isochor. [2-9.6]

Daß in der hier betrachteten Näherung kleiner Abweichungen vom Gleichgewicht die Begriffe „isentrop" und „adiabatisch" praktisch identisch sind, erkennt man bei folgender Überlegung. In unserem geschlossenen, homogenen und isotropen System, in dem voraussetzungsgemäß Elektrisierung, Magnetisierung und dissipative Effekte (Reibung, Stromdurchgang usw.) ausgeschlossen sind, ist gemäß Gl. [1-4.10] und Gl. [1-5.5] eine adiabatisch-isochore Zustandsänderung durch die Bedingungen

$$U = \text{const}, \quad V = \text{const} \qquad [2\text{-}9.7]$$

und eine adiabatisch-isobare Zustandsänderung durch die Bedingungen

$$H = \text{const}, \quad P = \text{const} \qquad [2\text{-}9.8]$$

gekennzeichnet. Hierin bedeutet U bzw. H die innere Energie bzw. die Enthalpie des Systems. Wir betrachten die Entropie S des Systems in Abhängigkeit von U, V und ξ bzw. von H, P und ξ. Wir entwickeln dementsprechend für ein thermisch isoliertes System bei konstantem Volumen bzw. konstantem Druck die Funktion $S\ (U, V, \xi)$ bzw. $S\ (H, P, \xi)$ um das Gleichgewicht $(\xi = \bar{\xi})$:

$$S(\xi) - S(\bar{\xi}) = \frac{\partial S}{\partial \xi}(\xi - \bar{\xi}) + \frac{1}{2}\frac{\partial^2 S}{\partial \xi^2}(\xi - \bar{\xi})^2 + \ldots \qquad [2\text{-}9.9]$$

Dabei sind die Differentialquotienten an der Stelle des Gleichgewichtes unter den Bedingungen [7] oder [8] zu bilden. Wir finden nun aus Gl. [1-14.10] und [1-14.11]:

$$\left(\frac{\partial S}{\partial \xi}\right)_{U,V} = \left(\frac{\partial S}{\partial \xi}\right)_{H,P} = \frac{A}{T}\,. \qquad [2\text{-}9.10]$$

Es verschwindet demnach der für das Gleichgewicht $(A = 0)$ gültige Differentialquotient $\partial S/\partial \xi$ in Gl. [9]. Also bleibt die Entropie S des Systems bei einer adiabatisch-isochoren oder adiabatisch-isobaren Zustandsänderung *bei kleinen Abweichungen vom Gleichgewicht* konstant.

Wir entwickeln jetzt die Affinität A unter den genannten Bedingungen (isotherm-isobar usw.) um das Gleichgewicht $(A = 0,\ \xi = \bar{\xi})$ und brechen die Reihe nach dem ersten Term ab, entsprechend der schon bei Gl. [2] angenommenen Gleichgewichtsnähe:

$$A = \frac{\partial A}{\partial \xi}(\xi - \bar{\xi}), \qquad [2\text{-}9.11]$$

wobei der Differentialquotient an der Stelle des Gleichgewichtes unter den jeweils vorausgesetzten Bedingungen (T, P const usw.) zu bilden ist.

Aus Gl. [2] und [11] folgt:

$$\frac{d\xi}{dt} = a\frac{\partial A}{\partial \xi}(\xi - \bar{\xi})\,. \qquad [2\text{-}9.12]$$

Entsprechend den vier Bedingungen [3], [4], [5] und [6], haben wir vier verschiedene Gleichungen des Typs [12]. Die Größen $\partial A/\partial \xi$ und $\bar{\xi}$, die sich auf den Gleichgewichtszustand beziehen, sind unter den jeweiligen Bedingungen konstant. Nach unseren Ausführungen auf S. 126 stellt der phänomenologische Koeffizient a hier ebenfalls eine Konstante dar. Wenn wir stets von derselben Temperatur und demselben Druck ausgehen, so entfernt sich das System auch bei adiabatischem oder isochorem Ablauf der Reaktion nicht weit von den Ausgangswerten der Temperatur und des Druckes. Wir können also unter diesen Umständen den Koeffizienten a als für alle Fälle (isotherm-isobar, adiabatisch-isochor usw.) gültige Konstante ansehen. Die vier Differentialquotienten

$$\left(\frac{\partial A}{\partial \xi}\right)_{T,P}, \quad \left(\frac{\partial A}{\partial \xi}\right)_{T,V}, \quad \left(\frac{\partial A}{\partial \xi}\right)_{S,P}, \quad \left(\frac{\partial A}{\partial \xi}\right)_{S,V} \qquad [2\text{-}9.13]$$

sind hingegen im allgemeinen voneinander verschieden. Für diese Größen gilt nach der Stabilitätsbedingung [**1**-22.26] die generelle Vorzeichenaussage:

$$\frac{\partial A}{\partial \xi} < 0 \, . \qquad [2\text{-}9.14]$$

Der phänomenologische Koeffizient a ist gemäß [2-5.2] stets positiv:

$$a > 0 \, . \qquad [2\text{-}9.15]$$

Nach diesen Vorbemerkungen können wir Gl. [12] sofort integrieren. Der Deutlichkeit halber behandeln wir die vier Fälle getrennt und führen die Abkürzungen

$$\tau_{TP} \equiv -\frac{1}{a}\left(\frac{\partial \xi}{\partial A}\right)_{T,P}, \qquad [2\text{-}9.16]$$

$$\tau_{TV} \equiv -\frac{1}{a}\left(\frac{\partial \xi}{\partial A}\right)_{T,V}, \qquad [2\text{-}9.17]$$

$$\tau_{SP} \equiv -\frac{1}{a}\left(\frac{\partial \xi}{\partial A}\right)_{S,P}, \qquad [2\text{-}9.18]$$

$$\tau_{SV} \equiv -\frac{1}{a}\left(\frac{\partial \xi}{\partial A}\right)_{S,V} \qquad [2\text{-}9.19]$$

ein. Dann finden wir:

$$\xi(t) - \bar{\xi}\,(T, P) = C_1 \exp\left(-\frac{t}{\tau_{TP}}\right), \qquad [2\text{-}9.20]$$

$$\xi(t) - \bar{\xi}\,(T, V) = C_2 \exp\left(-\frac{t}{\tau_{TV}}\right), \qquad [2\text{-}9.21]$$

$$\xi(t) - \bar{\xi}\,(S, P) = C_3 \exp\left(-\frac{t}{\tau_{SP}}\right), \qquad [2\text{-}9.22]$$

$$\xi(t) - \bar{\xi}\,(S, V) = C_4 \exp\left(-\frac{t}{\tau_{SV}}\right), \qquad [2\text{-}9.23]$$

worin C_1, C_2, C_3, C_4 Integrationskonstanten sind.

Die Beziehungen [20] bis [23] haben die Gestalt von Gl. [1]. Die vier Größen $\tau_{TP}, \tau_{TV}, \tau_{SP}$ und τ_{SV} sind also die *Relaxationszeiten* für die vier Bedingungen [3] bis [6]. Infolge von [14] bis [19] gilt für alle τ die generelle Aussage:

$$\tau > 0. \qquad [2\text{-}9.24]$$

Die Zusammenhänge zwischen den vier Relaxationszeiten ergeben sich aus Gl. [16] bis [19] mit Hilfe thermodynamischer Umrechnungsverfahren, wie im folgenden näher gezeigt werden soll[1]).

Wir haben die mathematischen Identitäten

$$\left(\frac{\partial A}{\partial \xi}\right)_{T,V} = \left(\frac{\partial A}{\partial \xi}\right)_{T,P} + \left(\frac{\partial A}{\partial P}\right)_{T,\xi} \left(\frac{\partial P}{\partial \xi}\right)_{T,V}, \qquad [2\text{-}9.25]$$

$$\left(\frac{\partial V}{\partial \xi}\right)_{T,P} = -\left(\frac{\partial P}{\partial \xi}\right)_{T,V} \left(\frac{\partial V}{\partial P}\right)_{T,\xi}, \qquad [2\text{-}9.26]$$

den Zusammenhang [1-14.21]

$$\left(\frac{\partial A}{\partial P}\right)_{T,\xi} = -\left(\frac{\partial V}{\partial \xi}\right)_{T,P}, \qquad [2\text{-}9.27]$$

die Definition [1-14.21] der Reaktionsvolumenänderung

$$v_{TP} \equiv \left(\frac{\partial V}{\partial \xi}\right)_{T,P} \qquad [2\text{-}9.28]$$

und die Beziehungen [1-22.12] und [1-22.13] für die isotherme Kompressibilität:

$$\chi_T = -\frac{1}{V}\left(\frac{\partial V}{\partial P}\right)_{T,\xi} > 0\,. \qquad [2\text{-}9.29]$$

Daraus folgt mit [14], [16] und [17]:

$$\frac{\tau_{TP}}{\tau_{TV}} = 1 - \frac{(v_{TP})^2}{\chi_T V}\left(\frac{\partial \xi}{\partial A}\right)_{T,P} \geqslant 1\,, \qquad [2\text{-}9.30]$$

wobei das Gleichheitszeichen für den Sonderfall $v_{TP} = 0$ gilt.

Weiterhin gelten die mathematischen Identitäten

$$\left(\frac{\partial A}{\partial \xi}\right)_{S,V} = \left(\frac{\partial A}{\partial \xi}\right)_{S,P} + \left(\frac{\partial A}{\partial P}\right)_{S,\xi} \left(\frac{\partial P}{\partial \xi}\right)_{S,V}, \qquad [2\text{-}9.31]$$

$$\left(\frac{\partial V}{\partial \xi}\right)_{S,P} = -\left(\frac{\partial P}{\partial \xi}\right)_{S,V} \left(\frac{\partial V}{\partial P}\right)_{S,\xi}, \qquad [2\text{-}9.32]$$

---

[1]) Vgl. J. Meixner, Kolloid-Z. **134**, 3 (1953).

der aus Gl. [1-14.11] folgende Zusammenhang

$$\left(\frac{\partial A}{\partial P}\right)_{S,\xi} = -\left(\frac{\partial V}{\partial \xi}\right)_{S,P}, \qquad [2\text{-}9.33]$$

die Definition der „Reaktionsvolumenänderung bei adiabatisch-isobarem Ablauf"

$$v_{SP} \equiv \left(\frac{\partial V}{\partial \xi}\right)_{S,P} \qquad [2\text{-}9.34]$$

und die Beziehungen [1-22.10] und [1-22.11] für die adiabatische Kompressibilität:

$$\chi_S = -\frac{1}{V}\left(\frac{\partial V}{\partial P}\right)_{S,\xi} > 0\,. \qquad [2\text{-}9.35]$$

Hiermit ergibt sich aus [14], [18] und [19]:

$$\frac{\tau_{SP}}{\tau_{SV}} = 1 - \frac{(v_{SP})^2}{\chi_S V}\left(\frac{\partial \xi}{\partial A}\right)_{S,P} \geqslant 1\,, \qquad [2\text{-}9.36]$$

worin das Gleichheitszeichen für den Spezialfall $v_{SP} = 0$ gültig ist.

Ferner haben wir die mathematischen Identitäten

$$\left(\frac{\partial A}{\partial \xi}\right)_{S,V} = \left(\frac{\partial A}{\partial \xi}\right)_{T,V} + \left(\frac{\partial A}{\partial T}\right)_{V,\xi}\left(\frac{\partial T}{\partial \xi}\right)_{S,V}, \qquad [2\text{-}9.37]$$

$$\left(\frac{\partial S}{\partial \xi}\right)_{T,V} = -\left(\frac{\partial T}{\partial \xi}\right)_{S,V}\left(\frac{\partial S}{\partial T}\right)_{V,\xi}, \qquad [2\text{-}9.38]$$

den aus [1-14.12] folgenden Zusammenhang

$$\left(\frac{\partial A}{\partial T}\right)_{V,\xi} = \left(\frac{\partial S}{\partial \xi}\right)_{T,V}, \qquad [2\text{-}9.39]$$

die Definition der „Reaktionsentropie bei isotherm-isochorem Ablauf"

$$s_{TV} \equiv \left(\frac{\partial S}{\partial \xi}\right)_{T,V} \qquad [2\text{-}9.40]$$

und die Beziehungen [1-22.16] und [1-22.17] für die Wärmekapazität bei konstantem Volumen:

$$C_V = T\left(\frac{\partial S}{\partial T}\right)_{V,\xi} > 0 \qquad [2\text{-}9.41]$$

Damit leiten wir aus [14], [17] und [19] ab:

$$\frac{\tau_{TV}}{\tau_{SV}} = 1 - \frac{T(s_{TV})^2}{C_V}\left(\frac{\partial \xi}{\partial A}\right)_{T,V} \geqslant 1, \qquad [2\text{-}9.42]$$

wobei das Gleichheitszeichen für den Sonderfall $s_{TV} = 0$ gilt.

Beachten wir schließlich die mathematischen Identitäten

$$\left(\frac{\partial A}{\partial \xi}\right)_{S,P} = \left(\frac{\partial A}{\partial \xi}\right)_{T,P} + \left(\frac{\partial A}{\partial T}\right)_{P,\xi} \left(\frac{\partial T}{\partial \xi}\right)_{S,P}, \qquad [2\text{-}9.43]$$

$$\left(\frac{\partial S}{\partial \xi}\right)_{T,P} = -\left(\frac{\partial T}{\partial \xi}\right)_{S,P} \left(\frac{\partial S}{\partial T}\right)_{P,\xi}, \qquad [2\text{-}9.44]$$

den Zusammenhang [1-14.20]

$$\left(\frac{\partial A}{\partial T}\right)_{P,\xi} = \left(\frac{\partial S}{\partial \xi}\right)_{T,P}, \qquad [2\text{-}9.45]$$

die Definition [1-14.19] der Reaktionsentropie

$$s_{TP} \equiv \left(\frac{\partial S}{\partial \xi}\right)_{T,P} \qquad [2\text{-}9.46]$$

und die Beziehungen [1-22.14] und [1-22.15] für die Wärmekapazität bei konstantem Druck

$$C_P = T \left(\frac{\partial S}{\partial T}\right)_{P,\xi} > 0, \qquad [2\text{-}9.47]$$

so erhalten wir aus [14], [16] und [18]:

$$\frac{\tau_{TP}}{\tau_{SP}} = 1 - \frac{T (s_{TP})^2}{C_P} \left(\frac{\partial \xi}{\partial A}\right)_{T,P} \geqslant 1, \qquad [2\text{-}9.48]$$

worin das Gleichheitszeichen für den Spezialfall $s_{TP} = 0$ gültig ist.

Die thermodynamischen Größen in [30], [36], [42] und [48] beziehen sich stets auf das Gleichgewicht ($A = 0$, $\xi = \bar{\xi}$). Daraus folgt, daß die in [48] auftretende Reaktionsentropie s_{TP} nach Gl. [1-14.17] auf die Reaktionsenthalpie h_{TP} zurückgeführt werden kann:

$$h_{TP} = T s_{TP}. \qquad [2\text{-}9.49]$$

Der Sonderfall $s_{TP} = 0$ entspricht also einer thermoneutralen Reaktion.

Durch Zusammenfassung von [30], [36], [42] und [48] gelangt man zu folgenden allgemeinen Ungleichungen[1]):

$$\left.\begin{aligned} \tau_{TP} \geqslant \tau_{TV} \geqslant \tau_{SV}, \\ \tau_{TP} \geqslant \tau_{SP} \geqslant \tau_{SV}. \end{aligned}\right\} \qquad [2\text{-}9.50]$$

Diese Aussagen erinnern an die klassischen Stabilitätsbedingungen [1-22.21] und [1-22.22]:

$$C_P > C_V, \quad \chi_T > \chi_S.$$

---

[1]) J. Meixner, Kolloid-Z. **134**, 3 (1953).

§ 2.10. Relaxationszeiten bei beliebig vielen Reaktionen

Wir verallgemeinern nun die Untersuchungen des vorigen Paragraphen auf beliebig viele Reaktionen in geschlossenen Systemen. Dabei seien die Reaktionsgleichungen stets so formuliert, daß sie sich auf linear unabhängige Reaktionen beziehen. Ferner setzen wir wiederum Gleichgewichtsnähe voraus. Unter diesen Umständen sind die Reaktionslaufzahlen ξ_r Funktionen der Zeit t (vgl. S. 149), und für die Reaktionsgeschwindigkeiten $d\xi_r/dt$ gelten bei R unabhängigen Reaktionen die phänomenologischen Ansätze [2-4.1]

$$\frac{d\xi_r}{dt} = \sum_{s=1}^{R} a_{rs} A_s \quad (r = 1, 2, \ldots R) \qquad [2\text{-}10.1]$$

mit den ONSAGERschen Reziprozitätsbeziehungen [2-4.2]

$$a_{rs} = a_{sr} \quad (r, s = 1, 2, \ldots R). \qquad [2\text{-}10.2]$$

Dabei bedeuten die A_s die Affinitäten und die a_{rs} die phänomenologischen Koeffizienten.

Die Affinitäten $A_1, A_2, \ldots A_R$ hängen als Zustandsfunktionen in geschlossenen Systemen von den Reaktionslaufzahlen $\xi_1, \xi_2, \ldots \xi_R$ sowie von zwei weiteren Variablen ab, als die wir z. B. T und P oder T und V oder S und P oder S und V wählen können (T = absolute Temperatur, P = Druck, V = Volumen, S = Entropie). Wir setzen, wie in Gl. [2-9.3] bis [2-9.6], voraus, daß eines der genannten Variablenpaare konstant ist. Dann können wir für Gleichgewichtsnähe schreiben:

$$A_s = \sum_{q=1}^{R} \frac{\partial A_s}{\partial \xi_q} (\xi_q - \bar{\xi}_q) \; (s = 1, 2, \ldots R). \qquad [2\text{-}10.3]$$

Hierin ist $\bar{\xi}_q$ der Gleichgewichtswert von ξ_q. Die Differentialquotienten gelten für die Stelle des Gleichgewichtes ($A_r = 0$, $\xi_r = \bar{\xi}_r$, $r = 1, 2, \ldots R$) und für T = const, P = const oder T = const, V = const usw.

Eintragen von Gl. [3] in Gl. [1] ergibt:

$$\frac{d\xi_r}{dt} = \sum_{s=1}^{R} \sum_{q=1}^{R} a_{rs} \frac{\partial A_s}{\partial \xi_q} (\xi_q - \bar{\xi}_q) \; (r = 1, 2, \ldots R). \qquad [2\text{-}10.4]$$

Dabei gilt neben den Reziprozitätsbeziehungen [2] die weitere Symmetriebedingung [1-22.24]:

$$\frac{\partial A_s}{\partial \xi_q} = \frac{\partial A_q}{\partial \xi_s} \quad (q, s = 1, 2, \ldots R). \qquad [2\text{-}10.5]$$

Ferner folgt aus dem positiv-definiten Charakter der Entropieerzeugung [2-4.3] und aus den Stabilitätsbedingungen [1-22.23] bis [1-22.25], daß die Determinante $|a_{rs}|$ mit allen Hauptminoren positiv ist (s. Gl. [2-4.4] und [2-4.5]) und daß in der Determinante $|\partial A_s/\partial \xi_q|$ alle Hauptminoren gerader Ordnung positiv und alle Hauptminoren ungerader Ordnung (somit auch die Diagonalglieder) negativ sind.

Durch gewisse Transformationen kann das Gleichungssystem [4] auf eine mathematisch einfachere Gestalt gebracht werden[1]). Wenn wir nämlich neue Reaktionslaufzahlen ξ_r' einführen, die so gewählt sind, daß in Gl. [1] alle Kopplungsglieder verschwinden, also alle a_{rs} für $r \neq s$ Null werden, so haben wir neue „Ströme“ $d\xi_r'/dt$ $(r = 1, 2, \ldots R)$, die homogene lineare Funktionen der alten „Ströme“ $d\xi_r/dt$ $(r = 1, 2, \ldots R)$ sind. Zu den $d\xi_r'/dt$ gehören neue „Kräfte“ A_r' $(r = 1, 2, \ldots R)$, die homogene lineare Funktionen der alten „Kräfte“ A_r $(r = 1, 2 \ldots R)$ darstellen und nach § 1.27 aus der Invarianzbedingung für die Dissipationsfunktion [2-2.13]

$$\sum_{r=1}^{R} \frac{d\xi_r}{dt} A_r = \sum_{r=1}^{R} \frac{d\xi_r'}{dt} A_r' \qquad [2\text{-}10.6]$$

zu bestimmen sind. Den Reaktionslaufzahlen ξ_r' und Affinitäten A_r' entsprechen neue Reaktionsgleichungen, die durch Linearkombinationen der alten Reaktionsgleichungen zustande kommen, aber keine einfache Bedeutung in bezug auf die tatsächlichen Reaktionsmechanismen zu haben brauchen.

Wir erhalten also Zusammenhänge der Form

$$\xi_r' = \sum_{s=1}^{R} \beta_{rs} \xi_s \quad (r = 1, 2, \ldots R), \qquad [2\text{-}10.7]$$

wobei die β_{rs} diejenigen (reellen) Konstanten sind, die den ξ_r' die gewünschte Eigenschaft (Diagonalisierung der Matrix aus den phänomenologischen Koeffizienten) erteilen. Mit Gl. [6] lassen sich aus [7] auch die Beziehungen zwischen den alten und neuen Affinitäten ableiten (vgl. Gl. [1-27.9] und [1-27.10]).

Wir finden jetzt an Stelle von Gl. [4] das einfache Gleichungssystem:

$$\frac{d\xi_r'}{dt} = -\frac{1}{\tau_r}(\xi_r' - \bar{\xi}_r') \quad (r = 1, 2, \ldots R) \qquad [2\text{-}10.8]$$

mit

$$\frac{1}{\tau_r} \equiv -a_{rr}' \frac{\partial A_r'}{\partial \xi_r'} \quad (r = 1, 2, \ldots R), \qquad [2\text{-}10.9]$$

worin die a_{rr}' die neuen phänomenologischen Koeffizienten sind.

[1]) Vgl. J. MEIXNER, Z. Naturforschg. **4a**, 594 (1949); Kolloid-Z. **134**, 3 (1953).

Aus den Vorzeichenaussagen (vgl. oben)

$$a_{rr}' > 0, \quad \frac{\partial A_r'}{\partial \xi_r'} < 0 \qquad [2\text{-}10.10]$$

ergibt sich mit Gl. [9]:

$$\tau_r > 0. \qquad [2\text{-}10.11]$$

Die positiven (reellen) Größen τ_r sind, wie aus ähnlichen Überlegungen wie auf S. 151 folgt, für ein gegebenes Reaktionssystem – genau wie die $\overline{\xi_r'}$ – als Konstanten anzusehen.

Wir finden durch Integration von Gl. [8], analog zu den Beziehungen [2-9.20] bis [2-9.23]:

$$\xi_r' - \overline{\xi_r'} = C_r \, e^{-\frac{t}{\tau_r}} \quad (r = 1, 2, \ldots R), \qquad [2\text{-}10.12]$$

worin C_r eine Integrationskonstante (der Anfangswert von $\xi_r' - \overline{\xi_r'}$) ist. Wir erkennen also, daß sich jede Reaktionslaufzahl ξ_r' exponentiell ihrem Gleichgewichtswert $\overline{\xi_r'}$ nähert und daß τ_r die Bedeutung einer *Relaxationszeit* hat. Dabei sind, wie früher (§ 2.9) näher ausgeführt, je nach den Nebenbedingungen (T und P konstant, S und V konstant usw.) verschiedene Relaxationszeiten (für isotherm-isobaren, adiabatisch-isochoren Ablauf usw.) zu unterscheiden.

Die ursprünglichen Reaktionslaufzahlen ξ_r sind nach Gl. [7] homogene lineare Funktionen der transformierten Reaktionslaufzahlen ξ_r'. Entsprechend ist jede der Größen

$$\xi_r - \overline{\xi_r} \; (r = 1, 2, \ldots R) \qquad [2\text{-}10.13]$$

ein Aggregat von R Exponentialfunktionen der Gestalt [12] mit reellen Koeffizienten. Nach den allgemeinen mathematischen Sätzen über derartige Aggregate von Exponentialfunktionen gibt es höchstens $R - 1$ Nullstellen und höchstens $R - 1$ Extremalwerte für jede der Funktionen [13]. Daraus folgt, daß jede Reaktionslaufzahl ξ_r höchstens $(R - 1)$-mal ihren Gleichgewichtswert $\overline{\xi_r}$ durchläuft und höchstens $R - 1$ Extrema annimmt, womit ein periodisches Verhalten des Reaktionssystems bei einer endlichen Zahl von Reaktionen (d. h. bei endlichem Wert von R) ausgeschlossen ist. Diese generelle Aussage geht auf MEIXNER[1]) zurück.

Dasselbe Ergebnis wurde schon vorher auf reaktionskinetischem Wege von JOST[2]) gewonnen. Während aber die obige Beweisführung einerseits auf beliebige Reaktionsordnungen und beliebige Phasen anwendbar ist, andererseits jedoch nur für Gleichgewichtsnähe gilt, ist die JOSTsche Ableitung auf

---

[1]) J. MEIXNER, Z. Naturforschg. **4a**, 594 (1949).
[2]) W. JOST, Z. Naturforschg. **2a**, 159 (1947).

Reaktionen erster Ordnung und gewisse Kombinationen von Reaktionen erster und zweiter Ordnung, die in idealen Gasgemischen oder ideal verdünnten Lösungen ablaufen, beschränkt, dafür aber bei beliebigem Abstand vom Gleichgewicht gültig.

Die Gesamtheit der Relaxationszeiten $\tau_1, \tau_2, \ldots \tau_R$ wird als *Relaxationsspektrum* bezeichnet. Unterscheidet man die zu den vier Variablensätzen T, P; T, V; S, P; S, V gehörenden Relaxationszeiten durch die entsprechenden Indices (vgl. § 2.9) und ordnet sie der Größe nach (Konvention: $\tau_R > \ldots > \tau_2 > \tau_1$), so findet man nach MEIXNER[1]) generelle Aussagen, die den Beziehungen [2-9.50] analog sind. Der Einfachheit halber sei der Grenzfall des Gleichheitszeichens ignoriert und seien die einzelnen Relaxationszeiten eines Spektrums als voneinander verschieden vorausgesetzt. Man erhält dann z. B. für den Zusammenhang zwischen dem isotherm-isobaren und dem isotherm-isochoren Spektrum:

$$(\tau_R)_{TP} > (\tau_R)_{TV} > \ldots > (\tau_2)_{TP} > (\tau_2)_{TV} > (\tau_1)_{TP} > (\tau_1)_{TV}. \qquad [2\text{-}10.14]$$

Die Relaxationszeiten für den isotherm-isobaren Fall ($T = \text{const}$, $P = \text{const}$) sind demnach von denen für den isotherm-isochoren Fall ($T = \text{const}$, $V = \text{const}$) in dem Sinne getrennt, daß die größte Relaxationszeit $(\tau_R)_{TP}$ des ersten Spektrums größer als die größte Relaxationszeit $(\tau_R)_{TV}$ des zweiten Spektrums ist und im übrigen die beiden Spektren ineinander geschachtelt sind. Mit MEIXNER stellen wir diesen Sachverhalt symbolisch wie folgt dar:

$$\text{Sp}\,(T, P) \not> \text{Sp}\,(T, V). \qquad [2\text{-}10.15]$$

Auf analoge Weise findet man:

$$\text{Sp}\,(T, V) \not> \text{Sp}\,(S, V), \qquad [2\text{-}10.16]$$

$$\text{Sp}\,(T, P) \not> \text{Sp}\,(S, P), \qquad [2\text{-}10.17]$$

$$\text{Sp}\,(S, P) \not> \text{Sp}\,(S, V). \qquad [2\text{-}10.18]$$

§ 2.11. Nachwirkungserscheinungen und Relaxationsvorgänge

Bei Gläsern (auch Kunststoffen im Glaszustand) beobachtet man eine Eigentümlichkeit, die den in der klassischen Thermodynamik behandelten Systemen fremd ist: Bei gegebener Temperatur und gegebenem Druck (oder allgemeiner: gegebenen Arbeitskoeffizienten) ist der Zustand der betreffenden Phase, die voraussetzungsgemäß konstante Masse und konstante Zu-

---

[1]) J. MEIXNER, Z. Naturforschg. **4a**, 594 (1949); Kolloid-Z. **134**, 3 (1953).

sammensetzung aufweisen soll, nicht eindeutig bestimmt. Dies macht sich dadurch bemerkbar, daß unter den beschriebenen Bedingungen Größen wie das Volumen (oder allgemeiner: die Arbeitskoordinaten), der Brechungsindex usw. sich im Laufe der Zeit ändern können. Man spricht dann von „Nachwirkungserscheinungen" und bezeichnet die Körper, in denen diese Phänomene auftreten, als „eingefrorene Phasen", während man die übrigen Körper (d. h. die meisten Kristalle, die normalen Flüssigkeiten und alle Gase) „Phasen im inneren Gleichgewicht" nennt. Im besonderen stellen Gläser „eingefrorene unterkühlte Flüssigkeiten" dar.

Die Nachwirkungserscheinungen haben ihre Ursache in „inneren Umwandlungen" oder „Relaxationsvorgängen". Die molekularphysikalischen Mechanismen dieser Prozesse sind meist im einzelnen ungeklärt oder mindestens umstritten. Aber die generelle Natur des „eingefrorenen Zustandes" ist zweifellos von derselben Art wie bei denjenigen Kristallen (z. B. CO, NO, N_2O und H_2O), in denen am absoluten Nullpunkt die vollständige „Ordnung", wie sie vom NERNSTschen Wärmetheorem in seiner ursprünglichen Form postuliert wird, nicht hergestellt ist. Die molekularen Bausteine eingefrorener Phasen haben demnach bezüglich ihrer Anordnung bzw. ihrer inneren Freiheitsgrade (Schwingungs-, Rotationszustände usw.) nicht vollständig diejenigen Konfigurationen erreicht, die unter den betreffenden Bedingungen (Temperatur, Druck usw.) dem statistischen Gleichgewicht entsprechen: Es sind die zu einer höheren Temperatur gehörenden Konfigurationen „eingefroren". Demgemäß werden, falls die betreffenden „Hemmungen" aufgehoben sind, so lange Relaxationsvorgänge (innere Umwandlungen) ablaufen und als Nachwirkungserscheinungen beobachtbar sein, bis das statistische Gleichgewicht in bezug auf die ungehemmten Freiheitsgrade erreicht ist und sich die Phase in einem (relativen) inneren Gleichgewicht befindet.

Diese Interpretation der Nachwirkungserscheinungen legt es nahe, die Relaxationsvorgänge formal als chemische Reaktionen mit unbekannten Mechanismen zu behandeln und die entsprechenden Reaktionslaufzahlen als „innere Parameter" anzusehen, die den betreffenden inneren Umwandlungen zugeordnet sind (vgl. § 1.16 und § 2.2). Setzt man auch noch „Gleichgewichtsnähe" voraus, so kann man die Aussagen in § 2.9 und § 2.10 direkt von chemischen Reaktionen auf Relaxationsvorgänge übertragen. So wurden die Begriffe „Relaxationszeit" und „Relaxationsspektrum" in § 2.9 und § 2.10 schon mit Rücksicht auf ihre Bedeutung bei Nachwirkungserscheinungen eingeführt. Die Annahme der „Gleichgewichtsnähe" ist bei diesen Phänomenen viel berechtigter als bei den echten chemischen Reaktionen. Man kann nämlich zeigen, daß fast alle experimentell in Frage kommenden Nachwirkungserscheinungen sich durch die „Nachwirkungstheorie", die nur auf dem Kausalprinzip und dem BOLTZMANNschen Superpositionsprinzip beruht, beschreiben lassen und daß in demjenigen Ausschnitt der Nachwirkungstheorie, der von der thermodynamischen Theorie der Relaxationsvorgänge erfaßt wird, nämlich im Gebiet der total monotonen Nachwirkungsfunktionen, die Gültigkeitsbereiche der beiden Theorien übereinstimmen[1]).

Solange man homogene isotrope Medien mit einer endlichen Zahl von Reaktionen voraussetzt – wie wir es in diesem Kapitel durchweg tun –, kann man gewisse Nachwirkungserscheinungen und überhaupt Relaxationsvorgänge im allgemeinsten Sinne nicht vollständig erfassen. So muß man z. B. bei der thermodynamisch-phänomenologischen Behandlung der dielektrischen Relaxation[1]) unendlich viele innere Umwandlungen, bei derjenigen der elastischen Nachwirkung[2]) anisotrope Medien und bei derjenigen der akustischen Relaxation[3]) kontinuierliche Medien mit Transporterscheinungen betrachten. Auf alle diese Untersuchungen, die noch im Fluß sind, aber möglicherweise den Weg zu einer Generalisierung der Thermodynamik der irreversiblen Prozesse weisen[4]), können wir hier nicht eingehen.

Wir beschränken unsere weitere Darstellung in diesem Kapitel auf einfache Probleme, die sich in den Rahmen der in § 2.9 und § 2.10 behandelten Fragen einfügen: die dynamische Zustandsgleichung (§ 2.12), die Nachwirkungsfunktionen (§ 2.13) und die Dispersion und Absorption des Schalles (§ 2.14), wobei in allen Fällen ein homogenes isotropes Medium mit einer einzigen inneren Umwandlung vorausgesetzt wird. Allerdings lehren zahlreiche experimentelle Untersuchungen, daß die Nachwirkungserscheinungen in Gläsern praktisch in keinem Falle durch einen einzigen Relaxationsmechanismus beschrieben werden können. Die Ausführungen in § 2.12 bis § 2.14 sollen daher nur zur Erläuterung der Methodik dienen.

§ 2.12. Dynamische Zustandsgleichung

Wir betrachten ein geschlossenes System, in dem ein einziger Relaxationsvorgang, entsprechend einer einzigen inneren Umwandlung mit unbekanntem Mechanismus (vgl. § 2.11), ablaufen soll. Im Gegensatz zu § 2.9 lassen wir hier beliebige Zeitabhängigkeiten für diejenigen beiden Variablen (z. B. Temperatur T und Druck P) zu, die in § 2.9 als konstant angesehen wurden.

---

[1]) J. MEIXNER, Kolloid-Z. **134**, 3 (1953).
[2]) J. MEIXNER, Z. Naturforschg. **9a**, 654 (1954).
[3]) J. MEIXNER, Ann. Physik (5) **43**, 470 (1943).
[4]) Vgl. J. MEIXNER, Z. Physik **139**, 30 (1954).

Wir setzen jedoch kleine Abweichungen von einem festen „Bezugszustand" voraus. Dieser Bezugszustand sei durch die Temperatur T_0, den Druck P_0 und die innere Variable $\xi_0 = \bar{\xi}(T_0, P_0)$ gekennzeichnet. Dabei bedeutet $\bar{\xi}$ den zu T_0 und P_0 gehörigen Gleichgewichtswert des inneren Parameters ξ. Daher entspricht der Bezugszustand einem inneren Gleichgewicht, so daß wir uns stets in Gleichgewichtsnähe befinden.

Unter den genannten Voraussetzungen gilt der phänomenologische Ansatz [2-9.2]:

$$\frac{d\xi}{dt} = aA, \tag{2-12.1}$$

worin t die Zeit, A die Affinität der inneren Umwandlung und a ein phänomenologischer Koeffizient ist, der nur von T_0, P_0 und ξ_0 abhängt, also für ein vorgegebenes System eine Konstante darstellt.

Der Einfachheit halber beschränken wir unsere Diskussion auf die unabhängigen Variablen T und P. Wir setzen also für die Affinität an:

$$A = A(T, P, \xi).$$

Für den Bezugszustand verschwindet A. Wir schreiben demgemäß für die Umgebung des Bezugszustandes (T_0, P_0, ξ_0):

$$A = \left(\frac{\partial A}{\partial T}\right)_{P,\xi} (T - T_0) + \left(\frac{\partial A}{\partial P}\right)_{T,\xi} (P - P_0) + \left(\frac{\partial A}{\partial \xi}\right)_{T,P} (\xi - \xi_0). \tag{2-12.2}$$

Ferner gilt eine (unspezifizierte) Zustandsgleichung:

$$V = V(T, P, \xi), \tag{2-12.3}$$

worin V das Volumen des Systems ist. In der Umgebung des Bezugszustandes (T_0, P_0, ξ_0) können wir Gl. [3] folgendermaßen formulieren:

$$V - V_0 = \left(\frac{\partial V}{\partial T}\right)_{P,\xi} (T - T_0) + \left(\frac{\partial V}{\partial P}\right)_{T,\xi} (P - P_0) + \left(\frac{\partial V}{\partial \xi}\right)_{T,P} (\xi - \xi_0). \tag{2-12.4}$$

Dabei ist $V_0 = V(T_0, P_0, \xi_0)$ das Volumen des Systems im Bezugszustand.

Die partiellen Ableitungen in Gl. [2] und [4] sind für den Bezugszustand zu bilden und demgemäß für ein gegebenes System konstant. Wir führen sie auf bekannte Größen zurück, indem wir an folgende Definitionen erinnern (vgl. Gl. [1-22.20], [2-9.27], [2-9.28], [2-9.29], [2-9.45] und [2-9.46]):

$$\alpha \equiv \frac{1}{V_0} \left(\frac{\partial V}{\partial T}\right)_{P,\xi}, \tag{2-12.5}$$

$$\chi_T \equiv -\frac{1}{V_0}\left(\frac{\partial V}{\partial P}\right)_{T,\xi}, \tag{2-12.6}$$

$$v_{TP} \equiv \left(\frac{\partial V}{\partial \xi}\right)_{T,P} = -\left(\frac{\partial A}{\partial P}\right)_{T,\xi}, \tag{2-12.7}$$

$$s_{TP} \equiv \left(\frac{\partial S}{\partial \xi}\right)_{T,P} = \left(\frac{\partial A}{\partial T}\right)_{P,\xi}. \tag{2-12.8}$$

Darin ist S die Entropie des Systems. Alle partiellen Differentialquotienten sind an der Stelle des Bezugszustandes zu nehmen. Daher bedeutet α den Ausdehnungskoeffizienten, χ_T die isotherme Kompressibilität, v_{TP} die „Reaktionsvolumenänderung" und s_{TP} die „Reaktionsentropie", jeweils für den Bezugszustand.

Aus Gl. [1] und [2] sowie Gl. [4] bis [8] ergibt sich, wenn wir die Bezeichnungsweise

$$\dot{x} = \frac{dx}{dt}$$

einführen:

$$\dot{\xi} = a\, s_{TP}\,(T - T_0) - a v_{TP}\,(P - P_0) + a\left(\frac{\partial A}{\partial \xi}\right)_{T,P}(\xi - \xi_0),$$

$$v_{TP}\,(\xi - \xi_0) = V - V_0 - \alpha V_0 (T - T_0) + \chi_T\, V_0 (P - P_0),$$

$$v_{TP}\,\dot{\xi} = \dot{V} - \alpha V_0 \dot{T} + \chi_T\, V_0 \dot{P}.$$

Hieraus leiten wir durch Elimination von $(\xi - \xi_0)$ und $\dot{\xi}$ ab:

$$\begin{aligned} \dot{V} + \chi_T\, V_0 \dot{P} - \alpha V_0 \dot{T} &= a\left(\frac{\partial A}{\partial \xi}\right)_{T,P}(V - V_0) \\ &+ a\left[\chi_T\, V_0\left(\frac{\partial A}{\partial \xi}\right)_{T,P} - (v_{TP})^2\right](P - P_0) \\ &+ a\left[s_{TP}\, v_{TP} - \alpha V_0\left(\frac{\partial A}{\partial \xi}\right)_{T,P}\right](T - T_0). \end{aligned} \tag{2-12.9}$$

Diese Beziehung wird im folgenden noch umgeformt werden.

Aus der mathematischen Identität

$$\left(\frac{\partial A}{\partial \xi}\right)_{P,V} = \left(\frac{\partial A}{\partial \xi}\right)_{T,P} - \left(\frac{\partial A}{\partial T}\right)_{P,\xi} \frac{(\partial V/\partial \xi)_{T,P}}{(\partial V/\partial T)_{P,\xi}}$$

folgt mit Gl. [5], [7] und [8]:

$$\left(\frac{\partial A}{\partial \xi}\right)_{P,V} = \left(\frac{\partial A}{\partial \xi}\right)_{T,P} - s_{TP}\frac{v_{TP}}{\alpha V_0}. \tag{2-12.10}$$

Ferner gilt gemäß Gl. [2-9.25], [2-9.26], [2-9.27] sowie Gl. [6] und [7]:

$$\left(\frac{\partial A}{\partial \xi}\right)_{T,V} = \left(\frac{\partial A}{\partial \xi}\right)_{T,P} - \frac{(v_{TP})^2}{\chi_T V_0}. \tag{2-12.11}$$

Mit Gl. [10] und [11] findet man aus Gl. [9]:

$$\dot{V} + \chi_T V_0 \dot{P} - \alpha V_0 \dot{T} = a \left(\frac{\partial A}{\partial \xi}\right)_{T,P} (V - V_0)$$
$$+ a\chi_T V_0 \left(\frac{\partial A}{\partial \xi}\right)_{T,V} (P - P_0) - a\alpha V_0 \left(\frac{\partial A}{\partial \xi}\right)_{P,V} (T - T_0). \quad [2\text{-}12.12]$$

Auch diese Gleichung bedarf noch weiterer Umformungen, da es ja bei unbekanntem Relaxationsmechanismus unmöglich ist, Größen wie ξ und A zu ermitteln.

Wir führen nun die schon in § 2.9 diskutierten „Relaxationszeiten" für isotherm-isobaren (τ_{TP}) und isotherm-isochoren (τ_{TV}) Ablauf der inneren Umwandlung ein. Es gilt nach Gl. [2-9.16] und [2-9.17]:

$$\frac{1}{\tau_{TP}} \equiv -a \left(\frac{\partial A}{\partial \xi}\right)_{T,P}, \quad [2\text{-}12.13]$$

$$\frac{1}{\tau_{TV}} \equiv -a \left(\frac{\partial A}{\partial \xi}\right)_{T,V}. \quad [2\text{-}12.14]$$

Weiterhin benötigen wir jetzt eine „Relaxationszeit" für isobar-isochoren Ablauf (τ_{PV}) der inneren Umwandlung[1]):

$$\frac{1}{\tau_{PV}} \equiv -a \left(\frac{\partial A}{\partial \xi}\right)_{P,V}. \quad [2\text{-}12.15]$$

Mit Hilfe dieser drei Beziehungen eliminieren wir den phänomenologischen Koeffizienten a in Gl. [12]:

$$\dot{V} + \frac{1}{\tau_{TP}} (V - V_0) + \chi_T V_0 \left[\dot{P} + \frac{1}{\tau_{TV}} (P - P_0)\right]$$
$$- \alpha V_0 \left[\dot{T} + \frac{1}{\tau_{PV}} (T - T_0)\right] = 0. \quad [2\text{-}12.16]$$

Dies ist eine differentielle Form der *dynamischen Zustandsgleichung*. Gl. [16] verknüpft die drei Variablen T, P, V und ihre Zeitableitungen $\dot{T}$, $\dot{P}$, $\dot{V}$ miteinander. Sie enthält neben aus Gleichgewichtsmessungen zugänglichen Größen (χ_T und α) die drei Relaxationszeiten τ_{TP}, τ_{TV} und τ_{PV}. Sind alle diese Größen bekannt, so kann man z. B. den zeitlichen Verlauf des Volumens, d. h. die Funktion $V(t)$, berechnen, wenn Druck und Temperatur als Funktionen der Zeit, $P(t)$ und $T(t)$, vorgegeben sind. Den Übergang von Gl. [16] zur integralen Form der dynamischen Zustandsgleichung diskutieren wir in § 2.13.

Wenn wir mit C, C' und C'' Integrationskonstanten bezeichnen, die nur von den Anfangsbedingungen abhängen, erhalten wir aus Gl. [16] im

[1]) Ein solcher Vorgang ist naturgemäß weder isotherm noch adiabatisch.

isotherm-isobaren Falle ($\dot{P} = 0$, $P = P_0$, $\dot{T} = 0$, $T = T_0$) einen Ausdruck für die „Volumenrelaxation" bei konstanter Temperatur und konstantem Druck (vgl. Gl. [2-9.20]):

$$V - V_0 = C e^{-\frac{t}{\tau_{TP}}}, \qquad [2\text{-}12.17]$$

im isotherm-isochoren Falle ($\dot{V} = 0$, $V = V_0$, $\dot{T} = 0$, $T = T_0$) eine Beziehung für die „Druckrelaxation" bei konstanter Temperatur und konstantem Volumen (vgl. Gl. [2-9.21]):

$$P - P_0 = C' e^{-\frac{t}{\tau_{TV}}} \qquad [2\text{-}12.18]$$

und im isobar-isochoren Falle ($\dot{V} = 0$, $V = V_0$, $\dot{P} = 0$, $P = P_0$) eine Gleichung für die „Temperaturrelaxation" bei konstantem Druck und konstantem Volumen:

$$T - T_0 = C'' e^{-\frac{t}{\tau_{PV}}}. \qquad [2\text{-}12.19]$$

Durch diese Beziehungen wird nochmals die physikalische Bedeutung der drei Relaxationszeiten (von denen wir zwei schon in § 2.9 kennenlernten) erläutert. Auch zeigen diese Gleichungen, wie man τ_{TP}, τ_{TV} und τ_{PV} experimentell ermitteln kann.

Berücksichtigen wir die aus Gl. [10], [11], [13], [14] und [15] folgenden Zusammenhänge (vgl. Gl. [2-9.30])

$$\frac{\tau_{TP}}{\tau_{TV}} = 1 - \frac{(v_{TP})^2}{\chi_T V_0} \left(\frac{\partial \xi}{\partial A}\right)_{T,P}, \qquad [2\text{-}12.20]$$

$$\frac{\tau_{TP}}{\tau_{PV}} = 1 - \frac{s_{TP}\, v_{TP}}{\alpha V_0} \left(\frac{\partial \xi}{\partial A}\right)_{T,P}, \qquad [2\text{-}12.21]$$

so leiten wir aus Gl. [16] ab:

$$V - V_0 + \tau_{TP} \dot{V} + \left[\chi_T V_0 - (v_{TP})^2 \left(\frac{\partial \xi}{\partial A}\right)_{T,P}\right] (P - P_0 + \tau_{TV} \dot{P})$$
$$- \left[\alpha V_0 - s_{TP}\, v_{TP} \left(\frac{\partial \xi}{\partial A}\right)_{T,P}\right] (T - T_0 + \tau_{PV} \dot{T}) = 0. \qquad [2\text{-}12.22]$$

In dieser zweiten Form der dynamischen Zustandsgleichung stehen die Relaxationszeiten τ_{TP}, τ_{TV} und τ_{PV} als Faktoren vor den zeitlichen Ableitungen $\dot{V}$, $\dot{P}$ und $\dot{T}$, was für manche Zwecke vorteilhaft ist. Es sind aber noch thermodynamische Funktionen (v_{TP}, s_{TP} und $\partial \xi / \partial A$) in dieser Gleichung enthalten, die ohne Kenntnis des Relaxationsmechanismus aus experimentellen Daten nicht ermittelbar sind. Daher ist eine weitere Umformung angebracht.

Mit Hilfe der Beziehungen [5] bis [8] können folgende mathematische Identitäten bewiesen werden:

$$\chi_T V_0 - (v_{TP})^2 \left(\frac{\partial \xi}{\partial A}\right)_{T,P} = -\left(\frac{\partial V}{\partial P}\right)_{T,A}, \qquad [2\text{-}12.23]$$

$$\alpha V_0 - s_{TP} v_{TP} \left(\frac{\partial \xi}{\partial A}\right)_{T,P} = \left(\frac{\partial V}{\partial T}\right)_{P,A}, \qquad [2\text{-}12.24]$$

worin die Bedingung $A = \text{const}$ gleichbedeutend mit der Bedingung des währenden Gleichgewichtes ($A = 0$) ist, da ja alle Differentiationen für den Bezugszustand ($A = 0$) auszuführen sind. Auch können wir, analog zu den Definitionen [5] und [6], die „isotherme Kompressibilität bei währendem Gleichgewicht"

$$\chi_{TA} \equiv -\frac{1}{V_0}\left(\frac{\partial V}{\partial P}\right)_{T,A} \qquad [2\text{-}12.25]$$

und den „Ausdehnungskoeffizienten bei währendem Gleichgewicht"

$$\alpha_A \equiv \frac{1}{V_0}\left(\frac{\partial V}{\partial T}\right)_{P,A} \qquad [2\text{-}12.26]$$

einführen. Während χ_T und α nach Gl. [5] und [6] bei sehr schnellen Zustandsänderungen (gehemmtem Gleichgewicht, $\xi = \text{const}$) zu messen sind, hat man χ_{TA} und α_A gemäß Gl. [25] und [26] bei sehr langsamen Zustandsänderungen (währendem Gleichgewicht, $A = 0$) experimentell zu bestimmen.

Aus Gl. [22] bis [26] leiten wir die dritte Form der dynamischen Zustandsgleichung ab:

$$\begin{aligned} V - V_0 + \tau_{TP}\dot{V} + \chi_{TA} V_0 (P - P_0 + \tau_{TV}\dot{P}) \\ - \alpha_A V_0 (T - T_0 + \tau_{PV}\dot{T}) = 0. \end{aligned} \qquad [2\text{-}12.27]$$

In dieser Beziehung sind, wie in Gl. [16], neben den Relaxationszeiten nur aus Gleichgewichtsmessungen zugängliche Größen enthalten. Gl. [27] geht, wie auch die folgende Diskussion, im wesentlichen auf MEIXNER[1]) zurück.

Bei sehr schnellen Zustandsänderungen (gehemmtem Gleichgewicht, $\xi = \text{const}$) sind die Terme mit $V - V_0$, $P - P_0$ und $T - T_0$ vernachlässigbar. Wir finden dann mit Hilfe von Gl. [5] und [6] aus Gl. [16]:

$$\dot{V} = \left(\frac{\partial V}{\partial P}\right)_{T,\xi} \dot{P} + \left(\frac{\partial V}{\partial T}\right)_{P,\xi} \dot{T}$$

oder in integrierter Form:

$$V - V_0 = \left(\frac{\partial V}{\partial P}\right)_{T,\xi} (P - P_0) + \left(\frac{\partial V}{\partial T}\right)_{P,\xi} (T - T_0).$$

[1]) J. MEIXNER, Kolloid-Z. **134**, 3 (1953).

Das ist die gewöhnliche (statische) Zustandsgleichung [4] für den Fall $\xi = \text{const.}$

Bei sehr langsamen Zustandsänderungen (währendem Gleichgewicht, $A = 0$) sind die Glieder mit $\dot{V}$, $\dot{P}$ und $\dot{T}$ zu vernachlässigen. Wir erhalten dann mit Hilfe von Gl. [25] und [26] aus Gl. [27]:

$$V - V_0 = \left(\frac{\partial V}{\partial P}\right)_{T,A} (P - P_0) + \left(\frac{\partial V}{\partial T}\right)_{P,A} (T - T_0).$$

Das ist die statische Zustandsgleichung für den Fall $A = 0$.

Interessant ist der Sonderfall $v_{TP} = 0$, der nach Gl. [23] bis [26] experimentell daran zu erkennen ist, daß die beiden Kompressibilitäten (χ_T und χ_{TA}) und die beiden Ausdehnungskoeffizienten (α und α_A) zusammenfallen. Wir haben also:

$$v_{TP} = 0, \quad \chi_T = \chi_{TA}, \quad \alpha = \alpha_A. \qquad [2\text{-}12.28]$$

Damit ergibt sich aus Gl. [20] und [21]:

$$\tau_{TP} = \tau_{TV} = \tau_{PV} \equiv \tau. \qquad [2\text{-}12.29]$$

Es fallen demnach die drei Relaxationszeiten zusammen. Wir können jetzt Gl. [16] oder [27] unmittelbar integrieren:

$$V - V_0 = -\chi_T V_0 (P - P_0) + \alpha V_0 (T - T_0) + C e^{-\frac{t}{\tau}}, \qquad [2\text{-}12.30]$$

worin C eine Integrationskonstante bedeutet und an die Stelle von χ_T bzw. α auch χ_{TA} bzw. α_A gesetzt werden kann. Wenn man vom Bezugszustand ($V = V_0$, $P = P_0$, $T = T_0$) ausgeht, wird die Konstante C Null. Aber auch sonst verschwindet der Exponentialterm, wenn man hinreichend lange wartet. Es bleibt dann wieder eine statische Zustandsgleichung übrig, in der nichts mehr von einer „Nachwirkung" enthalten ist.

§ 2.13. Nachwirkungsfunktionen

Wir wollen für den einfachen Fall einer einzigen inneren Umwandlung, wie er in § 2.12 behandelt wurde, den Zusammenhang zwischen der thermodynamisch-phänomenologischen Theorie der Relaxationserscheinungen und der Nachwirkungstheorie (vgl. § 2.11) herleiten[1]).

Wir gehen von Gl. [2-12.16] aus, die eine differentielle Form der dynamischen Zustandsgleichung darstellt, und versuchen, zur integralen Form dieser Gleichung zu gelangen.

---

[1]) Vgl. J. Meixner, Kolloid-Z. **134**, 3 (1953).

Wir benutzen die Abkürzungen

$$\left.\begin{aligned} &x \equiv V - V_0, \quad y \equiv P - P_0, \quad z \equiv T - T_0, \\ &a \equiv \frac{1}{\tau_{TP}}, \qquad b \equiv \frac{1}{\tau_{TV}}, \ c \equiv \frac{1}{\tau_{PV}}, \\ &A \equiv \chi_T V_0, \quad B \equiv -\alpha V_0. \end{aligned}\right\} \qquad [2\text{-}13.1]$$

Damit erhalten wir aus Gl. [2-12.16]:

$$\dot{x} + ax + A\dot{y} + Aby + B\dot{z} + Bcz = 0, \qquad [2\text{-}13.2]$$

eine Differentialgleichung, die im folgenden näher untersucht werden soll.

Wenn wir uns die Größen y und z als experimentell vorgegebene Zeitfunktionen denken, können wir an Stelle von Gl. [2] schreiben:

$$\frac{dx}{dt} + ax = f(t) \qquad [2\text{-}13.3]$$

mit

$$f(t) \equiv -A\left(by + \frac{dy}{dt}\right) - B\left(cz + \frac{dz}{dt}\right). \qquad [2\text{-}13.4]$$

Gl. [3] ist eine gewöhnliche inhomogene Differentialgleichung erster Ordnung. Sie ist bereits aus der klassischen Mechanik bekannt, da sie – mit entsprechend veränderter Bedeutung der Symbole – z. B. die Bewegung eines Körpers in einem reibenden Medium unter der Einwirkung einer zeitabhängigen Kraft beschreibt. Integration von Gl. [3] ergibt:

$$x = C\mathrm{e}^{-at} + \mathrm{e}^{-at}\int \mathrm{e}^{at} f(t)\,dt, \qquad [2\text{-}13.5]$$

worin C eine Integrationskonstante ist. Dabei gilt auf Grund von Gl. [4]:

$$\begin{aligned} -\mathrm{e}^{-at}\int \mathrm{e}^{at} f(t)\,dt &= Ay(t) + Bz(t) \\ &+ A(b-a)\,\mathrm{e}^{-at}\int \mathrm{e}^{at} y(t)\,dt + B(c-a)\,\mathrm{e}^{-at}\int \mathrm{e}^{at} z(t)\,dt. \end{aligned} \qquad [2\text{-}13.6]$$

Der Wert von x zu einem beliebigen, aber festen Zeitpunkt t_0 folgt aus Gl. [5] und [6] nach Einsetzen der Integrationsgrenzen[1]):

$$\left.\begin{aligned} x(t_0) = C\mathrm{e}^{-at_0} &- Ay(t_0) - Bz(t_0) \\ &- A(b-a)\,\mathrm{e}^{-at_0}\int_{-\infty}^{t_0} \mathrm{e}^{at} y(t)\,dt \\ &- B(c-a)\,\mathrm{e}^{-at_0}\int_{-\infty}^{t_0} \mathrm{e}^{at} z(t)\,dt. \end{aligned}\right\} \qquad [2\text{-}13.7]$$

[1]) Die untere Grenze ist im allgemeinsten Falle $-\infty$. Bei Beginn des Experimentes ($t = 0$) können nämlich schon beliebig lange Nachwirkungserscheinungen abgelaufen sein, und dies würde unberücksichtigt bleiben, wenn die untere Grenze 0 wäre, weil dann $x(0)$ nur von $y(0)$ und $z(0)$ abhinge.

Mit der Hilfsvariablen

$$u \equiv t_0 - t, \qquad [2\text{-}13.8]$$

welche die Zeit rückwärts vom festen Zeitpunkt t_0 an mißt, erhalten wir aus Gl. [7] die endgültige *integrale Form der dynamischen Zustandsgleichung*, die eine explizite Beschreibung der Nachwirkungserscheinungen enthält:

$$\left.\begin{aligned} x(t_0) &= C\,e^{-a t_0} - A y(t_0) - B z(t_0) \\ &\quad - A \int_0^\infty \varphi_1(u)\, y(t_0 - u)\, du \\ &\quad - B \int_0^\infty \varphi_2(u)\, z(t_0 - u)\, du \end{aligned}\right\} \qquad [2\text{-}13.9]$$

mit

$$\varphi_1(u) \equiv (b - a)\, e^{-au}, \qquad [2\text{-}13.10]$$

$$\varphi_2(u) \equiv (c - a)\, e^{-au}, \qquad [2\text{-}13.11]$$

wobei $y(t_0 - u) = y(t)$ bzw. $z(t_0 - u) = z(t)$ gemäß Gl. [1] die durch die experimentellen Bedingungen vorgegebene Zeitfunktion $P - P_0$ bzw. $T - T_0$ bedeutet. Der erste Term auf der rechten Seite von Gl. [9] kann unter den gewöhnlich vorliegenden Versuchsbedingungen ($t_0 \gg \tau_{TP}$) gegenüber den anderen Gliedern vernachlässigt werden.

Wir erkennen aus Gl. [9] bis [11]: Der augenblickliche Wert $x(t_0)$ der Größe $x = V - V_0$ hängt nicht nur von den Momentanwerten $y(t_0)$ und $z(t_0)$ der Größen $y = P - P_0$ und $z = T - T_0$, sondern auch von allen früheren Werten dieser Variablen, d. h. von der Vorgeschichte ab. Die früheren Werte der Veränderlichen y und z wirken also (mit exponentiell abnehmenden Gewichten) im Augenblickswert von x nach. Daher heißen die Funktionen [10] und [11] *Nachwirkungsfunktionen*. Sie beziehen sich hier auf die Volumennachwirkung bei Änderungen des Druckes bzw. der Temperatur.

Damit haben wir für ein sehr einfaches Beispiel den Zusammenhang der Thermodynamik der Relaxationsvorgänge mit der Nachwirkungstheorie aufgezeigt.

§ 2.14. Schallgeschwindigkeit in fluiden Medien

Man kann ein fluides Medium, in dem sich eine Schallwelle ausbreitet, zwar nicht in Strenge als „homogenes System" betrachten; aber wenn man der Einfachheit halber irreversible Prozesse wie innere Reibung, Wärmeleitung, Diffusion, Thermodiffusion usw. ausschließt, ist der Formalismus praktisch derselbe wie bei geschlossenen homogenen Systemen mit chemischen Reaktionen oder inneren Umwandlungen. Dies geht aus unseren späteren Rechnungen über irreversible Prozesse in kontinuierlichen Medien explizit hervor.

Wir beschränken unsere Diskussion auf den einfachen Fall, bei dem in jedem Volumenelement nur ein einziger irreversibler Vorgang (d. h. eine einzige innere Umwandlung) abläuft, der die Schallfortpflanzung beeinflußt. Dieser Relaxationsvorgang kann z. B. eine Dissoziation oder Rekombination von Molekülen oder ein Übergang zwischen den beiden tiefsten Schwingungsniveaus einer Teilchenart oder eine innere Umlagerung von Molekülen sein. Die nachfolgenden Betrachtungen gelten sowohl für Schall im hörbaren Frequenzbereich als auch für Ultraschall.

Die Schallgeschwindigkeit c in einem fluiden Medium ist durch den allgemeinen Ausdruck

$$c^2 = -v^2 \left(\frac{\partial P}{\partial v}\right)_{\text{ad}} \qquad [2\text{-}14.1]$$

gegeben. Hierin bedeutet v das spezifische Volumen (die reziproke Dichte) und P den Druck. Der Index „ad" soll anzeigen, daß die Differentiation sich auf eine adiabatische Zustandsänderung bezieht, wie sie bei Schallwellen praktisch vorliegt. Betrachten wir die Schallgeschwindigkeit als komplexe Größe, so bleibt Gl. [1] bestehen, und wir haben den Vorteil, daß in allen nachfolgenden Rechnungen neben der Schalldispersion (Frequenzabhängigkeit der Schallgeschwindigkeit) auch die Schallabsorption (teilweiser Übergang der Schallenergie in innere Energie) enthalten ist, wobei die letzte Erscheinung mit dem Imaginärteil der komplexen Schallgeschwindigkeit zusammenhängt.

Die thermodynamische Beschreibung des fluiden Mediums kann formal wie bei den in § 2.9 und § 2.12 behandelten homogenen Systemen erfolgen; denn der Zustand jedes Volumenelementes des Mediums ist durch drei Größen festgelegt, etwa die Temperatur T, den Druck P und den inneren Parameter ξ, der zu der betrachteten inneren Umwandlung gehört. Für die nachfolgenden Betrachtungen ist es zweckmäßig, als unabhängige Veränderliche die Entropie S, das Volumen V und die innere Variable ξ zu wählen. Wir schreiben demgemäß die Zustandsgleichung in der Form:

$$P = P(S, V, \xi) \qquad [2\text{-}14.2]$$

und setzen für die Affinität A der inneren Umwandlung an:

$$A = A(S, V, \xi). \qquad [2\text{-}14.3]$$

Wir nehmen, wie in § 2.12, kleine Abweichungen von einem festen Bezugszustand (S_0, V_0, ξ_0) an, wobei gilt: $\xi_0 = \bar{\xi}(S_0, V_0)$. Demnach ist der Wert von ξ im Bezugszustand (ξ_0) gleich dem zu S_0 und V_0 gehörenden Gleichgewichtswert ($\bar{\xi}$), so daß der Zustand S_0, V_0, ξ_0 einem Gleichgewicht in bezug auf die betrachtete innere Umwandlung ($A = 0$) entspricht. Diese Voraussetzung bedeutet den Ausschluß von extrem hohen Amplituden in der Schallwelle und hat folgende wichtige Konsequenzen:

1. Adiabaten und Isentropen fallen zusammen, so daß der Index „ad" in Gl. [1] durch die Bedingung $S = \text{const}$ ersetzt werden kann (vgl. S. 150).

2. Die Beziehungen [2] und [3] können für $S = \text{const}$ in folgender Form geschrieben werden:

$$\Delta P = \left(\frac{\partial P}{\partial V}\right)_{S,\xi} \Delta V + \left(\frac{\partial P}{\partial \xi}\right)_{S,V} \Delta \xi\,, \qquad [2\text{-}14.4]$$

$$\Delta A = A = \left(\frac{\partial A}{\partial V}\right)_{S,\xi} \Delta V + \left(\frac{\partial A}{\partial \xi}\right)_{S,V} \Delta \xi\,. \qquad [2\text{-}14.5]$$

Darin bedeutet der Operator Δ die Differenz zwischen dem Wert einer thermodynamischen Größe zu irgendeiner Zeit t und ihrem Wert im Bezugszustand. Die Differentialquotienten gelten für den Bezugszustand.

3. Für den Zusammenhang zwischen der Geschwindigkeit ($d\xi/dt$) und der Affinität (A) der inneren Umwandlung ist ein phänomenologischer Ansatz (vgl. Gl. [2-12.1])

$$\frac{d\xi}{dt} = aA \qquad [2\text{-}14.6]$$

mit konstantem phänomenologischen Koeffizienten (a) gültig.

Wenn die Schallwelle die Kreisfrequenz ω hat[1]), schwanken die thermodynamischen Größen periodisch um ihre Gleichgewichtswerte. Es gilt insbesondere für die innere Variable ξ, wenn wir die Amplitude der Schwankung mit α bezeichnen und harmonische Schwingungen annehmen[2]):

$$\Delta\xi = \xi - \xi_0 = \alpha e^{i\omega t}, \qquad [2\text{-}14.7]$$

woraus sofort folgt:

$$\frac{d\xi}{dt} = i\omega\Delta\xi\,. \qquad [2\text{-}14.8]$$

Damit ergibt sich aus Gl. [6]:

$$i\omega\Delta\xi = aA\,. \qquad [2\text{-}14.9]$$

Aus Gl. [4], [5] und [9] eliminieren wir $\Delta\xi$ und A. Sodann führen wir die „Relaxationszeit" τ ($= \tau_{SV}$ in Gl. [2-9.19]) ein:

$$\tau \equiv -\frac{1}{a}\left(\frac{\partial \xi}{\partial A}\right)_{S,V}. \qquad [2\text{-}14.10]$$

---

1) $\omega = 2\pi\nu$ (ν = Frequenz).

2) Es gilt: $e^{i\omega t} = \cos(\omega t) + i\sin(\omega t)$, worin i die imaginäre Einheit ist.

Damit erhalten wir:

$$\left(\frac{\Delta P}{\Delta V}\right)_{\Delta S=0}=\left(\frac{\partial P}{\partial V}\right)_{\mathrm{ad}}=\left(\frac{\partial P}{\partial V}\right)_{S,\xi}-\frac{1}{1+i\omega\tau}\left(\frac{\partial P}{\partial \xi}\right)_{S,V} \times\left(\frac{\partial A}{\partial V}\right)_{S,\xi}\left(\frac{\partial \xi}{\partial A}\right)_{S,V}. \qquad [2\text{-}14.11]$$

Auf Grund der Identitäten

$$\left(\frac{\partial A}{\partial V}\right)_{S,\xi}\left(\frac{\partial \xi}{\partial A}\right)_{S,V}=-\left(\frac{\partial \xi}{\partial V}\right)_{S,A}, \qquad [2\text{-}14.12]$$

$$\left(\frac{\partial P}{\partial V}\right)_{S,A}=\left(\frac{\partial P}{\partial V}\right)_{S,\xi}+\left(\frac{\partial P}{\partial \xi}\right)_{S,V}\left(\frac{\partial \xi}{\partial V}\right)_{S,A} \qquad [2\text{-}14.13]$$

ergibt sich aus Gl. [11]:

$$\left(\frac{\partial P}{\partial V}\right)_{\mathrm{ad}}=\left(\frac{\partial P}{\partial V}\right)_{S,\xi}+\frac{1}{1+i\omega\tau}\left[\left(\frac{\partial P}{\partial V}\right)_{S,A}-\left(\frac{\partial P}{\partial V}\right)_{S,\xi}\right]. \qquad [2\text{-}14.14]$$

Hierin können wir an Stelle des totalen Volumens V das spezifische Volumen v und an Stelle der totalen Entropie S die spezifische Entropie s einsetzen.

Die auf der rechten Seite von Gl. [14] auftretenden Differentialquotienten lassen sich auf die „adiabatische Kompressibilität" [2-9.35]

$$\chi_S=-\frac{1}{V}\left(\frac{\partial V}{\partial P}\right)_{S,\xi}=-\frac{1}{v}\left(\frac{\partial v}{\partial P}\right)_{s,\xi} \qquad [2\text{-}14.15]$$

und die „adiabatische Kompressibilität bei währendem Gleichgewicht"

$$\chi_{SA}=-\frac{1}{V}\left(\frac{\partial V}{\partial P}\right)_{S,A}=-\frac{1}{v}\left(\frac{\partial v}{\partial P}\right)_{s,A} \qquad [2\text{-}14.16]$$

zurückführen. Die erste Größe gilt für sehr schnelle Zustandsänderungen (gehemmtes Gleichgewicht, $\xi=\mathrm{const}$) und die zweite Größe für sehr langsame Zustandsänderungen (währendes Gleichgewicht, $A=0$).

Gemäß Gl. [1], [14], [15] und [16] bedeutet der Ausdruck

$$c_\infty^2=-v^2\left(\frac{\partial P}{\partial v}\right)_{s,\xi}=\frac{v}{\chi_S} \qquad [2\text{-}14.17]$$

das Quadrat der (komplexen) Schallgeschwindigkeit für sehr schnelle Zustandsänderungen (gehemmtes Gleichgewicht, $\xi=\mathrm{const}$, $\omega\to\infty$) und der Ausdruck

$$c_0^2=-v^2\left(\frac{\partial P}{\partial v}\right)_{s,A}=\frac{v}{\chi_{SA}} \qquad [2\text{-}14.18]$$

das Quadrat der (komplexen) Schallgeschwindigkeit für sehr langsame Zustandsänderungen (währendes Gleichgewicht, $A=0$, $\omega\to 0$). Im Grenzfalle von Gl. [17] kann die innere Umwandlung den durch die Schallwelle bedingten Zustandsänderungen nicht mehr folgen, sondern bleibt völlig gehemmt. Im Grenzfalle von Gl. [18] erfolgen die Schwingungen so langsam (theoretisch unendlich langsam), daß in jedem Augenblick das innere Gleichgewicht eingestellt bleibt.

Wir leiten aus Gl. [1] und Gl. [14] bis [18] ab:

$$c^2 = v\left[\frac{1}{\chi_S} + \frac{1}{1+i\omega\tau}\left(\frac{1}{\chi_{SA}} - \frac{1}{\chi_S}\right)\right] = c_\infty^2 + \frac{c_0^2 - c_\infty^2}{1+i\omega\tau}. \qquad [2\text{-}14.19]$$

Diese interessante Beziehung geht auf MEIXNER[1]) zurück. Sie gibt die Abhängigkeit der Schallgeschwindigkeit c von der Kreisfrequenz ω wieder, und zwar unabhängig von jeder Modellvorstellung. Die Kompressibilitäten χ_{SA} und χ_S bzw. die Grenzgeschwindigkeiten c_0 und c_∞ sowie die Relaxationszeit τ können prinzipiell unabhängig von c bestimmt werden ($\tau = \tau_{SV}$ aus Messungen der adiabatisch-isochoren Druckrelaxation, ähnlich wie τ_{TV} nach Gl. [2-12.18] im isotherm-isochoren Falle). Viele früher aus speziellen Modellen auf kinetischem Wege berechnete Ausdrücke für die Dispersion und Absorption des Schalles sind in Gl. [19] enthalten und können bei Berücksichtigung der jeweiligen speziellen Voraussetzungen aus Gl. [19] gewonnen werden[1]).

---

[1]) J. MEIXNER, Acustica **2**, 101 (1952); J. MEIXNER und H. G. REIK, Handbuch der Physik, Band III/2 479 (Berlin-Göttingen-Heidelberg 1959). Dort finden sich auch ausführliche Literaturangaben und Rechnungen für kompliziertere Fälle, bei denen neben inneren Umwandlungen verschiedene Transportphänomene (innere Reibung, Wärmeleitung, Diffusion, Thermodiffusion usw.) die Schallausbreitung beeinflussen.

3. Kapitel

Prozesse in heterogenen (diskontinuierlichen) Systemen

§ 3.1. Einleitung

Als „Prozesse in heterogenen (diskontinuierlichen) Systemen" wollen wir irreversible Vorgänge behandeln, die den Stoff-, Elektrizitäts- und Wärmeaustausch zwischen zwei homogenen Teilsystemen („Phasen") betreffen. Die beiden Phasen seien isotrop. Von Elektrisierung und Magnetisierung sowie von Grenzflächenerscheinungen sei abgesehen. Ferner möge das Gesamtsystem geschlossen sein, also keinen Materieaustausch mit der Umgebung aufweisen, so daß sich der Stoffaustausch lediglich zwischen den beiden (offenen) Phasen abspielt. Weiterhin sollen chemische Reaktionen von der Betrachtung ausgeschlossen sein, weil sich alles Wesentliche über Reaktionen entweder im Rahmen der homogenen Systeme (2. Kapitel) oder im Rahmen der kontinuierlichen Systeme (4. Kapitel) ergibt.

Die beiden homogenen Teilsysteme sind voneinander entweder durch die natürliche Phasengrenze (Beispiel: Stoff- und Wärmeaustausch zwischen Flüssigkeit und zugehörigem Dampf) oder durch ein „Ventil" getrennt. Das Ventil kann eine enge Öffnung, eine Kapillare, ein System von Kapillaren, eine Membran usw. sein. Die durch ein solches Ventil voneinander abgesonderten Teilsysteme können zwei verschiedenen Zuständen desselben Phasentyps entsprechen, wie etwa zwei Medien, die verschiedenen Druck und verschiedene Temperatur aufweisen, aber hinsichtlich ihres Aggregatzustandes und ihrer chemischen Beschaffenheit gleich sind. Hier stellt das diskontinuierliche System den Grenzfall eines kontinuierlichen Systems dar, und es ergeben sich gewisse Vereinfachungen in der thermodynamischen Beschreibung (vgl. § 3.5).

Damit die Methoden der Thermodynamik der irreversiblen Prozesse auf den vorliegenden Fall anwendbar sind, muß vorausgesetzt werden, daß der Stoff-, Elektrizitäts- und Wärmeaustausch *zwischen* den beiden Teilsystemen langsam im Vergleich zu dem Temperatur-, Druck-, Konzentrations- und Potentialausgleich *innerhalb* jeder Phase vor sich geht (vgl. § 1.23). Dann bleibt jedes der beiden Teilsysteme auch während des Ablaufes der irreversiblen Prozesse homogen, d. h. im inneren thermischen und mechanischen Gleichgewicht bei örtlich konstanten Konzentrationen und elektrischen Potentialen. Temperatur, Druck, Konzentrationen und Potentiale ändern sich also sprunghaft bei Überschreiten der Phasengrenze und sind im übrigen nur Funktionen der Zeit. Damit scheiden feste Phasen aus unseren Betrachtungen aus, da die genannten Bedingungen praktisch nur bei fluiden Systemen realisierbar sind.

Die beiden homogenen Teilsysteme unseres heterogenen Systems (Abb. 4) seien der Kürze halber als Phase ′ und Phase ″ bezeichnet. Nach obigem kann man zu einem beliebigen Zeitpunkt jeder Phase einen bestimmten Wert der (absoluten) Temperatur (T' bzw. T''), des Druckes (P' bzw. P''), der Konzentrationen (Molenbrüche x_k' bzw. x_k'') und des elektrischen Potentials (φ' bzw. φ'') zuordnen. Auch alle übrigen Größen, z. B. die Molzahlen, die innere Energie usw., werden mit einem (′) bzw. zwei (″) Phasenindizes versehen, wenn sie sich auf die Phase ′ bzw. ″ beziehen.

Phase ′:	Phase ″:
Temperatur T', Druck P',	Temperatur T'', Druck P'',
Konzentrationen x_k', elektrisches Potential φ'	Konzentrationen x_k'', elektrisches Potential φ''

Abb. 4. Heterogenes (diskontinuierliches) System, das aus zwei homogenen Teilsystemen (Phase ′ und Phase ″) besteht.

§ 3.2. Mengenbilanz

Da unser Zweiphasensystem (Abb. 4) als geschlossen vorausgesetzt ist und von chemischen Reaktionen abgesehen wird, lautet die „Mengenbilanz“:

$$dn_k' + dn_k'' = 0. \qquad [3\text{-}2.1]$$

Hierin ist n_k die Molzahl der Teilchenart k.

Als Maß für den Stoffübergang zwischen den beiden Phasen führen wir den *Materiestrom* J_k des Stoffes k von der Phase ″ zur Phase ′ ein:

$$J_k \equiv \frac{dn_k'}{dt} = -\frac{dn_k''}{dt}, \qquad [3\text{-}2.2]$$

worin t die Zeit bedeutet. Der Materiestrom J_k ist demnach die Zunahmegeschwindigkeit der Molzahl der Teilchenart k in der Phase ′ oder die Abnahmegeschwindigkeit der Molzahl des Stoffes k in der Phase ″.

Für den Fall, daß sich unter den Teilchenarten des Systems geladene Partikelsorten (Elektronen oder Ionen) befinden, ordnen wir jeder Teilchensorte k eine *elektrochemische Valenz* z_k zu. Die Größe z_k ist eine positive ganze Zahl für Kationen (z. B. $z_k = 2$ für Ca^{++}), eine negative ganze Zahl für Anionen (z. B. $z_k = -2$ für SO_4^{--} oder $z_k = -1$ für Elektronen) und Null für ungeladene Teilchenarten.

Die mit einer geladenen Partikelsorte k bei einem infinitesimalen Stoffübergang von der Phase $''$ zur Phase $'$ transportierte Elektrizitätsmenge (Ladung) beträgt nach Gl. [1]:

$$z_k \mathfrak{F} dn_k' = -z_k \mathfrak{F} dn_k'', \qquad [3\text{-}2.3]$$

wobei $\mathfrak{F}$ die FARADAYsche Konstante ist.

Mit Gl. [2] und [3] führen wir als *partielle elektrische Stromstärke* der Teilchenart k die Größe

$$I_k \equiv z_k \mathfrak{F} J_k \qquad [3\text{-}2.4]$$

ein. Für die *gesamte elektrische Stromstärke* des von der Phase $''$ zur Phase $'$ fließenden elektrischen Stromes

$$I \equiv \sum_k I_k \qquad [3\text{-}2.5]$$

ergibt sich hieraus sofort:

$$I = \mathfrak{F} \sum_k z_k J_k . \qquad [3\text{-}2.6]$$

Die Summen in Gl. [5] und [6] sind über alle Teilchenarten zu erstrecken.

§ 3.3. Energiebilanz

Da unser System aus zwei offenen isotropen Phasen ohne Elektrisierung und Magnetisierung besteht und nur innere Zustandsänderungen ohne dissipative Effekte[1]) in Frage kommen, gehen wir bei der Aufstellung der „Energiebilanz“ von Gl. [1-7.4] aus. Diese Beziehung stellt im genannten Spezialfalle eine Definition des Wärmebegriffes für offene Phasen dar. Zerlegen wir, ähnlich wie in § 1.20, die gesamte innere Energie jeder Phase in die „eigentliche innere Energie“ U und die „potentielle elektrostatische Ener-

[1]) Man darf in diesem Falle, bei dem jede Phase ein örtlich konstantes elektrisches Potential aufweist, nicht von elektrischer Arbeit an einem der beiden Teilsysteme, sondern nur von einer solchen am Gesamtsystem sprechen. So kann man Gl. [5], die sich auf das gesamte (geschlossene) System bezieht (s. unten), aus der klassischen Formulierung [1-4.8] des Ersten Hauptsatzes für geschlossene Systeme ableiten, falls man neben reversibler Volumenarbeit noch elektrische Arbeit infolge der Potentialdifferenz zwischen den beiden Phasen zuläßt.

gie“ E_{pot}, so erhalten wir für unser geschlossenes Gesamtsystem:

$$\left.\begin{aligned} dQ' &= dU' + dE'_{\text{pot}} + P'\,dV' - \sum_k H_k'\,dn_k', \\ dQ'' &= dU'' + dE''_{\text{pot}} + P''\,dV'' - \sum_k H_k''\,dn_k''. \end{aligned}\right\} \qquad [3\text{-}3.1]$$

Hierin bedeutet dQ die der betreffenden Phase bei einer infinitesimalen Zustandsänderung zugeführte Wärme, P den Druck, V das Volumen und H_k die partielle molare Enthalpie der Teilchenart k. Dabei werden *alle* elektrischen Einflüsse (gleichgültig, ob es sich um ein von außen angelegtes oder ein durch Ionenwanderung entstandenes elektrisches Feld handelt) in den Termen dE'_{pot} und dE''_{pot} berücksichtigt.

Bezeichnen wir mit φ das elektrische Potential, so finden wir:

$$\left.\begin{aligned} dE'_{\text{pot}} &= \mathfrak{F}\,\varphi' \sum_k z_k\,dn_k', \\ dE''_{\text{pot}} &= \mathfrak{F}\,\varphi'' \sum_k z_k\,dn_k''. \end{aligned}\right\} \qquad [3\text{-}3.2]$$

Ferner gilt gemäß Gl. [1-7.8]:

$$\left.\begin{aligned} dQ' &= d_aQ' + d_iQ', \\ dQ'' &= d_aQ'' + d_iQ'', \end{aligned}\right\} \qquad [3\text{-}3.3]$$

worin d_aQ bzw. d_iQ die der betreffenden Phase aus der Umgebung des Gesamtsystems (von „außen“) bzw. von der anderen Phase des Systems (von „innen“) zugeführte Wärme ist. Aus Gl. [1], [2] und [3] folgt:

$$\left.\begin{aligned} d_aQ' + d_iQ' &= dU' + P'\,dV' + \sum_k (z_k\,\mathfrak{F}\,\varphi' - H_k')\,dn_k', \\ d_aQ'' + d_iQ'' &= dU'' + P''\,dV'' + \sum_k (z_k\,\mathfrak{F}\,\varphi'' - H_k'')\,dn_k''. \end{aligned}\right\} \qquad [3\text{-}3.4]$$

Die vom geschlossenen Gesamtsystem aus der Umwelt aufgenommene Wärme $(d_aQ' + d_aQ'')$ ist durch Gl. [1-4.5] und [1-7.9] gegeben. In unserem Falle beträgt die am gesamten System während einer infinitesimalen Zustandsänderung geleistete Arbeit (vgl. S. 10)

$$-P'dV' - P''dV'' \quad \text{(reversible Volumenarbeit)}$$

und die infinitesimale Zunahme der Energie des Systems (vgl. Gl. [1-4.6] und [1-4.7])

$$dU' + dU'' + dE'_{\text{pot}} + dE''_{\text{pot}}\,.$$

Damit ergibt sich aus Gl. [1-4.5], [1-7.9] und [3-2.1] mit Gl. [2]:

$$d_aQ' + d_aQ'' = dU' + dU'' + \mathfrak{F}(\varphi' - \varphi'') \sum_k z_k\, dn_k' + P'\, dV' + P''\, dV''. \qquad [3\text{-}3.5]$$

Aus den Beziehungen [4] und [5] leiten wir mit Gl. [3-2.1] ab:

$$d_iQ' + \sum_k H_k'\, dn_k' + d_iQ'' + \sum_k H_k''\, dn_k'' = 0. \qquad [3\text{-}3.6]$$

Somit können wir bei Beachtung von Gl. [3-2.2] den Wärmeübergang zwischen den beiden Phasen durch die Größe

$$J_Q \equiv \frac{d_iQ'}{dt} = -\frac{d_iQ''}{dt} + \sum_k (H_k'' - H_k')\, J_k \qquad [3\text{-}3.7]$$

beschreiben. Dieser Ausdruck bedeutet den *Wärmestrom* von der Phase $''$ zur Phase $'$, d. h. die in der Zeiteinheit der Phase $'$ von der Phase $''$ zugeführte Wärme. Es ist bemerkenswert, daß die Beziehung

$$\frac{d_iQ'}{dt} + \frac{d_iQ''}{dt} = 0$$

nur dann gilt, wenn $H_k' = H_k''$ oder $J_k = 0$ ist. Dies hängt mit der von uns gewählten Wärmedefinition für offene Phasen (vgl. § 1.7) zusammen.

Aus Gl. [4] und [6] folgt mit Gl. [3-2.3]:

$$\begin{aligned} dU' + P'dV' &= d_aQ' + d_iQ' + \sum_k H_k'dn_k' - \mathfrak{F}\varphi' \sum_k z_k\, dn_k', \\ dU'' + P''dV'' &= d_aQ'' + d_iQ'' + \sum_k H_k''dn_k'' - \mathfrak{F}\varphi'' \sum_k z_k dn_k'' \\ &= d_aQ'' - \Big(d_i\, Q' + \sum_k H_k'dn_k'\Big) + \mathfrak{F}\varphi'' \sum_k z_k dn_k'. \end{aligned} \qquad [3\text{-}3.8]$$

Diese Beziehungen werden wir in § 3.4 benutzen.

Aus Gl. [8] ergibt sich mit den Definitionen [3-2.2] und [7]:

$$\begin{aligned} J_Q &= -\frac{d_aQ'}{dt} + \frac{dU'}{dt} + P'\frac{dV'}{dt} + \sum_k (z_k \mathfrak{F}\varphi' - H_k')\, J_k \\ &= \frac{d_aQ''}{dt} - \frac{dU''}{dt} - P''\frac{dV''}{dt} + \sum_k (z_k \mathfrak{F}\varphi'' - H_k')\, J_k. \end{aligned} \qquad [3\text{-}3.9]$$

Daraus läßt sich durch eine ähnliche Überlegung wie in § 1.7 (S. 21) ableiten, daß der Wärmestrom J_Q unabhängig von dem willkürlich festgelegten

Nullpunkt der inneren Energie ist. Dies ist einer der Gründe für unsere Wärmedefinition (§ 1.7). In § 3.9 (S. 209) bringen wir eine Anwendung von Gl. [9].

§ 3.4. Entropiebilanz

Unter den in § 3.1 genannten Bedingungen ist die für isotrope Bereiche ohne Elektrisierung und Magnetisierung gültige GIBBSsche Hauptgleichung [1-9.5] auf jede der beiden Phasen unseres Systems zu einem beliebigen Zeitpunkt anwendbar (vgl. § 1.23):

$$\begin{aligned} T'\,dS' &= dU' + P'\,dV' - \sum_k \mu_k'\,dn_k', \\ T''\,dS'' &= dU'' + P''\,dV'' - \sum_k \mu_k''\,dn_k''. \end{aligned} \qquad [3\text{-}4.1]$$

Hierin bedeutet T die absolute Temperatur, S die Entropie und μ_k das chemische Potential der Teilchenart k, jeweils auf die betreffende Phase bezogen.

Wir führen gemäß Gl. [1-20.15] das elektrochemische Potential der Teilchensorte k

$$\eta_k = \mu_k + z_k \mathfrak{F} \varphi \qquad [3\text{-}4.2]$$

ein, das für alle ungeladenen Teilchenarten ($z_k = 0$) mit dem chemischen Potential μ_k identisch wird.

Für die gesamte Entropie S des heterogenen Systems gilt nach Gl. [1-24.2]:

$$S = S' + S''. \qquad [3\text{-}4.3]$$

Bei Beachtung von Gl. [3-2.1] und [3-3.8] finden wir aus Gl. [1], [2] und [3] für die Gesamtentropie:

$$\begin{aligned} dS = dS' + dS'' = \frac{d_a Q'}{T'} + \frac{d_a Q''}{T''} + \left(\frac{1}{T'} - \frac{1}{T''}\right)\left(d_i Q' + \sum_k H_k'\,dn_k'\right) \\ - \sum_k \left(\frac{\eta_k'}{T'} - \frac{\eta_k''}{T''}\right) dn_k'. \end{aligned} \qquad [3\text{-}4.4]$$

Dieselbe Gleichung würden wir auch erhalten, wenn wir in Gl. [3-3.8] die Terme mit den elektrischen Potentialen fortließen und dementsprechend unter U die totale Energie (gesamte innere Energie) der betreffenden Phase verständen. Dann würde nämlich an die Stelle von μ_k in Gl. [1] die Größe η_k treten.

Führen wir bei Beachtung von Gl. [3-2.2] und [3-3.7] die Zeit t explizit in Gl. [4] ein, so erhalten wir nach dem allgemeinen Vorbild von Gl. [1-24.3],

[1-24.4] und [1-24.5] die „Entropiebilanz":

$$\frac{dS}{dt} = \frac{d_a S}{dt} + \frac{d_i S}{dt} \qquad [3\text{-}4.5]$$

mit der „Entropieströmung"

$$\frac{d_a S}{dt} = \frac{1}{T'} \frac{d_a Q'}{dt} + \frac{1}{T''} \frac{d_a Q''}{dt} \qquad [3\text{-}4.6]$$

und der „Entropieerzeugung" (vgl. Gl. [1-24.6])

$$\Theta = \frac{d_i S}{dt} = \left(J_Q + \sum_k H_k' J_k\right)\left(\frac{1}{T'} - \frac{1}{T''}\right) - \sum_k J_k \left(\frac{\eta_k'}{T'} - \frac{\eta_k''}{T''}\right) \geqq 0 . \qquad [3\text{-}4.7]$$

Das Ungleichheitszeichen in [7] gilt für den wirklichen (irreversiblen) Ablauf der Vorgänge im System, das Gleichheitszeichen für den reversiblen Grenzfall.

Die Entropieströmung [6] enthält die zwischen System und Umgebung ausgetauschte Wärme und kann demnach positiv, negativ oder Null sein. Die Entropieerzeugung [7] bezieht sich auf die Prozesse im Inneren des Systems (Stoff-, Elektrizitäts- und Wärmeaustausch zwischen den beiden Phasen). Sie ist niemals negativ, bei wirklichem Ablauf der Vorgänge sogar stets positiv.

Abgesehen von dem trivialen Falle, bei dem die Phasengrenze undurchlässig für Materie und Wärme ist ($J_k = 0$, $J_Q = 0$), verschwindet die Entropieerzeugung Θ nach Gl. [7] im allgemeinen nur unter den Bedingungen

$$T' = T'', \qquad [3\text{-}4.8]$$

$$\eta_k' = \eta_k''. \qquad [3\text{-}4.9]$$

Diese Beziehungen stellen gemäß § 1.20 nichts anderes als die generellen Bedingungen für heterogenes Gleichgewicht dar. In diesem Falle gilt gleichzeitig:

$$J_Q = 0, \quad J_k = 0. \qquad [3\text{-}4.10]$$

Dem „reversiblen Grenzfall" und damit dem Gleichheitszeichen in Gl. [7] entspricht also das Gleichgewicht zwischen den beiden Phasen.

Bei einer nur halbdurchlässigen Phasengrenze (z. B. einer semipermeablen Membran), die für Stoffe der Sorte j undurchlässig ist, verschwinden die Materieströme J_j von vornherein, und für die elektrochemischen Potentiale η_j entfallen die Bedingungen [9] für das Gleichgewicht (vgl. § 1.20).

Will man den elektrischen Strom und die elektrischen Potentiale explizit in Gl. [7] erscheinen lassen, so berücksichtigt man Gl. [3-2.6] und Gl. [2]. Man erhält dann für die Entropieerzeugung:

$$\Theta = \Big(J_Q + \sum_k H_k' J_k\Big)\left(\frac{1}{T'} - \frac{1}{T''}\right) - \sum_k J_k \left(\frac{\mu_k'}{T'} - \frac{\mu_k''}{T''}\right)$$
$$- I\left(\frac{\varphi'}{T'} - \frac{\varphi''}{T''}\right) \geqq 0. \qquad [3\text{-}4.11]$$

§ 3.5. Dissipationsfunktion für Gleichgewichtsnähe

Es sei Z' bzw. Z'' eine beliebige, auf die Phase $'$ bzw. $''$ bezügliche Zustandsfunktion (einschließlich des elektrischen Potentials φ' bzw. φ''). Wir schreiben dann (vgl. Abb. 5):

$$Z' \equiv Z, \quad Z'' - Z' \equiv \Delta Z \qquad [3\text{-}5.1]$$

und führen gemäß Gl. [1-24.7] die *Dissipationsfunktion*

$$\Psi \equiv T\Theta \qquad [3\text{-}5.2]$$

ein. Hieraus folgt mit Gl. [3-4.7] und [3-4.11]:

$$\Psi = \Big(J_Q + \sum_k H_k J_k\Big) \frac{\Delta T}{T + \Delta T} + \sum_k J_k T \Delta\left(\frac{\eta_k}{T}\right)$$
$$= \Big(J_Q + \sum_k H_k J_k\Big) \frac{\Delta T}{T + \Delta T} + \sum_k J_k T \Delta\left(\frac{\mu_k}{T}\right)$$
$$+ I T \Delta\left(\frac{\varphi}{T}\right) \geqq 0. \qquad [3\text{-}5.3]$$

Diese Beziehung für die Dissipationsfunktion ist vollkommen allgemein.

Phase $'$:	Phase $''$:
Temperatur T	Temperatur $T + \Delta T$,
Druck P,	Druck $P + \Delta P$,
Konzentrationen x_k,	Konzentrationen $x_k + \Delta x_k$,
elektrisches Potential φ	elektrisches Potential $\varphi + \Delta\varphi$

Abb. 5. Dasselbe System wie in Abb. 4 (S. 175) mit neuer Bezeichnungsweise

Wir setzen jetzt voraus:

$$|\Delta T| \ll T, \qquad [3\text{-}5.4]$$

eine Bedingung, die *praktisch* stets erfüllt sein dürfte, da andernfalls „diskontinuierliche" Systeme experimentell kaum realisierbar sind. Es ergibt sich aus Gl. [3] und [4], da man willkürlich $\varphi = 0$ setzen und damit den Term $- I \varphi \Delta T/T$ zum Verschwinden bringen kann:

$$\begin{aligned}\Psi &= \Big(J_Q + \sum_k H_k J_k\Big) \frac{\Delta T}{T} + \sum_k J_k T \Delta \left(\frac{\eta_k}{T}\right) \\ &= \Big(J_Q + \sum_k H_k J_k\Big) \frac{\Delta T}{T} + \sum_k J_k T \Delta \left(\frac{\mu_k}{T}\right) \\ &\quad + I \Delta \varphi \geqslant 0. \end{aligned} \qquad [3\text{-}5.5]$$

Hierin darf infolge von [4] für T die mittlere absolute Temperatur des Systems eingesetzt werden.

Ehe wir Gl. [5] weiter vereinfachen können, müssen wir einige grundsätzliche Betrachtungen über die verschiedenen Typen von heterogenen Systemen anstellen.

Wir unterscheiden vier Klassen von diskontinuierlichen Systemen (vgl. § 3.1):

1. *Flüssigkeit-Dampf-Systeme:* Von den beiden Teilsystemen ist das eine flüssig, das andere gasförmig. Der Stoffübergang bedeutet hier Verdampfung oder Kondensation. Die elektrochemischen Potentiale η_k' und η_k'' beziehen sich in diesem Falle auf zwei verschiedene Aggregatzustände, sind also *verschiedene* Funktionen der unabhängigen Variablen, als die wir die Temperatur T, den Druck P, das elektrische Potential φ und die unabhängigen Molenbrüche x_j ansehen wollen.

2. *Entmischte flüssige Systeme:* Beide Teilsysteme sind flüssig, werden aber auch bei Gleichgewicht nicht identisch, da sie sich infolge der Mischungslücke mindestens hinsichtlich ihrer Zusammensetzungen unterscheiden. Der Stoffübergang bedeutet hier Materieaustausch zwischen zwei flüssigen Mischphasen. Die elektrochemischen Potentiale η_k' und η_k'' betreffen jetzt zwei Phasen desselben Aggregatzustandes und können daher als zwei verschiedene Werte *derselben* Funktion angesehen werden.

3. *Ventilsysteme erster Art:* Beide Teilsysteme sind entweder gasförmig oder flüssig (ohne Mischungslücke) und werden voneinander durch ein für alle Teilchenarten durchlässiges Ventil (permeable Membran, Kapillare, poröse Wand usw.) getrennt. Im Gleichgewichtsfalle werden die beiden Teilsysteme identisch. Hier sind die elektrochemischen Potentiale η_k' und η_k'' wiederum verschiedene Werte *derselben* Funktion.

4. *Ventilsysteme zweiter Art:* Beide Teilsysteme sind entweder gasförmig oder flüssig (ohne Mischungslücke) und werden voneinander durch ein nur für bestimmte Teilchenarten durchlässiges Ventil (semipermeable Membran) getrennt. Ein Gleichgewicht kann sich lediglich bei einer *starren* Membran, die den Aufbau eines Druckunterschiedes zwischen den beiden Phasen erlaubt, einstellen („osmotisches Gleichgewicht"). Im Gleichgewichtsfalle unterscheiden sich also die beiden Teilsysteme mindestens hinsichtlich ihrer Drucke und Zusammensetzungen. Aber auch hier sind die elektrochemischen Potentiale η_k' und η_k'' nur verschiedene Werte *derselben* Funktion.

Wir betrachten vorläufig nur die drei letzten Systemklassen, schließen also zunächst Flüssigkeit-Dampf-Systeme aus. Demnach sind im folgenden die Größen

$$\eta_k' = \eta_k, \quad \eta_k'' = \eta_k + \Delta\eta_k$$

als zwei verschiedene Werte derselben Funktion η_k (T, P, φ, x_j) anzusehen.

Wir setzen weiterhin *kleine* Werte von $\Delta T, \Delta P, \Delta\varphi$ und Δx_j voraus. Dann können wir für $\Delta(\eta_k/T)$ in Gl. [5] eine Taylor-Entwicklung ansetzen und die Reihe nach den linearen Termen abbrechen. Wir erhalten so mit Gl. [1-12.8], [1-12.12] und [3-4.2]:

$$T\Delta\left(\frac{\eta_k}{T}\right) = T\Delta\left(\frac{\mu_k}{T}\right) + z_k\mathfrak{F}\Delta\varphi, \qquad [3\text{-}5.6]$$

$$T\Delta\left(\frac{\mu_k}{T}\right) = -\frac{H_k}{T}\Delta T + (\Delta\mu_k)_T, \qquad [3\text{-}5.7]$$

$$(\Delta\mu_k)_T = V_k\Delta P + \sum_j \left(\frac{\partial\mu_k}{\partial x_j}\right)_{T,P}\Delta x_j. \qquad [3\text{-}5.8]$$

Hierin ist V_k das partielle Molvolumen der Teilchenart k. Die Summe ist über alle unabhängigen Molenbrüche zu erstrecken. Die partielle Differentiation nach dem Molenbruch gilt bei gegebenen Werten der Temperatur T und des Druckes P für Konstanz aller übrigen unabhängigen Molenbrüche.

Da unsere weiteren Rechnungen auf den „phänomenologischen Ansätzen" beruhen, die *Gleichgewichtsnähe* voraussetzen (§ 3.6), fragen wir uns jetzt, inwiefern die Bedingung der Gleichgewichtsnähe der in Gl. [6] bis [8] enthaltenen Annahme kleiner Werte von $\Delta T, \Delta P, \Delta\varphi$ und Δx_j entspricht. Bei Ventilsystemen erster Art werden im Gleichgewichtsfalle die beiden Teilsysteme identisch; hier bedeuten also die beiden Voraussetzungen dasselbe. Bei Ventilsystemen zweiter Art hingegen braucht „Gleichgewichtsnähe" nicht der Forderung kleiner Werte von $\Delta T, \Delta P$ usw. zu entsprechen; denn zu großen Konzentrationsdifferenzen gehören im Gleichgewichtsfalle hohe Druckdifferenzen („osmotische Drucke"). Wir müssen mithin bei Ventilsystemen zweiter Art von vornherein kleine Konzentrationsunterschiede voraussetzen, damit die Bedingung der Gleichgewichtsnähe durch die Beziehungen [6] bis [8] wiedergegeben wird. Entmischte flüssige Systeme können für den Fall der Gleichgewichtsnähe überhaupt nicht durch Gl. [6] bis [8] beschrieben werden, weil hier bei Gleichgewicht folgende Bedingungen erfüllt sein müssen:

$$\Delta \eta_k = 0, \quad \Delta T = 0, \quad \Delta P = 0, \quad \Delta x_k \neq 0,$$

die den Ansätzen [6] bis [8] widersprechen, wenn man diese auf die Umgebung des Gleichgewichtes anwendet.

Mit den Abkürzungen

$$X_Q \equiv \frac{\Delta T}{T}, \qquad [3\text{-}5.9]$$

$$X_k \equiv (\Delta \mu_k)_T + z_k \mathfrak{F} \Delta \varphi \qquad [3\text{-}5.10]$$

resultiert aus Gl. [5], [6] und [7]:

$$\Psi = J_Q X_Q + \sum_k J_k (\Delta \mu_k)_T + I \Delta \varphi$$

$$= J_Q X_Q + \sum_k J_k X_k \geqq 0 \,. \qquad [3\text{-}5.11]$$

Damit hat die Dissipationsfunktion Ψ die in Gl. [1-24.22] angegebene Gestalt: Sie ist eine Summe von Produkten aus „generalisierten Strömen" und zugehörigen „generalisierten Kräften".

Wählt man als „Ströme" die Größen

$$J_Q, \quad J_k, \quad I, \qquad [3\text{-}5.12]$$

so sind die zugehörigen „Kräfte" nach Gl. [11]:

$$X_Q, \quad (\Delta \mu_k)_T, \quad \Delta \varphi. \qquad [3\text{-}5.13]$$

Die beiden letzten Größen in [13] brauchen nicht im Gleichgewichtsfalle zu verschwinden (Beispiel: Ventilsystem zweiter Art mit einer für Ionen durchlässigen semipermeablen Membran).

Wählen wir aber – wie im folgenden stets – als „Ströme"

$$J_Q, \quad J_k \qquad [3\text{-}5.14]$$

und demgemäß als „Kräfte" nach Gl. [11]

$$X_Q, \quad X_k, \qquad [3\text{-}5.15]$$

so verschwinden alle diese Größen im Gleichgewichtsfalle, wie aus Gl. [3-4.2], [3-4.8], [3-4.9], [3-4.10] sowie Gl. [1], [9] und [10] hervorgeht.

Da das Gleichheitszeichen in [11] sich auf das heterogene Gleichgewicht bezieht (vgl. § 3.4) und wir uns weiterhin nur für den irreversiblen (wirklichen) Ablauf der Prozesse interessieren, schreiben wir [11] endgültig in der Form:

$$\Psi = J_Q X_Q + \sum_k J_k X_k > 0. \qquad [3\text{-}5.16]$$

Diese Beziehung ist der DE DONDERschen Ungleichung [1-24.21] analog und wie diese ein Sonderfall der allgemeinen Ungleichung [1-24.23].

Nach obigem gilt der Ausdruck [16] für alle Typen von heterogenen Systemen mit Ausnahme der Flüssigkeit-Dampf-Systeme, falls man hinreichend kleine Werte von ΔT, ΔP, $\Delta \varphi$ und Δx_k voraussetzt. Nimmt man jedoch weiterhin Gleichgewichtsnähe an – wie zu Beginn des nächsten Paragraphen –, so darf man [16] nur noch auf Ventilsysteme anwenden. In diesem Falle stellt das diskontinuierliche System einen Grenzfall eines kontinuierlichen Systems (4. Kapitel) dar. Bei allen anderen Arten von heterogenen Systemen aber muß man von der allgemeineren Beziehung [5] für die Dissipationsfunktion ausgehen (vgl. den Schluß von § 3.6).

§ 3.6. Phänomenologische Ansätze und Onsagers Reziprozitätssatz

Die „generalisierten Ströme" J_Q (Wärmestrom) und J_k (Materieströme) sowie die „generalisierten Kräfte" X_Q und X_k, die in der Dissipationsfunktion [3-5.16] auftreten, verschwinden nach § 3.5 alle einzeln im Gleichgewichtsfalle. Es liegt daher nahe, die Abweichungen vom Gleichgewicht, also die irreversiblen Prozesse, die sich in unserem System abspielen, in erster Näherung durch homogene lineare Zusammenhänge zwischen allen „Strömen" und „Kräften" zu beschreiben. Diese Zusammenhänge, die für *Gleichgewichtsnähe* gelten, werden *phänomenologische Ansätze* genannt. Sie lauten für den Fall, daß die Phasengrenze für N Teilchenarten durchlässig ist:

$$\begin{aligned}
J_1 &= \alpha_{11} X_1 + \alpha_{12} X_2 + \dots + \alpha_{1N} X_N + \alpha_{1Q} X_Q,\\
J_2 &= \alpha_{21} X_1 + \alpha_{22} X_2 + \dots + \alpha_{2N} X_N + \alpha_{2Q} X_Q,\\
&\dots\dots\dots\dots\dots\dots\dots\dots\\
&\dots\dots\dots\dots\dots\dots\dots\dots\\
J_N &= \alpha_{N1} X_1 + \alpha_{N2} X_2 + \dots + \alpha_{NN} X_N + \alpha_{NQ} X_Q,\\
J_Q &= \alpha_{Q1} X_1 + \alpha_{Q2} X_2 + \dots + \alpha_{QN} X_N + \alpha_{QQ} X_Q.
\end{aligned} \qquad [3\text{-}6.1]$$

Darin sind die Größen $\alpha_{11}, \alpha_{12}, \ldots \alpha_{QQ}$ *phänomenologische Koeffizienten*, deren Bedeutung an Hand von Beispielen in den folgenden Paragraphen erläutert wird. Sie sind unabhängig von den generalisierten Strömen und Kräften, können aber noch in beliebiger Weise von den mittleren Zustandsvariablen des Systems (Temperatur, Druck, Zusammensetzung usw.) und von der Art und den Dimensionen des Ventils abhängen.

Die linearen Ansätze [1] sind den Beziehungen [2-4.1] für chemische Reaktionen analog und stellen wie diese einen Sonderfall der allgemeinen Gleichungen [1-25.1] dar.

Nach dem *Reziprozitätssatz von* Onsager [1-26.1] gilt (vgl. Gl. [2-4.2]):

$$\alpha_{ij} = \alpha_{ji} \quad (i, j = 1, 2, \ldots N, Q). \qquad [3\text{-}6.2]$$

Die Koeffizientenmatrix ist also symmetrisch. Der Sinn dieser Aussage wird ebenfalls später bei den einzelnen Beispielen deutlich werden.

Da die generalisierten Ströme und Kräfte in Gl. [1] alle unabhängig sind (vgl. § 3.5), bestehen keine linearen Abhängigkeiten zwischen den phänomenologischen Koeffizienten, und die Gültigkeit des Onsagerschen Reziprozitätssatzes [2] unterliegt keinem Zweifel (vgl. § 1.27).

Trägt man die phänomenologischen Ansätze [1] mit den Onsagerschen Reziprozitätsbeziehungen [2] in den Ausdruck [3-5.16] für die Dissipationsfunktion ein, so erkennt man, daß die Dissipationsfunktion für irreversible Prozesse in Gleichgewichtsnähe eine positiv-definite quadratische Form ist. Daraus ergibt sich, daß die Determinante aus den phänomenologischen Koeffizienten mit sämtlichen Hauptminoren positiv ist, entsprechend den allgemeinen Aussagen [1-26.5] und [1-26.6] und analog zu den speziellen Aussagen [2-4.4] und [2-4.5] für chemische Reaktionen:

$$\alpha_{ii} > 0, \quad \alpha_{ii}\alpha_{jj} - \alpha_{ij}^2 > 0 \quad (i, j = 1, 2, \ldots N, Q; i \neq j), \qquad [3\text{-}6.3]$$

. . . .

. . . .

$$\begin{vmatrix} \alpha_{11}\alpha_{12} \ldots \alpha_{1N}\alpha_{1Q} \\ \alpha_{21}\alpha_{22} \ldots \alpha_{2N}\alpha_{2Q} \\ \ldots\ldots\ldots \\ \ldots\ldots\ldots \\ \alpha_{N1}\alpha_{N2} \ldots \alpha_{NN}\alpha_{NQ} \\ \alpha_{Q1}\alpha_{Q2} \ldots \alpha_{QN}\alpha_{QQ} \end{vmatrix} > 0. \qquad [3\text{-}6.4]$$

Auch die Konsequenzen aus diesem System von Ungleichungen werden bei den Beispielen im folgenden näher diskutiert werden.

Nach § 3.5 gelten die Beziehungen [1] bis [4] nur für Ventilsysteme mit kleinen Werten der Temperaturdifferenz ΔT, der Druckdifferenz ΔP, der elektrischen Potentialdifferenz $\Delta \varphi$ und der Konzentrationsunterschiede, die wir als unabhängige Molenbruchdifferenzen Δx_j beschreiben. Die expliziten Ausdrücke für die „Kräfte" X_Q und X_k lauten gemäß Gl. [3-5.8], [3-5.9] und [3-5.10]:

$$X_Q = \frac{\Delta T}{T}, \qquad [3\text{-}6.5]$$

$$X_k = V_k \Delta P + \sum_j \left(\frac{\partial \mu_k}{\partial x_j}\right)_{T,P} \Delta x_j + z_k \mathfrak{F} \Delta \varphi \quad (k = 1, 2, \ldots N). \qquad [3\text{-}6.6]$$

Darin bedeutet T die mittlere absolute Temperatur des Systems, $\mathfrak{F}$ die FARADAYsche Konstante, z_k die elektrochemische Valenz, μ_k das chemische Potential und V_k das partielle Molvolumen der Teilchenart k. Die Summe ist über alle unabhängigen Molenbrüche zu erstrecken.

Bei Mehrstoffsystemen werden häufig nicht die einzelnen Materieströme J_k, sondern nur der Volumendurchsatz („Volumenfluß")

$$J \equiv \frac{dV}{dt} \qquad [3\text{-}6.7]$$

gemessen, wobei V das Volumen der Phase $'$ und t die Zeit bedeutet. Der Ausdruck [7] ist die Zunahmegeschwindigkeit des Volumens der Phase $'$ (Temperatur T, Druck P usw.) und gleichzeitig – bei konstantem Volumen des Gesamtsystems exakt, sonst annähernd – die Abnahmegeschwindigkeit des Volumens der Phase $''$ (Temperatur $T + \Delta T$, Druck $P + \Delta P$ usw.). Setzen wir voraus, daß Temperatur und Druck in der Phase $'$ zeitlich konstant sind, so folgt mit Gl. [1-6.3], [3-2.2] und [3-5.1]:

$$\frac{dV}{dt} = \sum_{k=1}^{N} V_k \frac{dn_k}{dt} = \sum_{k=1}^{N} V_k J_k .$$

Daraus ergibt sich mit Gl. [7]:

$$J = \sum_{k=1}^{N} V_k J_k, \qquad [3\text{-}6.8]$$

eine Beziehung, die wir mehrfach benutzen werden[1]).

[1]) Bei vielen Versuchsanordnungen wird der Druck in keiner der beiden Phasen zeitlich konstant gehalten. In diesem Falle sehen wir Gl. [8] als Definition der Größe J an. Bei flüssigen Medien ist Gl. [7] dann immer noch eine gute Näherung, so daß der Name „Volumenfluß" für J berechtigt bleibt. Bei gasförmigen Medien besteht jedoch eine wesentliche Diskrepanz zwischen den Aussagen [7] und [8], falls die Bedingung zeitlich konstanten Druckes in der Phase $'$ nicht erfüllt ist. Wir werden daher überall, wo Experimente mit Gasen überhaupt in Frage kommen, den „Volumenfluß" nicht verwenden (vgl. § 3.10).

Für den Spezialfall $\Delta x_j = 0$ (Einstoffsystem oder Mehrstoffsystem mit gleichen Zusammensetzungen der beiden Phasen) resultiert mit Hilfe von Gl. [5], [6] und [8] eine besonders einfache Gestalt der Dissipationsfunktion [3-5.16], wenn man auch Gl. [3-2.6] berücksichtigt:

$$\Psi = J \Delta P + I \Delta \varphi + J_Q \frac{\Delta T}{T} > 0. \qquad [3\text{-}6.9]$$

Hierin ist I die elektrische Stromstärke. Da der durch Gl. [9] beschriebene Sonderfall nur bei Ventilsystemen erster Art in Frage kommt und hier im Gleichgewichtsfalle die Größen J, I und J_Q bzw. $\Delta P, \Delta \varphi$ und ΔT verschwinden (vgl. § 3.5), können wir diese als „Ströme" bzw. „Kräfte" wählen und neue phänomenologische Ansätze formulieren, die einfacher als die Beziehungen [1] sind:

$$\left.\begin{aligned} J &= a_{11} \Delta P + a_{12} \Delta \varphi + a_{13} \frac{\Delta T}{T}, \\ I &= a_{21} \Delta P + a_{22} \Delta \varphi + a_{23} \frac{\Delta T}{T}, \\ J_Q &= a_{31} \Delta P + a_{32} \Delta \varphi + a_{33} \frac{\Delta T}{T}. \end{aligned}\right\} \qquad [3\text{-}6.10]$$

Zwischen den neun phänomenologischen Koeffizienten $a_{11}, a_{12}, \ldots a_{33}$ bestehen nach dem Onsagerschen Reziprozitätssatz [1-26.1] drei Beziehungen:

$$a_{12} = a_{21}, \quad a_{13} = a_{31}, \quad a_{23} = a_{32}, \qquad [3\text{-}6.11]$$

so daß nur noch sechs unabhängige Koeffizienten verbleiben. Auf Grund des positiv-definiten Charakters der Dissipationsfunktion [9] ergeben sich aus [10] und [11] folgende Vorzeichenaussagen:

$$a_{11} > 0, \quad a_{22} > 0, \quad a_{33} > 0, \qquad [3\text{-}6.12]$$

$$a_{11} a_{22} - a_{12}^2 > 0, \quad a_{11} a_{33} - a_{13}^2 > 0, \; a_{22} a_{33} - a_{23}^2 > 0, \qquad [3\text{-}6.13]$$

$$\begin{vmatrix} a_{11} & a_{12} & a_{13} \\ a_{21} & a_{22} & a_{23} \\ a_{31} & a_{32} & a_{33} \end{vmatrix} > 0. \qquad [3\text{-}6.14]$$

In den Aussagen [10] bis [14] ist die phänomenologische Beschreibung der elektrokinetischen Effekte (§ 3.7) und der thermomechanischen Effekte (§ 3.10) vollständig enthalten.

Einen anderen bemerkenswerten Sonderfall stellt ein Mehrstoffsystem bei verschwindendem Druckunterschied ($\Delta P = 0$) dar. Wir führen die molare Volumenkonzentration c_k mit Gl. [1-6.4], [1-6.5] und [1-6.6] ein:

$$c_k = \frac{x_k}{\bar{V}} \quad (k = 1, 2, \ldots N), \qquad [3\text{-}6.15]$$

worin $\overline{V}$ das Molvolumen der Mischung bedeutet, benutzen die Identität [1-6.11]

$$\sum_{k=1}^{N} c_k V_k = 1\,, \qquad [3\text{-}6.16]$$

die GIBBS-DUHEMsche Beziehung [1-13.6] in der Form

$$\sum_{k=1}^{N} c_k \left(\frac{\partial \mu_k}{\partial x_j}\right)_{T,P} = 0 \qquad [3\text{-}6.17]$$

und die für jedes leitende Medium gültige Elektroneutralitätsbedingung

$$\sum_{k=1}^{N} c_k z_k = 0. \qquad [3\text{-}6.18]$$

Damit folgt aus Gl. [6]:

$$\sum_{k=1}^{N} c_k X_k = \Delta P. \qquad [3\text{-}6.19]$$

Für $\Delta P = 0$ gibt es also nur $N - 1$ unabhängige Größen unter den generalisierten Kräften $X_1, X_2, \ldots X_N$. Nach § 1.27 ist es dann angebracht, vor Aufstellung der phänomenologischen Ansätze die abhängige „Kraft" zu eliminieren. Wählen wir $X_1, X_2, \ldots X_{N-1}$ als unabhängige „Kräfte", so ergibt sich aus Gl. [15] und [19]:

$$X_N = -\sum_{j=1}^{N-1} \frac{x_j}{x_N} X_j \qquad (\Delta P = 0).$$

Damit erhalten wir aus Gl. [3-5.16] für die Dissipationsfunktion:

$$\Psi = J_Q X_Q + \sum_{j=1}^{N-1} \left(J_j - \frac{x_j}{x_N} J_N\right) X_j \geqslant 0 \; (\Delta P = 0), \qquad [3\text{-}6.20]$$

worin nur noch unabhängige „Ströme" und „Kräfte" enthalten sind. Den Kräften $X_1, X_2, \ldots X_{N-1}$ sind nun die Ströme

$$J_1 - \frac{x_1}{x_N} J_N, \; J_2 - \frac{x_2}{x_N} J_N, \; \ldots \; J_{N-1} - \frac{x_{N-1}}{x_N} J_N$$

zugeordnet, worauf man bei der Aufstellung der phänomenologischen Ansätze zu achten hat. Wir werden indessen bei unseren Rechnungen nie von vornherein die Bedingung $\Delta P = 0$ voraussetzen, so daß wir nach wie vor von den Beziehungen [1] oder [10] ausgehen können.

Die bislang in diesem Paragraphen ausgeschlossenen Fälle (Flüssigkeit-Dampf-Systeme, entmischte flüssige Systeme oder Ventilsysteme zweiter Art mit großen Druck- und Konzentrationsdifferenzen) lassen sich ebenfalls mit den Methoden der Thermodynamik der irreversiblen Prozesse behandeln, wenn man anstatt von Gl. [3-5.16] von der allgemeineren Beziehung [3-5.5] ausgeht. Wir können nämlich die im Ausdruck [3-5.5] vorkommenden Größen

$$J_1, J_2, \ldots J_N, J_Q + \sum_{k=1}^{N} H_k J_k$$

als „Ströme" und die konjugierten Größen

$$T\Delta\left(\frac{\eta_1}{T}\right), T\Delta\left(\frac{\eta_2}{T}\right) \quad , \ldots T\Delta\left(\frac{\eta_N}{T}\right), \frac{\Delta T}{T}$$

als „Kräfte" ansehen. Da die so gewählten „Ströme" und „Kräfte" bei Gleichgewicht verschwinden, dürfen wir phänomenologische Beziehungen zwischen diesen Größen aufstellen, die den Ansätzen [1] analog sind und wiederum für Gleichgewichtsnähe gelten[1]).

Will man z. B. die isothermen Verdampfungs- und Kondensationserscheinungen bei Gleichgewichtsnähe für ein System aus zwei Komponenten (Nichtelektrolyten) beschreiben, so hat man nach Gl. [3-5.1] und [3-5.5] anzusetzen:

$$J_1 = \alpha_{11}(\mu_1'' - \mu_1') + \alpha_{12}(\mu_2'' - \mu_2'),$$

$$J_2 = \alpha_{21}(\mu_1'' - \mu_1') + \alpha_{22}(\mu_2'' - \mu_2'),$$

worin α_{11}, α_{12}, α_{21} und α_{22} phänomenologische Koeffizienten sind, für die der ONSAGERsche Reziprozitätssatz [1-26.1] aussagt:

$$\alpha_{12} = \alpha_{21}.$$

Ist die Phase $'$ die Flüssigkeit und die Phase $''$ der Dampf, so bedeutet gemäß Gl. [3-2.2] J_1 bzw. J_2 die Kondensationsgeschwindigkeit der Komponente 1 bzw. 2 und μ_i' bzw. μ_i'' das chemische Potential der Komponente i ($i = 1, 2$) in der Flüssigkeit bzw. im Dampf.

Alle folgenden Beispiele beziehen sich wiederum nur auf Ventilsysteme mit kleinen Werten der Temperaturdifferenz, des Druckunterschiedes, der elektrischen Potentialdifferenz und der Konzentrationsunterschiede, so daß die Beziehungen [1] bis [6] stets anwendbar sind.

§ 3.7. Elektrokinetische Effekte

a) *Empirische Beschreibung.* Wir denken uns ein flüssiges System, das durch eine Kapillare, eine poröse Wand oder eine permeable Membran in

[1]) Vgl. R. HAASE, Z. physik. Chem. Neue Folge **21**, 244 (1959).

zwei Teilsysteme aufgespalten wird. Diese beiden Teilsysteme sollen gleiche Temperaturen und gleiche Zusammensetzungen haben. Es seien aber eine Druckdifferenz (ΔP) und eine elektrische Potentialdifferenz ($\Delta \varphi$) zwischen den beiden Teilsystemen möglich. (Die Flüssigkeit soll bewegliche Elektronen oder Ionen enthalten, wie etwa Quecksilber oder eine wäßrige Elektrolytlösung.) Dann kann durch das Ventil (Kapillare usw.) Materie bzw. Elektrizität fließen. Wir führen als Maß für den Stoff- bzw. Ladungstransport den Volumenfluß J bzw. die elektrische Stromstärke I ein (vgl. § 3.6 und Abb. 6).

Phase ′: Druck P, elektrisches Potential φ	Phase ″: Druck $P + \Delta P$, elektrisches Potential $\varphi + \Delta\varphi$

$\leftarrow J > 0$ (Volumenfluß)

$\leftarrow I > 0$ (elektrischer Strom)

Abb. 6. Heterogenes (diskontinuierliches) System mit Materie- und Elektrizitätsübergang zwischen den beiden Teilsystemen (Phase′ und Phase″) als Sonderfall des Systems in Abb. 5 (S. 181)

Wenn bei verschwindender elektrischer Potentialdifferenz ($\Delta \varphi = 0$) infolge eines Druckunterschiedes ($\Delta P \neq 0$) Materie durch das Ventil strömt, hat man das bei Membranen als „Permeation“, sonst als „Kapillarströmung“ bekannte Phänomen vor sich. Wir nennen die Erscheinung kurz *Permeation*. Da der Volumenfluß J der Dicke δ des Ventils (Dicke der Membran oder porösen Wand bzw. Länge der Kapillare) umgekehrt proportional und – wenigstens bei Membranen – dem wirksamen Querschnitt q des Ventils proportional ist, setzen wir an:

$$J = a \frac{q}{\delta} \Delta P \qquad (\Delta \varphi = 0) \tag{3-7.1}$$

und nennen a die *Permeabilität*. Bei nicht zu hohen Werten der Druckdifferenz ΔP ist die Permeabilität a erfahrungsgemäß unabhängig von ΔP, hängt aber von der Temperatur, der Zusammensetzung und – in geringerem Maße – vom mittleren Druck des Systems ab. Die Größe a ist positiv, so daß nach Abb. 6 der Materiestrom immer vom höheren zum niedrigeren Druck fließt.

Der Anschaulichkeit halber drücken wir a durch anderweitig meßbare Größen für den Fall einer Poiseuille-Strömung aus. Für eine Kapillare vom (effektiven) Radius r, also vom wirksamen Querschnitt $q = \pi r^2$, besagt das POISEUILLEsche Gesetz:

$$a = \frac{r^2}{8\eta}, \qquad [3\text{-}7.2]$$

worin η die Viskosität der Flüssigkeit bedeutet. Hier ist a dem Querschnitt q der Kapillare proportional, so daß nach Gl. [1] J der Größe q^2 proportional wird. Eine poröse Wand kann naturgemäß als ein System von Kapillaren angesehen werden.

Komplizierter ist die Situation bei Membranen[1])[2]). Hier wird es vom Verhältnis des Molekulardurchmessers der permeierenden Substanz zum Porendurchmesser der Membranhohlräume abhängen, ob noch POISEUILLE-Strömung (laminare Strömung von makroskopischen Teilen der Flüssigkeit) oder schon ein Diffusionsmechanismus (Diffusion innerhalb der Membran, die dann als binäres System „Membransubstanz + permeierender Stoff" mit einem Konzentrationsgefälle infolge der Druckdifferenz zu interpretieren ist) oder auch eine Kombination von beiden Mechanismen vorliegt.

Fließt bei verschwindender Druckdifferenz ($\Delta P = 0$) infolge eines Potentialunterschiedes ($\Delta\varphi \neq 0$) ein elektrischer Strom durch das Ventil, so liegt gewöhnliche *Elektrizitätsleitung* vor. Es gilt dann für nicht zu hohe Werte der Potentialdifferenz das OHMsche Gesetz. Wenn wir an Stelle des spezifischen elektrischen Widerstandes ϱ die *spezifische elektrische Leitfähigkeit*

$$\varkappa = \frac{1}{\varrho} \qquad [3\text{-}7.3]$$

einführen, erhalten wir:

$$I = \varkappa \frac{q}{\delta} \Delta\varphi \quad (\Delta P = 0)\,. \qquad [3\text{-}7.4]$$

Die positive Größe $\varkappa$ hängt nicht von $\Delta\varphi$, q und δ, wohl aber von der Temperatur, der Zusammensetzung und – in geringerem Maße – vom mittleren Druck des Systems ab. Gl. [4] ist der Beziehung [1] analog.

In einer Lösung, die Ionen normaler Größe bzw. Kolloide enthält, nennt man das Wandern der Ladungsträger in einem äußeren elektrischen Feld „Elektrolyse" bzw. „Elektrophorese". Bilden nun die geladenen Teilchen so große Verbände, daß eine „Suspension" und schließlich zwei räumlich getrennte „Phasen" vorliegen, so findet immer noch eine Bewegung der Materie im elektrischen Feld statt, die man jetzt als *Elektroosmose* bezeichnet. In unserem Falle ist die Flüssigkeit, aus der sich die beiden Teilsysteme zusammensetzen, die eine Phase, während die feste, unbewegliche Substanz, aus der die Kapillare, die poröse Wand oder die Membran besteht,

---

[1]) Vgl. W. KUHN, Z. Elektrochem. **55**, 207 (1951).
[2]) Vgl. L. B. TICKNOR, J. Physic. Chem. **62**, 1483 (1958).

die andere Phase darstellt. An den Berührungsstellen der beiden Phasen bilden sich elektrische Potentialdifferenzen („elektrische Doppelschichten“) aus. Wird ein äußeres elektrisches Feld angelegt, so wandert die bewegliche Phase, also die Flüssigkeit, relativ zu der unbeweglichen Phase, dem Ventil. Die Elektroosmose macht sich mithin bei unserem System dadurch bemerkbar, daß eine äußere elektrische Potentialdifferenz ($\Delta\varphi \neq 0$) zwischen den beiden Teilsystemen bei verschwindendem Druckunterschied ($\Delta P = 0$) zu einem Materiestrom durch das Ventil Anlaß gibt.

Wir beschreiben die Elektroosmose quantitativ durch einen zu Gl. [1] und [4] analogen Ansatz:

$$J = b\frac{q}{\delta}\Delta\varphi \qquad (\Delta P = 0) \tag{3-7.5}$$

und nennen b die *elektroosmotische Permeabilität*. Wie die Erfahrung zeigt[1], hängt bei nicht zu großen Potentialdifferenzen die elektroosmotische Permeabilität b nicht von $\Delta\varphi$, wohl aber von der Temperatur, der Zusammensetzung und – in geringerem Maße – vom mittleren Druck des Systems ab. Die Größe b kann sowohl positiv als auch negativ sein.

Zur Elektroosmose gibt es auch einen Umkehreffekt: Durch eine Druckdifferenz ($\Delta P \neq 0$) zwischen den beiden Teilsystemen wird bei verschwindendem Potentialunterschied ($\Delta\varphi = 0$) ein elektrischer Strom, der sog. „Strömungsstrom“, hervorgerufen. Wir nennen das Phänomen *Strömungsleitung* und beschreiben es in Analogie zu Gl. [1], [4] und [5] durch folgenden Ansatz:

$$I = b^*\frac{q}{\delta}\Delta P \qquad (\Delta\varphi = 0). \tag{3-7.6}$$

Darin ist b^* die *Strömungsleitfähigkeit*. Bei hinreichend kleinen Werten von ΔP gilt wieder: b^* ist unabhängig von ΔP, aber abhängig von der Temperatur, der Zusammensetzung und – in geringerem Maße – vom mittleren Druck des Systems. Die Größe b^* kann sowohl positiv als auch negativ sein.

Der allgemeinste Fall ($\Delta P \neq 0$, $\Delta\varphi \neq 0$) entspricht dem gleichzeitigen Auftreten von Permeation, elektrischer Leitung, Elektroosmose und Strömungsleitung, die sich erfahrungsgemäß linear überlagern.

---

[1]) Die Elektroosmose ist schon lange bekannt: Reuss beobachtete bereits 1809 einen Wassertransport durch eine poröse Tonwand bei Anlegen einer elektrischen Spannung. Eine kurze, aber gute Übersicht über die modernen Aspekte der „elektrokinetischen Effekte“ gibt Adam [2]).

[2]) N. K. Adam, The Physics and Chemistry of Surfaces, 3. Aufl. (Oxford 1941) 351.

Wir erhalten als Verallgemeinerung von Gl. [1], [4], [5] und [6]:

$$J = \frac{q}{\delta}(a\Delta P + b\Delta\varphi), \qquad [3\text{-}7.7]$$

$$I = \frac{q}{\delta}(b^*\Delta P + \varkappa\Delta\varphi). \qquad [3\text{-}7.8]$$

Eliminieren wir aus diesen beiden Gleichungen einmal $\Delta\varphi$, zum anderen ΔP, so finden wir:

$$J = \frac{b}{\varkappa} I + \frac{q}{\delta}\left(a - \frac{bb^*}{\varkappa}\right)\Delta P, \qquad [3\text{-}7.9]$$

$$I = \frac{b^*}{a} J + \frac{q}{\delta}\left(\varkappa - \frac{bb^*}{a}\right)\Delta\varphi. \qquad [3\text{-}7.10]$$

Die Elektroosmose kann anstatt durch Gl. [5] nach Gl. [9] auch durch die Beziehung

$$J = \frac{b}{\varkappa} I \quad (\Delta P = 0), \qquad [3\text{-}7.11]$$

die Strömungsleitung anstatt durch Gl. [6] nach Gl. [10] auch durch die Beziehung

$$I = \frac{b^*}{a} J \quad (\Delta\varphi = 0) \qquad [3\text{-}7.12]$$

beschrieben werden. Die experimentelle Bestimmung der elektroosmotischen Permeabilität b erfolgt meist nach Gl. [11].

Die elektrische Potentialdifferenz, die sich im stromlosen Zustand ($I = 0$) infolge einer Materieströmung ($\Delta P \neq 0$, $J \neq 0$) einstellt, heißt *Strömungspotential.* Für diese Größe gilt auf Grund von Gl. [8] und [10]:

$$\Delta\varphi = -\frac{b^*}{\varkappa}\Delta P = -\frac{b^*}{a\varkappa - bb^*}\frac{\delta}{q} J \; (I = 0). \qquad [3\text{-}7.13]$$

Das Strömungspotential ist diejenige Größe, die am häufigsten zur experimentellen Ermittlung der Strömungsleitfähigkeit b^* benutzt wird, und zwar in der Form

$$\left(\frac{\Delta\varphi}{\Delta P}\right)_{I=0} = -\frac{b^*}{\varkappa}.$$

Die durch Gl. [6] oder [12] beschriebene Strömungsleitung und das Strömungspotential [13] sind also nur verschiedene Ausdrücke für dasselbe Phänomen[1]).

Wenn wir an unser System unter der Anfangsbedingung $\Delta P = 0$ eine elektrische Potentialdifferenz $\Delta\varphi$ anlegen, setzt infolge der Elektroosmose nach Gl. [5] ein Materiestrom ein. Dadurch baut sich allmählich ein Druck-

[1]) Das Strömungspotential wurde erstmalig von QUINCKE 1859 beim Hindurchpressen von Wasser durch poröse Tonmembranen beobachtet. Damit war der Umkehreffekt zu der 1809 von REUSS entdeckten Elektroosmose gefunden.

unterschied ($\Delta P \neq 0$) zwischen den beiden Teilsystemen auf, falls nicht gerade ein bewegliches Ventil (z. B. eine Membran, die so eingespannt ist, daß sie den Druckunterschieden nachgibt) verwendet wird. Der höhere Druck entsteht in demjenigen Teilsystem, in das die Materie infolge der Elektroosmose strömt. Nach Gl. [1] findet wegen des Druckunterschiedes eine Permeation statt. Diese wirkt infolge der generellen Aussage $a > 0$ (s. oben) der Elektroosmose entgegen, da die durch Permeation transportierte Materie vom höheren zum niedrigeren Druck fließt. Schließlich kommt bei festem Wert von $\Delta\varphi$ ein *stationärer Zustand* (vgl. § 1.17) zustande, bei dem der Materiestrom durch das Ventil verschwindet ($J = 0$) und demzufolge in jedem Teilsystem nicht nur das vorgegebene elektrische Potential, sondern auch der Druck zeitlich konstant wird. Die zu diesem stationären Zustand gehörige Druckdifferenz ΔP_{stat} wird *elektroosmotische Druckdifferenz* genannt und ergibt sich aus Gl. [7] und [9] mit $J = 0$:

$$\Delta P_{\text{stat}} = -\frac{b}{a}\Delta\varphi = -\frac{b}{a\varkappa - bb^*}\frac{\delta}{q}I. \qquad [3\text{-}7.14]$$

Im stationären Zustand verschwindet hiernach die elektrische Stromstärke I nicht[1]).

Die verschiedenen Effekte, die in den Gl. [5], [6] und [11] bis [14] zum Ausdruck kommen, werden als *elektrokinetische Effekte* zusammengefaßt.

b) *Thermodynamisch-phänomenologische Beschreibung.* Nach unserer bisherigen, rein empirischen Darstellung können alle im betrachteten System möglichen Transportvorgänge, also die Permeation, die Elektrizitätsleitung und die verschiedenen elektrokinetischen Effekte, durch die vier Koeffizienten a (Permeabilität), $\varkappa$ (elektrische Leitfähigkeit), b (elektroosmotische Permeabilität) und b^* (Strömungsleitfähigkeit) beschrieben werden. Wir wollen nun untersuchen, welche Aussagen die Thermodynamik der irreversiblen Prozesse hierzu macht[2]).

[1]) Der Widerspruch zu der allgemeinen Stationaritätsbedingung [3-9.11], nach der alle Teilchenströme einzeln und damit auch die elektrische Stromstärke verschwinden müssen, erklärt sich wie folgt: Wir haben hier vorausgesetzt, daß die beiden Teilsysteme gleiche Zusammensetzungen und gleiche Temperaturen bei vorgegebener elektrischer Potentialdifferenz aufweisen, während in § 3.9 verschiedene, aber feste Temperaturen angenommen werden, wobei alle übrigen Größen sich automatisch einstellen sollen. Strenggenommen ist nun der erste Fall unmöglich; denn infolge der unterschiedlichen Durchlässigkeit des Ventils für verschiedene Teilchenarten läßt sich die Bedingung gleicher Zusammensetzung der beiden Teilsysteme bei konstanter Potentialdifferenz gar nicht aufrechterhalten, es sei denn, man betrachtet Elektronenleiter, z. B. Quecksilber. Der durch Gl. [14] beschriebene Zustand ist daher zwar praktisch realisierbar, da der Volumenfluß noch vor Ausbildung merklicher Konzentrationsdifferenzen verschwinden kann, stellt aber im allgemeinen keinen stationären Endzustand im Sinne von § 3.9 dar.

[2]) Vgl. P. Mazur und J. Th. G. Overbeek, Rec. Trav. Chim. Pays-Bas **70**, 83 (1951).

Nach § 3.6 gelten für den vorliegenden Fall die Beziehungen [3-6.10] bis [3-6.14] unter den Voraussetzungen $\Delta T = 0$, $J_Q = 0$. Wir erhalten also die phänomenologischen Ansätze

$$\left.\begin{aligned} J &= a_{11}\,\Delta P + a_{12}\,\Delta\varphi, \\ I &= a_{21}\,\Delta P + a_{22}\,\Delta\varphi \end{aligned}\right\} \qquad [3\text{-}7.15]$$

mit den phänomenologischen Koeffizienten $a_{11}, a_{12}, a_{21}, a_{22}$, für die ONSAGERS Reziprozitätssatz

$$a_{12} = a_{21} \qquad [3\text{-}7.16]$$

und die Vorzeichenaussagen (vgl. [1-26.7])

$$a_{11} > 0, \quad a_{22} > 0, \quad a_{11}a_{22} - a_{12}^2 > 0 \qquad [3\text{-}7.17]$$

erfüllt sein müssen.

Wir erkennen, daß die empirischen Beziehungen [7] und [8], die alle von uns beschriebenen Effekte enthalten, mit den phänomenologischen Ansätzen [15] identisch sind. Demnach entspricht auch die in [15] vorausgesetzte „Gleichgewichtsnähe" genau dem Gültigkeitsbereich der empirischen linearen Zusammenhänge zwischen „Strömen" (J, I) und „Kräften" (ΔP, $\Delta\varphi$). Im Falle der Elektrizitätsleitung würden wir z. B. den Gültigkeitsbereich der phänomenologischen Ansätze erst dann überschreiten, wenn wir zu extrem hohen Feldstärken übergingen, bei denen das OHMsche Gesetz nicht mehr zutreffen würde.

Man erhält also die von uns zunächst als Erfahrungstatsachen hingestellten Beziehungen [7] und [8] auch mit Hilfe der *systematischen* Betrachtungsweise der Thermodynamik der irreversiblen Prozesse.

Aussagen, die über das schon Bekannte hinausgehen, gewinnt man durch Hinzuziehen der ONSAGERschen Reziprozitätsbeziehung [16] und der Ungleichungen [17], die aus dem positiv-definiten Charakter der Entropieerzeugung (vgl. § 3.6) folgen.

Wir drücken zunächst die phänomenologischen Koeffizienten a_{11}, a_{12}, a_{21} und a_{22} durch die konventionellen Transportkoeffizienten a, b, b^* und $\varkappa$ aus. Wir finden bei Vergleich von Gl. [7] und [8] mit Gl. [15]:

$$\left.\begin{aligned} a_{11} &= a\,\frac{q}{\delta}, \quad a_{12} = b\,\frac{q}{\delta}, \\ a_{21} &= b^*\,\frac{q}{\delta}, \quad a_{22} = \varkappa\,\frac{q}{\delta}. \end{aligned}\right\} \qquad [3\text{-}7.18]$$

Der ONSAGERsche Reziprozitätssatz [16] ergibt mit Gl. [18]:

$$b = b^*. \qquad [3\text{-}7.19]$$

Die elektroosmotische Permeabilität b ist mithin gleich der Strömungsleitfähigkeit b^*. Nach Gl. [5] und [6] oder Gl. [11] und [12] lassen sich dementsprechend das „Überlagerungsphänomen", die Elektroosmose, und der zugehörige „Umkehreffekt", die Strömungsleitung, durch einen einzigen Koeffizienten beschreiben. Damit ist die Zahl der unabhängigen Koeffizienten, die zur Darstellung aller irreversiblen Prozesse in unserem System notwendig sind, auf *drei* reduziert. Wir können also alle Transportvorgänge z. B. durch die Größen a, b und $\varkappa$ kennzeichnen.

Spezielle Folgerungen für die verschiedenen elektrokinetischen Effekte ergeben sich durch Einsetzen der Beziehung [19] in die Gln. [5] bis [14]. So resultiert für das Strömungspotential aus Gl. [13] und [19]:

$$\Delta\varphi = -\frac{b}{\varkappa}\Delta P = -\frac{b}{a\varkappa - b^2}\frac{\delta}{q}J(I = 0) \qquad [3\text{-}7.20]$$

und für die elektroosmotische Druckdifferenz aus Gl. [14] und [19]:

$$\Delta P_{\text{stat}} = -\frac{b}{a}\Delta\varphi = -\frac{b}{a\varkappa - b^2}\frac{\delta}{q}I. \qquad [3\text{-}7.21]$$

Aus [20] und [21] leitet man ab:

$$\frac{\Delta P_{\text{stat}}}{I} = \left(\frac{\Delta P}{I}\right)_{J=0} = \left(\frac{\Delta\varphi}{J}\right)_{I=0}. \qquad [3\text{-}7.22]$$

Die Beziehungen [20] bis [22] enthalten nach obigem den ONSAGERschen Reziprozitätssatz.

c) *Messungen.* Aus Gl. [11] und [20] ergibt sich:

$$\left(\frac{\Delta\varphi}{\Delta P}\right)_{I=0} = -\left(\frac{J}{I}\right)_{\Delta P=0}. \qquad [3\text{-}7.23]$$

Diese Gleichung wird als „SAXÉNsche Beziehung" bezeichnet: SAXÉN[1]), ein Schüler WIEDEMANNS, verifizierte die Gleichung experimentell bereits im Jahre 1892. Bei seinen Messungen bildeten wäßrige Elektrolytlösungen gleicher Konzentration die beiden flüssigen Teilsysteme, die voneinander durch eine poröse Tonplatte getrennt waren. Die Stromableitungen waren möglichst unpolarisierbare Elektroden aus Zn (bei $ZnSO_4$), Cu (bei $CuSO_4$) und Cd (bei $CdSO_4$). Die Abhängigkeit der Elektrodenpotentiale vom Druck kann bei den geringen Druckdifferenzen der SAXÉNschen Experimente vernachlässigt werden, so daß die im stromlosen Zustand ($I = 0$) zwischen zwei Elektroden derselben Art gemessene elektrische Potentialdifferenz praktisch gleich dem Strömungspotential $\Delta\varphi$ in Gl. [23] ist. Die Meßergebnisse finden sich in Tab. 3.

---

[1]) U. SAXÉN, Wiedemanns Ann. Physik und Chemie (2) **47**, 46 (1892).

In den älteren Darstellungen wird Gl. [23] als Konsequenz einer molekularkinetischen Überlegung angeführt, die mit der HELMHOLTZ-GOUY-SMOLUCHOWSKIschen Theorie der „diffusen elektrischen Doppelschicht" und daher auch mit dem „elektrokinetischen Potential" oder „Zeta-Potential" von PERRIN und FREUNDLICH zusammenhängt. Wir sehen aber, daß Gl. [23] ebenso wie die zugrunde liegende Aussage [19] unabhängig von jeder Modellvorstellung gilt. Die experimentelle Verifizierung der SAXÉNschen Beziehung bestätigt also nur ONSAGERS Reziprozitätssatz, nicht aber ein bestimmtes molekularphysikalisches Modell.

Aus den Ungleichungen [17] ergeben sich mit Hilfe von Gl. [18] folgende Vorzeichenaussagen:

$$a > 0, \quad \varkappa > 0, \qquad [3\text{-}7.24]$$

$$b^2 < a\varkappa. \qquad [3\text{-}7.25]$$

Nach [24] sind Permeabilität a und elektrische Leitfähigkeit $\varkappa$ stets positiv, wie es der Erfahrung entspricht und wie man es als selbstverständlich empfindet. Nach [25] kann die elektroosmotische Permeabilität b sowohl positiv als auch negativ sein, wie ebenfalls die experimentellen Befunde bestätigen; aber es gibt für den Betrag von b eine obere Grenze.

Die in Tab. 3 in der vierten und fünften Spalte angeführten Größen sind gemäß Gl. [11] oder [20] nichts anderes als die Beträge $|b/\varkappa|$. Nach Gl. [20] und [24] entspricht ein positiver Wert von $\Delta\varphi/\Delta P$ bei verschwindender elektrischer Stromstärke ($I = 0$) einem negativen Wert der elektroosmotischen Permeabilität b. Dies wiederum bedeutet gemäß Gl. [5], daß im elektrischen Feld ($\Delta\varphi \neq 0, \Delta P = 0$) die Flüssigkeit zum positiven Pol wandert, also gegenüber der Ventilsubstanz negativ aufgeladen ist. Der Ladungssinn der Flüssigkeit und damit das Vorzeichen der Größe b wird sowohl durch die Art der Ventilsubstanz als auch durch die Natur und Zusammensetzung der Flüssigkeit bestimmt. Wenn z. B. reines Wasser gegenüber der Oberfläche des Ventilmaterials, wie dies meist (bei Glas, Ton, Quarz usw.) der Fall ist, positiv aufgeladen ist, kann ein Elektrolytzusatz hinreichender Konzentration eine negative Aufladung der Flüssigkeit bewirken. Diejenige Konzentration, bei der die Ladungsumkehr stattfindet und demgemäß $b = 0$ ist, entspricht dem „isoelektrischen Punkt" bei Kolloiden.

In neuerer Zeit hat KLEMM[1]) nachgewiesen, daß auch bei flüssigem Quecksilber in Glaskapillaren, die mit Glaskugeln gefüllt sind, Elektroosmose auftritt. Es wurde außer der Elektroosmose nach Gl. [11] die durch Gl. [21] beschriebene elektroosmotische Druckdifferenz beobachtet. Es

[1]) A. KLEMM, Z. Naturforschg. **13a**, 1039 (1958).

ergibt sich ein positiver Wert der elektroosmotischen Permeabilität, also eine positive Aufladung des Quecksilbers gegenüber dem Glas[1]).

Tabelle 3

Verifizierung der Beziehung [23] durch SAXÉN für verschiedene wäßrige Elektrolytlösungen mit Ton als Ventilsubstanz

Elektrolyt	Molarität mol kg^{-1}	Temperatur °C	$\|J/I\|$ für $\Delta P = 0$ cm^3 $Franklin^{-1}$	$\|\Delta\varphi/\Delta P\|$ für $I = 0$ cm^3 $Franklin^{-1}$
$Zn\,SO_4$	0,0174	19	0,3597	0,3515
	0,0262	26	0,3817	0,3790
	0,0350	25	0,3461	0,3438
$Cu\,SO_4$	0,0403	20	0,3850	0,3852
	0,0811	19	0,2329	0,2371
$Cd\,SO_4$	0,0196	20	0,5823	0,5880
	0,0393	15	0,1157	0,1153

Anmerkung: Aus dem Original ist das Vorzeichen der Effekte nicht ersichtlich. Wir haben daher in unsere Tabelle die Beträge der in Gl. [23] auftretenden Größen eingesetzt. Mit „Franklin" bezeichnen wir nach einem Vorschlag von GUGGENHEIM[2]) die elektrostatische Ladungseinheit des früheren CGS-Systems (vgl. S. 469). Die elektrische Stromstärke I wird hier in Franklin sec^{-1}, die elektrische Potentialdifferenz $\Delta\varphi$ in dyn cm $Franklin^{-1}$, der Volumenfluß J in cm^3 sec^{-1} und die Druckdifferenz ΔP in dyn cm^{-2} gemessen[3]). Unter „Molarität" versteht man die Zahl der Mole des Elektrolyten, die in 1 kg Lösungsmittel (Wasser) gelöst sind.

§ 3.8. Membranprozesse in isothermen Systemen

Wir betrachten zwei flüssige Teilsysteme, die durch eine permeable Membran voneinander getrennt sind. Außer einer Druckdifferenz (ΔP) und einer elektrischen Potentialdifferenz ($\Delta\varphi$) seien noch beliebige Konzentrationsunterschiede (Molenbruchdifferenzen Δx_k) zwischen den beiden Teilsystemen möglich. Das System sei isotherm. Wir haben also den Fall von Abb. 5 (S. 181) mit $\Delta T = 0$ vor uns. Das in Abb. 6 (S. 191) dargestellte und in § 3.7 diskutierte System ist demnach ein Sonderfall ($\Delta x_k = 0$) des hier zu be-

---

[1]) Weitere Beispiele für Experimente, die auf eine Verifizierung von Gl. [23] oder ähnlicher Beziehungen hinauslaufen und damit ONSAGERS Reziprozitätssatz bestätigen, gibt MILLER[4]).

[2]) E. A. GUGGENHEIM, Nature **148**, 751 (1941).

[3]) 1 Coulomb = 1 Amp sec ≈ 3 · 10^9 Franklin,
1 dyn cm $Franklin^{-1}$ = 1 erg $Franklin^{-1}$ ≈ 300 Volt,
1 Joule = 1 Watt sec = 1 Volt Amp sec = 10^7 erg.

[4]) D. G. MILLER, Chem. Revs. **60**, 15 (1960).

handelnden Systems. Der Deutlichkeit halber haben wir das Ventil von vornherein als permeable Membran spezifiziert; aber die folgenden Rechnungen gelten naturgemäß mit entsprechend veränderter Ausdrucksweise auch für den Fall eines beliebigen permeablen Ventils (einer Kapillare, einer porösen Wand usw.).

Die sich in unserem isothermen System abspielenden irreversiblen Vorgänge („Membranprozesse") werden bei hinreichend kleinen Werten von ΔP, Δx_k und $\Delta \varphi$ durch die Dissipationsfunktion [3-5.16] mit $X_Q = 0$ und dementsprechend durch die N ersten Gleichungen des Gleichungssystems [3-6.1] mit $X_Q = 0$ beschrieben. Wir haben also bei N Teilchenarten folgende phänomenologische Ansätze:

$$J_i = \sum_{k=1}^{N} \alpha_{ik} X_k \quad (i = 1, 2, \dots N). \tag{3-8.1}$$

Darin ist J_i der Materiestrom der (geladenen oder ungeladenen) Teilchenart i, α_{ik} ein phänomenologischer Koeffizient und X_k eine „generalisierte Kraft", gegeben durch Gl. [3-6.6]:

$$X_k = V_k \Delta P + \sum_j \left(\frac{\partial \mu_k}{\partial x_j}\right)_{T,P} \Delta x_j + z_k \mathfrak{F} \Delta \varphi, \tag{3-8.2}$$

wobei V_k das partielle Molvolumen, μ_k das chemische Potential, x_k der Molenbruch und z_k die elektrochemische Valenz der Teilchenart k ist und $\mathfrak{F}$ die FARADAYsche Konstante bedeutet. Die partielle Differentiation in Gl. [2] ist nach dem Molenbruch der angezeigten Komponente bei Konstanz der Temperatur T, des Druckes P und der übrigen unabhängigen Molenbrüche auszuführen. Die Summe ist über alle unabhängigen Molenbrüche zu erstrecken. Für die phänomenologischen Koeffizienten α_{ik} in Gl. [1] gilt der ONSAGERsche Reziprozitätssatz [3-6.2]:

$$\alpha_{ik} = \alpha_{ki} \quad (i, k = 1, 2, \dots N). \tag{3-8.3}$$

Diese Beziehungen enthalten zusammen mit dem Gleichungssystem [1] und den Ungleichungen [3-6.3] bis [3-6.4] alle Aussagen über die in unserem System möglichen irreversiblen Prozesse, soweit sie in Gleichgewichtsnähe ablaufen. Wie schon aus unseren Ausführungen in § 3.7 hervorgeht, ist die Voraussetzung der Gleichgewichtsnähe (kleiner Werte von ΔP, Δx_k und $\Delta \varphi$) bei den meisten Experimenten ohne weiteres erfüllt, da hiermit nur die Gültigkeit linearer Zusammenhänge von der Art des OHMschen Gesetzes angenommen wird.

Wir benutzen nun wieder, wie in § 3.7, den Volumenfluß [3-6.8]

$$J = \sum_{i=1}^{N} V_i J_i \qquad [3\text{-}8.4]$$

und die elektrische Stromstärke [3-2.6]

$$I = \mathfrak{F} \sum_{i=1}^{N} z_i J_i \,. \qquad [3\text{-}8.5]$$

Wir führen ferner die Abkürzung (vgl. Gl. [3-5.8])

$$(\Delta \mu_k)_{T,P} \equiv \sum_j \left(\frac{\partial \mu_k}{\partial x_j}\right)_{T,P} \Delta x_j \qquad [3\text{-}8.6]$$

ein. Damit finden wir aus Gl. [1] und [2]:

$$J = \sum_{i=1}^{N} \sum_{k=1}^{N} \alpha_{ik} V_i [V_k \Delta P + (\Delta \mu_k)_{T,P} + z_k \mathfrak{F} \Delta \varphi] \,, \qquad [3\text{-}8.7]$$

$$I = \mathfrak{F} \sum_{i=1}^{N} \sum_{k=1}^{N} \alpha_{ik} z_i [V_k \Delta P + (\Delta \mu_k)_{T,P} + z_k \mathfrak{F} \Delta \varphi] \,. \qquad [3\text{-}8.8]$$

An Hand dieser beiden Gleichungen werden wir die verschiedenen Effekte in unserem System studieren. Der Einfachheit halber schreiben wir die Doppelsummen in Gl. [7] und [8] von nun an in der abgekürzten Form $\sum_{i,k}$. Auch bemerken wir, daß die Bedingung

$$(\Delta \mu_k)_{T,P} = 0 \quad (k = 1, 2, \ldots N)$$

wegen Gl. [6] mit der Voraussetzung $\Delta x_j = 0$ (für alle j), d. h. mit der Annahme gleicher Zusammensetzungen der beiden Teilsysteme, identisch ist.

Als erstes Phänomen betrachten wir die schon in § 3.7 behandelte *Permeation*. Es gilt nach Gl. [7]:

$$J = \sum_{i,k} \alpha_{ik} V_i V_k \Delta P \; (\Delta x_j = 0, \Delta \varphi = 0) \,. \qquad [3\text{-}8.9]$$

Der Vergleich dieses Ausdrucks mit Gl. [3-7.1] lehrt, daß die *Permeabilität* a durch die Beziehung

$$a = \frac{\delta}{q} \sum_{i,k} \alpha_{ik} V_i V_k \qquad [3\text{-}8.10]$$

gegeben ist. Dabei bedeutet δ bzw. q die Dicke bzw. den (wirksamen) Querschnitt der Membran.

Für die *Elektrizitätsleitung* (vgl. § 3.7) finden wir aus Gl. [8]:

$$I = \mathfrak{F}^2 \sum_{i,k} \alpha_{ik} z_i z_k \Delta\varphi \, (\Delta P = 0, \Delta x_j = 0) \,. \qquad [3\text{-}8.11]$$

Nach Gl. [3-7.4] gilt für die *spezifische elektrische Leitfähigkeit:*

$$\varkappa = \frac{\delta}{q} \mathfrak{F}^2 \sum_{i,k} \alpha_{ik} z_i z_k \,. \qquad [3\text{-}8.12]$$

Die *Elektroosmose* (vgl. § 3.7) wird gemäß Gl. [7] durch die Beziehung

$$J = \mathfrak{F} \sum_{i,k} \alpha_{ik} V_i z_k \Delta\varphi \quad (\Delta P = 0, \Delta x_j = 0) \qquad [3\text{-}18.13]$$

beschrieben. Vergleich mit Gl. [3-7.5] ergibt für die *elektroosmotische Permeabilität:*

$$b = \frac{\delta}{q} \mathfrak{F} \sum_{i,k} \alpha_{ik} V_i z_k \,. \qquad [3\text{-}8.14]$$

Nach Gl. [8] ist in der Gleichung

$$I = \mathfrak{F} \sum_{i,k} \alpha_{ik} z_i V_k \Delta P \quad (\Delta x_j = 0, \Delta\varphi = 0) \qquad [3\text{-}8.15]$$

die Beschreibung der *Strömungsleitung* (vgl. § 3.7) enthalten. Gemäß Gl. [3-7.6] gilt für die *Strömungsleitfähigkeit:*

$$b^* = \frac{\delta}{q} \mathfrak{F} \sum_{i,k} \alpha_{ik} z_i V_k \,. \qquad [3\text{-}8.16]$$

Mit Hilfe der ONSAGERschen Reziprozitätsbeziehungen [3] findet man aus Gl. [14] und [16]:

$$b = b^* \,, \qquad [3\text{-}8.17]$$

in Übereinstimmung mit Gl. [3-7.19].

Setzt man in Gl. [7] $J = 0$, $\Delta x_j = 0$ bzw. in Gl. [8] $I = 0$, $\Delta x_j = 0$, so erhält man mit Gl. [10] und [14] die elektroosmotische Druckdifferenz [3-7.14] bzw. mit Gl. [12] und [16] das Strömungspotential [3-7.13].

Wir finden also die in § 3.7 behandelten Phänomene, nämlich die Permeation, die Elektrizitätsleitung und die elektrokinetischen Effekte, für den Sonderfall $\Delta x_j = 0$ aus den Beziehungen [7] und [8]. Wir wenden uns nun denjenigen Erscheinungen zu, die mit der Bedingung $\Delta x_j \neq 0$ (ungleiche Zusammensetzungen der beiden Teilsysteme) verknüpft sind.

Aus Gl. [7] folgt:

$$J = \sum_{i,k} \alpha_{ik} V_i (\Delta\mu_k)_{T,P} \quad (\Delta P = 0, \Delta\varphi = 0). \qquad [3\text{-}8.18]$$

Den durch diese Beziehung beschriebenen Effekt (Materietransport durch die Membran auf Grund von Konzentrationsunterschieden bei verschwindender Druck- und Potentialdifferenz) nennen wir *Osmose*. Häufig wird auch der kombinierte Ablauf von Permeation, Elektroosmose und Osmose, dargestellt durch Gl. [7] für den Fall $\Delta P \neq 0$, $\Delta x_j \neq 0$, $\Delta\varphi \neq 0$, als ,,Osmose" bezeichnet.

Aus Gl. [8] ergibt sich:

$$I = \mathfrak{F} \sum_{i,k} \alpha_{ik} z_i (\Delta\mu_k)_{T,P} \quad (\Delta P = 0, \Delta\varphi = 0). \qquad [3\text{-}8.19]$$

Diese Gleichung beschreibt den Elektrizitätsdurchgang durch die Membran, der die Osmose begleitet[1]).

Denjenigen Wert der elektrischen Potentialdifferenz $\Delta\varphi$, den wir unter der Bedingung $I = 0$, $\Delta P = 0$ erhalten[1]), bezeichnen wir als *Membranpotential* $\Delta\varphi_M$. Er entspricht dem Diffusionspotential bei kontinuierlichen Systemen (vgl. S. 322) und stellt eine für sich allein nicht meßbare Größe dar, da er nur in Kombination mit anderen Potentialdifferenzen (Elektrodenpotentialen usw.) als ,,elektromotorische Kraft" einer galvanischen Kette experimentell ermittelbar ist. Aus Gl. [8] und [12] folgt mit $I = 0$, $\Delta P = 0$ für das Membranpotential:

$$\Delta\varphi_M = -\frac{\mathfrak{F}}{\varkappa}\frac{\delta}{q} \sum_{i,k} \alpha_{ik} z_i (\Delta\mu_k)_{T,P}. \qquad [3\text{-}8.20]$$

Wir führen nun für jede (geladene oder ungeladene) Teilchenart i eine *reduzierte Überführungszahl*

$$\tau_i \equiv \mathfrak{F} \frac{J_i}{I} \quad (\Delta P = 0, \quad \Delta x_j = 0) \qquad [3\text{-}8.21]$$

ein (vgl. S. 295). Aus Gl. [1], [2], [11] und [12] erhalten wir mit Gl. [21]:

$$\tau_i = \frac{\mathfrak{F}^2}{\varkappa}\frac{\delta}{q} \sum_k \alpha_{ik} z_k, \qquad [3\text{-}8.22]$$

woraus durch Vertauschen der Indizes folgt:

$$\tau_k = \frac{\mathfrak{F}^2}{\varkappa}\frac{\delta}{q} \sum_i \alpha_{ki} z_i . \qquad [3\text{-}8.23]$$

[1]) Experimentell realisierbar ist nicht $\Delta\varphi = 0$, sondern $I = 0$.

Die Summen in [22] und [23] sind über alle Teilchenarten zu erstrecken. Wegen des ONSAGERschen Reziprozitätssatzes [3] können wir an Stelle von Gl. [23] auch schreiben:

$$\tau_k = \frac{\mathfrak{F}^2}{\varkappa} \frac{\delta}{q} \sum_i \alpha_{ik} z_i \,. \qquad [3\text{-}8.24]$$

Einsetzen von Gl. [24] in Gl. [20] ergibt den endgültigen Ausdruck für das Membranpotential:

$$\mathfrak{F} \Delta \varphi_M = -\sum_k \tau_k \; (\Delta \mu_k)_{T,P} \,. \qquad [3\text{-}8.25]$$

Diese auf STAVERMAN[1]) zurückgehende Beziehung ist analog dem allgemeinen Ausdruck für das Diffusionspotential bei kontinuierlichen Systemen (S. 323).

Weitere Probleme dieser Art sind ausführlich an anderer Stelle[1])[2]) behandelt worden. Wir können hierauf nicht näher eingehen.

§ 3.9. Prozesse in nicht-isothermen Systemen

Wir betrachten den allgemeinen Fall eines Ventilsystems (Abb. 5, S. 181) mit nicht verschwindenden Werten der Temperaturdifferenz ΔT, des Druckunterschiedes ΔP, der elektrischen Potentialdifferenz $\Delta \varphi$ und der Konzentrationsunterschiede (Molenbruchdifferenzen) Δx_k. Sind die genannten Differenzen hinreichend klein, so gelten die phänomenologischen Ansätze [3-6.1]:

$$J_i = \sum_{k=1}^{N} \alpha_{ik} X_k + \alpha_{iQ} X_Q \quad (i = 1, 2, \ldots N), \qquad [3\text{-}9.1]$$

$$J_Q = \sum_{i=1}^{N} \alpha_{Qi} X_i + \alpha_{QQ} X_Q \,. \qquad [3\text{-}9.2]$$

Dabei ist J_i der Materiestrom der Teilchenart i und J_Q der Wärmestrom; N bedeutet die Zahl der Teilchenarten. Für die generalisierten Kräfte X_Q und X_k haben wir gemäß Gl. [3-6.5] und [3-6.6]:

$$X_Q = \frac{\Delta T}{T} \,, \qquad [3\text{-}9.3]$$

$$X_k = V_k \Delta P + \sum_j \left(\frac{\partial \mu_k}{\partial x_j}\right)_{T,P} \Delta x_j + z_k \mathfrak{F} \Delta \varphi \qquad [3\text{-}9.4]$$

$$(k = 1, 2, \ldots N).$$

---

[1]) A. J. STAVERMAN, Rec. Trav. Chim. Pays-Bas **70**, 344 (1951); Trans. Faraday Soc. **48**, 176 (1952).

[2]) R. SCHLÖGL, Stofftransport durch Membranen (Fortschritte der physikalischen Chemie Bd. 9); (Darmstadt 1963).

Hierin ist T die mittlere absolute Temperatur des Systems. Die übrigen Größen haben die bei Gl. [3-8.2] erklärte Bedeutung. Für die phänomenologischen Koeffizienten α_{ik}, α_{iQ}, α_{Qi} und α_{QQ} gelten die Reziprozitätsbeziehungen [3-6.2]:

$$\alpha_{ik} = \alpha_{ki} \quad (i, k = 1, 2, \ldots N), \tag{3-9.5}$$

$$\alpha_{iQ} = \alpha_{Qi} \quad (i = 1, 2, \ldots N) \tag{3-9.6}$$

sowie die Ungleichungen [3-6.3] und [3-6.4]:

$$\left.\begin{array}{l} \alpha_{ii} > 0, \quad \alpha_{ii}\alpha_{jj} - \alpha_{ij}^2 > 0 \\ (i, j = 1, 2, \ldots N, \quad Q; \quad i \neq j), \\ \ldots\ldots\ldots\ldots\ldots \\ \ldots\ldots\ldots\ldots\ldots \\ \qquad |\alpha_{ik}| > 0, \\ \qquad |\alpha_{ij}| > 0, \end{array}\right\} \tag{3-9.7}$$

wobei $|\alpha_{ij}|$ die Abkürzung für die Determinante in [3-6.4] ist und $|\alpha_{ik}|$ den N-reihigen Hauptminor dieser Determinante, der durch Streichung der letzten Zeile und Spalte entsteht, darstellt.

Wir definieren N Größen $Q_k{}^*$ durch die N unabhängigen Gleichungen

$$\alpha_{iQ} = \sum_{k=1}^{N} \alpha_{ik} Q_k{}^* \quad (i = 1, 2, \ldots N), \tag{3-9.8}$$

die infolge der vorletzten Ungleichung in [7] eine und nur eine Lösung $Q_1{}^*$, $Q_2{}^*$, ... $Q_N{}^*$ besitzen. Trägt man Gl. [8] in Gl. [2] bei Berücksichtigung der Reziprozitätsbeziehungen [5] und [6] ein, so findet man:

$$J_Q = \sum_{i=1}^{N} \sum_{k=1}^{N} \alpha_{ik} X_k Q_i{}^* + \alpha_{QQ} X_Q .$$

Bei Vergleich mit Gl. [1] ergibt sich:

$$J_Q = \sum_{i=1}^{N} Q_i{}^* J_i + \left(\alpha_{QQ} - \sum_{i=1}^{N} \alpha_{iQ} Q_i{}^*\right) X_Q . \tag{3-9.9}$$

Daraus erkennt man mit Hilfe von Gl. [3] sofort die physikalische Bedeutung der formal durch Gl. [8] eingeführten Größen: $Q_i{}^*$ ist die *Überführungswärme* der Partikelsorte i, d. h. die mit einem Mol der Teilchenart i bei verschwindender Temperaturdifferenz ($X_Q = 0$) durch das Ventil transportierte Wärme. Schon EASTMAN[1]) und WAGNER[2]), die den Begriff der „Überführungswärme“ im Rahmen einer quasithermodynamischen Theorie einführten, definierten die Größe Q_i^* prinzipiell durch die aus Gl. [9] folgende Beziehung:

$$Q_i^* = \left(\frac{J_Q}{J_i}\right)_{J_j = 0,\, \Delta T = 0},$$

wobei der Index j für alle Teilchenarten außer der herausgegriffenen Partikelsorte i steht.

Aus Gl. [1] und [8] leiten wir ab:

$$J_i = \sum_{k=1}^{N} \alpha_{ik} (X_k + Q_k^* X_Q) \qquad (i = 1, 2, \ldots N). \qquad [3\text{-}9.10]$$

Wie wir sehen werden, gelangen über diese Gleichung die formal durch Gl. [8] eingeführten Überführungswärmen in die Formeln für den stationären Zustand (Gl. [22] und [23]). Es ist daher bemerkenswert, daß bei der Ableitung von Gl. [10] die Reziprozitätsbeziehungen nicht benutzt wurden. Indessen ist zu beachten, daß die physikalische Interpretation der Überführungswärmen erst durch Gl. [9], in der ONSAGERS Reziprozitätssatz enthalten ist, ermöglicht wird.

Wir denken uns ein System, bei dem die Temperaturen der beiden Teilsysteme und damit auch die Größen T und ΔT feste Werte haben, während Größen wie Druck, Konzentrationen usw. variabel sind. Es sei nun durch das Zusammenwirken der verschiedenen irreversiblen Prozesse in unserem System ein *stationärer Zustand* möglich, bei dem alle Materieströme durch die Membran verschwinden:

$$J_i = 0 \qquad (i = 1, 2, \ldots N), \qquad [3\text{-}9.11]$$

so daß die intensiven Größen (Temperatur, Druck, Konzentrationen usw.) zeitlich konstant sind, ohne daß ein Gleichgewicht vorzuliegen braucht (vgl. § 1.17). Ein Beispiel für einen stationären Nichtgleichgewichtszustand (der allerdings nicht durch die Bedingungen [11] mit ΔT = const, sondern durch $J = 0$, $\Delta T = 0$, $\Delta \varphi$ = const beschrieben wird) lernten wir schon in § 3.7 kennen. Weitere Spezialfälle werden in § 3.11 und § 3.12 ausführlich erörtert.

Zunächst folgt mit Hilfe von Gl. [3] und [9] für den durch [11] charakterisierten stationären Zustand:

$$J_Q = \lambda_\infty \frac{q}{\delta} \Delta T \text{ (stationärer Zustand)} \qquad [3\text{-}9.12]$$

[1]) E. D. EASTMAN, J. Amer. Chem. Soc. **48**, 1482 (1926); **50**, 283, 293 (1928).
[2]) C. WAGNER, Ann. Physik (5) **3**, 629 (1929); **6**, 370 (1930).

mit

$$\lambda_\infty \equiv \frac{\delta}{qT}\left(\alpha_{QQ} - \sum_{i=1}^{N} \alpha_{iQ}\, Q_i^*\right), \qquad [3\text{-}9.13]$$

wobei q den (wirksamen) Querschnitt und δ die Dicke des Ventils bedeutet. Offensichtlich beschreibt Gl. [12] die *Wärmeleitung* durch das Ventil für den Fall der Stationarität. Demnach ist λ_∞ die *Wärmeleitfähigkeit für den stationären Zustand.* Das Symbol λ_∞ erklärt sich durch die Tatsache, daß der stationäre Zustand, von einem nichtstationären Anfangszustand (zur Zeit $t = 0$) aus betrachtet, strenggenommen erst nach unendlich langer Zeit ($t \to \infty$) erreicht wird.

Befindet sich das System in einem nicht-stationären Zustand ,,homogener Durchmischung" ($\Delta P = 0$, $\Delta x_j = 0$, $\Delta\varphi = 0$), bei dem die beiden Teilsysteme sich nur durch ihre Temperaturen unterscheiden, so findet man mit Gl. [2], [3] und [4] für die Wärmeleitung durch das Ventil:

$$J_Q = \lambda_0 \frac{q}{\delta}\, \Delta T \; (\Delta P = 0, \quad \Delta x_j = 0, \quad \Delta\varphi = 0) \qquad [3\text{-}9.14]$$

mit

$$\lambda_0 \equiv \frac{\delta}{q}\, \frac{\alpha_{QQ}}{T}\,. \qquad [3\text{-}9.15]$$

Dementsprechend bezeichnen wir die Größe λ_0 als *Wärmeleitfähigkeit für homogene Durchmischung.* Wie bei Vergleich mit Gl. [13] ersichtlich, ist λ_0 von λ_∞ verschieden.

Ist unser System anfangs ($t = 0$) bis auf die Temperaturdifferenz homogen, am Ende des Versuches ($t \to \infty$) aber in einem stationären Zustand (in dem sich nun Druck-, Konzentrations- und Potentialdifferenzen eingestellt haben können), so ist λ_0 als ,,Anfangswert" und λ_∞ als ,,Endwert" der Wärmeleitfähigkeit zu interpretieren.

Aus Gl. [8], [13] und [15] leiten wir den allgemeinen Zusammenhang zwischen den beiden Wärmeleitfähigkeiten ab:

$$\lambda_0 - \lambda_\infty = \frac{\delta}{qT} \sum_{i=1}^{N} \alpha_{iQ}\, Q_i^* = \frac{\delta}{qT} \sum_{i=1}^{N} \sum_{k=1}^{N} \alpha_{ik} Q_i^* Q_k^*\,. \qquad [3\text{-}9.16]$$

Diese Beziehung[1]) führt die Differenz $\lambda_0 - \lambda_\infty$ auf andere Transportkoeffizienten zurück, nämlich die Überführungswärmen Q_i^* und die Koeffizienten α_{iQ}, die nach Gl. [1] den Stofftransport infolge eines Temperaturunterschiedes (,,Thermoosmose" und verwandte Erscheinungen, vgl. § 3.10 und § 3.12) beschreiben, oder die Koeffizienten α_{ik}, die gemäß Gl. [1] den isothermen Transporterscheinungen (Elektrizitätsleitung, Permeation, Osmose usw., vgl. § 3.8) zugeordnet sind.

---

[1]) R. Haase, Z. Naturforschg. **6a**, 420 (1951).

Wir wollen nun einige Vorzeichenaussagen über die Wärmeleitfähigkeiten gewinnen[1]). Dabei benutzen wir das Ungleichungssystem [7], das auf dem positiv-definiten Charakter der Entropieerzeugung bzw. Dissipationsfunktion beruht.

Zunächst ergibt sich aus [7] und [15]:

$$\lambda_0 > 0 \,. \qquad [3\text{-}9.17]$$

Da ferner die letzte Summe in Gl. [16] infolge von [7] eine positiv-definite quadratische Form darstellt, erhalten wir die interessante generelle Aussage:

$$\lambda_0 > \lambda_\infty . \qquad [3\text{-}9.18]$$

Löst man das Gleichungssystem [8] nach $Q_1^*, Q_2^*, \ldots, Q_N^*$ auf und addiert die Produkte $\alpha_{iQ} Q_i^*$, so findet man nach den Regeln der Determinantenrechnung bei Beachtung von Gl. [6] und [7]:

$$\alpha_{QQ} - \sum_{i=1}^{N} \alpha_{iQ} Q_i^* = \frac{|\alpha_{ij}|}{|\alpha_{ik}|} > 0 . \qquad [3\text{-}9.19]$$

Aus [13] und [19] folgt sofort:

$$\lambda_\infty > 0 . \qquad [3\text{-}9.20]$$

Die Ungleichung [17] kann wegen [20] auch als Konsequenz von [18] angesehen werden.

Die Aussage, daß die Wärmeleitfähigkeit (λ_0 oder λ_∞) stets positiv ist, der Wärmestrom also von der höheren zur niedrigeren Temperatur fließt, empfindet man als selbstverständlich. Es muß aber darauf hingewiesen werden, daß bei anderer Wahl des „Wärmestromes" die Aussage [17] nicht mehr gewährleistet ist, ebensowenig wie die Ungleichung [18]. Das ist ein weiterer Grund für unsere Festlegung des Wärmebegriffes bei offenen Systemen (§ 1.7). Auch sind, da der von uns gewählte Wärmestrom unabhängig von dem willkürlichen Nullpunkt der inneren Energie ist (vgl. § 3.3), Größen wie die Überführungswärmen (Q_k^*) und die Wärmeleitfähigkeiten (λ_0 und λ_∞) nicht von den Energienullpunkten abhängig. Diese physikalisch vernünftige Invarianzeigenschaft geht ebenfalls verloren, wenn man, wie in der Literatur noch vielfach üblich, eine andere Größe als unser J_Q als „Wärmestrom" benutzt (vgl. § 1.7).

Wir kehren jetzt wieder zum Problem der stationären Zustände zurück. Aus Gl. [10] und [11] ergibt sich mit der vorletzten Ungleichung in [7], daß

[1]) R. Haase, Z. Naturforschg. **6a**, 420 (1951).

die N Klammerausdrücke in [10] einzeln verschwinden müssen:

$$X_k + Q_k{}^* X_Q = 0 \quad (k = 1, 2, \ldots N) \text{ (stationärer Zustand)}. \qquad [3\text{-}9.21]$$

Mit Gl. [3] und [4] erhält man hieraus:

$$V_k \Delta P + \sum_j \left(\frac{\partial \mu_k}{\partial x_j}\right)_{T,P} \Delta x_j + z_k \mathfrak{F} \Delta \varphi + Q_k{}^* \frac{\Delta T}{T}$$
$$= 0 \; (k = 1, 2, \ldots N) \text{ (stationärer Zustand)}. \qquad [3\text{-}9.22]$$

Diese grundlegenden Gleichungen, die sich im Prinzip schon bei WAGNER[1]) finden, werden wir in § 3.10 und § 3.13 für einige Spezialfälle diskutieren.

Mit Hilfe von Gl. [3-6.15] und [3-6.19] finden wir aus Gl. [3] und [21] die allgemeine Beziehung für die stationäre Druckdifferenz:

$$\Delta P_{\text{stat}} = -\frac{\Delta T}{T} \sum_{k=1}^{N} c_k Q_k{}^* = -\frac{\Delta T}{T\bar{V}} \sum_{k=1}^{N} x_k Q_k{}^*, \qquad [3\text{-}9.23]$$

worin c_k die molare Volumenkonzentration des Stoffes k und $\bar{V}$ das Molvolumen bedeutet. Gl. [23] geht ebenfalls auf WAGNER zurück.

Auf Grund von Gl. [22] und [23] sind die Überführungswärmen (wenigstens bei elektrisch neutralen Teilchenarten) direkt meßbare Größen.

Der *Zusammenhang der Überführungswärmen mit der Wärmezufuhr aus der Umgebung* folgt aus Gl. [3-3.9], [3] und [9]. Bei verschwindender Temperaturdifferenz ($\Delta T = T'' - T' = 0$) erhalten wir für das Teilsystem ′ bzw. ″:

$$\sum_{k=1}^{N} (Q_k{}^* + H_k{}' - z_k \mathfrak{F} \varphi') J_k = -\frac{d_a Q'}{dt} + \frac{dU'}{dt} + P' \frac{dV'}{dt},$$
$$\sum_{k=1}^{N} (Q_k{}^* + H_k{}' - z_k \mathfrak{F} \varphi'') J_k = \frac{d_a Q''}{dt} - \frac{dU''}{dt} - P'' \frac{dV''}{dt}. \qquad [3\text{-}9.24]$$

Hierin ist H_k die partielle molare Enthalpie der Teilchenart k, φ das elektrische Potential, $d_a Q$ die dem betreffenden Teilsystem während des Zeitelementes dt aus der Umgebung zugeführte Wärme, U die innere Energie, V das Volumen und P der Druck. Wir setzen nun die Drucke P' und P'' sowie die Temperatur T ($= T' = T''$) als zeitlich konstant voraus:

$$\frac{dT}{dt} = 0, \quad \frac{dP'}{dt} = 0, \quad \frac{dP''}{dt} = 0, \qquad [3\text{-}9.25]$$

[1]) C. WAGNER, Ann. Physik (5) **3**, 629 (1929); **6**, 370 (1930).

wobei die Bedingung $P' = P''$ nicht erfüllt zu sein braucht. Mit Hilfe der aus Gl. [1-5.3], [1-6.3] und [3-2.2] folgenden Beziehungen

$$dH' = dU' + P'\,dV' = \sum_{k=1}^{N} H_k'\,J_k\,dt,$$

$$dH'' = dU'' + P''\,dV'' = -\sum_{k=1}^{N} H_k''\,J_k\,dt$$

leiten wir aus Gl. [24] und [25] ab:

$$\sum_{k=1}^{N} (Q_k^* - z_k \mathfrak{F} \varphi')\,J_k = -\frac{d_a Q'}{dt},$$

$$\sum_{k=1}^{N} (Q_k^* - z_k \mathfrak{F} \varphi'')\,J_k = \frac{d_a Q''}{dt} + \sum_{k=1}^{N} \left(H_k'' - H_k'\right) J_k. \qquad [3\text{-}9.26]$$

Mit Gl. [3-2.6] ergibt sich hieraus:

$$\sum_{k=1}^{N} Q_k^* J_k - I\varphi' = -\frac{d_a Q'}{dt}, \qquad [3\text{-}9.27]$$

worin I die gesamte elektrische Stromstärke bedeutet.

Für den stromlosen Zustand gilt:

$$I = \mathfrak{F} \sum_{k=1}^{N} z_k\,J_k = 0. \qquad [3\text{-}9.28]$$

Damit folgt aus Gl. [27] bei Beachtung von Gl. [3-2.2]:

$$\sum_{k=1}^{N} Q_k^* \frac{dn_k'}{dt} = -\frac{d_a Q'}{dt} \qquad [3\text{-}9.29]$$

$$(T = \text{const}, dP'/dt = dP''/dt = 0, I = 0).$$

Die Überführungswärme des Stoffes k (Q_k^*) ist also gleich der Wärme, die von der Phase $'$ in die Umgebung des Gesamtsystems fließt, wenn ein Mol der Teilchenart k im stromlosen Zustand isotherm von der Phase $''$ (Druck P'') zur Phase $'$ (Druck P') durch das Ventil wandert. Diese Interpretation der Überführungswärme, die schon Eastman und Wagner gegeben haben, ist nur *scheinbar anschaulich;* denn sie eröffnet nicht den Weg zu einer Berechnung von Q_k^* aus anderen Größen. Die Überführungswärme läßt sich vielmehr, von einigen Ausnahmen in einfachen Fällen abgesehen (vgl. § 3.11), nicht generell auf klassisch-thermodynamische Größen zurückführen, sondern muß – genau wie die phänomenologischen Koeffizienten, mit denen sie ja zusammenhängt – von Fall zu Fall gemessen und molekularkinetisch gedeutet werden.

Für eine eventuelle molekularphysikalische Interpretation der Überführungswärme ist ein anderer Spezialfall von Gl. [24] wichtig: Man betrachtet ein System mit konstantem Volumen der Phase $'$ im stromlosen Zustand. Dann findet man aus Gl. [24] und [28]:

$$\sum_{k=1}^{N} (Q_k{}^* + H_k{}') \frac{dn_k{}'}{dt} = -\frac{d_aQ'}{dt} + \frac{dU'}{dt} \; (T' = T'', dV'/dt = 0, I = 0).$$

Hiernach ist unter den angegebenen Bedingungen die Größe

$$U_k{}^* \equiv Q_k{}^* + H_k{}' \qquad [3\text{-}9.30]$$

die mit einem Mol des Stoffes k von der Phase $''$ zur Phase $'$ durch das Ventil transportierte innere Energie („Überführungsenergie").

Gegenüber der quasithermodynamischen Methode, die mit schwer zu rechtfertigenden Hypothesen arbeitet und im wesentlichen nur auf die Formeln für den stationären Zustand führt, ist unsere systematische Betrachtungsweise, basierend auf der Entropiebilanz, den phänomenologischen Ansätzen und dem ONSAGERschen Reziprozitätssatz, vollkommen allgemein und in ihren Grundlagen durchsichtig.

Die *kalorimetrische Bestimmung der Überführungswärmen* läßt sich ebenfalls mit Hilfe von Gl. [29] beschreiben. Für Einstoffsysteme ($N = 1$, $Q_k{}^* = Q^*$, $n_k{}' = n'$) ergibt sich z. B. aus Gl. [29]:

$$Q^* \frac{dn'}{dt} = -\frac{d_aQ'}{dt} \; (T = \text{const}, dP'/dt = 0). \qquad [3\text{-}9.31]$$

Mißt man also dn'/dt (Materiestrom von der Phase $''$ zur Phase $'$ durch das Ventil) und d_aQ'/dt (Wärmestrom aus der Umgebung in die Phase $'$) unter isotherm-isobaren Bedingungen, so erhält man experimentelle Werte für die Überführungswärme Q^* (vgl. S. 223).

Die experimentelle Situation ist genauer folgendermaßen zu kennzeichnen: Man richtet die Materieströmung so ein, daß die linke Seite von Gl. [31] negativ ist (für $Q^* < 0$ muß z. B. $dn'/dt > 0$ sein), so daß der Wärmestrom d_aQ'/dt positiv wird. Die letzte Größe ist quantitativ aus Spannung und Stromstärke einer regulierbaren elektrischen Heizung ermittelbar.

§ 3.10. Thermomechanische Effekte (empirische und thermodynamisch-phänomenologische Beschreibung)

a) *Empirische Beschreibung.* Wir betrachten ein fluides Einstoffsystem, bei dem das Ventil eine enge Öffnung, eine Kapillare, eine poröse Wand oder eine Membran sein kann. Die beiden Teilsysteme sollen im allgemeinen verschiedene Temperaturen (T bzw. $T + \Delta T$) und verschiedene Drucke (P bzw. $P + \Delta P$), aber keine elektrische Potentialdifferenz aufweisen (Abb. 7). Durch das Ventil kann also ein Materie- und ein Wärmetransport stattfinden.

Außer den uns schon bekannten Phänomenen der Permeation (§ 3.7) und Wärmeleitung (§ 3.9) sind hier noch ein „Überlagerungseffekt", nämlich ein Stofftransport infolge der Temperaturdifferenz, und der zugehörige „Umkehreffekt", also ein Wärmetransport infolge der Druckdifferenz, möglich.

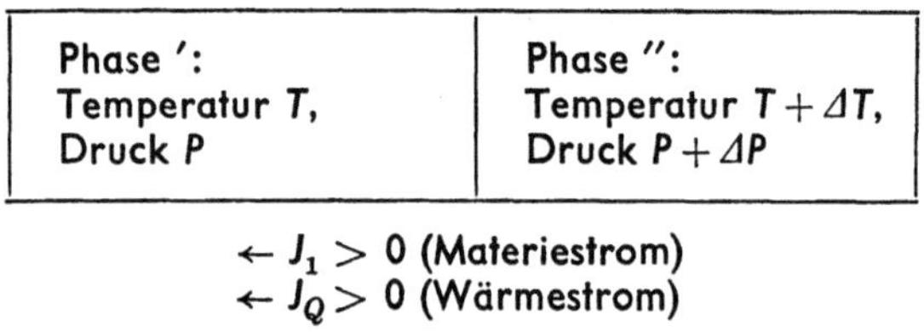

Abb. 7. Heterogenes (diskontinuierliches) System mit Materie- und Wärmeübergang zwischen den beiden Teilsystemen (Phase' und Phase'') als Sonderfall des Systems in Abb. 5 (S. 181)

Im Jahre 1873 teilte FEDDERSEN[1]) qualitative Versuche mit, nach denen ein Luftstrom durch ein poröses Medium (Platinschwamm, Gips usw.) zu beobachten war, sobald in den Luftmengen zu beiden Seiten der porösen Wand verschiedene Temperaturen (bei gleichen Drucken) herrschten. Die Gasströmung fand dabei stets in der Richtung von der niedrigeren zur höheren Temperatur statt. FEDDERSEN nannte das Phänomen „Thermodiffusion". Dieser Ausdruck wird heute für einen anderen Effekt (Teilchenwanderung innerhalb einer beliebigen Mischung in einem Temperaturfeld bei konstantem Druck und konstanten Konzentrationen ohne Vorhandensein eines Ventils, vgl. S. 390) benutzt. Wir bezeichnen die von FEDDERSEN entdeckte Erscheinung und überhaupt jeden Materiestrom in einem fluiden Einstoffsystem, der infolge eines Temperaturunterschiedes (bei verschwindender Druckdifferenz) durch eine poröse Wand oder eine Membran stattfindet, als *Thermoosmose.*

FEDDERSEN war der erste Forscher, der einwandfrei eine durch ein Temperaturgefälle verursachte Stoffwanderung in Gasen experimentell nachwies. Daher

---

[1]) W. FEDDERSEN, Pogg. Ann. Physik und Chemie (5) **148**, 302 (1873).

seien einige Sätze aus dem Schluß seiner Abhandlung (datiert vom 26. 12. 1872) wörtlich wiedergegeben:

„Aus vorstehenden Versuchen mit den heterogensten Stoffen scheint hervorzugehen, daß es eine allgemeine Eigenschaft der porösen Körper ist, sobald sie in die Form von Diaphragmen gebracht sind, die Gase in der Richtung von der kalten zur warmen Seite durch sich hindurch zu ziehen. Man hat damit eine Diffusionserscheinung, welche entgegengesetzt der gewöhnlichen Diffusion auch dann eintritt, wenn an beiden Seiten des Diaphragmas dasselbe Gas unter demselben Druck sich befindet. Es ist dies eine besondere, bisher unbekannte Erscheinung, und hat man daher wohl das Recht, sie mit dem Namen der *Thermodiffusion* zu belegen."

Offenbar ohne Kenntnis der Arbeiten von FEDDERSEN und REYNOLDS[1]) über die Thermoosmose von Gasen durch poröse Medien, beobachtete LIPPMANN 1907 Thermoosmose von Luft[2]) und von Wasser[3]) durch Membranen aus Papier, Gelatine und Goldschlägerhaut (äußere Haut des Rinderblinddarms). Er hat damit erstmalig Thermoosmose in Flüssigkeiten nachgewiesen. Diese und spätere Versuche an Flüssigkeiten[4]) sind allerdings etwas zweifelhaft wegen der Möglichkeit von Osmose und Elektroosmose infolge von elektrolytischen Verunreinigungen[5]).

Neuere Experimente über Thermoosmose in Gasen stammen von DENBIGH und RAUMANN[6]), solche über Thermoosmose in Flüssigkeiten (Wasser) von ALEXANDER und WIRTZ[7]) sowie aus dem Laboratorium des Verfassers[8]). Die Ventile waren bei diesen Versuchen Membranen aus Gummi (bei den Gasen) bzw. aus Cellulosepräparaten und Goldschlägerhaut (bei den Flüssigkeiten). Diese Messungen lehren uns, daß die Thermoosmose durchaus nicht immer – wie von den älteren Autoren behauptet – von der kalten zur warmen Seite verläuft. Das Vorzeichen des Effektes hängt vielmehr von der Art des fluiden Mediums und der Natur der Membran ab (vgl. § 3.11).

Da poröse Medien als Systeme von Kapillaren anzusehen sind, liegt es nahe, die Versuche auch mit Kapillaren anzustellen. Daher ist der Übergang von der Thermoosmose zum KNUDSEN-*Effekt* fließend. Dieser zuerst von REYNOLDS[1]), dann unabhängig von KNUDSEN[9]) experimentell und theoretisch untersuchte Effekt besteht in folgendem: Zwischen zwei verschieden

---

1) O. REYNOLDS, Philos. Trans. Roy. Soc. (London) B **170**, 727 (1879).
2) G. LIPPMANN, Compt. rend. Acad. Sci. **145**, 105 (1907).
3) G. LIPPMANN, ibid. **145**, 104 (1907).
4) M. AUBERT, Ann. Chimie et Physique (8) **26**, 145, 551 (1912).
5) H. P. HUTCHISON, I. S. NIXON und K. G. DENBIGH, Disc. Faraday Soc. **3**, 86 (1948).
6) K. G. DENBIGH und G. RAUMANN, Proc. Roy. Soc. (A) **210**, 377, 518 (1951).
7) K. F. ALEXANDER und K. WIRTZ, Z. physik. Chem. **195**, 165 (1950).
8) R. HAASE und C. STEINERT, Z. physik. Chem. Neue Folge **21**, 270 (1959).
9) M. KNUDSEN, Ann. Physik (4) **31**, 205 (1910).

temperierten gasgefüllten Gefäßen, die miteinander durch eine Kapillare, eine poröse Platte oder eine enge Öffnung in der Trennwand verbunden sind, wird ein Gasstrom beobachtet, und zwar auch bei gleichen Drucken in den Gefäßen. Dabei ist der Kapillar- oder Lochdurchmesser klein gegen die mittlere freie Weglänge der Gasmoleküle. Der Gasstrom führt, wenn das Gas in feste Wände eingeschlossen ist, bei anfänglich gleichen Drucken zu einem Druckunterschied zwischen den beiden Teilsystemen. Diese Druckdifferenz kann im stationären Falle für ideale Gase aus der kinetischen Gastheorie berechnet werden.

Die zur Thermoosmose und zum KNUDSEN-Effekt analoge Erscheinung beim flüssigen Helium II (d. h. bei flüssigem Helium unterhalb des Lambda-Punktes), wobei eine Kapillare oder ein Pulverpfropfen das Ventil darstellt, wurde von ALLEN und JONES[1]) entdeckt. Das Phänomen ist hier sehr auffällig und wird heute als *Springbrunneneffekt* („fountain effect") bezeichnet.

Da der Übergang von Kapillaren oder engen Öffnungen zu porösen Wänden oder Membranen fließend ist und die Effekte bei allen möglichen fluiden Medien auftreten, empfiehlt es sich, für die genannten Erscheinungen nicht nur eine gemeinsame phänomenologische Behandlung, sondern auch einen gemeinsamen Namen einzuführen. Wir benutzen die Bezeichnung „thermomechanischer Effekt".

Die Umkehrerscheinung dieses Effektes muß folgerichtig „mechanokalorischer Effekt" – speziell bei der Thermoosmose „osmotischer Thermoeffekt" – heißen. (Allerdings wird in der angelsächsischen Literatur der mechanokalorische Effekt häufig als „thermomechanical effect" bezeichnet.)

Der *mechanokalorische Effekt*, d. h. der Wärmetransport infolge einer Druckdifferenz, wurde für flüssiges Helium II, bei dem ja auch der thermomechanische Effekt besonders groß ist, experimentell von DAUNT und MENDELSSOHN[2]) nachgewiesen.

Wenn wir die Temperaturdifferenz ΔT und den Druckunterschied ΔP als hinreichend klein voraussetzen, können wir alle genannten Effekte durch folgende empirische Gleichungen beschreiben:

$$J_1 = \frac{q}{\delta}(A\,\Delta P + B\Delta T), \qquad [3\text{-}10.1]$$

$$J_Q = \frac{q}{\delta}(C\Delta P + \lambda_0 \Delta T). \qquad [3\text{-}10.2]$$

Hierin ist q der (wirksame) Querschnitt und δ die Dicke des Ventils. Der Materiestrom J_1 bedeutet die Zunahmegeschwindigkeit der Molzahl des betrachteten Stoffes in der Phase ′ (vgl. Abb. 7) und hängt mit dem Volumen-

[1]) J. F. ALLEN und H. JONES, Nature **141**, 243 (1938).
[2]) J. G. DAUNT und K. MENDELSSOHN, Nature **143**, 719 (1939).

fluß J gemäß Gl. [3-6.8] wie folgt zusammen:

$$J = \overline{V} J_1, \qquad [3\text{-}10.3]$$

wobei $\overline{V}$ ($= V_1$) das Molvolumen der betrachteten Substanz bei der mittleren Temperatur und beim mittleren Druck des Systems darstellt. Entsprechend ist der Wärmestrom J_Q die in der Zeiteinheit von der Phase $''$ in die Phase $'$ durch das Ventil strömende Wärme (vgl. Abb. 7). Die Bedeutung der Koeffizienten A, B, C und λ_0 ergibt sich aus den folgenden Betrachtungen.

Die Gleichung

$$J_1 = A \frac{q}{\delta} \Delta P \; (\Delta T = 0), \qquad [3\text{-}10.4]$$

die sich aus Gl. [1] ergibt, beschreibt nach § 3.7 die *Permeation*. Wir bezeichnen die Größe A daher als *Permeabilität*. Sie ist, wie der Vergleich mit Gl. [3-7.1] bei Beachtung von Gl. [3] zeigt, mit der in § 3.7 „Permeabilität" genannten Größe a durch die Beziehung

$$a = A \overline{V} \qquad [3\text{-}10.5]$$

verknüpft. Sowohl a als auch A heißen in der Literatur „Permeabilität" oder „Durchlässigkeit". Wir benutzen hier nur den Koeffizienten A.

In der aus Gl. [2] folgenden Beziehung

$$J_Q = \lambda_0 \frac{q}{\delta} \Delta T \; (\Delta P = 0) \qquad [3\text{-}10.6]$$

ist nach § 3.9 die *Wärmeleitung* für den Fall verschwindender Druckdifferenz enthalten. Die Größe λ_0 soll, wie in Gl. [3-9.14], *Wärmeleitfähigkeit für homogene Durchmischung* heißen.

Durch die Gleichung

$$J_1 = B \frac{q}{\delta} \Delta T \; (\Delta P = 0), \qquad [3\text{-}10.7]$$

die wiederum aus Gl. [1] resultiert, wird die oben als *thermomechanischer Effekt* (Thermoosmose, Knudsen-Effekt, Springbrunneneffekt) bezeichnete Erscheinung beschrieben. Der Koeffizient B wird – wenigstens im Falle der Thermoosmose – *thermoosmotische Permeabilität* genannt.

Die aus Gl. [2] sich ergebende Beziehung

$$J_Q = C \frac{q}{\delta} \Delta P \; (\Delta T = 0) \qquad [3\text{-}10.8]$$

endlich beschreibt nach obigem den *mechanokalorischen Effekt*. Im Falle einer Membran bezeichnen wir dieses Phänomen als *osmotischen Thermoeffekt* und die Größe C als *osmotischen Thermokoeffizienten*.

Die Transportkoeffizienten A, B, C und λ_0 hängen erfahrungsgemäß bei vorgegebener Natur des Stoffes und des Ventils nur von der mittleren Temperatur und – in geringerem Maße – vom mittleren Druck des Systems ab[1]).

Eliminieren wir ΔP aus Gl. [1] und [2], so erhalten wir:

$$J_Q = \frac{C}{A} J_1 + \lambda_\infty \frac{q}{\delta} \Delta T \qquad [3\text{-}10.9]$$

mit

$$\lambda_\infty \equiv \lambda_0 - \frac{BC}{A} . \qquad [3\text{-}10.10]$$

Da nach Gl. [3-9.11] der *stationäre Zustand* im vorliegenden Spezialfalle durch die einzige Bedingungsgleichung

$$J_1 = 0 \text{ (stationärer Zustand)} \qquad [3\text{-}10.11]$$

charakterisiert wird, beschreibt die Beziehung

$$J_Q = \lambda_\infty \frac{q}{\delta} \Delta T \text{ (stationärer Zustand)} \qquad [3\text{-}10.12]$$

nach § 3.9 die *Wärmeleitung* im Stationaritätsfalle. Die Größe λ_∞ soll daher, wie in Gl. [3-9.12], *Wärmeleitfähigkeit für den stationären Zustand* genannt werden.

Aus Gl. [1] und [11] folgt für die stationäre Druckdifferenz:

$$\Delta P_{\text{stat}} = -\frac{B}{A} \Delta T . \qquad [3\text{-}10.13]$$

Die Größe ΔP_{stat} bezeichnen wir allgemein als *thermomechanische Druckdifferenz* und im Falle der Thermoosmose als *thermoosmotische Druckdifferenz*[2]).

b) *Thermodynamisch-phänomenologische Beschreibung.* Die bisherige Darstellungsweise war rein empirisch. Wir wenden nun die Methoden der Thermodynamik der irreversiblen Prozesse auf die betrachteten Erscheinungen an[3])[4])[5]).

---

[1]) Bei Kapillaren ist diese Aussage allerdings nicht richtig. So ergibt z. B. der Vergleich von Gl. [4] mit dem POISEUILLEschen Gesetz, daß A noch vom Querschnitt q der Kapillare abhängt (vgl. S. 192).

[2]) In der angelsächsischen Literatur heißt ΔP_{stat} meist „thermomolecular pressure difference".

[3]) I. PRIGOGINE, Étude Thermodynamique des Phénomènes irréversibles (Paris – Liège 1947); Introduction to Thermodynamics of Irreversible Processes (Springfield, Illinois, 1955).

[4]) S. R. DE GROOT, J. Phys. Radium (8) **8**, 188 (1947); Physica **13**, 555 (1947); Thermodynamics of Irreversible Processes (Amsterdam 1951).

[5]) R. HAASE, Ergebn. exakt. Naturwiss. **26**, 56 (1952); Z. physik. Chem. Neue Folge **21**, 244 (1959).

Bei hinreichend kleinen Werten von ΔT und ΔP, wie schon in Gl. [1] und [2] vorausgesetzt, gelten die phänomenologischen Ansätze [3-9.1] und [3-9.2], die sich auf Grund von Gl. [3-9.3] und [3-9.4] im vorliegenden Spezialfalle ($N = 1$, $V_1 = \overline{V}$, $\Delta x_j = 0$, $\Delta \varphi = 0$) zu folgenden Ausdrücken vereinfachen (s. auch Gl. [3-6.10]):

$$J_1 = \alpha_{11} \overline{V} \Delta P + \alpha_{1Q} \frac{\Delta T}{T} , \qquad [3\text{-}10.14]$$

$$J_Q = \alpha_{Q1} \overline{V} \Delta P + \alpha_{QQ} \frac{\Delta T}{T} . \qquad [3\text{-}10.15]$$

Hierin sind die Größen α_{11}, α_{1Q}, α_{Q1} und α_{QQ} die phänomenologischen Koeffizienten, während T als mittlere absolute Temperatur des Systems angesehen werden kann. Setzen wir

$$\begin{aligned} \alpha_{11} \overline{V} \frac{\delta}{q} &= A , & \frac{\alpha_{1Q}}{T} \frac{\delta}{q} &= B , \\ \alpha_{Q1} \overline{V} \frac{\delta}{q} &= C , & \frac{\alpha_{QQ}}{T} \frac{\delta}{q} &= \lambda_0 , \end{aligned} \qquad [3\text{-}10.16]$$

so erkennen wir, daß unsere empirischen linearen Ansätze [1] und [2] in den Ansätzen [14] und [15] der thermodynamisch-phänomenologischen Theorie der irreversiblen Prozesse enthalten sind (vgl. § 3.7).

Aussagen, die über das schon Bekannte hinausgehen, erhalten wir durch Hinzuziehen der ONSAGERschen Reziprozitätsbeziehung [3-9.6]

$$\alpha_{1Q} = \alpha_{Q1} \qquad [3\text{-}10.17]$$

und der Vorzeichenaussagen [3-9.7]

$$\alpha_{11} > 0, \quad \alpha_{QQ} > 0, \quad \alpha_{11}\alpha_{QQ} - \alpha_{1Q}^2 > 0. \qquad [3\text{-}10.18]$$

Wir betrachten zunächst die Folgerungen aus dem Reziprozitätssatz [17]. Aus Gl. [16] und [17] ergibt sich:

$$C = B T \overline{V}, \qquad [3\text{-}10.19]$$

also eine generelle Verknüpfung zwischen dem thermomechanischen Effekt und dem mechanokalorischen Effekt. Diese wichtige Beziehung ist dem Zusammenhang [3-7.19] zwischen Elektroosmose und Strömungsleitung analog. Alle irreversiblen Prozesse, die in unserem System möglich sind, werden somit durch drei Koeffizienten (z. B. A, B und λ_0) gekennzeichnet.

Führen wir nach Gl. [3-9.8] formal die *Überführungswärme* Q^* (für die einzige vorhandene Substanz) ein, so finden wir mit Gl. [16]:

$$Q^* \equiv \frac{\alpha_{1Q}}{\alpha_{11}} = \frac{B}{A} T \overline{V}. \qquad [3\text{-}10.20]$$

Einsetzen dieser Beziehung in Gl. [13] liefert:

$$\Delta P_{\text{stat}} = -\frac{Q^*}{T\overline{V}}\Delta T. \quad [3\text{-}10.21]$$

Die Größe Q^*, definiert durch Gl. [20], gelangt also bereits ohne den ONSAGERschen Reziprozitätssatz in die Formel für den stationären Zustand (vgl. § 3.9). Gl. [21] ist ein Spezialfall von Gl. [3-9.22] bzw. Gl. [3-9.23].

Benutzen wir nun die ONSAGERsche Reziprozitätsbeziehung in Gestalt von Gl. [19], so erhalten wir aus Gl. [20]:

$$Q^* = \frac{C}{A}. \quad [3\text{-}10.22]$$

Daraus folgt sofort mit Gl. [9]:

$$J_Q = Q^* J_1 + \lambda_\infty \frac{q}{\delta}\Delta T. \quad [3\text{-}10.23]$$

Auf Grund des hieraus resultierenden Zusammenhangs

$$Q^* = \left(\frac{J_Q}{J_1}\right)_{\Delta T = 0} \quad [3\text{-}10.24]$$

hat die formal durch Gl. [20] eingeführte Größe Q^* tatsächlich die physikalische Bedeutung einer „Überführungswärme". Um dies zu zeigen, mußten wir den Reziprozitätssatz von ONSAGER heranziehen (vgl. § 3.9).

Aus Gl. [10], [19] und [22] leiten wir für die Differenz zwischen den beiden Wärmeleitfähigkeiten ab:

$$\lambda_0 - \lambda_\infty = \frac{B^2}{A} T\overline{V} = BQ^*. \quad [3\text{-}10.25]$$

Diese Beziehung ist ein Spezialfall von Gl. [3-9.16].

Durch die Zusammenhänge [19], [20] und [25] werden alle Transportgrößen auf drei unabhängige Koeffizienten (A, B und λ_0) zurückgeführt.

Mit Hilfe der Ungleichungen [18] finden wir aus Gl. [16], [17] und [25] folgende Vorzeichenaussagen:

$$A > 0, \quad [3\text{-}10.26]$$

$$\lambda_0 > 0, \quad [3\text{-}10.27]$$

$$\lambda_\infty > 0, \quad [3\text{-}10.28]$$

$$\lambda_0 > \lambda_\infty, \quad [3\text{-}10.29]$$

$$B^2 < \frac{A\lambda_0}{T\overline{V}}, \quad [3\text{-}10.30]$$

wobei [27] auch als Konsequenz von [28] und [29] angesehen werden kann.

Die Aussage [26], nach der bei der Permeation die Materie vom höheren zum niedrigeren Druck fließt, empfindet man als selbstverständlich (vgl. S. 198). Die Beziehungen [27] bis [29] sind Spezialfälle der allgemeinen Ungleichungen [3-9.17], [3-9.18] und [3-9.20]. Am interessantesten ist die Aussage [30], nach der B sowohl positiv als auch negativ sein kann (wie es tatsächlich der Erfahrung entspricht), wobei es aber eine obere Grenze für den Betrag von B gibt.

Gemäß Gl. [19], [20] und [26] haben die Überführungswärme Q^* sowie die Koeffizienten B und C stets dasselbe Vorzeichen.

§ 3.11. Thermomechanische Effekte (experimentelle Beispiele)

Alle neueren experimentellen Untersuchungen am Knudsen-Effekt, am Springbrunneneffekt und an der Thermoosmose legen reine Gase bzw. reine Flüssigkeiten, wohldefinierte Ventile (Kapillaren oder Membranen aus bekanntem und möglichst gut reproduzierbarem Material) und genau meßbare Temperatur- und Druckdifferenzen zugrunde. In den meisten Fällen wird dabei die Annäherung an den stationären Zustand beobachtet und aus der schließlich erreichten thermomechanischen Druckdifferenz nach Gl. [3-10.21] die Überführungswärme ermittelt. Wir wollen daher zunächst eine genauere Analyse der Vorgänge geben, die auf einen stationären Nichtgleichgewichtszustand führen.

Wir betrachten ein fluides Einstoffsystem mit vorgegebenen Werten der Temperaturen der beiden Teilsysteme, so daß die Temperaturdifferenz ΔT und die mittlere Temperatur T konstant sind. Anfänglich sei das System bis auf den Temperaturunterschied $\Delta T \neq 0$ homogen (Druckdifferenz $\Delta P = 0$ zur Zeit $t = 0$). In diesem Ausgangszustand tritt nach Gl. [3-10.7] ein thermomechanischer Effekt (Thermoosmose usw.) auf. Kann sich nun eine Druckdifferenz zwischen den beiden Teilsystemen aufbauen (Beispiel: System mit fest eingespannter Membran oder System mit Kapillare bei konstanten Volumina der beiden Teilsysteme), so gilt zu einem beliebigen Zeitpunkt gemäß Gl. [3-10.1]:

$$-\frac{\Delta P}{\Delta T} = \frac{B}{A} - \frac{\delta}{q} \frac{J_1}{A \Delta T}, \qquad [3\text{-}11.1]$$

wobei die Koeffizienten A und B, die Temperaturdifferenz ΔT, die Dicke δ und der Querschnitt q des Ventils für eine gegebene Versuchsanordnung Konstanten sind, während die Druckdifferenz ΔP und der Materiestrom J_1 variabel sind. Der höhere Druck entsteht in demjenigen Teilsystem, in das die Materie infolge des thermomechanischen Effektes fließt. Auf Grund der

Permeation aber, die nach § 3.10 einen Materieübergang vom höheren zum niedrigeren Druck veranlaßt, kommt ein entgegengesetzter Stofftransport zustande, der zu einer ständigen Abnahme des Betrages der Größe J_1 führt. Daher bildet sich nach genügend langer Zeit ($t \to \infty$) ein ***stationärer Zustand*** aus, der durch die Bedingung $J_1 = 0$ charakterisiert ist. Der Ausdruck [1] hat also anfänglich ($t = 0$, $\Delta P = 0$) den Wert Null, im stationären Endzustand ($t \to \infty, \Delta P \neq 0, J_1 = 0$) aber den Wert

$$-\frac{\Delta P}{\Delta T} = \frac{B}{A} \text{ (stationärer Zustand)}, \qquad [3\text{-}11.2]$$

in Übereinstimmung mit Gl. [3-10.13]. Zu einem beliebigen Zeitpunkt vor Erreichen des stationären Zustandes überwiegt der thermomechanische Effekt die Permeation, so daß infolge von Gl. [3-10.7] die Größen B, $J_1/\Delta T$ und $-\Delta P/\Delta T$ dasselbe Vorzeichen haben. Daraus folgt mit Gl. [3-10.26] und Gl. [1], daß in jedem Falle der Betrag $|\Delta P/\Delta T|$ im Laufe der Zeit zunimmt, bis er im stationären Endzustand den Maximalwert $|B/A|$ annimmt (Abb. 8).

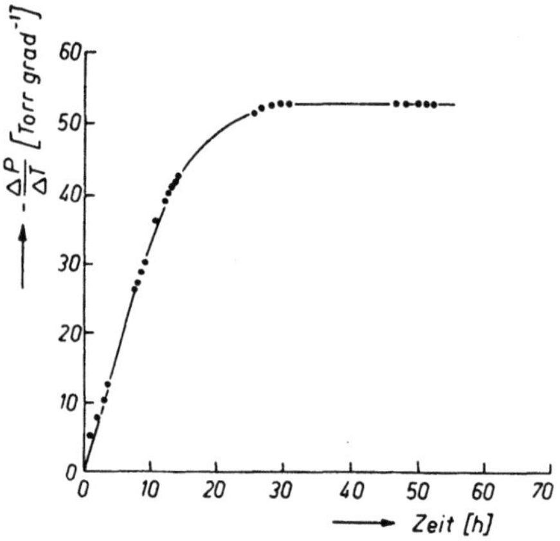

Abb. 8. Zeitlicher Verlauf der Größe $-\Delta P/\Delta T$ (ΔP = Druckdifferenz) bei einer mittleren Temperatur von 21 °C und einer konstanten Temperaturdifferenz ΔT = 0,95 °C. Membransubstanz: Cellophan 600 g m^{-2}, gewässerte Probe. Permeierende Substanz: Wasser. Nach R. HAASE und C. STEINERT, Z. physik. Chem. Neue Folge **21**, 270 (1959).

Für die Größe $y \equiv -\Delta P/\Delta T$ als Funktion der Zeit t folgt aus Gl. [3-2.2], [3-5.1], [3-6.7], [3-10.3] und Gl. [1] nach Integration:

$$y = \frac{B}{A}\left(1 - e^{-\frac{t}{\alpha}}\right) \quad \text{mit} \quad \alpha \equiv \frac{q_0\,\delta}{2q\,Mg\,A},$$

worin q_0 der Querschnitt der zur Druckmessung senkrecht aufgesetzten Kapillaren, M die Molmasse der permeierenden Substanz und g die Erdbeschleunigung ist.

Man kann die Permeabilität A bzw. den Koeffizienten B (also die thermoosmotische Permeabilität im Falle der Thermoosmose) direkt mit Hilfe von

Gl. [3-10.4]

$$J_1 = A\frac{q}{\delta}\Delta P \quad (\Delta T = 0) \tag{3-11.3}$$

aus der Permeation bzw. mit Hilfe von Gl. [3-10.7]

$$J_1 = B\frac{q}{\delta}\Delta T \quad (\Delta P = 0) \tag{3-11.4}$$

aus der Thermoosmose ermitteln. Der Vergleich der so bestimmten Koeffizienten mit dem aus dem stationären Zustand nach Gl. [2] ermittelten Verhältnis B/A stellt ein Kriterium für die Güte der Messungen dar. Um eine Verifizierung des ONSAGERschen Reziprozitätssatzes handelt es sich bei einem solchen Vergleich nicht, auch wenn man Gl. [2] in der äquivalenten Form [3-10.21]

$$-\frac{\Delta P}{\Delta T} = \frac{Q^*}{T\overline{V}} \text{ (stationärer Zustand)} \tag{3-11.5}$$

schreibt, worin T die mittlere absolute Temperatur des Systems, $\overline{V}$ das Molvolumen der betreffenden Substanz und Q^* die Überführungswärme bedeutet. Erst wenn man die in Gl. [5] auftretende Größe Q^* physikalisch im Sinne von Gl. [3-10.24] interpretiert, benutzt man den ONSAGERschen Reziprozitätssatz (vgl. § 3.10). Wie man diesen Satz experimentell bestätigt, wird unten (S. 223) am Beispiel des Springbrunneneffektes gezeigt.

Wenn Q^* positiv bzw. negativ ist, stellt sich nach Gl. [5] im stationären Zustand der höhere Druck auf der Seite der niedrigeren bzw. höheren Temperatur ein.

Wir betrachten als erstes konkretes Beispiel den KNUDSEN-*Effekt* bei idealen Gasen. Die kinetische Gastheorie liefert für die „Überführungsenergie“, d. h. für die Größe [3-9.30]

$$U^* = Q^* + \overline{H} \tag{3-11.6}$$

($\overline{H}$ = molare Enthalpie), bei einatomigen idealen Gasen folgenden Ausdruck:

$$U^* = 2\,RT \tag{3-11.7}$$

(R = Gaskonstante). Da in diesem Falle, mit derselben Nullpunktszählung der Energie wie in Gl. [7], für die molare Enthalpie die Beziehung

$$\overline{H} = \frac{5}{2}RT \tag{3-11.8}$$

gefunden wird, erhält man mit Gl. [6] für die Überführungswärme:

$$Q^* = -\frac{1}{2}RT, \tag{3-11.9}$$

also einen negativen Wert. Dieser Ausdruck ist unabhängig vom willkürlich gewählten Nullpunkt der inneren Energie (vgl. S. 208), wie schon aus Gl. [5] hervorgeht. Auch läßt sich zeigen, daß Gl. [9] für mehratomige ideale Gase ebenfalls gilt. Einsetzen von Gl. [9] in Gl. [5] ergibt (vgl. Gl. [1-23.5]):

$$\frac{\Delta P}{\Delta T} = \frac{R}{2\overline{V}} = \frac{P}{2T}$$

(stationärer KNUDSEN-Effekt bei idealen Gasen). [3-11.10]

Wegen der Voraussetzung [3-5.4]

$$\left|\frac{\Delta T}{T}\right| \ll 1$$

gilt:

$$1 + \frac{1}{2}\frac{\Delta T}{T} \approx \sqrt{1 + \frac{\Delta T}{T}}\,.$$

Somit folgt:

$$\frac{P + \Delta P}{P} = \sqrt{\frac{T + \Delta T}{T}}$$

oder mit Gl. [3-5.1]:

$$\frac{P''}{P'} = \sqrt{\frac{T''}{T'}}$$ (stationärer KNUDSEN-Effekt bei idealen Gasen). [3-11.11]

Gl. [11] läßt sich direkt molekularkinetisch ableiten und auch experimentell bestätigen.

Ist die Grundvoraussetzung für die Gültigkeit von Gl. [9] und [11] – Durchmesser der Öffnung klein gegen die mittlere freie Weglänge der Gasmoleküle (vgl. § 3.10) – nicht mehr erfüllt, so werden die Ausdrücke für die Überführungswärme und die thermomechanische Druckdifferenz komplizierter, auch wenn man weiterhin nur ideale Gase betrachtet[1]). Ist im Extremfall die Öffnung so weit, daß die Gasmenge in makroskopischer Strömung das Ventil passieren kann, so findet man:

$$Q^* = 0$$

und damit aus Gl. [5]:

$$\Delta P_{\text{stat}} = 0,$$

wie es von vornherein einleuchtet. In den zwischen diesem Extremfall und dem KNUDSEN-Effekt liegenden Fällen hängt die Überführungswärme Q^* vom Verhältnis des Öffnungsdurchmessers zur mittleren freien Weglänge der

[1]) Vgl. E. A. MASON, R. B. EVANS III und G. M. WATSON, J. Chem. Physics **38**, 1808 (1963).

Gasmoleküle ab, ist aber nach wie vor negativ. Dies kann durch Experimente an verschiedenen Gasen mit Kapillaren verschiedener Durchmesser verifiziert werden[1]).

Auch beim *Springbrunneneffekt* des flüssigen Heliums II ist die Überführungswärme Q^* stets negativ und hängt – da es sich um eine gegebene Substanz handelt – außer von der mittleren Temperatur nur vom Kapillarradius ab. Die Messungen[2]) zeigen im einzelnen, daß bei gegebener mittlerer Temperatur der Betrag der Überführungswärme mit abnehmender Kapillarweite zunimmt, bis bei einem kritischen Kapillardurchmesser der Maximalwert erreicht wird.

Im Zusammenhang mit dem Springbrunneneffekt seien noch die Untersuchungen von BREWER und EDWARDS[3]) hervorgehoben, weil sich aus diesen eine besonders eindrucksvolle Bestätigung des ONSAGERschen Reziprozitätssatzes ergibt[4]). Die genannten Autoren bestimmen Q^* sowohl direkt kalorimetrisch nach Gl. [3-9.31] als auch indirekt gemäß Gl. [5] aus der thermomechanischen Druckdifferenz. Sie finden im Temperaturbereich zwischen 1,1 und 1,7 °K Übereinstimmung zwischen den beiden Sätzen von Q^*-Werten innerhalb der Fehlergrenzen der Messungen. Da die Tatsache, daß in Gl. [3-9.31] und Gl. [5] dieselbe Größe Q^* auftritt, nach obigem eine Folge der ONSAGERschen Reziprozitätsbeziehungen ist, stellen diese Messungen eine erneute Verifizierung des ONSAGERschen Satzes dar.

Wir wenden uns schließlich der *Thermoosmose* zu, die sowohl bei Gasen als auch bei Flüssigkeiten in neuerer Zeit experimentell untersucht worden ist.

DENBIGH und RAUMANN[5]) sowie BEARMAN[6]) führten sehr sorgfältige Versuche über die Thermoosmose der Gase H_2, N_2, CO_2 und H_2O sowie der Edelgase He, Ne, Ar, Kr und Xe durch. Die dabei verwendeten Membranen bestanden aus natürlichem Gummi. Die Temperaturdifferenzen lagen zwischen 2 und 19 °K, die mittleren Temperaturen bei etwa 300 °K. Die abgerundeten Werte der aus dem stationären Effekt nach Gl. [5] gefundenen Überführungswärmen Q^* betragen:

H_2:	$+$ 100 cal mol^{-1},	He:	1130 cal mol^{-1},
N_2:	$-$ 260 cal mol^{-1},	Ne:	900 cal mol^{-1},

1) Vgl. A. VAN ITTERBEEK und E. DE GRANDE, Physica **13**, 289, 422 (1947).
2) Vgl. L. MEYER und J. H. MELLINK, Physica **13**, 197 (1947).
3) D. F. BREWER und D. O. EDWARDS, Proc. Phys. Soc. (London) **71**, 117 (1958).
4) D. G. MILLER, Chem. Revs. **60**, 15 (1960).
5) K. G. DENBIGH und G. RAUMANN, Proc. Roy. Soc. (A) **210**, 518 (1951).
6) R. J. BEARMAN, J. Physic. Chem. **61**, 708 (1957).

CO_2: — 1800 cal mol^{-1}, Ar: 30 cal mol^{-1},
Kr: —170 cal mol^{-1},
Xe: —320 cal mol^{-1},

H_2O (Wasserdampf, unsicher): — 3400 cal mol^{-1}.

Besonders interessant ist hierbei, daß bei demselben Membrantyp je nach der Natur des permeierenden Gases verschiedene Vorzeichen von Q^* zu beobachten sind.

Bei den Experimenten von ALEXANDER und WIRTZ[1]) über die Thermoosmose von Wasser durch verschiedene Membranarten stellte sich heraus, daß auch bei Flüssigkeiten das Vorzeichen von Q^* (wiederum ermittelt aus der thermoosmotischen Druckdifferenz) nicht von vornherein festliegt. So ergaben sich positive Werte der Überführungswärmen für Wasser bei Cellulosepräparaten (Membranen aus Cellophan und Cuprophan) und negative Werte bei tierischem Eiweiß (Membranen aus Goldschlägerhaut). Hier war also bei derselben Flüssigkeit das Vorzeichen des Effektes von der Art der Membran abhängig. Keine oder zeitlich veränderliche Effekte zeigten verschiedene Filter aus Cellulose und Nitrocellulose, ungewässerte Cellulosepräparate und gebrannter Ton.

Neuere Messungen[2]) betreffen die Thermoosmose von Wasser durch Membranen aus verschiedenen Cellophansorten (auch solche mit eingelagertem Niederschlag von Kupferferrocyanid, $Cu_2Fe(CN)_6$, vgl. § 3.14). Dabei wurden neben der Überführungswärme Q^* aus der thermoosmotischen Druckdifferenz gemäß Gl. [5] auch die Permeabilität A aus der Permeation nach Gl. [3] und die thermoosmotische Permeabilität B aus der Thermoosmose nach Gl. [4] ermittelt. Die direkt gemessenen Werte von Q^* konnten dann mit den aus A und B nach der Beziehung (vgl. Gl. [2] und [5])

$$Q^* = T\overline{V}\frac{B}{A} \qquad [3\text{-}11.12]$$

berechneten Werten verglichen werden. Es ergab sich befriedigende Übereinstimmung, wie an einem Beispiel in Tab. 4 gezeigt wird. Dabei ist zu bedenken, daß die Transportkoeffizienten, insbesondere B und Q^*, sehr stark von Probe zu Probe variieren und daß es technisch fast unmöglich ist, alle Versuche an derselben Folie durchzuführen.

Wenn man die experimentellen Werte der Permeabilität A, der thermoosmotischen Permeabilität B und der (schon aus älteren Versuchen annähernd bekannten) Wärmeleitfähigkeit λ_0 in die Ungleichung [3-10.30]

$$B^2 < \frac{A\lambda_0}{T\overline{V}} \qquad [3\text{-}11.13]$$

[1]) K. F. ALEXANDER und K. WIRTZ, Z. physik. Chem. **195**, 165 (1950).
[2]) R. HAASE und C. STEINERT, Z. physik. Chem. Neue Folge **21**, 270 (1959).

einsetzt, findet man, daß im Falle der Thermoosmose von Wasser durch Cellophan die rechte Seite um 5 bis 8 Zehnerpotenzen größer als die linke Seite ist. Wir sehen also, daß die Natur den ihr auf Grund von [13] gelassenen Spielraum für den Betrag von B nur unvollkommen ausnutzt. Zu dem gleichen Schluß kam schon vor einiger Zeit MEIXNER[1]) im analogen Falle der Thermodiffusion in binären Gasmischungen (S. 400).

Tabelle 4

Auswahl aus Messungen an gewässerten Cellophanfolien des Typs 600 g m^{-2} (Dicke: 80μ). Permeierende Substanz: Wasser. Nach R. HAASE und C. STEINERT, Z. physik. Chem. Neue Folge **21**, 270 (1959).

Mittlere Temperatur °C	Permeabilität A (aus Permeation) mol dyn^{-1} cm sec^{-1}	Thermoosmotische Permeabilität B (aus Thermoosmose) mol grad^{-1} cm^{-1} sec^{-1}	Überführungswärme Q^* cal mol^{-1} aus A u. B nach Gl. [12]	Überführungswärme Q^* cal mol^{-1} aus thermoosmotischer Druckdifferenz nach Gl. [5]
21,0	$4{,}92 \cdot 10^{-15}$	$3{,}27 \cdot 10^{-10}$	(8,44)	—
29,8	$5{,}87 \cdot 10^{-15}$	$3{,}19 \cdot 10^{-10}$	(7,12)	—
39,8	$10{,}78 \cdot 10^{-15}$	$3{,}05 \cdot 10^{-10}$	3,84	3,98
46,2	$15{,}22 \cdot 10^{-15}$	$2{,}95 \cdot 10^{-10}$	2,69	3,44

Anmerkung: Für die numerische Auswertung benötigt man folgende Zusammenhänge zwischen den verschiedenen Einheiten:
1 atm = 760 Torr = $1{,}01325 \cdot 10^6$ dyn cm^{-2},
1 cal = 4,184 Joule = $4{,}184 \cdot 10^7$ erg = 0,04129 1 atm.

§ 3.12. Thermoosmose in Zweistoffsystemen (empirische Beschreibung)

Das System bestehe aus einem reinen Gas bzw. einer reinen Flüssigkeit (Komponente 1) und einer gasförmigen bzw. flüssigen binären Mischung (Komponenten 1 und 2). Die beiden Teilsysteme seien voneinander durch eine semipermeable Membran, die nur für die Komponente 1 durchlässig ist, getrennt. Die beiden Komponenten seien Nichtelektrolyte, und auch von einer äußeren elektrischen Potentialdifferenz sei abgesehen. Dann können die Phasen im allgemeinsten Falle eine Temperaturdifferenz ΔT, einen Druckunterschied ΔP und eine Konzentrationsdifferenz (Molenbruchdifferenz) Δx_1 aufweisen. Dementsprechend ist ein Materie- und Wärme-

[1]) J. MEIXNER, Ann. Physik (5) **43**, 268 (1943).

austausch zwischen den beiden Teilsystemen möglich (Abb. 9). Dabei wird die Komponente 1 als „Lösungsmittel“, die Komponente 2 als „gelöster Stoff“ bezeichnet. Die Mischphase heißt „Lösung“.

Im Spezialfalle $x_1 = 1$, $\Delta x_1 = 0$ reduziert sich unser Zweistoffsystem auf das Einstoffsystem in Abb. 7 (S. 212).

Als Beispiele für die in Abb. 9 skizzierte Anordnung seien genannt: eine Lösung von Polystyrol in Benzol, durch eine Cellophanfolie (die nur für Benzol durchlässig ist) von reinem Benzol getrennt, oder eine wäßrige Zuckerlösung, durch eine Cellophanfolie mit eingelagertem Kupferferrocyanid (die nur für Wasser durchlässig ist) von reinem Wasser getrennt

Phase ′ (Lösung): Temperatur T, Druck P, Zusammensetzung (Molenbruch der Komponente 1) x_1	Phase ″ (reines Lösungsmittel): Temperatur $T + \Delta T$, Druck $P + \Delta P$, Zusammensetzung $x_1 + \Delta x_1 = 1$

$\leftarrow J_1 > 0$ (Materiestrom)

$\leftarrow J_Q > 0$ (Wärmestrom)

Abb. 9. Heterogenes (diskontinuierliches) System mit Materie- und Wärmeübergang zwischen den beiden Teilsystemen (Phase′ und Phase″) als Sonderfall des Systems in Abb. 5 (S. 181).

(vgl. § 3.14). Im ersten Falle stellt das Benzol, im zweiten Falle das Wasser die Komponente 1 dar. Wenn die Konzentration der Komponente 2 (des Polystyrols bzw. des Zuckers) in der Lösung den Grenzwert Null annimmt, haben wir das Einstoffsystem in Abb. 7 vor uns, wobei aus der „semipermeablen“ Membran dann eine gewöhnliche (permeable) Membran wird.

Außer den uns schon aus § 3.10 von den Einstoffsystemen her bekannten Effekten gibt es hier zwei neue Phänomene: Bei verschwindender Temperatur- und Druckdifferenz führt der Konzentrationsunterschied zwischen den beiden Teilsystemen zu einem Stofftransport, der als *Osmose* bekannt ist (vgl. § 3.8), und zu einem Wärmeübergang, den wir als *osmotischen Diffusionsthermoeffekt* bezeichnen. Die in § 3.10 als „osmotischer Thermoeffekt“ beschriebene Erscheinung soll von nun an der Deutlichkeit halber *osmotischer Druckthermoeffekt* heißen. Da in unserem System auch Permeation, Wärmeleitung und Thermoosmose auftreten können, haben wir zunächst – vom rein empirischen Standpunkt – mit sechs verschiedenen Transportvorgängen zu rechnen.

Bei hinreichend kleinen Werten von ΔT, ΔP und Δx_1 beschreiben wir das gleichzeitige Auftreten der sechs möglichen Effekte durch folgende empirische Gleichungen, die eine sinngemäße Erweiterung der linearen Ansätze [3-10.1] und [3-10.2] darstellen:

$$J_1 = \frac{q}{\delta}(A\Delta P + A^*\Delta x_1 + B\Delta T), \qquad [3\text{-}12.1]$$

$$J_Q = \frac{q}{\delta}(C\Delta P + C^*\Delta x_1 + \lambda_0 \Delta T). \qquad [3\text{-}12.2]$$

Hierin ist (vgl. Abb. 9) J_1 der Materiestrom der Komponente 1, J_Q der Wärmestrom, q der (wirksame) Querschnitt der Membran und δ die Dicke der Membran. Die sechs konventionellen Transportkoeffizienten A, A^*, B, C, C^* und λ_0 hängen von der mittleren Temperatur und (in geringerem Maße) vom mittleren Druck des Systems sowie von der Natur der Membran und des Lösungsmittels ab. Die von uns gewählten Bezeichnungen für diese Größen, die zugehörigen Transportvorgänge sowie die analogen Phänomene in freier Lösung (bei kontinuierlichen binären Systemen) sind in folgender Übersicht zusammengestellt:

Symbol	Bezeichnung	Effekt	Analoger Effekt in freier Lösung
A	Permeabilität	Permeation	Druckdiffusion (S. 354)
A^*	osmotische Permeabilität	Osmose	Diffusion (S. 299)
B	thermoosmotische Permeabilität	Thermoosmose	Thermodiffusion (S. 390)
C	osmotischer Druckthermokoeffizient	osmotischer Druckthermoeffekt	Druckthermoeffekt (S. 391)
C^*	osmotischer Diffusionsthermokoeffizient	osmotischer Diffusionsthermoeffekt	Diffusionsthermoeffekt (S. 391)
λ_0	Wärmeleitfähigkeit für homogene Durchmischung	Wärmeleitung im Falle $\Delta P = 0$, $\Delta x_1 = 0$	Wärmeleitung bei verschwindenden Druck- und Konzentrationsgradienten (S. 394)

Wenn der Materiestrom durch die Membran verschwindet, können bei vorgegebenen Temperaturen der beiden Teilsysteme auch keine Druck- und Konzentrationsänderungen in den beiden Phasen mehr eintreten. Die Bedingung $J_1 = 0$ beschreibt also den *stationären Zustand*, in Übereinstimmung mit der allgemeinen Stationaritätsbedingung [3-9.11]. Wir finden mithin aus Gl. [1]:

$$A\Delta P + A^*\Delta x_1 + B\Delta T = 0 \text{ (stationärer Zustand)}. \qquad [3\text{-}12.3]$$

Drei interessante Spezialfälle sind in dieser Gleichung enthalten.

Im ersten Falle handelt es sich um ein nicht-isothermes Einstoffsystem ($\Delta x_1 = 0$). Dann ergibt sich aus Gl. [3] für die stationäre Druckdifferenz:

$$\Delta P_{\text{stat}} = -\frac{B}{A}\,\Delta T \;(\Delta x_1 = 0). \qquad [3\text{-}12.4]$$

Dies ist die Beziehung [3-10.13] für die *thermoosmotische Druckdifferenz*. Ein solcher stationärer Nichtgleichgewichtszustand kommt durch das Gegeneinanderwirken von Permeation und Thermoosmose zustande (vgl. § 3.11).

Der zweite Fall betrifft ein nicht-isothermes Zweistoffsystem bei verschwindendem Druckunterschied ($\Delta P = 0$). Aus Gl. [3] leitet man dann für die stationäre Molenbruchdifferenz ab:

$$(\Delta x_1)_{\text{stat}} = -\frac{B}{A^*}\,\Delta T \;(\Delta P = 0). \qquad [3\text{-}12.5]$$

Ein solcher stationärer Nichtgleichgewichtszustand entsteht durch das Gegeneinanderwirken von Osmose und Thermoosmose. Sehen wir nicht ΔT, sondern Δx_1 als vorgegebene Größe an, so folgt:

$$\Delta T_{\text{stat}} = -\frac{A^*}{B}\,\Delta x_1 \;(\Delta P = 0). \qquad [3\text{-}12.6]$$

Die stationäre Temperaturdifferenz ΔT_{stat} wird *osmotische Temperatur* genannt[1]). Sie stellt denjenigen Temperaturunterschied dar, der sich einstellen muß, damit bei vorgegebener Konzentrationsdifferenz, d. h. bei fester Konzentration der Lösung, der Materiestrom durch die Membran verschwindet. Der fundamentale Unterschied zwischen „osmotischer Temperatur“ und „osmotischem Druck“ besteht darin, daß es sich im ersten Falle um einen stationären Nichtgleichgewichtszustand, im zweiten Falle aber um einen Gleichgewichtszustand handelt. Das kommt auch darin zum Ausdruck, daß die Formel [6] für die osmotische Temperatur Transportkoeffizienten enthält, während in der Gleichung für den osmotischen Druck (s. unten) nur rein thermodynamische Größen vorkommen.

Der dritte Fall endlich bezieht sich auf ein isothermes Zweistoffsystem ($\Delta T = 0$) mit verschwindendem Wärmestrom ($J_Q = 0$). Hier wird der stationäre Zustand ($J_1 = 0$) mit dem Gleichgewichtszustand identisch. Es handelt sich um ein *osmotisches Gleichgewicht* (vgl. § 1.20). Die Gleichgewichtsdruckdifferenz

$$-\Delta P \equiv \Pi \;\text{(Gleichgewicht)} \qquad [3\text{-}12.7]$$

ist der *osmotische Druck* (§ 1.20). Aus Gl. [2] und [3] erhält man für diesen Fall ($\Delta T = 0$, $J_Q = 0$):

$$-\Delta P = \Pi = \frac{A^*}{A}\,\Delta x_1 = \frac{C^*}{C}\,\Delta x_1 \;\text{(Gleichgewicht)}. \qquad [3\text{-}12.8]$$

---

[1]) PH. KOHNSTAMM, Proc. Kon. Akad. Wet. Amsterdam **13**, 778 (1911).

Man kann also sagen, daß der Gleichgewichtszustand $J_1 = 0$, $J_Q = 0$ ($\Delta T = 0$) durch das Gegeneinanderwirken von Permeation und Osmose bzw. von osmotischem Druckthermoeffekt und osmotischem Diffusionsthermoeffekt zustande kommt.

Nach den klassischen Gleichgewichtsbedingungen (s. Gl. [3-4.2] und [3-4.9]) müssen die chemischen Potentiale der Komponente 1 in den beiden Teilsystemen (μ_1 und $\mu_1 + \Delta\mu_1$) beim osmotischen Gleichgewicht denselben Wert haben. Da hier $\Delta T = 0$ ist, brauchen wir nur den Ausdruck [3-5.8]

$$(\Delta\mu_1)_T = V_1 \Delta P + \left(\frac{\partial \mu_1}{\partial x_1}\right)_{T,P} \Delta x_1 \qquad [3\text{-}12.9]$$

zu betrachten. Es gilt also:

$$(\Delta\mu_1)_T = 0 \text{ (Gleichgewicht)}. \qquad [3\text{-}12.10]$$

Dabei ist V_1 das partielle Molvolumen der Komponente 1 in der Lösung, das im vorliegenden Falle verdünnter Lösungen (kleiner Werte von Δx_1) praktisch gleich dem Molvolumen der reinen Komponente 1 (des reinen Lösungsmittels) bei der mittleren Temperatur und beim mittleren Druck des Systems ist. Der partielle Differentialquotient bezieht sich auf die Lösung.

Wir erhalten aus Gl. [7], [9] und [10]:

$$-\Delta P = \Pi = \frac{1}{V_1}\left(\frac{\partial \mu_1}{\partial x_1}\right)_{T,P} \Delta x_1 \text{ (Gleichgewicht)}, \qquad [3\text{-}12.11]$$

die Formel für den osmotischen Druck einer verdünnten Lösung.

Durch Vergleich von Gl. [8] mit Gl. [11] finden wir:

$$\frac{A^*}{A} = \frac{C^*}{C} = \frac{1}{V_1}\left(\frac{\partial \mu_1}{\partial x_1}\right)_{T,P}. \qquad [3\text{-}12.12]$$

Wir gelangen also schon durch Anwendung der *klassischen* Thermodynamik zu dem Schluß, daß von den sechs Transportkoeffizienten A, A^*, B, C, C^* und λ_0 nur *vier* unabhängig sind (vgl. § 1.28). Eine weitere Reduktion der Zahl der unabhängigen Koeffizienten geschieht in § 3.13 mit Hilfe der Methoden der Thermodynamik der irreversiblen Prozesse. Vorläufig beschreiben wir die irreversiblen Prozesse in unserem System durch die vier Größen A, B, C und λ_0.

Mit Gl. [12] findet man die aus der Permeation oder Osmose und aus der Thermoosmose direkt nach Gl. [1] ermittelten Koeffizienten A (Permeabilität) und B (thermoosmotische Permeabilität) in den Formeln [4], [5] und [6] für den stationären Zustand wieder. Damit hat man ein Kriterium für die innere Widerspruchsfreiheit der Messungen (vgl. § 3.11).

Aus Gl. [1], [2], [9] und [12] leiten wir ab:

$$J_1 = \frac{q}{\delta}\left[\frac{A}{V_1}(\Delta\mu_1)_T + B\Delta T\right], \qquad [3\text{-}12.13]$$

$$J_Q = \frac{q}{\delta}\left[\frac{C}{V_1}(\Delta\mu_1)_T + \lambda_0\Delta T\right]. \qquad [3\text{-}12.14]$$

Aus diesen Beziehungen ist nochmals ersichtlich, daß wir mit vier Transportkoeffizienten auskommen.

Eliminieren wir $(\Delta\mu_1)_T$ aus Gl. [13] und [14], so erhalten wir:

$$J_Q = \frac{C}{A} J_1 + \lambda_\infty \frac{q}{\delta}\Delta T \qquad [3\text{-}12.15]$$

mit

$$\lambda_\infty \equiv \lambda_0 - \frac{BC}{A}\,. \qquad [3\text{-}12.16]$$

Hierbei stellt nach obigem (vgl. auch § 3.9) die Größe λ_∞ die *Wärmeleitfähigkeit für den stationären Zustand* dar. Bei den durch Gl. [4] und [5] oder [6] beschriebenen stationären Nichtgleichgewichtszuständen ($J_1 = 0$, $\Delta T \neq 0$) gilt demnach für die Wärmeleitung:

$$J_Q = \lambda_\infty \frac{q}{\delta}\Delta T \text{ (stationärer Zustand)}, \qquad [3\text{-}12.17]$$

in Übereinstimmung mit Gl. [3-9.12].

§ 3.13: Thermoosmose in Zweistoffsystemen (thermodynamisch-phänomenologische Beschreibung)

Die thermodynamisch-phänomenologische Beschreibung der im vorigen Paragraphen besprochenen irreversiblen Prozesse[1]) geht von den phänomenologischen Ansätzen [3-9.1] und [3-9.2] aus, die für hinreichend kleine Werte von ΔT, ΔP und Δx_1 gelten. Wir finden für unseren Fall bei Beachtung von Gl. [3-9.3], [3-9.4] und [3-12.9]:

$$J_1 = \alpha_{11}(\Delta\mu_1)_T + \alpha_{1Q}\frac{\Delta T}{T}\,, \qquad [3\text{-}13.1]$$

$$J_Q = \alpha_{Q1}(\Delta\mu_1)_T + \alpha_{QQ}\frac{\Delta T}{T}\,. \qquad [3\text{-}13.2]$$

[1]) Vgl. R. Haase, Z. physik. Chem. Neue Folge **21, 244** (1959).

Hierin sind die Größen α_{11}, α_{1Q}, α_{Q1} und α_{QQ} die phänomenologischen Koeffizienten und T die mittlere absolute Temperatur des Systems. Setzt man

$$\left.\begin{aligned} \alpha_{11} V_1 \frac{\delta}{q} = A\,, \quad \frac{\alpha_{1Q}}{T} \frac{\delta}{q} = B\,, \\ \alpha_{Q1} V_1 \frac{\delta}{q} = C\,, \quad \frac{\alpha_{QQ}}{T} \frac{\delta}{q} = \lambda_0\,, \end{aligned}\right\} \qquad [3\text{-}13.3]$$

so erkennt man, daß die empirischen (nur durch Aussagen der klassischen Thermodynamik präzisierten) Gln. [3-12.13] und [3-12.14] in den phänomenologischen Ansätzen [1] und [2] der Thermodynamik der irreversiblen Prozesse enthalten sind. Zu einem vollkommen analogen Schluß waren wir bei der Behandlung der elektrokinetischen Erscheinungen (§ 3.7) und der thermomechanischen Effekte in Einstoffsystemen (§ 3.10) gelangt. Auch muß man hier wie dort den ONSAGERschen Reziprozitätssatz und die aus dem positiv-definiten Charakter der Dissipationsfunktion folgenden Vorzeichenaussagen heranziehen, um zu neuen Aussagen zu gelangen.

Aus der Reziprozitätsbeziehung [3-9.6]

$$\alpha_{1Q} = \alpha_{Q1} \qquad [3\text{-}13.4]$$

folgt mit Gl. [3]:

$$C = B\,T\,V_1\,. \qquad [3\text{-}13.5]$$

Dies ist eine generelle Verknüpfung zwischen dem osmotischen Druckthermokoeffizienten und der thermoosmotischen Permeabilität. Damit ist die Zahl der unabhängigen Transportkoeffizienten von vier auf drei reduziert.

Die formale Definition der *Überführungswärme* Q^* (für die Komponente 1, die hier als einzige in Frage kommt) lautet nach Gl. [3-9.8] und Gl. [3]:

$$Q^* \equiv \frac{\alpha_{1Q}}{\alpha_{11}} = \frac{B}{A}\,T\,V_1\,. \qquad [3\text{-}13.6]$$

Einsetzen von Gl. [6] in Gl. [3-12.4], [3-12.5] und [3-12.6] liefert bei Beachtung von Gl. [3-12.12] folgende Beziehungen für die stationären Zustände, und zwar ohne Benutzung des ONSAGERschen Reziprozitätssatzes (vgl. § 3.9 und § 3.10), wobei die erste Gleichung mit Gl. [3-10.21] identisch ist, da sie sich auf Einstoffsysteme bezieht:

$$\varDelta P_{\text{stat}} = -\frac{Q^*}{T\,V_1}\,\varDelta T\;(\varDelta x_1 = 0)\,, \qquad [3\text{-}13.7]$$

$$(\varDelta x_1)_{\text{stat}} = -\frac{Q^*}{T\left(\dfrac{\partial \mu_1}{\partial x_1}\right)_{T\,P}}\,\varDelta T\;(\varDelta P = 0)\,, \qquad [3\text{-}13.8]$$

$$\varDelta T_{\text{stat}} = -\frac{T}{Q^*}\left(\frac{\partial \mu_1}{\partial x_1}\right)_{T,P}\varDelta x_1\;(\varDelta P = 0)\,. \qquad [3\text{-}13.9]$$

Diese Beziehungen, die Spezialfälle von Gl. [3-9.22] und [3-9.23] darstellen, sind schon seit längerer Zeit bekannt, da sie teils auf quasithermodynamischem, teils auf kinetischem Wege gewonnen wurden, wobei allerdings der Größe Q^* meist eine viel zu spezielle Bedeutung zugeschrieben wurde[1]).

Wir wollen nun noch explizit zeigen (vgl. § 3.9 und § 3.10), daß die durch Gl. [6] definierte Überführungswärme Q^* die ihrem Namen entsprechende physikalische Bedeutung

$$Q^* = \left(\frac{J_Q}{J_1}\right)_{\Delta T = 0} \qquad [3\text{-}13.10]$$

hat. Dazu benötigen wir ONSAGERS Reziprozitätssatz in der Form [5]. Aus Gl. [5] und [6] ergibt sich:

$$Q^* = \frac{C}{A} \,. \qquad [3\text{-}13.11]$$

Damit folgt aus Gl. [3-12.15]:

$$J_Q = Q^* J_1 + \lambda_\infty \frac{q}{\delta} \Delta T \,, \qquad [3\text{-}13.12]$$

womit Gl. [10] bewiesen ist.

Aus Gl. [3-12.16], Gl. [5] und [11] erhalten wir für die Differenz zwischen den beiden Wärmeleitfähigkeiten:

$$\lambda_0 - \lambda_\infty = T V_1 \frac{B^2}{A} = B Q^* \,. \qquad [3\text{-}13.13]$$

Diese Beziehung ist ein Spezialfall von Gl. [3-9.16].

Aus den Ungleichungen [3-9.7]

$$\alpha_{11} > 0, \quad \alpha_{QQ} > 0, \quad \alpha_{11}\alpha_{QQ} - \alpha_{1Q}{}^2 > 0 \qquad [3\text{-}13.14]$$

gewinnen wir schließlich mit Hilfe von Gl. [3], [4] und [13] die Vorzeichenaussagen:

$$A > 0, \qquad [3\text{-}13.15]$$

$$\lambda_0 > 0, \qquad [3\text{-}13.16]$$

$$\lambda_\infty > 0, \qquad [3\text{-}13.17]$$

$$\lambda_0 > \lambda_\infty, \qquad [3\text{-}13.18]$$

$$B^2 < \frac{A \lambda_0}{T V_1} \,. \qquad [3\text{-}13.19]$$

Auf diese Ungleichungen treffen prinzipiell die gleichen Bemerkungen zu, die wir auf S. 218 zu den Aussagen [3-10.26] bis [3-10.30] gemacht haben.

---

[1]) Vgl. S. R. DE GROOT, Thermodynamics of Irreversible Processes (Amsterdam 1951).

Aus Gl. [5], [6] und [15] folgt, daß B, C und Q^* stets dasselbe Vorzeichen haben. Mit Hilfe der Aussagen [1-22.38] und [1-22.41]

$$\left(\frac{\partial \mu_1}{\partial x_1}\right)_{T,P} > 0 \text{ (stabile oder metastabile nichtkritische Phase)}, \qquad [3\text{-}13.20]$$

$$\left(\frac{\partial \mu_1}{\partial x_1}\right)_{T,P} = 0 \text{ (kritische Phase)} \qquad [3\text{-}13.21]$$

leitet man aus Gl. [3-12.12] mit Gl. [5], [6], [9] und [15] ab: Im Falle einer nicht-kritischen Lösung haben die Größen B und C^* dasselbe Vorzeichen, während A^* stets positiv ist; am kritischen Entmischungspunkt aber verschwinden A^*, C^* und die osmotische Temperatur ΔT_{stat}, falls man voraussetzt, daß A und B an diesem Punkte endlich und von Null verschieden sind[1]).

§ 3.14. Thermoosmose in Zweistoffsystemen (experimentelle Beispiele)

Wir betrachten als konkretes Beispiel für das in § 3.12 und § 3.13 behandelte Zweistoffsystem eine verdünnte wäßrige Rohrzuckerlösung, die von reinem Wasser durch eine Cellophanfolie mit einem eingelagerten Niederschlag von Kupferferrocyanid, $Cu_2Fe(CN)_6$, getrennt ist. Eine solche Membran ist – wenigstens bei kürzeren Versuchsdauern – für Wasser (Lösungsmittel = Komponente 1) durchlässig, für Rohrzucker (gelöster Stoff = Komponente 2) aber undurchlässig. Sie ist eine Modifikation der klassischen „semipermeablen Wand".

Beschränkt man die Versuche[2]) auf hochverdünnte Lösungen (Rohrzuckerkonzentrationen bis etwa 1 Gewichtsprozent), so darf man *ideal verdünnte Lösungen* voraussetzen. Für diese gilt der Ansatz

$$\mu_1 = \mu_{01} + RT \ln x_1 \; (x_2 \ll 1), \qquad [3\text{-}14.1]$$

worin μ_1 bzw. μ_{01} das chemische Potential der Komponente 1 (des Wassers) in der Lösung bei der Temperatur T und beim Druck P bzw. das chemische Potential der reinen flüssigen Komponente 1 (des reinen Wassers) bei derselben Temperatur und demselben Druck, R die Gaskonstante und x_i ($i = 1, 2$) den Molenbruch der Komponente i in der Lösung bedeutet. Aus

---

[1]) Diese Voraussetzung ist keineswegs selbstverständlich; denn im analogen Falle der Thermodiffusion (S. 406) wird die B entsprechende Größe am kritischen Entmischungspunkt unendlich. Der Diffusionskoeffizient allerdings, das Analogon zu A^*, verschwindet am kritischen Punkt (vgl. S. 308).

[2]) R. Haase und C. Steinert, Z. physik. Chem. Neue Folge **21**, 270 (1959).

Gl. [1] folgt bei Beachtung von Gl. [1-12.12]:

$$\left(\frac{\partial \mu_1}{\partial x_1}\right)_{T,P} = \frac{R\,T}{x_1} \approx R\,T\,(x_2 \ll 1)\,, \qquad [3\text{-}14.2]$$

$$\left(\frac{\partial \mu_1}{\partial P}\right)_{T,x_1} = V_1 = \left(\frac{\partial \mu_{01}}{\partial P}\right)_T = V_{01}\,(x_2 \ll 1)\,, \qquad [3\text{-}14.3]$$

wobei V_{01} das Molvolumen der reinen flüssigen Komponente 1 ist. Ferner haben wir für die molare Volumenkonzentration c_2 der Komponente 2, wie bei jeder hochverdünnten Lösung, auf Grund von Gl. [3-6.15] und Abb. 9 (S. 226):

$$c_2 = \frac{x_2}{V_{01}} = \frac{\Delta x_1}{V_{01}}\,. \qquad [3\text{-}14.4]$$

Mit den Beziehungen [2], [3] und [4] vereinfachen sich viele der Formeln in § 3.12 und § 3.13.

Die Bedingung $\Delta x_1 = 0$ ($c_2 = 0$) in den nachfolgenden Gleichungen bedeutet immer, daß wir zu beiden Seiten der vorgegebenen Membran reines Wasser voraussetzen. Die Cellophanfolie mit Niederschlag wird dann von einer ,,semipermeablen“ zu einer ,,permeablen“ Membran, da sie ja in jedem Falle für Wasser durchlässig ist. Die Bedingung $\Delta P = 0$ bzw. $\Delta P \neq 0$ wird durch bewegliche bzw. feste Einspannung der Folie realisiert.

Die Permeabilität A kann entweder aus der Permeation nach Gl. [3-12.1] mit Hilfe der Beziehung

$$J_1 = A\,\frac{q}{\delta}\,\Delta P\,(\Delta x_1 = 0, \Delta T = 0) \qquad [3\text{-}14.5]$$

oder aus der Osmose nach Gl. [3-12.1] und [3-12.12] sowie Gl. [2], [3] und [4] mit Hilfe der Beziehung

$$J_1 = A\,\frac{q}{\delta}\,R\,T\,c_2\,(\Delta P = 0, \Delta T = 0) \qquad [3\text{-}14.6]$$

ermittelt werden. Dabei ist J_1 der Materiestrom der Komponente 1, q der (wirksame) Querschnitt und δ die Dicke der Membran.

Die thermoosmotische Permeabilität B läßt sich aus der Thermoosmose mit der aus Gl. [3-12.1] folgenden Beziehung

$$J_1 = B\,\frac{q}{\delta}\,\Delta T\,(\Delta x_1 = 0, \Delta P = 0) \qquad [3\text{-}14.7]$$

gewinnen.

Die Überführungswärme Q^* ergibt sich entweder aus den so gemessenen Werten von A und B gemäß Gl. [3-13.6] und Gl. [3]

$$Q^* = T\,V_{01}\,\frac{B}{A} \qquad [3\text{-}14.8]$$

oder direkt aus den stationären Effekten, nämlich aus der thermoosmotischen Druckdifferenz ΔP_{stat} und der stationären Konzentrationsdifferenz $(\Delta x_1)_{stat}$ nach Gl. [3-13.7] und [3-13.8]. Es folgt aus diesen Gleichungen bei Beachtung von Gl. [2], [3] und [4]:

$$\Delta P_{stat} = -\frac{Q^*}{T V_{01}} \Delta T \; (\Delta x_1 = 0) \, , \qquad [3\text{-}14.9]$$

$$(\Delta x_1)_{stat} = (x_2)_{stat} = -\frac{Q^*}{R T^2} \Delta T \; (\Delta P = 0) \, . \qquad [3\text{-}14.10]$$

In Gl. [8] bis [10] darf für T die mittlere absolute Temperatur des Systems und für V_{01} das Molvolumen des reinen Wassers bei der mittleren Temperatur und beim mittleren Druck des Systems eingesetzt werden.

Gl. [10] wird so ausgewertet, daß bei vorgegebenen Werten von T und ΔT unter der Bedingung $\Delta P = 0$ der Wasserstrom J_1 als Funktion der Konzentration x_2 des Zuckers gemessen und derjenige Wert von x_2 ermittelt wird, bei dem J_1 verschwindet. Dieser Wert von x_2 wird als $(x_2)_{stat}$ in Gl. [10] eingesetzt.

In Tab. 5 sind einige Werte von A, B und Q^* angegeben, die auf dem beschriebenen Wege aus Meßdaten über die Permeation, die Thermoosmose und die stationäre Konzentrationsdifferenz gewonnen wurden.

Die Beobachtung des durch Gl. [10] charakterisierten stationären Zustandes ist einer experimentellen Verifizierung der „osmotischen Temperatur" (§ 3.12) äquivalent.

Tabelle 5

Auswahl aus Messungen an gewässerten Cellophanfolien des Typs 600 gm^{-2} (Dicke 80 μ) mit eingelagertem Niederschlag von Kupferferrocyanid. Permeierende Substanz: Wasser. Gelöster Stoff im Falle des stationären Effektes: Rohrzucker. Nach R. Haase und C. Steinert, Z. physik. Chem. Neue Folge **21**, 270 (1959).

Mittlere Temperatur °C	Permeabilität A (aus Permeation) mol dyn^{-1} cm sec^{-1}	Thermoosmotische Permeabilität B (aus Thermoosmose) mol grad^{-1} cm^{-1} sec^{-1}	Überführungswärme Q^* cal mol^{-1} aus A und B nach Gl. [8]	aus stationärem Effekt nach Gl. [10]
22,5	$1{,}20 \cdot 10^{-15}$	$3{,}15 \cdot 10^{-10}$	33,4	27,4
32,5	$1{,}80 \cdot 10^{-15}$	$3{,}05 \cdot 10^{-10}$	22,4	21,1
42,5	$2{,}80 \cdot 10^{-15}$	$10{,}29 \cdot 10^{-10}$	50,3	65,1

4. Kapitel

Prozesse in kontinuierlichen Systemen

A. Grundlagen

§ 4.1. Einleitung

In einem kontinuierlichen System (vgl. § 1.1 und § 1.21) hängen intensive Größen wie die Dichte, der Druck, die Temperatur, die Konzentrationen usw. in stetiger Weise von den Raumkoordinaten ab. Die genannten Größen sind also bei Ablauf von irreversiblen Prozessen im allgemeinen Funktionen der Zeit und des Ortes. Nur im Falle eines stationären Zustandes (vgl. § 1.17) sind die intensiven Zustandsfunktionen zeitlich konstant, obwohl sie noch von den Ortskoordinaten abhängen können.

Der mathematische Aufwand bei der thermodynamischen Behandlung von Vorgängen in kontinuierlichen Systemen ist erheblich größer als bei homogenen und diskontinuierlichen (heterogenen) Systemen. Dies ist bereits aus unserer Ableitung der Gleichgewichtsbedingungen für kontinuierliche Systeme (§ 1.21) ersichtlich. Die Gleichungen, welche die Mengenbilanz, den Impulssatz, die Energiebilanz und die Entropiebilanz ausdrücken, müssen auf eine Form gebracht werden, die sich auf *lokale* Änderungen in jedem *Volumenelement* bezieht, wobei jedes Volumenelement einen *offenen* Bereich darstellt. Das gesamte kontinuierliche System kann ebenfalls offen sein, also Materieaustausch mit der Umgebung aufweisen.

Wir besprechen hier Erscheinungen wie Elektrizitätsleitung, Diffusion, Sedimentation, Wärmeleitung, Thermodiffusion, innere Reibung usw. Dabei sind äußere Kraftfelder und makroskopische Bewegungen von Systemteilen zu berücksichtigen. Auch werden elektrisch geladene Teilchenarten und chemische Reaktionen in unsere Darstellung einbezogen.

Damit die Methoden der Thermodynamik der irreversiblen Prozesse anwendbar sind, insbesondere die (verallgemeinerte) GIBBSsche Hauptgleichung für einen beliebigen Zeitpunkt während des Ablaufs von irreversiblen Vorgängen in kontinuierlichen Systemen gültig bleibt, muß vorausgesetzt werden, daß die Prozesse „nicht zu heftig“ vor sich gehen, wie in

§ 1.23 näher erläutert worden ist. Alle uns hier interessierenden Prozesse genügen dieser Bedingung.

Im vorliegenden Abschnitt A (Grundlagen) werden die Grundgleichungen für isotrope Systeme ohne Elektrisierung und Magnetisierung mit Berücksichtigung stationärer äußerer Kraftfelder entwickelt. Ab § 4.14 werden der Einfachheit halber vorläufig Transversaleffekte bei rotierenden Systemen und Transportvorgänge in starken Magnetfeldern ausgeschlossen.

Im Abschnitt B (isotherme Prozesse) behandeln wir Vorgänge in Systemen mit konstanter Temperatur, während wir im Abschnitt C (nicht-isotherme Prozesse) die durch ungleichförmige Temperatur bedingten Erscheinungen besprechen. In beiden Fällen werden wiederum nur isotrope Systeme ohne Elektrisierung und Magnetisierung bei zeitlich konstanten äußeren Feldern diskutiert. Auch wird weiterhin von Transversaleffekten bei rotierenden Systemen und von Transportvorgängen in starken magnetischen Feldern abgesehen. Die innere Reibung wird entweder nicht explizit betrachtet oder ganz vernachlässigt.

Abschnitt D (kompliziertere Prozesse) endlich enthält Probleme wie innere Reibung, rotierende Systeme, beliebige elektromagnetische Felder, galvanomagnetische und thermomagnetische Effekte sowie Prozesse in anisotropen Medien.

§ 4.2. Allgemeine Form einer Bilanzgleichung

Eine beliebige extensive Zustandsfunktion (Masse, Energie, Entropie usw.) sei mit Z bezeichnet. Dividiert man den für ein Volumenelement eines kontinuierlichen Systems gültigen Wert von Z durch das Volumen dieses Raumelementes, so erhält man eine intensive Größe Z_V, die *Dichte von Z* (vgl. § 1.6), die im allgemeinen zeitlich und örtlich variiert[1]). Grenzen wir aus unserem kontinuierlichen System ein Teilsystem vom Volumen V ab, so gilt für den Wert von Z für dieses Teilsystem:

$$Z = \int_V Z_V \, dV, \qquad [4\text{-}2.1]$$

wobei dV ein Volumenelement bedeutet und die Integration über den gesamten Raum, den das Teilsystem ausfüllt, zu erstrecken ist. Im einfachsten Falle ist Z die Masse des Teilsystems und Z_V die Dichte in einem Raumelement.

[1]) Die exakte Definition von Z_V lautet:

$$Z_V \equiv \lim_{V \to 0} \frac{Z}{V}.$$

Die zeitliche Änderung der Größe Z beruht im allgemeinsten Falle auf zwei Ursachen: dem Ein- oder Ausströmen von Z durch die Begrenzungsflächen des Teilsystems und der Erzeugung oder Zerstörung von Z im Inneren des Teilsystems. Man denke etwa an die Menge (Masse oder Molzahl) einer bestimmten Teilchenart, die sich bei einem offenen System sowohl durch Materieaustausch mit der Umgebung als auch durch chemische Reaktionen im Inneren des Systems ändern kann.

Das Ein- oder Ausströmen durch die Begrenzungsflächen des Teilsystems beschreiben wir durch den Vektor $\vec{J}_Z$, den *Fluß von Z* oder *Strom von Z*. Dieser Vektor ist zunächst ganz allgemein so definiert, daß seine Richtung der Strömungsrichtung an irgendeinem Orte entspricht und seine Länge ein Maß für die Intensität der Strömung am betrachteten Orte ist: Die Komponente J_{Zn} des Vektors $\vec{J}_Z$ in Richtung der Normalen einer Bezugsfläche gibt die durch ein Element dieser Fläche pro Zeit- und Flächeneinheit strömende Menge von Z an. Der Vektor $\vec{J}_Z$ beschreibt also die *Flußdichte* oder *Stromdichte* von Z an der betreffenden Stelle. Begrenzen wir nun unser Teilsystem durch eine geschlossene Oberfläche, deren Gesamtfläche Ω beträgt, und betrachten ein Oberflächenelement $d\Omega$, dessen Normale in den Außenraum gerichtet ist, so stellt $J_{Zn} d\Omega$ den Beitrag des Flächenelementes $d\Omega$ zur Strömung von Z durch die gesamte geschlossene Oberfläche Ω des Teilsystems in der Richtung von innen nach außen dar.

Die Erzeugung oder Zerstörung von Z wird durch die Größe $q\,(Z)$ gemessen. Diese bedeutet die je Zeit- und Volumeneinheit im Inneren eines Raumelementes gebildete Menge von Z und heißt daher *lokale Erzeugung von Z*. Der Ausdruck $q(Z)dV$ stellt den Beitrag des Volumenelementes dV zur Erzeugung von Z innerhalb des gesamten Volumens V des Teilsystems dar.

Somit lautet die allgemeine Form einer *Bilanzgleichung* für die Größe Z (s. Gl. [1]), wenn wir mit t die Zeit bezeichnen:

$$\frac{dZ}{dt} = \frac{d}{dt}\int_V Z_V\, dV = -\int_\Omega J_{Zn}\, d\Omega + \int_V q\,(Z)\, dV. \qquad [4\text{-}2.2]$$

Hierin sind die mit $\int_V$ bezeichneten Integrale über das gesamte Volumen (V) des Systems und das durch $\int_\Omega$ gekennzeichnete Integral über die geschlossene Oberfläche (Ω) des Systems zu erstrecken. Mit Hilfe des GAUSSschen Satzes folgt aus Gl. [2]:

$$\frac{dZ}{dt} = \frac{d}{dt}\int_V Z_V\, dV = -\int_V \operatorname{div} \vec{J}_Z\, dV + \int_V q\,(Z)\, dV. \qquad [4\text{-}2.3]$$

Dabei stellt die skalare Größe div $\vec{J}_Z$, die *Divergenz*[1]) von $\vec{J}_Z$, die „Quelldichte" von Z dar, d. h. die je Zeit- und Raumeinheit aus einem Volumenelement durch dessen Begrenzungsflächen nach außen strömende Menge von Z.

Da Gl. [3] für ein Teilsystem beliebiger Größe gültig ist, können wir das Gesamtvolumen auf ein Volumenelement zusammenschrumpfen lassen und schreiben:

$$\frac{\partial Z_V}{\partial t} = -\operatorname{div} \vec{J}_Z + q(Z), \qquad [4\text{-}2.4]$$

worin der Operator $\partial/\partial t$ Differentiation nach der Zeit bei festem Ort bedeutet. Sowohl Z_V als auch $\vec{J}_Z$ und $q(Z)$ hängen von der Zeit und vom Ort ab.

Gl. [4] ist der generelle Ausdruck für eine *lokale Bilanz* der Größe Z. Wir bezeichnen Gl. [4] als *allgemeine Kontinuitätsgleichung*. Die Gleichung besagt in Worten: Die Zunahmegeschwindigkeit der Dichte von Z in jedem Volumenelement ist gleich der lokalen Erzeugung von Z abzüglich der Divergenz (Quelldichte) des Stromes (Flusses) von Z. Stellt Z eine Größe dar, für die ein Erhaltungssatz gilt, wie etwa die Gesamtmasse oder die totale Energie, so verschwindet der Term $q(Z)$.

§ 4.3. Bezugsgeschwindigkeit und Diffusionsstrom

In jedem Volumenelement eines kontinuierlichen Systems können die mittleren Geschwindigkeiten der Teilchen der einzelnen Stoffe voneinander verschieden sein, so daß nicht nur eine makroskopische Bewegung des Volumenelementes („Konvektion"), sondern auch eine makroskopisch wahrnehmbare Relativbewegung der einzelnen Teilchenarten zueinander („Diffusion" im weitesten Sinne) eintritt.

Wir bezeichnen die mittlere Geschwindigkeit der Teilchen der Partikelsorte k durch den Vektor $\vec{v}_k$. Um die Diffusion (im weitesten Sinne) quantitativ beschreiben zu können, führen wir die Relativgeschwindigkeit

$$\vec{v}_k - \vec{\omega}$$

[1]) Bei rechtwinkligen Koordinaten (x, y, z) gilt für einen ortsabhängigen Vektor $\vec{J}$ mit den Komponenten J_x, J_y, J_z:

$$\operatorname{div} \vec{J} = \frac{\partial J_x}{\partial x} + \frac{\partial J_y}{\partial y} + \frac{\partial J_z}{\partial z}.$$

ein, worin $\vec{\omega}$ irgendeine Bezugsgeschwindigkeit bedeutet. Als *Diffusionsstrom* $\vec{J}_k$ der Teilchensorte k definieren wir die Größe

$$\vec{J}_k \equiv c_k(\vec{v}_k - \vec{\omega}), \qquad [4\text{-}3.1]$$

wobei c_k die molare Volumenkonzentration des Stoffes k ist. Der Vektor $\vec{J}_k$ stellt demnach strenggenommen die *Diffusionsstromdichte* der Teilchenart k dar: Er gibt die Menge (in Molen) des Stoffes k an, die pro Zeit- und Flächeneinheit senkrecht durch eine mit der Geschwindigkeit $\vec{\omega}$ bewegte Bezugsfläche strömt.

Die Bezugsgeschwindigkeit $\vec{\omega}$ wird bei fluiden Medien so gewählt, daß die Beziehungen

$$\vec{\omega} = \sum_k \omega_k \vec{v}_k, \qquad [4\text{-}3.2]$$

$$\sum_k \omega_k = 1 \qquad [4\text{-}3.3]$$

erfüllt sind. Die ω_k sind „Gewichtsfaktoren" für die Mittelung der Geschwindigkeiten, die der Normierungsvorschrift [3] genügen. Die Summen in Gl. [2] und [3] sind über alle Teilchenarten zu erstrecken. Bei festen (kristallinen) Medien ist eine andere Wahl der Bezugsgeschwindigkeit angebracht (vgl. unten).

Aus Gl. [1], [2] und [3] folgt sofort:

$$\sum_k \frac{\omega_k}{c_k} \vec{J}_k = 0. \qquad [4\text{-}3.4]$$

Bei N Teilchenarten in einem fluiden Medium sind also nur $N - 1$ Diffusionsströme voneinander unabhängig.

Die wichtigsten Beispiele für Bezugsgeschwindigkeiten sind:

a) *Schwerpunktsgeschwindigkeit* $\vec{v}$. Hier gilt:

$$\varrho \vec{v} = \sum_k \varrho_k \vec{v}_k, \qquad [4\text{-}3.5]$$

worin ϱ_k die Partialdichte (spezifische Volumenkonzentration oder „Grammkonzentration") des Stoffes k und ϱ die Gesamtdichte bedeutet. Führen wir den Massenbruch y_k des Stoffes k ein, so erhalten wir die Zusammenhänge:

$$\varrho = \sum_k \varrho_k, \qquad [4\text{-}3.6]$$

$$y_k = \frac{\varrho_k}{\varrho}, \qquad [4\text{-}3.7]$$

$$\sum_k y_k = 1, \qquad [4\text{-}3.8]$$

$$\vec{v} = \sum_k y_k \vec{v}_k. \qquad [4\text{-}3.9]$$

Vergleich von Gl. [2] mit Gl. [9] ergibt:

$$\vec{\omega} = \vec{v}, \quad \omega_k = y_k, \qquad [4\text{-}3.10]$$

so daß infolge von Gl. [8] die Bedingung [3] erfüllt ist. Der zugehörige Diffusionsstrom ist nach Gl. [1]:

$$_v\vec{J}_k \equiv c_k\,(\vec{v}_k - \vec{v}). \qquad [4\text{-}3.11]$$

Aus Gl. [4], [7] und [10] folgt mit Hilfe des Zusammenhangs

$$\varrho_k = M_k\, c_k \qquad [4\text{-}3.12]$$

(M_k = Molmasse der Teilchenart k) die Identität:

$$\sum_k M_k\, {_v\vec{J}_k} = 0. \qquad [4\text{-}3.13]$$

Bei konsequenter Verwendung der Konzentrationsvariablen ϱ_k und y_k benutzt man an Stelle der Größe [11] den Diffusionsstrom

$$\vec{J}_k^* \equiv \varrho_k\,(\vec{v}_k - \vec{v}) = M_k\, {_v\vec{J}_k}, \qquad [4\text{-}3.14]$$

für den nach Gl. [13] gilt:

$$\sum_k \vec{J}_k^* = 0. \qquad [4\text{-}3.15]$$

Die Schwerpunktsgeschwindigkeit $\vec{v}$ ist die bei der Aufstellung der Grundgleichungen als „mittlere Geschwindigkeit" zu bevorzugende Größe, da mit ihrer Hilfe der Impulssatz und die Energiebilanz am einfachsten formulierbar sind. Wir bezeichnen ein auf der Geschwindigkeit $\vec{v}$ basierendes Bezugssystem kurz als „Schwerpunktssystem".

b) *Mittlere molare Geschwindigkeit* $\vec{u}$. Hier gilt:

$$c\,\vec{u} = \sum_k c_k\,\vec{v}_k\,, \qquad [4\text{-}3.16]$$

worin

$$c = \sum_k c_k \qquad [4\text{-}3.17]$$

die gesamte molare Volumenkonzentration bedeutet. Führen wir den Molenbruch des Stoffes k

$$x_k = \frac{c_k}{c} \qquad [4\text{-}3.18]$$

ein, so erhalten wir:

$$\sum_k x_k = 1\,, \qquad [4\text{-}3.19]$$

$$\vec{u} = \sum_k x_k\,\vec{v}_k\,. \qquad [4\text{-}3.20]$$

Vergleich von Gl. [2] mit Gl. [20] ergibt:

$$\vec{\omega} = \vec{u}\,, \quad \omega_k = x_k\,, \qquad [4\text{-}3.21]$$

so daß auf Grund von Gl. [19] die Bedingung [3] erfüllt ist. Der zugehörige Diffusionsstrom ist nach Gl. [1]:

$${}_u\vec{J}_k \equiv c_k\,(\vec{v}_k - \vec{u})\,. \qquad [4\text{-}3.22]$$

Aus Gl. [4], [18] und [21] ergibt sich:

$$\sum_k {}_u\vec{J}_k = 0\,. \qquad [4\text{-}3.23]$$

Die mittlere molare Geschwindigkeit $\vec{u}$ spielt in der kinetischen Theorie der Diffusionserscheinungen im weitesten Sinne (Diffusion, Sedimentation, Thermodiffusion usw.) eine Rolle, da sie die mittlere Teilchengeschwindigkeit darstellt. Wir nennen daher ein auf der Geschwindigkeit $\vec{u}$ basierendes Bezugssystem der Kürze halber ein „Teilchenbezugssystem".

c) *Mittlere Volumengeschwindigkeit* $\vec{w}$. Hier gilt:

$$\vec{w} = \sum_k c_k\,V_k\,\vec{v}_k\,, \qquad [4\text{-}3.24]$$

worin V_k das partielle Molvolumen der Teilchenart k bedeutet. Es folgt durch Vergleich mit Gl. [2]:

$$\vec{\omega} = \vec{w}, \quad \omega_k = c_k V_k. \qquad [4\text{-}3.25]$$

Infolge der Identität [1-6.11]

$$\sum_k c_k V_k = 1 \qquad [4\text{-}3.26]$$

ist die Bedingung [3] erfüllt. Der zugehörige Diffusionsstrom ist nach Gl. [1]:

$$_w\vec{J}_k \equiv c_k (\vec{v}_k - \vec{w}). \qquad [4\text{-}3.27]$$

Aus Gl. [4] und [25] ergibt sich:

$$\sum_k V_k \, _w\vec{J}_k = 0. \qquad [4\text{-}3.28]$$

Die mittlere Volumengeschwindigkeit $\vec{w}$ ist die für die Auswertung von Versuchen wichtigste Bezugsgeschwindigkeit, da sie mit der „Konvektionsgeschwindigkeit“ praktisch identisch ist, so daß die Bedingung $\vec{w} = 0$ der „Konvektionsfreiheit“ im Sinne des Experimentators entspricht[1]). Wir bezeichnen ein auf der Geschwindigkeit $\vec{w}$ basierendes Bezugssystem als „FICKsches Bezugssystem“ (vgl. § 4.17).

d) *Geschwindigkeit* $\vec{v}_1$ *einer herausgegriffenen Teilchenart* 1. Hier gilt:

$$\omega_1 = 1, \quad \omega_j = 0 \; (j = 2, 3, \ldots), \qquad [4\text{-}3.29]$$

so daß die Bedingung [3] von vornherein erfüllt ist. Der zugehörige Diffusionsstrom resultiert aus Gl. [1]:

$$_1\vec{J}_k \equiv c_k (\vec{v}_k - \vec{v}_1). \qquad [4\text{-}3.30]$$

---

[1]) Ob die Bedingung $\vec{w} = 0$ bei tatsächlich ausgeführten Experimenten der Konvektionsfreiheit entspricht, hängt mit der Frage zusammen, mit welcher Näherung die Größe

$$\sum_k V_k \, _w\vec{J}_k ,$$

die nach Gl. [28] verschwindet, gleich dem „Volumenfluß“, gemessen relativ zu einem festen Punkt der Apparatur, gesetzt werden darf. Diese Frage ist von AGAR[2]) für ein Zweistoffsystem mit Konzentrations- und Temperaturgradienten gründlich untersucht worden. Es ergibt sich, daß im Rahmen der praktisch interessierenden Probleme die beiden Größen nicht unterschieden zu werden brauchen.

[2]) J. N. AGAR, Trans. Faraday Soc. **56**, 776 (1960).

Aus Gl. [4] ergibt sich, wie schon aus der Definition [30] ersichtlich:

$$ {}_1\vec{J}_1 = 0 . $$

Eine solche Wahl der Bezugsgeschwindigkeit ist dann bequem, wenn man eine Komponente (bei Elektrolytlösungen z. B. das elektrisch neutrale Lösungsmittel) herausheben will oder wenn im Falle der „schleichenden Bewegungen" alle abhängigen Größen zu eliminieren sind (vgl. § 4.12). Wir nennen ein auf der Geschwindigkeit $\vec{v}_1$ basierendes Bezugssystem kurz ein „HITTORFsches Bezugssystem" (vgl. § 4.16).

e) *Verschiebungsgeschwindigkeit $\vec{\omega}_G$ der Gitterpunkte in einem Kristall.* Hier ergibt sich für den Diffusionsstrom nach Gl. [1]:

$$ {}_G\vec{J}_k \equiv c_k\,(\vec{v}_k - \vec{\omega}_G) . \qquad [4\text{-}3.31] $$

Da $\vec{\omega}_G$ nicht von vornherein mit den Einzelgeschwindigkeiten $\vec{v}_k$ gesetzmäßig gekoppelt ist, fallen die Zusammenhänge [2], [3] und [4] fort. Bei festen (kristallinen) Medien haben wir also bei N Teilchenarten im allgemeinen N unabhängige Diffusionsströme. Bei speziellen Mechanismen kann die Anzahl der unabhängigen Diffusionsströme allerdings reduziert werden. Auch wählt man bei nicht deformierten Kristallen häufig eine Partikelsorte, die mehr oder weniger fest an die Gitterplätze gebunden ist, als Bezugsteilchenart und kommt somit auf das HITTORFsche Bezugssystem zurück. Wir bezeichnen ein auf der Geschwindigkeit $\vec{\omega}_G$ basierendes Bezugssystem der Kürze halber als „Gitterbezugssystem".

Bei fluiden Medien ist oft eine Umrechnung von einer Bezugsgeschwindigkeit $\vec{\omega}'$ auf eine zweite Bezugsgeschwindigkeit $\vec{\omega}''$ erforderlich. Daher betrachten wir jetzt den Übergang von einem Diffusionsstrom

$$ \vec{J}_k' = c_k\,(\vec{v}_k - \vec{\omega}') \qquad [4\text{-}3.32] $$

zu einem zweiten Diffusionsstrom

$$ \vec{J}_k'' = c_k\,(\vec{v}_k - \vec{\omega}'') . \qquad [4\text{-}3.33] $$

Dabei gelten nach Gl. [2], [3] und [4] die Zusammenhänge:

$$ \vec{\omega}' = \sum_k \omega_k' \vec{v}_k , \quad \vec{\omega}'' = \sum_k \omega_k'' \vec{v}_k , \qquad [4\text{-}3.34] $$

$$ \sum_k \omega_k' = 1 , \quad \sum_k \omega_k'' = 1 , \qquad [4\text{-}3.35] $$

$$ \sum_k \frac{\omega_k'}{c_k} \vec{J}_k' = 0 , \quad \sum_k \frac{\omega_k''}{c_k} \vec{J}_k'' = 0 . \qquad [4\text{-}3.36] $$

Damit erhalten wir die Umrechnungsbeziehung:

$$\vec{J}_i'' = \vec{J}_i' - c_i \sum_k \frac{\omega_k''}{c_k} \vec{J}_k', \qquad [4\text{-}3.37]$$

wobei der Index i irgendeine herausgegriffene Teilchenart und das Summationszeichen nach wie vor eine Summierung über alle Partikelsorten anzeigt. Die „neuen" Diffusionsströme $\vec{J}_k''$ sind also homogene lineare Funktionen der „alten" Diffusionsströme $\vec{J}_k'$ (vgl. § 1.27).

Vier praktisch wichtige Spezialfälle von Gl. [37] seien noch angeführt.

Erstens setzen wir (vgl. Gl. [14]):

$$\vec{J}_i' = {}_v\vec{J}_i = \frac{1}{M_i} \vec{J}_i^*, \quad \vec{J}_i'' = {}_u\vec{J}_i .$$

Dann ergibt sich aus Gl. [18], [21] und [37]:

$$_u\vec{J}_i = \frac{1}{M_i} \vec{J}_i^* - x_i \sum_k \frac{1}{M_k} \vec{J}_k^* \qquad [4\text{-}3.38]$$

für die Umrechnung vom Schwerpunktssystem auf das Teilchenbezugssystem.

Zweitens sei

$$\vec{J}_i' = {}_v\vec{J}_i = \frac{1}{M_i} \vec{J}_i^*, \vec{J}_i'' = {}_w\vec{J}_i .$$

Dann folgt aus Gl. [25] und [37]:

$$_w\vec{J}_i = \frac{1}{M_i} \vec{J}_i^* - c_i \sum_k \frac{V_k}{M_k} \vec{J}_k^* \qquad [4\text{-}3.39]$$

für die Umrechnung vom Schwerpunktssystem auf das Fickscher Bezugssystem.

Drittens sei

$$\vec{J}_i' = {}_v\vec{J}_i = \frac{1}{M_i} \vec{J}_i^*, \quad \vec{J}_i'' = {}_1\vec{J}_i .$$

Dann erhalten wir aus Gl. [29] und [37] oder auch direkt aus Gl. [11], [14] und [30]:

$$_1\vec{J}_i = \frac{1}{M_i} \left(\vec{J}_i^* - \frac{c_i}{c_1} \vec{J}_1^* \right) \qquad [4\text{-}3.40]$$

für die Umrechnung vom Schwerpunktssystem auf das Hittorfsche Bezugssystem.

Viertens sei

$$\vec{J}_i' = {}_v\vec{J}_i, \quad \vec{J}_i'' = {}_1\vec{J}_i .$$

Dann leiten wir aus Gl. [29] und [37] oder auch direkt aus Gl. [27] und [30] ab:

$$ {}_1\vec{J}_i = {}_w\vec{J}_i - \frac{c_i}{c_1}\, {}_w\vec{J}_1 \qquad [4\text{-}3.41] $$

für die Umrechnung vom FICKschen auf das HITTORFsche Bezugssystem.

Befinden sich unter den Teilchenarten des betrachteten Volumenelementes geladene Partikelsorten (Ionen oder Elektronen), so bleiben alle vorangehenden Gleichungen bestehen. Wir können nun aber jeder geladenen Teilchensorte i eine *partielle elektrische Stromdichte*

$$ \vec{I}_i = z_i \mathfrak{F} c_i (\vec{v}_i - \vec{\omega}) = z_i \mathfrak{F} \vec{J}_i \qquad [4\text{-}3.42] $$

zuordnen (vgl. § 3.2), wobei z_i die elektrochemische Valenz der Partikelart i (positive bzw. negative ganze Zahl für Kationen bzw. Anionen) und $\mathfrak{F}$ die FARADAYsche Konstante ist.

Für die *gesamte elektrische Stromdichte* gilt:

$$ \vec{I} = \sum_i \vec{I}_i \,, \qquad [4\text{-}3.43] $$

worin die Summe über alle geladenen Teilchenarten zu erstrecken ist. Aus Gl. [42] und [43] folgt:

$$ \vec{I} = \mathfrak{F} \sum_i z_i \vec{J}_i \qquad [4\text{-}3.44] $$

oder

$$ \vec{I} = \mathfrak{F} \sum_i z_i c_i (\vec{v}_i - \vec{\omega}) \,. \qquad [4\text{-}3.45] $$

Bei Elektrizitätsleitern muß die Elektroneutralitätsbedingung [1-21.29]

$$ \sum_i z_i c_i = 0 \qquad [4\text{-}3.46] $$

in jedem Volumenelement erfüllt sein. Damit ergibt sich aus Gl. [45]:

$$ \vec{I} = \mathfrak{F} \sum_i z_i c_i \vec{v}_i \,. \qquad [4\text{-}3.47] $$

Wir gelangen also zu dem interessanten Resultat, daß die gesamte elektrische Stromdichte unabhängig von der Bezugsgeschwindigkeit $\vec{\omega}$ ist.

§ 4.4. Mengenbilanz

Wenn wir die in § 4.2 angestellten Überlegungen auf die Molzahl n_k der Teilchenart k anwenden, so tritt n_k an die Stelle von Z und die molare Volumenkonzentration c_k des Stoffes k an die Stelle von Z_V. Ferner wird die Stromdichte $\vec{J}_Z$ gleich dem Vektor $c_k \vec{v}_k$ ($\vec{v}_k$ = mittlere Geschwindigkeit der Teilchen der Sorte k), dessen Betrag gleich der Menge (in Molen) der Teilchenart k ist, die je Zeit- und Flächeneinheit senkrecht durch eine ruhende Bezugsfläche strömt. Die Größe $q(Z)$, die „lokale Erzeugung von Z“, wird gleich der im betrachteten Raumelement je Zeit- und Volumeneinheit durch chemische Reaktionen gebildeten Menge (in Molen) des Stoffes k. Bezeichnen wir mit ν_{kr} den stöchiometrischen Koeffizienten der Teilchenart k in der chemischen Reaktion r (vgl. § 1.14) und mit w_r die auf die Volumeneinheit bezogene Reaktionsgeschwindigkeit der Reaktion r, so gilt[1]):

$$q(Z) = q(n_k) = \sum_r \nu_{kr} w_r ,$$

wobei die Summe über alle Reaktionen zu erstrecken ist. Damit nimmt die allgemeine Kontinuitätsgleichung [4-2.4] folgende Gestalt an:

$$\frac{\partial c_k}{\partial t} = -\operatorname{div}(c_k \vec{v}_k) + \sum_r \nu_{kr} w_r , \qquad [4\text{-}4.1]$$

worin der Operator $\partial/\partial t$ die Ableitung nach der Zeit bei festem Ort bedeutet. Diese Beziehung stellt eine *lokale Mengenbilanz* dar.

Wollen wir die Menge des Stoffes k nicht in Molen, sondern in einer universellen Masseneinheit (z. B. in Gramm) messen, so führen wir mit Hilfe von Gl. [4-3.12] die Partialdichte ϱ_k des Stoffes k ein. Dann erhalten wir an Stelle von Gl. [1] als „lokale Massenbilanz“:

$$\frac{\partial \varrho_k}{\partial t} = -\operatorname{div}(\varrho_k \vec{v}_k) + M_k \sum_r \nu_{kr} w_r . \qquad [4\text{-}4.2]$$

Hierbei ist M_k die Molmasse der Teilchenart k.

Der Satz von der Erhaltung der Masse, angewandt auf chemische Reaktionen, fordert:

$$\sum_k M_k \nu_{kr} = 0 , \qquad [4\text{-}4.3]$$

wobei die Summe über alle reagierenden Stoffe zu bilden ist und die Gleichung für jede einzelne chemische Reaktion gilt.

---

[1]) Vgl. § 2.2, insbesondere S. 119, Fußnote 1. Die hier mit w_r bezeichnete Größe ist also identisch mit der dort (in der Fußnote) w_r' genannten Größe.

Summieren wir Gl. [2] über alle Stoffe k, so finden wir mit Gl. [4-3.5], [4-3.6] und Gl. [3]:

$$\frac{\partial \varrho}{\partial t} = -\operatorname{div}(\varrho \vec{v}), \qquad [4\text{-}4.4]$$

worin ϱ die Gesamtdichte und $\vec{v}$ die Schwerpunktsgeschwindigkeit ist. Gl. [4] ist die lokale Bilanz für die Gesamtmasse und wird in der Hydrodynamik als „Kontinuitätsgleichung der Materie" bezeichnet. Sie hat die Gestalt von Gl. [4-2.4] mit $Z_V = \varrho$, $\vec{J}_Z = \varrho \vec{v}$, $q(Z) = 0$, wobei die letzte Aussage die mathematische Formulierung der Erhaltung der Gesamtmasse darstellt. Mit dem Operator der „totalen" oder „substantiellen" Differentiation

$$\frac{d}{dt} = \frac{\partial}{\partial t} + \vec{v} \operatorname{grad}, \qquad [4\text{-}4.5]$$

der die Zeitableitung einer Größe für einen mit der Geschwindigkeit $\vec{v}$ bewegten Beobachter angibt, erhalten wir bei Beachtung der Beziehungen

$$\frac{d\varrho}{dt} = \frac{\partial \varrho}{\partial t} + \vec{v} \operatorname{grad} \varrho, \qquad [4\text{-}4.6]$$

$$\operatorname{div}(\varrho \vec{v}) = \vec{v} \operatorname{grad} \varrho + \varrho \operatorname{div} \vec{v} \qquad [4\text{-}4.7]$$

aus Gl. [4] die Gesamtmassenbilanz in anderer Schreibweise:

$$\frac{d\varrho}{dt} + \varrho \operatorname{div} \vec{v} = 0. \qquad [4\text{-}4.8]$$

In dieser Form wird die Kontinuitätsgleichung für die Gesamtmasse meist in der Hydrodynamik benutzt.

Wir kehren nun wieder zu Gl. [1] zurück. Führen wir den Diffusionsstrom $\vec{J}_k$ der Teilchenart k gemäß Gl. [4-3.1] ein, so leiten wir aus Gl. [1] ab:

$$\frac{\partial c_k}{\partial t} = -\operatorname{div}(c_k \vec{\omega}) - \operatorname{div} \vec{J}_k + \sum_r \nu_{kr} w_r. \qquad [4\text{-}4.9]$$

Hierin ist $\vec{\omega}$ eine beliebige Bezugsgeschwindigkeit. Wir sehen, daß der „Massenstrom" $c_k \vec{v}_k$ in Gl. [9] in einen „konvektiven" Anteil $(c_k \vec{\omega})$ und einen „nicht-konvektiven" Anteil, den Diffusionsstrom $\vec{J}_k$, zerlegt ist.

Eine analoge Aufspaltung läßt sich ganz allgemein in Gl. [4-2.4] durchführen, wenn man den Vektor $\vec{J}_Z$ folgendermaßen in zwei Summanden zerlegt:

$$\vec{J}_Z = Z_V \vec{\omega} + \vec{J}'_Z, \qquad [4\text{-}4.10]$$

wobei $\vec{J}'_Z$ der „nicht-konvektive" Strom von Z ist. Gl. [4-2.4] kann dann in der Gestalt

$$\frac{\partial Z_V}{\partial t} = -\operatorname{div}(Z_V \vec{\omega}) - \operatorname{div} \vec{J}'_Z + q(Z) \qquad [4\text{-}4.11]$$

geschrieben werden. Gl. [11] verallgemeinert offensichtlich Gl. [9].

Die vier wichtigsten Spezialformen von Gl. [9] ergeben sich nach § 4.3, wenn man $\vec{\omega}$ der Reihe nach mit $\vec{v}$, $\vec{u}$, $\vec{w}$ und $\vec{v}_1$ identifiziert. Wir finden so mit Hilfe von Gl. [4-3.11], [4-3.22], [4-3.27] und [4-3.30]:

$$\frac{\partial c_k}{\partial t} = -\operatorname{div}(c_k \vec{v}) - \operatorname{div}\, {}_v\vec{J}_k + \sum_r \nu_{kr} w_r\,, \qquad [4\text{-}4.12]$$

$$\frac{\partial c_k}{\partial t} = -\operatorname{div}(c_k \vec{u}) - \operatorname{div}\, {}_u\vec{J}_k + \sum_r \nu_{kr} w_r\,, \qquad [4\text{-}4.13]$$

$$\frac{\partial c_k}{\partial t} = -\operatorname{div}(c_k \vec{w}) - \operatorname{div}\, {}_w\vec{J}_k + \sum_r \nu_{kr} w_r\,, \qquad [4\text{-}4.14]$$

$$\frac{\partial c_k}{\partial t} = -\operatorname{div}(c_k \vec{v}_1) - \operatorname{div}\, {}_1\vec{J}_k + \sum_r \nu_{kr} w_r\,. \qquad [4\text{-}4.15]$$

Auch die entsprechende, aus Gl. [4-3.14] und Gl. [2] folgende Beziehung

$$\frac{\partial \varrho_k}{\partial t} = -\operatorname{div}(\varrho_k \vec{v}) - \operatorname{div} \vec{J}_k^{\,*} + M_k \sum_r \nu_{kr} w_r \qquad [4\text{-}4.16]$$

ist manchmal nützlich.

Es ist vielfach üblich, an Stelle der lokalen Zeitableitung $\partial Z_V/\partial t$ den substantiellen Differentialquotienten (vgl. Gl. [5])

$$\frac{dz}{dt} = \frac{\partial z}{\partial t} + \vec{v} \operatorname{grad} z \qquad [4\text{-}4.17]$$

einzuführen, worin z die spezifische Größe

$$z \equiv \frac{Z_V}{\varrho} \qquad [4\text{-}4.18]$$

bedeutet. Aus Gl. [17] und [18] ergibt sich bei Beachtung von Gl. [4]:

$$\varrho \frac{dz}{dt} = \frac{\partial Z_V}{\partial t} + \operatorname{div}(Z_V \vec{v})\,. \qquad [4\text{-}4.19]$$

Mit Hilfe von Gl. [19] läßt sich z. B. Gl. [16] in folgender Form schreiben:

$$\varrho \frac{dy_k}{dt} = -\operatorname{div} \vec{J}_k^{\,*} + M_k \sum_r \nu_{kr} w_r\,, \qquad [4\text{-}4.20]$$

worin y_k nach Gl. [4-3.7] der Massenbruch der Teilchenart k ist.

Interessant ist in diesem Zusammenhang auch die Diskussion des *stationären Zustandes*. Es muß in diesem Falle gelten (vgl. § 1.17):

$$\frac{\partial c_k}{\partial t} = 0. \qquad [4\text{-}4.21]$$

Hieraus folgt mit Gl. [9]:

$$\operatorname{div} \vec{J_k} = -\operatorname{div} (c_k \vec{\omega}) + \sum_r \nu_{kr} w_r \text{ (stationärer Zustand)}. \qquad [4\text{-}4.22]$$

Diese Beziehung stellt eine allgemeine Stationaritätsbedingung dar.

Wenn wir Konvektionsfreiheit voraussetzen, gilt praktisch (vgl. S. 243): $\vec{w} = 0$. Mit Gl. [14] und [21] ergibt sich hieraus:

$$\operatorname{div} {}_w\vec{J_k} = \sum_r \nu_{kr} w_r \text{ (konvektionsfreier stationärer Zustand)}. \qquad [4\text{-}4.23]$$

Schließt man auch chemische Reaktionen aus ($w_r = 0$), so folgt aus Gl. [23]:

$$\operatorname{div} {}_w\vec{J_k} = 0 \text{ (konvektionsfreier stationärer Zustand ohne chemische Reaktionen)}. \qquad [4\text{-}4.24]$$

Bei der experimentellen Verwirklichung eines solchen stationären Zustandes sind meist noch zwei weitere Bedingungen erfüllt:

a) Die Prozesse spielen sich in einem geschlossenen Gefäß ab.

b) Die Diffusionsströme ${}_w\vec{J_k}$ der einzelnen Teilchenarten liegen in *einer* Raumrichtung (weil die sie verursachenden Gradienten nur eine Richtung haben).

Mit der Voraussetzung b) ergibt sich aus Gl. [24], daß die ${}_w\vec{J_k}$ unabhängig vom Ort sind. Die Bedingung a) hat zur Folge, daß die ${}_w\vec{J_k}$ an den Gefäßoberflächen, die das System senkrecht zur genannten Raumrichtung begrenzen, verschwinden. Demnach sind die Diffusionsströme überall Null:

$${}_w\vec{J_k} = 0 \text{ (konvektionsfreier stationärer Zustand ohne chemische Reaktionen im praktisch wichtigsten Falle)}. \qquad [4\text{-}4.25]$$

Aus Gl. [4-3.37] ist nun aber ersichtlich, daß bei Verschwinden aller Diffusionsströme in einem bestimmten Bezugssystem die Diffusionsströme in jedem beliebigen anderen Bezugssystem ebenfalls Null werden müssen. Wir haben also ganz generell:

$$\vec{J_k} = 0 \text{ (konvektionsfreier stationärer Zustand ohne chemische Reaktionen im praktisch wichtigsten Falle)}. \qquad [4\text{-}4.26]$$

§ 4.5. Impulssatz

Die Anwendung des NEWTONschen Kraftgesetzes oder des Impulssatzes auf ein Volumenelement eines kontinuierlichen Systems erfordert einige Sorgfalt, da ein solches Raumelement variable Masse und Zusammensetzung aufweist und die äußeren Kräfte verschieden auf die einzelnen Teilchenarten einwirken können. Es läßt sich aber zeigen, daß die gewohnten, d. h. für Einstoffsysteme formulierten hydrodynamischen Grundgleichungen erhalten bleiben, wenn man an die Stelle der in der Hydrodynamik gewöhnlich schlechthin als „Geschwindigkeit" bezeichneten Größe die *Schwerpunktsgeschwindigkeit* des Volumenelementes setzt, wie wir dies schon bei der Ableitung von Gl. [4-4.4] bzw. [4-4.8] gesehen haben.

Wir behandeln vorläufig nur isotrope Medien ohne Elektrisierung und Magnetisierung. Dann kommen neben äußeren Kräften wie Schwerkraft, Zentrifugalkraft, elektrostatischen Kräften usw. bei isotropen Kristallen[1]) nur die durch den allseitig gleichen Druck P erzeugten Kräfte, bei fluiden Medien auch die mit den Reibungsdrucken zusammenhängenden Kräfte in Frage. Um mit dem einfachsten Falle zu beginnen, schließen wir zunächst die Reibungsdrucke aus, setzen also „hydrodynamisch ideale Medien" voraus.

Es sei ϱ die Dichte, $\vec{v}$ die Schwerpunktsgeschwindigkeit, t die Zeit, c_k die molare Volumenkonzentration des Stoffes k und $\vec{K}_k$ die auf ein Mol der Teilchensorte k wirkende äußere Kraft. Dann gilt für den hier betrachteten Fall:

$$\varrho \frac{d\vec{v}}{dt} = \sum_k c_k \vec{K}_k - \operatorname{grad} P = \vec{\mathfrak{K}}_V - \operatorname{grad} P. \qquad [4\text{-}5.1]$$

Dabei ist die Summe über alle Teilchenarten zu erstrecken. Die Größe $d\vec{v}/dt$ ist die Schwerpunktsbeschleunigung, d. h. die Beschleunigung für einen mit dem Schwerpunkt des Volumenelementes bewegten Beobachter, die sich additiv aus der lokalen Beschleunigung bei festem Ort und der durch Ortsverschiebung des Schwerpunktes zustande kommenden Beschleunigung zusammensetzt. $\vec{\mathfrak{K}}_V = \sum_k c_k \vec{K}_k$ ist die Resultante der „Kraftdichte" der äußeren Kräfte[2]).

---

[1]) Wird ein isotroper Kristall ungleichmäßig beansprucht, z. B. durch Zug in einer bestimmten Richtung, so wird er dadurch zu einem anisotropen Medium im Sinne der Thermodynamik.

[2]) Das NEWTONsche Kraftgesetz bleibt also in der Form „Kraft gleich Masse mal Schwerpunktsbeschleunigung" auch für ein Volumenelement eines kontinuierlichen Systems, in dem Konvektion, Diffusion usw. möglich sind, bestehen. In Gl. [1] bedeutet die rechte Seite die Resultante der auf die Volumeneinheit bezogenen Kräfte. Dementsprechend steht auf der linken Seite von Gl. [1] die Dichte an Stelle der Masse.

Das *lokale mechanische Gleichgewicht* ist allgemein durch die Bedingung

$$\frac{d\vec{v}}{dt} = 0 \qquad [4\text{-}5.2]$$

gekennzeichnet. Also gilt in unserem Falle nach Gl. [1]:

$$\sum_k c_k \vec{K}_k = \operatorname{grad} P \text{ (mechanisches Gleichgewicht)}. \qquad [4\text{-}5.3]$$

Diese Beziehung ist mit der in § 1.21 gefundenen Bedingung [1-21.27] für mechanisches Gleichgewicht in einem System, das sich in vollständigem Gleichgewicht befindet, identisch. Hier haben wir jedoch nur vorausgesetzt, daß in jedem Volumenelement mechanisches Gleichgewicht herrscht, ohne daß die übrigen Gleichgewichtsbedingungen (Temperaturkonstanz, chemisches Gleichgewicht usw.) erfüllt zu sein brauchen.

Multiplizieren wir Gl. [1] skalar mit $\vec{v}$, so erhalten wir:

$$\varrho \vec{v} \frac{d\vec{v}}{dt} = \vec{v} \left(\sum_k c_k \vec{K}_k - \operatorname{grad} P \right). \qquad [4\text{-}5.4]$$

Ferner gilt ($v^2 \equiv \vec{v}\,\vec{v}$):

$$\varrho \vec{v} \frac{d\vec{v}}{dt} = \frac{\varrho}{2} \frac{dv^2}{dt} = \frac{d}{dt}\left(\frac{\varrho}{2} v^2\right) - \frac{v^2}{2} \frac{d\varrho}{dt}, \qquad [4\text{-}5.5]$$

woraus mit Gl. [4-4.5] und [4-4.8] folgt:

$$\varrho \vec{v} \frac{d\vec{v}}{dt} = \frac{\partial}{\partial t}\left(\frac{\varrho}{2} v^2\right) + \vec{v} \operatorname{grad}\left(\frac{\varrho}{2} v^2\right) + \frac{v^2}{2} \varrho \operatorname{div} \vec{v}. \qquad [4\text{-}5.6]$$

Infolge des Zusammenhangs

$$\operatorname{div}\left(\frac{\varrho}{2} v^2 \vec{v}\right) = \frac{\varrho}{2} v^2 \operatorname{div} \vec{v} + \vec{v} \operatorname{grad}\left(\frac{\varrho}{2} v^2\right) \qquad [4\text{-}5.7]$$

ergibt sich aus Gl. [4] und [6]:

$$\frac{\partial}{\partial t}\left(\frac{\varrho}{2} v^2\right) + \operatorname{div}\left(\frac{\varrho}{2} v^2 \vec{v}\right) = \vec{v} \left(\sum_k c_k \vec{K}_k - \operatorname{grad} P \right). \qquad [4\text{-}5.8]$$

Mit Hilfe dieser Beziehung werden wir die Energiebilanz (§ 4.6) vereinfachen.

Haben wir es mit fluiden Medien zu tun, bei denen *innere Reibung* zu berücksichtigen ist, so müssen wir neben dem statischen Druck P (der auch ohne Strömung vorhanden sein würde) die Reibungsdrucke P_{ij} ($i, j = 1, 2, 3$) einführen, entsprechend den drei zusätzlichen Normaldrucken (P_{11}, P_{22},

P_{33}) und den sechs Tangentialdrucken (P_{12}, P_{13}, P_{21}, P_{23}, P_{31}, P_{32}), die an jedem Volumenelement eines strömenden fluiden Mediums angreifen. An die Stelle der skalaren Größe P tritt ein *Drucktensor*

$$\Pi = \begin{pmatrix} P + P_{11} & P_{12} & P_{13} \\ P_{21} & P + P_{22} & P_{23} \\ P_{31} & P_{32} & P + P_{33} \end{pmatrix} . \qquad [4\text{-}5.9]$$

Wegen der aus der Mechanik folgenden Beziehung $P_{ij} = P_{ji}$ ist dieser Tensor symmetrisch. Nennen wir in einem rechtwinkligen Koordinatensystem die drei Raumkoordinaten z_1, z_2 und z_3, so bedeutet z. B. P_{12} den Druck, der an einem zur z_1-Achse senkrechten Flächenelement in der z_2-Achse auf das betrachtete Volumenelement wirkt, wobei P_{12} positiv zu zählen ist, wenn die zugehörige Kraft (Reibungskraft) entgegengesetzte Richtung wie die z_2-Achse hat.

Der Vektor grad P in den vorangehenden Gleichungen ist jetzt durch den Vektor Div Π, die „Tensordivergenz" von Π, zu ersetzen. Die drei kartesischen Komponenten des Vektors Div Π sind:

$$\frac{\partial P}{\partial z_i} + \sum_{j=1}^{3} \frac{\partial P_{ji}}{\partial z_j} \quad (i = 1, 2, 3) , \qquad [4\text{-}5.10]$$

wobei der Operator $\partial/\partial z_i$ die Ableitung nach einer Ortskoordinate bei fester Zeit bedeutet. Das Kraftgesetz lautet nun an Stelle von Gl. [1]:

$$\varrho \frac{d\vec{v}}{dt} = \sum_k c_k \vec{K}_k - \operatorname{Div} \Pi . \qquad [4\text{-}5.11]$$

Entsprechend tritt die Beziehung

$$\frac{\partial}{\partial t}\left(\frac{\varrho}{2} v^2\right) + \operatorname{div}\left(\frac{\varrho}{2} v^2 \vec{v}\right) = \vec{v}\left(\sum_k c_k \vec{K}_k - \operatorname{Div} \Pi\right) \qquad [4\text{-}5.12]$$

an die Stelle von Gl. [8].

Bei vielen irreversiblen Vorgängen kann man zwei Phasen des Ablaufs unterscheiden. In der ersten Phase klingen die makroskopischen Bewegungen (Strömungen) durch die innere Reibung ab. Im zweiten Stadium herrschen langsame Prozesse wie Diffusion, Wärmeleitung, langsame chemische Reaktionen usw. vor, während alle Geschwindigkeiten und Beschleunigungen sehr klein sind. In dieser zweiten Phase ist die Bedingung des „lokalen mechanischen Gleichgewichtes", d. h. des Verschwindens der Schwerpunktsbeschleunigung, annähernd erfüllt, entsprechend einer Vernachlässigbarkeit der Trägheitskräfte. Gleichzeitig sind die Reibungsdrucke sehr klein. Man erhält also mit Hilfe von Gl. [11] die Bedingungen (vgl. Gl. [3]):

$$P_{ij} \approx 0 \quad (i, j = 1, 2, 3), \quad \sum_k c_k \vec{K}_k \approx \operatorname{grad} P. \qquad [4\text{-}5.13]$$

Wenn diese Beziehungen gelten, spricht man von „schleichenden Bewegungen" im betreffenden fluiden Medium.

Falls man dem System von außen dauernd ein Druckgefälle aufzwingt, werden naturgemäß die letzten Überlegungen hinfällig (vgl. § 4.23).

Führen wir mit Gl. [4-3.6] und [4-3.12] die Dichte

$$\varrho = \sum_k M_k c_k \qquad [4\text{-}5.14]$$

ein, worin M_k die Molmasse (das „Molekulargewicht") der Teilchenart k bedeutet, so finden wir aus Gl. [1-21.4]:

$$\sum_k c_k \vec{K}_k = \varrho\,(\vec{g} + \omega^2 \vec{r}) + \sum_k z_k c_k \mathfrak{F} \vec{\mathfrak{E}}. \qquad [4\text{-}5.15]$$

Hierbei bedeutet $\vec{g}$ die Erdbeschleunigung, ω bzw. $\vec{r}$ den Betrag der Winkelgeschwindigkeit bzw. den Abstand von der Rotationsachse bei einer Zentrifuge, z_k die elektrochemische Valenz der Partikelsorte k, $\mathfrak{F}$ die FARADAYsche Konstante und $\vec{\mathfrak{E}}$ die elektrische Feldstärke. In Gl. [15] sind die Terme mit der CORIOLIS-Kraft und der LORENTZ-Kraft vernachlässigt. Sehen wir von Raumladungen ab (vgl. S. 78), so gilt ferner die Elektroneutralitätsbedingung [4-3.46]

$$\sum_k z_k c_k = 0. \qquad [4\text{-}5.16]$$

Aus Gl. [13] bis [16] leiten wir ab:

$$P_{ij} \approx 0, \quad \varrho\,(\vec{g} + \omega^2 \vec{r}) \approx \operatorname{grad} P. \qquad [4\text{-}5.17]$$

Dies ist die explizite Bedingung für „schleichende Bewegungen" in fluiden Medien ohne Raumladungen.

Für isotrope Kristalle ($P_{ij} = 0$) gilt zunächst Gl. [1]. Nimmt man auch hier gemäß Gl. [2] Verschwinden der Schwerpunktsbeschleunigung an, so erhält man die Bedingung [3] für das mechanische Gleichgewicht. Es ergibt sich also:

$$P_{ij} = 0, \quad \sum_k c_k \vec{K}_k = \operatorname{grad} P, \qquad [4\text{-}5.18]$$

in Analogie zu Gl. [13]. Schließt man weiterhin Raumladungen sowie Coriolis -und Lorentz-Kräfte aus, so folgt aus Gl. [15], [16] und [18]:

$$P_{ij} = 0, \quad \varrho\,(\vec{g} + \omega^2 \vec{r}) = \operatorname{grad} P, \qquad [4\text{-}5.19]$$

in Analogie zu Gl. [17]. Allerdings ist die in Gl. [18] und [19] vorausgesetzte Bedingung des mechanischen Gleichgewichtes bei kristallinen Medien in vielen Fällen zweifelhaft. Man darf indessen bei zahlreichen Prozessen, die sich in isotropen Kristallen abspielen, den Einfluß eines Schwere- oder Zentrifugalfeldes vernachlässigen sowie von Raumladungen und Druckgradienten absehen. Dann verschwindet nach Gl. [15] und [16] die rechte Seite von Gl. [1], so daß die zweite Gleichung in [18] bzw. [19] zu einer Identität wird. Liegt entweder diese Situation vor oder darf man das mechanische Gleichgewicht für isotrope Kristalle voraussetzen, so sprechen wir in Zukunft der Kürze halber von „isotropen Kristallen in einfachen Fällen".

Wir fassen zur weiteren Verkürzung der Ausdrucksweise die Beziehungen [13] und [18] bzw. [17] und [19] in folgende Aussage zusammen: *Auf fluide Medien mit schleichenden Bewegungen und isotrope Kristalle in einfachen Fällen dürfen wir die Gln.* [18] *anwenden, die sich bei Fehlen von Raumladungen und Vernachlässigung von* Coriolis- *und* Lorentz-*Kräften auf die Beziehungen* [19] *reduzieren.*

§ 4.6. Energiebilanz

Die Aufstellung der „Energiebilanz" für ein Volumenelement eines kontinuierlichen Systems läuft auf die Frage nach einer zweckmäßigen Festlegung des Begriffes „Wärme" hinaus, da ein solches Raumelement einen offenen Bereich darstellt. In § 1.7 sahen wir, daß es sinnvoll und nützlich ist, die Wärme dQ, die einer einzelnen offenen Phase bei einer infinitesimalen Zustandsänderung zugeführt wird, mit Gl. [1-7.2] wie folgt zu definieren:

$$dQ \equiv dE - dW^* - \sum_k H_k\, d_e n_k\,. \qquad [4\text{-}6.1]$$

Hierin bedeutet E die (totale) Energie der Phase, dW^* die infinitesimale Arbeit, die an der betreffenden Phase geleistet würde, wenn diese geschlossen wäre, H_k die partielle molare Enthalpie der Teilchenart k in der Phase und $d_e n_k$ die infinitesimale Zunahme der Molzahl des Stoffes k in der Phase durch Stoffaustausch mit der Umgebung. Wir untersuchen nun, wie eine sinngemäße Übertragung der Konvention [1] auf kontinuierliche Systeme zu erfolgen hat.

Die gesamte Energie E eines beliebigen Systems oder Systembereiches läßt sich nach Gl. [1-4.6] folgendermaßen aufspalten:

$$E = U + E_{\text{kin}} + E_{\text{pot}}. \qquad [4\text{-}6.2]$$

Dabei ist U die innere Energie, E_{kin} die makroskopische kinetische Energie und E_{pot} die potentielle Energie in äußeren konservativen Kraftfeldern.

Es ist bei kontinuierlichen Systemen angebracht, die makroskopische Bewegung auf den Schwerpunkt jedes Volumenelementes zu beziehen, da der Schwerpunktsgeschwindigkeit $\vec{v}$ bei der Dynamik kontinuierlicher Medien eine bevorzugte Rolle zukommt (vgl. § 4.5). Wir schreiben also für die Dichte der kinetischen Energie, d. h. für die auf die Volumeneinheit bezogene makroskopische kinetische Energie eines Raumelementes:

$$E_{\text{kin}\,V} = \frac{\varrho}{2}\,v^2\,, \qquad [4\text{-}6.3]$$

worin ϱ die Dichte ist. Entsprechend sollen die Änderung der gesamten Energie des Volumenelementes, die am geschlossen gedachten Volumenelement geleistete Arbeit und der zum letzten Term in Gl. [1] analoge Ausdruck für einen mit dem Schwerpunkt bewegten Beobachter gelten, so daß auch das Analogon zu dQ zunächst im Schwerpunktssystem gemessen wird.

Wenn wir isotrope Systeme ohne innere Reibung voraussetzen, erhalten wir für den *Wärmestrom* $\vec{J}_Q$ (Vektor der Wärmestromdichte) folgende Definitionsgleichung, die, wie sogleich ersichtlich sein wird, die sinngemäße Übertragung von Gl. [1] auf kontinuierliche Systeme darstellt:

$$-\operatorname{div}\vec{J}_Q \equiv \frac{\partial U_V}{\partial t} + \operatorname{div}(U_V\,\vec{v}) + \frac{\partial}{\partial t}\left(\frac{\varrho}{2}\,v^2\right) + \operatorname{div}\left(\frac{\varrho}{2}\,v^2\,\vec{v}\right)$$
$$-\sum_k \vec{K}_k c_k \vec{v}_k + \operatorname{div}(P\vec{v}) + \operatorname{div}\left(\sum_k H_{k\,v}\vec{J}_k\right). \qquad [4\text{-}6.4]$$

Hierbei bedeutet t die Zeit, der Operator $\partial/\partial t$ Differentiation nach der Zeit bei festem Ort, U_V die Dichte der inneren Energie, $\vec{K}_k$ die äußere Kraft je Mol der Teilchenart k, c_k die molare Volumenkonzentration der Partikelsorte k, $\vec{v}_k$ die mittlere Geschwindigkeit der Teilchen der Sorte k, P den Druck und

$${}_v\vec{J}_k \equiv c_k\,(\vec{v}_k - \vec{v}) \qquad [4\text{-}6.5]$$

den Diffusionsstrom der Teilchensorte k im Schwerpunktssystem (vgl. Gl. [4-3.11]).

Wir multiplizieren nun Gl. [4] mit dem Zeitelement dt bei festem Ort, integrieren über das Volumen V eines beliebig aus dem Gesamtsystem herausgegriffenen Teilsystems, das die geschlossene Oberfläche Ω hat, benutzen den GAUSSschen Satz und beachten Gl. [5]. Dann finden wir ($d\Omega$ = Oberflächenelement, dV = Volumenelement):

$$-\int_\Omega J_{Qn}\, d\Omega\, dt = d\int_V U_V\, dV + \int_\Omega U_V\, v_n d\Omega\, dt + d\int_V \frac{\varrho}{2} v^2 dV$$
$$+\int_\Omega \frac{\varrho}{2} v^2 v_n d\Omega dt - \sum_k \int_V c_k \vec{K}_k \vec{v}_k\, dV\, dt + \int_\Omega P\, v_n\, d\Omega\, dt$$
$$+\sum_k \int_\Omega H_k\, c_k\, (v_{kn} - v_n)\, d\Omega\, dt\,. \qquad [4\text{-}6.6]$$

Darin ist J_{Qn} bzw. v_n bzw. v_{kn} die Normalkomponente von $\vec{J}_Q$ bzw. $\vec{v}$ bzw. $\vec{v}_k$ an der betreffenden Stelle der Oberfläche des Teilsystems. Beachten wir unsere Vorzeichenfestlegungen in § 4.2, so erkennen wir folgendes: Für ein Zeitelement dt bedeutet die linke Seite die von außen in das Teilsystem strömende Wärme; die ersten vier Terme der rechten Seite stellen die Zunahme der inneren und kinetischen Energie des Teilsystems bei Berücksichtigung des Verlustes durch Konvektion (im Schwerpunktssystem) dar; der fünfte Term der rechten Seite ist die Zunahme der potentiellen Energie des Teilsystems in äußeren konservativen Kraftfeldern (für beliebige Bezugsgeschwindigkeit gültig, da es hier nur auf die Relativbewegung der Teilchen zu den ruhend vorausgesetzten Kraftfeldern ankommt); der sechste Term der rechten Seite ist nach Vorzeichenumkehr die vom statischen Druck bei einer Verschiebung der Oberfläche am (geschlossen gedachten) Teilsystem geleistete Arbeit (im Schwerpunktssystem); der letzte Term stellt das Analogon zum Ausdruck

$$-\sum_k H_k\, d_e n_k$$

für einen mit dem Schwerpunkt bewegten Beobachter dar. Demgemäß entspricht Gl. [4] vollständig Gl. [1].

Mit Hilfe der Umrechnungsbeziehung [4-5.8] folgt aus Gl. [4] bei Berücksichtigung von Gl. [5]:

$$\frac{\partial U_V}{\partial t} = -\operatorname{div}(U_V \vec{v}) - \operatorname{div}\left(\vec{J}_Q + \sum_k H_k\, {}_v\vec{J}_k\right)$$
$$-P \operatorname{div} \vec{v} + \sum_k \vec{K}_k\, {}_v\vec{J}_k\,, \qquad [4\text{-}6.7]$$

wobei die Beziehung

$$\operatorname{div}(P\vec{v}) = P \operatorname{div}\vec{v} + \vec{v} \operatorname{grad} P \qquad [4\text{-}6.8]$$

benutzt wurde.

Bei Systemen *mit innerer Reibung* gilt an Stelle von Gl. [7] der allgemeinere Ausdruck

$$\frac{\partial U_V}{\partial t} = -\operatorname{div}(U_V \vec{v}) - \operatorname{div}\left(\vec{J}_Q + \sum_k H_k \, _v\vec{J}_k\right) - P \operatorname{div} \vec{v}$$
$$- \sum_{i=1}^{3} \sum_{j=1}^{3} P_{ij} \frac{\partial v_i}{\partial z_j} + \sum_k \vec{K}_k \, _v\vec{J}_k \,. \qquad [4\text{-}6.9]$$

Hierin sind die P_{ij} ($= P_{ji}$) die Reibungsdrucke ($i, j = 1, 2, 3$), die v_i die drei Komponenten von $\vec{v}$ in einem rechtwinkligen Koordinatensystem, die z_j die drei kartesischen Raumkoordinaten und die Differentialquotienten $\partial v_i/\partial z_j$ dementsprechend die Ableitungen der Komponenten der Schwerpunktsgeschwindigkeit nach den Ortskoordinaten bei fester Zeit (Geschwindigkeitsgefälle). Gl. [9] kommt dadurch zustande, daß man in Gl. [4] neben der vom statischen Druck P geleisteten Arbeit auch die von den Reibungsdrucken P_{ij} geleistete Arbeit berücksichtigt und dann den Impulssatz in Form von Gl. [4-5.12] anwendet[1]).

Mit Hilfe von Gl. [8] läßt sich die Beziehung [9] in Form einer lokalen Bilanz für die innere Energie nach dem Vorbild von Gl. [4-4.11] schreiben:

$$\frac{\partial U_V}{\partial t} = -\operatorname{div}(U_V \vec{v}) - \operatorname{div} \vec{J}'_U + q\,(U) \qquad [4\text{-}6.10]$$

---

[1]) Die vom Koordinatensystem unabhängige Schreibweise des Ausdrucks

$$\sum_{i=1}^{3} \sum_{j=1}^{3} P_{ij} \frac{\partial v_i}{\partial z_j}$$

lautet:

$$(\Pi - P\delta) : \operatorname{Grad} \vec{v}.$$

Darin ist Π der Drucktensor [4-5.9], δ der Einheitstensor und $\operatorname{Grad} \vec{v}$ der Vektorgradient von $\vec{v}$ (also ebenfalls ein Tensor). Das Zeichen : bedeutet das innere Produkt zweier Tensoren nach zweimaliger Kontraktion, führt demnach auf eine skalare Größe.

In einem isotropen Medium ohne Elektrisierung und Magnetisierung kommt als Analogon zu dW^* in Gl. [1] nur die vom statischen Druck und von den Reibungsdrucken geleistete Arbeit in Frage, weil „Eingriffe von außen" – wie sie zunächst noch in Gl. [1-7.1] und [1-7.2] in Betracht gezogen wurden – bei kontinuierlichen Systemen nicht interessieren und die Reibung sowie ein eventueller Stromdurchgang schon in den beiden letzten Termen von Gl. [9] berücksichtigt sind.

Die Kräfte $\vec{K}_k$ gehören hier stets zu konservativen Kraftfeldern (vgl. § 1.4). Es kommen also z. B. Gravitationsfelder, Zentrifugalfelder und elektrostatische Felder in Frage. Wie sich die Energiebilanz im allgemeineren Falle eines beliebigen elektromagnetischen Feldes gestaltet, wird in § 4.34 gezeigt. Dort wird auch ersichtlich, daß die hier aufgestellte Energiebilanz für Systeme ohne Elektrisierung und Magnetisierung in *stationären* elektromagnetischen Feldern (also nicht nur in elektrostatischen Feldern) gültig bleibt.

mit

$$\vec{J'_U} \equiv \vec{J_Q} + P\vec{v} + \sum_k H_{k\,v}\vec{J_k} \qquad [4\text{-}6.11]$$

und

$$q(U) \equiv \vec{v}\,\mathrm{grad}\,P - \sum_{i=1}^{3}\sum_{j=1}^{3} P_{ij}\frac{\partial v_i}{\partial z_j} + \sum_k \vec{K_k}\,{}_v\vec{J_k}\,. \qquad [4\text{-}6.12]$$

Dabei ist $\vec{J'_U}$ der „nichtkonvektive Strom“ und $q(U)$ die „lokale Erzeugung“ der inneren Energie. Es sei darauf hingewiesen, daß es zwar für die innere Energie, nicht aber für die gesamte Energie eine „lokale Erzeugung“ gibt.

Beachten wir Gl. [5] und den Ausdruck für die Enthalpiedichte

$$H_V = U_V + P = \sum_k c_k H_k, \qquad [4\text{-}6.13]$$

der aus Gl. [1-5.3], [1-6.7] und [1-6.10] folgt, so erhalten wir aus Gl. [10] und [11]:

$$\frac{\partial U_V}{\partial t} = -\,\mathrm{div}\left(\vec{J_Q} + \sum_k H_k c_k \vec{v_k}\right) + q(U) \qquad [4\text{-}6.14]$$

oder

$$\frac{\partial H_V}{\partial t} = \sum_k c_k \frac{\partial H_k}{\partial t} + \sum_k H_k \frac{\partial c_k}{\partial t}$$

$$= \frac{\partial P}{\partial t} - \mathrm{div}\left(\vec{J_Q} + \sum_k H_k c_k \vec{v_k}\right) + q(U)\,, \qquad [4\text{-}6.15]$$

wobei $q(U)$ nach wie vor durch Gl. [12] gegeben ist.

Die Beziehungen [9], [10], [14] und [15] können als allgemeine Ausdrücke für die „Energiebilanz“ in einem isotropen System ohne Elektrisierung und Magnetisierung und ohne zeitlich veränderliche äußere Felder angesehen werden. Eine Berücksichtigung des Impulssatzes ist nicht mehr erforderlich, da dieser in den genannten Gleichungen bereits enthalten ist.

Mit Gl. [4-4.19] lassen sich die linke Seite und das erste Glied der rechten Seite in Gl. [9] und [10] wie folgt zusammenfassen:

$$\frac{\partial U_V}{\partial t} + \mathrm{div}\,(U_V\,\vec{v}) = \varrho\,\frac{du}{dt}\,, \qquad [4\text{-}6.16]$$

worin u die spezifische innere Energie und der Operator d/dt die substantielle Ableitung bedeutet (vgl. Gl. [4-4.17] und [4-4.18]).

Als unmittelbare Folgerungen aus der Energiebilanz bringen wir noch zwei Formeln, die später benötigt werden.

Die erste Formel ergibt sich mit Hilfe der Mengenbilanz [4-4.1] und der mathematischen Identität

$$\operatorname{div}(H_k c_k \vec{v_k}) = H_k \operatorname{div}(c_k \vec{v_k}) + c_k \vec{v_k} \operatorname{grad} H_k$$

aus Gl. [15]:

$$\sum_k c_k \frac{\partial H_k}{\partial t} + \sum_k c_k \vec{v_k} \operatorname{grad} H_k = -\sum_r \sum_k \nu_{kr} H_k w_r + \frac{\partial P}{\partial t} - \operatorname{div} \vec{J_Q} + q\,(U)\,. \qquad [4\text{-}6.17]$$

Hierin bedeutet ν_{kr} den stöchiometrischen Koeffizienten der Teilchenart k in der chemischen Reaktion r und w_r die Reaktionsgeschwindigkeit der Reaktion r. Gl. [17] wird in § 4.7 verwendet werden.

Die zweite Formel leitet sich aus der letzten Gleichung ab, wenn man die aus Gl. [1-6.6], [1-6.16], [1-15.5] und [1-15.20] folgenden Zusammenhänge

$$\sum_k c_k \frac{\partial H_k}{\partial t} = \frac{\overline{C}_P}{\overline{V}} \frac{\partial T}{\partial t} + \left[1 - \frac{T}{\overline{V}} \left(\frac{\partial \overline{V}}{\partial T}\right)_{P,x}\right] \frac{\partial P}{\partial t}\,, \qquad [4\text{-}6.18]$$

$$\sum_k c_k \operatorname{grad} H_k = \frac{\overline{C}_P}{\overline{V}} \operatorname{grad} T + \left[1 - \frac{T}{\overline{V}} \left(\frac{\partial \overline{V}}{\partial T}\right)_{P,x}\right] \operatorname{grad} P \qquad [4\text{-}6.19]$$

berücksichtigt. Dabei bedeutet $\overline{C}_P$ die Molwärme für konstanten Druck, $\overline{V}$ das Molvolumen, T die absolute Temperatur und der Index $_x$ bei der Differentiation Konstanz aller Molenbrüche. Durch Kombination von Gl. [5], [12] und [17] mit Gl. [18] und [19] findet man für die lokale Zunahmegeschwindigkeit der Temperatur:

$$\frac{\overline{C}_P}{\overline{V}} \frac{\partial T}{\partial t} = -\operatorname{div} \vec{J_Q} - \frac{\overline{C}_P}{\overline{V}} \vec{v} \operatorname{grad} T + \frac{T}{\overline{V}} \left(\frac{\partial \overline{V}}{\partial T}\right)_{P,x} \times \left(\frac{\partial P}{\partial t} + \vec{v} \operatorname{grad} P\right) - \sum_r \sum_k \nu_{kr} H_k w_r - \sum_{i=1}^{3} \sum_{j=1}^{3} P_{ij} \frac{\partial v_i}{\partial z_j} + \sum_k {}_v\vec{J_k} (\vec{K_k} - \operatorname{grad} H_k)\,. \qquad [4\text{-}6.20]$$

Diese Beziehung, die für $\vec{v} = 0$, $\partial P/\partial t = 0$, $w_r = 0$, $P_{ij} = 0$, ${}_v\vec{J_k} = 0$ in die gewöhnliche „Wärmeleitungsgleichung" übergeht, wird in § 4.24 benutzt werden.

§ 4.7. Invarianzeigenschaften des Wärmestromes

Für den durch Gl. [4-6.9] definierten Wärmestrom $\vec{J}_Q$ können wir mit Gl. [4-6.5], [4-6.12] und [4-6.17] schreiben:

$$\begin{aligned} -\operatorname{div} \vec{J}_Q = & \sum_k c_k \frac{\partial H_k}{\partial t} + \sum_k c_k \vec{v}_k \operatorname{grad} H_k \\ & + \sum_r \sum_k \nu_{kr} H_k w_r - \frac{\partial P}{\partial t} - \vec{v} \operatorname{grad} P \\ & + \sum_{i=1}^{3} \sum_{j=1}^{3} P_{ij} \frac{\partial v_i}{\partial z_j} - \sum_k c_k \vec{K}_k (\vec{v}_k - \vec{v}) \, . \end{aligned} \qquad [4\text{-}7.1]$$

Alle unbestimmten additiven Konstanten in den partiellen molaren Enthalpien H_k, die von den willkürlichen Energienullpunkten herrühren, fallen in Gl. [1] heraus; denn die beiden ersten Terme der rechten Seite enthalten nur Zeit- und Ortsableitungen der H_k, und der dritte Term ist die Summe aus den Produkten der Reaktionsenthalpien mit den zugehörigen Reaktionsgeschwindigkeiten, wobei sich wiederum die unbestimmten Konstanten wegheben. Der Wärmestrom $\vec{J}_Q$ ist also *invariant gegenüber einer Änderung der Energienullpunkte* (vgl. § 1.7).

Die Größe $\vec{J}_Q$ bedeutet zunächst den Wärmestrom im Schwerpunktssystem. Aus Gl. [1] geht hervor, daß im allgemeinsten Falle beim Übergang von der Schwerpunktsgeschwindigkeit $\vec{v}$ zu einer anderen Bezugsgeschwindigkeit die rechte Seite von Gl. [1] sich ändern wird. Man kann aber zeigen, daß für einen der praktisch wichtigsten Spezialfälle $\vec{J}_Q$ unabhängig von der Bezugsgeschwindigkeit wird. Dieser Spezialfall bezieht sich auf die in § 4.5 erwähnten fluiden Medien mit „schleichenden Bewegungen" und isotropen Kristalle „in einfachen Fällen". Für diese gilt infolge von Gl. [4-5.18]:

$$P_{ij} = 0 \quad (i, j = 1, 2, 3) \, , \; \sum_k c_k \vec{K}_k = \operatorname{grad} P \, . \qquad [4\text{-}7.2]$$

Berücksichtigen wir Gl. [2], so ergibt sich aus Gl. [1]:

$$\begin{aligned} -\operatorname{div} \vec{J}_Q = & \sum_k c_k \frac{\partial H_k}{\partial t} + \sum_k c_k \vec{v}_k \operatorname{grad} H_k \\ & + \sum_k \sum_r \nu_{kr} H_k w_r - \sum_k \vec{K}_k c_k \vec{v}_k - \frac{\partial P}{\partial t} \, . \end{aligned} \qquad [4\text{-}7.3]$$

Dieser Ausdruck enthält die Schwerpunktsgeschwindigkeit $\vec{v}$ nicht mehr. Der Wärmestrom $\vec{J}_Q$ ist demnach unter den Bedingungen [2] *invariant gegenüber einer Änderung der Bezugsgeschwindigkeit.*

Wir werden später sehen, daß unser Wärmestrom $\vec{J}_Q$ noch andere einfache Eigenschaften hat, die ihn vor den sonst in der Literatur als „Wärmestrom" oder „Energiestrom" bezeichneten Größen auszeichnen (vgl. § 1.7). Diese Größen sind alle von der generellen Gestalt

$$\vec{J}_Q{}' \equiv \vec{J}_Q + \sum_k \gamma_k c_k (\vec{v}_k - \vec{v}), \qquad [4\text{-}7.4]$$

worin die γ_k irgendwelche skalare Faktoren darstellen. Meist wird der Vektor

$$\vec{J}_Q^* \equiv \vec{J}_Q + \sum_k H_k c_k (\vec{v}_k - \vec{v}) = \vec{J}_Q + \sum_k H_k \, {}_v\vec{J}_k \qquad [4\text{-}7.5]$$

als „Wärmestrom" oder „Energiestrom" angesehen, weil man mit seiner Hilfe das zweite Glied der rechten Seite von Gl. [4-6.9] abkürzen und somit die Energiebilanz in der gewohnten, d. h. für Einstoffsysteme gültigen Form schreiben kann. Auch läßt sich die Wärmeleitung in reagierenden Medien (§ 4.28) durch Einführen des Vektors $\vec{J}_Q^*$ besonders einfach formulieren. Soweit im Schrifttum $\vec{J}_Q^*$ als „Wärmestrom" auftritt, wird $\vec{J}_Q$ „reduzierter Wärmestrom" genannt. Aus Gl. [5] ist sofort ersichtlich, daß $\vec{J}_Q^*$ die oben für $\vec{J}_Q$ bewiesenen Invarianzeigenschaften nicht hat. Wir werden daher im folgenden konsequent die Größe $\vec{J}_Q$ als Wärmestrom verwenden.

§ 4.8. Entropiebilanz

Für jedes Volumenelement eines isotropen Systems ohne Elektrisierung und Magnetisierung gilt bei hinreichend langsamem Verlauf der irreversiblen Prozesse (vgl. § 1.23 und § 4.1) die GIBBSsche Hauptgleichung (§ 1.9). Wir wählen die Form [1-9.12] dieser Gleichung, die wir schon bei der Ableitung der Gleichgewichtsbedingungen (§ 1.21) benutzt haben. Führen wir an Stelle der Differentiale in Gl. [1-9.12] die partiellen Differentialquotienten nach der Zeit bei festem Ort (Operator $\partial/\partial t$) ein, so erhalten wir für die lokale Zunahmegeschwindigkeit der Entropiedichte S_V im betrachteten Volumenelement:

$$\frac{\partial S_V}{\partial t} = \frac{1}{T} \frac{\partial U_V}{\partial t} - \frac{1}{T} \sum_k \mu_k \frac{\partial c_k}{\partial t}. \qquad [4\text{-}8.1]$$

Hierin bedeutet T die absolute Temperatur, U_V die Dichte der inneren Energie und μ_k bzw. c_k das chemische Potential bzw. die molare Volumenkonzentration der Teilchenart k. Gl. [1] bildet für uns den Ausgangspunkt zur Aufstellung der Entropiebilanz[1]).

Die auf der rechten Seite von Gl. [1] stehenden Differentialquotienten ermitteln wir aus der Mengenbilanz [4-4.1] und der Energiebilanz [4-6.14] – in welcher der Impulssatz bereits enthalten ist – bei Beachtung von Gl. [4-6.12]:

$$\frac{\partial c_k}{\partial t} = -\operatorname{div}(c_k \vec{v}_k) + \sum_r \nu_{kr}\, w_r\,, \qquad [4\text{-}8.2]$$

$$\frac{\partial U_V}{\partial t} = -\operatorname{div}\left(\vec{J}_Q + \sum_k H_k c_k \vec{v}_k\right) + \vec{v} \operatorname{grad} P$$

$$-\sum_{i=1}^{3} \sum_{j=1}^{3} P_{ij} \frac{\partial v_i}{\partial z_j} + \sum_k \vec{K}_k\, {}_v\vec{J}_k\,. \qquad [4\text{-}8.3]$$

Dabei ist $\vec{v}_k$ die mittlere Geschwindigkeit der Teilchen der Sorte k, ν_{kr} der stöchiometrische Koeffizient der Teilchenart k in der chemischen Reaktion r, w_r die Reaktionsgeschwindigkeit der Reaktion r, $\vec{J}_Q$ der Wärmestrom, H_k die partielle molare Enthalpie der Partikelsorte k, P der statische Druck, P_{ij} der Reibungsdruck, $\vec{v}$ die Schwerpunktsgeschwindigkeit, v_i die Komponente von $\vec{v}$ in einem rechtwinkligen Koordinatensystem, z_j die kartesische Raumkoordinate, $\vec{K}_k$ die auf ein Mol der Teilchenart k wirkende äußere Kraft und ${}_v\vec{J}_k$ der Diffusionsstrom der Partikelsorte k im Schwerpunktssystem. Gl. [3] gilt ihrer Ableitung gemäß (§ 4.6) für isotrope Systeme ohne Elektrisierung und Magnetisierung und bei zeitlich konstanten äußeren Kraftfeldern.

Wir berücksichtigen nun den Zusammenhang [1-12.6]:

$$\mu_k = H_k - T S_k, \qquad [4\text{-}8.4]$$

---

[1]) Bei den meisten Autoren wird die GIBBSsche Hauptgleichung in einer anderen Form benutzt: Es erscheinen die Differentialquotienten der spezifischen Größen nach der Zeit [vgl. Gl. [1-9.11]) für einen mit der Schwerpunktsgeschwindigkeit $\vec{v}$ bewegten Beobachter (Operator d/dt). Häufig findet sich sogar die Bemerkung, es sei eine Grundannahme der Thermodynamik der irreversiblen Prozesse, daß die GIBBSsche Hauptgleichung im *Schwerpunktssystem* gelte. Diese Einschränkung ist nicht erforderlich: Die GIBBSsche Hauptgleichung kann sowohl in der Gestalt [1] als auch für einen mit beliebiger Bezugsgeschwindigkeit bewegten Beobachter angeschrieben werden.

worin S_k die partielle molare Entropie der Teilchenart k ist, die Definition [1-14.2] der Affinität A_r der Reaktion r:

$$A_r = -\sum_k \nu_{kr}\,\mu_k \qquad [4\text{-}8.5]$$

und die Vektoridentitäten:

$$\frac{a}{T}\operatorname{div}\vec{J} = \operatorname{div}\left(\frac{a}{T}\vec{J}\right) - \vec{J}\operatorname{grad}\left(\frac{a}{T}\right), \qquad [4\text{-}8.6]$$

$$\frac{1}{T}\operatorname{div}\vec{J} = \operatorname{div}\left(\frac{\vec{J}}{T}\right) + \frac{\vec{J}}{T^2}\operatorname{grad} T\,, \qquad [4\text{-}8.7]$$

wobei a irgendeine skalare Größe und $\vec{J}$ irgendeinen Vektor bedeutet. Damit folgt aus Gl. [1], [2] und [3]:

$$\begin{aligned}\frac{\partial S_V}{\partial t} &= -\operatorname{div}\left(\frac{\vec{J}_Q}{T}\right) - \frac{\vec{J}_Q}{T^2}\operatorname{grad} T - \operatorname{div}\left(\sum_k S_k\, c_k\, \vec{v}_k\right)\\ &- \frac{1}{T^2}\sum_k H_k\, c_k\, \vec{v}_k \operatorname{grad} T + \frac{\vec{v}}{T}\operatorname{grad} P - \frac{1}{T}\sum_{i=1}^{3}\sum_{j=1}^{3} P_{ij}\frac{\partial v_i}{\partial z_j}\\ &+ \frac{1}{T}\sum_k \vec{K}_k\, {}_v\vec{J}_k - \sum_k c_k\, \vec{v}_k \operatorname{grad}\left(\frac{\mu_k}{T}\right) + \frac{1}{T}\sum_r w_r\, A_r\,. \end{aligned} \qquad [4\text{-}8.8]$$

Ferner gilt infolge von Gl. [1-12.8]:

$$\operatorname{grad}\left(\frac{\mu_k}{T}\right) = -\frac{H_k}{T^2}\operatorname{grad} T + \frac{1}{T}(\operatorname{grad}\mu_k)_T\,, \qquad [4\text{-}8.9]$$

worin der Index $_T$ beim letzten Gradienten darauf hinweisen soll, daß der grad T enthaltende Term bereits abgezogen ist, es sich also nur noch um Gradienten der chemischen Potentiale handelt, die auf Druck- und Konzentrationsgradienten beruhen. Weiterhin finden wir mit der GIBBS-DUHEMschen Beziehung [1-13.6]:

$$\sum_k c_k(\operatorname{grad}\mu_k)_T = \operatorname{grad} P\,. \qquad [4\text{-}8.10]$$

Schließlich beachten wir Gl. [4-3.11]:

$${}_v\vec{J}_k = c_k(\vec{v}_k - \vec{v})\,. \qquad [4\text{-}8.11]$$

Mit Hilfe der Beziehungen [9], [10] und [11] können wir den vierten, fünften, siebenten und achten Term auf der rechten Seite von Gl. [8] wie folgt zusammenfassen:

$$-\frac{1}{T^2}\sum_k H_k c_k \vec{v}_k \operatorname{grad} T + \frac{\vec{v}}{T}\operatorname{grad} P + \frac{1}{T}\sum_k \vec{K}_k\, {}_v\vec{J}_k$$
$$-\sum_k c_k \vec{v}_k \operatorname{grad}\left(\frac{\mu_k}{T}\right) = \frac{1}{T}\sum_k {}_v\vec{J}_k\left[\vec{K}_k - (\operatorname{grad}\mu_k)_T\right]. \qquad [4\text{-}8.12]$$

Aus Gl. [8] und [12] ergibt sich die Endformel für die lokale Zunahmegeschwindigkeit der Entropiedichte in einem Volumenelement eines kontinuierlichen Systems:

$$\frac{\partial S_V}{\partial t} = -\operatorname{div}\vec{J}_S + \vartheta \qquad [4\text{-}8.13]$$

mit den Abkürzungen

$$\vec{J}_S \equiv \frac{\vec{J}_Q}{T} + \sum_k c_k S_k \vec{v}_k \qquad [4\text{-}8.14]$$

und

$$\vartheta \equiv -\frac{1}{T^2}\vec{J}_Q \operatorname{grad} T + \frac{1}{T}\sum_k {}_v\vec{J}_k\left[\vec{K}_k - (\operatorname{grad}\mu_k)_T\right]$$
$$+\frac{1}{T}\sum_r w_r A_r - \frac{1}{T}\sum_{i=1}^{3}\sum_{j=1}^{3} P_{ij}\frac{\partial v_i}{\partial z_j}. \qquad [4\text{-}8.15]$$

Gl. [13] hat die Gestalt von Gl. [4-2.4], stellt also einen Ausdruck für die „lokale Bilanz“ der Entropie oder eine „Kontinuitätsgleichung“ der Entropie dar. Dementsprechend ist $\vec{J}_S$ der *Entropiestrom* und $\vartheta = q(S)$ die *lokale Entropieerzeugung*.

Die negative Divergenz des Entropiestromes $\vec{J}_S$ ist derjenige Anteil der lokalen Zunahmegeschwindigkeit der Entropiedichte, der sich auf den Wärme- und Stoffaustausch des betrachteten Volumenelementes mit der Umgebung bezieht, und entspricht daher der „Entropieströmung“ in Gl. [1-24.3] und [1-24.5]. Die plausible Form von Gl. [14] ist eine Folge unserer Wärmedefinition (§ 4.6) und hat sein Analogon im Ausdruck [1-24.13] für die Entropieströmung bei homogenen Systemen.

Die lokale Entropieerzeugung bedeutet denjenigen Teil der lokalen Zunahmegeschwindigkeit der Entropiedichte, der sich auf die Prozesse im Inneren des betreffenden Volumenelementes bezieht, und entspricht daher der „Entropieerzeugung“ in Gl. [1-24.3] und [1-24.4]. Wir haben somit auch die zu [1-24.4] analoge Vorzeichenaussage:

$$\vartheta \geqslant 0, \qquad [4\text{-}8.16]$$

wobei das Ungleichheitszeichen für wirklichen (irreversiblen) Ablauf der Prozesse im Inneren des Volumenelementes und das Gleichheitszeichen für den reversiblen Grenzfall gültig ist.

Bei der Ungleichung [16] handelt es sich um die schon in § 1.8 erwähnte „lokale" Formulierung des Zweiten Hauptsatzes der Thermodynamik, wie sie bei kontinuierlichen Systemen benötigt wird. Während sich die klassische Thermodynamik mit der Aussage begnügt, daß die gesamte Entropie eines thermisch isolierten Systems nicht abnehmen kann – eine solche Aussage genügt ja auch zur Herleitung der Gleichgewichtsbedingungen in kontinuierlichen Systemen (vgl. § 1.21) –, vermittelt die Thermodynamik der irreversiblen Prozesse einen genaueren Einblick in die Einzelheiten des Geschehens: Sie fordert nicht nur, daß die lokale Entropieerzeugung ϑ in jedem Volumenelement positiv sein oder verschwinden muß, sondern liefert auch den expliziten Ausdruck [15] für ϑ, der Größen wie den Wärmestrom, die Diffusionsströme, die Reaktionsgeschwindigkeiten usw. bzw. den Temperaturgradienten, die Gradienten der chemischen Potentiale, die Affinitäten usw. enthält.

Die Beziehungen [13] bis [15] gelten, entsprechend ihrer Herleitung, für isotrope Systeme ohne elektrische und magnetische Polarisation, die sich in stationären äußeren Feldern (im Schwerefeld der Erde, in einem Zentrifugalfeld bei konstanter Umlaufgeschwindigkeit oder in einem stationären elektromagnetischen Feld) befinden.

§ 4.9. Entropiestrom

Führen wir in Gl. [4-8.14] gemäß Gl. [4-3.1] den für beliebige Bezugsgeschwindigkeit $\vec{\omega}$ gültigen Diffusionsstrom

$$\vec{J}_k = c_k\,(\vec{v}_k - \vec{\omega}) \qquad [4\text{-}9.1]$$

ein, so erhalten wir für den Entropiestrom:

$$\vec{J}_S = \frac{\vec{J}_Q}{T} + \sum_k c_k\,S_k\,\vec{\omega} + \sum_k S_k\,\vec{J}_k\,. \qquad [4\text{-}9.2]$$

Mit Hilfe des Zusammenhangs [1-6.10]

$$S_V = \sum_k c_k\,S_k \qquad [4\text{-}9.3]$$

leiten wir hieraus ab:

$$\vec{J}_S = S_V \vec{\omega} + \vec{J}_S{}' \quad [4\text{-}9.4]$$

mit

$$\vec{J}_S{}' \equiv \frac{\vec{J}_Q}{T} + \sum_k S_k \vec{J}_k . \quad [4\text{-}9.5]$$

Wie der Vergleich mit Gl. [4-4.10] zeigt, ist $S_V \vec{\omega}$ der „konvektive" und $\vec{J}_{S'}$ der „nichtkonvektive" Entropiestrom. Häufig wird $\vec{J}_S{}'$ einfach als „Entropiestrom" bezeichnet.

Führt man in Gl. [2], [4] und [5] die Schwerpunktsgeschwindigkeit $\vec{v}$ als Bezugsgeschwindigkeit ein und beachtet Gl. [4-8.11] und [4-8.13], so findet man:

$$\frac{\partial S_V}{\partial t} + \operatorname{div}(S_V \vec{v}) = -\operatorname{div} {}_v\vec{J}_S{}' + \vartheta \quad [4\text{-}9.6]$$

mit

$${}_v\vec{J}_S{}' \equiv \frac{\vec{J}_Q}{T} + \sum_k S_k \, {}_v\vec{J}_k . \quad [4\text{-}9.7]$$

Hierin bedeutet ${}_v\vec{J}_S{}'$ den nichtkonvektiven Entropiestrom im Schwerpunktssystem.

Mit Hilfe von Gl. [4-4.19] kann man Gl. [6] auch schreiben:

$$\varrho \frac{ds}{dt} = -\operatorname{div} {}_v\vec{J}_S{}' + \vartheta . \quad [4\text{-}9.8]$$

Dabei ist s die spezifische Entropie und d/dt der Operator der totalen oder substantiellen Differentiation. In vielen Darstellungen wird die Entropiebilanz in der speziellen Form [8] angegeben.

Bei fluiden Medien mit „schleichenden Bewegungen" und isotropen Kristallen in „einfachen Fällen" ist nach § 4.7 der Wärmestrom $\vec{J}_Q$ invariant gegenüber einer Änderung der Bezugsgeschwindigkeit. Dies gilt demnach auch für den gesamten Entropiestrom $\vec{J}_S$, nicht aber für die einzelnen Anteile $S_V \vec{\omega}$ und $\vec{J}_S{}'$, wie aus Gl. [4-8.14] sowie Gl. [4] und [5] hervorgeht.

§ 4.10. Lokale Entropieerzeugung

Die lokale Entropieerzeugung ϑ enthält gemäß Gl. [4-8.15] die Schwerpunktsgeschwindigkeit $\vec{v}$. Beim Übergang von $\vec{v}$ zu irgendeiner anderen Bezugsgeschwindigkeit wird sich daher ϑ im allgemeinen ändern. Aber unter den speziellen Bedingungen [4-7.2], die für fluide Medien mit „schleichenden Bewegungen" und isotrope Kristalle in „einfachen Fällen" gelten, ist ϑ invariant gegenüber einer Änderung der Bezugsgeschwindigkeit, wie aus Gl. [4-8.13] und der Invarianz von $\vec{J}_S$ (§ 4.9) folgt.

Wir können aber noch mehr aussagen. Aus den Bedingungsgleichungen [4-7.2] leitet man nämlich mit Hilfe von Gl. [4-8.10] ab:

$$P_{ij} = 0 \quad (i, j = 1, 2, 3), \tag{4-10.1}$$

$$\sum_k c_k (\operatorname{grad} \mu_k)_T = \sum_k c_k \vec{K}_k . \tag{4-10.2}$$

Bei Beachtung der Definitionsgleichungen [4-8.11] und [4-9.1] ergibt sich hieraus[1]):

$$\begin{aligned} \sum_k {}_v\vec{J}_k \, [\vec{K}_k - (\operatorname{grad} \mu)_T] &= \sum_k c_k \vec{v}_k \, [\vec{K}_k - (\operatorname{grad} \mu_k)_T] \\ &= \sum_k \vec{J}_k \, [\vec{K}_k - (\operatorname{grad} \mu_k)_T] . \end{aligned} \tag{4-10.3}$$

Aus Gl. [4-8.15] finden wir bei Berücksichtigung von Gl. [1] und [3] für die lokale Entropieerzeugung:

$$\begin{aligned} \vartheta = &- \frac{1}{T^2} \vec{J}_Q \operatorname{grad} T + \frac{1}{T} \sum_k \vec{J}_k \, [\vec{K}_k - (\operatorname{grad} \mu_k)_T] \\ &+ \frac{1}{T} \sum_r w_r A_r . \end{aligned} \tag{4-10.4}$$

Unter den Bedingungen [1] und [2] ist der Wärmestrom $\vec{J}_Q$ unabhängig von der Wahl der Bezugsgeschwindigkeit (§ 4.7). Nach Gl. [3] hat auch der zweite Term der rechten Seite von Gl. [4] diese Invarianzeigenschaft. Schließlich muß der dritte Term der rechten Seite von Gl. [4], der sich auf die chemischen Reaktionen im Inneren des Volumenelementes bezieht, ebenfalls unabhängig von der Bezugsgeschwindigkeit sein. Also hängen die drei Anteile der lokalen Entropieerzeugung in [4] nicht von der Bezugsgeschwindigkeit ab, falls man es mit fluiden Medien mit „schleichenden Bewegungen" oder mit isotropen Kristallen in „einfachen Fällen" zu tun hat.

---

[1]) Gl. [2] und Gl. [3], die auf PRIGOGINE [2]) zurückgehen, werden häufig als „Theorem von PRIGOGINE" bezeichnet.

[2]) I. PRIGOGINE, Étude Thermodynamique des Phénomènes irréversibles (Paris–Liège 1947).

Eine andere Schreibweise von Gl. [4], die manchmal benutzt wird, ergibt sich mit Gl. [4-9.5]. Es folgt nämlich aus Gl. [1-12.7]:

$$\operatorname{grad} \mu_k = -S_k \operatorname{grad} T + (\operatorname{grad} \mu_k)_T . \qquad [4\text{-}10.5]$$

Durch Kombination von Gl. [4-9.5] mit Gl. [4] und [5] erhält man:

$$\vartheta = -\frac{1}{T} \vec{J}_S{}' \operatorname{grad} T + \frac{1}{T} \sum_k \vec{J}_k (\vec{K}_k - \operatorname{grad} \mu_k) + \frac{1}{T} \sum_r w_r A_r , \qquad [4\text{-}10.6]$$

worin $\vec{J}_S{}'$ den nichtkonvektiven Entropiestrom bedeutet.

Die hier bewiesenen Invarianzeigenschaften der lokalen Entropieerzeugung und ihrer einzelnen Anteile gehören zu denjenigen Vereinfachungen der Theorie, die nur bei unserer Wahl des Wärmestromes resultieren (vgl. § 4.7).

§ 4.11. Entropie des Gesamtsystems

Zur Entropieänderung ΔS des gesamten Systems während eines endlichen Zeitintervalls gelangt man durch Integration der Entropiebilanzgleichung über das gesamte Volumen V des kontinuierlichen Systems und über die Zeit t. Berücksichtigt man den Gaussschen Satz und Gl. [4-8.14], so findet man aus Gl. [4-8.13]:

$$\Delta S = \Delta_a S + \Delta_i S \qquad [4\text{-}11.1]$$

mit

$$\Delta_a S \equiv -\int_t \int_\Omega \left(\frac{J_{Qn}}{T} + \sum_k c_k S_k v_{kn} \right) d\Omega \, dt \qquad [4\text{-}11.2]$$

und

$$\Delta_i S \equiv \int_t \int_V \vartheta \, dV \, dt . \qquad [4\text{-}11.3]$$

Hierin ist J_{Qn} bzw. v_{kn} die Normalkomponente von $\vec{J}_Q$ bzw. $\vec{v}_k$ an der Systemoberfläche, $d\Omega$ ein Oberflächenelement, dV ein Volumenelement und dt ein Zeitelement.

Aus [4-8.16] und Gl. [3] ergibt sich:

$$\Delta_i S \geqslant 0 , \qquad [4\text{-}11.4]$$

wobei das Ungleichheitszeichen für wirklichen (irreversiblen) Ablauf der Prozesse im Inneren des Systems und das Gleichheitszeichen für den reversiblen Grenzfall gilt.

Die Beziehungen [1] bis [4] entsprechen den in § 1.10 für diskontinuierliche Systeme abgeleiteten Relationen [1-10.5] bis [1-10.8]. Durch Kombination von [1], [2] und [4] erhält man das Analogon zur Ungleichung [1-10.9]:

$$\Delta S \geqslant -\int_t \int_\Omega \left(\frac{J_{Qn}}{T} + \sum_k S_k \, c_k \, v_{kn} \right) d\Omega \, dt \, . \qquad [4\text{-}11.5]$$

Die rechte Seite ist die während einer endlichen Zustandsänderung dem gesamten kontinuierlichen System aus der Umgebung durch Wärme- und Stoffaustausch zugeführte Entropie. Damit bleiben alle aus [1-10.9] gezogenen Schlüsse (§ 1.10 und § 1.11) sinngemäß auch für kontinuierliche Systeme bestehen. So gilt z. B. auf Grund von [5] bei einer *isothermen* Zustandsänderung, d. h. bei örtlich und zeitlich konstanter Temperatur T, in einem *geschlossenen* System, d. h. bei Unterbindung des Stoffdurchtritts durch die Begrenzungsflächen des Systems ($v_{kn} = 0$):

$$\Delta S \geqslant \frac{Q}{T} \qquad [4\text{-}11.6]$$

mit

$$Q \equiv -\int_t \int_\Omega J_{Qn} \, d\Omega \, dt \, . \qquad [4\text{-}11.7]$$

Da die rechte Seite in [7] die dem System während der betrachteten Zustandsänderung von außen insgesamt zugeführte Wärme darstellt, hat das Symbol Q dieselbe Bedeutung wie in [1-10.12] und [1-11.8].

§ 4.12. Dissipationsfunktion, generalisierte Ströme und generalisierte Kräfte

Das generelle Charakteristikum für den Ablauf von irreversiblen Prozessen in kontinuierlichen Systemen ist die lokale Entropieerzeugung oder auch das Produkt

$$T\vartheta \equiv \Psi \, , \qquad [4\text{-}12.1]$$

das wir als *Dissipationsfunktion* bezeichnen (vgl. § 1.24). Es gilt nach Gl. [4-8.15] und [4-8.16] für beliebige Vorgänge in isotropen Medien ohne Elektrisierung und Magnetisierung bei Ausschluß von zeitlich veränderlichen äußeren Kraftfeldern (vgl. Gl. [1-24.22]):

$$\Psi = \vec{J}_Q \, \vec{X}_Q + \sum_k {}_v\vec{J}_k \, \vec{X}_k + \sum_r w_r \, A_r + \sum_{i=1}^{3} \sum_{j=1}^{3} P_{ij} \, X_{ij} \geqslant 0 \qquad [4\text{-}12.2]$$

mit

$$\vec{X}_Q \equiv -\frac{1}{T}\,\mathrm{grad}\, T\,, \qquad [4\text{-}12.3]$$

$$\vec{X}_k \equiv \vec{K}_k - (\mathrm{grad}\,\mu_k)_T\,, \qquad [4\text{-}12.4]$$

$$X_{ij} \equiv -\frac{1}{2}\left(\frac{\partial v_i}{\partial z_j} + \frac{\partial v_j}{\partial z_i}\right) \quad (i, j = 1, 2, 3). \qquad [4\text{-}12.5]$$

Die Größen $\vec{J}_Q$ (Wärmestromdichte), ${}_v\vec{J}_k$ (Diffusionsstromdichten), w_r (Reaktionsgeschwindigkeiten) und $P_{ij} = P_{ji}$ (Reibungsdrucke oder „Impulsstromdichten") nennt man *generalisierte Ströme*. Die Ausdrücke $\vec{X}_Q$ (den Temperaturgradienten enthaltend), $\vec{X}_k$ (Differenz zwischen der molaren äußeren Kraft und dem bei konstanter Temperatur gebildeten Gradienten des chemischen Potentials), A_r (Affinitäten) und $X_{ij} = X_{ji}$ (die Geschwindigkeitsgefälle enthaltend) werden als *generalisierte Kräfte* bezeichnet. Die Dissipationsfunktion Ψ ist also eine Bilinearform (Summe aus zweigliedrigen Produkten) in generalisierten Strömen und Kräften (vgl. § 1.24).

Im Falle des vollständigen Gleichgewichtes in einem ruhenden System verschwinden zunächst definitionsgemäß die generalisierten Ströme:

$$\vec{J}_Q = 0, \quad {}_v\vec{J}_k = 0, \quad w_r = 0, \quad P_{ij} = 0 \text{ (Gleichgewicht)}. \qquad [4\text{-}12.6]$$

Nach den Gleichgewichtsbedingungen [1-21.19], [1-21.25] und [1-21.26] gilt weiterhin infolge von Gl. [3] und [4]:

$$\vec{X}_Q = 0, \quad \vec{X}_k = 0, \quad A_r = 0 \text{ (Gleichgewicht)}. \qquad [4\text{-}12.7]$$

Für ein ruhendes System ist gemäß Gl. [5] ferner die Bedingung

$$X_{ij} = 0 \text{ (Gleichgewicht)} \qquad [4\text{-}12.8]$$

erfüllt. Demnach verschwinden für ein ruhendes System im Gleichgewicht alle generalisierten Ströme und Kräfte. Dies gilt bei den Reaktionsgeschwindigkeiten (w_r) und Affinitäten (A_r) allerdings zunächst nur für linear unabhängige Reaktionen (vgl. § 1.19, § 1.21 und § 2.3), läßt sich aber nachträglich (vgl. § 2.7 und § 2.8) auch für beliebige Reaktionen beweisen.

Wir denken uns der Einfachheit halber die chemischen Reaktionen in Form von linear unabhängigen Reaktionsgleichungen dargestellt. Dann sind die w_r bzw. A_r in Gl. [2] voneinander unabhängig. Sehen wir von dem letzten Term in Gl. [2] ab, der sich auf die innere Reibung bezieht und später gesondert diskutiert wird, so sind im allgemeinsten Falle auch alle übrigen generalisierten Ströme und Kräfte voneinander unabhängig, ausgenommen die Diffusionsströme ${}_v\vec{J}_k$, für welche die Identität [4-3.13] gilt.

Es ist für die weitere Entwicklung unserer Theorie bequem, den abhängigen Diffusionsstrom zu eliminieren und gleichzeitig die Größen [4-3.14]

$$\vec{J}_k^* = M_k \, {}_v\vec{J}_k \qquad [4\text{-}12.9]$$

als „Diffusionsströme" einzuführen. Für diese gilt die Identität [4-3.15]:

$$\sum_k \vec{J}_k^* = 0\,. \qquad [4\text{-}12.10]$$

Haben wir N Teilchenarten und möchten den Diffusionsstrom $\vec{J}_1^*$ eliminieren, so benutzen wir die aus [10] folgende Beziehung

$$\vec{J}_1^* = -\sum_{k=2}^{N} \vec{J}_k^*\,. \qquad [4\text{-}12.11]$$

Durch Kombination von Gl. [2], [4], [9] und [11] erhalten wir:

$$\Psi = \vec{J}_Q \vec{X}_Q + \sum_{k=2}^{N} \vec{J}_k^* \, (\vec{X}_k^* - \vec{X}_1^*) + \sum_{r=1}^{R} w_r \, A_r + \sum_{i=1}^{3} \sum_{j=1}^{3} P_{ij} \, X_{ij} \geqslant 0 \qquad [4\text{-}12.12]$$

mit

$$\vec{X}_k^* \equiv \frac{1}{M_k} \vec{X}_k = \frac{1}{M_k} [\vec{K}_k - (\text{grad}\, \mu_k)_T] \quad (k = 1, 2, 3, \ldots N)\,. \qquad [4\text{-}12.13]$$

Dabei ist R die Zahl der unabhängigen chemischen Reaktionen. Zu den $N - 1$ unabhängigen Diffusionsströmen $\vec{J}_2^*, \ldots \vec{J}_N^*$ gehören die $N - 1$ unabhängigen generalisierten Kräfte $\vec{X}_2^* - \vec{X}_1^*, \ldots \vec{X}_N^* - \vec{X}_1^*$.

Bei fluiden Medien mit „schleichenden Bewegungen" und bei isotropen Kristallen in „einfachen Fällen" nimmt gemäß Gl. [4-10.4] sowie Gl. [1], [3] und [4] die Dissipationsfunktion die gegenüber [12] wesentlich vereinfachte Gestalt

$$\Psi = \vec{J}_Q \vec{X}_Q + \sum_{k=1}^{N} \vec{J}_k \vec{X}_k + \sum_{r=1}^{R} w_r \, A_r \geqslant 0 \qquad [4\text{-}12.14]$$

an. Dabei sind nach Gl. [4-9.1] die $\vec{J}_k$ auf beliebige Bezugsgeschwindigkeit $\vec{\omega}$ bezogene Diffusionsströme:

$$\vec{J}_k = c_k \, (\vec{v}_k - \vec{\omega}) \quad (k = 1, 2, \ldots N)\,. \qquad [4\text{-}12.15]$$

Da auch diese bei Gleichgewicht Null werden müssen, verschwinden in [14] ebenfalls alle generalisierten Ströme und Kräfte im Falle des Gleichgewichtes.

Im zweiten Glied der rechten Seite von Gl. [14] sind zunächst die $\vec{X}_k$ linear abhängig; denn es gilt gemäß Gl. [4-10.2] und Gl. [4]:

$$\sum_{k=1}^{N} c_k \vec{X}_k = 0 . \qquad [4\text{-}12.16]$$

Die Diffusionsströme $\vec{J}_k$ sind nach [4-3.4] bei fluiden Medien ebenfalls abhängig, bei kristallinen Medien jedoch im allgemeinen voneinander unabhängig (S. 244).

In jedem Falle ist in Gl. [14] eine Elimination der abhängigen Größen möglich. Schreiben wir z. B. mit Gl. [16]:

$$\vec{X}_1 = -\sum_{k=2}^{N} \frac{c_k}{c_1} \vec{X}_k ,$$

so folgt bei Beachtung von Gl. [15] und Gl. [4-3.30]:

$$\sum_{k=1}^{N} \vec{J}_k \vec{X}_k = \sum_{k=2}^{N} \left(\vec{J}_k - \frac{c_k}{c_1} \vec{J}_1\right) \vec{X}_k = \sum_{k=2}^{N} c_k (\vec{v}_k - \vec{v}_1) \vec{X}_k = \sum_{k=2}^{N} {}_1\vec{J}_k \vec{X}_k .$$

Hierin ist ${}_1\vec{J}_k$ der Diffusionsstrom der Teilchenart k im Hittorfschen Bezugssystem (Bezugsgeschwindigkeit $\vec{v}_1$). Damit erhalten wir aus Gl. [14] folgenden Ausdruck für die Dissipationsfunktion:

$$\Psi = \vec{J}_Q \vec{X}_Q + \sum_{k=2}^{N} {}_1\vec{J}_k \vec{X}_k + \sum_{r=1}^{R} w_r A_r \geqslant 0 , \qquad [4\text{-}12.17]$$

in dem nur noch unabhängige „Ströme“ und „Kräfte“ enthalten sind. Gl. [17] ist weniger allgemein als Gl. [12], bietet aber, falls anwendbar, den Vorteil größerer Einfachheit.

Nach Gl. [6] bis [8] verschwinden im Falle des Gleichgewichtes in einem ruhenden System alle „Ströme“ und „Kräfte“. Damit wird gemäß Gl. [1] und [2] oder [12] auch die lokale Entropieerzeugung ϑ bzw. die Dissipationsfunktion Ψ Null. Umgekehrt folgen aber aus $\Psi = 0$ nicht notwendig die Beziehungen [6] bis [8], also die Gleichgewichtsbedingungen für ein ruhendes System. Dies erkennt man aus Gl. [2] oder [12] in Verbindung mit den phänomenologischen Ansätzen (§ 4.13). Tatsächlich läßt die Bedingung

$\Psi = 0$ noch die Möglichkeit „reversibler Bewegungen zu“[1]). Das ist von vornherein zu erwarten; denn das Gleichheitszeichen in [4-8.16] kennzeichnet nach der generellen Formulierung des Zweiten Hauptsatzes (§ 1.8) einen „reversiblen Grenzfall“, schließt demnach den Ablauf von „rein mechanischen“ Vorgängen ein.

Im folgenden werden wir uns nur noch für irreversible Prozesse interessieren und dementsprechend in [12] oder [17] lediglich das Ungleichheitszeichen beibehalten.

§ 4.13. Phänomenologische Ansätze

Die generalisierten Ströme (Wärmestrom $\vec{J}_Q$, Diffusionsströme $\vec{J}_k$ oder $\vec{J}_k^*$, Reaktionsgeschwindigkeiten w_r, Reibungsdrucke P_{ij}) und die generalisierten Kräfte ($\vec{X}_Q$, $\vec{X}_k$ oder $\vec{X}_k^*$, A_r, X_{ij}), die in der Dissipationsfunktion auftreten, verschwinden nach § 4.12 alle einzeln im Gleichgewichtsfalle. Es liegt daher nahe, die Abweichungen vom Gleichgewicht, also die irreversiblen Prozesse, die sich in unserem System abspielen, in erster Näherung durch homogene lineare Beziehungen zwischen den „Strömen“ und „Kräften“ nach dem Vorbild von Gl. [1-25.1] zu beschreiben. Diese Zusammenhänge, die für *Gleichgewichtsnähe* gelten, werden *phänomenologische Ansätze* genannt. Wir können zur Bestimmung der „Ströme“ und „Kräfte“ prinzipiell von irgendeinem der Ausdrücke für die Dissipationsfunktion ausgehen, die in § 4.12 abgeleitet wurden. Um aber Mehrdeutigkeiten oder Abhängigkeiten bei den Koeffizienten der phänomenologischen Ansätze (vgl. § 1.27) zu vermeiden, ziehen wir nur solche Formeln für die Dissipationsfunktion in Betracht, in denen alle interessierenden „Ströme“ und „Kräfte“ unabhängig sind.

Wir behandeln zunächst den allgemeinsten Fall. Demgemäß wählen wir Gl. [4-12.12] zum Ausgangspunkt. In dieser Beziehung sind – abgesehen von den Termen, die sich auf innere Reibung beziehen und die erst später (§ 4.32) besprochen werden – alle „Ströme“ und „Kräfte“ unabhängig (vgl. § 4.12). Damit erhalten wir folgende Gleichungen als phänomenologische Ansätze (vgl. Gl. [2-4.1] und [3-6.1]):

$$\vec{J}_i^* = \sum_{k=2}^{N} \alpha_{ik} (\vec{X}_k^* - \vec{X}_1^*) + \alpha_{iQ} \vec{X}_Q \quad (i = 2, 3, \ldots N), \qquad [4\text{-}13.1]$$

[1]) J. Meixner, Ann. Physik (5) **41**, 409 (1942). J. Meixner und H. G. Reik, Handbuch der Physik, Band III/2, 447 (Berlin-Göttingen-Heidelberg 1959).

$$\vec{J}_Q = \sum_{i=2}^{N} \alpha_{Qi} (\vec{X}_i^* - \vec{X}_1^*) + \alpha_{QQ} \vec{X}_Q, \qquad [4\text{-}13.2]$$

$$w_r = \sum_{s=1}^{R} a_{rs} A_s \, (r = 1, 2, \ldots R). \qquad [4\text{-}13.3]$$

Hierin bedeutet N die Anzahl der Teilchenarten und R die Zahl der unabhängigen chemischen Reaktionen. Die Größen α_{ik}, α_{iQ}, α_{Qi}, α_{QQ} und a_{rs} sind die *phänomenologischen Koeffizienten.* Sie hängen voraussetzungsgemäß nicht von den „Strömen" und „Kräften" ab, können aber beliebige Funktionen der örtlichen Zustandsvariablen (Temperatur, Druck und Konzentrationen) sein.

Wir haben in den linearen Ansätzen [1] bis [3] eine Abhängigkeit der Diffusionsströme $\vec{J}_i^*$ und des Wärmestromes $\vec{J}_Q$, die Vektoren sind, von den skalaren Affinitäten A_s oder eine Abhängigkeit der skalaren Reaktionsgeschwindigkeiten w_r von den vektoriellen generalisierten Kräften $\vec{X}_k^*$ und $\vec{X}_Q$ nicht in Betracht gezogen. Eine solche Abhängigkeit wird durch das „Symmetrieprinzip von CURIE" generell verboten. Dieses Theorem besagt, daß Größen verschiedenen tensoriellen Charakters nicht zueinander in Beziehung gesetzt werden dürfen[1]).

Der entsprechende lineare Ansatz für die innere Reibung wird später (§ 4.32) diskutiert. Er ändert nichts an den vorangehenden Gleichungen, abgesehen von einer Verknüpfung zwischen w_r und div $\vec{v}$.

Die vektoriellen „Kräfte" in Gl. [1] und [2] sind durch die Ausdrücke [4-12.3] und [4-12.13] gegeben:

$$\vec{X}_k^* = \frac{1}{M_k} \vec{X}_k = \frac{1}{M_k} [\vec{K}_k - (\text{grad}\, \mu_k)_T] \quad (k = 1, 2, \ldots N), \qquad [4\text{-}13.4]$$

$$\vec{X}_Q = -\frac{1}{T} \text{grad}\, T. \qquad [4\text{-}13.5]$$

Hierin ist T die absolute Temperatur, M_k bzw. μ_k die Molmasse (das „Molekulargewicht") bzw. das chemische Potential der Teilchenart k und $\vec{K}_k$ die auf ein Mol der Partikelsorte k wirkende äußere Kraft.

Aus Gl. [4] und [5] ist ersichtlich, welche Phänomene durch die Beziehungen [1] und [2] beschrieben werden. Es handelt sich um Prozesse wie

---

[1]) Das Prinzip von P. CURIE sagt genauer folgendes aus: Bei isotropen Medien lassen sich nur Größen gleichen Transformationsverhaltens gegenüber Drehungen im Raum miteinander linear verknüpfen[2]). Wie sich diese Gesetzmäßigkeit auf die Ansätze für die innere Reibung auswirkt, wird in § 4.32 gezeigt.

[2]) Eine nähere Begründung findet sich bei S. R. DE GROOT und P. MAZUR, Non-Equilibrium Thermodynamics (Amsterdam 1962).

Elektrizitätsleitung, Diffusion, Sedimentation, Wärmeleitung, Thermodiffusion usw., die im Laufe unserer weiteren Ausführungen genauer untersucht werden[1]).

Die Ansätze [3] beschreiben chemische Reaktionen in Gleichgewichtsnähe (vgl. 2. Kapitel).

Bei fluiden Medien mit ,,schleichenden Bewegungen" und bei isotropen Kristallen in ,,einfachen Fällen" ist es angebracht, anstatt von Gl. [4-12.12] von der Beziehung [4-12.17] auszugehen. Die Gl. [3] für die chemischen Reaktionen ändern sich dabei nicht. Die Ansätze für die Transportvorgänge sehen jetzt aber anders aus.

Legt man Gl. [4-12.17] zugrunde, so findet man an Stelle von Gl. [1] und [2]:

$$_1\vec{J}_i = \sum_{k=2}^{N} a_{ik} \vec{X}_k + a_{iQ} \vec{X}_Q \quad (i = 2, 3, \ldots N), \qquad [4\text{-}13.6]$$

$$\vec{J}_Q = \sum_{i=2}^{N} a_{Qi} \vec{X}_i + a_{QQ} \vec{X}_Q, \qquad [4\text{-}13.7]$$

worin die Größen a_{ik}, a_{iQ}, a_{Qi} und a_{QQ} wiederum phänomenologische Koeffizienten sind.

Der Zusammenhang zwischen den phänomenologischen Koeffizienten in Gl. [1] und [2] und denjenigen in Gl. [6] und [7] ergibt sich aus Gl. [4-3.40] und Gl. [4]. Eine solche Umrechnung, die wir hier nicht explizit durchzuführen brauchen, stellt ein Beispiel für die in § 1.27 besprochenen Transformationen dar.

§ 4.14. Onsagers Reziprozitätssatz

Nach § 1.26 folgt aus dem ,,Prinzip der mikroskopischen Reversibilität" bei Abwesenheit von Coriolis- und Lorentz-Kräften für das Koeffizientenschema in den phänomenologischen Ansätzen (§ 4.13) die einfache Aussage [1-26.2]. Bei makroskopischen Rotationsbewegungen und äußeren magnetischen Feldern ist diese Aussage zu modifizieren (vgl. § 1.26). Solange wir uns aber nicht für Transversaleffekte bei rotierenden Systemen und für Transporteffekte in starken äußeren Magnetfeldern interessieren, können wir Rotation des Systems und elektromagnetische Felder zulassen, ohne die

[1]) Generelle Ansätze des Typs [1] und [2] sind zuerst von Eckart[2]) und Meixner[3]) aufgestellt und diskutiert worden.

[2]) C. Eckart, Physic. Rev. **58**, 267, 269 (1940).

[3]) J. Meixner, Z. physik. Chem. (B) **53**, 235 (1943).

Beziehungen [1-26.2] aufgeben zu müssen. Wir verschieben daher die Diskussion des Einflusses von Rotationsbewegungen und magnetischen Feldern auf § 4.35 und betrachten hier lediglich die Gl. [1-26.2], also die einfachste Form des ONSAGER-CASIMIRschen Reziprozitätssatzes.

Im Falle der phänomenologischen Ansätze [4-13.1], [4-13.2] und [4-13.3] haben wir nur „ONSAGERsche Koeffizienten". Es gelten also die ONSAGERschen Reziprozitätsbeziehungen [1-26.1]:

$$\alpha_{ik} = \alpha_{ki} \quad (i, k = 2, 3, \ldots N), \tag{4-14.1}$$

$$\alpha_{iQ} = \alpha_{Qi} \quad (i = 2, 3, \ldots N), \tag{4-14.2}$$

$$a_{rs} = a_{sr} \quad (r, s = 1, 2, \ldots R). \tag{4-14.3}$$

Im Falle der Ansätze [4-13.6] und [4-13.7] lautet ONSAGERs Reziprozitäts. satz:

$$a_{ik} = a_{ki} \quad (i, k = 2, 3, \ldots N), \tag{4-14.4}$$

$$a_{iQ} = a_{Qi} \quad (i = 2, 3, \ldots N). \tag{4-14.5}$$

Trägt man die phänomenologischen Ansätze [4-13.1] bis [4-13.3] bzw- [4-13.6] und [4-13.7] bei Beachtung der Reziprozitätsbeziehungen [1] bis [3] bzw. [4] und [5] in den Ausdruck [4-12.12] bzw. [4-12.17] für die Dissipationsfunktion ein, so erkennt man, daß diese Funktion für irreversible Prozesse[1]) in Gleichgewichtsnähe eine positiv-definite quadratische Form darstellt. Mithin ist die Determinante aus den phänomenologischen Koeffizienten mit sämtlichen Hauptminoren positiv. Es ergeben sich also Vorzeichenaussagen der Form

$$\alpha_{ii} > 0, \quad \alpha_{ii}\alpha_{jj} - \alpha_{ij}^2 > 0 \quad (i, j = 2, 3, \ldots N, Q; i \neq j), \tag{4-14.6}$$

. . . .

$$|\alpha_{ij}| = \det \alpha_{ij} > 0, \tag{4-14.7}$$

$$a_{rr} > 0, \quad a_{rr}a_{ss} - a_{rs}^2 > 0 \quad (r, s = 1, 2, \ldots R; r \neq s), \tag{4-14.8}$$

. . . .

$$|a_{rs}| = \det a_{rs} > 0, \tag{4-14.9}$$

$$a_{ii} > 0, \quad a_{ii}a_{jj} - a_{ij}^2 > 0 \quad (i, j = 2, 3, \ldots N, Q; i \neq j), \tag{4-14.10}$$

. . . .

$$|a_{ij}| = \det a_{ij} > 0. \tag{4-14.11}$$

---

[1]) Bei wirklichem (irreversiblem) Ablauf von Vorgängen im Inneren des Volumenelementes gilt nach § 4.8 das positive Vorzeichen in [4.12.12] und [4.12.17]. Wir schließen also reversible Bewegungen und gehemmte Prozesse aus. Mathematisch kommt dies dadurch zum Ausdruck, daß alle „Ströme" und „Kräfte" unabhängig sind und stets gleichzeitig (nämlich bei Gleichgewicht) verschwinden.

Diese Ungleichungen entsprechen den allgemeinen Vorzeichenaussagen [1-26.5] und [1-26.6] und sind den speziellen Beziehungen [2-4.4] und [2-4.5] bzw. [3-6.3] und [3-6.4] analog.

§ 4.15. Gültigkeitsbereich der Theorie

Die phänomenologischen Ansätze (§ 4.13) mit den ONSAGERschen Reziprozitätsbeziehungen (§ 4.14) gelten nach unseren Ausführungen in den vorangehenden Paragraphen unter folgenden Voraussetzungen:

1. Das System ist isotrop.
2. Äußere Kraftfelder sind zeitlich konstant.
3. Elektrische oder magnetische Polarisation der Materie tritt nicht auf.
4. Bei Rotationsbewegungen kann die CORIOLIS-Kraft (gegenüber der Zentrifugalkraft) vernachlässigt werden.
5. Bei elektrischen Phänomenen ist die LORENTZ-Kraft, die auf bewegte Ladungen in magnetischen Feldern wirkt, vernachlässigbar.
6. Die irreversiblen Prozesse laufen in Gleichgewichtsnähe ab.

Wie sich die Aufgabe der ersten fünf Voraussetzungen auf unsere Grundgleichungen auswirkt, wird in § 4.33 bis § 4.37 besprochen. Die prinzipielle Gestalt der Theorie bleibt dabei unverändert.

Die sechste Voraussetzung, die Annahme der „Gleichgewichtsnähe“, ist grundsätzlich einschneidender, da ohne sie die phänomenologischen Ansätze nicht formuliert werden können. Einige allgemeine Aussagen, die sich ohne die phänomenologischen Ansätze aus unserer Theorie ableiten lassen, werden im 5. Kapitel diskutiert.

Die Bedeutung der Annahme der „Gleichgewichtsnähe“ ist hinsichtlich der chemischen Reaktionen schon im 2. Kapitel ausführlich für den Fall homogener Systeme erläutert worden. Für Reaktionen in kontinuierlichen Systemen gilt Analoges.

Bei Transportvorgängen in kontinuierlichen Systemen kommen wir zu ähnlichen Schlüssen wie im 3. Kapitel in bezug auf Prozesse in diskontinuierlichen Systemen: Vorgänge wie Elektrizitätsleitung, Wärmeleitung, Diffusion usw. liegen fast stets im Gültigkeitsbereich der für „Gleichgewichtsnähe“ durchgeführten Theorie, da die phänomenologischen Ansätze auf die entsprechenden empirischen linearen Zusammenhänge wie die Gesetze von OHM, FICK, FOURIER usw. führen. Dies wird durch Anwendung unserer Grundgleichungen auf spezielle Probleme (§ 4.16ff.) noch im einzelnen gezeigt werden.

Mit Hilfe der dritten bis fünften Voraussetzung können wir den Ausdruck für die generalisierte Kraft $\vec{X}_k$, der in den phänomenologischen Ansätzen (§ 4.13) auftritt, auf eine einfache explizite Form bringen. Unter den genannten Bedingungen kommen nämlich als äußere Kräfte nur die Schwerkraft, die Zentrifugalkraft und die elektrostatische Kraft (bei geladenen Teilchen) in Frage. Es gilt also hier für die äußere Kraft je Mol der Teilchensorte k (vgl. Gl. [1-21.4]):

$$\vec{K}_k = M_k \vec{g} + M_k \omega^2 \vec{r} + z_k \mathfrak{F} \vec{\mathfrak{E}}. \qquad [4\text{-}15.1]$$

Darin ist M_k die Molmasse (das „Molekulargewicht") der Partikelsorte k, $\vec{g}$ die Erdbeschleunigung, ω der Betrag der Winkelgeschwindigkeit (Kreisfrequenz) im Falle eines rotierenden Systems, $\vec{r}$ der Abstandsvektor des Volumenelementes von der Rotationsachse, z_k die elektrochemische Valenz einer geladenen Teilchenart k, $\mathfrak{F}$ die Faradaysche Konstante und $\vec{\mathfrak{E}}$ die elektrische Feldstärke. Mit Gl. [1-12.12] erhalten wir weiterhin für den Gradienten des chemischen Potentials der Partikelsorte k:

$$(\operatorname{grad} \mu_k)_T = V_k \operatorname{grad} P + (\operatorname{grad} \mu_k)_{T,P}\,. \qquad [4\text{-}15.2]$$

Hierbei bedeutet V_k das partielle Molvolumen der Teilchenart k und $(\operatorname{grad} \mu_k)_{T,P}$ den Gradienten von μ_k nach Abzug der Terme mit grad T und grad P. Beschreiben wir die Zusammensetzung des Volumenelementes durch die unabhängigen Konzentrationsvariablen ζ_j, so gilt:

$$(\operatorname{grad} \mu_k)_{T,P} = \sum_j \left(\frac{\partial \mu_k}{\partial \zeta_j}\right)_{T,P} \operatorname{grad} \zeta_j\,. \qquad [4\text{-}15.3]$$

Aus Gl. [4-13.4] finden wir mit Hilfe von Gl. [1] und [2]:

$$\begin{aligned}\vec{X}_k &= \vec{K}_k - (\operatorname{grad} \mu_k)_T \\ &= M_k \vec{g} + M_k \omega^2 \vec{r} + z_k \mathfrak{F} \vec{\mathfrak{E}} - V_k \operatorname{grad} P - (\operatorname{grad} \mu_k)_{T,P}\,. \qquad [4\text{-}15.4]\end{aligned}$$

Dies ist unter den eingangs genannten Voraussetzungen der allgemeinste Ausdruck für die generalisierte Kraft $\vec{X}_k$.

Sobald man bei fluiden Medien „schleichende Bewegungen" und bei Kristallen „einfache Fälle" annehmen sowie generell Fehlen einer Raumladung voraussetzen darf, ergibt sich mit Gl. [4-5.19]:

$$\varrho\,(\vec{g} + \omega^2 \vec{r}) = \operatorname{grad} P, \qquad [4\text{-}15.5]$$

worin ϱ die Dichte bedeutet. Beachten wir ferner den Zusammenhang [1-21.3] zwischen der elektrischen Feldstärke $\vec{\mathfrak{E}}$ und dem elektrischen Potential φ:

$$\vec{\mathfrak{E}} = -\operatorname{grad} \varphi \qquad [4\text{-}15.6]$$

und die Definition des elektrochemischen Potentials [1-20.15]:

$$\eta_k \equiv \mu_k + z_k \mathfrak{F} \varphi, \qquad [4\text{-}15.7]$$

so erhalten wir aus Gl. [4]:

$$\vec{X}_k = (M_k - \varrho V_k)(\vec{g} + \omega^2 \vec{r}) - (\operatorname{grad} \eta_k)_{T,P} \qquad [4\text{-}15.8]$$

mit

$$(\operatorname{grad} \eta_k)_{T,P} = (\operatorname{grad} \mu_k)_{T,P} + z_k \mathfrak{F} \operatorname{grad} \varphi. \qquad [4\text{-}15.9]$$

Wir können jetzt die phänomenologischen Ansätze in der Form [4-13.6] und [4-13.7] anschreiben, wobei die $\vec{X}_k$ durch Gl. [8] gegeben sind.

Im speziellen Falle eines *isothermen* Mediums folgt aus Gl. [4-13.6]:

$${}_1\vec{J}_i = \sum_{k=2}^{N} a_{ik} \vec{X}_k \quad (i = 2, 3, \ldots N). \qquad [4\text{-}15.10]$$

${}_1\vec{J}_i$ ist der Diffusionsstrom der Teilchenart i im HITTORFschen Bezugssystem und N die Zahl der Partikelsorten. Die a_{ik} sind die phänomenologischen Koeffizienten. Die generalisierten Kräfte $\vec{X}_k$ werden nach wie vor durch Gl. [8] und [9] bestimmt.

Bei allen Problemen der Elektrizitätsleitung und Diffusion in isotherm-isobaren Medien (grad $T = 0$, grad $P = 0$) gilt der Ansatz [10] mit der weiteren Vereinfachung (s. Gl. [5], [8] und [9])

$$\vec{X}_k = -(\operatorname{grad} \eta_k)_{T,P} = -(\operatorname{grad} \mu_k)_{T,P} - z_k \mathfrak{F} \operatorname{grad} \varphi. \qquad [4\text{-}15.11]$$

Bei reiner Elektrizitätsleitung entfallen die Konzentrationsgradienten und damit gemäß Gl. [3] die Gradienten der chemischen Potentiale in Gl. [11]. Wir erhalten also hier:

$$\vec{X}_k = -z_k \mathfrak{F} \operatorname{grad} \varphi. \qquad [4\text{-}15.12]$$

Liegt reine Diffusion vor, so verschwindet der gesamte elektrische Strom. Wir finden daher mit Gl. [4-3.44]:

$$\sum_i z_i \, {}_1\vec{J}_i = 0, \qquad [4\text{-}15.13]$$

wobei die Summe über alle geladenen Teilchenarten zu erstrecken ist. In der Dissipationsfunktion [4-12.17] entfallen demnach in der zweiten Summe alle Glieder mit grad φ, wie aus Gl. [11] ersichtlich ist. Also gilt für die generalisierten Kräfte in Gl. [10]:

$$\vec{X}_k = -(\text{grad}\,\mu_k)_{T,P} \quad (k = 2, 3, \ldots N), \qquad [4\text{-}15.14]$$

wie dies auch bei Nichtelektrolytlösungen ($z_k = 0$) von vornherein zutrifft.

Will man jedoch einen Ausdruck für das Diffusionspotential (§ 4.18) bzw. für das Sedimentationspotential (§ 4.21) aus Gl. [10] gewinnen, so muß man die Formulierung [11] bzw. [8] für die generalisierten Kräfte beibehalten, obwohl auch hier Gl. [13] gilt.

B. Isotherme Prozesse

§ 4.16. Elektrizitätsleitung

a) *Allgemeines.* Wir betrachten den Elektrizitätstransport in einem leitenden Medium, z. B. in einem Metall oder in einer Elektrolytlösung. Dabei sollen keine Temperatur-, Druck- und Konzentrationsgradienten sowie neben einem elektrischen Feld keine weiteren äußeren Kraftfelder auftreten. Wir haben also den Fall der „reinen Elektrizitätsleitung" vor uns: Wanderung von geladenen Teilchen (Elektronen oder Ionen) in einem äußeren elektrischen Feld. Wir setzen hier stets isotrope Medien voraus. (Über anisotrope Medien findet sich Näheres in § 4.38.)

Bei den Problemen der Elektrizitätsleitung ist es zweckmäßig, die Diffusionsströme und elektrischen Ströme der einzelnen Partikelsorten auf die Geschwindigkeit $\vec{v}_1$ einer herausgegriffenen Teilchenart 1 („Bezugsteilchenart") zu beziehen und damit das Hittorfsche Bezugssystem zu benutzen. Als Bezugsteilchenart wählt man z. B. bei Metallen die Ionen auf den Gitterplätzen[1]), bei festen und geschmolzenen Elektrolyten[2]) eine bestimmte Ionensorte (etwa im Falle der Salzschmelze NaCl-KCl das Ion Cl^-) und bei Elektrolytlösungen das Lösungsmittel.

Bei Elektrolytlösungen hat man noch anzugeben, ob man als Bezugsteilchenart das gesamte Lösungsmittel oder nur den freien (nicht durch

---

[1]) Bei Metallen fällt also nach S. 244 das hier benutzte (Hittorfsche) Bezugssystem mit dem Gitterbezugssystem zusammen.

[2]) Über die Frage des Bezugssystems bei Salzschmelzen findet sich Näheres bei H. Schönert und C. Sinistri, Z. Elektrochem. **66**, 413 (1962). Vgl. auch R. W. Laity und C. T. Moynihan, J. Physic. Chem. **67**, 723 (1963).

Solvatation der Ionen gebundenen) Teil des Lösungsmittels ansieht. Im ersten Falle, bei dem als Bezugsgeschwindigkeit die mittlere Geschwindigkeit *aller* Lösungsmittelmoleküle ($\vec{v}_1$) benutzt wird, sprechen wir, wie bisher, vom HITTORFschen Bezugssystem. Im zweiten Falle, bei dem die mittlere Geschwindigkeit der *freien* Lösungsmittelmoleküle ($\vec{v}_1^*$) als Bezugsgeschwindigkeit eingeführt wird, reden wir vom WASHBURNschen Bezugssystem. Die letzte Beschreibungsweise wird nur vorübergehend verwendet. Nach Klärung der Grundtatsachen werden wir ausschließlich das HITTORFsche Bezugssystem benutzen.

Es sei c_i die molare Volumenkonzentration irgendeiner geladenen Teilchenart i und $\vec{v}_i$ die mittlere Geschwindigkeit dieser Partikelsorte. Dann gilt nach Gl. [4-3.30] für den Diffusionsstrom (Vektor der Diffusionsstromdichte) der Teilchenart i im HITTORFschen Bezugssystem:

$$ {}_1\vec{J}_i = c_i\,(\vec{v}_i - \vec{v}_1) \qquad [4\text{-}16.1] $$

und für den entsprechenden Diffusionsstrom im WASHBURNschen Bezugssystem:

$$ {}_1\vec{J}_i^* = c_i\,(\vec{v}_i - \vec{v}_1^*). \qquad [4\text{-}16.2] $$

Mit Gl. [4-3.42] erhalten wir hieraus für die partielle elektrische Stromdichte im HITTORFschen bzw. WASHBURNschen Bezugssystem:

$$ {}_1\vec{I}_i = z_i \mathfrak{F}\, {}_1\vec{J}_i = z_i \mathfrak{F} c_i\,(\vec{v}_i - \vec{v}_1) \qquad [4\text{-}16.3] $$

bzw.

$$ {}_1\vec{I}_i^* = z_i \mathfrak{F}\, {}_1\vec{J}_i^* = z_i \mathfrak{F}\, c_i\,(\vec{v}_i - \vec{v}_1^*). \qquad [4\text{-}16.4] $$

Dabei bedeutet $\mathfrak{F}$ die FARADAYsche Konstante und z_i die elektrochemische Valenz der Ionenart i (positive bzw. negative ganze Zahl für Kationen bzw. Anionen).

Für die gesamte elektrische Stromdichte $\vec{I}$ gilt nach Gl. [4-3.43], [4-3.46] sowie Gl. [1] bis [4]:

$$ \left.\begin{aligned} \vec{I} &= \sum_i {}_1\vec{I}_i = \sum_i {}_1\vec{I}_i^* = \mathfrak{F} \sum_i z_i\, {}_1\vec{J}_i \\ &= \mathfrak{F} \sum_i z_i\, {}_1\vec{J}_i^* = \mathfrak{F} \sum_i z_i c_i\,(\vec{v}_i - \vec{v}_1) \\ &= \mathfrak{F} \sum_i z_i c_i\,(\vec{v}_i - \vec{v}_1^*) = \mathfrak{F} \sum_i z_i c_i \vec{v}_i\,, \end{aligned}\right\} \qquad [4\text{-}16.5] $$

in Übereinstimmung mit Gl. [4-3.44] und [4-3.47]. Hierin sind die Summen über alle geladenen Teilchenarten zu erstrecken. Wie schon allgemein in § 4.3 (S. 246) bewiesen und auch aus Gl. [5] ersichtlich, ist die gesamte elektrische Stromdichte unabhängig von der Bezugsgeschwindigkeit.

Die in Gl. [1] und [2] auftretenden Relativgeschwindigkeiten bzw. Diffusionsströme sind Vektoren, die bei Kationen die gleiche, bei Anionen aber entgegengesetzte Richtung wie das elektrische Feld haben. Demgemäß liegen die Vektoren der partiellen bzw. gesamten elektrischen Stromdichte in Gl. [3] und [4] bzw. in Gl. [5] stets in Feldrichtung.

Wir bezeichnen mit N_i die *Solvatationszahl* der Ionenart i, d. h. die Zahl der an ein Ion der Sorte i gebundenen Lösungsmittelmoleküle, und mit c_1 die molare Volumenkonzentration des Lösungsmittels. Dann ergibt sich aus der Bedeutung der Größen $\vec{v}_1$ und $\vec{v}_1^*$:

$$\vec{v}_1 = \frac{1}{c_1}\left[\left(c_1 - \sum_i N_i c_i\right)\vec{v}_1^* + \sum_i N_i c_i \vec{v}_i\right]$$

oder

$$\vec{v}_1 = \vec{v}_1^* + \sum_i N_i \frac{c_i}{c_1}(\vec{v}_i - \vec{v}_1^*)\,. \qquad [4\text{-}16.6]$$

Aus Gl. [3], [4] und [6] folgt:

$$\frac{{}_1\vec{I}_i}{{}_1\vec{I}_i^*} = \frac{\vec{v}_i - \vec{v}_1}{\vec{v}_i - \vec{v}_1^*} = 1 - \frac{\sum_i N_i c_i (\vec{v}_i - \vec{v}_1^*)}{c_1(\vec{v}_i - \vec{v}_1^*)}\,. \qquad [4\text{-}16.7]$$

Dabei dürfen die Vektoren durcheinander dividiert werden, weil sie stets dieselbe Richtung haben.

Die bisher formulierten Beziehungen sind so allgemein, daß sie auf beliebige Transportvorgänge in elektrisch leitenden Medien anwendbar, also nicht auf die „reine" Elektrizitätsleitung beschränkt sind.

b) *Überführungszahlen.* Wir betrachten jetzt die „reine" Elektrizitätsleitung, wie sie im ersten Absatz dieses Paragraphen definiert worden ist. Der bei einem solchen Elektrizitätstransport von der geladenen Teilchenart i transportierte Bruchteil des gesamten elektrischen Stromes heißt *Überführungszahl.* Die erste experimentelle Methode zur Ermittlung dieser Größe geht auf HITTORF (1853) zurück („HITTORFsches Verfahren"). Die heute meist verwendete direkte Methode ist das „Verfahren der wandernden Grenzfläche" („moving boundary method", LODGE 1886). Auf indirektem Wege kann man Überführungszahlen auch aus EMK-Messungen an Konzentrationsketten mit Überführung (§ 4.19) oder an Gravitations- bzw. Zentrifugalketten (§ 4.22) gewinnen. Um die begriffliche Klärung und die Methodik der Auswertung von Überführungsversuchen haben sich besonders WASHBURN[1]), LEWIS[2]) sowie MACINNES und LONGSWORTH[3]) verdient gemacht[4]).

Bei Metallen und anderen Elektronenleitern wird der Stromtransport allein von den Elektronen bewerkstelligt. Die Überführungszahl der Elektronen hat also den Wert 1 (wenn man das eingangs erwähnte Bezugssystem benutzt), während die Überführungszahlen aller übrigen Ladungsträger verschwinden. Ebenso führt unsere Festlegung des Bezugssystems bei festen und geschmolzenen Elektrolyten, soweit sie nur zwei Ionenarten enthalten (wie reines NaCl oder $AgNO_3$), stets auf den Wert 0 oder 1 der Überführungszahl (vgl. S. 416)[5]).

Bei Elektrolytlösungen hingegen (auch bei festen und geschmolzenen Elektrolyten mit mehr als zwei Ionenarten, etwa beim System NaCl-KCl im festen oder flüssigen Zustand) sind die Verhältnisse komplizierter. Wir unterscheiden hier, entsprechend den beiden von uns benutzten Bezugssystemen, die HITTORF*sche Überführungszahl* der Ionenart i:

$$t_i \equiv \frac{{}_1\vec{I}_i}{\vec{I}} \qquad [4\text{-}16.8]$$

und die WASHBURN*sche Überführungszahl* (oder „wahre Überführungszahl") der Ionenart i:

$$t_i^* \equiv \frac{{}_1\vec{I}_i^*}{\vec{I}} . \qquad [4\text{-}16.9]$$

Aus Gl. [3], [4] und [5] folgt mit Gl. [8] und [9]:

$$t_i = \frac{z_i c_i (\vec{v}_i - \vec{v}_1)}{\sum_i z_i c_i (\vec{v}_i - \vec{v}_1)} , \qquad [4\text{-}16.10]$$

$$t_i^* = \frac{z_i c_i (\vec{v}_i - \vec{v}_1^*)}{\sum_i z_i c_i (\vec{v}_i - \vec{v}_1^*)} . \qquad [4\text{-}16.11]$$

Die Beziehungen [8] bis [11] gelten unter der Bedingung „reiner" Elektrizitätsleitung. Die Gl. [8] und [10] können auf beliebige Elektrizitätsleiter

---

[1]) E. W. WASHBURN, Z. physik. Chem. **66**, 513 (1909).
[2]) G. N. LEWIS, J. Amer. Chem. Soc. **32**, 862 (1910).
[3]) D. A. MACINNES und L. G. LONGSWORTH, Chem. Revs. **11**, 171 (1932).
[4]) Vgl. auch R. J. BEARMAN, J. Chem. Physics **36**, 2432 (1962).
[5]) Vgl. C. SINISTRI, J. Physic. Chem. **66**, 1600 (1962). Hier wird auch gezeigt, daß bei Verwendung anderer Bezugssysteme bei reinen Salzschmelzen stets triviale Ausdrücke für die Überführungszahlen resultieren.

angewandt werden, während Gl. [9] und [11] naturgemäß nur bei Elektrolytlösungen einen Sinn haben.

Den für beliebige Elektrolytlösungen gültigen Zusammenhang zwischen den beiden Überführungszahlen[1]) erhalten wir aus Gl. [7], [8], [9] und [11]:

$$t_i = t_i^* - \frac{z_i c_i}{c_1} \sum_i \frac{N_i}{z_i} t_i^* \,. \qquad [4\text{-}16.12]$$

Außerdem müssen auf Grund von Gl. [5], [8] und [9] die Identitäten

$$\sum_i t_i = 1\,, \quad \sum_i t_i^* = 1 \qquad [4\text{-}16.13]$$

erfüllt sein.

Wie später (S. 297) näher ausgeführt wird, sind die experimentell primär bestimmbaren Größen die „Brutto-Überführungszahlen". Bei vollständiger Dissoziation werden diese mit den HITTORFschen Überführungszahlen der einzelnen Ionenarten identisch. Die WASHBURNschen Überführungszahlen hingegen sind niemals direkt der Messung zugänglich. Da auch die Solvatationszahlen N_i nur mit Hilfe gewisser Annahmen aus experimentellen Daten gewonnen werden können und dementsprechend unsichere Größen darstellen, ist eine hypothesenfreie Berechnung von t_i^* gemäß Gl. [12] ebenfalls nicht möglich. Lediglich im Grenzfalle unendlicher Verdünnung ($c_i \to 0$) fällt nach Gl. [12] t_i mit t_i^* zusammen.

Für Lösungen eines einzigen Elektrolyten mit zwei Ionenarten (Kationen: Index $_+$, Anionen: Index $_-$) gilt gemäß Gl. [1-19.11] bis [1-19.13] bei vollständiger Dissoziation:

$$\frac{c_+}{\nu_+ M_1 c_1} = \frac{c_-}{\nu_- M_1 c_1} = m\,. \qquad [4\text{-}16.14]$$

Darin bedeutet ν_+ bzw. ν_- die Zerfallszahl für das Kation bzw. Anion (Zahl der Kationen bzw. Anionen, die bei der Dissoziation eines Elektrolytmoleküls entstehen), M_1 die Molmasse (das „Molekulargewicht") des Lösungsmittels (in der Praxis in der Einheit kg mol^{-1} gemessen) und m die Molarität des Elektrolyten (mol kg^{-1}). Aus Gl. [12] und [14] leiten wir ab:

$$\left.\begin{aligned} t_+^* &= t_+ - z_+ \nu_+ M_1 \, m L\,, \\ t_-^* &= t_- - z_- \nu_- M_1 \, m L \end{aligned}\right\} \qquad [4\text{-}16.15]$$

mit

$$L \equiv \frac{N_+}{z_+} t_+^* + \frac{N_-}{z_-} t_-^*\,.$$

[1]) Die bisher in der Literatur[2]) angegebenen Beziehungen zwischen den beiden Überführungszahlen sind Spezialfälle von Gl. [12].

[2]) Vgl. E. W. WASHBURN, Z. physik. Chem. **66**, 513 (1909).

Der Ausdruck L ist als „elektrolytische Lösungsmittelüberführung“ bekannt. Man hat mehrfach versucht, diese Größe experimentell zu bestimmen, was jedoch nicht ohne gewisse Annahmen möglich ist[1]). Mit Hilfe der aus Gl. [13] folgenden Identitäten

$$t_+ + t_- = 1, \quad t_+^* + t_-^* = 1 \qquad [4\text{-}16.16]$$

ergibt sich aus Gl. [15]:

$$1 - t_i = (1 - t_i^*)\,(1 - N M_1 m) + \nu_i\, N_i\, M_1\, m \; (i = +, -) \qquad [4\text{-}16.17]$$

mit der Abkürzung

$$N \equiv \nu_+ N_+ + \nu_- N_- . \qquad [4\text{-}16.18]$$

Die Größe [18] kann als „Solvatationszahl des Elektrolyten“ bezeichnet werden. Sie ist ebensowenig wie L hypothesenfrei ermittelbar.

Wir verwenden im folgenden lediglich die HITTORFschen Überführungszahlen und überhaupt generell nur das HITTORFsche Bezugssystem (Bezugsgeschwindigkeit $\vec{v}_1$). Auf diese Weise verschwinden in allen Formeln, die nur meßbare Größen enthalten, die unsicheren Solvatationszahlen.

c) *Beweglichkeiten und Leitfähigkeit.* Wir betrachten nun den Vorgang der reinen Elektrizitätsleitung etwas genauer, und zwar zunächst in der klassischen Darstellungsweise.

An einen Elektrizitätsleiter, in dem weder Temperatur- noch Druck- und Konzentrationsgradienten vorliegen, werde ein äußeres elektrisches Feld angelegt. In irgendeinem Volumenelement des Leiters herrsche die elektrische Feldstärke $\vec{\mathfrak{E}}$, entsprechend einem örtlichen elektrischen Potential φ, das mit der Feldstärke durch den allgemeinen Zusammenhang [4-15.6]

$$\vec{\mathfrak{E}} = -\operatorname{grad} \varphi \qquad [4\text{-}16.19]$$

verknüpft ist. Der Elektrizitätstransport wird durch die Ladungsträger (geladenen Teilchenarten) des Volumenelementes bewerkstelligt.

Im ersten Augenblick („Anlaufvorgang“) wirkt nur die der Feldstärke proportionale elektrostatische Kraft auf jeden Ladungsträger, so daß eine beschleunigte Bewegung einsetzt. Es entstehen aber alsbald bremsende Kräfte (Reibung im Medium und elektrostatische Wechselwirkungen zwischen den bewegten Ladungsträgern), die der Geschwindigkeit der jeweils betrachteten Teilchenart proportional sind. Die Proportionalität zwischen Bremskraft und Geschwindigkeit ist die entscheidende These bei diesen Überlegungen; sie kann entweder durch molekularkinetische Modellbetrachtungen oder generell durch den Hinweis begründet werden, daß nur

[1]) Vgl. R. HAASE, Z. Elektrochem. **62**, 279 (1958).

mit Hilfe dieser Voraussetzung das OHMsche Gesetz (s. unten) resultiert, das erfahrungsgemäß für jeden Elektrizitätsleiter – extrem hohe Feldstärken und instationäre Vorgänge wie in Lichtbögen ausgeschlossen – gültig ist. Durch das Gegeneinanderwirken der elektrostatischen Kraft (hervorgerufen durch das äußere Feld) und der bremsenden Kraft entsteht eine kräftefreie Bewegung mit konstanter Geschwindigkeit, die der Feldstärke $\vec{\mathfrak{E}}$ proportional ist. Da diese Geschwindigkeit in unserer bisherigen Bezeichnungsweise die Relativgeschwindigkeit $(\vec{v}_i - \vec{v}_1)$ der geladenen Teilchenart i in bezug auf die Partikelsorte 1 (Kationen auf den Gitterplätzen bei Metallen, Lösungsmittel bei Elektrolytlösungen usw.) darstellt, können wir den Sachverhalt formelmäßig wie folgt beschreiben:

$$\left|\vec{v}_i - \vec{v}_1\right| = u_i \left|\vec{\mathfrak{E}}\right| , \qquad [4\text{-}16.20]$$

wobei die Beträge der Vektoren eingesetzt sind, damit die Größe u_i stets positiv wird.

Es folgt aus unseren Darlegungen, daß u_i unabhängig von der Feldstärke ist, aber noch eine beliebige Funktion der Zustandsvariablen des Volumenelementes (Temperatur, Druck, Konzentrationen) sein kann. Man bezeichnet u_i als *Beweglichkeit* der geladenen Teilchenart i.

Aus der Definition der elektrischen Stromdichte (vgl. Gl. [3] und [5]) sowie Gl. [20] erhalten wir:

$${}_1\vec{I}_i = |z_i|\, \mathfrak{F}\, c_i\, u_i \vec{\mathfrak{E}}, \qquad [4\text{-}16.21]$$

$$\vec{I} = \mathfrak{F} \sum_i |z_i|\, c_i\, u_i \vec{\mathfrak{E}} . \qquad [4\text{-}16.22]$$

Aus Gl. [21] und [22] ergibt sich mit Gl. [8] für die HITTORFsche Überführungszahl der Teilchenart i:

$$t_i = \frac{|z_i|\, c_i u_i}{\sum_i |z_i|\, c_i u_i} . \qquad [4\text{-}16.23]$$

Gl. [22] kann in der Gestalt

$$\vec{I} = \varkappa \vec{\mathfrak{E}} \qquad [4\text{-}16.24]$$

mit

$$\varkappa \equiv \mathfrak{F} \sum_i |z_i|\, c_i\, u_i \qquad [4\text{-}16.25]$$

geschrieben werden.

Gl. [24] ist das Gesetz von OHM (1826) in der Formulierung für ein einzelnes Volumenelement („lokale Formulierung“). Demgemäß bedeutet $\varkappa$

die *spezifische elektrische Leitfähigkeit*, die nach dem oben Gesagten (S. 283) unabhängig von der Bezugsgeschwindigkeit ist. Wir erkennen, daß die dem Ansatz [20] zugrunde liegende These auf das OHMsche Gesetz führt. Gl. [23] bzw. [25] gibt die Verknüpfung der HITTORFschen Überführungszahlen bzw. der spezifischen elektrischen Leitfähigkeit mit den Ionenbeweglichkeiten.

Die spezifische elektrische Leitfähigkeit $\varkappa$ hängt, wie die Beweglichkeiten und Überführungszahlen, im allgemeinen von den Konzentrationen, der Temperatur und – bei kondensierten Phasen nur geringfügig – vom Druck ab. Als Beispiele für gemessene $\varkappa$-Werte (alle für Atmosphärendruck gültig) führen wir an:

Silber bei 18° C:	$6{,}25 \cdot 10^5\ \Omega^{-1}\ \mathrm{cm}^{-1}$,
NaCl (fest) bei 700° C:	$7 \cdot 10^{-5}\ \Omega^{-1}\ \mathrm{cm}^{-1}$,
α – AgI (fest) bei 150° C:	$1{,}3\ \Omega^{-1}\ \mathrm{cm}^{-1}$,
AgI (flüssig) bei 600° C:	$2{,}43\ \Omega^{-1}\ \mathrm{cm}^{-1}$,
Wasser („Leitfähigkeitswasser") bei 25° C nach KOHLRAUSCH und HEYDWEILLER (1894):	$0{,}055 \cdot 10^{-6}\ \Omega^{-1}\ \mathrm{cm}^{-1}$,
1 n wäßrige KCl-Lösung bei 0° C:	$0{,}06518\ \Omega^{-1}\ \mathrm{cm}^{-1}$,
1 n wäßrige KCl-Lösung bei 25° C:	$0{,}11134\ \Omega^{-1}\ \mathrm{cm}^{-1}$,

wobei die beiden letzten Zahlenangaben neuere Präzisionsstandardwerte zum Eichen von Leitfähigkeitszellen darstellen.

Beispiele für gemessene Überführungszahlen und für daraus mit Hilfe von Leitfähigkeitsversuchen abgeleitete Beweglichkeiten bringen wir später (S. 292 und S. 294).

d) *Thermodynamisch-phänomenologische Theorie.* Wir zeigen jetzt, daß die phänomenologischen Ansätze der Thermodynamik der irreversiblen Prozesse ebenfalls das OHMsche Gesetz [24] mit den Beziehungen [23] und [25] liefern. Dabei knüpfen wir direkt an den Schluß von § 4.15 an.

Wenden wir die phänomenologischen Beziehungen [4-15.10] auf die reine Elektrizitätsleitung an und beziehen die Indices i und k nur auf die geladenen Teilchensorten, da die Beiträge der übrigen Partikelsorten zum elektrischen Strom herausfallen, so erhalten wir bei Berücksichtigung von Gl. [4-15.12], [1], [3], [5] und [19]:

$$\frac{1}{z_i \mathfrak{F}}\, {}_1\vec{I}_i = c_i\, (\vec{v}_i - \vec{v}_1) = \mathfrak{F} \sum_k a_{ik}\, z_k \vec{\mathfrak{E}}\,, \qquad [4\text{-}16.26]$$

$$\vec{I} = \mathfrak{F}^2 \sum_i \sum_k z_i\, z_k\, a_{ik}\, \vec{\mathfrak{E}}\,, \qquad [4\text{-}16.27]$$

worin die a_{ik} die phänomenologischen Koeffizienten sind. Setzen wir

$$\frac{\mathfrak{F}}{c_i}\left|\sum_k a_{ik} z_k\right| \equiv u_i\,, \qquad [4\text{-}16.28]$$

$$\mathfrak{F}^2 \sum_i \sum_k z_i z_k a_{ik} \equiv \varkappa\,, \qquad [4\text{-}16.29]$$

so erkennen wir, daß Gl. [26] mit dem Ansatz [20] und Gl. [27] mit dem OHMschen Gesetz [24] identisch ist.

Der Ausdruck [29] ist infolge von [4-14.10] und [4-14.11] stets positiv, in Übereinstimmung mit der Erfahrung. Daher folgt aus Gl. [28] und [29] die Beziehung [25].

Schließlich ergibt sich aus Gl. [26] und [27] mit Gl. [8]:

$$t_i = \frac{z_i \sum\limits_k a_{ik} z_k}{\sum\limits_i \sum\limits_k a_{ik} z_i z_k}\,. \qquad [4\text{-}16.30]$$

Daraus finden wir mit Gl. [28] und der aus Gl. [26] folgenden Vorzeichenaussage

$$z_i \sum_k a_{ik} z_k > 0$$

die Beziehung [23].

Damit haben wir alle vorher abgeleiteten Zusammenhänge mit Hilfe der Methoden der Thermodynamik der irreversiblen Prozesse gewonnen.

e) *Lösung eines einzigen Elektrolyten.* Wichtig ist der Spezialfall einer Lösung, die nur einen einzigen Elektrolyten enthält, der bei der Dissoziation lediglich zwei Ionensorten, nämlich eine Kationenart (Index +) und eine Anionenart (—), liefert. Hier gilt die Elektroneutralitätsbedingung [4-3.46]:

$$z_+ c_+ + z_- c_- = 0\,. \qquad [4\text{-}16.31]$$

Führen wir als Konzentrationsvariable die Äquivalentkonzentration c^* des Elektrolyten (Zahl der Bruttoäquivalente des Elektrolyten je Volumeneinheit) ein, so finden wir:

$$z_+ c_+ = -z_- c_- = \alpha c^*\,, \qquad [4\text{-}16.32]$$

worin α der Dissoziationsgrad des Elektrolyten ist. Definieren wir als *Äquivalentleitfähigkeit* die Größe[1])

$$\Lambda \equiv \frac{\varkappa}{c^*}, \qquad [4\text{-}16.33]$$

so erhalten wir aus Gl. [25] und [32]:

$$\Lambda = \alpha \mathfrak{F} (u_+ + u_-). \qquad [4\text{-}16.34]$$

Für die HITTORFschen Überführungszahlen t_+ und t_- leiten wir aus Gl. [23] und [32] ab:

$$t_+ = \frac{u_+}{u_+ + u_-}, \quad t_- = 1 - t_+ = \frac{u_-}{u_+ + u_-}. \qquad [4\text{-}16.35]$$

Aus Gl. [34] und [35] ist ersichtlich, wie man bei Kenntnis des Dissoziationsgrades aus der Leitfähigkeit und den Überführungszahlen für jede Konzentration und jede Temperatur[2]) die Beweglichkeiten u_+ und u_- der Kationen und Anionen ermitteln kann.

Wenn die Konzentration des Elektrolyten (gemessen als Äquivalentkonzentration c^*, molare Volumenkonzentration c oder Molarität m) gegen Null geht, verschwindet[3]) zwar die spezifische Leitfähigkeit $\varkappa$, nicht aber die Äquivalentleitfähigkeit Λ. Mit dieser Erfahrungstatsache und mit $\alpha \to 1$ für $c \to 0$ folgt aus Gl. [34], daß die Grenzwerte u_+^0 und u_-^0 der Beweglichkeiten für unendliche Verdünnung von Null verschieden sind. Mit den Abkürzungen

$$\Lambda^0 \equiv \lim_{c \to 0} \Lambda, \quad t_i^0 \equiv \lim_{c \to 0} t_i \quad (i = +, -) \qquad [4\text{-}16.36]$$

ergeben sich also aus Gl. [34] und [35] folgende Beziehungen für die Grenzwerte:

$$\Lambda^0 = \mathfrak{F} (u_+^0 + u_-^0), \qquad [4\text{-}16.37]$$

$$t_+^0 = \frac{u_+^0}{u_+^0 + u_-^0}, \quad t_-^0 = 1 - t_+^0 = \frac{u_-^0}{u_+^0 + u_-^0}. \qquad [4\text{-}16.38]$$

---

[1]) Ist c die molare Volumenkonzentration des Elektrolyten, so gilt:

$$c^* = z_+ \nu_+ c = - z_- \nu_- c.$$

Die gelegentlich noch benutzte „molare Leitfähigkeit" $\Lambda_m \equiv \varkappa/c$ hängt also wie folgt mit der Äquivalentleitfähigkeit zusammen:

$$\Lambda_m = z_+ \nu_+ \Lambda = - z_- \nu_- \Lambda.$$

[2]) Der Druckeinfluß ist bei kondensierten Phasen vernachlässigbar.

[3]) Von der geringfügigen elektrischen Leitfähigkeit des Lösungsmittels (z. B. des Wassers) wird hier abgesehen.

Wie man weiterhin aus der Erfahrung weiß, sind die Grenzwerte u_+^0 und u_-^0 für die betreffende Ionenart charakteristische Größen, also von der Natur des Gegenions unabhängig, falls man dasselbe Lösungsmittel betrachtet und die Temperatur als konstant ansieht. Diese Aussage ist als „KOHLRAUSCHsches Gesetz der unabhängigen Ionenwanderung“ bekannt (KOHLRAUSCH 1893). Demnach ist der Grenzwert Λ^0 der Äquivalentleitfähigkeit additiv in Ionenanteilen.

Die Größe (s. Gl. [34] und [35])

$$\lambda_i \equiv \mathfrak{F} u_i = \frac{1}{\alpha} \Lambda t_i \quad (i = +, -) \qquad [4\text{-}16.39]$$

wird als *Ionenleitfähigkeit* bezeichnet. Ihr Grenzwert für unendliche Verdünnung

$$\lambda_i^0 \equiv \lim_{c \to 0} \lambda_i = \mathfrak{F} u_i^0 = \Lambda^0\, t_i^0$$

wird meist an Stelle von u_i^0 tabelliert (s. Tab. 6a).

Tabelle 6a

Grenzwert λ_i^0 der Ionenleitfähigkeit für Ionen in wäßriger Lösung bei 25° C[1])

Ion i	λ_i^0 cm² mol⁻¹ Ω⁻¹
H^+	349,81
Li^+	38,68
Na^+	50,10
K^+	73,50
NH_4^+	73,55
Rb^+	77,81
Cs^+	77,26
Ag^+	61,90
Be^{++}	45
Mg^{++}	53,05
Ca^{++}	59,50
Sr^{++}	59,45
Ba^{++}	63,63
La^{+++}	69,7
OH^-	198,3
F^-	55,4
Cl^-	76,35
Br^-	78,14
I^-	76,84
NO_3^-	71,46
ClO_4^-	67,36
SO_4^{--}	80,02

[1]) R. A. ROBINSON und R. H. STOKES, Electrolyte Solutions, 2. Aufl. (London 1959) 463.

Tabelle 6b

System Wasser-Salpetersäure bei 25 °C: Dissoziationsgrad α der Salpetersäure aus Kernresonanzdaten[1]), Äquivalentleitfähigkeit Λ aus Messungen der spezifischen elektrischen Leitfähigkeit[2]), Hittorfsche Überführungszahl t_+ des H^+-Ions nach der Methode der wandernden Grenzfläche[3]) sowie die hieraus gemäß Gl. [39] berechneten Werte der Beweglichkeiten u_+ und u_- bzw. der Ionenleitfähigkeiten λ_+ und λ_- für die Ionen H^+ und NO_3^- in Abhängigkeit von der molaren Volumenkonzentration c der Salpetersäure

c mol^{-1}	α	Λ cm^2 mol^{-1} Ω^{-1}	t_+	$u_+ \cdot 10^3$	$u_- \cdot 10^3$	λ_+	λ_-
				cm^2 sec^{-1} Volt^{-1}		cm^2 mol^{-1} Ω^{-1}	
0	1,000	421,27	0,8304	3,624	0,7402	349,81	71,46
0,5	0,995	356,8	0,838	3,113	0,6018	300,5	58,09
1,0	0,987	328,6	0,832	2,870	0,5795	277,0	55,93
2,0	0,961	281,5	0,817	2,479	0,5555	239,3	53,61
3,0	0,926	240,0	0,803	2,156	0,5290	208,1	51,06
4,0	0,882	202,4	0,789	1,876	0,5016	181,1	48,42
5,0	0,832	170,5	0,776	1,647	0,4755	159,0	45,90
6,0	0,774	144,0	0,763	1,471	0,4568	142,0	44,09
7,0	0,711	120,5	0,751	1,319	0,4372	127,3	42,20
8,0	0,646	101,9	0,739	1,208	0,4265	116,6	41,17
9,0	0,581	86,72	0,727	1,124	0,4222	108,5	40,75
10,0	0,517	73,81	0,715	1,058	0,4216	102,1	40,69

[1]) G. C. Hood und C. A. Reilly, J. Chem. Physics **32**, 127 (1960).
[2]) P.-F. Sauermann, Diss. (Aachen 1960).
[3]) G. Lehnert, Diss. (Aachen 1961).

Das System Wasser-Salpetersäure, das bei Ausschluß des Gebietes höchster Salpetersäurekonzentrationen nur die Teilchenarten H_2O, HNO_3, H^+ und NO_3^- enthält, stellt eines der wenigen Beispiele für Elektrolytlösungen dar, bei denen über einen großen Konzentrationsbereich alle experimentellen Unterlagen für die Ermittlung der Ionenbeweglichkeiten, nämlich Dissoziationsgrad, Leitfähigkeit und Überführungszahlen[1]), vorhanden sind. Man findet die Daten für 25° C in Tab. 6b und Abb. 10.

Bei hinreichend hoher Verdünnung gilt das Grenzgesetz von ONSAGER (1927), das exakt der Gleichung der Grenztangente bei $c = 0$ in Abb. 10 entspricht:

$$\lambda_i = \lambda_i^0 - \left(z_+ z_- \frac{(2+\sqrt{2})q}{1+\sqrt{q}} \Theta \lambda_i^0 + \frac{1}{2} |z_i| \sigma \right) \sqrt{\Gamma} \qquad [4\text{-}16.40]$$

mit

$$q \equiv \frac{z_+ z_- (\lambda_+^0 + \lambda_-^0)}{(z_+ - z_-)(z_+ \lambda_-^0 - z_- \lambda_+^0)}, \qquad [4\text{-}16.40\text{a}]$$

$$\Theta \equiv \frac{a'}{3\left(1 + \frac{1}{2}\sqrt{2}\right)}, \qquad [4\text{-}16.40\text{b}]$$

$$\sigma \equiv a' \frac{8 \varepsilon_0 \varepsilon RT}{3 \eta}, \qquad [4\text{-}16.40\text{c}]$$

$$a' \equiv \frac{a}{\sqrt{\varrho}}, \qquad [4\text{-}16.40\text{d}]$$

$$a \equiv \sqrt{2 \pi L \varrho} \left(\frac{e^2}{4 \pi \varepsilon_0 \varepsilon k T} \right)^{\frac{3}{2}}, \qquad [4\text{-}16.40\text{e}]$$

$$\Gamma \equiv \frac{1}{2} (z_+^2 \nu_+ + z_-^2 \nu_-) c . \qquad [4\text{-}16.40\text{f}]$$

Hierin ist ε_0 die elektrische Fundamentalkonstante (im rationellen Begriffssystem, vgl. S. 466), ε die relative Dielektrizitätskonstante des Lösungsmittels, R die Gaskonstante, T die absolute Temperatur, η die Viskosität des Lösungsmittels, ϱ die Dichte des Lösungsmittels, L die LOSCHMIDTsche Konstante, e die Elementarladung und $k = R/L$ die BOLTZMANNsche Konstante. Der Ausdruck a kommt auch im DEBYE-HÜCKELschen Grenzgesetz für den Aktivitätskoeffizienten des Elektrolyten vor[2]).

---

[1]) Es muß allerdings vorausgesetzt werden, daß die primär gemessene Brutto-Überführungszahl mit der HITTORFschen Überführungszahl des betreffenden Ions zusammenfällt, der Transport der neutralen Salpetersäure im elektrischen Felde (relativ zum Wasser) also vernachlässigbar ist (s. unten).

[2]) Näheres über die Theorie der Elektrizitätsleitung in Elektrolytlösungen findet sich bei R. M. FUOSS und F. ACCASCINA, Electrolytic Conductance (New York–London 1959).

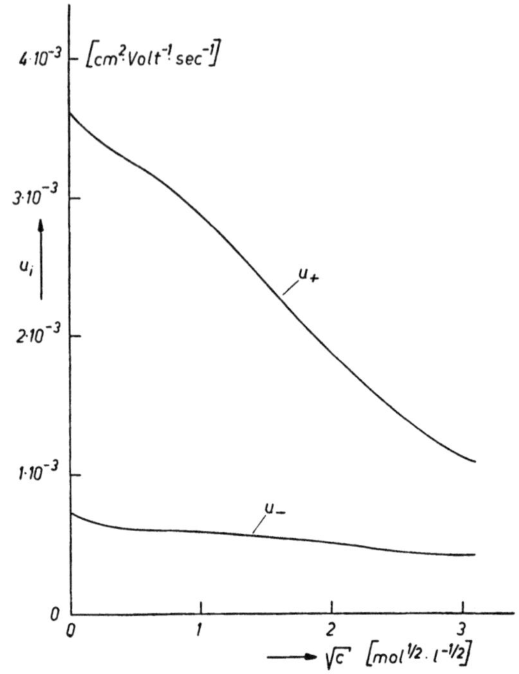

Abb. 10. Beweglichkeit u_+ bzw. u_- des Ions H^+ bzw. NO_3^- im System Wasser-Salpetersäure in Abhängigkeit von der molaren Volumenkonzentration c der Salpetersäure bei 25 °C (vgl. Tab. 6 b)

Betrachten wir die Lösung eines Elektrolyten in Wasser bei 25° C (298,15° K), so gilt [1]):

$$L = 6{,}0250 \cdot 10^{23}\ \text{mol}^{-1},\ k = 1{,}3804 \cdot 10^{-16}\ \text{erg grad}^{-1},$$

$$e = 4{,}8028 \cdot 10^{-10}\ \text{Franklin},\ \varepsilon_0 = \frac{1}{4\pi}\,\frac{\text{Franklin}^2}{\text{erg cm}} \approx \frac{10}{4\pi}\ \text{Franklin}^2\ \text{erg}^{-1}\ \text{l}^{-\frac{1}{3}},$$

$$\varepsilon = 78{,}30,\ \varrho = 0{,}9971\ \text{g cm}^{-3}.$$

Daraus ergibt sich mit Gl. [40d] und [40e]:

$$a = 1{,}1766\,\text{kg}^{\frac{1}{2}}\,\text{mol}^{-\frac{1}{2}},\ a' = 1{,}1783\,\text{l}^{\frac{1}{2}}\,\text{mol}^{-\frac{1}{2}}.$$

Da nach neuen Messungen für die Dielektrizitätskonstante ε des Wassers ein anderer Wert als der bisher benutzte resultiert (Malmberg und Maryott 1956),

---

[1]) Werte der universellen Konstanten L, k und e nach Stille[2]), Werte von ε und ϱ nach Robinson und Stokes (s. Fußnote S. 291).

[2]) U. Stille, Messen und Rechnen in der Physik, 2. Aufl. (Braunschweig 1961).

haben sich die Werte von a und a' entsprechend geändert, so daß die hier angegebenen Zahlen von den meist noch in der Literatur benutzten abweichen. Die neuesten Meßwerte für die Viskosität η des Wassers, die nach Gl. [40c] zur Auswertung des Ausdrucks [40] ebenfalls benötigt werden, finden sich in Tab. 18 (S. 453).

f) *Reduzierte Überführungszahlen.* Sind in einer Elektrolytlösung außer der Partikelsorte 1 (dem „Lösungsmittel“) noch weitere ungeladene Teilchenarten, z. B. andere Nichtelektrolytmoleküle oder undissozierte Elektrolytmoleküle, vorhanden, so verschwindet zwar deren Beitrag zum elektrischen Strom, aber nicht unbedingt der Transport solcher Partikelsorten im elektrischen Felde, gemessen relativ zur Teilchenart 1. Dies liegt daran, daß die Ionen bei ihrer Wanderung neutrale Moleküle mitschleppen können. Eine solche relative Wanderung ungeladener Partikelsorten kann auch indirekt zustande kommen. Wenn z. B. ein Ion bei seiner Bewegung im elektrischen Felde nur Wassermoleküle transportiert („Hydratation“) und das Wasser als Teilchenart 1 gezählt wird, entsteht dadurch eine Relativbewegung (in bezug auf das Wasser) der sonst noch vorhandenen, an sich „ruhenden“ neutralen Moleküle, wie der undissoziierten Elektrolytmoleküle oder anderer Nichtelektrolytmoleküle.

Man berücksichtigt einen derartigen Transport von ungeladenen Partikelsorten im elektrischen Felde am zweckmäßigsten dadurch, daß man für jede beliebige Teilchenart i eine *reduzierte Überführungszahl*[1])

$$\tau_i \equiv \mathfrak{F} \frac{{}_1\vec{J}_i}{\vec{I}} \qquad [4\text{-}16.41]$$

einführt (vgl. S. 203). Da die Vektoren ${}_1\vec{J}_i$ (Diffusionsstromdichte der Partikelsorte i im Hittorfschen Bezugssystem) und $\vec{I}$ (gesamte elektrische Stromdichte) entweder gleiche oder entgegengesetzte Richtung haben, stellt τ_i eine positive oder negative Zahl dar. Wenn die Partikelart i bei Stromdurchgang von der Anode zur Kathode wandert, ist τ_i positiv, sonst negativ. Ist die Teilchenart i ein Ion ($z_i \neq 0$), so folgt aus Gl. [3], [8] und [41]:

$$t_i = z_i \tau_i, \qquad [4\text{-}16.42]$$

wobei t_i die Hittorfsche Überführungszahl der Ionensorte i bedeutet.

---

[1]) Diese Größe wird von Agar[2]) als „Wasburn number“ bezeichnet.

[2]) J. N. Agar in: The Structure of Electrolytic Solutions 200 (Herausgeber: W. J. Hamer, New York 1959).

Die phänomenologischen Ansätze, die für beliebige Teilchenarten gültig sind, lauten gemäß Gl. [4-15.10], [4-15.12], [5] und [19]:

$$ {}_1\vec{J}_i = \mathfrak{F} \sum_k a_{ik} z_k \vec{\mathfrak{E}}, \qquad [4\text{-}16.43] $$

$$ \vec{I} = \mathfrak{F}^2 \sum_i \sum_k a_{ik} z_i z_k \vec{\mathfrak{E}}. \qquad [4\text{-}16.44] $$

Hierin bezeichnet, im Gegensatz zu Gl. [26] und [27], der Index i bzw. k zunächst *irgendeine* Partikelsorte. Während aber offensichtlich im Ausdruck [43] der Index i ungeladene Teilchenarten (ausgenommen die Partikelsorte 1, die das „Lösungsmittel" und damit das Bezugssystem darstellt) einschließt, fallen in Gl. [44] die neutralen Teilchenarten ($z_i = 0$ oder $z_k = 0$) wieder heraus.

Aus Gl. [41], [43] und [44] ergibt sich die wichtige Formel:

$$ \tau_i = \frac{\sum_k a_{ik} z_k}{\sum_i \sum_k a_{ik} z_i z_k}, \qquad [4\text{-}16.45] $$

die wir noch häufig benutzen werden. Bezieht sich der Index i auf eine Ionenart, so folgt aus Gl. [42] und [45] wiederum die Formel [30].

Man findet aus Gl. [45]:

$$ \sum_i z_i \tau_i = 1. \qquad [4\text{-}16.46] $$

Diese Beziehung entspricht der Identität [13].

Die reduzierten Überführungszahlen von Nichtelektrolyten sind experimentell bestimmbar. Nicht meßbar sind dagegen die reduzierten Überführungszahlen von undissoziierten Elektrolytanteilen.

g) *Brutto-Überführungszahlen.* Bei unvollständig oder in mehreren Stufen dissoziierenden Elektrolyten ist der Zusammenhang zwischen den bisher definierten Größen, die sich auf einzelne Teilchenarten beziehen, und den wirklich gemessenen Größen nicht mehr auf den ersten Blick ersichtlich. Um die Problematik exakt formulieren zu können, gehen wir vom Begriff des *ionischen Bestandteils* („ion constituent") aus, wie er von Noyes und Falk[1]) eingeführt worden ist.

Die „ionischen Bestandteile" eines Elektrolyten sind die ionenbildenden Teile (Atome oder Radikale) des Elektrolytmoleküls ohne Rücksicht darauf, in welchem Ausmaß diese Molekülteile tatsächlich als Ionen vorhanden sind.

---

[1]) A. A. Noyes und K. G. Falk, J. Amer. Chem. Soc. **33**, 1436 (1911).

So stellen in einer wäßrigen Lösung von Schwefelsäure die Atome bzw. Radikale H und SO_4 die ionischen Bestandteile dar, wobei H in den Teilchenarten H^+, HSO_4^- und H_2SO_4 vorkommt und SO_4 in den Partikelsorten SO_4^{--}, HSO_4^- und H_2SO_4 auftritt. Die Mengen der ionischen Bestandteile können, im Gegensatz zu denen der einzelnen Teilchenarten, stets analytisch-chemisch bestimmt werden. So ist beim genannten Beispiel der ionische Bestandteil H durch Titration bis zum zweiten Äquivalenzpunkt der Schwefelsäure prinzipiell quantitativ ermittelbar, während die Menge des ionischen Bestandteils SO_4 etwa durch Fällung als $BaSO_4$ bestimmbar ist.

Ein Elektrolyt, der zwei, drei ... ionische Bestandteile aufweist, wird als „binär", „ternär" ... bezeichnet. So ist HCl oder K_2SO_4 ein binärer Elektrolyt, der außerdem bei der Dissoziation nur zwei Ionenarten (H^+ und Cl^- oder K^+ und SO_4^{--}) liefert. Dagegen stellt H_2SO_4 einen binären Elektrolyten dar, aus dem drei Ionensorten (H^+, HSO_4^-, SO_4^{--}) entstehen, und H_3PO_4 einen binären Elektrolyten mit vier Ionenarten (H^+, $H_2PO_4^-$, HPO_4^{--}, PO_4^{---}). In $KHSO_4$ endlich haben wir einen ternären Elektrolyten (ionische Bestandteile: K, H und SO_4) mit vier Ionensorten (K^+, H^+, HSO_4^-, SO_4^{--}) vor uns.

Es sei R ein ionischer Bestandteil eines Elektrolyten. Die elektrochemische Valenz des Ions, das direkt aus diesem Bestandteil hervorgeht (wie H^+ aus H oder SO_4^{--} aus SO_4), sei z_R. Wir betrachten nun den Ausdruck

$$\vartheta_R \equiv z_R \mathfrak{F} \frac{{}_1\vec{J}_R}{\vec{I}} \equiv z_R \mathfrak{F} \frac{\sum_i n_{Ri}\, {}_1\vec{J}_i}{\vec{I}}, \qquad [4\text{-}16.47]$$

wobei ${}_1\vec{J}_R$ die Diffusionsstromdichte des ionischen Bestandteils R (im HITTORFschen Bezugssystem), n_{Ri} die Zahl der Mole von R in einem Mol der Teilchenart i bedeutet und die Summe über alle R enthaltenden Teilchenarten zu erstrecken ist. ϑ_R stellt die Zahl der Äquivalente von R dar, die bei Durchgang der Ladung von 1 Faraday eine beliebige, mit dem gesamten Lösungsmittel bewegte Bezugsfläche in der Lösung passieren. Wir bezeichnen ϑ_R als *Brutto-Überführungszahl* des ionischen Bestandteils R. Es ist diese Größe, die bei allen Überführungsversuchen an Elektrolytlösungen (beim HITTORFschen Verfahren, bei der Methode der wandernden Grenzfläche und bei EMK-Messungen an Konzentrations-, Gravitations- und Zentrifugalketten) primär ermittelt wird[1][2][3].

---

[1]) Vgl. M. SPIRO, J. Chem. Educ. **33**, 464 (1956).

[2]) In § 4.19 bzw. 4.22 wird diese Behauptung für den Fall der Konzentrations- bzw. Gravitations- und Zentrifugalketten bewiesen.

[3]) Zahlenwerte für nach den verschiedenen Methoden gemessene Überführungszahlen finden sich in Tab. 9, S. 353.

Aus Gl. [41] und [47] folgt der Zusammenhang zwischen ϑ_R und den reduzierten Überführungszahlen τ_i der einzelnen Teilchenarten:

$$\vartheta_R = z_R \sum_i n_{Ri} \tau_i \,. \qquad [4\text{-}16.48]$$

Bezeichnet man geladene Partikelsorten mit dem Index j und neutrale Molekülarten mit dem Index k, so erhält man aus Gl. [42] und [48]:

$$\vartheta_R = z_R \sum_j \frac{n_{Rj} t_j}{z_j} + z_R \sum_k n_{Rk} \tau_k \,, \qquad [4\text{-}16.49]$$

worin t_j bzw. z_j die HITTORFsche Überführungszahl bzw. elektrochemische Valenz der Ionenart j ist.

Es gilt aus Gründen der Elektroneutralität:

$$z_i = \sum_R z_R n_{Ri} \,, \qquad [4\text{-}16.50]$$

wobei die Summe über alle ionischen Bestandteile der Lösung zu erstrecken ist. Hieraus ergibt sich durch Kombination von Gl. [46] mit Gl. [48]:

$$\sum_R \vartheta_R = 1 \,, \qquad [4\text{-}16.51]$$

also eine zu Gl. [13] analoge Identität.

Man kann aus Überführungsversuchen an Lösungen eines einzigen Elektrolyten nur dann die HITTORFschen Überführungszahlen der einzelnen Ionen gewinnen, wenn es sich um einen binären Elektrolyten mit zwei Ionenarten handelt und außerdem entweder vollständige Dissoziation vorliegt oder die Wanderung der undissoziierten Elektrolytmoleküle im elektrischen Felde (relativ zum gesamten Lösungsmittel) vernachlässigbar ist. Für die Lösung eines binären Elektrolyten mit zwei Ionensorten (Teilchenarten + und —) und undissoziierten Elektrolytmolekülen (Teilchenart u) gilt nämlich gemäß Gl. [49], wenn wir als ionische Bestandteile die den Kationen bzw. Anionen entsprechenden Atome oder Radikale wählen:

$$\vartheta_+ = t_+ + z_+ \nu_+ \tau_u \,, \quad \vartheta_- = t_- + z_- \nu_- \tau_u \,. \qquad [4\text{-}16.52]$$

Hierin ist τ_u die reduzierte Überführungszahl des undissoziierten Elektrolyten, ϑ_+ bzw. ϑ_- die Brutto-Überführungszahl des kationischen bzw. anionischen Bestandteils des Elektrolyten, t_+ bzw. t_- die HITTORFsche Überführungszahl der Kationen bzw. Anionen und ν_+ bzw. ν_- die Zerfallszahl für die Kationen bzw. Anionen. Mit der Elektroneutralitätsbedingung [1-19.8]

$$z_+ \nu_+ + z_- \nu_- = 0$$

und der Identität [16]

$$t_+ + t_- = 1$$

ergibt sich aus Gl. [52]:

$$\vartheta_+ + \vartheta_- = 1,$$

in Übereinstimmung mit Gl. [51].

Durch Kombination von Gl. [39] mit Gl. [52] erhält man:

$$u_i = \frac{\Lambda}{\alpha \mathfrak{F}} (\vartheta_i - z_i \nu_i \tau_u) \quad (i = +, -). \qquad [4\text{-}16.53]$$

Demnach kann auch die Ionenbeweglichkeit u_i nur dann aus experimentellen Daten gewonnen werden, wenn man $\tau_u = 0$ setzen darf.

Hat man es schließlich mit einer Lösung eines binären Elektrolyten zu tun, in dem außer dem Lösungsmittel ein zweiter Nichtelektrolyt enthalten ist, so kann man bei Überführungsexperimenten neben den Brutto-Überführungszahlen der beiden ionischen Bestandteile noch die reduzierte Überführungszahl des zusätzlichen Nichtelektrolyten bestimmen, da diese Größe nach Gl. [41] die mit einem Faraday von der Anode zur Kathode transportierte Menge (in Molen) des Nichtelektrolyten (relativ zum gesamten Lösungsmittel) darstellt. Die früheren Versuche, aus derartigen Experimenten auf die Solvatation der Ionen zu schließen, sind als nicht stichhaltig anzusehen, da man nicht weiß, in welchem Umfange die Ionen bei ihrer Wanderung im elektrischen Felde außer dem Lösungsmittel und dem undissoziierten Elektrolyten auch noch den zusätzlichen Nichtelektrolyten mitführen[1]). Bei einer mit Methanol versetzten wäßrigen Lösung von HCl sind also in Strenge nur folgende Größen meßbar: die Brutto-Überführungszahl $\vartheta_{\mathrm{H}} = 1 - \vartheta_{\mathrm{Cl}}$ und die reduzierte Überführungszahl $\tau_{\mathrm{CH_3OH}}$.

§ 4.17. Diffusion in Gasen und Nichtelektrolytlösungen

a) *Allgemeines.* Jeder Materietransport, der durch Konzentrationsgradienten hervorgerufen wird, heißt *Diffusion* (im engeren Sinne). Wir setzen im folgenden fluide Medien ohne geladene Teilchenarten voraus und schließen Temperatur- und Druckgradienten, äußere Kraftfelder sowie chemische Reaktionen aus. Es handelt sich also um Vorgänge in Gasen und Nichtelektrolytlösungen, wobei die Diffusionserscheinungen die einzigen irreversiblen Prozesse sind, die in dem betreffenden Medium ablaufen.

Als Bezugsgeschwindigkeit wählen wir jetzt die mittlere Volumengeschwindigkeit [4-3.24] eines Volumenelementes, die praktisch der

---

[1]) Vgl. L. G. Longsworth, J. Amer. Chem. Soc. **69**, 1288 (1947).

Konvektionsgeschwindigkeit entspricht:

$$\vec{w} = \sum_k c_k V_k \vec{v}_k . \qquad [4\text{-}17.1]$$

Hierin bedeutet c_k die molare Volumenkonzentration, V_k das partielle Molvolumen und $\vec{v}_k$ die mittlere Geschwindigkeit der Teilchenart k im betrachteten Raumelement. Die Summe ist über alle Partikelsorten zu erstrecken. Der zugehörige Diffusionsstrom (Vektor der Diffusionsstromdichte) der Teilchenart k ergibt sich gemäß Gl. [4-3.27]:

$${}_w\vec{J}_k = c_k(\vec{v}_k - \vec{w}) . \qquad [4\text{-}17.2]$$

Das so festgelegte Bezugssystem bezeichnen wir der Kürze halber als FICK*sches Bezugssystem*[1]).

Zwischen den Diffusionsströmen besteht nach Gl. [4-3.28] der Zusammenhang:

$$\sum_k V_k \, {}_w\vec{J}_k = 0 . \qquad [4\text{-}17.3]$$

Es gibt also bei N Teilchenarten nur $N - 1$ unabhängige Diffusionsströme.

Auch zwischen den N Konzentrationsgradienten (grad c_k) existiert eine allgemeine Beziehung. Aus Gl. [1-6.11] und [1-6.16] folgt nämlich für konstante Temperatur und konstanten Druck:

$$\sum_k V_k \, d c_k = 0 \qquad [4\text{-}17.4]$$

oder

$$\sum_k V_k \operatorname{grad} c_k = 0, \qquad [4\text{-}17.5]$$

in Analogie zu Gl. [3]. Es gibt demnach bei N Teilchenarten nur $N - 1$ unabhängige Konzentrationsgradienten.

b) FICK*sche Gesetze.* Die Erfahrung zeigt, daß jeder der unabhängigen Diffusionsströme eine homogene lineare Funktion aller unabhängigen Konzentrationsgradienten ist, wenn man extrem hohe Gradienten ausschließt. Man findet also für N Teilchenarten:

$${}_w\vec{J}_i = -\sum_{k=2}^{N} D_{ik} \operatorname{grad} c_k \quad (i = 2, 3, \ldots N), \qquad [4\text{-}17.6]$$

wobei ${}_w\vec{J}_1$ und grad c_1 als abhängige Größen betrachtet werden. Die hierdurch definierten $(N - 1)^2$ Größen D_{ik} heißen *Diffusionskoeffizienten.* Sie

---

[1]) FICK hat die Grundgesetze der Diffusion entdeckt (vgl. unten).

hängen voraussetzungsgemäß nicht von den Konzentrationsgradienten ab, können aber noch beliebige Funktionen der lokalen Zustandsvariablen (Temperatur, Druck und Konzentrationen) des betrachteten Volumenelementes sein.

Einsetzen von Gl. [6] in die aus der lokalen Mengenbilanz folgende Beziehung [4-4.14] ergibt bei Ausschluß von chemischen Reaktionen:

$$\frac{\partial c_i}{\partial t} = \operatorname{div}\left(\sum_{k=2}^{N} D_{ik} \operatorname{grad} c_k\right) - \operatorname{div}(c_i \vec{w}) \quad (i = 2, 3, \ldots N), \qquad [4\text{-}17.7]$$

worin der Operator $\partial/\partial t$ eine Differentiation nach der Zeit bei festem Ort anzeigt. Die meisten Diffusionsversuche werden so ausgeführt, daß man den letzten, auf die Konvektion bezüglichen Term in Gl. [7] vernachlässigen kann. Man erhält dann für die lokale Zunahmegeschwindigkeit der Konzentration der Teilchenart i:

$$\frac{\partial c_i}{\partial t} = \operatorname{div}\left(\sum_{k=2}^{N} D_{ik} \operatorname{grad} c_k\right) \quad (i = 2, 3, \ldots N), \qquad [4\text{-}17.8]$$

die Grundgleichung für die Auswertung der Mehrzahl aller Diffusionsexperimente[1]).

Gl. [6] bzw. [8] stellt die Generalisierung des ersten bzw. zweiten FICK*schen Gesetzes* dar, dessen historische Form wir sogleich kennenlernen werden. Will man den Ausdruck für den Diffusionsstrom bzw. die Zunahmegeschwindigkeit der Konzentration der Teilchenart 1 gewinnen, so braucht man nur Gl. [3] bzw. Gl. [4] mit Gl. [6] bzw. Gl. [8] zu kombinieren.

Wir betrachten nun den Fall von *zwei Teilchenarten* ($N = 2$) etwas näher. Aus Gl. [6] und [8] folgt zunächst mit $D_{22} \equiv D$:

$${}_w\vec{J}_2 = -D \operatorname{grad} c_2, \qquad [4\text{-}17.9]$$

$$\frac{\partial c_2}{\partial t} = \operatorname{div}(D \operatorname{grad} c_2). \qquad [4\text{-}17.10]$$

Die Größe D ist jetzt der *Diffusionskoeffizient* schlechthin. Aus Gl. [3], [4] und [5] ergibt sich weiterhin:

$$V_1\, {}_w\vec{J}_1 + V_2\, {}_w\vec{J}_2 = 0, \qquad [4\text{-}17.11]$$

$$V_1 \operatorname{grad} c_1 + V_2 \operatorname{grad} c_2 = 0, \qquad [4\text{-}17.12]$$

$$V_1 \frac{\partial c_1}{\partial t} + V_2 \frac{\partial c_2}{\partial t} = 0. \qquad [4\text{-}17.13]$$

---

[1]) Vgl. W. JOST, Diffusion (Methoden der Messung und Auswertung) (Fortschritte der physikalischen Chemie, Bd. 1) (Darmstadt 1957).

Damit leiten wir aus Gl. [9] und [10] ab[1]):

$$_w\vec{J}_1 = -D \operatorname{grad} c_1, \qquad [4\text{-}17.14]$$

$$\frac{\partial c_1}{\partial t} = \operatorname{div}(D \operatorname{grad} c_1). \qquad [4\text{-}17.15]$$

Vergleich von Gl. [9] bzw. [10] mit Gl. [14] bzw. [15] bestätigt, daß es bei zwei Teilchenarten nur einen Diffusionskoeffizienten gibt, und zeigt, daß die Formulierung der Grundgesetze in beiden Komponenten symmetrisch ist.

Im Sonderfalle eines eindimensionalen Problems (Ortskoordinate z) finden wir aus den vorangehenden Beziehungen:

$$_w\vec{J}_i = -D \frac{\partial c_i}{\partial z} \quad (i = 1, 2), \qquad [4\text{-}17.16]$$

$$\frac{\partial c_i}{\partial t} = \frac{\partial}{\partial z}\left(D \frac{\partial c_i}{\partial z}\right) \quad (i = 1, 2). \qquad [4\text{-}17.17]$$

Setzen wir außerdem voraus, daß der Diffusionskoeffizient D unabhängig von der Konzentration und damit vom Ort ist – eine in den meisten Fällen unerlaubte Näherung –, so erhalten wir aus Gl. [17]:

$$\frac{\partial c_i}{\partial t} = D \frac{\partial^2 c_i}{\partial z^2} \quad (i = 1, 2). \qquad [4\text{-}17.18]$$

Gl. [16] bzw. [18] ist die historische Form des ersten bzw. zweiten FICK*schen Gesetzes* (ADOLF FICK 1855).

Der obige Formalismus kann auch auf Elektrolytlösungen (§ 4.18) sowie auf feste Mischphasen angewandt werden.

Der Diffusionskoeffizient D bei binären Systemen hängt von der Konzentration, der Temperatur und – bei kondensierten Phasen nur geringfügig – vom Druck ab. Er hat die Größenordnung 1 bis 10^{-1} cm^2 sec^{-1} für Gase, 10^{-5} cm^2 sec^{-1} bei Flüssigkeiten und 10^{-5} bis 10^{-19} cm^2 sec^{-1} (kleinste meßbare Werte) für feste Stoffe.

c) *Wechsel des Bezugssystems.* Für manche Probleme (z. B. bei Vorhandensein von Temperatur- und Druckgradienten) ist es angebracht, zu anderen Konzentrationsvariablen überzugehen. Will man die obige Definition des Diffusionskoeffizienten beibehalten, so wechselt man zweckmäßigerweise auch das Bezugssystem. Wie dies im einzelnen geschieht, soll im folgenden für den Spezialfall zweier Teilchenarten gezeigt werden.

Wir führen den auf eine beliebige Bezugsgeschwindigkeit $\vec{\omega}$ bezogenen Diffusionsstrom

$$\vec{J}_i = c_i (\vec{v}_i - \vec{\omega}) \quad (i = 1, 2) \qquad [4\text{-}17.19]$$

[1]) Gl. [15] ergibt sich am einfachsten aus Gl. [4-4.14] und Gl. [14].

ein. Es gilt nach Gl. [4-3.2], [4-3.3] und [4-3.4]:

$$\vec{\omega} = \omega_1 \vec{v}_1 + \omega_2 \vec{v}_2, \qquad [4\text{-}17.20]$$

$$\omega_1 + \omega_2 = 1, \qquad [4\text{-}17.21]$$

$$\frac{\omega_1}{c_1} \vec{J}_1 + \frac{\omega_2}{c_2} \vec{J}_2 = 0, \qquad [4\text{-}17.22]$$

wobei ω_1 und ω_2 die „Gewichtsfaktoren" für die Mittelung der Geschwindigkeiten unter der Normierungsbedingung [21] darstellen. Für $\vec{\omega} = \vec{w}$ folgt aus Gl. [1]:

$$\omega_1 = c_1 V_1, \quad \omega_2 = c_2 V_2. \qquad [4\text{-}17.23]$$

Auf Grund der Beziehung [1-6.11]

$$c_1 V_1 + c_2 V_2 = 1 \qquad [4\text{-}17.24]$$

ist die Bedingung [21] erfüllt. Aus Gl. [2], [22] und [23] ergibt sich auch sofort die Identität [11].

Wir definieren jetzt auf generelle Weise einen Diffusionskoeffizienten D durch die Beziehung[1])

$$\vec{J}_i = -D \frac{1-\omega_i}{1-x_i} c \operatorname{grad} x_i \quad (i = 1, 2), \qquad [4\text{-}17.25]$$

worin x_i der Molenbruch der Teilchenart i und $c = c_1 + c_2$ die gesamte molare Volumenkonzentration ist. Es gilt nach Gl. [4-3.18] und [4-3.19]:

$$x_1 + x_2 = 1, \qquad [4\text{-}17.26]$$

$$x_i = \frac{c_i}{c} = c_i \overline{V} \quad (i = 1, 2), \qquad [4\text{-}17.27]$$

wobei $\overline{V}$ das Molvolumen bedeutet. Aus dem Zusammenhang (T = Temperatur, P = Druck)

$$V_i = \overline{V} + (1 - x_i) \left(\frac{\partial \overline{V}}{\partial x_i}\right)_{T,P} \quad (i = 1, 2), \qquad [4\text{-}17.28]$$

der aus Gl. [1-6.9] und [1-6.13] folgt, erhalten wir bei Beachtung von [24], [26] und [27] für T = const, P = const:

$$\left.\begin{aligned} \operatorname{grad} c_1 &= \frac{V_2}{\overline{V}^2} \operatorname{grad} x_1, \\ \operatorname{grad} c_2 &= \frac{V_1}{\overline{V}^2} \operatorname{grad} x_2. \end{aligned}\right\} \qquad [4\text{-}17.29]$$

[1]) Dieses elegante Verfahren geht auf DE GROOT u. Mitarb. [2]) zurück.

[2]) G. J. HOOYMAN, H. HOLTAN jr., P. MAZUR und S. R. DE GROOT, Physica **19**, 1095 (1953).

Setzt man in Gl. [25] für $\vec{J}_i$ die Größe ${}_w\vec{J}_i$ ein, so findet man mit Hilfe von Gl. [23], [24], [26] und [27]:

$$\left.\begin{aligned} {}_w\vec{J}_1 &= -D\frac{V_2}{\overline{V}^2}\operatorname{grad} x_1\,, \\ {}_w\vec{J}_2 &= -D\frac{V_1}{\overline{V}^2}\operatorname{grad} x_2\,. \end{aligned}\right\} \qquad [4\text{-}17.30]$$

Trägt man die Beziehungen [29] in diese Gleichungen ein, so leitet man ab:

$${}_w\vec{J}_i = -D\operatorname{grad} c_i \quad (i = 1, 2), \qquad [4\text{-}17.31]$$

in Übereinstimmung mit Gl. [9] und [14]. Man erkennt also, daß die durch Gl. [25] definierte Größe D mit dem konventionellen Diffusionskoeffizienten des ursprünglichen FICKschen Gesetzes identisch ist. Gl. [25] ist demgemäß das FICKsche Gesetz für beliebige Bezugssysteme, während Gl. [30] oder [31] das FICKsche Gesetz im FICKschen Bezugssystem darstellt.

Benutzt man das HITTORFsche Bezugssystem (Bezugsgeschwindigkeit $\vec{v}_1$), wie bei den phänomenologischen Ansätzen (Schluß von § 4.15) oder bei den Problemen der Elektrizitätsleitung (§ 4.16), so gewinnt man mit Gl. [20], [26], [27] und [29] aus Gl. [25] den Zusammenhang:

$${}_1\vec{J}_2 = c_2(\vec{v}_2 - \vec{v}_1) = -\frac{D}{x_1\overline{V}}\operatorname{grad} x_2 = -\frac{D}{c_1 V_1}\operatorname{grad} c_2\,. \qquad [4\text{-}17.32]$$

Wählt man als Konzentrationsvariable in Gl. [32] an Stelle des Molenbruches x_2 bzw. der molaren Volumenkonzentration c_2 die Molarität m_2 der Teilchenart 2 (vgl. § 4.16), so gelangt man auf Grund des Zusammenhangs (M_1 = Molmasse der Komponente 1)

$$x_2 = \frac{M_1 m_2}{1 + M_1 m_2}$$

bei Beachtung von Gl. [27] zu der Beziehung:

$${}_1\vec{J}_2 = -D\frac{c_2}{m_2}\operatorname{grad} m_2\,. \qquad [4\text{-}17.33]$$

Gl. [32] oder [33] ist das FICKsche Gesetz im HITTORFschen Bezugssystem.

Verwendet man als Bezugsgeschwindigkeit die mittlere molare Geschwindigkeit $\vec{u}$, die der mittleren Teilchengeschwindigkeit entspricht, so erhält man mit Hilfe von Gl. [4-3.21] und [4-3.22] aus Gl. [25]:

$${}_u\vec{J}_i = c_i(\vec{v}_i - \vec{u}) = -Dc\operatorname{grad} x_i \quad (i = 1, 2). \qquad [4\text{-}17.34]$$

Diese Beziehung stellt das FICKsche Gesetz im Teilchenbezugssystem dar.

Führt man schließlich die Schwerpunktsgeschwindigkeit $\vec{v}$ ein, so ergibt sich bei Berücksichtigung von Gl. [4-3.6] bis [4-3.15] aus Gl. [25]:

$$\vec{J_i^*} = M_i\, {}_v\vec{J_i} = \varrho_i\,(\vec{v_i} - \vec{v}) = -D\varrho \operatorname{grad} y_i \quad (i = 1, 2), \qquad [4\text{-}17.35]$$

worin M_i die Molmasse (das „Molekulargewicht"), ϱ_i die Partialdichte, y_i den Massenbruch der Teilchenart i und ϱ die Gesamtdichte bedeutet. Gl. [35] ist das FICKsche Gesetz im Schwerpunktssystem.

Bei Anwesenheit von Temperatur- und Druckgradienten wählt man den Molenbruch, den Massenbruch oder die Molarität als Konzentrationsvariable, da die molare Volumenkonzentration sich allein infolge der Kompressibilität und der thermischen Ausdehnung des Mediums ändern kann. Dementsprechend gelten in diesem Falle auch nicht mehr die einfachen Zusammenhänge [12] und [29], so daß die verschiedenen Formulierungen des FICKschen Gesetzes einander nicht mehr gleichwertig sind. Man bezeichnet jetzt sinngemäß denjenigen Teil des Materietransports, der durch einen Gradienten des Molenbruches zustande kommt, als Diffusion. Demgemäß bleibt die generelle Gleichung [25] als Beschreibung der Diffusion und Definition des Diffusionskoeffizienten in einem binären System erhalten, und zwar in dem Sinne, daß derjenige Term in $\vec{J_i}$, der grad x_i enthält, in derselben Gestalt wie die rechte Seite von Gl. [25] geschrieben wird.

Wenn man die Konzentrationsvariablen festhält und die Bezugsgeschwindigkeit ändert, gelangt man zu Diffusionskoeffizienten, die von den konventionellen D_{ik} in Gl. [6] verschieden sind. Die Umrechnungen sind kompliziert[1]. Auch das Problem der Auswertung der experimentellen Daten bei merklichen Volumenänderungen beim Mischen der Lösungen, das mit dem Übergang vom FICKschen Bezugssystem zur Meßzelle als Bezugssystem zusammenhängt, ist recht verwickelt[1][2].

d) *Thermodynamisch-phänomenologische Theorie.* Wir zeigen jetzt, daß die Thermodynamik der irreversiblen Prozesse ebenfalls auf die Ansätze [6] und damit zu denselben Grundgesetzen der Diffusion führt, wie sie die bisherige, rein empirische Betrachtungsweise ergeben hat. Darüber hinaus werden wir mit Hilfe des ONSAGERschen Reziprozitätssatzes generelle Verknüpfungen zwischen den Diffusionskoeffizienten bei Systemen mit drei oder mehr Teilchenarten ableiten.

Zunächst beschränken wir aber die Diskussion auf Systeme mit zwei Teilchenarten. In diesem Falle liefert ONSAGERS Reziprozitätssatz keine

[1] J. G. KIRKWOOD, R. L. BALDWIN, P. J. DUNLOP, L. J. GOSTING und G. KEGELES, J. Chem. Physics **33**, 1505 (1960).

[2] F. SAUER und V. FREISE, Z. Elektrochem. **66**, 353 (1962).

Aussage; denn hier sind, wie schon oben begründet, die Diffusionsvorgänge durch einen einzigen Koeffizienten beschreibbar und entsprechen daher nur einem einzigen unabhängigen Prozeß.

Nach Gl. [4-15.10] und [4-15.14] lautet der phänomenologische Ansatz für die Diffusion in einem System aus zwei ungeladenen Teilchenarten:

$$ {}_1\vec{J}_2 = -a\,(\operatorname{grad}\mu_2)_{T,P}\,. \qquad [4\text{-}17.36]$$

Hierin ist ${}_1\vec{J}_2$ der Diffusionsstrom der Partikelsorte 2 im HITTORFschen Bezugssystem, a $(= a_{22})$ der phänomenologische Koeffizient und μ_2 das chemische Potential der Teilchenart 2. Wir können nun schreiben (vgl. Gl. [4-15.3]):

$$(\operatorname{grad}\mu_2)_{T,P} = \left(\frac{\partial\mu_2}{\partial x_2}\right)_{T,P} \operatorname{grad} x_2\,. \qquad [4\text{-}17.37]$$

Vergleich von Gl. [32] mit Gl. [36] bei Beachtung von Gl. [37] zeigt, daß der phänomenologische Ansatz mit dem FICKschen Gesetz identisch ist. Dabei ergibt sich gleichzeitig die Beziehung zwischen dem Diffusionskoeffizienten D und dem phänomenologischen Koeffizienten a:

$$D = a\,\overline{V} x_1 \left(\frac{\partial\mu_2}{\partial x_2}\right)_{T,P} = a\,\overline{V}\,\frac{x_1^2}{x_2}\left(\frac{\partial\mu_1}{\partial x_1}\right)_{T,P}, \qquad [4\text{-}17.38]$$

worin wir mit Hilfe von Gl. [1-22.34] auch das chemische Potential μ_1 der Partikelart 1 eingeführt haben[1]).

---

[1]) Im Zusammenhang mit der kinetischen Theorie der Diffusion führt man häufig den Begriff der „Beweglichkeit" ein, die wir bei binären Nichtelektrolytlösungen mit dem Symbol b bezeichnen wollen. Dann gilt definitionsgemäß:

$$\vec{v}_2 - \vec{\omega} = -\frac{b\,\omega_1}{L x_1}(\operatorname{grad}\mu_2)_{T,P} = -\frac{b\,\omega_1}{L x_1}\left(\frac{\partial\mu_2}{\partial x_2}\right)_{T,P}\operatorname{grad} x_2\,.$$

Hierin ist L die Loschmidtsche Konstante. Demnach bedeutet b im wesentlichen den Quotienten aus der relativen Geschwindigkeit eines Teilchens der Sorte 2 und der „treibenden Kraft" $-(\operatorname{grad}\mu_2)_{T,P}/L$, die auf dieses Teilchen wirkt. (Der Faktor ω_1/x_1 ist nur wegen der willkürlichen Wählbarkeit des Bezugssystems hinzugefügt. Im Teilchenbezugssystem wird nach Gl. [4-3.21] dieser Faktor gleich Eins.) Vergleich der obigen Definitionsgleichung mit der Beziehung [25] ergibt bei Beachtung von Gl. [21], [26] und [27]:

$$D = \frac{b}{L}\,x_2\left(\frac{\partial\mu_2}{\partial x_2}\right)_{T,P}. \qquad [4\text{-}17.38\text{a}]$$

Dies ist die allgemeine Verknüpfung zwischen dem Diffusionskoeffizienten D und der Beweglichkeit b.

Bei idealen Gasgemischen, idealen flüssigen Mischungen und ideal verdünnten Lösungen gilt:

$$x_2\left(\frac{\partial\mu_2}{\partial x_2}\right)_{T,P} = RT = LkT\,,$$

Die einzige Aussage, welche die Thermodynamik der irreversiblen Prozesse über die Größe a liefert, folgt aus dem positiv-definiten Charakter der Dissipationsfunktion Ψ bei Ablauf von irreversiblen Vorgängen. Es gilt nämlich nach Gl. [4-12.17] und [4-15.14] für unseren Fall:

$$\Psi = a\,[(\mathrm{grad}\,\mu_2)_{T,P}]^2 > 0 \qquad [4\text{-}17.39]$$

und daher:

$$a > 0. \qquad [4\text{-}17.40]$$

Im übrigen kann der phänomenologische Koeffizient a – genau wie der Diffusionskoeffizient D – in beliebiger Weise von den lokalen Zustandsvariablen (Temperatur, Druck und Konzentration) abhängen.

e) ***Diffusion und Stabilität.*** Mit Hilfe von [1-22.38] und [1-22.40] erhalten wir aus Gl. [38] und [40] folgende allgemeine Aussagen:

$D > 0$ (stabiles und metastabiles Gebiet innerhalb Stabilitätsgrenze), [4-17.41]

$D < 0$ (labiles Gebiet). [4-17.42]

Die Vorzeichenaussage [41] entspricht der Erfahrung und ist für stabile Bereiche beinahe selbstverständlich. Die Ungleichung [42] besagt, daß im labilen Zustandsgebiet – das bei fluiden Medien nicht realisierbar ist – der Diffusionsstrom die gleiche Richtung wie der Konzentrationsgradient hat, also zu einer lokalen Entmischung führt. Auch diese Aussage ist vernünftig. Die Entmischung, die im metastabilen Gebiet bei Aufhebung der Hemmungen eintritt, ist in unserem Beschreibungsschema nicht enthalten, da sie mit diskontinuierlichen Änderungen verknüpft ist. Gegenüber benachbarten

---

wobei R die Gaskonstante und k die BOLTZMANNsche Konstante ist. Damit erhalten wir aus Gl. [38a] für diesen Spezialfall:

$$D = bkT, \qquad [4\text{-}17.38\text{b}]$$

die sogenannte „FOKKER-EINSTEINsche Beziehung“, die erstmalig in der Theorie der BROWNschen Molekularbewegung in hochverdünnten Lösungen auftauchte.

Vergleichen wir Gl. [38] mit Gl. [38a], so finden wir den allgemeinen Zusammenhang zwischen dem phänomenologischen Koeffizienten a und der Beweglichkeit b:

$$a = \frac{b\,x_2}{L\overline{V}\,x_1}, \qquad [4\text{-}17.38\text{c}]$$

also eine sehr einfache Beziehung.

Die Beweglichkeit b ist, im Gegensatz zu den Ionenbeweglichkeiten bei Elektrolytlösungen (§ 4.16), keine unabhängig meßbare Größe. Sie kann vielmehr auf experimentellem Wege nur aus dem Diffusionskoeffizienten D nach Gl. [38a] ermittelt werden. Ebenso erhält man den phänomenologischen Koeffizienten a aus Gl. [38] oder [38c].

Zusammensetzungen ist ein metastabiler Bereich ja stabil. Daher ist für einen solchen Bereich die Vorzeichenaussage [41] gültig.

Eine besondere Situation liegt an einem kritischen Punkt oder überhaupt an irgendeinem Punkt der Stabilitätsgrenze vor. Hier gilt auf Grund von Gl. [1-22.34], [1-22.39] und [1-22.41]:

$$\left(\frac{\partial \mu_2}{\partial x_2}\right)_{T,P} = 0\,, \qquad [4\text{-}17.43]$$

$$\left(\frac{\partial \mu_1}{\partial x_1}\right)_{T,P} = 0\,. \qquad [4\text{-}17.44]$$

Unter einem „Diffusionsvorgang am kritischen Punkt" hat man sich dabei folgende Situation vorzustellen: Die mittlere Zusammensetzung eines Volumenelementes entspricht bei der kritischen Temperatur unter vorgegebenem Druck gerade der kritische Konzentration, obwohl noch ein Konzentrationsgradient herrscht. Analoges gilt für irgendeinen Punkt der Stabilitätsgrenze.

Da die Stabilitätsgrenze das stabile oder metastabile Zustandsgebiet vom labilen Gebiet trennt und der kritische Punkt an der Stabilitätsgrenze liegt, muß in Hinblick auf die Ungleichungen [41] und [42] gefordert werden:

$D = 0$ (Stabilitätsgrenze mit Einschluß des kritischen Zustandes). [4-17.45]

Aus Gl. [38], [43] und [45] ergibt sich, daß am kritischen Punkt der phänomenologische Koeffizient a entweder endlich bleibt oder von kleinerer Ordnung unendlich wird als der reziproke Wert von $\partial\mu_2/\partial x_2$. Das wirkliche Verhalten von a könnte an Hand von Gl. [38] experimentell nachgeprüft werden, wenn hinreichend genaue Werte von D und $\partial\mu_2/\partial x_2$ für die Nähe eines kritischen Punktes bekannt wären. Es ist allerdings von vornherein wahrscheinlich, daß a endlich bleibt[1]).

Gl. [45] ist für den Fall der kritischen Entmischung an binären flüssigen Systemen experimentell verifiziert worden, wie aus Abb. 11 hervorgeht.

Schließlich folgt aus Gl. [45], daß die weitverbreitete Darstellung der Temperaturabhängigkeit des Diffusionskoeffizienten

$$D = D_0\, e^{-\frac{A}{RT}}\,, \qquad [4\text{-}17.46]$$

worin R die Gaskonstante, D_0 und A bei gegebenem Druck und vorgegebener Zusammensetzung für das betreffende binäre Gemisch charakteristische

---

[1]) Dies schließt man z. B. durch Vergleich von Gl. [38] mit Gl. [4-20.28]. Da sich hiermit der phänomenologische Koeffizient a auf den Sedimentationskoeffizienten s zurückführen läßt und nicht einzusehen ist, warum s am kritischen Punkt unendlich werden sollte, geht daraus hervor, daß auch a stets endlich bleiben dürfte.

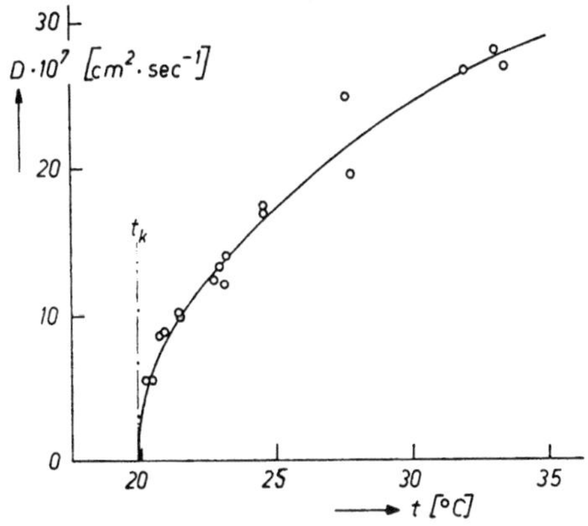

Abb. 11. Diffusionskoeffizient D als Funktion der Celsius-Temperatur t für ein äquimolares flüssiges Gemisch aus n- Hexan und Nitrobenzol nach Messungen von CLAESSON und SUNDELOF[1]). Die kritische Entmischungstemperatur t_k liegt bei 19,9 ± 0,1 °C. Die kritische Zusammensetzung entspricht etwa der äquimolaren Mischung.

Konstanten sind (A = „Aktivierungsenergie"), nicht allgemeingültig sein kann; denn für eine Mischung, die bei festgelegtem Druck gerade die kritische Zusammensetzung hat, muß D bei der kritischen Temperatur verschwinden (s. Abb. 11), was in Gl. [46] nicht zum Ausdruck kommt.

Die Aussagen [41], [42] und [45] gehen prinzipiell schon auf DEHLINGER[2]) und BECKER[3]) zurück. Die exakte Begründung im obigen Sinne findet sich andeutungsweise bei ONSAGER[4]) und ausführlich beim Verfasser[5]).

f) *Beziehungen zwischen Diffusionskoeffizienten bei Mehrstoffsystemen.* Die phänomenologischen Ansätze [4-15.10] ergeben bei Beachtung von Gl. [4-15.3] und [4-15.14] für die Diffusion in einem System aus N Teilchenarten:

$$ {}_1\vec{J}_i = -\sum_{j=2}^{N} a_{ij} (\operatorname{grad} \mu_j)_{T,P} = -\sum_{j=2}^{N} \sum_{l=2}^{N} a_{ij}\, \mu_{jl} \operatorname{grad} c_l $$

$$ (i = 2, 3, \ldots N) \qquad [4\text{-}17.47] $$

1) S. CLAESSON und L.-O. SUNDELOF, J. Chim. Physique **54**, 914 (1957).
2) U. DEHLINGER, Z. Physik **102**, 633 (1936); Z. Metallkde. **29**, 401 (1937).
3) R. BECKER, Z. Metallkde. **29**, 245 (1937).
4) L. ONSAGER, Ann. N. Y. Acad. Sci. **46**, 241 (1945).
5) R. HAASE, Thermodynamik der Mischphasen 182 (Berlin-Göttingen-Heidelberg 1956).

mit

$$\mu_{jl} \equiv \left(\frac{\partial \mu_j}{\partial c_l}\right)_{T,P,c_m} \quad (j, l, m = 2, 3, \ldots N; m \neq l) . \qquad [4\text{-}17.48]$$

Hierin sind $_1\vec{J}_i$ der Diffusionsstrom der Partikelsorte i im HITTORFschen Bezugssystem, μ_j das chemische Potential der Teilchenart j und die a_{ij} die phänomenologischen Koeffizienten.

Das verallgemeinerte FICKsche Gesetz [6] besagt:

$$_w\vec{J}_k = -\sum_{l=2}^{N} D_{kl} \operatorname{grad} c_l \quad (k = 2, 3, \ldots N). \qquad [4\text{-}17.49]$$

Darin sind $_w\vec{J}_k$ der Diffusionsstrom der Teilchenart k im FICKschen Bezugssystem und die D_{kl} die Diffusionskoeffizienten, $(N-1)^2$ an der Zahl.

Für die Umrechnung vom FICKschen auf das HITTORFsche Bezugssystem erhalten wir gemäß Gl. [4-3.41] mit Gl. [3]:

$$_1\vec{J}_i = \sum_{k=2}^{N} \left(\delta_{ik} + \frac{c_i V_k}{c_1 V_1}\right) {_w\vec{J}_k} \quad (i = 2, 3, \ldots N). \qquad [4\text{-}17.50]$$

Dabei bedeutet δ_{ik} das KRONECKERsche Symbol ($\delta_{ik} = 1$ für $i = k$, $\delta_{ik} = 0$ für $i \neq k$).

Mit der Abkürzung

$$\varepsilon_{ik} \equiv \delta_{ik} + \frac{c_i V_k}{c_1 V_1} \qquad [4\text{-}17.51]$$

folgt aus Gl. [49] und [50]:

$$_1\vec{J}_i = -\sum_{k=2}^{N} \sum_{l=2}^{N} \varepsilon_{ik} D_{kl} \operatorname{grad} c_l \quad (i = 2, 3, \ldots N). \qquad [4\text{-}17.52]$$

Bei Vergleich von Gl. [47] mit Gl. [52] ist zunächst ersichtlich, daß die phänomenologischen Ansätze auf das verallgemeinerte FICKsche Gesetz führen. Sodann ergibt sich durch Koeffizientenvergleich in [47] und [52] der Zusammenhang zwischen den phänomenologischen Koeffizienten (a_{ij}) und den Diffusionskoeffizienten (D_{kl}):

$$\sum_{j=2}^{N} a_{ij} \mu_{jl} = \sum_{k=2}^{N} \varepsilon_{ik} D_{kl} \quad (i, l = 2, 3, \ldots N). \qquad [4\text{-}17.53]$$

Schreiben wir diese Beziehung ein zweites Mal in der Form

$$\sum_{j=2}^{N} a_{ij} \mu_{jm} = \sum_{k=2}^{N} \varepsilon_{ik} D_{km} \quad (i, m = 2, 3, .. N) \qquad [4\text{-}17.54]$$

an, multiplizieren Gl. [53] mit μ_{im}, Gl. [54] mit μ_{il} und summieren über den Index i, so finden wir:

$$\sum_{i=2}^{N} \sum_{j=2}^{N} a_{ij} \mu_{jl} \mu_{im} = \sum_{i=2}^{N} \sum_{k=2}^{N} \varepsilon_{ik} D_{kl} \mu_{im}, \qquad [4\text{-}17.55]$$

$$\sum_{i=2}^{N} \sum_{j=2}^{N} a_{ij} \mu_{jm} \mu_{il} = \sum_{i=2}^{N} \sum_{k=2}^{N} \varepsilon_{ik} D_{km} \mu_{il} \qquad [4\text{-}17.56]$$

und nach Vertauschen der Summationsindices auf der linken Seite von Gl. [56]:

$$\sum_{i=2}^{N} \sum_{j=2}^{N} a_{ji} \mu_{im} \mu_{jl} = \sum_{i=2}^{N} \sum_{k=2}^{N} \varepsilon_{ik} D_{km} \mu_{il}. \qquad [4\text{-}17.57]$$

An dieser Stelle benötigen wir ONSAGERs Reziprozitätssatz [4-14.4]:

$$a_{ij} = a_{ji} \quad (i, j = 2, 3, \ldots N). \qquad [4\text{-}17.58]$$

Aus Gl. [57] und [58] folgt sofort:

$$\sum_{i=2}^{N} \sum_{j=2}^{N} a_{ij} \mu_{im} \mu_{jl} = \sum_{i=2}^{N} \sum_{k=2}^{N} \varepsilon_{ik} D_{km} \mu_{il}. \qquad [4\text{-}17.59]$$

Vergleichen wir Gl. [55] mit Gl. [59], so gewinnen wir eine Aussage über meßbare Größen:

$$\sum_{i=2}^{N} \sum_{k=2}^{N} \varepsilon_{ik} \mu_{im} D_{kl} = \sum_{i=2}^{N} \sum_{k=2}^{N} \varepsilon_{ik} \mu_{il} D_{km} \quad (l, m = 2, 3, \ldots N). \qquad [4\text{-}17.60]$$

Dies ist die präzisierte Form[1]) des von ONSAGER[2]) abgeleiteten Zusammenhangs zwischen den Diffusionskoeffizienten eines Mehrstoffsystems. Eine zuvor von MEIXNER[3]) angegebene Beziehung gilt für ideale Gasgemische.

Nach Gl. [60] bestehen zwischen den $(N-1)^2$ Diffusionskoeffizienten $\frac{1}{2}(N-1)(N-2)$ unabhängige lineare Verknüpfungen, entsprechend ebensovielen Reziprozitätsbeziehungen der Form [58]. Damit reduziert sich die Zahl der unabhängigen Diffusionskoeffizienten auf $\frac{1}{2} N (N-1)$. Bei 3 Teilchenarten gibt es also nur 3 unabhängige Diffusionskoeffizienten. Im nächsten Paragraphen werden wir zeigen, daß bei geeigneter Definition der Diffusionskoeffizienten die Beziehung [60] auch für Elektrolytlösungen gilt, wobei N die Anzahl der unabhängig wandernden Stoffe bedeutet.

---

[1]) G. J. HOOYMAN, Diss. (Leiden 1955).
[2]) L. ONSAGER, Ann. N. Y. Acad. Sci. **46**, 241 (1945).
[3]) J. MEIXNER, Ann. Physik (5) **43**, 268 (1943).

Bei Spezialisierung auf den Fall $N = 3$ ergibt Gl. [60]:

$$(\varepsilon_{22}\,\mu_{2m} + \varepsilon_{32}\,\mu_{3m})\,D_{2l} + (\varepsilon_{23}\,\mu_{2m} + \varepsilon_{33}\,\mu_{3m})\,D_{3l}$$
$$= (\varepsilon_{22}\,\mu_{2l} + \varepsilon_{32}\,\mu_{3l})\,D_{2m} + (\varepsilon_{23}\,\mu_{2l} + \varepsilon_{33}\,\mu_{3l})\,D_{3m} \quad (l, m = 2, 3)\,.$$

Diese Gleichung ist für $l = m$ eine Identität. In den Fällen $l = 2$, $m = 3$ und $l = 3$, $m = 2$ liefert sie dasselbe Ergebnis. Demnach verbleibt eine einzige Beziehung:

$$(\varepsilon_{22}\,\mu_{23} + \varepsilon_{32}\,\mu_{33})\,D_{22} + (\varepsilon_{23}\,\mu_{23} + \varepsilon_{33}\,\mu_{33})\,D_{32}$$
$$= (\varepsilon_{22}\,\mu_{22} + \varepsilon_{32}\,\mu_{32})\,D_{23} + (\varepsilon_{23}\,\mu_{22} + \varepsilon_{33}\,\mu_{32})\,D_{33}\,.$$

Beachten wir Gl. [51], so gelangen wir zur expliziten Gestalt dieser Formel[1]):

$$\alpha_{22} D_{22} + \alpha_{32} D_{32} = \alpha_{23} D_{23} + \alpha_{33} D_{23} \qquad [4.17\text{-}61]$$

mit

$$\alpha_{22} \equiv \left(1 + \frac{c_2\,V_2}{c_1\,V_1}\right)\mu_{23} + \frac{c_3\,V_2}{c_1\,V_1}\,\mu_{33}\,, \qquad [4\text{-}17.62]$$

$$\alpha_{32} \equiv \frac{c_2\,V_3}{c_1\,V_1}\,\mu_{23} + \left(1 + \frac{c_3\,V_3}{c_1\,V_1}\right)\mu_{33}\,, \qquad [4\text{-}17.63]$$

$$\alpha_{23} \equiv \left(1 + \frac{c_2\,V_2}{c_1\,V_1}\right)\mu_{22} + \frac{c_3\,V_2}{c_1\,V_1}\,\mu_{32}\,, \qquad [4\text{-}17.64]$$

$$\alpha_{33} \equiv \frac{c_2\,V_3}{c_1\,V_1}\,\mu_{22} + \left(1 + \frac{c_3\,V_3}{c_1\,V_1}\right)\mu_{32}\,. \qquad [4\text{-}17.65]$$

Gosting und Mitarb.[2]) sowie Miller[3]) haben Gl. [61] an Hand des experimentellen Materials über Diffusion in ternären flüssigen Systemen geprüft und damit Onsagers Reziprozitätssatz für diesen Fall verifiziert. Da fast alle diskutierten Systeme Elektrolyte enthalten, verschieben wir die näheren Angaben auf § 4.18, wo wir auch Zahlenwerte (Tab. 7, S. 322) bringen. Hier sei nur erwähnt, daß die Diffusionskoeffizienten D_{23} und D_{32} im Vergleich zu D_{22} und D_{33} meist klein sind und stets für $c_2 \to 0$ bzw. $c_3 \to 0$ verschwinden[4]). Auch können D_{23} und D_{32} – im Gegensatz zu D_{22} und D_{33} – negative Werte annehmen.

---

[1]) Man kann aus der klassischen Thermodynamik noch die Beziehung $\alpha_{22} = \alpha_{33}$ ableiten.

[2]) P. J. Dunlop und L. J. Gosting, J. Physic. Chem. **63**, 86 (1959); P. J. Dunlop, ibid. **63**, 612, 2089 (1959); H. Fujita und L. J. Gosting, ibid. **64**, 1256 (1960); R. P. Wendt, ibid. **66**, 1279 (1962); L. A. Woolf, D. G. Miller und L. J. Gosting, J. Amer. Chem. Soc. **84**, 317 (1962).

[3]) D. G. Miller, J. Physic. Chem. **62**, 767 (1958); **63**, 570, 2089 (1959); Chem. Revs. **60**, 15 (1960).

[4]) Aus Gl. [2] folgt nämlich: ${}_{w}\vec{J}_i \to 0$ für $c_i \to 0$, also mit Gl. [6]: $D_{ik} \to 0$ für $c_i \to 0$ $(i \neq k,\ c_k \neq 0)$.

Für ternäre ideale Gasgemische gilt:

$$V_1 = V_2 = V_3 = \frac{RT}{P}, \qquad [4\text{-}17.66]$$

$$\mu_{23} = \mu_{32} = 0, \quad c_2\,\mu_{22} = c_3\,\mu_{33} = RT. \qquad [4\text{-}17.67]$$

Hieraus folgt mit Gl. [61] bis [65]:

$$D_{22} + \left(1 + \frac{c_1}{c_3}\right) D_{32} = \left(1 + \frac{c_1}{c_2}\right) D_{23} + D_{33} \qquad [4\text{-}17.68]$$

oder mit Gl. [4-3.18] und [4-3.19]:

$$x_2 x_3 (D_{22} - D_{33}) = x_3 (1 - x_3) D_{23} - x_2 (1 - x_2) D_{32}, \qquad [4\text{-}17.69]$$

wobei x_i der Molenbruch des Stoffes i ist. Diese sehr einfache Beziehung[1]) scheint bisher noch nicht experimentell verifiziert worden zu sein. Wir erkennen aus Gl. [68] und [69], daß die Annahme $D_{23} = D_{32} = 0$ die Aussage $D_{22} = D_{33}$ nach sich ziehen würde und daher nicht allgemein richtig sein kann.

Wie man aus Gl. [61] mit $\alpha_{22} = \alpha_{33}$ ableitet, führt die Voraussetzung

$$D_{23} = D_{32} = 0$$

generell auf die Aussage $D_{22} = D_{33} \equiv D$, so daß die Diffusionsvorgänge im ternären System durch einen einzigen Diffusionskoeffizienten (D) beschreibbar sind. Man wird solche einfachen Verhältnisse nur bei einander sehr ähnlichen Molekülarten, also bei ternären idealen Mischungen finden. Da von binären idealen flüssigen Systemen bekannt ist, daß der Diffusionskoeffizient eine lineare Funktion des Molenbruches ist, wird man auch bei ternären idealen Flüssigkeitsgemischen eine lineare Abhängigkeit des Diffusionskoeffizienten D von den Molenbrüchen x_1, x_2, x_3 erwarten. In der Tat zeigen Messungen[2]) an dem nahezu idealen flüssigen System Toluol(1)—Chlorbenzol(2)—Brombenzol(3), daß hier alle erwarteten Vereinfachungen innerhalb der Meßgenauigkeit auftreten. Es gilt für den Diffusionskoeffizienten bei 29,6° C:

$$\frac{D}{10^{-5}\,\text{cm}^2\,\text{sec}^{-1}} = 2{,}36\,x_1 + 1{,}84\,x_2 + 1{,}30\,x_3.$$

§ 4.18. Diffusion in Elektrolytlösungen

a) *Allgemeines.* Wir betrachten eine Elektrolytlösung, in der sich bei festen Werten der Temperatur und des Druckes und bei Ausschluß äußerer Kraftfelder Diffusionsvorgänge abspielen. Da das Dissoziationsgleichgewicht

[1]) Vgl. auch S. R. de Groot und P. Mazur, Non-Equilibrium Thermodynamics 264 (Amsterdam 1962).

[2]) J. K. Burchard und H. L. Toor, J. Physic. Chem. **66**, 2015 (1962).

sich sehr schnell im Vergleich zu einem Konzentrationsausgleich durch Diffusion einstellt, können wir überall lokales chemisches Gleichgewicht in bezug auf die Dissoziation der verschiedenen Elektrolyte voraussetzen. Außerdem muß an jedem Ort die Elektroneutralitätsbedingung erfüllt sein. Wir werden daher, solange wir noch nicht das Problem des „Diffusionspotentials" behandeln (s. unten), als diffundierende Einheiten nicht die einzelnen Ionenarten und neutralen Molekülarten, sondern die unabhängig wandernden Stoffe (Elektrolyte und Nichtelektrolyte) ansehen. Inwieweit diese mit den „Komponenten" im Sinne der Phasenregel identisch sind, bedarf allerdings einer besonderen Untersuchung. Wenn wir einen im Überschuß vorhandenen oder sonst herauszuhebenden Stoff (normalerweise das „Lösungsmittel") durch den Index 1 und die übrigen unabhängig wandernden Stoffe durch die Indices 2, 3, ... N kennzeichnen, sind die Bezugsgeschwindigkeit, die Diffusionsströme und die Konzentrationsgradienten wie in Gl. [4-17.1] bis [4-17.5] definiert, und es gelten auch die FICKschen Gesetze [4-17.6] bis [4-17.18]. Die Zahl der unabhängigen Diffusionsströme bzw. Konzentrationsgradienten beträgt dann nach § 4.17: $N - 1$, die der Diffusionskoeffizienten zunächst $(N - 1)^2$.

Um uns den Übergang von der Beschreibung der Diffusionsvorgänge mit Hilfe der einzelnen Teilchenarten (§ 4.17) zur Darstellungsweise mit „unabhängig wandernden Stoffen" klarzumachen, betrachten wir vorerst den einfachsten Fall: die Lösung eines einzigen binären Elektrolyten (Komponente 2) mit zwei Ionenarten in einem einzigen neutralen Lösungsmittel (Komponente 1). Dies entspricht einem System aus vier Teilchenarten. Es sind nämlich vorhanden: Lösungsmittelmoleküle, undissoziierte Elektrolytmoleküle (Index u), Kationen (Index $+$) und Anionen (Index $-$). Die Elektroneutralitätsbedingung [4-16.31] besagt:

$$z_+ c_+ + z_- c_- = 0, \qquad [4\text{-}18.1]$$

worin z_i bzw. c_i die elektrochemische Valenz bzw. molare Volumenkonzentration der Teilchenart i bedeutet. Wir benötigen zur Beschreibung der Zusammensetzung der Lösung nur eine einzige Konzentrationsvariable. Wir wählen die molare Volumenkonzentration c_2 des Elektrolyten:

$$c_2 = \frac{c_u}{1 - \alpha} = \frac{c_+}{\nu_+ \alpha} = \frac{c_-}{\nu_- \alpha}. \qquad [4\text{-}18.2]$$

Hierin bedeutet α den Dissoziationsgrad des Elektrolyten und ν_i die Zerfallszahl für die Ionenart i (vgl. Gl. [1-19.13]). Da insgesamt kein elektrischer Strom fließt, muß nach Gl. [4-3.47] weiterhin gelten:

$$z_+ c_+ \vec{v}_+ + z_- c_- \vec{v}_- = 0.$$

Hierbei ist $\vec{v}_i$ die mittlere Geschwindigkeit der Teilchenart i. Mit Gl. [1] ergibt sich:

$$\vec{v}_+ = \vec{v}_- \equiv \vec{v}_2 .$$

Die Größe $\vec{v}_2$ bedeutet die gemeinsame Geschwindigkeit der Kationen und Anionen. Aber auch die undissoziierten Elektrolytmoleküle bewegen sich mit der gleichen Geschwindigkeit; denn die vorausgesetzte Bedingung des lokalen Dissoziationsgleichgewichtes sorgt dafür, daß an jedem Orte (d. h. bei jeder Zusammensetzung) die zu den betreffenden Ionenkonzentrationen gehörende Gleichgewichtskonzentration des undissoziierten Elektrolyten vorliegt[1]). Wir erhalten also:

$$\vec{v}_+ = \vec{v}_- = \vec{v}_u = \vec{v}_2 . \qquad [4\text{-}18.3]$$

Wir können demnach die Wanderung des Elektrolyten durch eine einzige Geschwindigkeit ($\vec{v}_2$) charakterisieren. Man führt daher die Größe

$$\vec{J}_2 \equiv c_2 (\vec{v}_2 - \vec{\omega})$$

als „Diffusionsstrom des Elektrolyten" ein. $\vec{\omega}$ bedeutet eine beliebige Bezugsgeschwindigkeit. Nach Gl. [4-3.1] findet man für die Diffusionsströme der einzelnen Teilchenarten:

$$\vec{J}_+ = c_+ (\vec{v}_+ - \vec{\omega}),$$
$$\vec{J}_- = c_- (\vec{v}_- - \vec{\omega}),$$
$$\vec{J}_u = c_u (\vec{v}_u - \vec{\omega}).$$

Hieraus folgt mit Gl. [2] und [3] mit $\nu \equiv \nu_+ + \nu_-$:

$$\left.\begin{aligned} \vec{J}_+ = \nu_+ \alpha \vec{J}_2, \quad \vec{J}_- = \nu_- \alpha \vec{J}_2, \quad \vec{J}_u = (1-\alpha) \vec{J}_2, \\ \nu \vec{J}_u + \vec{J}_+ + \vec{J}_- = \nu \vec{J}_2 . \end{aligned}\right\} \qquad [4\text{-}18.4]$$

Diese Beziehung gilt, wie aus ihrer Ableitung ersichtlich, für ganz beliebige Transportprozesse in Elektrolytlösungen mit zwei Ionenarten, sofern kein

---

[1]) Wenn die neutralen Moleküle bei der Diffusion den Ionen vorauseilten, würden sich sofort, entsprechend dem lokalen Dissoziationsgleichgewicht, an dem betreffenden Ort Ionen bilden. Blieben die neutralen Moleküle hinter den Ionen zurück, so würden sogleich wieder neutrale Moleküle in der voraneilenden Ionenfront entstehen. Die Diffusionsgeschwindigkeit $\vec{v}_u$ des neutralen Elektrolyten muß also überall gleich der Wanderungsgeschwindigkeit $\vec{v}_2$ der Ionen sein.

elektrischer Strom fließt. Sie ist also z. B. auch auf die Sedimentation (§ 4.20) und die Thermodiffusion (§ 4.27) anwendbar.

Setzen wir $\vec{\omega} = \vec{w}$ (mittlere Volumengeschwindigkeit) und demgemäß $\vec{J}_2 = {}_w\vec{J}_2$ (Diffusionsstrom des Elektrolyten im FICKschen Bezugssystem), so können wir für die Diffusion wieder das FICKsche Gesetz in der ursprünglichen Form [4-17.9] schreiben:

$$ {}_w\vec{J}_2 = -D \operatorname{grad} c_2. \tag{4-18.5}$$

Dabei ist D der Diffusionskoeffizient. Wir haben hier einen unabhängig wandernden Elektrolyten, zwei unabhängig wandernde Stoffe (den Elektrolyten und das Lösungsmittel) und demgemäß nur einen unabhängigen Diffusionsstrom bzw. Konzentrationsgradienten bzw. Diffusionskoeffizienten. Die Anzahl der unabhängig wandernden Substanzen stimmt in diesem Falle mit der Komponentenzahl im Sinne der Phasenregel überein.

Verwickelter werden die Verhältnisse bei mehr als zwei Ionenarten. Die Zahl der unabhängig wandernden Stoffe (N) braucht hier nicht mehr mit der Komponentenzahl (N') im Sinne der Phasenregel identisch zu sein. Wir betrachten im folgenden einige Beispiele für Systeme mit drei oder mehr Ionenarten.

Das einfachste Beispiel ist ein System, das aus einem neutralen Lösungsmittel und einem binären Elektrolyten mit drei Ionenarten besteht, z. B. Wasser-Schwefelsäure. Hier gibt es fünf Teilchenarten: H_2O, H^+, HSO_4^-, SO_4^{--} und H_2SO_4. Die Voraussetzung des lokalen Dissoziationsgleichgewichtes für die Reaktionen

$$H_2SO_4 \rightleftharpoons H^+ + HSO_4^-,$$
$$HSO_4^- \rightleftharpoons H^+ + SO_4^{--}$$

sowie die Elektroneutralitätsbedingung [4-3.46] bzw. die Bedingung für das Verschwinden des gesamten elektrischen Stromes [4-3.47] stellen drei unabhängige Verknüpfungen zwischen den Konzentrationen bzw. Geschwindigkeiten der einzelnen Teilchenarten dar. Damit verbleiben zwei unabhängig wandernde Stoffe ($N = 2$), als die wir H_2O und H_2SO_4 ansehen können. Auch im Sinne der Phasenregel gibt es zwei Komponenten ($N' = 2$).

Das nächste Beispiel betrifft ein System aus einem neutralen Lösungsmittel und einem ternären Elektrolyten mit vier Ionenarten, z. B. Wasser-Kaliumbisulfat. Hier hat man sechs Teilchenarten (H_2O, K^+, H^+, HSO_4^-, SO_4^{--}, $KHSO_4$), zwei lokale Gleichgewichtsbedingungen und eine Elektroneutralitätsbedingung bzw. Bedingung für das Verschwinden des Gesamtstromes. Damit erhält man drei unabhängig wandernde Stoffe ($N = 3$), als die man z. B. H_2O, $KHSO_4$ und K_2SO_4 ansehen kann. Nun gilt aber für die Komponentenzahl im Sinne der Phasenregel: $N' = 2$. Bei Gleichgewichtsproblemen (d. h. homogenen Lösungen) kommt nämlich zu den genannten Beziehungen noch die weitere Bedingung $c_{H^+} = c_{SO_4^{--}}$ hinzu, die sich aus der Art der Herstellung des Systems (Auflösen von Kaliumbisulfat in Wasser) ergibt.

Für die Systeme

$$H_2O — NaCl — KCl \tag{A}$$

und

$$H_2O — NaCl — KBr \tag{B}$$

muß die Komponentenzahl im Sinne der Phasenregel offensichtlich $N' = 3$ sein. Bei Diffusionsproblemen aber verhält sich das System (B) anders als das System (A). Die Elektroneutralitätsbedingung bzw. die Bedingung für verschwindenden Gesamtstrom ergibt jetzt nämlich im Falle (A) zwei, im Falle (B) aber drei unabhängige Ionenkonzentrationen bzw. Ionengeschwindigkeiten. Demgemäß können wir bezüglich der Diffusion das System (A) durch drei unabhängig wandernde Stoffe (H_2O, NaCl und KCl) kennzeichnen ($N = 3$), während wir beim System (B) vier unabhängig wandernde Stoffe (z. B. H_2O, NaCl, KCl und KBr) einführen müssen ($N = 4$). Die zusätzliche Bedingung, welche die Komponentenzahl bei Gleichgewichtsproblemen im Falle (B) auf drei reduziert, aber bei Diffusionsproblemen ungültig ist, ergibt sich auch hier aus der Art der Herstellung des Systems (B). Es muß nämlich die Bedingung

$$c_{Na^+} + c_{NaCl} + c_{NaBr} = c_{Cl^-} + c_{NaCl} + c_{KCl}$$

gelten, in der c_{NaCl}, c_{NaBr} und c_{KCl} die Konzentrationen der undissoziierten Elektrolytanteile bedeuten. Diese Beziehung drückt die Gleichheit der Konzentrationen der ionischen Bestandteile Na und Cl im Falle einer homogenen Lösung aus. Die Gleichheit der Konzentrationen der beiden übrigen ionischen Bestandteile (K und Br) folgt hieraus automatisch mit der Elektroneutralität.

Im allgemeinsten Falle enthält eine fluide Mischung Nichtelektrolytmoleküle, undissoziierte Elektrolytmoleküle und Ionen. Chemische Reaktionen, an denen Ionen beteiligt sind, laufen immer sehr schnell im Vergleich zur Diffusion ab. Hier kann man also lokales chemisches Gleichgewicht voraussetzen. Bei Nichtelektrolytmolekülen können die Konzentrationsänderungen durch chemische Reaktionen in irgendeinem Volumenelement entweder vergleichbar mit oder aber wesentlich größer oder kleiner als die durch Diffusion hervorgerufenen Konzentrationsänderungen sein. Im ersten Falle läßt sich keine einfache allgemeine Aussage machen. Im zweiten Falle ist jedoch entweder mit lokalem chemischen Gleichgewicht oder mit völlig gehemmten Reaktionen zu rechnen. Nur diese Extremfälle sollen hier betrachtet werden.

Kommen im Gemisch K' Molekülarten vor, die aus Nichtelektrolyten stammen und zwischen denen R unabhängige (schnelle) Reaktionen möglich sind, so hat man $K' - R = K$ unabhängig wandernde Nichtelektrolyte. Es seien weiterhin n Ionenarten und n' Sorten von undissoziierten Elektrolytmolekülen vorhanden. Die Elektroneutralitätsbedingung ergibt zunächst eine Reduktion der unabhängigen Konzentrationen bzw. Geschwindigkeiten um eins. Ferner haben wir n' lokale Gleichgewichtsbedingungen für Dissoziationsreaktionen, an denen undissoziierte Elektrolytmoleküle beteiligt sind. Schließlich kann es noch eine Anzahl B von Bedingungsgleichungen geben, die das lokale Gleichgewicht bei Ionenreaktionen vom Typ $HSO_4^- \rightleftharpoons H^+ + SO_4^{--}$ beschreiben. Damit wird die Zahl der unabhängigen Konzentrationen bzw. Geschwindigkeiten um $n' + B$ vermindert. Schnelle Reaktionen zwischen Elektrolyten und Nichtelektrolyten (Solvatation usw.) brauchen nicht berücksichtigt werden, da zu jeder neu entstehenden Teilchenart (Solvatkomplex usw.) eine neue Gleichung, entsprechend dem lokalen chemischen Gleichgewicht, gehört. Wir finden also für die Anzahl N der unabhängig wandernden Stoffe:

$$N = K + n - B - 1. \qquad [4\text{-}18.6]$$

Da N nach obigem gleich der Anzahl der unabhängigen Geschwindigkeiten ist, beträgt nach Gl. [4-17.3] bzw. [4-17.5] die Zahl der unabhängigen Diffusionsströme bzw. Konzentrationsgradienten: $N - 1$. Man wird also mit Hilfe von Gl. [4-17.6] auch in diesem generellen Falle $(N - 1)^2$ Diffusionskoeffizienten einführen.

Der eingangs ausschließlich betrachtete Fall einer Mischung aus einem Lösungsmittel, das eine einzige unabhängig wandernde Teilchenart liefert (z. B. H_2O), mit beliebig vielen Elektrolyten (n Ionenarten) entspricht dem „Normalfall“ ($K = 1$). Hier gilt nach Gl. [6]: $N = n - B$.

Wenn es sich um Salzschmelzen handelt, ist $K = 0$, und wir erhalten aus Gl. [6]: $N = n - B - 1$. So hat man z. B. in der flüssigen Mischung (Salzschmelze) NaCl — KCl drei Ionenarten, wegen $B = 0$ also zwei unabhängig wandernde Stoffe ($N = 2$), in der Mischung NaCl — KCl — KBr vier Ionenarten und damit drei unabhängig wandernde Substanzen ($N = 3$), im Gemisch NaCl — KBr aber ebenfalls vier Ionenarten und drei unabhängig wandernde Stoffe ($N = 3$), als die man etwa NaCl, KCl und KBr ansehen kann.

Die obigen Betrachtungen gelten nicht nur für die Diffusion, sondern auch für andere Transportvorgänge, soweit sie stromlos verlaufen, also z. B. für die Sedimentation (§ 4.20) oder für die Thermodiffusion (§ 4.27).

b) *Thermodynamisch-phänomenologische Theorie.* Die Formel [4-12.17] für die Dissipationsfunktion vereinfacht sich im vorliegenden Falle auf den Ausdruck (vgl. den Schluß von § 4.15):

$$\Psi = \sum_{i=2}^{Z} {}_1\vec{J}_i \, \vec{X}_i \,. \qquad [4\text{-}18.7]$$

Hierin bedeutet Z die Zahl der insgesamt vorhandenen Teilchenarten, ${}_1\vec{J}_i$ den Diffusionsstrom der Partikelsorte i im HITTORFschen Bezugssystem und $\vec{X}_i$ die zugehörige „generalisierte Kraft“, die nach Gl. [4-15.11] durch den Ausdruck

$$\vec{X}_i = -\operatorname{grad} \mu_i - z_i \mathfrak{F} \operatorname{grad} \varphi \qquad [4\text{-}18.8]$$

gegeben ist, wobei μ_i das chemische Potential der Teilchenart i, z_i die elektrochemische Valenz der Partikelsorte i, $\mathfrak{F}$ die FARADAYsche Konstante und φ das elektrische Potential ist. Demgemäß lauten die phänomenologischen Ansätze, in Übereinstimmung mit Gl. [4-15.10]:

$${}_1\vec{J}_i = -\sum_{k=2}^{Z} a_{ik} \,(\operatorname{grad} \mu_k + z_k \mathfrak{F} \operatorname{grad} \varphi) \quad (i = 2, 3, \ldots Z) \,. \qquad [4\text{-}18.9]$$

Die a_{ik} sind die phänomenologischen Koeffizienten, für die ONSAGERS Reziprozitätssatz [4-14.4]

$$a_{ik} = a_{ki} \quad (i, k = 2, 3, \ldots Z) \qquad [4\text{-}18.10]$$

gilt. Gl. [4-16.43] geht aus Gl. [9] für den Spezialfall $\operatorname{grad} \mu_k = 0$ hervor.

Wenn wir die Probleme des Diffusionspotentials oder die Beziehungen zwischen den Diffusionskoeffizienten und Ionenbeweglichkeiten behandeln wollen, werden wir von den Gln. [9] und [10] ausgehen, da durch diese Formeln auch die Elektrizitätsleitung beschrieben wird (§ 4.16). Handelt es sich aber – wie im folgenden zunächst – lediglich um die Diffusion selbst, so ist es zweckmäßig, eine andere Darstellungsweise zu wählen, die schon in § 4.15 angedeutet wurde und nun näher ausgeführt werden soll.

Zunächst ergibt die Bedingung für das Verschwinden des Gesamtstromes gemäß Gl. [4-15.13]:

$$\sum_{i=2}^{Z} z_i \, {}_1\vec{J}_i = 0 \,. \qquad [4\text{-}18.11]$$

Durch Einsetzen von Gl. [8] und [11] in Gl. [7] folgt sofort:

$$\Psi = -\sum_{i=2}^{Z} {}_1\vec{J}_i \operatorname{grad} \mu_i \,. \qquad [4\text{-}18.12]$$

Bei abermaliger Anwendung von Gl. [11] können wir einen weiteren Term in Gl. [12] eliminieren, z. B. das Glied mit ${}_1\vec{J}_Z$, wobei $z_Z \neq 0$, die Teilchenart Z also ein Ion sein soll. Wir erhalten dann:

$$\Psi = -\sum_{i=2}^{Z-1} {}_1\vec{J}_i \left(\operatorname{grad} \mu_i - \frac{z_i}{z_Z} \operatorname{grad} \mu_Z\right). \qquad [4\text{-}18.13]$$

Es lassen sich nun durch geeignete Zusammenfassung von entgegengesetzt geladenen Ionenarten zu neutralen Elektrolyten und Berücksichtigung der Bedingung des lokalen Dissoziationsgleichgewichtes die früher schon definierten „unabhängig wandernden Stoffe" einführen, deren Zahl N beträgt. Auf diese Weise nimmt der Ausdruck [13] die abermals verkürzte Form

$$\Psi = -\sum_{k=2}^{N} {}_1\vec{J}_k \operatorname{grad} \mu_k \qquad [4\text{-}18.14]$$

an, worin der Index k entweder eine nichtelektrolytische Komponente oder einen Elektrolyten als Ganzes bezeichnet. Ist lediglich ein einziges neutrales Lösungsmittel vorhanden („Normalfall"), so enthält die Summe in Gl. [14] nur auf unabhängig wandernde Elektrolyte bezügliche Terme, da man hier das Lösungsmittel stets als Stoff 1 wählt.

Der direkte Beweis der Äquivalenz von Gl. [13] und [14] ist kompliziert[1]). Wir werden uns daher im folgenden auf die Diskussion des einfachsten Falles beschränken. Man kann aber die Gültigkeit von Gl. [14] ohne Rechnung generell einsehen, wenn man bedenkt, daß man bei der Aufstellung der Bilanzgleichungen überall an Stelle der einzelnen Teilchenarten von vornherein die unabhängig wandernden Stoffe einführen kann, so daß sich statt Gl. [7] sofort der Ausdruck [14] ergeben muß. Dies entspricht dem schon aus der klassischen Thermodynamik bekannten Verfahren, bei dem man in der Gibbsschen Hauptgleichung an Stelle der einzelnen Teilchenarten die Komponenten des betreffenden Bereiches einführt, falls man an elektrischen Vorgängen und chemischen Umsetzungen nicht interessiert ist.

Wir betrachten nun zur Erläuterung des direkten Übergangs von Gl. [13] zu Gl. [14] die Lösung eines binären Elektrolyten (Komponente 2), bestehend aus Kationen (Index +), Anionen (Index —) und undissoziierten Elektrolytmolekülen (Index u), in einem neutralen Lösungsmittel (Komponente 1 = Teilchenart 1). Wählen wir die Anionen als Partikelsorte Z, so

---

[1]) Vgl. H. Schönert, J. Physic. Chem. **64**, 733 (1960).

erhalten wir aus Gl. [13]:

$$\Psi = -{}_1\vec{J}_u \operatorname{grad} \mu_u - {}_1\vec{J}_+ \left(\operatorname{grad} \mu_+ - \frac{z_+}{z_-} \operatorname{grad} \mu_-\right). \qquad [4\text{-}18.15]$$

Es gilt nach Gl. [4]:

$${}_1\vec{J}_u = (1-\alpha)\, {}_1\vec{J}_2, \quad {}_1\vec{J}_+ = \alpha \nu_+ \, {}_1\vec{J}_2, \qquad [4\text{-}18.16]$$

wobei ${}_1\vec{J}_2$ der Diffusionsstrom des Elektrolyten im HITTORFschen Bezugssystem ist. Die Bedingung des lokalen Dissoziationsgleichgewichtes liefert die Beziehung (vgl. Gl. [1-19.19], [1-19.20] und [1-21.16]):

$$\nu_+ \mu_+ + \nu_- \mu_- = \mu_u = \mu_2. \qquad [4\text{-}18.17]$$

Mit Hilfe der Elektroneutralitätsbedingung [1-19.8]

$$z_+ \nu_+ + z_- \nu_- = 0 \qquad [4\text{-}18.18]$$

leiten wir aus Gl. [15] bis [17] ab:

$$\Psi = -{}_1\vec{J}_2 \operatorname{grad} \mu_2. \qquad [4\text{-}18.19]$$

Die Dissipationsfunktion hat also die behauptete Gestalt [14].

Auf Grund von Gl. [19] läßt sich eine phänomenologische Beziehung

$${}_1\vec{J}_2 = -a \operatorname{grad} \mu_2 \qquad [4\text{-}18.20]$$

aufstellen, die vollständig Gl. [4-17.36] entspricht und daher auch auf den zu Gl. [4-17.38] analogen Zusammenhang zwischen dem phänomenologischen Koeffizienten a und dem durch Gl. [5] definierten Diffusionskoeffizienten D führt.

Allgemein können wir, ausgehend von Gl. [14], die phänomenologischen Ansätze in der Form [4-17.47] anschreiben. Da die Diffusionskoeffizienten nach den anfänglichen Ausführungen dieses Paragraphen generell durch Gl. [4-17.49] definiert werden, sind alle Beziehungen des Abschnittes f) in § 4.17 auch auf flüssige Mischungen mit Elektrolyten anwendbar, falls man mit N die Zahl der unabhängig wandernden Stoffe bezeichnet. Es gilt demnach insbesondere für die Diffusionskoeffizienten der wichtige Zusammenhang [4-17.60], der aus dem ONSAGERschen Reziprozitätssatz folgt und sich für $N = 3$ auf die Beziehung [4-17.61] reduziert.

Als Beispiel für die Diffusion bei drei unabhängig wandernden Stoffen betrachten wir das System H_2O (1) — Na_2SO_4 (2) — H_2SO_4 (3). Hier sind die vier Diffusionskoeffizienten D_{22}, D_{23}, D_{32} und D_{33} für vier Zusammensetzungen bei 25° C experimentell ermittelt worden (Tab. 7), und der

Zusammenhang [4-17.61] ist innerhalb der Meßgenauigkeit verifiziert worden[1]). Beim vorliegenden System sind die Beträge von D_{23} und D_{32} außergewöhnlich groß[2]).

Tabelle 7

Diffusionskoeffizienten D_{22}, D_{33}, D_{23} und D_{32} im System H_2O [1] – Na_2SO_4 [2] – H_2SO_4 [3] bei 25 °C für vier Zusammensetzungen nach WENDT[1]).

Konzentrationen mol l^{-1}	D_{22}	D_{33}	D_{23}	D_{32}
	10^{-5} cm² sec⁻¹			
$c_2 = 0{,}5;\ c_3 = 0{,}5$	$1{,}09_{32}$	$2{,}73_{17}$	$-0{,}55_{01}$	$-0{,}62_{01}$
$c_2 = 1;\ c_3 = 0{,}5$	$0{,}84_{84}$	$2{,}53_{84}$	$-0{,}60_{45}$	$-0{,}31_{23}$
$c_2 = 0{,}5;\ c_3 = 1$	$1{,}04_{20}$	$2{,}50_{78}$	$-0{,}33_{38}$	$-0{,}50_{87}$
$c_2 = 1;\ c_3 = 1$	$0{,}90_{55}$	$2{,}61_{22}$	$-0{,}51_{19}$	$-0{,}39_{69}$

c) *Diffusionspotential.* Bei der Diffusion von Elektrolyten entsteht infolge der unterschiedlichen Beweglichkeiten der einzelnen Ionenarten ein elektrisches Potential im Inneren der Lösung, das als *Diffusionspotential* bezeichnet wird. Man macht sich das Zustandekommen dieser Erscheinung am einfachsten an einer Lösung eines einzigen binären Elektrolyten mit zwei Ionenarten in einem neutralen Lösungsmittel klar. Die beiden Ionenarten (Kationen und Anionen) bewegen sich hier bei Vorhandensein eines Konzentrationsgradienten zunächst mit verschiedenen Geschwindigkeiten in derselben Richtung. Das dabei entstehende innere elektrische Feld bremst aber die schnelleren Ionen bzw. beschleunigt die langsameren Ionen, bis Kationen und Anionen infolge der Elektroneutralitätsbedingung gleich schnell wandern (s. Gl. [3]). Das jetzt vorliegende elektrostatische Feld ist die mikroskopische Ursache des Diffusionspotentials. Bei mehr als zwei Ionenarten muß ebenfalls ein Diffusionspotential zustandekommen, und auch die Zahl der unabhängigen Ionengeschwindigkeiten wird durch die Elektroneutralitätsbedingung um eins verringert (s. oben); aber jetzt

---

[1]) R. P. WENDT, J. Physic. Chem. **66**, 1279 (1962).

[2]) Der Deutlichkeit halber sei das Gleichungssystem [4-17.49] für $N = 3$ noch einmal explizit hingeschrieben:

$$ {}_w\vec{J}_2 = - D_{22} \operatorname{grad} c_2 - D_{23} \operatorname{grad} c_3, $$

$$ {}_w\vec{J}_3 = - D_{32} \operatorname{grad} c_2 - D_{33} \operatorname{grad} c_3. $$

Hierbei bedeutet c_i bzw. ${}_w\vec{J}_i$ die molare Volumenkonzentration bzw. den Diffusionsstrom (im FICKschen Bezugssystem) des unabhängig wandernden Stoffes i.

brauchen sich die verschiedenen Ionenarten keineswegs mit derselben Geschwindigkeit zu bewegen.

Der generelle makroskopische Ausdruck für das Diffusionspotential ergibt sich aus den phänomenologischen Ansätzen [9] und der Bedingung [11] für das Verschwinden des gesamten elektrischen Stromes. Wir erhalten durch Kombination der beiden Gleichungen:

$$\operatorname{grad} \varphi = -\frac{\sum_i \sum_k a_{ik} z_i \operatorname{grad} \mu_k}{\mathfrak{F} \sum_i \sum_k a_{ik} z_i z_k}, \qquad [4\text{-}18.21]$$

wobei die Summen über alle (geladenen und ungeladenen) Teilchenarten – mit Ausnahme der Teilchenart 1 – zu erstrecken sind. Nach Gl. [4-16.45] gilt nun für die reduzierte Überführungszahl der Partikelsorte k:

$$\tau_k = \frac{\sum_i a_{ki} z_i}{\sum_i \sum_k a_{ik} z_i z_k}. \qquad [4\text{-}18.22]$$

Auf Grund des ONSAGERschen Reziprozitätssatzes [10]

$$a_{ik} = a_{ki}$$

finden wir in Gl. [21] den Ausdruck [22] wieder. Es folgt also, wenn wir der Deutlichkeit halber $\varphi = \varphi_D$ setzen:

$$\mathfrak{F} \operatorname{grad} \varphi_D = -\sum_k \tau_k \operatorname{grad} \mu_k. \qquad [4\text{-}18.23]$$

Diese allgemeine Formel für das Diffusionspotential φ_D entspricht vollkommen der Beziehung [3-8.25] für das Membranpotential (S. 204).

Das Diffusionspotential ist für sich allein nicht meßbar. Wir werden jedoch in § 4.19 zeigen, wie durch Kombination von Diffusionspotentialen mit Elektrodenpotentialen die Formeln für die meßbare EMK von Konzentrationsketten mit Überführung gewonnen werden können. An die Stelle der (nicht für alle Teilchenarten experimentell ermittelbaren) reduzierten Überführungszahlen treten dann die (stets bestimmbaren) Brutto-Überführungszahlen.

Der bekannteste Spezialfall von Gl. [23] bezieht sich auf Lösungen von vollständig dissoziierten Elektrolyten in einem neutralen Lösungsmittel, das dann stets als Teilchenart 1 gewählt wird. Hier sind in dem Summenausdruck auf der rechten Seite von Gl. [23] nur auf Ionen bezügliche Terme enthalten, so daß wir durch Anwendung von Gl. [4-16.42] folgenden Ausdruck finden:

$$\mathfrak{F} \operatorname{grad} \varphi_D = -\sum_k \frac{t_k}{z_k} \operatorname{grad} \mu_k. \qquad [4\text{-}18.24]$$

Diese bekannte Formel verknüpft das Diffusionspotential mit den HITTORFschen Überführungszahlen t_k der einzelnen Ionenarten.

d) *Diffusionskoeffizient bei einer Lösung eines binären Elektrolyten.* Wir betrachten die Lösung eines einzigen binären Elektrolyten, der vollständig dissoziiert ist, in einem neutralen Lösungsmittel und fragen nach dem Zusammenhang zwischen dem Diffusionskoeffizienten einer solchen Lösung und anderen meßbaren Größen, etwa den Beweglichkeiten der Ionen.

Nach Gl. [5] gilt für den Diffusionskoeffizienten D:

$$_w\vec{J}_2 = -D \operatorname{grad} c_2. \qquad [4\text{-}18.25]$$

Andererseits besagen die phänomenologischen Ansätze [9], die im vorliegenden Spezialfalle nur für die Kationen (Index +) und die Anionen (Index —) des Elektrolyten anzuschreiben sind:

$$\left.\begin{aligned} _1\vec{J}_+ = &- a_{++} (\operatorname{grad} \mu_+ + z_+ \mathfrak{F} \operatorname{grad} \varphi) \\ &- a_{+-} (\operatorname{grad} \mu_- + z_- \mathfrak{F} \operatorname{grad} \varphi), \end{aligned}\right\} \qquad [4\text{-}18.26]$$

$$\left.\begin{aligned} _1\vec{J}_- = &- a_{-+} (\operatorname{grad} \mu_+ + z_+ \mathfrak{F} \operatorname{grad} \varphi) \\ &- a_{--} (\operatorname{grad} \mu_- + z_- \mathfrak{F} \operatorname{grad} \varphi). \end{aligned}\right\} \qquad [4\text{-}18.27]$$

Die ONSAGERsche Reziprozitätsbeziehung lautet hier gemäß Gl. [10]:

$$a_{+-} = a_{-+}. \qquad [4\text{-}18.28]$$

Bei Diffusionsvorgängen bedeutet φ das Diffusionspotential, für das wir aus Gl. [21] und [28] erhalten:

$$\begin{aligned} &- \mathfrak{F} (a_{++} z_+^2 + 2\, a_{+-} z_+ z_- + a_{--} z_-^2) \operatorname{grad} \varphi \\ &\qquad = (a_{++} z_+ + a_{+-} z_-) \operatorname{grad} \mu_+ + (a_{+-} z_+ + a_{--} z_-) \operatorname{grad} \mu_-. \end{aligned} \qquad [4\text{-}18.29]$$

Nach Gl. [4] gilt weiterhin bei vollständiger Dissoziation:

$$\nu\, _1\vec{J}_2 = {}_1\vec{J}_+ + {}_1\vec{J}_-. \qquad [4\text{-}18.30]$$

Wir eliminieren $\operatorname{grad} \varphi$ aus Gl. [26], [27] und [29] mit Hilfe von Gl. [28] und [30].

Mit der Abkürzung

$$A = \frac{a_{++}\, a_{--} - a_{+-}^2}{z_+{}^2\, a_{++} + 2 z_+ z_- a_{+-} + z_-{}^2\, a_{--}} \qquad [4\text{-}18.31]$$

finden wir auf dem angegebenen Wege:

$$\nu\, _1\vec{J}_2 = (z_- - z_+)\, A\, (z_+ \operatorname{grad} \mu_- - z_- \operatorname{grad} \mu_+). \qquad [4\text{-}18.32]$$

Ferner haben wir gemäß Gl. [17] und [18]:

$$\frac{z_+ - z_-}{\nu} = \frac{z_+}{\nu_-} = -\frac{z_-}{\nu_+} \equiv q\,, \qquad [4\text{-}18.33]$$

$$z_+ \operatorname{grad} \mu_- - z_- \operatorname{grad} \mu_+ = q \operatorname{grad} \mu_2 = q \left(\frac{\partial \mu_2}{\partial c_2}\right)_{T,P} \operatorname{grad} c_2\,, \qquad [4\text{-}18.34]$$

worin q eine positive rationale Zahl[1]), T die Temperatur und P der Druck ist. Schließlich leiten wir mit Hilfe von Gl. [4-17.24] und [4-17.50] ab:

$$_w\vec{J}_2 = c_1 V_1\, {}_1\vec{J}_2 = (1 - c_2 V_2)\, {}_1\vec{J}_2\,, \qquad [4\text{-}18.35]$$

wobei V_1 bzw. V_2 das partielle Molvolumen des Lösungsmittels bzw. des Elektrolyten ist. Fassen wir Gl. [32] bis [35] zusammen und vergleichen mit Gl. [25], so erhalten wir:

$$D = A q^2 (1 - c_2 V_2) \left(\frac{\partial \mu_2}{\partial c_2}\right)_{T,P}. \qquad [4\text{-}18.36]$$

Führen wir mit Gl. [1-19.12] und [1-19.26] die Molarität m und den konventionellen Aktivitätskoeffizienten γ des Elektrolyten ein, so finden wir (vgl. Gl. [4-17.32] und [4-17.33]):

$$(1 - c_2 V_2) \left(\frac{\partial \mu_2}{\partial c_2}\right)_{T,P} = \frac{m}{c_2} \left(\frac{\partial \mu_2}{\partial m}\right)_{T,P} = \frac{\nu R T}{c_2} \left[1 + \left(\frac{\partial \ln \gamma}{\partial \ln m}\right)_{T,P}\right]. \qquad [4\text{-}18.37]$$

Hierin ist R die Gaskonstante. Damit folgt aus Gl. [36]:

$$D = A q^2 \nu R T \frac{1}{c_2} \left[1 + \left(\frac{\partial \ln \gamma}{\partial \ln m}\right)_{T,P}\right]. \qquad [4\text{-}18.38]$$

Diese Formel[2]) [3]) [4]) gibt den allgemeinen Zusammenhang zwischen dem Diffusionskoeffizienten (D) und den phänomenologischen Koeffizienten (a_{++}, a_{+-}, a_{--}). Die letzten Größen treten auch bei der Elektrizitätsleitung

[1]) Für Elektrolyte wie HCl, K_2SO_4, $LaCl_3$ usw. gilt: $q = 1$, für $CaSO_4$: $q = 2$, für $LaPO_4$: $q = 3$, usw.

[2]) Vgl. R. Haase, Trans. Faraday Soc. **49**, 724, Fußnote S. 728, (1953).

[3]) Vgl. auch W. H. Stockmayer, J. Chem. Physics **33**, 1291 (1960); D. G. Miller, J. Physic. Chem. **64**, 1598 (1960); P. B. Lorenz, J. Physic. Chem. **65**, 704 (1961).

[4]) Definiert man einen Diffusionskoeffizienten D' durch den Ansatz

$$_1\vec{J}_2 = - D' \operatorname{grad} c_2\,,$$

so folgt aus Gl. [25] und [35]:

$$D = (1 - c_2 V_2)\, D'\,,$$

und man erhält die an anderer Stelle [5]) angegebene Beziehung, die Gl. [38] äquivalent ist.

[5]) R. Haase, Thermodynamik der Mischphasen 580 (Berlin-Göttingen-Heidelberg 1956).

auf (§ 4.16). Verfügt man über eine molekularkinetische Theorie der Elektrizitätsleitung in Elektrolytlösungen[1]), so kann man a_{++}, a_{+-} und a_{--} berechnen und daraus mit Hilfe von Gl. [31] und [38] bei Kenntnis des Aktivitätskoeffizienten γ den Diffusionskoeffizienten D ermitteln.

Die phänomenologischen Koeffizienten in Gl. [38] lassen sich nur im Falle

$$a_{+-} = 0 \qquad [4\text{-}18.39\,a]$$

durch meßbare Größen ausdrücken. Dann nämlich finden wir aus Gl. [4-16.28]:

$$u_+ = \mathfrak{F} \frac{z_+ a_{++}}{c_+}, \quad u_- = -\mathfrak{F} \frac{z_- a_{--}}{c_-}, \qquad [4\text{-}18.39\,b]$$

worin u_i die Beweglichkeit der Ionenart i bedeutet. Die Beziehungen [39] gelten, wie die kinetische Theorie zeigt[1]), für sehr verdünnte (aber nicht notwendigerweise ideal verdünnte) Lösungen, bei denen der „elektrophoretische Effekt" vernachlässigbar ist. Bei solchen Lösungen wird u_i gleich dem Grenzwert u_i^0 für unendliche Verdünnung, ohne daß der Aktivitätskoeffizient den Wert 1 anzunehmen braucht. Wir können also gemäß Gl. [1], [2], [31], [33], [38] und [39] für eine hochverdünnte Lösung eines vollständig dissoziierten binären Elektrolyten schreiben[1]) [2]):

$$D = \frac{RT}{\mathfrak{F}} \frac{z_- - z_+}{z_+ z_-} \frac{u_+^0 u_-^0}{u_+^0 + u_-^0} \left[1 + \left(\frac{\partial \ln \gamma}{\partial \ln m}\right)_{T,P}\right]. \qquad [4\text{-}18.40]$$

Die gegenüber der strengen Formel [38] vereinfachte Gl. [40] gibt bei sehr verdünnten Elektrolytlösungen den Hauptanteil[3]) der Konzentrationsabhängigkeit des Diffusionskoeffizienten wieder (s. Abb. 12).

Beim Übergang zu unendlicher Verdünnung ($c_2 \to 0$, $m \to 0$) erhalten wir einen Grenzwert des Diffusionskoeffizienten:

$$D_0 \equiv \lim_{m \to 0} D. \qquad [4\text{-}18.41]$$

Es gilt weiterhin[4]):

$$\lim_{m \to 0} \left(\frac{\partial \ln \gamma}{\partial \ln m}\right)_{T,P} = 0. \qquad [4\text{-}18.42]$$

Aus Gl. [40] bis [42] ergibt sich das Grenzgesetz von NOYES (1908):

$$D_0 = \frac{RT}{\mathfrak{F}} \frac{z_- - z_+}{z_+ z_-} \frac{u_+^0 u_-^0}{u_+^0 + u_-^0}. \qquad [4\text{-}18.43]$$

---

1) L. ONSAGER und R. M. FUOSS, J. Physic. Chem. **36**, 2689 (1932).

2) G. S. HARTLEY, Philos. Mag. J. Sci. **12**, 473 (1931).

3) Eine kritische Analyse der verbleibenden Differenz gibt E. A. GUGGENHEIM, Trans. Faraday Soc. **50**, 1048 (1954). Vgl. auch P. B. LORENZ, J. Physic. Chem. **65**, 704 (1961).

4) Vgl. R. HAASE, Thermodynamik der Mischphasen 359 ff. (Berlin-Göttingen-Heidelberg 1956).

Für ein-einwertige Elektrolyte ($z_+ = -z_- = 1$) folgt hieraus die Formel von NERNST (1888):

$$D_0 = \frac{2RT}{\mathfrak{F}} \frac{u_+^0 u_-^0}{u_+^0 + u_-^0} . \qquad [4\text{-}18.44]$$

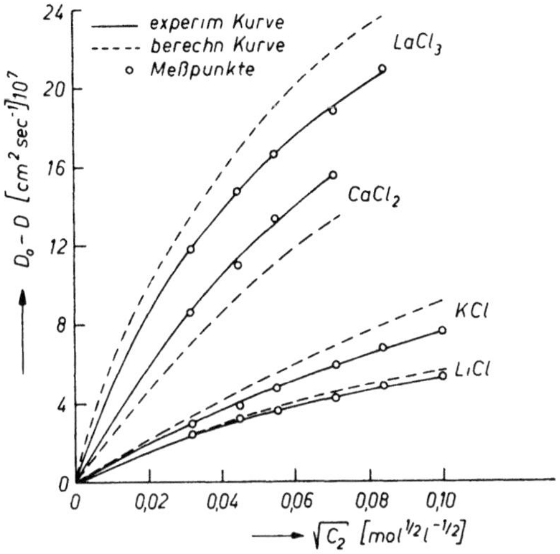

Abb. 12. Diffusionskoeffizient D als Funktion der molaren Volumenkonzentration c_2 des Elektrolyten für wäßrige Lösungen von LiCl, KCl, $CaCl_2$ und $LaCl_3$ bei 25 °C nach Daten von ROBINSON und STOKES[1]). Die gestrichelten Kurven sind nach Gl. [40], die D_0-Werte aus Gl. [43] berechnet.

§ 4.19. Konzentrationsketten mit Überführung

a) *Allgemeines.* Eine *Konzentrationskette mit Überführung* ist eine isotherm-isobare galvanische Kette mit zwei chemisch gleichen Elektroden, die in zwei Elektrolytlösungen tauchen, deren Zusammensetzungen verschieden sind, die aber mindestens eine Ionenart gemeinsam haben, und zwar diejenige, für welche die Elektroden reversibel sind („potentialbestimmendes Ion"). Im übrigen können die Lösungen aus beliebigen Stoffen (Elektrolyten und Nichtelektrolyten) bestehen. Die „Endphasen" (Elektrodenableitungen) sollen chemisch identisch sein. Ferner seien die beiden Lösungen, welche die Elektroden umgeben („Elektrodenlösungen"), durch eine Reihe von Mischungen miteinander verbunden, deren Zusammensetzungen sich stetig von derjenigen der ersten Elektrodenlösung bis zu derjenigen der zweiten

[1]) R. A. ROBINSON und R. H. STOKES, Electrolyte Solutions, 2. Aufl. 289 (London 1959).

Elektrodenlösung ändern („Brückenlösungen"). Schließlich soll in bezug auf zwei unmittelbar aneinandergrenzende Phasen (Grenzflächen Elektrode/Lösung und Endphase/Elektrode) elektrochemisches Gleichgewicht herrschen. Wir erhalten dann folgendes allgemeines Phasenschema für eine Konzentrationskette mit Überführung:

Endphase	Elektrode (Phase III)	Lösung I (Phase I)	Brücken-lösungen	Lösung II (Phase II)	Elektrode (Phase IV)	Endphase
Potential:	φ_{III}	φ_I		φ_{II}	φ_{IV}	(A)

Zwischen den beiden Endphasen (Elektrodenableitungen) herrscht eine elektrische Potentialdifferenz, die, wenn stromlos gemessen, als „elektromotorische Kraft" (EMK) der galvanischen Kette bezeichnet wird[1]). Da die Potentialdifferenz zwischen der linken Endphase und der angrenzenden Elektrode (Phase III) genau durch die Potentialdifferenz zwischen der rechten Endphase und der angrenzenden Elektrode (Phase IV) kompensiert wird, beträgt die meßbare EMK (Φ) der Kette:

$$\Phi = \varphi_{IV} - \varphi_{III} = (\varphi_{IV} - \varphi_{II}) + (\varphi_I - \varphi_{III}) + (\varphi_{II} - \varphi_I), \quad [4\text{-}19.1]$$

unabhängig von der Natur der Endphase.

Als Beispiele für Konzentrationsketten mit Überführung, also als Spezialfälle der Kette (A), seien folgende Ketten angeführt:

	Cu	Ag	Lösung I (mit Ag^+)	Brückenlösungen	Lösung II (mit Ag^+)	Ag	Cu	(B)
Potential:	φ_{III}	φ_I			φ_{II}	φ_{IV}		

---

[1]) Wir schließen uns folgender Konvention an: Die EMK einer beliebigen galvanischen Kette ist gleich der Differenz zwischen dem elektrischen Potential in der rechten Endphase und demjenigen in der linken Endphase, gemessen bei Stromlosigkeit.

Handelt es sich um eine „reversible galvanische Kette", d. h. um eine Kette ohne irreversible Prozesse (Diffusion, Sedimentation, Wärmeleitung usw.) im stromlosen Zustand, so stellt die EMK (Φ) der Kette eine Gleichgewichtspotentialdifferenz dar. Sehen wir auch noch von Druckunterschieden ab (womit z. B. Gravitations- oder Zentrifugalketten, die bei Sedimentationsgleichgewicht reversible Ketten sind, ausgeschlossen werden), so erhalten wir aus Gl. [1-11.14] die klassische Beziehung

$$-\mathfrak{F}\,\Phi = (\Delta G)_{T,P}.$$

Dabei ist $\mathfrak{F}$ die Faradaysche Konstante und $(\Delta G)_{T,P}$ die Freie Reaktionsenthalpie der chemischen Reaktion, die sich bei den vorgegebenen Werten von Temperatur T und Druck P abspielt, wenn die Ladung von 1 Faraday die Kette in der Richtung von links nach rechts passiert.

Eine Konzentrationskette mit Überführung ist eine „irreversible galvanische Kette", ebenso eine Gravitations- oder Zentrifugalkette im allgemeinsten Falle (§ 4.22) oder eine Thermokette (§ 4.29). Bei solchen Ketten müssen zur Ermittlung des allgemeinen Ausdrucks für die EMK die Methoden der Thermodynamik der irreversiblen Prozesse herangezogen werden.

	Cu	Ag	AgCl	Lösung I (mit Cl⁻)	Brücken-lösungen	Lösung II (mit Cl⁻)	AgCl	Ag	Cu	(C)
Potential:			φ_{III}	φ_{I}		φ_{II}		φ_{IV}		

In beiden galvanischen Ketten bilden Kupferdrähte die Endphasen. Bei der Kette (B) haben wir Elektroden erster Art (Silber-Elektroden), bei der Kette (C) Elektroden zweiter Art (Silber-Silberchlorid-Elektroden). Die Potentialdifferenzen an den Phasengrenzen Ag/AgCl in (C) kompensieren sich. Gl. [1] bleibt demnach in jedem Falle anwendbar.

Die beiden ersten Klammerausdrücke in Gl. [1] bedeuten Potentialdifferenzen zwischen Elektroden und angrenzenden Elektrolytlösungen („Elektrodenpotentiale"). Sie können wegen der eingangs gemachten Voraussetzungen aus den Gleichgewichtsbedingungen der klassischen Thermodynamik berechnet werden. Wenn wir die potentialbestimmende Ionenart – Ag^+ in der Kette (B) oder Cl^- in der Kette (C) – mit dem Index i bezeichnen, erhalten wir aus der Bedingung [1-20.13] für elektrochemisches Gleichgewicht, angewandt auf die Phasengrenzen III/I und II/IV in der Kette (A):

$$\left.\begin{aligned} \varphi_{I} - \varphi_{III} &= \frac{1}{z_i \mathfrak{F}} \left[(\mu_i)_{III} - (\mu_i)_{I}\right] , \\ \varphi_{IV} - \varphi_{II} &= \frac{1}{z_i \mathfrak{F}} \left[(\mu_i)_{II} - (\mu_i)_{IV}\right] , \end{aligned}\right\} \qquad [4\text{-}19.2]$$

worin $\mathfrak{F}$ die FARADAYsche Konstante und z_i bzw. μ_i die elektrochemische Valenz bzw. das chemische Potential der Ionenart i bedeutet. Da die beiden Elektroden (Phasen III und IV) aus demselben Stoff bestehen, gilt:

$$(\mu_i)_{III} = (\mu_i)_{IV} , \qquad [4\text{-}19.3]$$

während das chemische Potential der Ionenart i in der Lösung I, nämlich $(\mu_i)_I$, von demjenigen in der Lösung II, nämlich $(\mu_i)_{II}$, verschieden sein muß.

Wir finden aus Gl. [2] und [3]:

$$(\varphi_{IV} - \varphi_{II}) + (\varphi_{I} - \varphi_{III}) = \frac{1}{z_i \mathfrak{F}} \left[(\mu_i)_{II} - (\mu_i)_{I}\right] = \frac{1}{z_i \mathfrak{F}} \int\limits_{I}^{II} d\mu_i , \qquad [4\text{-}19.4]$$

wobei die Integration von der Zusammensetzung der Lösung I bis zu derjenigen der Lösung II zu erstrecken ist.

Der letzte Klammerausdruck in Gl. [1], also

$$\varphi_{II} - \varphi_{I} \equiv \Delta\varphi_D , \qquad [4\text{-}19.5]$$

ist die Potentialdifferenz zwischen Lösung II und Lösung I. Diese Größe ergibt sich durch Integration des differentiellen Ausdrucks [4-18.23], der mit Hilfe der Thermodynamik der irreversiblen Prozesse abgeleitet wurde.

Der Einfachheit halber setzen wir voraus, daß der Gradient des Diffusionspotentials (grad φ_D) an jeder Stelle der Brückenlösungen dieselbe Richtung hat wie die Konzentrationsgradienten (und damit die grad μ_k). Wir finden dann aus Gl. [4-18.23]:

$$\Delta\varphi_D = \varphi_{\mathrm{II}} - \varphi_{\mathrm{I}} = -\frac{1}{\mathfrak{F}} \int_{\mathrm{I}}^{\mathrm{II}} \sum_k \tau_k \, d\mu_k . \qquad [4\text{-}19.6]$$

Hierin bedeutet τ_k bzw. μ_k die reduzierte Überführungszahl bzw. das chemische Potential einer beliebigen (geladenen oder ungeladenen) Partikelsorte k. Die Summe ist über alle Teilchenarten – mit Ausnahme der Partikelsorte 1, die man normalerweise als „Lösungsmittel" ansehen kann – zu erstrecken. Die Größe $\Delta\varphi_D$ wird häufig einfach als „Diffusionspotential" bezeichnet. Sie hängt – abgesehen von einfachen Sonderfällen (s. unten) – von der Art und Struktur der Brückenlösungen ab. Das Integral in Gl. [6] hat also im allgemeinen keinen eindeutigen Wert.

Durch Zusammenfassung von Gl. [1], [4] und [6] erhalten wir:

$$\mathfrak{F}\Phi = \frac{1}{z_i} \int_{\mathrm{I}}^{\mathrm{II}} d\mu_i - \int_{\mathrm{I}}^{\mathrm{II}} \sum_k \tau_k \, d\mu_k . \qquad [4\text{-}19.7]$$

Dies ist die allgemeine Formel für die meßbare EMK einer Konzentrationskette mit Überführung.

Wenn die Lösungen nur vollständig dissoziierte Elektrolyte in einem einzigen neutralen Lösungsmittel enthalten, bezieht sich der Index k in Gl. [7] lediglich auf Ionen. Es gilt nun nach Gl. [4-16.42] und [4-16.46]:

$$t_k = z_k \, \tau_k , \qquad [4\text{-}19.8]$$

$$\sum_k t_k = 1 , \qquad [4\text{-}19.9]$$

worin t_k die Hittorfsche Überführungszahl der Ionenart k bedeutet und die Summe über alle Ionensorten der Lösungen zu erstrecken ist. Wir finden aus Gl. [7], [8] und [9]:

$$\mathfrak{F}\Phi = \int_{\mathrm{I}}^{\mathrm{II}} \sum_k t_k \left(\frac{1}{z_i} \, d\mu_i - \frac{1}{z_k} \, d\mu_k \right) . \qquad [4\text{-}19.10]$$

Diese bekannte Formel[1]) tritt unter den genannten Voraussetzungen an die Stelle von Gl. [7].

---

[1]) Vgl. z. B. E. A. Guggenheim, Thermodynamics, 3. Aufl. (Amsterdam 1957) 400.

b) *Spezialfall eines einzigen Elektrolyten mit zwei Ionenarten.* Als nützlichste Anwendung von Gl. [7] betrachten wir eine Konzentrationskette, in der ein einziger binärer Elektrolyt in einem neutralen Lösungsmittel enthalten ist. Da es in diesem Falle bei der Diffusion nur zwei unabhängig wandernde Stoffe und demgemäß lediglich eine einzige unabhängige Konzentrationsvariable gibt (vgl. S. 316), hängen alle im zweiten Integral in Gl. [7] auftretenden Größen (τ_k und μ_k) nur von dieser Variablen ab. Dementsprechend ist das Integral allein durch die beiden Werte der Elektrolytkonzentration in den beiden Elektrodenlösungen bestimmt und damit unabhängig vom Aufbau und von der Entstehungsweise der Brückenlösungen. Durch diese Eindeutigkeit des Diffusionspotentials wird auch die EMK der Kette eindeutig.

Der binäre Elektrolyt enthalte pro Molekül ν_+ Kationen der elektrochemischen Valenz z_+ und ν_- Anionen der elektrochemischen Valenz z_-. Außer den Kationen (Index $+$) und Anionen (Index $-$) seien in den Lösungen noch undissoziierte Elektrolytmolekeln (Index u) vorhanden. Die Elektroden sollen entweder für die Kationen oder für die Anionen reversibel sein[1]).

Als Beispiele führen wir folgende Konzentrationsketten an:

$$\mathrm{Ag} \;\Big|\; \underset{m_{\mathrm{I}}}{\mathrm{AgNO_3\,(aq)}} \;\Big\|\; \underset{m_{\mathrm{II}}}{\mathrm{AgNO_3\,(aq)}} \;\Big|\; \mathrm{Ag}$$

$$\mathrm{Ag} \;\Big|\; \mathrm{AgCl} \;\Big|\; \underset{m_{\mathrm{I}}}{\mathrm{KCl\,(aq)}} \;\Big\|\; \underset{m_{\mathrm{II}}}{\mathrm{KCl\,(aq)}} \;\Big|\; \mathrm{AgCl} \;\Big|\; \mathrm{Ag}$$

Dabei bedeutet m_{I} bzw. m_{II} die Molarität des (in Wasser gelösten) Elektrolyten in der ersten bzw. zweiten Elektrodenlösung. Die Brückenlösungen sind durch das Symbol $\|$ angedeutet[3]).

---

[1]) Der allgemeinere Fall, bei dem ein binärer Elektrolyt mehr als zwei Ionenarten liefert (wie etwa H_3PO_4) und die Elektroden auch für komplexe Ionen (z. B. HPO_4^{--}) reversibel sein können, ist von SPIRO[2]) behandelt worden.

[2]) M. SPIRO, Trans. Faraday Soc. **55**, 1207 (1959).

[3]) Bei der Kette mit den Silber-Silberchlorid-Elektroden ist die Löslichkeit von AgCl vernachlässigt. Verwendet man Platin-Wasserstoff-Elektroden, etwa in der Kette

$$\mathrm{H_2\,(Pt)} \;\Big|\; \underset{m_{\mathrm{I}}}{\mathrm{HCl}} \;\Big\|\; \underset{m_{\mathrm{II}}}{\mathrm{HCl}} \;\Big|\; \mathrm{H_2\,(Pt)}\,,$$

so setzt man implizit voraus, daß man

a) die Löslichkeit von H_2 in der Elektrolytlösung vernachlässigen kann,

b) den Partialdruck von H_2 über der Elektrode und damit die Zusammensetzung der festen Mischphase Pt-H_2, die als Elektrode dient, durch die Versuchsbedingungen festgelegt hat.

In Gl. [7] ist in diesem Falle für z_i bzw. μ_i entweder z_+ bzw. μ_+ oder z_- bzw. μ_- einzusetzen. Gl. [7] lautet dann auf Grund von Gl. [8] und [9]:

$$\mathfrak{F}\Phi = \int\limits_{\mathrm{I}}^{\mathrm{II}} \left(\frac{1}{z_+}\, d\mu_+ - \frac{1-t_-}{z_+}\, d\mu_+ - \frac{t_-}{z_-}\, d\mu_- - \tau_u\, d\mu_u\right)$$

$$= \int\limits_{\mathrm{I}}^{\mathrm{II}} \left[t_- \left(\frac{d\mu_+}{z_+} - \frac{d\mu_-}{z_-}\right) - \tau_u\, d\mu_u\right] \qquad [4\text{-}19.11]$$

(Elektroden reversibel für Kationen),

$$\mathfrak{F}\Phi = \int\limits_{\mathrm{I}}^{\mathrm{II}} \left(\frac{1}{z_-}\, d\mu_- - \frac{t_+}{z_+}\, d\mu_+ - \frac{1-t_+}{z_-}\, d\mu_- - \tau_u\, d\mu_u\right)$$

$$= \int\limits_{\mathrm{I}}^{\mathrm{II}} \left[t_+ \left(\frac{d\mu_-}{z_-} - \frac{du_+}{z_+}\right) - \tau_u\, d\mu_u\right] \qquad [4\text{-}19.12]$$

(Elektroden reversibel für Anionen),

wobei t_+ bzw. t_- die HITTORFsche Überführungszahl der Kationen bzw. Anionen und τ_u die reduzierte Überführungszahl des undissoziierten Elektrolyten ist. Die Bedingung für lokales Dissoziationsgleichgewicht, die hier stets vorausgesetzt werden darf, besagt gemäß Gl. [4-18.17] und [4-18.18]:

$$\frac{d\mu_+}{z_+} - \frac{d\mu_-}{z_-} = \frac{d\mu_2}{z_+\nu_+} = -\frac{d\mu_2}{z_-\nu_-}\,, \qquad [4\text{-}19.13]$$

$$d\mu_u = d\mu_2\,. \qquad [4\text{-}19.14]$$

Darin bedeutet μ_2 das chemische Potential des Elektrolyten. Dementsprechend nimmt der Integrand in Gl. [11] bzw. [12] die Gestalt

$$\left(\frac{t_-}{z_+\nu_+} - \tau_u\right) d\mu_2 = -\left(\frac{t_-}{z_-\nu_-} + \tau_u\right) d\mu_2 \qquad [4\text{-}19.15]$$

bzw.

$$-\left(\frac{t_+}{z_+\nu_+} + \tau_u\right) d\mu_2 = \left(\frac{t_+}{z_-\nu_-} - \tau_u\right) d\mu_2 \qquad [4\text{-}19.16]$$

an. Als „ionische Bestandteile“ des binären Elektrolyten (vgl. S. 296) wählen wir selbstverständlich die den Kationen bzw. Anionen entsprechenden Atome oder Radikale und bezeichnen diese einfachheitshalber durch den Index + bzw. —. Dann gilt für die Brutto-Überführungszahlen nach Gl. [4-16.52]:

$$\vartheta_+ = z_+ \left(\frac{t_+}{z_+} + \nu_+\,\tau_u\right), \qquad [4\text{-}19.17]$$

$$\vartheta_- = 1 - \vartheta_+ = z_- \left(\frac{t_-}{z_-} + \nu_-\,\tau_u\right). \qquad [4\text{-}19.18]$$

Der Integrand [15] bzw. [16] läßt sich also in der Form

$$-\frac{\vartheta_-}{z_- \nu_-}\, d\mu_2 = \frac{1-\vartheta_+}{z_+ \nu_+}\, d\mu_2$$

bzw.

$$-\frac{\vartheta_+}{z_+ \nu_+}\, d\mu_2 = -\frac{1-\vartheta_-}{z_- \nu_-}\, d\mu_2$$

schreiben. Demnach erhalten wir durch Zusammenfassung der Gl. [11] und [12] zu einer einzigen Formel den Ausdruck für die EMK der Konzentrationskette:

$$\mathfrak{F}\Phi = \frac{1}{z_i \nu_i} \int_{\mathrm{I}}^{\mathrm{II}} (1 - \vartheta_i)\, d\mu_2. \qquad [4\text{-}19.19]$$

Das Differential $d\mu_2$, das sich auf die isotherm-isobare Änderung des chemischen Potentials des Elektrolyten mit der Konzentration bezieht, kann durch einen Ausdruck ersetzt werden, der den meßbaren Aktivitätskoeffizienten des Elektrolyten enthält (vgl. unten).

Bei vollständiger Dissoziation oder Vernachlässigung der Wanderung der undissoziierten Moleküle im elektrischen Felde ($\tau_u = 0$) ergibt sich aus Gl. [17], [18] und [19]:

$$\mathfrak{F}\Phi = \frac{1}{z_i \nu_i} \int_{\mathrm{I}}^{\mathrm{II}} (1 - t_i)\, d\mu_2. \qquad [4\text{-}19.20]$$

Diese Gleichung ist insbesondere auf verdünnte Lösungen starker Elektrolyte anwendbar. Sie wurde bereits früher[1]) abgeleitet.

Aus Gl. [1-19.26] folgt:

$$d\mu_2 = \nu R T d \ln (m \gamma), \qquad [4\text{-}19.21]$$

worin ν $(= \nu_+ + \nu_-)$ die Summe der Zerfallszahlen, R die Gaskonstante, T die absolute Temperatur, m die Molarität des Elektrolyten und γ den konventionellen Aktivitätskoeffizienten bezeichnet. Es gelten die Identitäten:

$$\frac{\nu}{z_+ \nu_+} = \frac{1}{z_+} - \frac{1}{z_-}, \qquad \frac{\nu}{z_- \nu_-} = \frac{1}{z_-} - \frac{1}{z_+}. \qquad [4\text{-}19.22]$$

Wir leiten aus Gl. [19], [21] und [22] ab:

$$\Phi = \pm \left(\frac{1}{z_+} - \frac{1}{z_-}\right) \frac{RT}{\mathfrak{F}} \int_{\mathrm{I}}^{\mathrm{II}} (1 - \vartheta_i)\, d \ln (m \gamma), \qquad [4\text{-}19.23]$$

1) R. Haase, Z. Elektrochem. **57**, 87, 448 (1953).

wobei das obere bzw. untere Vorzeichen gilt, wenn das Ion i (für das die Elektroden reversibel sind) das Kation bzw. das Anion des Elektrolyten darstellt. Im ersten Falle haben wir: $1 - \vartheta_i = 1 - \vartheta_+ = \vartheta_-$, im zweiten Falle dagegen: $1 - \vartheta_i = 1 - \vartheta_- = \vartheta_+$.

Bei Kenntnis des Aktivitätskoeffizienten γ (z. B. aus Dampfdruckbestimmungen oder EMK-Messungen an reversiblen Ketten, vgl. unten) kann man gemäß Gl. [23] die (Brutto-)Überführungszahl ϑ_i aus EMK-Messungen an Konzentrationsketten ableiten. Beispiele für so gewonnene Überführungszahlen finden sich in Tab. 9 (S. 353). Die Größe ϑ_i fällt nach Gl. [20] nur dann mit der HITTORFschen Überführungszahl t_i der Ionenart i zusammen, wenn man vollständige Dissoziation voraussetzen oder die Wanderung der undissoziierten Elektrolytmoleküle im elektrischen Felde vernachlässigen darf.

Ist umgekehrt die Überführungszahl aus anderen Messungen bekannt, so läßt sich gemäß Gl. [23] der Aktivitätskoeffizient bestimmen. Dieses Verfahren ist besonders bei kleinen Elektrolytkonzentrationen vorteilhaft. (Die Überführungszahl wird dann am besten nach der Methode der wandernden Grenzfläche ermittelt.)

Eine gewisse Ähnlichkeit mit Gl. [23] hat die Formel für die Abhängigkeit der EMK von der Elektrolytkonzentration bei einer reversiblen isobaren Kette (vgl. Fußnote, S. 328). Diese Beziehung kann aus der klassischen Thermodynamik gewonnen werden und enthält natürlich die Überführungszahl nicht. Es sei in der Lösung nur ein einziger Elektrolyt mit zwei Ionenarten vorhanden, wie auch schon in Gl. [23] vorausgesetzt. Dann muß die eine Elektrode der Kette für die Kationen des Elektrolyten, die andere aber für die Anionen reversibel sein. Es ergibt sich für die EMK (Φ) einer solchen Kette[1]:

$$\Phi = \Phi_0 \pm \left(\frac{1}{z_+} - \frac{1}{z_-}\right) \frac{RT}{\mathfrak{F}} \ln (\nu_\pm \, m \, \gamma) \qquad [4\text{-}19.24]$$

mit

$$\nu_\pm{}^{\nu} \equiv \nu_+{}^{\nu_+} \, \nu_-{}^{\nu_-} . \qquad [4\text{-}19.25]$$

Hierin ist Φ_0 der (nur von Temperatur und Druck abhängige) Standardwert der EMK. Das obere bzw. untere Vorzeichen gilt, wenn im Phasenschema der Kette die für die Kationen reversible Elektrode rechts bzw. links steht. Nach Gl. [24] kann man den Aktivitätskoeffizienten aus EMK-Messungen an reversiblen galvanischen Ketten gewinnen.

---

[1]) R. HAASE, Thermodynamik der Mischphasen (Berlin-Göttingen-Heidelberg 1956) 524.

§ 4.20. Diffusion und Sedimentation in beliebigen fluiden Medien

a) *Definitionen.* Die *Diffusion* in einem beliebigen fluiden Medium beschreiben wir nach § 4.17 und § 4.18 dadurch, daß wir für jeden unabhängig wandernden Stoff i einen Diffusionsstrom ${}_w\vec{J}_i$ (im Fickschen Bezugssystem) gemäß Gl. [4-17.2] definieren und dann bei N unabhängig wandernden Substanzen die $N-1$ unabhängigen Diffusionsströme ${}_w\vec{J}_2$, ${}_w\vec{J}_3$, ... ${}_w\vec{J}_N$ als homogene lineare Funktionen der $N-1$ unabhängigen Konzentrationsgradienten grad c_2, grad c_3, ... grad c_N ansetzen (c_i = molare Volumenkonzentration des Stoffes i), entsprechend dem verallgemeinerten Fickschen Gesetz [4-17.6]:

$$
{}_w\vec{J}_i = -\sum_{k=2}^{N} D_{ik}\,\mathrm{grad}\,c_k \quad (i = 2, 3, \ldots N)\,. \qquad [4\text{-}20.1]
$$

Die D_{ik} sind die *Diffusionskoeffizienten.*

Während Diffusion Stoffwanderung auf Grund von Konzentrationsgradienten bedeutet, versteht man unter *Sedimentation* Materietransport infolge eines äußeren Kraftfeldes (Schwere- oder Zentrifugalfeldes). Erfahrungsgemäß ist die Relativgeschwindigkeit jedes unabhängig wandernden Stoffes ($\vec{v}_i - \vec{w} = {}_w\vec{J}_i/c_i$, vgl. Gl. [4-17.2]) der Schwere- oder Zentrifugalbeschleunigung $\vec{g}$ proportional ($\vec{g}$ = Erdbeschleunigung beim Schwerefeld; $\vec{g} = \omega^2\,\vec{r}$ beim Zentrifugalfeld, wobei ω der Betrag der Winkelgeschwindigkeit der Zentrifuge und $\vec{r}$ der Abstand von der Rotationsachse ist). Wir erhalten also folgenden empirischen Ansatz für die Sedimentation[1]:

$$
{}_w\vec{J}_i = c_i\,s_i\,\vec{g} \quad (i = 2, 3, \ldots N)\,. \qquad [4\text{-}20.2]
$$

---

[1]) Für zwei unabhängig wandernde Stoffe ($N = 2$, $s_2 \equiv s$) ergibt sich aus Gl. [2]:

$$
\vec{v}_2 - \vec{w} = \frac{1}{c_2}\,{}_w\vec{J}_2 = s\,\vec{g}\,. \qquad [4\text{-}20.2a]
$$

Wir können nun in ähnlicher Weise wie bei der Diffusion (s. Gl. [4-17.25]) eine vom Bezugssystem unabhängige Schreibweise dieses Ausdrucks finden. Ist $\vec{\omega}$ eine beliebige Bezugsgeschwindigkeit und stellen ω_1 und ω_2 die durch Gl. [4.17.20] und [4-17.21] definierten Gewichtsfaktoren für die Mittelung der Geschwindigkeiten dar, so erhalten wir mit Gl. [4-17.19], [4-17. 23] und [4-17.24]:

$$
\vec{v}_2 - \vec{\omega} = \frac{1}{c_2}\,\vec{J}_2 = \frac{\omega_1}{c_1\,V_1}\,s\,\vec{g}\,, \qquad [4\text{-}20.2b]
$$

worin V_1 das partielle Molvolumen des Stoffes 1 bedeutet. Dieser Ausdruck reduziert sich bei Verwendung des Fickschen Bezugssystems ($\vec{\omega} = \vec{w}$, $\omega_1 = c_1\,V_1$)

(Forts. S. 336)

Hierin sind die s_i die *Sedimentationskoeffizienten*. Diese Größen sind unabhängig von $\vec{g}$, können aber noch Funktionen der lokalen Zustandsvariablen (Temperatur, Druck, Konzentrationen) sein.

Gl. [1] gilt unter der Bedingung $\vec{g} = 0$, Gl. [2] unter der Voraussetzung grad $c_k = 0$ ($k = 2, 3, \ldots N$). Spielen sich im betrachteten Volumenelement Diffusion und Sedimentation gleichzeitig ab (wie dies auch bei anfänglich homogenen Systemen im Schwere- oder Zentrifugalfeld stets der Fall ist, da die Stofftrennung durch Sedimentation Konzentrationsgradienten aufbaut), so überlagern sich erfahrungsgemäß die beiden Arten von irreversiblen Prozessen linear. Wir finden also für den Ablauf von irreversiblen Transportprozessen in einem isothermen fluiden Medium, das sich in einem Schwere- oder Zentrifugalfeld befindet:

$$ {}_w\vec{J}_i = c_i s_i \vec{g} - \sum_{k=2}^{N} D_{ik} \operatorname{grad} c_k \quad (i = 2, 3, \ldots N). \qquad [4\text{-}20.3] $$

Dabei bedeuten jetzt die grad c_k die Konzentrationsgradienten nach Abzug des Terms mit dem Druckgradienten (vgl. unten).

Schon bei der Festlegung des Begriffes „unabhängig wandernde Stoffe" (§ 4.18) hatten wir vorausgesetzt, daß für alle reaktionsfähigen Stoffe lokales chemisches Gleichgewicht besteht. Diese Annahme machen wir auch hier, da chemische Reaktionen (insbesondere Ionenreaktionen) sehr schnell im Vergleich zu Diffusions- und Sedimentationsvorgängen abzulaufen pflegen. Wir können unter diesen Umständen weiterhin voraussetzen, daß die Bedingung für das lokale mechanische Gleichgewicht erfüllt ist. Diese Bedingung ist gemäß Gl. [1-21.30] und Gl. [4-15.5] mit der Voraussetzung „schleichender Bewegungen" in einem fluiden Medium, das keine Raumladungen aufweist, identisch. Wir erhalten damit in unserer jetzigen Bezeichnungsweise:

$$ \varrho \vec{g} = \operatorname{grad} P. \qquad [4\text{-}20.4] $$

Hierin ist ϱ die Dichte und P der Druck.

(Forts. v. S. 335)

auf Gl. [2a]. Wir können Gl. [2b] als allgemeinste Definition des Sedimentationskoeffizienten s für zwei unabhängig wandernde Stoffe ansehen. Daß diese Definition unabhängig von der Bezugsgeschwindigkeit ist, erkennt man bei Beachtung von Gl. [4-17.20] und [4-17.21]. Es folgt daraus nämlich:

$$ \vec{v}_2 - \vec{\omega} = \vec{v}_2 - (\omega_1 \vec{v}_1 + \omega_2 \vec{v}_2) = -\omega_1 \vec{v}_1 + (1 - \omega_2) \vec{v}_2 = \omega_1 (\vec{v}_2 - \vec{v}_1). $$

Damit leitet man aus Gl. [2b] ab:

$$ \vec{v}_2 - \vec{v}_1 = \frac{s}{c_1 V_1} \vec{g}, \qquad [4\text{-}20.2c] $$

worin der Gewichtsfaktor ω_1 nicht mehr auftritt. Gl. [2c] stellt gleichzeitig den Ansatz [2b] im HITTORFschen Bezugssystem ($\vec{\omega} = \vec{v}_1$, $\omega_1 = 1$) dar.

Wir erkennen nun auch, daß wir in den grad c_k in Gl. [3] den Term mit grad P, der im allgemeinsten Falle wegen der Druckabhängigkeit des Volumens auftritt, eliminieren müssen, da er nicht zur Diffusion gehört. Wir haben demnach strenggenommen gemäß Gl. [1-6.5] und Gl. [1-22.12] folgende Größen an Stelle der grad c_k in Gl. [3] einzusetzen:

$$(\text{grad}\, c_k)_P = \text{grad}\, c_k - c_k\, \chi\, \text{grad}\, P. \qquad [4\text{-}20.5]$$

Darin bedeutet χ die (isotherme) Kompressibilität. Für zwei unabhängig wandernde Stoffe ($N = 2$, $s_2 \equiv s$, $D_{22} \equiv D$) folgt so aus Gl. [3]:

$$_w\vec{J}_2 = c_2\, s\, \vec{g} - D\, (\text{grad}\, c_2)_P. \qquad [4\text{-}20.6]$$

Wenn wir andererseits den Diffusionskoeffizienten D nach Gl. [4-17.25] definieren, finden wir mit Hilfe von Gl. [4-17.23] bis [4-17.27], in Übereinstimmung mit Gl. [4-17.30]:

$$_w\vec{J}_2 = c_2\, s\, \vec{g} - D\, \frac{V_1}{\overline{V}^2}\, \text{grad}\, x_2\,, \qquad [4\text{-}20.7]$$

wobei $\overline{V}$ das Molvolumen, V_1 das partielle Molvolumen des Stoffes 1 und x_2 der Molenbruch der Substanz 2 ist. Es gilt aber gemäß Gl. [4-17.29] der Zusammenhang[1]):

$$(\text{grad}\, c_2)_P = \frac{V_1}{\overline{V}^2}\, \text{grad}\, x_2\,. \qquad [4\text{-}20.8]$$

Daher sind die Ansätze [6] und [7] identisch.

[1]) Die für eine generelle Beschreibung der Zusammensetzung einer binären Mischung sinnvollste Variable ist zweifellos der Molenbruch. Bei Elektrolytlösungen bietet aber die Molarität als Konzentrationsvariable gewisse Vorteile, insbesondere dann, wenn man die jeweils betrachteten Eigenschaften nicht bis zum reinen flüssigen Elektrolyten – der häufig nur einem hypothetischen Zustand entspricht – verfolgen will oder kann. Schließlich wird bei der Behandlung von Leitfähigkeiten, Überführungszahlen, Diffusions- und Sedimentationskoeffizienten fast ausschließlich die molare Volumenkonzentration verwendet, wie aus unseren bisherigen Ausführungen deutlich hervorgeht, Dies hängt mit gewissen theoretischen Gesichtspunkten (Integration der Differentialgleichungen, molekulartheoretische Interpretation der Eigenschaften verdünnter Elektrolytlösungen) zusammen. Wir haben also, insbesondere bei Elektrolytlösungen, ein unvermeidliches Nebeneinander von drei Konzentrationsvariablen: x_2 (Molenbruch der Komponente 2, bei Elektrolytlösungen stöchiometrischer Molenbruch des Elektrolyten), m (Molarität des Stoffes 2, insbesondere des Elektrolyten) und $c = c_2$ (molare Volumenkonzentration der Komponente 2, insbesondere des Elektrolyten). Es sei n_i bzw. M_i die Molzahl bzw. Molmasse der Komponente i und V bzw. $\overline{V}$ das Volumen bzw. Molvolumen der Mischung. Dann gilt definitionsgemäß [vgl. Gl. [1-6.4], [1-6.5] und [1-19.12]:

$$x_2 = \frac{n_2}{n_1 + n_2}\,, \quad m = \frac{n_2}{M_1 n_1}\,, \quad c = \frac{n_2}{V}\,.$$

Führen wir die Dichte ϱ der Mischung

$$\varrho = \frac{M_1 n_1 + M_2 n_2}{V} = \frac{M_1 x_1 + M_2 x_2}{\overline{V}}$$

b) *Sedimentationsgleichgewicht.* Das *Sedimentationsgleichgewicht* ist eingetreten, wenn in jedem Volumenelement des betrachteten isothermen fluiden Mediums Diffusion und Sedimentation einander aufheben, der Vektor ${}_w\vec{J}_i$ also für jeden unabhängig wandernden Stoff überall verschwindet. Wir erhalten demnach als Bedingungen für das Sedimentationsgleichgewicht aus Gl. [3]:

$$c_i\, s_i\, \vec{g} = \sum_{k=2}^{N} D_{ik} \operatorname{grad} c_k \qquad (i = 2, 3, \ldots N). \qquad [4\text{-}20.9]$$

Dieses System von $N - 1$ Gleichungen stellt die Formulierung der Gleichgewichtsbedingungen vom Standpunkt des Ablaufs der irreversiblen Prozesse dar.

Andererseits liefert die klassische Thermodynamik infolge von Gl. [1-21.31] ebenfalls bestimmte Gleichgewichtsbedingungen, die in unserer jetzigen Schreibweise lauten:

$$(M_j - V_j\,\varrho)\,\vec{g} = (\operatorname{grad} \mu_j)_{T,P} + z_j\,\mathfrak{F} \operatorname{grad} \varphi. \qquad [4\text{-}20.10]$$

Hierin ist M_j bzw. V_j die Molmasse (das „Molekulargewicht") bzw. das partielle Molvolumen der Teilchenart j, μ_j bzw. z_j das chemische Potential bzw. die elektrochemische Valenz der Partikelsorte j, $\mathfrak{F}$ die FARADAYsche Konstante und φ der Gleichgewichtswert des Sedimentationspotentials. Die Indices bei grad μ_j zeigen an, daß die Terme mit grad T (die hier von vornherein verschwinden) und mit grad P ($= \varrho\,\vec{g}$) bereits abgezogen sind.

Wir müssen nun aus dem Gleichungssystem [10], das so viele Gleichungen wie Teilchenarten umfaßt, ein entsprechendes Gleichungssystem für die unabhängig wandernden Stoffe gewinnen, damit wir den Vergleich mit Gl. [9] durchführen können.

Ein (elektrisch neutrales) Molekül des unabhängig wandernden Stoffes i, der durch Zusammenfassung gewisser Teilchenarten entsteht (vgl. § 4.18), enthalte ν_{ji} Moleküle oder Ionen der Sorte j. Dann gilt auf Grund der Elektroneutralitätsbedingung, der Massenerhaltung und der Bedingung für

---

ein, so erhalten wir folgende Zusammenhänge:

$$m = \frac{x_2}{M_1\,(1 - x_2)}, \quad c = \frac{x_2}{\overline{V}}, \quad c = \frac{\varrho\, m}{1 + M_2\, m}.$$

Dazu kommen als weitere Konzentrationsvariable bei hochmolekularen Lösungen noch die Partialdichte („Grammkonzentration", vgl. unten) und der „Volumenbruch". Diese an sich trivialen Komplikationen bringen den Anfänger oft zur Verzweiflung.

lokales chemisches Gleichgewicht (vgl. Gl. [1-12.12] und Gl. [1-21.16]:

$$\sum_j \nu_{ji} z_j = 0\,, \qquad [4\text{-}20.11]$$

$$\sum_j \nu_{ji} M_j = M_i\,, \qquad [4\text{-}20.12]$$

$$\sum_j \nu_{ji} \mu_j = \mu_i\,, \qquad [4\text{-}20.13]$$

$$\sum_j \nu_{ji} V_j = V_i\,, \qquad [4\text{-}20.14]$$

wobei M_i die Molmasse (das „Molekulargewicht"), μ_i das chemische Potential und V_i das partielle Molvolumen des unabhängig wandernden Stoffes i bedeutet.

Kombination der Beziehungen [11] bis [14] mit Gl. [10] ergibt:

$$(M_i - V_i \varrho)\,\vec{g} = (\text{grad}\,\mu_i)_{T,P} \quad (i = 1, 2, \ldots N)\,. \qquad [4\text{-}20.15]$$

Aus Gl. [4-3.6], [4-3.12], [4-3.26], [4-8.10], [4-15.2] und [4-15.3] folgt weiterhin:

$$\sum_{i=1}^{N} c_i M_i = \varrho\,, \qquad [4\text{-}20.16]$$

$$\sum_{i=1}^{N} c_i V_i = 1\,, \qquad [4\text{-}20.17]$$

$$\sum_{i=1}^{N} c_i\,(\text{grad}\,\mu_i)_{T,P} = 0\,, \qquad [4\text{-}20.18]$$

$$(\text{grad}\,\mu_i)_{T,P} = \sum_{k=2}^{N} \mu_{ik}\,\text{grad}\,c_k \qquad [4\text{-}20.19]$$

mit

$$\mu_{ik} \equiv \left(\frac{\partial \mu_i}{\partial c_k}\right)_{T,P,c_l}. \qquad [4\text{-}20.20]$$

Dabei steht c_l für alle unabhängigen Konzentrationen außer c_k. Die grad c_k in Gl. [19] sind, wie in Gl. [9], strenggenommen durch die Ausdrücke $(\text{grad}\,c_k)_P$ in Gl. [5] zu ersetzen. Infolge von Gl. [16] bis [18] sind von den N Gleichungen in Gl. [15] nur $N - 1$ unabhängig. Es genügt also, wenn wir Gl. [15] für die Stoffe 2, 3, ... N anschreiben. Mit der Abkürzung

$$\psi_i \equiv M_i - V_i \varrho \qquad [4\text{-}20.21]$$

finden wir demnach aus Gl. [15] und [19]:

$$\psi_i \vec{g} = \sum_{k=2}^{N} \mu_{ik} \operatorname{grad} c_k \quad (i = 2, 3, \ldots N). \qquad [4\text{-}20.22]$$

Dieses System von $N - 1$ Gleichungen ist für den Vergleich mit dem Gleichungssystem [9] geeignet. Die Beziehungen [22] stellen den allgemeinen Ausdruck für die Gleichgewichtsverteilung der verschiedenen Stoffe im Schwere- oder Zentrifugalfeld dar.

c) *Zusammenhang zwischen Diffusions- und Sedimentationskoeffizienten.* Wir definieren die Determinanten

$$\Gamma \equiv \begin{vmatrix} \mu_{22}\, \mu_{23} \cdots\cdots \mu_{2N} \\ \mu_{32}\, \mu_{33} \cdots\cdots \mu_{3N} \\ \cdots\cdots\cdots\cdots \\ \cdots\cdots\cdots\cdots \\ \mu_{N2}\, \mu_{N3} \cdots\cdots \mu_{NN} \end{vmatrix} \qquad [4\text{-}20.23]$$

sowie

$$\Gamma_k \equiv \begin{vmatrix} \mu_{22} \cdots \mu_{2,k-1} & \psi_2 & \mu_{2,k+1} \cdots \mu_{2N} \\ \mu_{32} \cdots \mu_{3,k-1} & \psi_3 & \mu_{3,k+1} \cdots \mu_{3N} \\ \cdots\cdots & \cdots & \cdots\cdots \\ \cdots\cdots & \cdots & \cdots\cdots \\ \mu_{N2} \cdots \mu_{N,k-1} & \psi_N & \mu_{N,k+1} \cdots \mu_{NN} \end{vmatrix} \qquad [4\text{-}20.24]$$

und lösen das Gleichungssystem [22] nach den grad c_k auf. Die so gewonnenen Ausdrücke setzen wir in Gl. [9] ein. Damit ergibt sich:

$$s_i = \frac{1}{c_i \Gamma} \sum_{k=2}^{N} \Gamma_k D_{ik} \quad (i = 2, 3, \ldots N). \qquad [4\text{-}20.25]$$

Dieser allgemeine Zusammenhang zwischen den meßbaren Sedimentationskoeffizienten s_i und den meßbaren Diffusionskoeffizienten D_{ik} enthält nach Gl. [20], [21], [23] und [24] nur aus Gleichgewichtsmessungen zugängliche Größen. Dabei ist zu beachten, daß sich strenggenommen alle Größen auf denselben Druck beziehen. Es müßten also z. B. die bei den hohen Drucken in einer Ultrazentrifuge gemessenen Sedimentationskoeffizienten auf Atmosphärendruck umgerechnet werden, da die Diffusionskoeffizienten und die übrigen Größen in Gl. [25] im allgemeinen bei Atmosphärendruck bestimmt werden.

Es ist bemerkenswert, daß die Beziehung [25] bereits aus den klassischen Bedingungen für das Sedimentationsgleichgewicht herleitbar ist. Die hier gegebene Ableitung[1] [2] [3] stellt ein Beispiel für die in § 1.28 genannten Fälle der Deduktion von Aussagen über irreversible Prozesse aus den Gleichgewichtsbedingungen der klassischen Thermodynamik dar. Ältere Ableitungen, die sich zudem nur auf gewisse Spezialfälle von Gl. [25] beziehen, fußen auf kinetischen oder quasithermodynamischen Überlegungen oder auf der Methodik der Thermodynamik der irreversiblen Prozesse[4]. Das letzte Verfahren, das von den Beziehungen [4-15.10] ausgeht, ist naturgemäß ebenfalls allgemeingültig, aber viel umständlicher als die hier beschriebene Methode.

Für zwei unabhängig wandernde Stoffe ($N = 2$) erhält man aus Gl. [20], [21], [23], [24] und [25]:

$$\frac{D}{s} = \frac{c_2}{M_2 - V_2 \varrho} \left(\frac{\partial \mu_2}{\partial c_2} \right)_{T,P} . \qquad [4\text{-}20.26]$$

Diese Formel[5], die mit Gl. [1-28.8] identisch ist, geht bei Voraussetzung einer ideal verdünnten Lösung in die bekannte Gleichung von SVEDBERG[6] über. Die exakte Formulierung dieser Beziehung (als Grenzgesetz für unendliche Verdünnung) finden wir, wenn wir Gl. [4-18.37] und [4-18.42] mit Gl. [26] kombinieren und bedenken, daß V_2/M_2 das partielle spezifische Volumen v_2 der Substanz 2 (des „gelösten Stoffes") darstellt. Setzen wir weiterhin

$$\lim_{c_2 \to 0} v_2 \equiv v_2^0, \quad \lim_{c_2 \to 0} \varrho = \varrho_{01}, \quad \lim_{c_2 \to 0} D \equiv D_0, \quad \lim_{c_2 \to 0} s \equiv s_0,$$

worin ϱ_{01} die Dichte der reinen Substanz 1 (des reinen „Lösungsmittels") bedeutet, so gewinnen wir folgendes Grenzgesetz:

$$\frac{D_0}{s_0} = \frac{\nu R T}{M_2 (1 - v_2^0 \varrho_{01})} . \qquad [4\text{-}20.27]$$

[1] R. HAASE, Z. physik. Chem. Neue Folge **25**, 26 (1960).
[2] R. HAASE und H. SCHÖNERT, Z. Elektrochem. **64**, 1155 (1960).
[3] R. HAASE, Proc. Nat. Acad. Sci. (Washington), im Druck.
[4] Vgl. L. PELLER, J. Chem. Physics **29**, 415 (1958).
[5] Gl. [26] ist zuerst – auf quasithermodynamischem Wege – von SCHULZ[7] für binäre Nichtelektrolytlösungen gewonnen worden. Später [8] wurde gezeigt, daß sie aus der Thermodynamik der irreversiblen Prozesse folgt. Schließlich[1][2][8] wurde bewiesen, daß die Formel auf dem oben angegebenen Wege ableitbar ist und für beliebige Systeme mit zwei unabhängig wandernden Stoffen (z. B. auch für wäßrige Schwefelsäure) gilt.
[6] T. SVEDBERG, Kolloid-Z. (ZSIGMONDY Festschrift) **36**, 53 (1925).
[7] G. V. SCHULZ, Z. physik. Chem. **193**, 168 (1944). Vgl. auch O. LAMM, Acta Chem. Scand **7**, 173 (1953); Trans. Roy. Inst. Technol. (Stockholm), No. 134 (1959).
[8] R. HAASE, Kolloid-Z. **138**, 105 (1954); **147**, 141 (1956).

Hierbei ist R die Gaskonstante und ν eine Zahl, die bei einem gelösten Nichtelektrolyten 1 beträgt, bei einem gelösten binären Elektrolyten aber die Summe der Zerfallszahlen der beiden Ionenarten darstellt. Nach Gl. [27] kann das Molekulargewicht des gelösten Stoffes aus Diffusions- und Sedimentationsversuchen ermittelt werden.

Eine nähere Diskussion der Formeln [25] bis [27] findet sich an anderer Stelle[1] [2]). Es sei hier nur darauf hingewiesen, daß man mit Hilfe von Gl. [26] den Sedimentationskoeffizienten s einer hochmolekularen Lösung – dessen experimentelle Bestimmung den Aufwand einer Ultrazentrifuge erfordert, der aber molekulartheoretisch einfacher als der Diffusionskoeffizient D zu deuten ist – berechnen kann. Man muß dazu folgende Größen kennen:

1. partielles Molvolumen V_2 des Hochpolymeren und Dichte ϱ der Lösung (aus Dichtemessungen),
2. Molekulargewicht M_2 des Hochpolymeren (z. B. aus Messungen des osmotischen Druckes),
3. $(\partial\mu_2/\partial c_2)_{T,P}$ für den hochmolekularen Stoff (z. B. aus Messungen des osmotischen Druckes oder des Dampfdruckes),
4. Diffusionskoeffizient D (aus Diffusionsmessungen).

Auf diese Weise berechnete Sedimentationskoeffizienten sind den direkt in der Ultrazentrifuge gemessenen Sedimentationskoeffizienten in Tab. 8 gegenübergestellt[3]).

Gl. [26] läßt sich mit Hilfe einiger Umrechnungsbeziehungen (s. Gl. [4-17.27], [4-17.29], [4-23.13] und [4-26.6]) auf folgende Form bringen (x_i = Molenbruch, v_i = partielles spezifisches Volumen des Stoffes i):

$$\frac{D}{s} = \frac{x_2\,\overline{V}^2}{M_1^2\,M_2\,x_1\,v_1\,(v_1 - v_2)}\left(\frac{\partial\mu_2}{\partial x_2}\right)_{T,P}. \qquad [4\text{-}20.28]$$

Da für eine stabile Mischung gilt:

$$D > 0, \left(\frac{\partial\mu_2}{\partial x_2}\right)_{T,P} > 0$$

---

[1]) R. Haase und H. Schönert, Z. Elektrochem. **64**, 1155 (1960).

[2]) R. Haase, Proc. Nat. Acad. Sci. (Washington), im Druck.

[3]) Neuerdings verifizierte Creeth[4]) Gl. [26] am System H_2O–Tl_2SO_4 bei 25 °C für den Konzentrationsbereich von 8 bis 50 g l^{-1}. Er benutzte dazu Messungen des Sedimentationskoeffizienten (s), des Diffusionskoeffizienten (D), der Dichte (zur Ermittlung von $V_2\varrho$) und der EMK der isotherm-isobaren Kette

$$\text{Tl (Hg)} \mid Tl_2SO_4\,\text{(aq)} \mid Hg_2SO_4 \mid \text{Hg}$$

Dabei dienten die EMK-Messungen zur Bestimmung der Größe $(\partial\mu_2/\partial c_2)_{T,P}$ mit Hilfe von Gl. [4-18.37] und [4-19.24].

[4]) J. M. Creeth, J. Physic. Chem. **66**, 1228 (1962).

Tabelle 8

Nach Gl. [26] bzw. [27] berechnete Sedimentationskoeffizienten s (ber.) bzw. deren Grenzwerte s_0 (ber.) im Vergleich zu den direkt gemessenen Werten s (gem.) bzw. s_0 (gem.) für das System Toluol (1) – Polystyrol (2) bei 20 °C für mehrere Konzentrationen (Partialdichten $\varrho_2 = M_2 c_2$) und Molekulargewichte (Molmassen M_2) nach REHAGE[1]) und ERNST[2]). (Die in der dritten bzw. fünften Spalte angeführten M_2-Werte gehören zu den s-Werten der zweiten bzw. vierten Spalte.)

ϱ_2 g l^{-1}	10^{13} s (ber.) sec	10^{-5} M_2 g mol^{-1}	10^{13} s (gem.) sec	10^{-5} M_2 g mol^{-1}
0	4,3	1,8	4,45	1,24
($s = s_0$)			5,9	2,5
			7,00	3,13
			8,75	5,36
2,2	3,8	1,8	5,83	3,8
4,4	2,7	1,8	4,27	3,8

und wir auch die Voraussetzung $v_1 > 0$ machen dürfen, schließen wir aus Gl. [28]: s ist positiv, wenn v_1 größer als v_2 ist. Dies bedeutet nach Gl. [6] oder [7]: Bei verschwindendem Konzentrationsgefälle wandert diejenige Komponente im Schwerefeld nach unten bzw. im Zentrifugalfeld nach außen, die das kleinere partielle spezifische Volumen hat. Bei hochmolekularen Lösungen ist diese Komponente fast stets das Hochpolymere.

Für eine binäre ideale Mischung (beliebiger Konzentration) gilt:

$$\left.\begin{aligned} x_2\left(\frac{\partial \mu_2}{\partial x_2}\right)_{T,P} &= RT, \quad \overline{V} = x_1 V_{01} + x_2 V_{02}, \\ V_1 &= V_{01}, \quad V_2 = V_{02}. \end{aligned}\right\} \qquad [4\text{-}20.29]$$

Hierin bedeutet V_{0i} das Molvolumen der reinen flüssigen Komponente i (bei denselben Werten von T und P wie die flüssige Mischung). Einsetzen von Gl. [29] in Gl. [28] ergibt[3]):

$$\frac{D}{s} = \frac{RT\,(x_1 V_{01} + x_2 V_{02})^2}{x_1 V_{01}\,(M_2 V_{01} - M_1 V_{02})}\,. \qquad [4\text{-}20.30]$$

Ideale Mischungen können bei flüssigen Systemen nur im Falle zweier sehr ähnlicher Teilchenarten, also nie bei hochmolekularen Lösungen oder bei Elektrolytlösungen auftreten.

Durch Vergleich von Gl. [4-18.40] mit Gl. [26] bei Beachtung von Gl. [4-18.33] und [4-18.37] findet man für den Sedimentationskoeffizienten s

[1]) G. REHAGE, persönliche Mitteilung.
[2]) O. ERNST, persönliche Mitteilung.
[3]) R. HAASE, Kolloid-Z. **147**, 141 (1956).

einer hochverdünnten Lösung ($c_2 V_2 \ll 1$) eines vollständig dissoziierten binären Elektrolyten:

$$s = \frac{M_2^*}{\mathfrak{F}} (1 - v_2 \varrho) \frac{u_+^0 u_-^0}{u_+^0 + u_-^0}, \qquad [4\text{-}20.31]$$

worin

$$M_2^* \equiv \frac{M_2}{z_+ \nu_+} = -\frac{M_2}{z_- \nu_-} \qquad [4\text{-}20.32]$$

die Äquivalentmasse (das „Äquivalentgewicht") des Elektrolyten und u_i^0 den Grenzwert der Beweglichkeit der Ionenart i für unendliche Verdünnung bedeutet. Da $v_2 \varrho$ bei hochverdünnten Lösungen kaum konzentrationsabhängig ist, variiert s bedeutend weniger mit der Zusammensetzung der Lösung als der Diffusionskoeffizient D nach Gl. [4-18.40] im gleichen Konzentrationsbereich.

Aus Gl. [31] folgt sofort:

$$s_0 = \frac{M_2^*}{\mathfrak{F}} (1 - v_2^0 \varrho_{01}) \frac{u_+^0 u_-^0}{u_-^0 + u_-^0}. \qquad [4\text{-}20.33]$$

Diese Beziehung, die sich kaum von Gl. [31] unterscheidet, stellt eine direkte Verknüpfung zwischen dem Grenzwert s_0 des Sedimentationskoeffizienten, den Grenzwerten u_+^0 und u_-^0 der Ionenbeweglichkeiten und dem Äquivalentgewicht M_2^* des Elektrolyten her. Sie ergibt sich auch aus den beiden Grenzgesetzen [4-18.43] und [27] mit Hilfe von Gl. [4-18.33] und [32].

Die Theorie der Auswertung von Versuchen in der Ultrazentrifuge findet sich in der Monographie von FUJITA[1]). Es handelt sich dabei um die Integration des aus Gl. [3] mit der Mengenbilanz folgenden Gleichungssystems unter den jeweiligen Randbedingungen.

§ 4.21. Sedimentationspotential

Bei der Bewegung von geladenen Teilchen im Erd- oder Zentrifugalfeld entsteht ein inneres elektrisches Feld, das zu einem *Sedimentationspotential* Anlaß gibt. Dieses kommt auf analoge Weise zustande wie das Diffusionspotential (S. 322). Ist das System anfangs homogen, weist also keine Temperatur- und Konzentrationsgradienten auf (ein Druckgefälle bildet sich praktisch momentan aus), so liegt zunächst ein „Sedimentationspotential im engeren Sinne" vor. Im Laufe der Zeit entstehen aber durch die Sedi-

1) H. FUJITA, Mathematical Theory of Sedimentation Analysis (New York – London 1962).

mentation Konzentrationsgradienten, die eine Diffusion und ein Diffusionspotential zur Folge haben. In isothermen Medien gibt es also zu einem beliebigen Zeitpunkt ein „Sedimentationspotential im weiteren Sinne", das sich aus dem Sedimentationspotential im engeren Sinne und dem Diffusionspotential zusammensetzt. Der allgemeine Ausdruck für das genannte elektrische Potential folgt aus den Ansätzen der Thermodynamik der irreversiblen Prozesse auf prinzipiell gleichem Wege wie die Formel für das Diffusionspotential (S. 323).

Wir kombinieren die phänomenologischen Ansätze [4-15.10] mit der Bedingung [4-15.13] für das Verschwinden des Gesamtstromes und beachten Gl. [4-15.8] und [4-15.9]. Wir erhalten dann für den Gradienten des Sedimentationspotentials φ_S im weiteren Sinne:

$$\operatorname{grad} \varphi_S = \frac{\sum_i \sum_k a_{ik} z_i \left[(M_k - V_k \varrho)\vec{g} - (\operatorname{grad} \mu_k)_{T,P}\right]}{\mathfrak{F} \sum_i \sum_k a_{ik} z_i z_k} \qquad [4\text{-}21.1]$$

mit derselben Bedeutung der Symbole wie in § 4.15, abgesehen davon, daß jetzt der Kürze halber der Vektor $\vec{g}$ für Erd- und Zentrifugalbeschleunigung steht. Die Summen sind über alle (geladenen und ungeladenen) Teilchenarten – mit Ausnahme der Partikelsorte 1, die normalerweise dem „Lösungsmittel" entspricht – zu erstrecken. Es gilt nun nach Gl. [4-16.45] für die reduzierte Überführungszahl τ_k der Teilchenart k:

$$\tau_k = \frac{\sum_i a_{ki} z_i}{\sum_i \sum_k a_{ik} z_i z_k}\,. \qquad [4\text{-}21.2]$$

Mit dem ONSAGERschen Reziprozitätssatz [4-14.4]

$$a_{ik} = a_{ki} \qquad [4\text{-}21.3]$$

finden wir in Gl. [1] den Ausdruck [2] wieder. Es folgt also:

$$\mathfrak{F} \operatorname{grad} \varphi_S = \sum_k \tau_k \left[(M_k - V_k \varrho)\vec{g} - (\operatorname{grad} \mu_k)_{T,P}\right]. \qquad [4\text{-}21.4]$$

Bei Vergleich mit Gl. [4-18.23] erkennen wir, daß unter der Bedingung $\vec{g} = 0$ ($\operatorname{grad} P = 0$) die Formel für das Diffusionspotential resultiert. Bei verschwindenden Konzentrationsgradienten [$(\operatorname{grad} \mu_k)_{T,P} = 0$)] erhalten wir den Ausdruck für das Sedimentationspotential im engeren Sinne, der für den Anfangszustand in einem bezüglich der Konzentrationen homogenen Medium gilt:

$$\mathfrak{F} \operatorname{grad} \varphi_S = \sum_k \tau_k (M_k - V_k \varrho)\vec{g} \text{ (Anfangszustand).} \qquad [4\text{-}21.5]$$

Nach hinreichend langer Zeit heben sich in einem isothermen Medium Diffusion und Sedimentation gegenseitig auf, und es tritt ein stationärer Zustand ein, der dem Sedimentationsgleichgewicht entspricht (§ 4.20). Mit Hilfe der klassischen Gleichgewichtsbedingung [4-20.10] finden wir:

$$z_k \mathfrak{F} \operatorname{grad} \varphi_S = (M_k - V_k \varrho)\vec{g} - (\operatorname{grad} \mu_k)_{T,P} \text{ (Endzustand)}, \qquad [4\text{-}21.6]$$

worin der Index k sich auf irgendeine geladene Teilchenart bezieht und φ_S den Gleichgewichtswert des Sedimentationspotentials bedeutet.

Mit der Bedingung [4-20.4]

$$\varrho \vec{g} = \operatorname{grad} P \qquad [4\text{-}21.7]$$

können wir die Beziehungen [4], [5] und [6] in folgender Form schreiben:

$$\mathfrak{F} \operatorname{grad} \varphi_S = \sum_k \tau_k \left[\left(\frac{M_k}{\varrho} - V_k\right) \operatorname{grad} P - (\operatorname{grad} \mu_k)_{T,P}\right], \qquad [4\text{-}21.8]$$

$$\mathfrak{F} \operatorname{grad} \varphi_S = \sum_k \tau_k \left(\frac{M_k}{\varrho} - V_k\right) \operatorname{grad} P \text{ (Anfangszustand)}, \qquad [4\text{-}21.9]$$

$$z_k \mathfrak{F} \operatorname{grad} \varphi_S = \left(\frac{M_k}{\varrho} - V_k\right) \operatorname{grad} P - (\operatorname{grad} \mu_k)_{T,P} \text{ (Endzustand)}. \qquad [4\text{-}21.10]$$

Das Sedimentationspotential ist für sich allein nicht meßbar, sondern nur in Kombination mit anderen Potentialdifferenzen (Elektrodenpotentialen usw.) experimentell ermittelbar (§ 4.22). In dieser Hinsicht verhält sich das Sedimentationspotential analog dem Membranpotential (S. 203) und dem Diffusionspotential (S. 323).

Die Gültigkeit der Ansätze [4-15.10], von denen wir bei der Ableitung der obigen Formeln ausgingen, ist nach § 4.15 auf fluide Medien mit schleichenden Bewegungen und isotrope Kristalle in einfachen Fällen beschränkt (vgl. auch § 4.5). Nun ist die Voraussetzung des mechanischen Gleichgewichtes, d. h. des Verschwindens der Schwerpunktsbeschleunigung, und damit auch Gl. [7] für die festen Phasen der Gravitations- und Zentrifugalketten nicht unbedingt gültig. Wir müßten also eigentlich von den Ansätzen [4-13.1] ausgehen, wobei die generalisierten Kräfte durch den allgemeinen Ausdruck [4-15.4] gegeben sind. Ein solches Verfahren würde die Rechnungen sehr komplizieren, ohne daß der Aufwand lohnte; denn letzten Endes erweisen sich die Beiträge der durch Druckgefälle und äußere Felder in den festen Phasen hervorgerufenen Homogeneffekte, gemessen an der gesamten EMK der Kette, als recht geringfügig, weil die Masse der Elektronen sehr klein gegenüber den Massen der übrigen Teilchenarten ist. Wir werden daher auf die Elektronenleiter einer Gravitations- oder Zentrifugalkette einfach

Gl. [8] anwenden, die sich infolge des Fehlens von Konzentrationsgradienten zudem noch auf Gl. [9] reduziert. Bei Elektronenleitern wird nun das hier benutzte HITTORFsche Bezugssystem mit dem Gitterbezugssystem identisch (vgl. S. 244). Für die HITTORFsche Überführungszahl $t_\ominus$ der Elektronen (der Index $_\ominus$ bezieht sich stets auf die Elektronen) gilt dementsprechend: $t_\ominus = 1$. Daher folgt aus Gl. [4-16.42] mit $z_\ominus = -1$: $\tau_\ominus = -1$. Wir erhalten also aus Gl. [9]:

$$\mathfrak{F} \operatorname{grad} \varphi_S = \left(V_\ominus - \frac{M_\ominus}{\varrho}\right) \operatorname{grad} P \text{ (Elektronenleiter)}. \qquad [4\text{-}21.11]$$

§ 4.22. Gravitations- und Zentrifugalketten

Eine *Gravitationskette* bzw. eine *Zentrifugalkette* ist eine isotherme galvanische Kette mit zwei chemisch gleichen Elektroden, die sich in verschiedenen Höhen im Schwerefeld bzw. in verschiedenen Abständen von der Rotationsachse in einem rotierenden System befinden. Die Elektrolytlösung, in welche die Elektroden tauchen, weist dabei im allgemeinen Druck- und Konzentrationsgradienten auf. Geht man von einer bezüglich der Konzentrationen homogenen Elektrolytlösung aus, so wird die zu Beginn eines Versuches gemessene EMK der Kette als „Anfangswert der EMK" bezeichnet. Nach hinreichend langer (theoretisch unendlich langer) Zeit stellt sich ein stationärer Zustand ein, der dem Sedimentationsgleichgewicht entspricht (vgl. § 4.20 und § 4.21). Die für diesen Fall gemessene EMK der Kette nennen wir den „Endwert der EMK". Wir werden im folgenden einen Ausdruck für die EMK ableiten, der für einen beliebigen Zeitpunkt und damit für beliebige Druck- und Konzentrationsgefälle gilt.

Die hier beschriebenen Ketten sind im allgemeinsten Falle irreversible galvanische Ketten, da sich bei Stromlosigkeit irreversible Prozesse (Diffusion und Sedimentation) in der Lösung abspielen. Nur im speziellen Falle des Sedimentationsgleichgewichtes handelt es sich um reversible galvanische Ketten. Dementsprechend müssen generell die Methoden der Thermodynamik der irreversiblen Prozesse (zur Berechnung des Sedimentationspotentials, vgl. § 4.21) herangezogen werden. Lediglich zur Ermittlung des Endwertes der EMK genügen schon die Formeln der klassischen Thermodynamik.

Das Phasenschema einer Gravitations- oder Zentrifugalkette schreiben wir in folgender Form:

			a		*b*		*c*		*d*		
	|	Endphase (A)	|	Elektrode (B)	|	Lösung	|	Elektrode (B)	|	Endphase (A)	|
Druck:	P				P		$P+\Delta P$		$P+\Delta P$		P
Potential:	|	φ_{I}	|	φ_{II}	|	φ_{III} φ_{IV}	|	φ_{V}	|	φ_{VI} φ_{VII}	|

Dabei sind die Elektroden und Endphasen Elektronenleiter. Es herrschen im allgemeinsten Falle (s. oben) in der Lösung außer dem Druckgefälle auch noch Konzentrationsgradienten. Das Druckgefälle in der rechten Endphase kommt dadurch zustande, daß die metallischen Ableitungen am Meßgerät sich unter demselben Druck (Normaldruck) befinden müssen. (Der Normaldruck entspricht der auf der Höhe der Meßinstrumente befindlichen Elektrode bei Gravitationsketten und der nahe der Rotationsachse befindlichen Elektrode bei Zentrifugalketten.) Die elektrischen Potentialdifferenzen an den Phasengrenzen *a*, *b*, *c* und *d* werden unter der Voraussetzung des lokalen elektrochemischen Gleichgewichtes ermittelt.

Die EMK der Kette, die wir mit Φ bezeichnen, ist die bei Stromlosigkeit gemessene Differenz zwischen dem elektrischen Potential der rechten Endphase und demjenigen der linken Endphase (vgl. S. 328). Es gilt demnach:

$$\Phi = \varphi_{\mathrm{VII}} - \varphi_{\mathrm{I}} = (\varphi_{\mathrm{VII}} - \varphi_{\mathrm{VI}}) + (\varphi_{\mathrm{VI}} - \varphi_{\mathrm{V}}) + (\varphi_{\mathrm{V}} - \varphi_{\mathrm{IV}}) + (\varphi_{\mathrm{IV}} - \varphi_{\mathrm{III}}) + (\varphi_{\mathrm{III}} - \varphi_{\mathrm{II}}) + (\varphi_{\mathrm{II}} - \varphi_{\mathrm{I}}). \quad [4\text{-}22.1]$$

Die Potentialdifferenzen $\varphi_{\mathrm{VII}} - \varphi_{\mathrm{VI}}$ und $\varphi_{\mathrm{IV}} - \varphi_{\mathrm{III}}$ beruhen auf Sedimentationspotentialen (§ 4.21). Alle übrigen Spannungen sind voraussetzungsgemäß Gleichgewichtspotentialdifferenzen, die mit Hilfe der klassischen Thermodynamik berechnet werden können.

Aus Gl. [4-21.11] finden wir für das Sedimentationspotential in der rechten Endphase[1]):

$$\mathfrak{F}(\varphi_{\mathrm{VII}} - \varphi_{\mathrm{VI}}) = \int_{P}^{P+\Delta P} \left[\frac{M_{\ominus}}{\varrho_A} - (V_{\ominus})_A\right] dP, \quad [4\text{-}22.2]$$

während wir aus Gl. [4-21.8] für das Sedimentationspotential in der Lösung ableiten:

$$\mathfrak{F}(\varphi_{\mathrm{IV}} - \varphi_{\mathrm{III}}) = \int_{P}^{P+\Delta P} \sum_k \tau_k \left[\left(\frac{M_k}{\varrho} - V_k\right) dP - (d\mu_k)_{T,P}\right]. \quad [4\text{-}22.3]$$

Darin bedeutet $\mathfrak{F}$ die FARADAYsche Konstante, ϱ die Dichte, M_k bzw. V_k die Molmasse bzw. das partielle Molvolumen der Teilchenart k und τ_k bzw. μ_k die reduzierte Überführungszahl bzw. das chemische Potential der Partikelsorte k. Der Index $_{\ominus}$ bezieht sich auf die Elektronen, der Index $_A$ auf die Endphasensubstanz. Die Summe in Gl. [3] ist über alle Teilchenarten der Lösung, das Lösungsmittel ausgenommen, zu erstrecken. Die Indizierung bei $d\mu_k$ in Gl. [3] endlich bringt zum Ausdruck, daß es sich um die Änderung

[1]) Man sagt statt „Sedimentationspotentialdifferenz" der Kürze halber „Sedimentationspotential".

des chemischen Potentials bei konstanter Temperatur T und konstantem Druck P handelt, der zweite Teil des Integrals in [3] also von den Konzentrationsgradienten in der Lösung herrührt (Diffusionspotential) und die Konzentrationen als implizite Integrationsvariable enthält.

Die Phasengrenzen a und d sind für die Elektronen (Index $_\ominus$), die Phasengrenzen b und c für eine bestimmte Ionenart der Lösung (Index $_i$) reversibel. Wir bezeichnen Größen, die sich auf die Elektroden- bzw. Endphasensubstanz beziehen, mit dem Index $_B$ bzw. $_A$, während Größen ohne Index die Lösung kennzeichnen sollen. Wir erhalten dann für die Potentialsprünge an den vier Phasengrenzen aus der klassischen Bedingung [1-20.13] für elektrochemisches Gleichgewicht:

$$\mathfrak{F}(\varphi_{\mathrm{VI}} - \varphi_{\mathrm{V}}) = (\mu_\ominus)_A - (\mu_\ominus)_B \quad (\text{Druck } P + \Delta P), \qquad [4\text{-}22.4]$$

$$\mathfrak{F}(\varphi_{\mathrm{II}} - \varphi_{\mathrm{I}}) = (\mu_\ominus)_B - (\mu_\ominus)_A \quad (\text{Druck } P), \qquad [4\text{-}22.5]$$

$$\mathfrak{F}(\varphi_{\mathrm{V}} - \varphi_{\mathrm{IV}}) = \frac{1}{z_i}\,[\mu_i - (\mu_i)_B] \quad (\text{Druck } P + \Delta P), \qquad [4\text{-}22.6]$$

$$\mathfrak{F}(\varphi_{\mathrm{III}} - \varphi_{\mathrm{II}}) = \frac{1}{z_i}\,[(\mu_i)_B - \mu_i] \quad (\text{Druck } P), \qquad [4\text{-}22.7]$$

wobei z_i die elektrochemische Valenz der Ionensorte i bedeutet. Die Werte von μ_i in Gl. [6] und [7] sind nach obigem nicht nur verschiedenen Drucken, sondern auch verschiedenen Konzentrationen zuzuordnen.

Aus Gl. [4-15.2] folgt:

$$(d\mu_k)_T = V_k\,dP + (d\mu_k)_{T,P}\,. \qquad [4\text{-}22.8]$$

Beachten wir diese Beziehung, so leiten wir aus Gl. [1] bis [7] die allgemeine Formel für die EMK einer Gravitations- oder Zentrifugalkette ab[1]):

$$\mathfrak{F}\Phi = \int\limits_P^{P+\Delta P} \left[\frac{M_\ominus}{\varrho_A} - (V_\ominus)_B - \frac{(V_i)_B}{z_i} + \frac{V_i}{z_i}\right] dP$$
$$+ \int\limits_P^{P+\Delta P} \sum_k \tau_k \left(\frac{M_k}{\varrho} - V_k\right) dP + \frac{1}{z_i}\int\limits_b^c (d\mu_i)_{T,P} - \int\limits_b^c \sum_k \tau_k\,(d\mu_k)_{T,P}\,. \qquad [4\text{-}22.9]$$

Darin sind die beiden letzten Integrale über die Konzentrationen als Variable innerhalb der Lösung von der Phasengrenze b bis zur Phasengrenze c zu erstrecken. Wie man bei Vergleich mit Gl. [4-19.7] erkennt, stellen diese beiden Integrale den Ausdruck für die EMK einer Konzentrationskette mit Überführung dar. Dieses Resultat ist von vornherein zu

---

[1])Vgl. H. SCHÖNERT, Z. physik. Chem. Neue Folge **30**, 52 (1961).

erwarten, da für $\Delta P = 0$ die hier betrachtete Kette zu einer Konzentrationskette wird. Läßt man die beiden letzten Integrale in Gl. [9] fort, so hat man den Ausdruck für den Anfangswert der EMK. Die Druckdifferenz ΔP berechnet sich aus der Höhendifferenz bzw. aus den Abständen von der Rotationaschse.

In der Elektrodensubstanz (B) liegt ein homogenes chemisches Gleichgewicht zwischen der Teilchenart a (der zur Ionensorte i gehörenden neutralen Atomart) und der Ionenart i sowie den Elektronen vor:

$$a \rightleftharpoons i + z_i \ominus \text{ (Phase } B\text{)}.$$

Hieraus folgt mit Gl. [1-12.12] und [1-21.16]:

$$\mu_a = (\mu_i)_B + z_i (\mu_\ominus)_B, \qquad [4\text{-}22.10]$$

$$V_a = (V_i)_B + z_i (V_\ominus)_B. \qquad [4\text{-}22.11]$$

Dabei bedeutet μ_a bzw. V_a das chemische Potential bzw. das partielle Molvolumen der betreffenden neutralen Atomart in der Elektrodensubstanz. Liegen Elektroden zweiter Art vor, so bleibt Gl. [10] bzw. [11] bestehen, falls man unter μ_a bzw. V_a eine bestimmte Linearkombination von chemischen Potentialen bzw. partiellen Molvolumina versteht. Es läßt sich z. B. ableiten[1]), daß folgende Beziehungen gelten:

$\mu_a = \mu_{Ag}$ für Ag-Elektroden (reversibel für Ag^+),
$\mu_a = \mu_{Cd}$ für Cd-Amalgam-Elektroden (reversibel für Cd^{++}),
$\mu_a = \frac{1}{2} (\mu_{H_2})_{Gas}$ für H_2-Elektroden (reversibel für H^+),
$\mu_a = \mu_{AgCl} - \mu_{Ag}$ für Ag/AgCl-Elektroden (reversibel für Cl^-).

Mit Gl. [11] können wir in Gl. [9] folgende Substitution vornehmen:

$$-(V_\ominus)_B - \frac{(V_i)_B}{z_i} + \frac{V_i}{z_i} = \frac{1}{z_i}(V_i - V_a). \qquad [4\text{-}22.12]$$

Als Beispiel betrachten wir die Lösung eines einzigen Elektrolyten (Stoff 2) in einem neutralen Lösungsmittel (Substanz 1). Der Elektrolyt enthalte eine Kationensorte (Teilchenart +), eine Anionensorte (Teilchenart —) und undissoziierte Elektrolytmoleküle (Teilchenart u). Die Elektroden seien entweder für die Kationen oder für die Anionen des Elektrolyten reversibel. Ferner beachten wir die Zusammenhänge [4-19.8] und [4-19.9]:

$$t_k = z_k \tau_k \ (k = +, -), \qquad [4\text{-}22.13]$$

$$t_+ + t_- = 1, \qquad [4\text{-}22.14]$$

---

[1]) R. Haase, Z. physik. Chem. Neue Folge **11**, 379 (1957).

worin t_k die HITTORFsche Überführungszahl der Ionenart k bedeutet. Da die letzten beiden Integrale in Gl. [9] für den hier betrachteten Spezialfall bereits in § 4.19 ausgewertet worden sind, brauchen wir jetzt nur noch die ersten beiden Integrale in [9], die sich auf den Anfangswert der EMK (Φ_0) beziehen, zu berücksichtigen. Wir erhalten aus Gl. [9], [12], [13] und [14]:

$$\mathfrak{F}\Phi_0 = \int_P^{P+\Delta P} \left[\frac{M_\ominus}{\varrho_A} - \frac{V_a}{z_+} + \frac{M_+}{z_+\varrho} - \frac{t_-}{\varrho}\left(\frac{M_+}{z_+} - \frac{M_-}{z_-}\right) + \frac{\tau_u}{\varrho} M_u + t_-\left(\frac{V_+}{z_+} - \frac{V_-}{z_-}\right) - \tau_u V_u\right] dP \qquad [4\text{-}22.15]$$

(Elektroden reversibel fürKationen),

$$\mathfrak{F}\Phi_0 = \int_P^{P+\Delta P} \left[\frac{M_\ominus}{\varrho_A} - \frac{V_a}{z_-} + \frac{M_-}{z_-\varrho} + \frac{t_+}{\varrho}\left(\frac{M_+}{z_+} - \frac{M_-}{z_-}\right) + \frac{\tau_u}{\varrho} M_u - t_+\left(\frac{V_+}{z_+} - \frac{V_-}{z_-}\right) - \tau_u V_u\right] dP \qquad [4\text{-}22.16]$$

(Elektroden reversibel für Anionen).

Nun gilt (vgl. Gl. [4-19.13] und [4-19.14]):

$$M_u = M_2, \quad \frac{M_+}{z_+} - \frac{M_-}{z_-} = \frac{M_2}{z_+\nu_+} = -\frac{M_2}{z_-\nu_-}, \qquad [4\text{-}22.17]$$

$$V_u = V_2, \quad \frac{V_+}{z_+} - \frac{V_-}{z_-} = \frac{V_2}{z_+\nu_+} = -\frac{V_2}{z_-\nu_-}. \qquad [4\text{-}22.18]$$

Hierin bedeutet ν_+ bzw. ν_- die Zerfallszahl für die Kationen bzw. Anionen und M_2 bzw. V_2 die Molmasse bzw. das partielle Molvolumen des Elektrolyten. Ferner haben wir für die Brutto-Überführungszahlen ϑ_+ und ϑ_- gemäß Gl. [4-19.17] und [4-19.18]:

$$\frac{\vartheta_+}{z_+\nu_+} = \frac{1-\vartheta_-}{z_+\nu_+} = \frac{t_+}{z_+\nu_+} + \tau_u, \qquad [4\text{-}22.19]$$

$$\frac{\vartheta_-}{z_-\nu_-} = -\frac{1-\vartheta_+}{z_+\nu_+} = \frac{t_-}{z_-\nu_-} + \tau_u. \qquad [4\text{-}22.20]$$

Zusammenfassung der Formeln [15] bis [20] ergibt:

$$\mathfrak{F}\Phi_0 = \int_P^{P+\Delta P} \left[\frac{M_\ominus}{\varrho_A} + \frac{M_i}{z_i\varrho} - \frac{V_a}{z_i} - \frac{1-\vartheta_i}{z_i\nu_i}\left(\frac{M_2}{\varrho} - V_2\right)\right] dP. \qquad [4\text{-}22.21]$$

Dabei bezieht sich der Index i wiederum auf diejenige Ionenart, für welche die Elektroden reversibel sind. Wie ersichtlich, kann man die Brutto-Überführungszahlen für einen binären Elektrolyten aus Messungen von

Anfangswerten der EMK von Gravitations- oder Zentrifugalketten gewinnen, falls man gewisse Daten über die Dichte der Endphasen- und Elektrodensubstanzen bzw. der Elektrolytlösung zur Verfügung hat. Eine Kenntnis von Aktivitätskoeffizienten, wie bei Konzentrationsketten mit Überführung (§ 4.19), ist nicht erforderlich. Der die Elektronenmasse enthaltende Term $M_\ominus/\varrho_A$ ist, wie ein numerischer Vergleich mit den übrigen Gliedern des Integranden in Gl. [21] zeigt, praktisch zu vernachlässigen. Für die Ermittlung der HITTORFschen Überführungszahlen (t_+ und t_-) gilt das bei den Konzentrationsketten (S. 334) Gesagte.

Durch Addition von Gl. [21] zu Gl. [4-19.19] leiten wir den Ausdruck für die EMK zu einem beliebigen Zeitpunkt ab (vgl. oben):

$$\mathfrak{F}\Phi = \mathfrak{F}\Phi_0 + \frac{1}{z_i \nu_i}\int_b^c (1-\vartheta_i)\,(d\mu_2)_{T,P}\,. \qquad [4\text{-}22.22]$$

Hierin ist μ_2 das chemische Potential des Elektrolyten.

Für das Sedimentationsgleichgewicht folgt aus Gl. [4-20.4], [4-20.19] und [4-20.22]:

$$\left(\frac{M_2}{\varrho} - V_2\right) dP = (d\mu_2)_{T,P}\,. \qquad [4\text{-}22.23]$$

Damit ergeben Gl. [21] und [22] für den Endwert der EMK (Φ_∞):

$$\mathfrak{F}\Phi_\infty = \int_P^{P+\Delta P} \left(\frac{M_\ominus}{\varrho_A} + \frac{M_i}{z_i\varrho} - \frac{V_a}{z_i}\right) dP\,. \qquad [4\text{-}22.24]$$

In diesem Ausdruck sind naturgemäß die Überführungszahlen nicht mehr enthalten.

Aus Gl. [24] leiten wir sofort mit Hilfe von Gl. [21] ab:

$$\mathfrak{F}(\Phi_\infty - \Phi_0) = \frac{1}{z_i \nu_i}\int_P^{P+\Delta P} (1-\vartheta_i)\left(\frac{M_2}{\varrho} - V_2\right) dP\,. \qquad [4\text{-}22.25]$$

Die Bestimmung von Überführungszahlen nach dieser Gleichung ist offensichtlich noch einfacher als das entsprechende Verfahren nach Gl. [21]. In der Praxis aber ist Φ_∞ der Messung schwer zugänglich, während Φ_0 schon des öfteren experimentell ermittelt worden ist.

Messungen von Φ_0 bei Gravitationsketten haben bereits DES COUDRES[1]) sowie GRINNELL und KOENIG[2]) ausgeführt. Entsprechende Experimente an

[1]) TH. DES COUDRES, Wied. Ann. Physik und Chemie **57**, 232 (1896).
[2]) S. W. GRINNELL und F. O. KOENIG, J. Amer. Chem. Soc. **64**, 682 (1942).

Zentrifugalketten stammen von DES COUDRES[1]), TOLMAN[2]) sowie MACINNES, RAY und Mitarb.[3]). Jedoch hat erst MILLER[4]) und dann – unabhängig davon – SCHÖNERT[5]) die exakte Theorie im hier beschriebenen Sinne entwickelt.

Fassen wir nochmals alle Verfahren zur Bestimmung von Überführungszahlen (vgl. § 4.16 und § 4.19) zusammen, so erhalten wir folgende Übersicht:

a) HITTORFsche Methode (abgekürzt „Hittorf"),
b) Verfahren der wandernden Grenzfläche („wand. Grenzfl."),
c) Auswertung von EMK-Messungen an Konzentrationsketten nach Gl. [4-19.23] („Konz.-Kette"),
d) Auswertung von EMK-Messungen an Gravitations- oder Zentrifugalketten nach Gl. [21] („Grav.-Kette" oder „Zentr.-Kette").

Um die mit der heutigen Meßmethodik erzielte Übereinstimmung in den verschiedenen experimentellen Werten nach den genannten Verfahren zu zeigen, bringen wir in Tab. 9 einige Beispiele für gemessene Überführungs-

Tabelle 9

Kationenüberführungszahlen für wäßrige Elektrolytlösungen bei 25 °C nach verschiedenen Methoden[6]) [7]) [8])

Elektrolyt	Konzentration mol l^{-1}	Hittorf	wand. Grenzfl.	Konz.-Kette	Grav.-Kette	Zentr.-Kette
HCl	0,005		0,8239	0,824		
	0,01		0,8251	0,825		
	0,02		0,8266	0,827		
	0,05		0,8292	0,830		
	0,1		0,8314	0,830		
LiCl	0,01	0,329	0,3289			
	0,02	0,327	0,3261			
	0,05	0,323	0,3211			
	0,1	0,319	0,3168			
KI	0,1941		0,4887			0,4873
KI (20° C) mit geringem I_2-Zusatz	~1				0,490	0,486

[1]) TH. DES COUDRES, Wied. Ann. Physik und Chemie **49**, 284 (1893).
[2]) R. C. TOLMAN, Proc. Amer. Acad. Arts Sci. **46**, 109 (1910); J. Amer. Chem. Soc. **33**, 121 (1911).
[3]) D. A. MACINNES und B. R. RAY, J. Amer. Chem. Soc. **71**, 2987 (1949); D. A. MACINNES und M. O. DAYHOFF, J. Chem. Physics **20**, 1034 (1952); B. R. RAY, D. M. BEESON und H. F. CRANDALL, J. Amer. Chem. Soc. **80**, 1029 (1958).
[4]) D. G. MILLER, Amer. J. Phys. **24**, 595 (1956).
[5]) H. SCHÖNERT, Z. physik. Chem. Neue Folge **30**, 52 (1961).
[6]) H. S. HARNED und B. B. OWEN, The Physical Chemistry of Electrolytic Solutions, 3. Aufl. (New York 1958).
[7]) LANDOLT-BÖRNSTEIN, II. Band, 7. Teil (Berlin-Göttingen-Heidelberg 1960)
[8]) S. W. GRINNELL und F. O. KOENIG, J. Amer. Chem. Soc. **64**, 682 (1942).

zahlen. Tabelliert ist die Brutto-Überführungszahl des kationischen Bestandteils des Elektrolyten, die bei den hier betrachteten verdünnten Lösungen starker Elektrolyte praktisch mit der HITTORFschen Überführungszahl des Kations zusammenfällt.

§ 4.23. Druckdiffusion

Wir betrachten ein isothermes fluides Gemisch, in dem ein Druckgefälle aufrechterhalten wird. Der Druckgradient soll dabei nicht, wie bei der Sedimentation, an das Schwerefeld oder ein Zentrifugalfeld gebunden sein. Kommt das Druckgefälle indirekt durch die Schwere zustande, braucht es nicht in Richtung des Erdfeldes zu liegen. Dementsprechend gelten auch nicht mehr die Bedingungen für „schleichende Bewegungen“ oder „mechanisches Gleichgewicht“. Die thermodynamisch-phänomenologische Beschreibung der Transportprozesse hat demnach durch die Ansätze [4-13.1] zu erfolgen.

Die uns hier interessierenden Phänomene sind die *Diffusion*, d. h. die Teilchenwanderung infolge von Konzentrationsgradienten, also eine uns schon bekannte Erscheinung, und die *Druckdiffusion*, d. h. der Teilchentransport auf Grund des Druckgradienten. Wir beschränken die Diskussion der Kürze halber auf eine Mischung aus zwei ungeladenen Partikelarten.

Wir bezeichnen mit $\vec{J}_i \; (i = 1, 2)$ den durch Gl. [4-3.1] definierten Diffusionsstrom der Partikelsorte i, mit ω_1 und ω_2 die in Gl. [4-3.3] eingeführten Gewichtsfaktoren für die Mittelung der Geschwindigkeiten, mit c_i die molare Volumenkonzentration der Teilchenart i, mit $c = c_1 + c_2$ die gesamte molare Volumenkonzentration, mit x_i den Molenbruch der Teilchensorte i und mit P den Druck. Wir beschreiben dann den gleichzeitigen Ablauf von Diffusion und Druckdiffusion in einem isothermen fluiden Medium mit zwei ungeladenen Teilchenarten durch eine sinngemäße Erweiterung des Ansatzes [4-17.25]:

$$\vec{J}_i = -\frac{1-\omega_i}{1-x_i}\, c \left(D \operatorname{grad} x_i \mp D_P \frac{\operatorname{grad} P}{P}\right) \quad (i = 1, 2)\,, \qquad [4\text{-}23.1]$$

wobei das obere bzw. untere Vorzeichen gilt, wenn $i = 1$ bzw. $i = 2$ ist[1]). Durch Gl. [1] werden der *Diffusionskoeffizient* D (§ 4.17) und der *Druck-*

[1]) Es muß die Identität [4-17.22]

$$\frac{\omega_1}{c_1}\vec{J}_1 + \frac{\omega_2}{c_2}\vec{J}_2 = 0$$

erfüllt sein.

diffusionskoeffizient D_P eingeführt. Der Ansatz [1] ist im Einklang mit den Ergebnissen der kinetischen Gastheorie. Experimentelle Untersuchungen über die Druckdiffusion scheinen noch nicht vorzuliegen.

Legt man das FICKsche Bezugssystem zugrunde, so folgt aus Gl. [1] mit Gl. [4-17.23], [4-17.24], [4-17.26] und [4-17.27]:

$$ {}_w\vec{J}_1 = -\frac{V_2}{\overline{V}^2}\left(D \operatorname{grad} x_1 - D_P \frac{\operatorname{grad} P}{P}\right), \qquad [4\text{-}23.2\,\mathrm{a}] $$

$$ {}_w\vec{J}_2 = -\frac{V_1}{\overline{V}^2}\left(D \operatorname{grad} x_2 + D_P \frac{\operatorname{grad} P}{P}\right). \qquad [4\text{-}23.2\,\mathrm{b}] $$

Darin bedeutet $\overline{V}$ $(= 1/c)$ das Molvolumen der Mischung und V_i das partielle Molvolumen des Stoffes i. Für $\operatorname{grad} P = 0$ ergibt sich aus Gl. [2] das FICKsche Gesetz in der Form [4-17.30].

Geht man vom Teilchenbezugssystem aus, so findet man aus Gl. [1] mit Hilfe von Gl. [4-3.21]:

$$ {}_u\vec{J}_i = -c\left(D \operatorname{grad} x_i \mp D_P \frac{\operatorname{grad} P}{P}\right) \quad (i = 1, 2). \qquad [4\text{-}23.3] $$

Diese Beziehung geht unter der Bedingung $\operatorname{grad} P = 0$ in das FICKsche Gesetz in der Gestalt [4-17.34] über.

Benutzt man schließlich das Schwerpunktssystem, so leitet man aus Gl. [1] sowie Gl. [4-3.6], [4-3.7], [4-3.8], [4-3.10], [4-3.12], [4-3.14] und [4-3.18] ab:

$$ M_i\, {}_v\vec{J}_i = \vec{J}_i^{*} = -\frac{M_1 M_2}{(M_1 x_1 + M_2 x_2)^2}\, \varrho \left(D \operatorname{grad} x_i \mp D_P \frac{\operatorname{grad} P}{P}\right) \quad (i = 1, 2). \qquad [4\text{-}23.4] $$

Hierbei ist ϱ die Dichte der Mischung und M_i die Molmasse der Teilchenart i. Beachtet man den aus Gl. [4-3.6], [4-3.7], [4-3.8], [4-3.12] und [4-3.18] folgenden Zusammenhang

$$ \operatorname{grad} x_i = \frac{(M_1 x_1 + M_2 x_2)^2}{M_1 M_2} \operatorname{grad} y_i \quad (i = 1, 2), \qquad [4\text{-}23.5] $$

worin y_i den Massenbruch der Partikelsorte i bedeutet, so erhält man gemäß Gl. [4]:

$$ \vec{J}_i^{*} = -D\varrho \operatorname{grad} y_i \pm \frac{M_1 M_2 \varrho}{(M_1 x_1 + M_2 x_2)^2} D_P \frac{\operatorname{grad} P}{P} \quad (i = 1, 2). \qquad [4\text{-}23.6] $$

Gl. [6] reduziert sich für $\operatorname{grad} P = 0$ auf das FICKsche Gesetz in der Schreibweise [4-17.35].

Aus den phänomenologischen Ansätzen [4-13.1] gewinnt man mit Gl. [4-13.4] für unseren Fall ($N = 2$, grad $T = 0$, $\vec{K}_k = 0$) folgende Beziehung[1]):

$$\vec{J}_2^* = \alpha\left[\frac{1}{M_1}(\operatorname{grad}\mu_1)_T - \frac{1}{M_2}(\operatorname{grad}\mu_2)_T\right]. \qquad [4\text{-}23.7]$$

Hierbei ist μ_i das chemische Potential des Stoffes i und α ein phänomenologischer Koeffizient. Der Index $_T$ zeigt an, daß die Gradientenbildung bei konstanter Temperatur T erfolgt.

Mit Hilfe von Gl. [4-3.18], [4-20.18] und [4-22.8] ergibt sich aus Gl. [7]:

$$\vec{J}_2^* = -\alpha\left[\left(\frac{V_2}{M_2} - \frac{V_1}{M_1}\right)\operatorname{grad}P + \frac{M_1x_1 + M_2x_2}{M_1M_2x_1}\left(\frac{\partial\mu_2}{\partial x_2}\right)_{T,P}\operatorname{grad}x_2\right]. \qquad [4\text{-}23.8]$$

Bei Elimination von α aus Gl. [4] und [8] resultiert:

$$\frac{D_P}{D} = \frac{M_1M_2Px_1}{M_1x_1 + M_2x_2}\left(\frac{V_2}{M_2} - \frac{V_1}{M_1}\right)\frac{1}{(\partial\mu_2/\partial x_2)_{T,P}}. \qquad [4\text{-}23.9]$$

Dies ist der allgemeine Zusammenhang[2]) zwischen dem Druckdiffusionskoeffizienten D_P und dem Diffusionskoeffizienten D.

Nach Gl. [9] und den Ungleichungen [1-22.38] und [4-17.41] hat D_P dasselbe Vorzeichen wie der Ausdruck

$$\frac{V_2}{M_2} - \frac{V_1}{M_1} = v_2 - v_1\,,$$

worin v_i das partielle spezifische Volumen des Stoffes i bedeutet. Gemäß Gl. [1] bis [4] wandert also bei verschwindendem Konzentrationsgefälle diejenige Teilchenart von Orten höheren Druckes zu Orten niedrigeren Druckes, deren partielles spezifisches Volumen größer ist.

Bei *idealen Gasgemischen* gilt:

$$V_1 = V_2 = \frac{RT}{P}\,, \quad \left(\frac{\partial\mu_2}{\partial x_2}\right)_{T,P} = \frac{RT}{x_2}\,. \qquad [4\text{-}23.10]$$

Dabei ist R die Gaskonstante. Aus Gl. [9] und [10] folgt[3]):

$$\frac{D_P}{D} = \frac{(M_1 - M_2)\,x_1x_2}{M_1x_1 + M_2x_2}\,. \qquad [4\text{-}23.11]$$

---

[1]) Gl. [7] bleibt auch gültig, wenn man ein Schwere- oder Zentrifugalfeld zuläßt; denn nach Gl. [4-13.1], [4-13.4] und [4-15.4] fallen die diesbezüglichen Terme im Ausdruck für $\vec{J}_2^*$ heraus.

[2]) R. Haase, Z. Elektrochem. **54**, 450 (1950).

[3]) Auch die kinetische Gastheorie[4]) liefert Gl. [11].

[4]) Vgl. S. Chapman und T. G. Cowling, The Mathematical Theory of Non-Uniform Gases (Cambridge 1953) 244.

Bei der Druckdiffusion in binären idealen Gasgemischen wandert demnach diejenige Komponente vom höheren zum niedrigeren Druck, deren Molekulargewicht kleiner ist.

Wenn bei vorgegebenem Druckgefälle zunächst kein Konzentrationsgradient vorhanden ist, wird infolge der Druckdiffusion alsbald eine Konzentrationsverschiebung eintreten, die eine Diffusion zur Folge hat, die ihrerseits wieder einen Konzentrationsausgleich herzustellen sucht. Man wird also erwarten, daß durch das Gegeneinanderwirken von Druckdiffusion und Diffusion nach hinreichend langer Zeit ein *stationärer Zustand* entsteht, der gemäß Gl. [4-4.26] durch das lokale Verschwinden der Diffusionsströme ($\vec{J}_i = 0$) gekennzeichnet ist. Wir erhalten aus Gl. [1] und [9] mit $\vec{J}_i = 0$ für die stationäre Konzentrationsverteilung in einem isothermen fluiden Zweistoffgemisch:

$$\left(\frac{\partial \mu_2}{\partial x_2}\right)_{T,P} \operatorname{grad} x_2 = \frac{M_1 M_2 x_1}{M_1 x_1 + M_2 x_2}\left(\frac{V_1}{M_1} - \frac{V_2}{M_2}\right) \operatorname{grad} P. \qquad [4\text{-}23.12]$$

Mit Hilfe von Gl. [4-3.6], [4-3.12], [4-3.17], [4-3.18] und [4-3.26] leitet man ab:

$$\frac{M_1 M_2 x_1}{M_1 x_1 + M_2 x_2}\left(\frac{V_1}{M_2} - \frac{V_2}{M_2}\right) = \frac{M_2}{\varrho} - V_2. \qquad [4\text{-}23.13]$$

Gl. [12] ist demnach mit der Bedingung [4-22.23] für das Sedimentationsgleichgewicht formal identisch. Diese Tatsache ist nicht verwunderlich. Wenn man nämlich das Druckgefälle, das bei einem Druckdiffusionsversuch auftritt, durch ein Schwere- oder Zentrifugalfeld erzeugt und dann den stationären Zustand abwartet, muß man die für das Sedimentationsgleichgewicht charakteristische Konzentrationsverteilung erhalten.

Für manche Zwecke ist es praktisch, die dimensionslose Größe

$$\sigma \equiv \frac{D_P}{D\, x_1 x_2} \qquad [4\text{-}23.14]$$

einzuführen, die wir *Druckdiffusionsfaktor* nennen wollen. Wir können Gl. [9] bzw. [11] jetzt bei Anwendung auf Gase in folgender Form schreiben:

$$\sigma = \frac{P\,(M_1 V_2 - M_2 V_1)}{(M_1 x_1 + M_2 x_2)\, x_2\, (\partial \mu_2/\partial x_2)_{T,P}}, \qquad [4\text{-}23.15]$$

$$\sigma_0 = \lim_{P\to 0} \sigma = \frac{M_1 - M_2}{M_1 x_1 + M_2 x_2}. \qquad [4\text{-}23.16]$$

Dabei haben wir in Gl. [16] die Aussage benutzt, daß jedes Gasgemisch beim Grenzübergang $P \to 0$ zu einer idealen Gasmischung wird. Es gilt (vgl. Gl. [10]):

$$\lim_{P\to 0} P V_i = RT = P V_{0i} \quad (i = 1, 2), \qquad [4\text{-}23.17]$$

worin V_{0i} das Molvolumen des reinen Gases i bei der Temperatur T für $P \to 0$ (d. h. im idealen Gaszustand) bedeutet. Wir erhalten durch Kombination von Gl. [15], [16] und [17]:

$$\sigma = \frac{\sigma_0 (M_1 x_1 + M_2 x_2) RT + M_1 P (V_2 - V_{02}) - M_2 P (V_1 - V_{01})}{(M_1 x_1 + M_2 x_2) x_2 (\partial \mu_2 / \partial x_2)_{T,P}}. \qquad [4\text{-}23.18]$$

Nach dieser Beziehung kann der Druckdiffusionsfaktor σ für einen beliebigen Druck P aus den thermodynamischen Eigenschaften des (realen) Gasgemisches, d. h. aus der Zustandsgleichung, ermittelt werden, falls der Druckdiffusionsfaktor σ_0 bei verschwindendem Druck ($P \to 0$) für die jeweils vorgegebene Konzentration und Temperatur bekannt ist. Gl. [18] hat Bedeutung als Basis für einen analogen Ansatz für den Thermodiffusionsfaktor (S. 401).

C. Nicht-isotherme Prozesse

§ 4.24. Allgemeines

a) *Grundgleichungen*. Wenn in einem nicht-isothermen System beliebige irreversible Prozesse ablaufen, haben wir außer den uns schon bekannten Transporterscheinungen (Elektrizitätsleitung, Diffusion, Sedimentation, Druckdiffusion) noch weitere Transportphänomene in Betracht zu ziehen. Zu diesen gehören die Wärmeleitung, d. h. der Wärmetransport durch Temperaturgradienten, sowie mannigfache Überlagerungserscheinungen und deren Umkehreffekte (thermoelektrische Effekte, Thermodiffusion, Diffusionsthermoeffekt usw.), die wir im Laufe unserer Ausführungen näher behandeln werden. Gleichzeitig können sich auch chemische Reaktionen in unserem System abspielen.

Alle diese Prozesse werden unter den zu Beginn von § 4.15 genannten Voraussetzungen durch die phänomenologischen Ansätze in § 4.13 mit den ONSAGERschen Reziprozitätsbeziehungen in § 4.14 beschrieben. Wir diskutieren die einzelnen Gleichungen jetzt der Reihe nach.

Mit Gl. [4-13.1] erhalten wir für den Diffusionsstrom $\vec{J}_i^*$ einer Teilchenart i (im Schwerpunktssystem) in einem Gemisch aus N Partikelsorten folgenden Ansatz:

$$\vec{J}_i^* = \sum_{k=2}^{N} \alpha_{ik} (\vec{X}_k^* - \vec{X}_1^*) + \alpha_{iQ} \vec{X}_Q \qquad (i = 2, 3, \ldots N). \qquad [4\text{-}24.1]$$

Dabei sind die α_{ik} und α_{iQ} die phänomenologischen Koeffizienten. Für die generalisierten Kräfte $\vec{X}_i^*$ und $\vec{X}_Q$ gilt gemäß Gl. [4-13.4], [4-13.5], [4-15.4] und [4-15.6]:

$$\vec{X}_i^* = \vec{g} - \frac{z_i}{M_i}\mathfrak{F}\,\mathrm{grad}\,\varphi - \frac{V_i}{M_i}\mathrm{grad}\,P - \frac{1}{M_i}(\mathrm{grad}\,\mu_i)_{T,P} \quad (i = 1, 2, \ldots N), \quad [4\text{-}24.2]$$

$$\vec{X}_Q = -\frac{1}{T}\mathrm{grad}\,T. \quad [4\text{-}24.3]$$

Hierin bedeutet $\vec{g}$ die Erd- oder Zentrifugalbeschleunigung (abgekürzte Schreibweise für $\vec{g} + \omega^2\vec{r}$, wie in § 4.20), $\mathfrak{F}$ die FARADAYsche Konstante, φ das elektrische Potential, P den Druck, T die absolute Temperatur, z_i die elektrochemische Valenz, M_i die Molmasse, V_i das partielle Molvolumen und μ_i das chemische Potential der Teilchenart i. Die Partikelsorte 1 spielt die Rolle des „Lösungsmittels" oder allgemeiner diejenige der „Bezugsteilchenart".

Nach Gl. [4-13.2] schreiben wir für den Wärmestrom:

$$\vec{J}_Q = \sum_{i=2}^{N} \alpha_{Qi}(\vec{X}_i^* - \vec{X}_1^*) + \alpha_{QQ}\vec{X}_Q \quad [4\text{-}24.4]$$

mit den phänomenologischen Koeffizienten α_{Qi} und α_{QQ}.

Nach dem ONSAGERschen Reziprozitätssatz [4-14.1] und [4-14.2] gilt für die Koeffizienten in Gl. [1] und [4]:

$$\alpha_{ik} = \alpha_{ki} \quad (i, k = 2, 3, \ldots N), \quad [4\text{-}24.5]$$

$$\alpha_{iQ} = \alpha_{Qi} \quad (i = 2, 3, \ldots N). \quad [4\text{-}24.6]$$

Schließlich können wir gemäß Gl. [4-13.3] für Gleichgewichtsnähe die Reaktionsgeschwindigkeit w_r jeder chemischen Reaktion r als homogene lineare Funktion der Affinitäten $A_1, A_2, \ldots A_R$ ansetzen:

$$w_r = \sum_{s=1}^{R} a_{rs}A_s \quad (r = 1, 2, \ldots R), \quad [4\text{-}24.7]$$

wobei R die Zahl der unabhängigen Reaktionen ist. Für die phänomenologischen Koeffizienten a_{rs} besagt ONSAGERS Reziprozitätssatz [4-14.3]:

$$a_{rs} = a_{sr} \ (r, s = 1, 2, \ldots R). \quad [4\text{-}24.8]$$

In den meisten Fällen kann man bei fluiden Medien „schleichende Bewegungen" und bei isotropen Kristallen „einfache Fälle" voraussetzen sowie Fehlen von Raumladungen annehmen. Dann sind an Stelle von Gl. [1] und [4] die Ansätze [4-13.6] und [4-13.7] gültig:

$$ {}_1\vec{J}_i = \sum_{k=2}^{N} a_{ik}\vec{X}_k + a_{iQ}\vec{X}_Q \quad (i = 2, 3, \dots N), \qquad [4\text{-}24.9] $$

$$ \vec{J}_Q = \sum_{i=2}^{N} a_{Qi}\vec{X}_i + a_{QQ}\vec{X}_Q \,. \qquad [4\text{-}24.10] $$

Dabei ist ${}_1\vec{J}_i$ der Diffusionsstrom der Teilchenart i im HITTORFschen Bezugssystem und $\vec{X}_i$ die zugehörige generalisierte Kraft, gegeben durch Gl. [4-15.8] und [4-15.9]:

$$ \vec{X}_i = (M_i - \varrho V_i)\vec{g} - z_i \mathfrak{F} \operatorname{grad} \varphi - (\operatorname{grad} \mu_i)_{T,P} \quad (i = 2, 3, \dots N), \qquad [4\text{-}24.11] $$

worin ϱ die Dichte bedeutet. Die a_{ik}, a_{iQ}, a_{Qi} und a_{QQ} sind die phänomenologischen Koeffizienten, verknüpft durch die ONSAGERschen Reziprozitätsbeziehungen [4-14.4] und [4-14.5]:

$$ a_{ik} = a_{ki} \quad (i, k = 2, 3, \dots N), \qquad [4\text{-}24.12] $$

$$ a_{iQ} = a_{Qi} \quad (i = 2, 3, \dots N). \qquad [4\text{-}24.13] $$

Auch die Vorzeichenaussagen, die aus [4-14.10] und [4-14.11] folgen, werden wir benötigen. Wir schreiben sie in der Form:

$$ a_{ii} > 0,\, a_{ii}a_{jj} - a_{ij}^2 > 0 \quad (i, j = 2, 3, \dots N, Q;\, i \neq j), \qquad [4\text{-}24.14] $$

. . . .

$$ |a_{ik}| > 0, \qquad |a_{ij}| > 0. \qquad [4\text{-}24.15] $$

Hierbei ist

$$ |a_{ij}| \equiv \begin{vmatrix} a_{22} & a_{23} & \dots & a_{2N} & a_{2Q} \\ a_{32} & a_{33} & \dots & a_{3N} & a_{3Q} \\ \dots & \dots & \dots & \dots & \dots \\ \dots & \dots & \dots & \dots & \dots \\ a_{N2} & a_{N3} & \dots & a_{NN} & a_{NQ} \\ a_{Q2} & a_{Q3} & \dots & a_{QN} & a_{QQ} \end{vmatrix} \qquad [4\text{-}24.16] $$

und $|a_{ik}|$ der $(N - 1)$-reihige Hauptminor, der durch Streichen der letzten Zeile und Spalte aus der Determinante [16] entsteht.

Wir werden bei den weiteren Betrachtungen dieses Paragraphen von den Beziehungen [9] bis [16] ausgehen.

b) *Überführungswärmen.* Wir definieren $N-1$ Größen $^*Q_k$ durch folgendes Gleichungssystem (vgl. Gl. [3-9.8]):

$$a_{iQ} = \sum_{k=2}^{N} a_{ik}\,{}^*Q_k \quad (i = 2, 3, \ldots N). \qquad [4\text{-}24.17]$$

Dieses System von $N-1$ unabhängigen Gleichungen hat auf Grund der ersten Ungleichung in [15] eine und nur eine Lösung $^*Q_2, {}^*Q_3, \ldots {}^*Q_N$. Kombination von Gl. [9], [10] und [17] ergibt bei Beachtung der Reziprozitätsbeziehungen [12] und [13] (vgl. Gl. [3-9.9]):

$$\vec{J}_Q = \sum_{i=2}^{N} {}^*Q_i\,{}_1\vec{J}_i + \left(a_{QQ} - \sum_{i=2}^{N} a_{iQ}\,{}^*Q_i\right)\vec{X}_Q\,. \qquad [4\text{-}24.18]$$

Hieraus geht die physikalische Bedeutung der formal durch Gl. [17] eingeführten Größen hervor: $^*Q_i$ ist die mit einem Mol der Teilchenart i durch eine für das Lösungsmittel (Partikelsorte 1) feste Bezugsfläche bei verschwindendem Temperaturgradienten ($\vec{X}_Q = 0$) transportierte Wärme. Daher nennt man $^*Q_i$ kurz die *Überführungswärme* der Teilchenart i (im Hittorfschen Bezugssystem).

Die Partikelsorte 1, also die Bezugsteilchenart des Hittorfschen Bezugssystems, bezeichnen wir hier und im folgenden oft der Kürze halber als „Lösungsmittel“. Diese Benennung ist jedoch nur im Falle von Elektrolytlösungen oder anderen flüssigen Mischungen mit überwiegender Konzentration eines Stoffes wörtlich zu nehmen. Bei festen Elektronenleitern (vgl. unten) werden zweckmäßigerweise die Ionen im Kristallgitter, bei flüssigen Elektronenleitern (z. B. Quecksilber) die positiven Ionen, bei festen und geschmolzenen Elektrolyten (vgl. S. 281) bestimmte Ionen als Bezugsteilchenart gewählt. Bei einer Gasmischung wiederum ist die Wahl der Bezugsteilchenart ganz willkürlich.

In der Literatur ist eine Vielfalt von Größen unter dem Namen „Überführungswärme“ (Symbol Q_i^* oder ähnlich) bekannt. Von unserer Definition abweichende Festlegungen des Begriffes „Überführungswärme“ kommen durch drei Variationsmöglichkeiten zustande:

1. andere Wahl des Wärmestromes (§ 4.7),
2. andere Wahl des Diffusionsstromes und damit des Bezugssystems (§ 4.3),
3. Nichtbeachtung der Abhängigkeiten bei den „Kräften“ und „Strömen“, so daß linear abhängige phänomenologische Koeffizienten und damit abhängige Größen als Überführungswärmen auftreten.

Unsere Definition ist die für Anwendungen praktischste und entspricht der ursprünglichen Festlegung des Begriffes „Überführungswärme“ durch Eastman und Wagner (vgl. § 3.9). Auch ist unsere Größe $^*Q_i$ unabhängig von den willkürlichen Energienullpunkten (§ 4.7).

Aus Gl. [9] und [17] folgt unmittelbar (vgl. Gl. [3-9.10]):

$$ {}_1\vec{J}_i = \sum_{k=2}^{N} a_{ik} (\vec{X}_k + {}^*Q_k \vec{X}_Q) \quad (i = 2, 3, \ldots N). \qquad [4\text{-}24.19] $$

Durch diese Gleichungen, die den ONSAGERschen Reziprozitätssatz nicht enthalten, gelangen die ${}^*Q_k$ in die Formeln für den stationären Zustand (s. unten). Indessen ist zu beachten, daß die physikalische Interpretation der ${}^*Q_k$ als „Überführungswärmen" erst durch Gl. [18] ermöglicht wurde und daß bei der Ableitung dieser Gleichung die Reziprozitätsbeziehungen benutzt wurden.

c) *Überführungsentropien.* Wir definieren weiterhin:

$$ {}^*S_i \equiv \frac{{}^*Q_i}{T} + S_i \quad (i = 2, 3, \ldots N), \qquad [4\text{-}24.20] $$

wobei S_i die partielle molare Entropie der Teilchenart i ist. Einsetzen von Gl. [20] in Gl. [18] ergibt bei Berücksichtigung von Gl. [4-3.30] und [4-9.5]:

$$ {}_1\vec{J}'_S = \frac{\vec{J}_Q}{T} + \sum_{i=2}^{N} S_i \, {}_1\vec{J}_i $$

$$ = \sum_{i=2}^{N} {}^*S_i \, {}_1\vec{J}_i + \frac{1}{T} \left(a_{QQ} - \sum_{i=2}^{N} a_{iQ} \, {}^*Q_i \right) \vec{X}_Q \, . \qquad [4\text{-}24.21] $$

Hierin bedeutet ${}_1\vec{J}'_S$ den nicht-konvektiven Anteil des Entropiestromes im HITTORFschen Bezugssystem. Wir können auf Grund von Gl. [21] folgende physikalische Interpretation der formal durch Gl. [20] eingeführten Größe ${}^*S_i$ geben: ${}^*S_i$ ist die mit einem Mol der Partikelsorte i durch eine lösungsmittelfeste Bezugsfläche bei verschwindendem Temperaturgradienten strömende Entropie. Deshalb bezeichnen wir ${}^*S_i$ kurz als *Überführungsentropie* der Teilchenart i (im HITTORFschen Bezugssystem).

Auch in diesem Falle gibt es im Schrifttum zahlreiche andere Definitionen. Insbesondere sei darauf hingewiesen, daß EASTMANS „entropy of transfer" die Größe ${}^*Q_i/T$ darstellt. AGAR bezeichnet daher unsere Größe ${}^*S_i$ als „transported entropy".

Die Überführungsentropie ${}^*S_i$ spielt bei nicht-isothermen Transportprozessen in Elektronenleitern (§ 4.25) und Elektrolyten (§ 4.31) eine zentrale Rolle, weil sie – bestimmte Normierungen vorausgesetzt – für jede einzelne Teilchenart experimentell ermittelt werden kann.

d) *Stationärer Zustand.* Gibt man an den Grenzen eines geschlossenen kontinuierlichen Systems die Temperaturverteilung vor, so wird sich nach hinreichend langer Zeit durch das Zusammenwirken der verschiedenen irreversiblen Prozesse im Inneren des Systems ein *stationärer Zustand* einstellen, d. h. ein Nichtgleichgewichtszustand, bei dem alle intensiven Größen (Temperatur, Druck, Konzentrationen usw.) zeitlich konstant sind, obwohl sie von Ort zu Ort variieren können (vgl. § 1.17). Dabei ist vorausgesetzt, daß eventuelle äußere Kraftfelder zeitlich unveränderlich sind. Sieht man von chemischen Reaktionen und Konvektionsbewegungen ab, so gilt nach Gl. [4-4.26]:

$$ {}_1\vec{J}_i = 0 \quad (i = 2, 3, \ldots N). \tag{4-24.22}$$

Hieraus ergibt sich mit Gl. [19] infolge der ersten Ungleichung in [15]:

$$\vec{X}_i + {}^*Q_i \vec{X}_Q = 0 \quad (i = 2, 3, \ldots N) \tag{4-24.23}$$

oder mit Gl. [3] und [11]:

$$(\varrho V_i - M_i)\vec{g} + z_i \mathfrak{F} \operatorname{grad} \varphi + (\operatorname{grad} \mu_i)_{T,P} + \frac{{}^*Q_i}{T} \operatorname{grad} T = 0 \quad (i = 2, 3, \ldots N). \tag{4-24.24}$$

In dieser für den stationären Zustand in einem nicht-isothermen System gültigen Formel tritt bemerkenswerterweise die Überführungswärme $^*Q_i$ auf (vgl. Gl. [3-9.22]). Mit grad $T = 0$ resultiert die klassische Bedingung [4-20.10] für das Sedimentationsgleichgewicht.

Die praktisch wichtigste Spezialisierung von Gl. [24] für grad $T \neq 0$ bezieht sich auf den Fall $\vec{g} = 0$ (grad $P = 0$). Man kann mit der so vereinfachten Formel die Überführungswärme eines Nichtelektrolyten oder eines Elektrolyten (nicht aber diejenige einer einzelnen Ionenart) experimentell aus der stationären Konzentrationsverteilung in einem Temperaturfeld bestimmen. Zwei einfache Beispiele sollen dieses Verfahren erläutern.

Im ersten Falle liege ein Gemisch aus zwei ungeladenen Teilchenarten vor. Wir leiten dann aus Gl. [24] mit $\vec{g} = 0$, $z_i = 0$, $N = 2$ ab:

$$(\operatorname{grad} \mu_2)_{T,P} + \frac{{}^*Q_2}{T} \operatorname{grad} T = 0. \tag{4-24.25}$$

Die Überführungswärme $^*Q_2$ des Stoffes 2 ist also meßbar.

Als zweites Beispiel betrachten wir die Lösung eines Elektrolyten (Komponente 2) mit zwei Ionenarten in einem neutralen Lösungsmittel (Komponente 1 = Teilchenart 1). Wir kennzeichnen die Kationen bzw. Anionen bzw. undissoziierten Moleküle durch den Index $_+$ bzw. $_-$ bzw. $_u$.

Dann folgt aus Gl. [24] mit $\vec{g} = 0$[1]):

$$z_+ \mathfrak{F} \operatorname{grad} \varphi + (\operatorname{grad} \mu_+)_{T,P} + \frac{{}^*Q_+}{T} \operatorname{grad} T = 0, \qquad [4\text{-}24.26\text{a}]$$

$$z_- \mathfrak{F} \operatorname{grad} \varphi + (\operatorname{grad} \mu_-)_{T,P} + \frac{{}^*Q_-}{T} \operatorname{grad} T = 0, \qquad [4\text{-}24.26\text{b}]$$

$$(\operatorname{grad} \mu_u)_{T,P} + \frac{{}^*Q_u}{T} \operatorname{grad} T = 0. \qquad [4\text{-}24.27]$$

Es gilt nun gemäß Gl. [4-18.17] und [4-18.18]:

$$\nu_+ z_+ + \nu_- z_- = 0, \qquad [4\text{-}24.28]$$

$$\nu_+ \mu_+ + \nu_- \mu_- = \mu_u = \mu_2. \qquad [4\text{-}24.29]$$

Darin bedeutet ν_+ bzw. ν_- die Zerfallszahl für die Kationen bzw. Anionen und μ_2 das chemische Potential des Elektrolyten. Mit

$${}^*Q_2 \equiv \nu_+ {}^*Q_+ + \nu_- {}^*Q_- \qquad [4\text{-}24.30]$$

erhält man aus Gl. [26] bis [29]:

$$(\operatorname{grad} \mu_2)_{T,P} = -\frac{{}^*Q_2}{T} \operatorname{grad} T = -\frac{{}^*Q_u}{T} \operatorname{grad} T. \qquad [4\text{-}24.31]$$

Die Größe ${}^*Q_2 = {}^*Q_u$, die „Überführungswärme des Elektrolyten", ist nach Gl. [31] experimentell bestimmbar.

Kombiniert man Gl. [4-18.4] mit Gl. [18] und berücksichtigt Gl. [3] und Gl. [30], so findet man für den vorliegenden Fall:

$$\vec{J}_Q = [\alpha(\nu_+ {}^*Q_+ + \nu_- {}^*Q_- - {}^*Q_u) + {}^*Q_u]\, {}_1\vec{J}_2$$
$$= [\alpha({}^*Q_2 - {}^*Q_u) + {}^*Q_u]\, {}_1\vec{J}_2 \quad (\operatorname{grad} T = 0),$$

wobei ${}_1\vec{J}_2$ der Diffusionsstrom des Elektrolyten im Hittorfschen Bezugssystem und α der Dissoziationsgrad des Elektrolyten ist. Mit der soeben gewonnenen Beziehung ${}^*Q_u = {}^*Q_2$ (die trotz ihrer Ableitung aus den Stationaritätsbedingungen generell gelten muß, da die Überführungswärmen nur von den lokalen Zustandsvariablen abhängen) resultiert hieraus:

$$\vec{J}_Q = {}^*Q_2\, {}_1\vec{J}_2 \quad (\operatorname{grad} T = 0).$$

Damit wird deutlich, daß ${}^*Q_2$ als „Überführungswärme des Elektrolyten" bezeichnet werden darf.

---

[1]) In Gl. [22] und [24] sind zwar chemische Umsetzungen und damit insbesondere Dissoziationsreaktionen zunächst ausgeschlossen. Es läßt sich aber zeigen (§ 4.27), daß bei lokalem Dissoziationsgleichgewicht die Beziehungen [22] und [24] auch für einen unvollständig dissoziierten Elektrolyten gelten.

e) *Wärmeleitfähigkeit.* Unter *Wärmeleitung* versteht man den durch Temperaturgradienten hervorgerufenen Wärmefluß. Für Systeme, in denen sich keine chemischen Reaktionen abspielen, ist es angebracht, den Koeffizienten von — grad T in der allgemeinen Gleichung für $\vec{J}_Q$ als *Wärmeleitfähigkeit* λ zu bezeichnen. Die Größe λ ist aber erst eindeutig definiert, wenn man die näheren Bedingungen, unter denen der Wärmetransport erfolgt, festlegt. Ist das System dem Einfluß äußerer Kraftfelder entzogen und sind außer der Temperatur alle intensiven Größen (Druck, elektrisches Potential, Konzentrationen) örtlich konstant[1]), so sprechen wir der Kürze halber von „homogener Durchmischung" und nennen den zugehörigen Wert von λ die „Wärmeleitfähigkeit für homogene Durchmischung (λ_0)". Ist durch Überlagerung verschiedener Transportvorgänge (Diffusion, Thermodiffusion usw.) ein stationärer Zustand eingetreten, so wird der jetzt gefundene Wert von λ als „Wärmeleitfähigkeit für den stationären Zustand (λ_∞)" bezeichnet. Unter anderen Bedingungen hat λ wieder andere Werte. Wir begnügen uns an dieser Stelle mit der Diskussion der Größen λ_0 und λ_∞ und setzen fluide Medien mit schleichenden Bewegungen oder isotrope Kristalle in einfachen Fällen sowie Fehlen von Raumladungen und Abwesenheit von chemischen Reaktionen voraus. Unter diesen Bedingungen können wir von Gl. [10], [11], [18] und [22] ausgehen. Die Wärmeleitung in chemisch reagierenden Medien diskutieren wir in § 4.28.

Befindet sich ein System ohne äußere Kraftfelder anfangs (zur Zeit $t = 0$) im Zustand homogener Durchmischung, so mißt man die Wärmeleitfähigkeit λ_0. Im Laufe der Zeit entstehen durch Phänomene wie Thermodiffusion usw. Konzentrationsgradienten (evtl. auch Potentialgradienten), und man findet irgendeinen Zwischenwert von λ. Nach hinreichend langer (theoretisch unendlich langer) Zeit ($t \to \infty$) stellt sich ein stationärer Zustand ein, bei dem die Diffusionsströme durch das Gegeneinanderwirken von Diffusion und Thermodiffusion usw. verschwinden. Jetzt mißt man die Wärmeleitfähigkeit λ_∞. In jedem Falle ist λ unabhängig vom Temperaturgradienten und von der Wärmestromdichte (extrem hohe Gradienten ausgeschlossen), kann aber noch eine beliebige Funktion der lokalen Zustandsvariablen (Temperatur, Druck und Konzentrationen) sein.

Der Zustand der homogenen Durchmischung wird gemäß Gl. [11] durch die Bedingung $\vec{X}_i = 0$ beschrieben. Wir leiten also aus Gl. [3] und [10] ab:

$$\vec{J}_Q = -\lambda_0 \operatorname{grad} T = -\frac{a_{QQ}}{T} \operatorname{grad} T \text{ (homogene Durchmischung)}. \quad [4\text{-}24.32]$$

---

[1]) Die Dichte als Temperaturfunktion variiert naturgemäß von Ort zu Ort.

Daraus folgt mit [14]:

$$\lambda_0 = \frac{a_{QQ}}{T} > 0. \qquad [4\text{-}24.33]$$

Gl. [32] ist das Gesetz von FOURIER, das ursprünglich als empirischer Ansatz aufgestellt wurde[1]).

Der stationäre Zustand wird gemäß Gl. [22] durch die Bedingung $_1\vec{J}_i = 0$ beschrieben. Wir erhalten demnach aus Gl. [3] und [18]:

$$\vec{J}_Q = -\lambda_\infty \operatorname{grad} T = -\frac{1}{T}\left(a_{QQ} - \sum_{i=2}^{N} a_{iQ} \, {}^*Q_i\right) \operatorname{grad} T$$

(stationärer Zustand), [4-24.34]

mithin:

$$\lambda_\infty = \frac{1}{T}\left(a_{QQ} - \sum_{i=2}^{N} a_{iQ} \, {}^*Q_i\right). \qquad [4\text{-}24.35]$$

Gl. [34] hat wieder die Form des FOURIERschen Gesetzes.

Die Gln. [18] und [21] lassen sich mit Gl. [3] und [35] in folgender Form schreiben:

$$\vec{J}_Q = \sum_{i=2}^{N} {}^*Q_i \, {}_1\vec{J}_i - \lambda_\infty \operatorname{grad} T, \qquad [4\text{-}24.36\,a]$$

$${}_1\vec{J}_S' = \sum_{i=2}^{N} {}^*S_i \, {}_1\vec{J}_i - \frac{\lambda_\infty}{T} \operatorname{grad} T. \qquad [4\text{-}24.36\,b]$$

Kombination von Gl. [33] mit [35] ergibt den Zusammenhang zwischen den beiden Wärmeleitfähigkeiten:

$$\lambda_0 - \lambda_\infty = \frac{1}{T} \sum_{i=2}^{N} a_{iQ} \, {}^*Q_i . \qquad [4\text{-}24.37]$$

Aus Gl. [17] folgt mit der ersten Ungleichung in [15]:

$$\sum_{i=2}^{N} a_{iQ} \, {}^*Q_i = \sum_{i=2}^{N} \sum_{k=2}^{N} a_{ik} \, {}^*Q_i \, {}^*Q_k > 0 .$$

Wir leiten mit Gl. [37] hieraus ab:

$$\lambda_0 - \lambda_\infty = \frac{1}{T} \sum_{i=2}^{N} \sum_{k=2}^{N} a_{ik} \, {}^*Q_i \, {}^*Q_k > 0 . \qquad [4\text{-}24.38]$$

---

[1]) Das Gesetz $\vec{J}_Q = -\lambda \operatorname{grad} T$ wurde zuerst von BIOT (1804) aufgestellt und dann von FOURIER (1822) genauer untersucht. Es ist also älter als das OHMsche Gesetz (1826) und das FICKsche Gesetz (1855).

Die Wärmeleitfähigkeit für homogene Durchmischung (λ_0) ist also größer als diejenige für den stationären Zustand (λ_∞).

Um zu beweisen, daß auch λ_∞ stets positiv ist, müssen wir in Gl. [35] die $^*Q_i$ eliminieren. Dazu lösen wir das Gleichungssystem [17] nach $^*Q_2$, $^*Q_3$, ... $^*Q_N$ auf und addieren die Produkte $a_{iQ}\,^*Q_i$. Wir finden dann nach den Regeln der Determinantenrechnung bei Beachtung von Gl. [13] und [15]:

$$a_{QQ} - \sum_{i=2}^{N} a_{iQ}\,^*Q_i = \frac{|a_{ij}|}{|a_{ik}|} > 0\,. \qquad [4\text{-}24.39]$$

Aus Gl. [35] und [39] ergibt sich:

$$\lambda_\infty = \frac{1}{T}\frac{|a_{ij}|}{|a_{ik}|} > 0. \qquad [4\text{-}24.40]$$

Damit sind alle allgemeinen Aussagen über λ_0 und λ_∞ abgeleitet[1]).

Die Beziehungen [33], [37], [38] und [40] entsprechen den Formeln [3-9.16], [3-9.17], [3-9.18] und [3-9.20]. Die Wärmeleitfähigkeit λ_0 bzw. λ_∞ ist unabhängig von den willkürlichen Energienullpunkten und von der Bezugsgeschwindigkeit (vgl. S. 261). Auch tritt die Größe λ_0 bzw. λ_∞ in der für die Auswertung von Messungen wichtigen ,,Wärmeleitungsgleichung", die eine Beziehung zwischen Temperatur, Ort und Zeit herstellt, sinnvollerweise im Term div (λ grad T) auf, wie im folgenden Abschnitt gezeigt wird.

Bei Einstoffsystemen sind keine Konzentrationsgradienten möglich. Doch entstehen bei elektrisch leitenden Medien, z. B. Elektronenleitern oder festen bzw. flüssigen Salzen, in einem Temperaturfeld praktisch augenblicklich Potentialgradienten. Demnach fallen zwar für reine Stoffe, die Isolatoren sind, die Größen λ_0 und λ_∞ zusammen; bei elektrisch leitenden Einstoffsystemen muß man jedoch zunächst zwischen λ_0 (hier: Wärmeleitfähigkeit im feldfreien Zustand) und λ_∞ (hier: Wärmeleitfähigkeit im stromlosen Zustand) unterscheiden. Da aber nur die letzte Größe meßbar ist (vgl. S. 379), gibt es auch in diesem Falle nur *einen* experimentell zugänglichen Wert der Wärmeleitfähigkeit λ.

Typische Beispiele[2]) für gemessene Werte der Wärmeleitfähigkeit λ als Funktion der Temperatur T bei reinen Stoffen (bzw. Phasen konstanter Zusammensetzung) zeigen wir in Abb. 13 (Gase), Abb. 14 (Flüssigkeiten) und Abb. 15 (kristalline Phasen). Alle Kurven beziehen sich auf Atmosphä-

---

[1]) R. Haase, Z. Naturforschg. **6a**, 420 (1951).

[2]) Da wir hier isotrope Medien voraussetzen, müssen die kristallinen Phasen entweder kubische Kristalle oder polykristallines Material (ohne Vorzugsrichtungen der Kristallite) darstellen. Die Wärmeleitung in anisotropen Kristallen wird in § 4.39 besprochen.

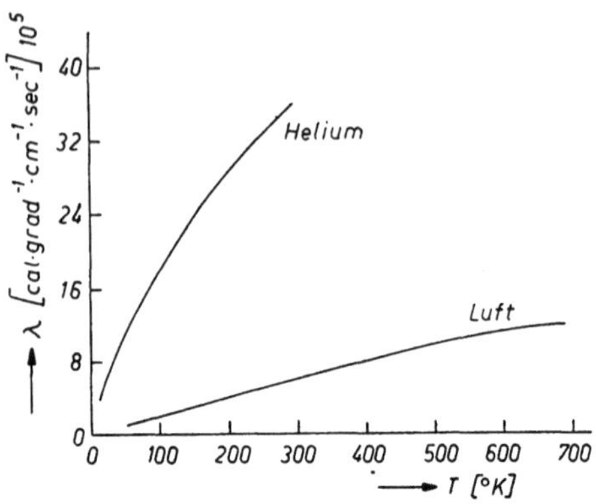

Abb. 13. Wärmeleitfähigkeit λ von Gasen in Abhängigkeit von der absoluten Temperatur T nach ZEMANSKY[1])

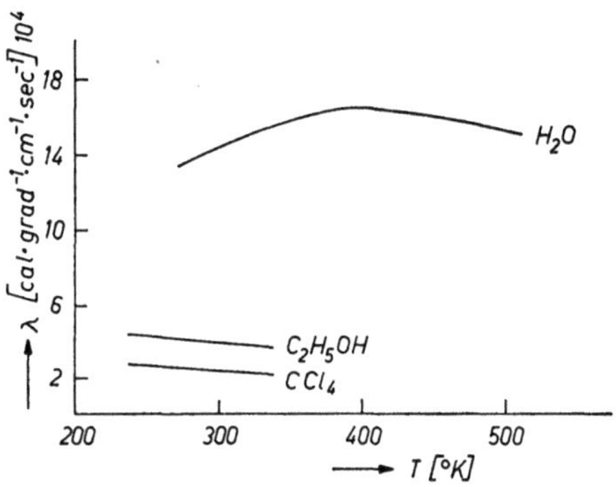

Abb. 14. Wärmeleitfähigkeit λ von Flüssigkeiten in Abhängigkeit von der absoluten Temperatur T nach ZEMANSKY[1]) und TYRRELL[2])

rendruck. Die Kurven in Abb. 15 stellen Tieftemperaturwerte dar. Bei höheren Temperaturen kann λ wieder mit wachsender Temperatur ansteigen (z. B. beim Quarz) oder auch fast konstant bleiben. So findet man für Silber einen λ-Wert von etwa 1,0 cal grad^{-1} cm^{-1} sec^{-1} im Temperaturintervall von —160 °C bis + 100 °C und für Nickel sogar einen konstanten λ-Wert von ungefähr 0,14 cal grad^{-1} cm^{-1} sec^{-1}, gültig von —160 °C bis + 700 °C.

---

[1]) M. W. ZEMANSKY, Heat and Thermodynamics 85—86, (London-New York-Toronto 1951).

[2]) H. J. V. TYRRELL, Diffusion and Heat Flow in Liquids 301—302, (London 1961).

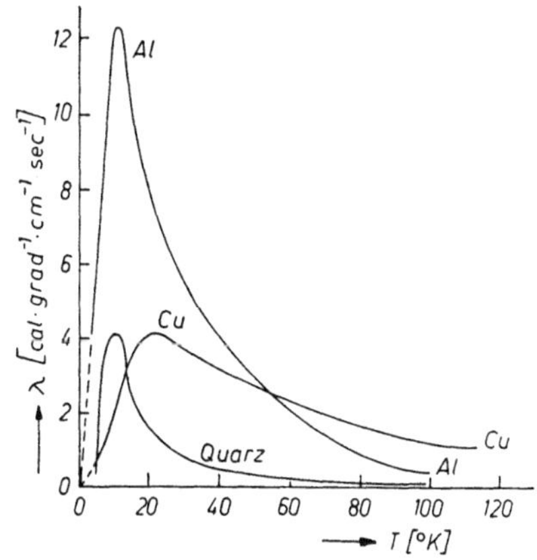

Abb. 15. Wärmeleitfähigkeit λ von kristallinen Stoffen in Abhängigkeit von der absoluten Temperatur T nach ZEMANSKY[1])

Tabelle 10

Gemessene Werte von $\frac{\lambda}{\varkappa T}$ in 10^{-8} Volt² grad⁻² für Metalle zum Vergleich mit dem theoretischen Wert $2{,}44 \cdot 10^{-8}$ Volt² grad⁻² nach ZEMANSKY[1])

Metall	–170 °C	–100 °C	0 °C	18 °C	100 °C
Kupfer	1,85	2,17	2,30	2,32	2,32
Silber	2,04	2,29	2,33	2,33	2,37
Zink	2,20	2,39	2,45	2,43	2,33
Cadmium	2,39	2,43	2,40	2,39	2,44
Zinn	2,48	2,51	2,49	2,47	2,49
Blei	2,55	2,54	2,53	2,51	2,51

In Tab. 10 bringen wir einige experimentelle Werte für die Größe $\lambda/(\varkappa T)$ bei Metallen, worin $\varkappa$ die spezifische elektrische Leitfähigkeit bedeutet (vgl. S. 287). Nach dem WIEDEMANN-FRANZ-SOMMERFELDschen Gesetz sollte für alle Metalle gelten:

$$\frac{\lambda}{\varkappa T} = \frac{\pi^2}{3}\left(\frac{R}{\mathfrak{F}}\right)^2 \approx 2{,}44 \cdot 10^{-8}\ \text{Volt}^2\,\text{grad}^{-2},$$

wobei R die Gaskonstante ist. Wir sehen, daß diese Gesetzmäßigkeit annähernd erfüllt ist.

---

[1]) M. W. ZEMANSKY, Heat and Thermodynamics, 86—88 (London-New York-Toronto 1951).

Das obige Gesetz wurde von SOMMERFELD (1928) aus der Elektronentheorie der Metalle abgeleitet. WIEDEMANN und FRANZ hatten schon 1853 die empirische Beziehung $\lambda/\varkappa = \text{const}$ (für $T = \text{const}$) gefunden. L. LORENZ gab 1872 die genauere Formulierung $\lambda/(\varkappa T) = \text{const}$. Schließlich gewann DRUDE (1900) die Gleichung

$$\frac{\lambda}{\varkappa} = 3\left(\frac{R}{\mathfrak{F}}\right)^2 T,$$

die dann von SOMMERFELD abermals präzisiert wurde. Die Thermodynamik der irreversiblen Prozesse ergibt keine Verknüpfung zwischen λ und $\varkappa$.

f) *Allgemeine Wärmeleitungsgleichung.* Wir setzen fluide Medien mit schleichenden Bewegungen oder isotrope Kristalle in einfachen Fällen sowie Fehlen von Raumladungen voraus. Weiterhin wollen wir annehmen, daß außer einem elektrostatischen Feld keine äußeren Kraftfelder vorhanden sind. Dann folgt mit Gl. [4-5.19], [4-15.1], [4-15.5] und [4-15.6]:

$$P_{ij} = 0, \quad \vec{K}_k = -z_k \mathfrak{F} \operatorname{grad} \varphi, \quad \operatorname{grad} P = 0.$$

Daher reduziert sich der letzte Term in Gl. [4-6.20] mit Hilfe von Gl. [4-3.11] und [4-3.45] auf den Ausdruck

$$-\sum_k {}_v\vec{J}_k \operatorname{grad} H_k - \vec{I} \operatorname{grad} \varphi,$$

wobei ${}_v\vec{J}_k = \vec{J}_k^*/M_k$ ist, H_k die partielle molare Enthalpie der Teilchenart k und $\vec{I}$ die gesamte elektrische Stromdichte bedeutet. Die allgemeine Wärmeleitungsgleichung [4-6.20] nimmt also folgende Gestalt an:

$$\frac{\overline{C}_P}{\overline{V}} \frac{\partial T}{\partial t} = -\operatorname{div} \vec{J}_Q - \frac{\overline{C}_P}{\overline{V}} \vec{v} \operatorname{grad} T - \sum_{k=1}^{N} {}_v\vec{J}_k \operatorname{grad} H_k$$
$$- \vec{I} \operatorname{grad} \varphi + \frac{T}{\overline{V}} \left(\frac{\partial \overline{V}}{\partial T}\right)_{P,x} \frac{\partial P}{\partial t} - \sum_{r=1}^{R} \sum_{k=1}^{N} \nu_{kr} H_k w_r . \qquad [4\text{-}24.41]$$

Hierin ist t die Zeit, $\overline{V}$ das Molvolumen, $\overline{C}_P$ die Molwärme für konstanten Druck, $\vec{v}$ die Schwerpunktsgeschwindigkeit und ν_{kr} der stöchiometrische Koeffizient des Stoffes k in der Reaktion r. Der Index $_x$ bei der Differentiation zeigt Konstanz aller Molenbrüche, der Operator $\partial/\partial t$ die lokale Ableitung nach der Zeit (bei festem Ort) an.

Nach Gl. [4-3.1] gilt für den Diffusionsstrom der Teilchenart k in einem beliebigen Bezugssystem:

$$\vec{J}_k = c_k (\vec{v}_k - \vec{\omega}) \quad (k = 1, 2, \ldots N). \qquad [4\text{-}24.42]$$

Dabei bedeutet c_k bzw. $\vec{v_k}$ die molare Volumenkonzentration bzw. die mittlere Geschwindigkeit der Partikelsorte k und $\vec{\omega}$ die Bezugsgeschwindigkeit. Setzt man $\vec{\omega} = \vec{v}$ bzw. $\vec{\omega} = \vec{v_1}$, so erhält man den oben benutzten Diffusionsstrom ${}_v\vec{J}_k$ bzw. ${}_1\vec{J}_k$ im Schwerpunktssystem bzw. HITTORFschen Bezugssystem. Mit $\vec{\omega} = \vec{w}$ (mittlere Volumengeschwindigkeit) resultiert aus Gl. [42] der Diffusionsstrom ${}_w\vec{J}_k$ im FICKschen Bezugssystem.

Weiterhin ergibt sich mit grad $P = 0$ aus Gl. [1-6.3], [1-6.6], [1-6.7], [1-6.10], [1-6.16], [1-15.5] und [4-4.18]:

$$\operatorname{grad} H_k = C_{Pk} \operatorname{grad} T + (\operatorname{grad} H_k)_{T,P}, \qquad [4\text{-}24.43]$$

$$\sum_{k=1}^{N} c_k C_{Pk} = \frac{\overline{C}_P}{\overline{V}} = \varrho c_P, \qquad [4\text{-}24.44]$$

$$\sum_{k=1}^{N} c_k (\operatorname{grad} H_k)_{T,P} = 0, \qquad [4\text{-}24.45]$$

worin C_{Pk} die partielle Molwärme (für konstanten Druck) der Teilchenart k und c_P die spezifische Wärme (für konstanten Druck) ist.

Aus Gl. [42] bis [45] leiten wir ab:

$$\begin{aligned} \sum_{k=1}^{N} {}_v\vec{J}_k \operatorname{grad} H_k + \frac{\overline{C}_P}{\overline{V}} \vec{v} \operatorname{grad} T &= \sum_{k=1}^{N} c_k \vec{v_k} (\operatorname{grad} H_k)_{T,P} \\ + \sum_{k=1}^{N} c_k C_{Pk} \vec{v_k} \operatorname{grad} T &= \sum_{k=1}^{N} \vec{J}_k [C_{Pk} \operatorname{grad} T \\ + (\operatorname{grad} H_k)_{T,P}] &+ \frac{\overline{C}_P}{\overline{V}} \vec{\omega} \operatorname{grad} T. \end{aligned} \qquad [4\text{-}24.46]$$

Kombination von Gl. [41], [44] und [46] führt auf folgende Form der allgemeinen Wärmeleitungsgleichung:

$$\begin{aligned} \varrho c_P \left(\frac{\partial T}{\partial t} + \vec{\omega} \operatorname{grad} T\right) &= \frac{\overline{C}_P}{\overline{V}} \left(\frac{\partial T}{\partial t} + \vec{\omega} \operatorname{grad} T\right) = -\operatorname{div} \vec{J}_Q - \vec{I} \operatorname{grad} \varphi \\ &+ \frac{T}{\overline{V}} \left(\frac{\partial \overline{V}}{\partial T}\right)_{P,x} \frac{\partial P}{\partial t} - \sum_{k=1}^{N} \vec{J}_k [C_{Pk} \operatorname{grad} T + (\operatorname{grad} H_k)_{T,P}] \\ &- \sum_{r=1}^{R} \sum_{k=1}^{N} w_r \nu_{kr} H_k. \end{aligned} \qquad [4\text{-}24.47]$$

Die Formel [47] ist für praktische Zwecke leichter zu handhaben als Gl. [41].

Bei Temperaturmessungen in Flüssigkeiten und Gasen sind auf Grund der Versuchsanordnung meist folgende Bedingungen erfüllt: $\vec{w} = 0$ (keine Konvektion), $\vec{I} = 0$ (kein Stromdurchgang), $\partial P/\partial t = 0$ (keine Druckänderung).

Wir erhalten also, wenn wir in Gl. [47] $\vec{\omega} = \vec{w}$ und dementsprechend $\vec{J_k} = {}_w\vec{J_k}$ setzen:

$$\varrho\, c_P \frac{\partial T}{\partial t} = \frac{\overline{C}_P}{\overline{V}} \frac{\partial T}{\partial t} = -\operatorname{div} \vec{J_Q} - \sum_{k=1}^{N} {}_w\vec{J_k}\,[C_{Pk} \operatorname{grad} T + (\operatorname{grad} H_k)_{T,P}] - \sum_{r=1}^{R} \sum_{k=1}^{N} w_r\, \nu_{kr}\, H_k. \qquad [4\text{-}24.48]$$

Gl. [48] werden wir in § 4.26 benötigen.

Hier sei nur der Fall der „reinen" Wärmeleitung in Gasen oder Flüssigkeiten ohne chemische Reaktionen erörtert. Wir können dann in Gl. [48] die Doppelsumme streichen und den ersten Summenterm, der gegenüber dem Glied $-\operatorname{div} \vec{J_Q}$ eine untergeordnete Rolle spielt, vernachlässigen. Wir finden somit die bekannte einfache Beziehung:

$$\varrho\, c_P \frac{\partial T}{\partial t} = -\operatorname{div} \vec{J_Q}\,. \qquad [4\text{-}24.49]$$

Bei homogener Durchmischung bzw. für den stationären Zustand ($\partial T/\partial t = 0$) folgt gemäß Gl. [32] bzw. [34] aus Gl. [49]:

$$\varrho\, c_P \frac{\partial T}{\partial t} = \operatorname{div} (\lambda_0 \operatorname{grad} T) \text{ (homogene Durchmischung)}, \qquad [4\text{-}24.50\text{a}]$$

$$\varrho\, c_P \frac{\partial T}{\partial t} = \operatorname{div} (\lambda_\infty \operatorname{grad} T) = 0 \text{ (stationärer Zustand)}. \qquad [4\text{-}24.50\text{b}]$$

Gl. [50a] bzw. [50b] stellt die gewohnte Form der Wärmeleitungsgleichung mit λ_0 bzw. λ_∞ als Wärmeleitfähigkeit dar.

g) *Transportvorgänge in Elektronenleitern.* Bei isobaren und isotropen Elektronenleitern, auf die keine äußeren Kraftfelder außer einem elektrostatischen Felde wirken, ist die Voraussetzung eines „einfachen Falles" im Sinne von §4.5 (S. 255) erfüllt. Wir dürfen daher sowohl die phänomenologischen Ansätze [9] und [10] als auch die allgemeine Wärmeleitungsgleichung [47] anwenden. Da weiterhin gegenüber den interessierenden Elektronenbewegungen etwaige Wanderungen der übrigen Teilchenarten relativ zueinander ohne Bedeutung sind, schreiben wir:

$$\vec{v_1} = \vec{v_3} = \ldots = \vec{v_N} \equiv \vec{v_G}, \quad \vec{v_2} \equiv \vec{v_\ominus}, \qquad [4\text{-}24.51]$$

wobei der Index G bzw. $\ominus$ das Gitter bzw. die Elektronen kennzeichnet. Hier fallen nach Gl. [4-3.30] und [4-3.31] das HITTORFsche Bezugssystem (Partikelsorte 1 als Bezugsteilchenart) und das Gitterbezugssystem zusammen. Wir können also gemäß Gl. [4-3.30] und [4-3.45] ansetzen:

$$\vec{\omega} = \vec{v}_1, \quad {}_1\vec{J}_i = c_i (\vec{v}_i - \vec{v}_1) = 0 \; (i = 1, 3, \ldots N),$$
$${}_1\vec{J}_2 = {}_1\vec{J}_\ominus = c_\ominus (\vec{v}_\ominus - \vec{v}_1) = -\frac{1}{\mathfrak{F}} \vec{I}. \tag{4-24.52}$$

Außerdem gilt voraussetzungsgemäß:

$$\operatorname{grad} P = 0, \quad \partial P/\partial t = 0, \quad w_r = 0. \tag{4-24.53}$$

Aus Gl. [42], [47], [51], [52] und [53] leiten wir ab:

$$\varrho\, c_P \frac{\partial T}{\partial t} = \frac{\overline{C}_P}{\overline{V}} \frac{\partial T}{\partial t} = -\operatorname{div} \vec{J}_Q - \vec{I} \operatorname{grad} \varphi$$
$$+ \frac{1}{\mathfrak{F}} \vec{I} \left[C_{P\ominus} \operatorname{grad} T + (\operatorname{grad} H_\ominus)_T\right]. \tag{4-24.54}$$

Diese spezielle Form der Wärmeleitungsgleichung werden wir im nächsten Paragraphen verwenden.

Unter denselben Bedingungen, für die Gl. [54] gültig ist, nehmen die phänomenologischen Ansätze [9] und [10] auf Grund von Gl. [3], [11], [52] und [53] folgende einfache Gestalt an, da in der Dissipationsfunktion [4-12.17] nur der Ausdruck $\vec{J}_Q \vec{X}_Q + {}_1\vec{J}_\ominus \vec{X}_\ominus$ verbleibt:

$$\vec{I} = -\alpha \mathfrak{F} \left[\mathfrak{F} \operatorname{grad} \varphi - (\operatorname{grad} \mu_\ominus)_T\right] + \beta \frac{\mathfrak{F}}{T} \operatorname{grad} T,$$
$$\vec{J}_Q = \beta' \left[\mathfrak{F} \operatorname{grad} \varphi - (\operatorname{grad} \mu_\ominus)_T\right] - \frac{\gamma}{T} \operatorname{grad} T. \tag{4-24.55}$$

Hierbei haben wir $a_{22} \equiv \alpha$, $a_{2Q} \equiv \beta$, $a_{Q2} \equiv \beta'$, $a_{QQ} \equiv \gamma$ gesetzt. Die Reziprozitätsbeziehung [13] liefert die Aussage

$$\beta = \beta'. \tag{4-24.56}$$

Auch die Formeln [55] und [56] werden im folgenden Paragraphen benutzt werden.

Die Beziehungen [54] bis [56] gelten für Elektronenleiter, in denen neben einem elektrischen Feld und einem Temperaturgefälle auch Konzentrationsgradienten bestehen können.

h) *Elektrische Potentiale im Inneren von nicht-isothermen Leitern.* Durch die Wanderung geladener Teilchenarten infolge von Konzentrationsgradienten, äußeren Feldern und Temperaturgradienten entstehen im

Inneren von leitenden Medien elektrische Felder, also Potentialgradienten, die uns schon in speziellen Fällen, so bei den Phänomenen des „Diffusionspotentials" (§ 4.18) und des „Sedimentationspotentials" (§ 4.21), bekannt sind. Der allgemeine Ausdruck für derartige elektrische Potentialgefälle soll jetzt abgeleitet werden.

Mit der Bedingung [4-15.13], die das Verschwinden des gesamten elektrischen Stromes formuliert, folgt aus Gl. [3], [11] und [19]:

$$\mathfrak{F}\,\mathrm{grad}\,\varphi = \frac{\sum\limits_{i,k} z_i a_{ik}}{\sum\limits_{i,k} z_i z_k a_{ik}} \Big[-(\mathrm{grad}\,\mu_k)_{T,P} + (M_k - \varrho V_k)\vec{g} - \frac{{}^*Q_k}{T}\,\mathrm{grad}\,T\Big] \quad (\vec{I}=0), \qquad [4\text{-}24.57]$$

wobei die Doppelsummen von 2 bis N zu erstrecken sind. Die zugrundeliegenden phänomenologischen Ansätze [9] reduzieren sich nun für reine Elektrizitätsleitung ($\vec{g} = 0$, $(\mathrm{grad}\,\mu_i)_{T,P} = 0$, $\mathrm{grad}\,T = 0$) auf die Beziehungen [4-16.43] und [4-16.44]. Also gilt auch die Formel [4-16.45]. Beachtet man schließlich ONSAGERS Reziprozitätssatz [12], so ergibt sich aus Gl. [57]:

$$\mathfrak{F}\,\mathrm{grad}\,\varphi = \sum_{k=2}^{N} \tau_k \Big[-(\mathrm{grad}\,\mu_k)_{T,P} + (M_k - \varrho V_k)\vec{g} - \frac{{}^*Q_k}{T}\,\mathrm{grad}\,T\Big] \quad (\vec{I} = 0). \qquad [4\text{-}24.58]$$

Hierin ist τ_k die reduzierte Überführungszahl der Teilchenart k. Die Formeln [4-18.23] und [4-21.4] sind Sonderfälle dieses Ausdrucks.

Der erste Term in der eckigen Klammer in Gl. [58] bezieht sich auf das Diffusionspotential, der zweite auf das Sedimentationspotential (im engeren Sinne), während das letzte, die Überführungswärmen ${}^*Q_k$ enthaltende Glied dem „Thermodiffusionspotential" (§ 4.27) zuzuordnen ist.

Gl. [58] gilt, ihrer Ableitung gemäß, für isotrope Kristalle in „einfachen Fällen" oder fluide Medien mit „schleichenden Bewegungen" bei Fehlen von Raumladungen. Sie ist auf einen beliebigen Zeitpunkt anwendbar. Wenn sich nach hinreichend langer Zeit ($t \to \infty$) ein stationärer Zustand einstellt, so erhalten wir gemäß Gl. [24] für das stationäre elektrische Potential φ_∞:

$$z_i \mathfrak{F}\,\mathrm{grad}\,\varphi_\infty = -(\mathrm{grad}\,\mu_i)_{T,P} + (M_i - \varrho V_i)\vec{g} - \frac{{}^*Q_i}{T}\,\mathrm{grad}\,T \quad (i = 2, 3, \ldots N). \qquad [4\text{-}24.59]$$

Bei Elektronenleitern fällt infolge von Gl. [22] und [52] der stationäre Zustand mit dem stromlosen Zustand zusammen. Demnach müssen hier Gl. [58] und Gl. [59] auf dasselbe Resultat führen. In der Tat findet man mit der Voraussetzung (vgl. S. 347)

$$\tau_k = 0\ (k = 3, 4, \ldots N), \quad \tau_\ominus = -1$$

und mit $\vec{g} = 0$ aus Gl. [58]:

$$\mathfrak{F}\,\mathrm{grad}\,\varphi = (\mathrm{grad}\,\mu_\ominus)_{T,P} + \frac{{}^*Q_\ominus}{T}\,\mathrm{grad}\,T, \qquad [4\text{-}24.60]$$

wie auch unmittelbar aus Gl. [59] mit $z_i = z_\ominus = -1$ ableitbar ist. Die Größe φ in Gl. [60] stellt das „thermoelektrische Potential" dar (§ 4.25).

§ 4.25. Thermoelektrische Effekte

a) *Grundgleichungen.* Wir betrachten ein Metall oder einen anderen Elektronenleiter, in dem sowohl ein Temperaturgefälle als auch ein elektrisches Feld bestehen kann. Das Medium sei isotrop und weise keine Konzentrations- und Druckgradienten auf. Auch sollen außer dem elektrostatischen Feld keine äußeren Kraftfelder wirksam sein. Dann können folgende irreversible Prozesse in jedem Volumenelement des Leiters auftreten:

1. Elektrizitätsleitung (Stromfluß durch ein elektrisches Potentialgefälle),
2. Wärmeleitung (Wärmefluß durch ein Temperaturgefälle),
3. ein Überlagerungseffekt (Stromfluß durch ein Temperaturgefälle),
4. der zugehörige Umkehreffekt (Wärmefluß durch ein elektrisches Potentialgefälle).

Die ersten beiden Phänomene sind uns schon bekannt. Die beiden letzten Erscheinungen aber gehören zu einer neuen Klasse von irreversiblen Vorgängen, die man als *thermoelektrische Effekte* zusammenfaßt. Diese Effekte werden teilweise erst meßbar, wenn man zwei verschiedene Elektronenleiter, von denen jeder einzelne seinen „Homogeneffekt" beiträgt, zu einem „Thermoelement" (s. unten) kombiniert, wobei jetzt auch „Heterogeneffekte" wirksam werden.

Wir beginnen mit der thermodynamisch-phänomenologischen Behandlung der Homogeneffekte[1]).

---

[1]) Nach der quasithermodynamischen Theorie (vgl. S. 211) der thermoelektrischen Effekte, wie sie William Thomson (Lord Kelvin), Eastman und Wagner entwickelten, war es zunächst die Elektronentheorie der Metalle,

(*Forts. S. 376*)

Mit der Bedingung $(\operatorname{grad}\mu_{\ominus})_T = 0$ (keine Konzentrationsgradienten) erhalten wir aus Gl. [4-24.55] für Elektronenleiter unter den anfangs genannten Voraussetzungen:

$$\vec{I} = -\alpha \mathfrak{F}^2 \operatorname{grad} \varphi + \frac{\beta \mathfrak{F}}{T} \operatorname{grad} T, \qquad [4\text{-}25.1]$$

$$\vec{J}_Q = \beta' \mathfrak{F} \operatorname{grad} \varphi - \frac{\gamma}{T} \operatorname{grad} T. \qquad [4\text{-}25.2]$$

Hierin bedeutet $\mathfrak{F}$ die FARADAYsche Konstante, $\vec{I}$ die elektrische Stromdichte, $\vec{J}_Q$ den Wärmestrom (Vektor der Wärmestromdichte), φ das elektrische Potential und T die absolute Temperatur. Die Größen α, β, β' und γ sind die phänomenologischen Koeffizienten, für die ONSAGERs Reziprozitätssatz [4-24.56] und das Ungleichungssystem [4-24.14] folgende Aussagen ergeben:

$$\beta = \beta', \qquad [4\text{-}25.3]$$

$$\alpha > 0, \quad \gamma > 0, \quad \alpha\gamma - \beta^2 > 0. \qquad [4\text{-}25.4]$$

In den Beziehungen [1] bis [4] ist die thermodynamisch-phänomenologische Beschreibung der Transportphänomene in Elektronenleitern vollständig enthalten; denn nach dem eingangs Gesagten ist α der Elektrizitätsleitung und γ der Wärmeleitung zuzuordnen, während β den Überlagerungseffekt und β' den zugehörigen Umkehreffekt charakterisiert.

Vergleich von Gl. [1] mit Gl. [4-16.24] zeigt, daß für $\operatorname{grad} T = 0$ aus Gl. [1] das OHMsche Gesetz folgt:

$$\vec{I} = -\varkappa \operatorname{grad} \varphi \; (\operatorname{grad} T = 0), \qquad [4\text{-}25.5]$$

wobei

$$\varkappa \equiv \alpha \mathfrak{F}^2 \qquad [4\text{-}25.6]$$

die *spezifische elektrische Leitfähigkeit*, also eine in bekannter Weise meßbare Größe darstellt.

(Forts. v. S. 375)

die eine Erklärung der Phänomene zu geben vermochte[2]). Durch ONSAGER[3]) ist prinzipiell der Weg zu der modellfreien Methodik der thermodynamisch-phänomenologischen Theorie der Thermoelektrizität[4]) aufgezeigtworden.

[2]) Vgl. J. MEIXNER, Ann. Physik [5] **40**, 165 (1941).

[3]) L. ONSAGER, Physic. Rev. **37**, 405 (1931); **38**, 2265 (1931).

[4]) Vgl. I. PRIGOGINE, Étude Thermodynamique des Phénomènes irréversibles (Paris-Lüttich 1947); H. B. CALLEN, Physic. Rev. **73**, 1349 (1948); C. A. DOMENICALI, Revs. Mod. Phys. **26**, 237 (1954).

Aus Gl. [2] ergibt sich mit grad $\varphi = 0$ das FOURIERsche Gesetz für den feldfreien Zustand:

$$\vec{J}_Q = -\lambda_0 \operatorname{grad} T \ (\operatorname{grad} \varphi = 0) \qquad [4\text{-}25.7]$$

mit

$$\lambda_0 \equiv \frac{\gamma}{T}\,. \qquad [4\text{-}25.8]$$

λ_0 ist die *Wärmeleitfähigkeit für den feldfreien Zustand.* Sie entspricht gemäß Gl. [4-24.32] der „Wärmeleitfähigkeit für homogene Durchmischung" in § 4.24. (Über die Meßbarkeit von λ_0 wird unten berichtet.)

Eliminieren wir grad φ aus Gl. [1] und [2] und berücksichtigen die Reziprozitätsbeziehung [3], so finden wir, wenn wir mit Hilfe von Gl. [4-24.52] den Elektronenstrom ${}_1\vec{J}_{\ominus}$ (Vektor der Elektronenstromdichte im HITTORFschen Bezugssystem) einführen:

$$\vec{J}_Q = -\frac{{}^*Q_{\ominus}}{\mathfrak{F}}\vec{I} - \lambda_\infty \operatorname{grad} T = {}^*Q_{\ominus}\,{}_1\vec{J}_{\ominus} - \lambda_\infty \operatorname{grad} T \qquad [4\text{-}25.9]$$

mit

$${}^*Q_{\ominus} \equiv \frac{\beta'}{\alpha} = \frac{\beta}{\alpha}\,, \qquad [4\text{-}25.10]$$

$$\lambda_\infty \equiv \frac{1}{T}\left(\gamma - \frac{\beta^2}{\alpha}\right). \qquad [4\text{-}25.11]$$

Wie der Vergleich mit Gl. [4-24.36a] lehrt, ist ${}^*Q_{\ominus}$ die *Überführungswärme der Elektronen* und λ_∞ die *Wärmeleitfähigkeit für den stromlosen Zustand.* Die letzte Größe entspricht der „Wärmeleitfähigkeit für den stationären Zustand". (Über die experimentelle Bestimmbarkeit von λ_∞ und ${}^*Q_{\ominus}$ wird unten berichtet.) Aus Gl. [9] folgt mit $\vec{I} = 0$:

$$\vec{J}_Q = -\lambda_\infty \operatorname{grad} T \quad (\vec{I} = 0)\,, \qquad [4\text{-}25.12]$$

also das FOURIERsche Gesetz für den stromlosen Zustand.

Wegen der ONSAGERschen Beziehung [3] sind nur drei der vier phänomenologischen Koeffizienten unabhängig. Es muß demnach zwischen den vier Transportgrößen $\varkappa$, λ_0, λ_∞ und ${}^*Q_{\ominus}$ noch einen Zusammenhang geben. Dieser leitet sich aus Gl. [6], [8], [10] und [11] ab[1]):

$$\lambda_0 - \lambda_\infty = \frac{\varkappa ({}^*Q_{\ominus})^2}{\mathfrak{F}^2 T}\,. \qquad [4\text{-}25.13]$$

Der Unterschied zwischen der Wärmeleitfähigkeit für den feldfreien Zustand (λ_0) und derjenigen für den stromlosen Zustand (λ_∞) hängt also mit der Überführungswärme der Elektronen (${}^*Q_{\ominus}$) zusammen.

[1]) R. HAASE, Z. Naturforschg. **11**a, 681 (1956).

Aus [4], [6], [8], [10], [11] und [13] resultieren folgende Ungleichungen[1]):

$$\varkappa > 0, \quad \lambda_\infty > 0, \quad \lambda_0 > \lambda_\infty, \qquad [4\text{-}25.14]$$

$$*Q_\ominus^2 < \mathfrak{F}^2 T \frac{\lambda_0}{\varkappa}. \qquad [4\text{-}25.15]$$

Die beiden letzten Beziehungen in [14] sind Sonderfälle der allgemeinen Aussagen [4-24.38] und [4-24.40]. Die Ungleichung [15] legt eine obere Grenze für den Betrag der Überführungswärme der Elektronen fest. Das Vorzeichen von $*Q_\ominus$ bleibt dabei offen.

Die Ansätze [1] und [2] können mit Gl. [6], [8], [9] und [10] in der Form

$$\vec{I} = -\varkappa \operatorname{grad} \varphi + \frac{\varkappa \, *Q_\ominus}{\mathfrak{F} T} \operatorname{grad} T, \qquad [4\text{-}25.16]$$

$$\vec{J}_Q = \frac{\varkappa \, *Q_\ominus}{\mathfrak{F}} \operatorname{grad} \varphi - \lambda_0 \operatorname{grad} T = -\frac{*Q_\ominus}{\mathfrak{F}} \vec{I} - \lambda_\infty \operatorname{grad} T \qquad [4\text{-}25.17]$$

geschrieben werden. Diese Gleichungen werden uns bei der Zuordnung der bisher besprochenen Effekte zu meßbaren Größen sehr nützlich sein.

Es ist weiterhin angebracht, gemäß Gl. [4-24.20] eine *Überführungsentropie der Elektronen* durch die Beziehung

$$*S_\ominus \equiv \frac{*Q_\ominus}{T} + S_\ominus \qquad [4\text{-}25.18]$$

zu definieren. Hierbei ist $S_\ominus$ die partielle molare Entropie der Elektronen.

Für den stromlosen Zustand ($\vec{I} = 0$) erhalten wir aus Gl. [16] und [18] folgenden Ausdruck, der ein Spezialfall von Gl. [4-24.60] ist:

$$\operatorname{grad} \varphi = \frac{*Q_\ominus}{\mathfrak{F} T} \operatorname{grad} T = \frac{1}{\mathfrak{F}} (*S_\ominus - S_\ominus) \operatorname{grad} T \qquad (\vec{I} = 0). \qquad [4\text{-}25.19]$$

Durch ein Temperaturgefälle wird also im Inneren eines Elektronenleiters eine elektrische Potentialdifferenz erzeugt, die mit der Überführungswärme der Elektronen und infolgedessen mit dem Überlagerungsphänomen (Stromfluß durch Temperaturgradienten) bzw. mit dem entsprechenden Umkehreffekt (Wärmefluß durch Potentialgradienten) zusammenhängt. Diese Potentialdifferenz kann als Sonderfall eines „Thermodiffusionspotentials" (§ 4.27) angesehen werden. Sie sei als *thermoelektrisches Potential* bezeichnet. Weder diese Potentialdifferenz noch die Überführungswärme der Elektronen sind meßbar, während die Überführungsentropie wenigstens als Relativwert experimentell ermittelbar ist (vgl. unten).

Es ist aus den Gln. [16] bis [19] ersichtlich, daß infolge des ONSAGERschen Reziprozitätssatzes sowohl der Überlagerungseffekt als auch dessen Um-

[1]) R. HAASE, Z. Naturforschg. **11**a, 681 (1956).

kehrung durch die Überführungswärme bzw. Überführungsentropie der Elektronen beschreibbar ist. Sämtliche meßbaren thermoelektrischen Effekte in isotropen Elektronenleitern müssen sich also, soweit sie nicht durch Gleichgewichtserscheinungen an Phasengrenzen (vgl. unten) oder die schon bekannten Phänomene der Elektrizitäts- und Wärmeleitung bedingt sind, auf einen einzigen Transportkoeffizienten zurückführen lassen. Diese Aussage werden wir im folgenden verifizieren.

b) *Wärmeleitung und* THOMSON-*Effekt.* Die Wärmeleitungsgleichung [4-24.54] ergibt mit der Bedingung $(\operatorname{grad} H_{\ominus})_T = 0$ (keine Konzentrationsgradienten) folgende Beziehung für die lokale Zunahmegeschwindigkeit der Temperatur in einem Volumenelement des Leiters:

$$\frac{\overline{C}_P}{\overline{V}} \frac{\partial T}{\partial t} = -\operatorname{div} \vec{J}_Q - \vec{I}\left(\operatorname{grad} \varphi - \frac{C_{P\ominus}}{\mathfrak{F}} \operatorname{grad} T\right). \qquad [4\text{-}25.20]$$

Dabei ist $\overline{C}_P$ die Molwärme für konstanten Druck, $\overline{V}$ das Molvolumen, t die Zeit und $C_{P\ominus}$ die partielle Molwärme der Elektronen für konstanten Druck. (Der Operator $\partial/\partial t$ bedeutet die Ableitung nach der Zeit bei festem Ort.)

Zunächst erkennen wir aus Gl. [12] und [20], daß für den stromlosen Zustand $(\vec{I} = 0)$ eine normale Wärmeleitungsgleichung der Form

$$\frac{\overline{C}_P}{\overline{V}} \frac{\partial T}{\partial t} = \operatorname{div} (\lambda_\infty \operatorname{grad} T) \quad (\vec{I} = 0) \qquad [4\text{-}25.21]$$

mit λ_∞ als Wärmeleitfähigkeit resultiert, während sich für den feldfreien Zustand $(\operatorname{grad} \varphi = 0)$ aus Gl. [7] und [20] die Beziehung

$$\frac{\overline{C}_P}{\overline{V}} \frac{\partial T}{\partial t} = \operatorname{div} (\lambda_0 \operatorname{grad} T) + \frac{C_{P\ominus}}{\mathfrak{F}} \vec{I} \operatorname{grad} T \quad (\operatorname{grad} \varphi = 0) \qquad [4\text{-}25.22]$$

ergibt. Aus Gl. [22] ist λ_0 nicht ohne weiteres ermittelbar, da $C_{P\ominus}$ keine meßbare Größe darstellt. Außerdem ist es nicht möglich, in einem Elektronenleiter mit Temperaturgradienten ohne Kenntnis des (ebenfalls nicht meßbaren) thermoelektrischen Potentials einen feldfreien Zustand herzustellen. Demnach ist nur die Wärmeleitfähigkeit für den stromlosen Zustand (λ_∞) eine experimentell bestimmbare Größe, während die Wärmeleitfähigkeit für den feldfreien Zustand (λ_0) nicht meßbar ist. Auch aus Gl. [13] kann λ_0 nicht ermittelt werden, da die Überführungswärme $^*Q_{\ominus}$ der Elektronen, die durch Gl. [19] mit dem thermoelektrischen Potential verknüpft ist, ebenfalls experimentell unzugänglich ist. Gl. [13] hat demnach nur prinzipielle, nicht aber praktische Bedeutung.

Interessant ist weiterhin die Diskussion von Gl. [20] für den allgemeinen Fall. Wenn wir $\vec{J}_Q$ und $\operatorname{grad} \varphi$ mit Hilfe von Gl. [16] und [17] eliminieren, erhalten wir mit der für jeden Elektrizitätsleiter gültigen Bedingung $\operatorname{div} \vec{I} = 0$ (vgl. S. 472):

$$\frac{\overline{C}_P}{V} \frac{\partial T}{\partial t} = \operatorname{div}(\lambda_\infty \operatorname{grad} T) + \frac{1}{\varkappa} I^2 + \frac{1}{\mathfrak{F}} \vec{I} \left(T \operatorname{grad} \frac{{}^*Q_\ominus}{T} + C_{P\ominus} \operatorname{grad} T \right), \tag{4-25.23}$$

wobei der Gradient von ${}^*Q_\ominus$ auf der Temperaturabhängigkeit dieser Größe beruht. Ferner haben wir gemäß Gl. [1-15.5] und Gl. [18]:

$$T \left(\frac{\partial S_\ominus}{\partial T} \right)_P = C_{P\ominus}, \tag{4-25.24}$$

$$\frac{{}^*Q_\ominus}{T} = {}^*S_\ominus - S_\ominus, \tag{4-25.25}$$

worin P den Druck bedeutet. Weiterhin definieren wir:

$$\frac{T}{\mathfrak{F}} \left(\frac{\partial {}^*S_\ominus}{\partial T} \right)_P \equiv -\tau. \tag{4-25.26}$$

Damit folgt:

$$T \operatorname{grad} \frac{{}^*Q_\ominus}{T} + C_{P\ominus} \operatorname{grad} T = -\mathfrak{F} \tau \operatorname{grad} T. \tag{4-25.27}$$

Einsetzen von Gl. [27] in Gl. [23] ergibt endlich:

$$\frac{\overline{C}_P}{V} \frac{\partial T}{\partial t} = \operatorname{div}(\lambda_\infty \operatorname{grad} T) + \frac{1}{\varkappa} I^2 - \tau \vec{I} \operatorname{grad} T. \tag{4-25.28}$$

Wie aus Gl. [28] ersichtlich, tritt in jedem Element eines nichtisothermen stromdurchflossenen Leiters eine Temperaturänderung auf, bedingt durch drei Effekte:

1. Wärmeleitung, beschrieben durch die Wärmeleitfähigkeit λ_∞,
2. normale Elektrizitätsleitung, beschrieben durch die elektrische Leitfähigkeit $\varkappa$,
3. einen weiteren Effekt, den Thomson-*Effekt*, beschrieben durch den neuen Koeffizienten τ.

Im gleichen Sinne, in dem der Term $I^2/\varkappa$ als „Joulesche Wärme" (pro Volumen- und Zeiteinheit) bezeichnet wird (vgl. S. 97), nennt man den Ausdruck $-\tau \vec{I} \operatorname{grad} T$ die „Thomson-Wärme" (pro Volumen- und Zeiteinheit). Die Größe τ heißt „Thomson-Koeffizient" und ist auf Grund von Gl. [28] für jeden Leiter meßbar; denn die elektrische Leitfähigkeit $\varkappa$ und die Wärmeleitfähigkeit λ_∞ lassen sich experimentell bestimmen. Nach Gl. [26] kann man daher auch den Temperaturkoeffizienten der Elektronenüberführungsentropie $^*S_\ominus$ aus Versuchsdaten gewinnen. Da $^*S_\ominus$ wegen Gl. [10] und [18] bei gegebenem Druck nur von der Temperatur und der Natur des Elektronenleiters abhängt, muß infolge von Gl. [26] auch τ eine „Materialkonstante“ sein, wie es die Erfahrung bestätigt.

Der THOMSON-Effekt ist in unserer Darstellung die erste thermoelektrische Erscheinung, die dem Experiment unmittelbar zugänglich ist, und stellt überhaupt den einzigen meßbaren thermoelektrischen *Homogen*effekt dar. Das Phänomen wurde 1854 von WILLIAM THOMSON (Lord KELVIN) entdeckt.

c) SEEBECK-*Effekt.* Ein *Thermoelement* ist ein System aus zwei verschiedenen Elektronenleitern (meist Metallen) A und B, deren zwei Phasengrenzen

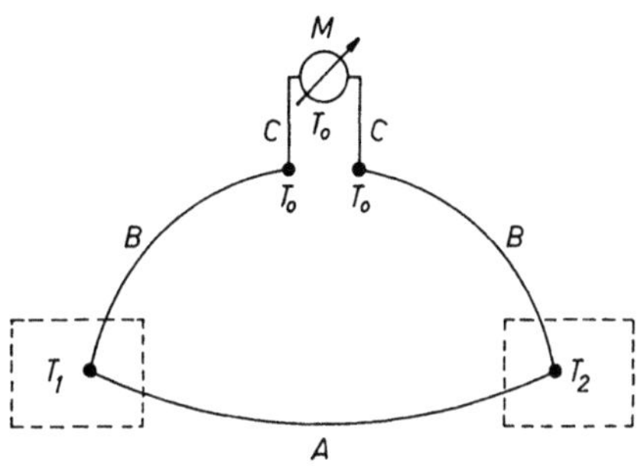

Abb. 16. Thermoelement aus den Elektronenleitern (Metallen) A und B mit Unterbrechung des Stromkreises zur Messung der Thermospannung durch das Meßinstrument M, zu dem Drähte aus dem Metall C führen. T_0 ist die (absolute) Raumtemperatur, T_1 bzw. T_2 die (absolute) Temperatur der ersten bzw. zweiten Lötstelle

(„Lötstellen“) auf zwei verschiedenen (absoluten) Temperaturen T_1 und T_2 gehalten werden. Wir können für eine solche Anordnung (Abb. 16), wie für eine galvanische Kette, ein Phasenschema aufstellen:

	|	C	|	B	|	A	|	B	|	C	|
Temperatur:	T_0		T_0		T_1		T_2		T_0		T_0
Potential:	|	φ_{I}	| φ_{II}	φ_{III}	| φ_{IV}	φ_{V}	| φ_{VI}	φ_{VII}	|	φ_{VIII}	|

Das Metall C ist die „Endphase“, d. h. die Ableitung zum Meßinstrument. T_0 ist die (absolute) Zimmertemperatur, auf der sich die Endphasen und das Meßinstrument befinden.

Die Erscheinung, daß ein Thermoelement im stromlosen Zustand eine elektrische Potentialdifferenz aufweist, wurde 1823 von SEEBECK entdeckt und heißt daher SEEBECK-*Effekt.*

Die meßbare Potentialdifferenz eines Thermoelementes wird „Thermospannung“ oder auch – wie bei galvanischen Ketten – „elektromotorische

Kraft" (EMK) genannt. Sie ist vereinbarungsgemäß festgelegt als die Differenz zwischen dem elektrischen Potential in der rechten Endphase und demjenigen in der linken Endphase, gemessen bei Stromlosigkeit, und wird mit dem Symbol Φ bezeichnet. Wir haben also nach unserem Phasenschema:

$$\Phi = \varphi_{\mathrm{VIII}} - \varphi_{\mathrm{I}} \cdot \qquad [4\text{-}25.29]$$

Der Ausdruck

$$\varepsilon_{\mathrm{AB}} \equiv \lim_{\Delta T \to 0} \frac{\Phi}{\Delta T} \qquad [4\text{-}25.30]$$

mit

$$\Delta T \equiv T_2 - T_1 \qquad [4\text{-}25.31]$$

ist definitionsgemäß die *Thermokraft* des Thermoelementes[1]). Es gilt demnach für die EMK (Thermospannung):

$$\Phi = \varepsilon_{\mathrm{AB}} \Delta T + \text{höhere Terme in } \Delta T \qquad [4\text{-}25.32]$$

oder

$$\Phi = \int_{T_1}^{T_2} \varepsilon_{\mathrm{AB}}(T)\, dT . \qquad [4\text{-}25.33]$$

Erfahrungsgemäß hängt die Thermokraft $\varepsilon_{\mathrm{AB}}$ nur von der Art der Leiter A und B und von der mittleren Temperatur des Thermoelementes ab, falls man den Druck (dessen Einfluß sowieso geringfügig ist) als konstant ansieht. Daraus folgt mit den letzten Gleichungen, daß die EMK eines Thermoelementes aus gegebenen Materialien lediglich eine Funktion der beiden Temperaturen T_1 und T_2 der Lötstellen, also unabhängig vom Temperaturverlauf in den Leitern ist („Gesetz von MAGNUS"). Ferner kann man nach dem Gesagten irgendeinem Leiter X bei gegebener Temperatur einen willkürlichen Wert ε_{X} der „Thermokraft" zuordnen und damit die „Thermokraft" ε_{Y} jedes anderen Leiters Y durch die Beziehung

$$\varepsilon_{\mathrm{XY}} = \varepsilon_{\mathrm{X}} - \varepsilon_{\mathrm{Y}}$$

---

[1]) Vereinbarungsgemäß ordnet man dem hier angeschriebenen Phasenschema das „Thermoelement A–B" zu. Vertauscht man im Phasenschema die Leiter A und B und läßt die übrigen Bezeichnungen unverändert, so hat man das „Thermoelement B–A" vor sich. Es ist aus dem obigen Phasenschema ersichtlich, daß Indizierung und Vorzeichen von ε das Vorzeichen der Thermospannung und damit die Richtung des zugehörigen Stromes („Thermostromes") festlegen. So bedeutet ein positiver Wert von $\varepsilon_{\mathrm{AB}}$, daß der Thermostrom an der kälteren Lötstelle von A nach B und an der wärmeren Lötstelle von B nach A fließt.

für die jeweilige Temperatur numerisch festlegen[1]). Außerdem sind die Thermokräfte additiv in Materialanteilen („thermoelektrische Spannungsreihe“). Es muß nämlich nach obigem gelten:

$$\varepsilon_{AB} = \varepsilon_A - \varepsilon_B = (\varepsilon_A - \varepsilon_X) - (\varepsilon_B - \varepsilon_X) = \varepsilon_{AX} - \varepsilon_{BX}. \qquad [4\text{-}25.34]$$

Diese Aussagen werden durch unsere theoretischen Darlegungen im folgenden bestätigt werden. Wir halten hier zunächst fest, daß wir stets schreiben dürfen:

$$\varepsilon_{AB} = \varepsilon_A - \varepsilon_B = -(\varepsilon_B - \varepsilon_A) = -\varepsilon_{BA} \qquad [4\text{-}25.35]$$

mit den (in ihren Absolutwerten willkürlichen und temperaturabhängigen) Materialkonstanten ε_A und ε_B, die als „Thermokräfte“ der Leiter A und B bezeichnet werden.

Aus Gl. [29] und unserem Phasenschema folgt für die Thermospannung:

$$\begin{aligned} \Phi &= (\varphi_{VIII} - \varphi_{VII}) + (\varphi_{VII} - \varphi_{VI}) \\ &+ (\varphi_{VI} - \varphi_V) + (\varphi_V - \varphi_{IV}) + (\varphi_{IV} - \varphi_{III}) \\ &+ (\varphi_{III} - \varphi_{II}) + (\varphi_{II} - \varphi_I). \end{aligned} \qquad [4\text{-}25.36]$$

Der zweite, vierte und sechste Term der rechten Seite von Gl. [36] beziehen sich auf thermoelektrische Potentiale im Inneren der Leiter, also auf Homogeneffekte. Die übrigen Terme hingegen entsprechen Heterogeneffekten, nämlich Potentialdifferenzen an Phasengrenzen („Kontaktpotentialen“).

Für die Summe $\Delta\,\varphi_{hom}$ der thermoelektrischen Potentiale in unserem Phasenschema ergibt sich aus Gl. [19]:

$$\begin{aligned} \mathfrak{F}\Delta\varphi_{hom} &= \mathfrak{F}\,[(\varphi_{VII} - \varphi_{VI}) + (\varphi_V - \varphi_{IV}) + (\varphi_{III} - \varphi_{II})] \\ &= \int_{T_2}^{T_0} [({}^*S_\ominus)_B - (S_\ominus)_B]\,dT + \int_{T_1}^{T_2} [({}^*S_\ominus)_A - (S_\ominus)_A]\,dT \\ &+ \int_{T_0}^{T_1} [({}^*S_\ominus)_B - (S_\ominus)_B]\,dT \\ &= \int_{T_1}^{T_2} [(S_\ominus)_B - (S_\ominus)_A + ({}^*S_\ominus)_A - ({}^*S_\ominus)_B]\,dT \end{aligned} \qquad [4\text{-}25.37]$$

oder mit Gl. [31]:

$$\lim_{\Delta T \to 0} \frac{\Delta\varphi_{hom}}{\Delta T} = \frac{1}{\mathfrak{F}}\,[(S_\ominus)_B - (S_\ominus)_A + ({}^*S_\ominus)_A - ({}^*S_\ominus)_B]\,. \qquad [4\text{-}25.38]$$

[1]) Über die Normierung zur Festlegung von „Absolutwerten“ der Thermokräfte einzelner Leiter wird unten berichtet.

Zur Berechnung der Kontaktpotentiale setzen wir lokales elektrochemisches Gleichgewicht an den Phasengrenzen voraus. Dann dürfen wir die klassische Gleichgewichtsbedingung [1-20.13] benutzen. Wir erhalten damit für die Kontaktpotentiale in unserem Phasenschema, wenn wir mit $\mu_\ominus$ das chemische Potential der Elektronen bezeichnen und beachten, daß sich $(\varphi_{\text{VIII}} - \varphi_{\text{VII}})$ und $(\varphi_{\text{II}} - \varphi_{\text{I}})$ gegenseitig aufheben:

$$\mathfrak{F}\,(\varphi_{\text{VI}} - \varphi_{\text{V}}) = (\mu_\ominus)_{\text{B}} - (\mu_\ominus)_{\text{A}} \text{ (Temperatur } T_2), \qquad [4\text{-}25.39]$$

$$\mathfrak{F}\,(\varphi_{\text{IV}} - \varphi_{\text{III}}) = (\mu_\ominus)_{\text{A}} - (\mu_\ominus)_{\text{B}} \text{ (Temperatur } T_1), \qquad [4\text{-}25.40]$$

$$\begin{aligned}\mathfrak{F}\,\Delta\varphi_{\text{het}} &= \mathfrak{F}\,(\varphi_{\text{VI}} - \varphi_{\text{V}} + \varphi_{\text{IV}} - \varphi_{\text{III}}) \\ &= [(\mu_\ominus)_{\text{B}} - (\mu_\ominus)_{\text{A}}]_{T_2} - [(\mu_\ominus)_{\text{B}} - (\mu_\ominus)_{\text{B}}]_{T_1},\end{aligned} \qquad [4\text{-}25.41]$$

wobei $\Delta\varphi_{\text{het}}$ die Summe der Kontaktpotentiale bedeutet. Mit der Beziehung [1-12.7]

$$\left(\frac{\partial \mu_\ominus}{\partial T}\right)_P = -S_\ominus \qquad [4\text{-}25.42]$$

folgt aus Gl. [31] und [41]:

$$\lim_{\Delta T \to 0} \frac{\Delta\varphi_{\text{het}}}{\Delta T} = \frac{1}{\mathfrak{F}}\,[(S_\ominus)_{\text{A}} - (S_\ominus)_{\text{B}}]\,. \qquad [4\text{-}25.43]$$

Nach Gl. [36], [37] und [41] gilt:

$$\Phi = \Delta\varphi_{\text{hom}} + \Delta\varphi_{\text{het}}\,, \qquad [4\text{-}25.44]$$

also gemäß Gl. [30]:

$$\varepsilon_{\text{AB}} = \lim_{\Delta T \to 0} \frac{\Delta\varphi_{\text{hom}}}{\Delta T} + \lim_{\Delta T \to 0} \frac{\Delta\varphi_{\text{het}}}{\Delta T}\,. \qquad [4\text{-}25.45]$$

Wir leiten aus Gl. [38], [43] und [45] ab:

$$\varepsilon_{\text{AB}} = \frac{1}{\mathfrak{F}}\,[(^*S_\ominus)_{\text{A}} - (^*S_\ominus)_{\text{B}}]\,. \qquad [4\text{-}25.46]$$

Die Thermokraft der Thermokette ist damit auf die Differenz der Elektronenüberführungsentropien in den beiden Leitern A und B zurückgeführt. Da diese temperaturabhängige Materialkonstanten darstellen (vgl. oben), haben wir durch Gl. [46] auch die Zusammenhänge [34] und [35] sowie das Gesetz von Magnus verifiziert.

Vergleich von Gl. [35] mit Gl. [46] ergibt den Zusammenhang zwischen den Überführungsentropien und den Thermokräften der einzelnen Leiter:

$$\mathfrak{F}\,\varepsilon_{\text{A}} = (^*S_\ominus)_{\text{A}}\,,\quad \mathfrak{F}\,\varepsilon_{\text{B}} = (^*S_\ominus)_{\text{B}}\,. \qquad [4\text{-}25.47]$$

Aus Gl. [26] und [47] folgt für die THOMSON-Koeffizienten der beiden Leiter:

$$\tau_A = -T\left(\frac{\partial \varepsilon_A}{\partial T}\right)_P, \quad \tau_B = -T\left(\frac{\partial \varepsilon_B}{\partial T}\right)_P. \qquad [4\text{-}25.48]$$

Auf diese Beziehungen kommen wir noch zurück.

d) PELTIER-*Effekt.* PELTIER entdeckte 1834, daß bei Stromfluß durch die isotherme Lötstelle eines Thermoelementes eine Erwärmung oder Abkühlung zu beobachten ist. Soll die Lötstelle auf konstanter Temperatur gehalten werden, so muß aus der Umgebung eine – positive oder negative – Wärme („PELTIER-Wärme") zugeführt werden.

Die korrekte quantitative Behandlung dieses „PELTIER-Effektes" erfordert etwas mehr Aufwand als die vorangehenden Phänomene, da nun eine Wärmeleitungsgleichung (d. h. eine Temperatur-Ort-Zeit-Beziehung) aufzustellen ist, die eine Diskontinuität, nämlich die Phasengrenze zwischen zwei Elektronenleitern, im Rahmen eines Beschreibungsschemas für kontinuierliche Systeme berücksichtigen muß. Wir lösen das Problem am elegantesten dadurch, daß wir zunächst „kontinuierlich verteilte Inhomogenitäten", d. h. eine Mischung aus den Komponenten A und B mit stetigem Konzentrationsgefälle, annehmen und sodann zum Grenzfall eines Konzentrationssprunges an der Phasengrenze zwischen A und B übergehen.

Daß der PELTIER-Effekt in unserem bisherigen Beschreibungsschema enthalten ist, erkennt man prinzipiell schon an Gl. [17], die, für grad $T = 0$ auf zwei verschiedene Leiter A und B angewandt, folgende Ausdrücke ergibt:

$$(\vec{J}_Q)_A = -\frac{1}{\mathfrak{F}}(^*Q_\ominus)_A \vec{I}, \quad (\vec{J}_Q)_B = -\frac{1}{\mathfrak{F}}(^*Q_\ominus)_B \vec{I}.$$

Dabei ist die Kontinuität des elektrischen Stromes $\vec{I}$, der die Phasengrenze zwischen A und B passiert, berücksichtigt. Da infolge des SEEBECK-Effektes die Überführungsentropien für die beiden Leiter verschieden sein müssen, werden sich nach Gl. [18] auch die Überführungswärmen $(^*Q_\ominus)_A$ und $(^*Q_\ominus)_B$ voneinander unterscheiden. Damit resultiert ein „Sprung" des Wärmestromes an der isothermen Lötstelle, der mit dem Phänomen der „PELTIER-Wärme" zusammenhängen muß.

Zur exakten Behandlung des Problems ersetzen wir die phänomenologischen Ansätze [1] und [2] bzw. die Wärmeleitungsgleichung [20] durch die allgemeineren Beziehungen [4-24.55] bzw. [4-24.54], in denen noch Konzentrationsgradienten zugelassen sind. Beachten wir die Definitionen [6], [8] und [10], so erhalten wir:

$$\vec{I} = -\varkappa \left[\operatorname{grad} \varphi - \frac{1}{\mathfrak{F}} (\operatorname{grad} \mu_\ominus)_T \right] + \frac{\varkappa {}^*Q_\ominus}{\mathfrak{F} T} \operatorname{grad} T, \quad [4\text{-}25.49]$$

$$\vec{J}_Q = \frac{\varkappa {}^*Q_\ominus}{\mathfrak{F}} \left[\operatorname{grad} \varphi - \frac{1}{\mathfrak{F}} (\operatorname{grad} \mu_\ominus)_T \right] - \lambda_0 \operatorname{grad} T, \quad [4\text{-}25.50]$$

$$\frac{\overline{C}_P}{\overline{V}} \frac{\partial T}{\partial t} = -\operatorname{div} \vec{J}_Q - \vec{I} \operatorname{grad} \varphi$$
$$+ \frac{1}{\mathfrak{F}} \vec{I} \left[C_{P\ominus} \operatorname{grad} T + (\operatorname{grad} H_\ominus)_T \right]. \quad [4\text{-}25.51]$$

Hierin ist (vgl. Gl. [1-12.6])

$$H_\ominus = \mu_\ominus + T\, S_\ominus \quad [4\text{-}25.52]$$

die partielle molare Enthalpie der Elektronen. Durch Elimination des Ausdrucks in eckigen Klammern in Gl. [49] und [50] finden wir bei Berücksichtigung von Gl. [13]:

$$\vec{J}_Q = -\frac{{}^*Q_\ominus}{\mathfrak{F}} \vec{I} - \lambda_\infty \operatorname{grad} T. \quad [4\text{-}25.53]$$

Diese Beziehung stimmt mit Gl. [9] überein. Aus Gl. [49] ergibt sich sofort (vgl. Gl. [4-24.60]):

$$\operatorname{grad} \varphi = \frac{1}{\mathfrak{F}} (\operatorname{grad} \mu_\ominus)_T + \frac{{}^*Q_\ominus}{\mathfrak{F} T} \operatorname{grad} T - \frac{1}{\varkappa} \vec{I}. \quad [4\text{-}25.54]$$

Aus dieser Formel folgt für $\vec{I} = 0$ ein von Gl. [19] verschiedenes Resultat: Neben dem thermoelektrischen Potential (2. Term der rechten Seite) existiert noch ein Diffusionspotential (1. Term der rechten Seite).

Setzen wir die Ausdrücke [53] und [54] in Gl. [51] ein und beachten Gl. [52] sowie die Bedingung $\operatorname{div} \vec{I} = 0$, so leiten wir ab:

$$\frac{\overline{C}_P}{\overline{V}} \frac{\partial T}{\partial t} = \operatorname{div} (\lambda_\infty \operatorname{grad} T) + \frac{1}{\varkappa} I^2$$
$$+ \frac{1}{\mathfrak{F}} \vec{I} \left[\operatorname{grad} {}^*Q_\ominus + T (\operatorname{grad} S_\ominus)_T - \frac{{}^*Q_\ominus}{T} \operatorname{grad} T + C_{P\ominus} \operatorname{grad} T \right]. \quad [4\text{-}25.55]$$

Mit Hilfe von Gl. [24] bis [26] bringen wir diese Gleichung auf die Form:

$$\frac{\overline{C}_P}{\overline{V}} \frac{\partial T}{\partial t} = \operatorname{div} (\lambda_\infty \operatorname{grad} T) + \frac{1}{\varkappa} I^2 - \tau \vec{I} \operatorname{grad} T$$
$$+ \frac{T}{\mathfrak{F}} \vec{I} (\operatorname{grad} {}^*S_\ominus)_T. \quad [4\text{-}25.56]$$

Vergleich mit Gl. [28] zeigt, daß in der Wärmeleitungsgleichung nun ein neuer Term erscheint, der die isotherme Änderung der Größe

$$\Pi \equiv \frac{T}{\mathfrak{F}}\, {}^*S_{\ominus} \qquad [4\text{-}25.57]$$

mit der Konzentration berücksichtigt. Dieser Term tritt auch im Falle grad $T = 0$ bei Stromfluß auf und addiert sich dann zur „JOULEschen Wärme". Es handelt sich offensichtlich um eine „PELTIER-Wärme" für den Fall eines „kontinuierlichen PELTIER-Effektes".

An einer isothermen Phasengrenze zwischen zwei Leitern A und B nimmt der letzte Term in Gl. [56] nach Multiplikation mit dem Längenelement in der Stromrichtung folgende Gestalt an (vgl. Gl. [57]):

$$\frac{T}{\mathfrak{F}}\, [({}^*S_{\ominus})_{\mathrm{A}} - ({}^*S_{\ominus})_{\mathrm{B}}]\, I = (\Pi_{\mathrm{A}} - \Pi_{\mathrm{B}})\, I, \qquad [4\text{-}25.58]$$

wobei I den Betrag der Stromdichte für den von B nach A fließenden elektrischen Strom bedeutet. Damit ist der eigentliche (diskontinuierliche) PELTIER-Effekt verifiziert.

Die meßbare Größe

$$\Pi_{\mathrm{AB}} \equiv -\Pi_{\mathrm{BA}} \equiv \Pi_{\mathrm{A}} - \Pi_{\mathrm{B}} = \frac{T}{\mathfrak{F}}\, [({}^*S_{\ominus})_{\mathrm{A}} - ({}^*S_{\ominus})_{\mathrm{B}}] \qquad [4\text{-}25.59]$$

heißt „PELTIER-Koeffizient" für das Leitersystem A + B. Die – nur bis auf willkürliche additive Konstanten bestimmten – Größen Π_{A} und Π_{B} sind die „PELTIER-Koeffizienten" der einzelnen Leiter A und B.

Aus obigem geht auch die Vorzeichendefinition des PELTIER-Koeffizienten hervor. Wenn z. B. Π_{AB} positiv ist, tritt bei Stromfluß von A nach B eine Abkühlung der Lötstelle ein. Es gibt in der Literatur auch die entgegengesetzte Vorzeichenfestlegung, die aber dann mit einer entsprechenden Vorzeichenumkehr bei der Definition von $\varepsilon_{\mathrm{AB}}$ gekoppelt ist, so daß Gl. [60] erhalten bleibt.

Wie ersichtlich, läßt sich der PELTIER-Effekt, genau wie der THOMSON- oder SEEBECK-Effekt, auf die Elektronenüberführungsentropien zurückführen. Es muß demnach zwei unabhängige Beziehungen zwischen den drei meßbaren Effekten geben, deren Besprechung wir uns im nächsten Abschnitt zuwenden.

e) THOMSON*sche Beziehungen.* Aus Gl. [46] und [59] ergibt sich der Zusammenhang zwischen der Thermokraft $\varepsilon_{\mathrm{AB}}$ eines Thermoelementes vom oben angeschriebenen Phasenschema und dem PELTIER-Koeffizienten Π_{AB}:

$$\Pi_{\mathrm{AB}} = T\, \varepsilon_{\mathrm{AB}}. \qquad [4\text{-}25.60]$$

Weiterhin folgt aus Gl. [46] und [48] der Zusammenhang zwischen dem Temperaturkoeffizienten der Thermokraft und der Differenz der THOMSON-

Koeffizienten τ_A und τ_B:

$$\tau_B - \tau_A = T\left(\frac{\partial \varepsilon_{AB}}{\partial T}\right)_P . \qquad [4\text{-}25.61]$$

Die Formeln [60] und [61] wurden schon 1854 von WILLIAM THOMSON (Lord KELVIN) abgeleitet und sind als „THOMSONsche Beziehungen der Thermoelektrizität" bekannt.

In den Tab. 11 und 12 haben wir experimentelle Daten zur Verifizierung der THOMSONschen Beziehungen [60] und [61] zusammengestellt.

Tabelle 11

Experimentelle Verifizierung der THOMSONschen Beziehung $\Pi_{AB} = T\varepsilon_{AB}$ nach ZEMANSKY¹) ²)

Thermoelement	T °K (grad)	Π_{AB}/T μV grad⁻¹	ε_{AB} μV grad⁻¹
Cu–Ni	273	18,6	20,39
	287	20,2	21,0
	295	20,5	21,4
	302	22,3	21,7
	373	24,4	24,9
Fe–Hg	292	16,7	16,66
	330	16,2	16,14
	373	15,6	15,42
	405	14,9	14,81
	456	13,9	13,74

Tabelle 12

Experimentelle Verifizierung der THOMSONschen Beziehung

$-(\tau_A - \tau_B) = \tau_B - \tau_A = T\left(\frac{\partial \varepsilon_{AB}}{\partial T}\right)_P$ nach ZEMANSKY¹) ²)

Thermoelement	T °K	$\frac{1}{T}(\tau_A - \tau_B)$ μV grad⁻²	$-\partial\varepsilon_{AB}/\partial T$ μV grad⁻²
Cu–Pt	273	0,039	0,036
	293	0,037	0,036
	373	0,030	0,036
Cu–Fe	273	0,020	0,028
	373	0,039	0,033

¹) M. W. ZEMANSKY, Heat and Thermodynamics 303 (London - New York - Toronto 1951).

²) Das zuerst genannte Metall ist der Elektronenleiter A.

f) *Konventionelle Absolutwerte der Überführungsentropien.* Aus Gl. [26] gewinnen wir für die Elektronenüberführungsentropie $^*S_\ominus$ eines einzelnen Elektronenleiters bei der Temperatur T (für konstanten Druck) folgende Formel:

$$^*S_\ominus = {}^*S_\ominus{}^0 - \mathfrak{F} \int\limits_0^T \frac{\tau}{T}\, dT\,, \qquad [4\text{-}25.62]$$

worin der Index $_0$ den Grenzwert für $T \to 0$ anzeigt und das Integral aus der Temperaturabhängigkeit des THOMSON-Koeffizienten τ experimentell ausgewertet werden kann. Wegen der empirisch erwiesenen Beziehung

$$\lim_{T \to 0} \tau = 0 \qquad [4\text{-}25.63]$$

konvergiert das Integral, so daß der Überführungsentropie und ihrem Grenzwert am absoluten Nullpunkt endliche Werte zugeordnet werden können.

Mit Hilfe von Gl. [46] ergibt sich aus Gl. [62] für die meßbare Thermokraft ε_{AB} eines aus den Leitern A und B zusammengesetzten Thermoelementes:

$$\varepsilon_{AB} = \frac{1}{\mathfrak{F}}\,[({}^*S_\ominus)_A - ({}^*S_\ominus)_B] = \frac{1}{\mathfrak{F}}\,[({}^*S_\ominus{}^0)_A - ({}^*S_\ominus{}^0)_B] - \int\limits_0^T \frac{\tau_A - \tau_B}{T}\, dT\,. \qquad [4\text{-}25.64]$$

Die schon von NERNST postulierte und durch alle neueren experimentellen Ergebnisse sichergestellte Aussage

$$\lim_{T \to 0} \varepsilon_{AB} = 0 \qquad [4\text{-}25.65]$$

führt mit Gl. [63] und [64] auf die Beziehung

$$({}^*S_\ominus{}^0)_A = ({}^*S_\ominus{}^0)_B\,. \qquad [4\text{-}25.66]$$

Der Nullpunktswert der Elektronenüberführungsentropie ist mithin unabhängig von der Natur des Leiters.

Man trägt nun am einfachsten der Aussage [66] dadurch Rechnung, daß man für jeden Elektronenleiter ansetzt:

$$^*S_\ominus{}^0 = 0\,. \qquad [4\text{-}25.67]$$

Mit dieser Normierung erhält man aus Gl. [62] den *konventionellen Absolutwert* der Elektronenüberführungsentropie eines beliebigen Leiters bei der

Temperatur T:

$$^{*}S_{\ominus} = -\mathfrak{F} \int_{0}^{T} \frac{\tau}{T} dT . \qquad [4\text{-}25.68]$$

Wenn man also für einen einzigen Leiter das Integral in Gl. [68] ausgewertet hat, kann man gemäß Gl. [64] aus Thermokräften von Thermoelementen – die leichter als THOMSON-Koeffizienten zu messen sind – die konventionellen Absolutwerte aller übrigen Elektronenleiter bei jeder beliebigen Temperatur bestimmen.

Mit Hilfe des Zusammenhangs (s. Gl. [47] und [57])

$$\Pi = T\varepsilon = \frac{T\,^{*}S_{\ominus}}{\mathfrak{F}} \qquad [4\text{-}25.69]$$

findet man auf diesem Wege auch konventionelle Absolutwerte der Thermokräfte ε und PELTIER-Koeffizienten Π einzelner Leiter. Die Formel $\Pi = T\varepsilon$ heißt manchmal „THOMSONsche Beziehung“, weil sie Gl. [60] entspricht.

In Tab. 13 sind konventionelle Absolutwerte der Elektronenüberführungsentropien für einige Metalle bei 25 °C zusammengestellt.

Tabelle 13

Konventionelle absolute Elektronenüberführungsentropien $^{*}S_{\ominus}$ für Metalle bei 25 °C[1] [2])

Metall	$^{*}S_{\ominus}$ [cal grad^{-1} mol^{-1}]
Cu	–0,045
Ag	–0,050
Pt	0,104
Bi	1,7

§ 4.26. Thermodiffusion in Gasen und Nichtelektrolytlösungen

a) *Empirische Beschreibung.* In einem nicht-isothermen Mehrstoffsystem gibt es erfahrungsgemäß einen Materietransport durch Temperaturgradienten, der bei einem anfänglich bezüglich der Konzentrationen homogenen Gemisch eine „Entmischung“, d. h. eine örtlich ungleichmäßige Konzentrationsverteilung der einzelnen Substanzen hervorruft. Dieses Transport-

[1]) M. I. TEMKIN und A. W. CHOROSCHIN, J. Physic. Chem. (russ.) **26**, 500 (1952).

[2]) LANDOLT-BÖRNSTEIN, IV. Band, 3. Teil (Berlin-Göttingen-Heidelberg 1957).

phänomen bezeichnet man als *Thermodiffusion*, speziell bei kondensierten Systemen als „LUDWIG-SORET-Effekt“ oder auch kürzer als „SORET-Effekt“.

Die Thermodiffusion in flüssigen Systemen wurde 1856 von LUDWIG entdeckt und 1879–1881 von SORET genauer untersucht. CHAPMAN und DOOTSON fanden 1917 den Effekt bei Gasen, nachdem zuvor CHAPMAN (1911–1917) und ENSKOG (1911–1917) das Phänomen gaskinetisch behandelt hatten.

Die Thermodiffusion ist ein Überlagerungsphänomen. Der zugehörige Umkehreffekt, d. h. der Wärmetransport durch Konzentrationsgradienten, existiert ebenfalls. Er wurde 1872 von DUFOUR bei Gasen entdeckt und 1942–1949 von CLUSIUS und WALDMANN genauer untersucht. Die Erscheinung heißt *Diffusionsthermoeffekt* oder auch „DUFOUR-Effekt“.

Wenn in einem Mehrstoffsystem schließlich auch ein Druckgefälle aufrechterhalten wird, so haben wir neben der Druckdiffusion (§ 4.23) einen *Druckthermoeffekt*, d. h. einen Wärmetransport durch Druckgradienten, zu erwarten. Dieses Phänomen scheint noch nicht experimentell nachgewiesen zu sein; seine Existenz ergibt sich aber zwangsläufig aus der thermodynamisch-phänomenologischen Theorie (s. unten).

Bei einem kontinuierlichen Mehrstoffsystem, in dem Konzentrations-, Druck- und Temperaturgradienten herrschen, haben wir demnach mit folgenden Transportvorgängen zu rechnen:

1. Diffusion (Stofftransport durch Konzentrationsgradienten),
2. Druckdiffusion (Stofftransport durch Druckgradienten),
3. Thermodiffusion (Stofftransport durch Temperaturgradienten),
4. Wärmeleitung (Wärmetransport durch Temperaturgradienten),
5. Druckthermoeffekt (Wärmetransport durch Druckgradienten),
6. Diffusionsthermoeffekt (Wärmetransport durch Konzentrationsgradienten).

Der Einfachheit halber beschränken wir hier die Diskussion auf fluide Systeme mit zwei ungeladenen Teilchenarten, also z. B. auf ein binäres Gasgemisch oder eine binäre Nichtelektrolytlösung. Da die neuen Effekte (Thermodiffusion, Diffusionsthermoeffekt usw.), genau wie Diffusion, Wärmeleitung usw., unter normalen Verhältnissen durch lineare Verknüpfungen zwischen den Stromdichten (Diffusionsstrom, Wärmestrom) und den Gradienten beschrieben werden, können wir die uns schon bekannten Ansätze für Diffusion, Druckdiffusion und Wärmeleitung durch Hinzunahme neuer Terme erweitern und so auch die zur Diskussion stehenden Phänomene in das gewohnte Schema einbauen.

Den gleichzeitigen Ablauf von Diffusion, Druckdiffusion und Thermodiffusion in einem fluiden Medium mit zwei ungeladenen Teilchenarten beschreiben wir durch eine sinngemäße Erweiterung des Ansatzes [4-23.1]:

$$\vec{J}_i = -\frac{1-\omega_i}{1-x_i}\, c \left(D \operatorname{grad} x_i \mp D_P \frac{\operatorname{grad} P}{P} \pm D_T \frac{\operatorname{grad} T}{T}\right) \quad (i = 1,2), \qquad [4\text{-}26.1]$$

wobei das obere bzw. untere Vorzeichen gilt, wenn $i = 1$ bzw. $i = 2$ ist[1]). Hierin bedeutet $\vec{J}_i$ den durch Gl. [4-3.1] definierten Diffusionsstrom der Teilchenart i (für beliebige Bezugsgeschwindigkeit), ω_i den in Gl. [4-3.2] und [4-3.3] eingeführten Gewichtsfaktor für die Mittelung der Geschwindigkeiten der beiden Partikelsorten, x_i den Molenbruch der Teilchenart i, c die gesamte molare Volumenkonzentration (den reziproken Wert des Molvolumens der Mischung), P den Druck und T die absolute Temperatur. Ferner ist D der Diffusionskoeffizient und D_P der Druckdiffusionskoeffizient. Demgemäß sind die beiden ersten Terme der rechten Seite von Gl. [1] der Diffusion und Druckdiffusion zugeordnet. Der dritte Term bezieht sich auf die Thermodiffusion. Dementsprechend nennen wir die Größe D_T den *Thermodiffusionskoeffizienten*. Dieser Koeffizient ist gemäß Gl. [1] durch die Beziehung

$$\vec{J}_i = \mp \frac{1-\omega_i}{1-x_i}\, c\, D_T \frac{\operatorname{grad} T}{T} \quad (\operatorname{grad} x_i = 0, \quad \operatorname{grad} P = 0) \qquad [4\text{-}26.2]$$

definiert. (Es gibt in der Literatur auch die umgekehrte Vorzeichenfestlegung.) Für manche Zwecke ist es günstig, einen *Thermodiffusionsfaktor* α durch die Gleichung

$$\alpha \equiv \frac{D_T}{D\, x_1 x_2} \qquad [4\text{-}26.3]$$

einzuführen. Bei flüssigen Phasen benutzt man häufig statt D_T oder α den SORET-*Koeffizienten*

$$s \equiv \frac{\alpha}{T} = \frac{D_T}{D T\, x_1 x_2}\,. \qquad [4\text{-}26.4]$$

Gl. [1] geht für grad $P = 0$, grad $T = 0$ in das FICKsche Gesetz [4-17.25] über.

In der Literatur verwendet man noch zwei weitere Größen zur Beschreibung der Thermodiffusion in Gasen bzw. Flüssigkeiten. Es handelt sich um das „Thermodiffusionsverhältnis"

$$k_T \equiv \frac{D_T}{D} = \alpha\, x_1 x_2$$

bzw. um die Größe

$$D' \equiv \frac{D_T}{T\, x_1 x_2} = D\, s\,,$$

[1]) Die Identität [4-3.4] ist erfüllt, wie aus Gl. [1] mit Gl. [4-3.3], [4-3.18] und [4-3.19] folgt.

die ebenfalls als „Thermodiffusionskoeffizient" bezeichnet wird. Wir wollen die Größen k_T und D' hier nicht benutzen.

Wir werden nun Gl. [1] auf bestimmte Bezugssysteme spezialisieren. Dabei benötigen wir folgende Zusammenhänge, die aus Gl. [4-3.6], [4-3.8], [4-3.12], [4-17.24], [4-17.26], [4-17.27] und [4-23.5] resultieren:

$$x_1 + x_2 = 1\,,\quad y_1 + y_2 = 1\,,\quad c_1 V_1 + c_2 V_2 = 1\,, \qquad [4\text{-}26.5]$$

$$x_i = \frac{c_i}{c} = c_i \overline{V}\,,\ \varrho_i = M_i c_i\,,\ y_i = \frac{\varrho_i}{\varrho}\,,\ \frac{\varrho}{c} = \varrho \overline{V} = M_1 x_1 + M_2 x_2\,, \qquad [4\text{-}26.6]$$

$$\operatorname{grad} x_i = \frac{(M_1 x_1 + M_2 x_2)^2}{M_1 M_2} \operatorname{grad} y_i\,, \qquad [4\text{-}26.7]$$

worin y_i der Massenbruch, c_i die molare Volumenkonzentration, V_i das partielle Molvolumen, ϱ_i die Partialdichte, M_i die Molmasse der Teilchenart i und $\overline{V}$ bzw. ϱ das Molvolumen bzw. die Dichte der Mischung ist.

Legen wir das HITTORFsche Bezugssystem zugrunde, so finden wir aus dem Ansatz [1] mit Gl. [6], [4-3.29] und [4-3.30] (vgl. Gl. [4-17.32]):

$${}_1\vec{J}_2 = c_2 (\vec{v}_2 - \vec{v}_1) = -\frac{1}{x_1 \overline{V}} \left(D \operatorname{grad} x_2 + D_P \frac{\operatorname{grad} P}{P} - D_T \frac{\operatorname{grad} T}{T}\right) \qquad [4\text{-}26.8]$$

oder

$$\vec{v}_2 - \vec{v}_1 = -\frac{1}{x_1 x_2} \left(D \operatorname{grad} x_2 + D_P \frac{\operatorname{grad} P}{P} - D_T \frac{\operatorname{grad} T}{T}\right). \qquad [4\text{-}26.9]$$

Hierin bedeutet $\vec{v}_i$ die mittlere Geschwindigkeit der Teilchenart i. In der Gestalt [9] erscheint unser Ansatz in der kinetischen Gastheorie.

Im FICKschen Bezugssystem nimmt Gl. [1] auf Grund von Gl. [5], [6], [4-3.25] und [4-3.27] folgende Gestalt an (vgl. Gl. [4-23.2]):

$$\begin{aligned} {}_w\vec{J}_1 &= c_1 (\vec{v}_1 - \vec{w}) \\ &= -\frac{V_2}{\overline{V}^2} \left(D \operatorname{grad} x_1 - D_P \frac{\operatorname{grad} P}{P} + D_T \frac{\operatorname{grad} T}{T}\right), \qquad [4\text{-}26.10\,\text{a}] \\ {}_w\vec{J}_2 &= c_2 (\vec{v}_2 - \vec{w}) \\ &= -\frac{V_1}{\overline{V}^2} \left(D \operatorname{grad} x_2 + D_P \frac{\operatorname{grad} P}{P} - D_T \frac{\operatorname{grad} T}{T}\right). \qquad [4\text{-}26.10\,\text{b}] \end{aligned}$$

Dabei ist $\vec{w}$ die mittlere Volumengeschwindigkeit.

Geht man vom Teilchenbezugssystem aus, so erhält man aus Gl. [1] mit Hilfe von Gl. [6], [4-3.21] und [4-3.22] (vgl. Gl. [4-23.3]):

$$
{}_u\vec{J}_i = c_i\,(\vec{v}_i - \vec{u}) = -\frac{1}{\overline{V}}\left(D \operatorname{grad} x_i \mp D_P \frac{\operatorname{grad} P}{P} \pm D_T \frac{\operatorname{grad} T}{T}\right) \quad (i = 1, 2), \qquad [4\text{-}26.11]
$$

worin $\vec{u}$ die mittlere molare Geschwindigkeit (mittlere Teilchengeschwindigkeit) darstellt.

Verwendet man schließlich das Schwerpunktssystem, so leitet man aus Gl. [1] mit Gl. [5], [6], [4-3.10] und [4-3.14] ab (vgl. Gl. [4-23.4]):

$$
M_i\,{}_v\vec{J}_i = \vec{J}_i^* = \varrho_i\,(\vec{v}_i - \vec{v}) = -\frac{M_1 M_2 \varrho}{(M_1 x_1 + M_2 x_2)^2} \left(D \operatorname{grad} x_i \mp D_P \frac{\operatorname{grad} P}{P} \pm D_T \frac{\operatorname{grad} T}{T}\right) \quad (i = 1, 2). \qquad [4\text{-}26.12]
$$

Hierin ist $\vec{v}$ die Schwerpunktsgeschwindigkeit.

Führt man gemäß Gl. [4-23.14] bzw. Gl. [3] den dimensionslosen Druckdiffusionsfaktor $\sigma = D_P/(D x_1 x_2)$ bzw. den dimensionslosen Thermodiffusionsfaktor $\alpha = D_T/(D x_1 x_2)$ ein, so ergibt sich aus Gl. [6], [7], [11] und [12]:

$$
{}_u\vec{J}_i = c_i\,(\vec{v}_i - \vec{u}) = -D\,c\left(\operatorname{grad} x_i \mp \sigma\, x_1 x_2 \frac{\operatorname{grad} P}{P} \pm \alpha\, x_1 x_2 \frac{\operatorname{grad} T}{T}\right) \quad (i = 1, 2), \qquad [4\text{-}26.13\text{a}]
$$

$$
\vec{J}_i^* = \varrho_i\,(\vec{v}_i - \vec{v}) = -D\,\varrho\left(\operatorname{grad} y_i \mp \sigma\, y_1 y_2 \frac{\operatorname{grad} P}{P} \pm \alpha\, y_1 y_2 \frac{\operatorname{grad} T}{T}\right) \quad (i = 1, 2). \qquad [4\text{-}26.13\text{b})
$$

Diese beiden Gleichungen sind einander vollkommen analog.

Wie aus unseren Formeln hervorgeht, haben wir die Koeffizienten D_T, α und s so definiert, daß ein positiver Wert dieser Größen folgende Bedeutung hat: Der Transport des Stoffes 1 durch Thermodiffusion erfolgt von der höheren zur tieferen Temperatur, während die Substanz 2 in Richtung des Temperaturgradienten wandert. Wir schließen uns nun der Konvention an, nach der die Teilchenart 1 diejenige mit dem größeren Molekulargewicht sein soll. Dann besagt ein positiver Wert von D_T, α oder s: Die „leichtere Komponente" reichert sich an der „wärmeren Stelle" an.

Wir müssen jetzt noch die übrigen Transportvorgänge, nämlich Wärmeleitung, Druckthermoeffekt und Diffusionsthermoeffekt, behandeln. Das gleichzeitige Auftreten dieser Phänomene beschreiben wir durch eine sinngemäße Erweiterung des Fourierschen Gesetzes [4-24.32]:

$$
\vec{J}_Q = -\lambda_0 \operatorname{grad} T - \zeta \operatorname{grad} P - \beta \operatorname{grad} x_1. \qquad [4\text{-}26.14]
$$

Hierin bedeutet $\vec{J}_Q$ den Wärmestrom und λ_0 die Wärmeleitfähigkeit für homogene Durchmischung. Der erste Term der rechten Seite bezieht sich also auf die Wärmeleitung unter den Bedingungen grad $P = 0$, grad $x_1 = 0$. Das zweite Glied kennzeichnet den Druckthermoeffekt, der dritte Term den Diffusionsthermoeffekt. Demgemäß wird ζ *Druckthermokoeffizient* und β *Diffusionsthermokoeffizient* genannt.

Das obige Beschreibungsschema schließt äußere Kraftfelder wie das Schwerefeld oder Zentrifugalfelder keineswegs aus. Ihr Einfluß würde nämlich, wie wir unten zeigen, nicht explizit in den Formeln erscheinen, sondern sich nur durch das Auftreten von Druckgradienten bemerkbar machen. Wir setzen aber auch nicht voraus, daß lokales mechanisches Gleichgewicht – wie bei der Betrachtung der Sedimentation (§ 4.20) – herrscht; infolgedessen entfallen die Bedingungen für „schleichende Bewegungen". Wir können also, wie bei der Behandlung der Druckdiffusion (§ 4.23), ein „von außen aufgezwungenes Druckgefälle" zulassen. Umgekehrt aber müssen wir, wenn wir im folgenden den Spezialfall grad $P = 0$ betrachten, konsequenterweise äußere Kraftfelder sowie innere Reibung ausschließen, so daß dann ein fluides Medium vorliegt, auf das wir die Formeln der Abschnitte b) bis f) in § 4.24 anwenden dürfen.

Die obigen Formeln bleiben auch gültig, wenn man chemische Reaktionen zuläßt. Infolge der Voraussetzung zweier ungeladener Teilchenarten kann allerdings nur eine einzige Reaktion ablaufen: eine Umwandlungs- oder Dissoziationsreaktion oder dgl. (vgl. § 4.28).

Für grad $P = 0$ und Konvektionsfreiheit gilt nach dem zuletzt Gesagten die allgemeine Wärmeleitungsgleichung [4-24.48] mit $N = 2$, $R = 1$. Außerdem haben wir auf Grund von Gl. [4-3.28] und [4-24.45]:

$$V_1\, {}_w\vec{J}_1 + V_2\, {}_w\vec{J}_2 = 0\,,$$

$$c_1\,(\text{grad}\, H_1)_{T,P} + c_2\,(\text{grad}\, H_2)_{T,P} = 0\,,$$

wobei H_i die partielle molare Enthalpie des Stoffes i bedeutet. Daraus leiten wir mit Hilfe von Gl. [5] ab:

$$\sum_{k=1}^{2} {}_w\vec{J}_k\,[C_{Pk}\,\text{grad}\, T + (\text{grad}\, H_k)_{T,P}]$$
$$= {}_w\vec{J}_1\left(C_{P1} - \frac{V_1}{V_2}\, C_{P2}\right)\text{grad}\, T + {}_w\vec{J}_1\,\frac{1}{c_2\, V_2}\,(\text{grad}\, H_1)_{T,P}\,. \quad [4\text{-}26.15]$$

Hierin ist C_{Pi} die partielle Molwärme (für konstanten Druck) der Substanz i. Setzen wir Gl. [10a] und [14] – jeweils unter der Bedingung grad $P = 0$ – sowie Gl. [15] in Gl. [4-24.48] ein und streichen die erfahrungsgemäß sehr kleinen Terme mit grad $x_1 \cdot$ grad T und $(\text{grad}\, T)^2$ sowie das auf die chemische Reaktion bezügliche Glied, so erhalten wir bei Beachtung von Gl. [6]:

$$\frac{\overline{C}_P}{\overline{V}} \frac{\partial T}{\partial t} = \operatorname{div} (\lambda_0 \operatorname{grad} T) + \operatorname{div} (\beta \operatorname{grad} x_1) + \frac{1}{x_2 \overline{V}} \left(\frac{\partial H_1}{\partial x_1} \right)_{T,P} D (\operatorname{grad} x_1)^2 . \qquad [4\text{-}26.16]$$

Dabei bedeutet $\overline{C}_P$ die Molwärme (für konstanten Druck) der Mischung und t die Zeit. Bei homogener Durchmischung ($\operatorname{grad} x_1 = 0$) geht Gl. [16] in die gewöhnliche Wärmeleitungsgleichung [4-24.50a] über, mit deren Hilfe man die Wärmeleitfähigkeit λ_0 bestimmen kann. Da auch der Diffusionskoeffizient D unabhängig meßbar ist, ermöglicht Gl. [16] die experimentelle Ermittlung des Diffusionsthermokoeffizienten β. Derartige Messungen sind von WALDMANN[1]) bei Gasen durchgeführt worden[2]).

Für $\operatorname{grad} P = 0$ finden wir weiterhin aus Gl. [5], [8] und [14]:

$$\vec{J}_Q = {}^*Q_2 \, {}_1\vec{J}_2 - \lambda_\infty \operatorname{grad} T \ (\operatorname{grad} P = 0) \qquad [4\text{-}26.17]$$

mit

$$^*Q_2 \equiv - \frac{\beta}{D} x_1 \overline{V} , \qquad [4\text{-}26.18]$$

$$\lambda_\infty \equiv \lambda_0 - \frac{\beta D_T}{D T} . \qquad [4\text{-}26.19]$$

Da Gl. [17] für $\operatorname{grad} T = 0$ in die Beziehung

$$\vec{J}_Q = {}^*Q_2 \, {}_1\vec{J}_2 \ (\operatorname{grad} P = 0, \ \operatorname{grad} T = 0)$$

übergeht, stellt $^*Q_2$ die Überführungswärme des Stoffes 2 (im HITTORFschen Bezugssystem) dar. Daß die Definition [18] mit der ursprünglich (S. 361) gegebenen Festlegung des Begriffes „Überführungswärme" identisch ist, geht aus der thermodynamisch-phänomenologischen Beschreibung hervor (vgl. Gl. [4-24.36a]).

Wir betrachten nun den stationären Zustand. Konvektion und chemische Reaktionen schließen wir aus. Dann gilt nach Gl. [4-4.26]:

$$\vec{J}_i = 0 \ (i = 1, 2) . \qquad [4\text{-}26.20]$$

---

[1]) L. WALDMANN, Z. Physik **121**, 501 (1943); **124**, 2, 30, 175 (1948); Z. Naturforschung **4a**, 105 (1949). Zur Entdeckungsgeschichte vgl. K. CLUSIUS, Helv. Phys. Acta **22**, 135 (1949). Zur Auswertung vgl. auch R. HAASE, Z. physik. Chem. **196**, 219 (1950).

[2]) Der letzte Term in Gl. [16] verschwindet bei idealen Gasgemischen, weil hier $\partial H_1/\partial x_1 = 0$ ist (Mischungswärme verschwindet). Daher wird dieser Term, der nur bei realen Gasgemischen eine Rolle spielt, als „Mischungswärmeglied" bezeichnet.

Aus Gl. [1], [5] und [20] folgt mit grad $P = 0$:

$$\operatorname{grad} x_1 = -\operatorname{grad} x_2 = -\frac{D_T}{DT} \operatorname{grad} T \text{ (grad } P = 0\text{, stationärer Zustand)} \qquad [4\text{-}26.21]$$

oder mit Gl. [4]:

$$\frac{1}{x_1 x_2} \operatorname{grad} x_2 = \frac{\alpha}{T} \operatorname{grad} T = s \operatorname{grad} T \text{ (grad } P = 0\text{, stationärer Zustand)}. \qquad [4\text{-}26.22]$$

Ein solcher stationärer Zustand kommt durch das Gegeneinanderwirken von Diffusion und Thermodiffusion zustande. Seine experimentelle Verifizierung ist das direkteste Verfahren zur Messung des Thermodiffusionsfaktors α oder des Soret-Koeffizienten s. Der Thermodiffusionskoeffizient D_T ist hieraus ebenfalls ermittelbar, falls der Diffusionskoeffizient D bekannt ist. Die Methode wird sowohl auf Gase als auch auf Flüssigkeiten angewandt[1]).

Aus Gl. [17] und [20] ergibt sich:

$$\vec{J}_Q = -\lambda_\infty \operatorname{grad} T \text{ (grad } P = 0\text{, stationärer Zustand)}.$$

Dies ist das Fouriersche Gesetz in der Form [4-24.34]. Also bedeutet λ_∞ die Wärmeleitfähigkeit für den stationären Zustand.

b) *Thermodynamisch-phänomenologische Beschreibung.* Da wir die Möglichkeit eines von außen aufgezwungenen Druckgefälles in Betracht ziehen (vgl. oben), müssen wir bei der thermodynamisch-phänomenologischen Beschreibung der geschilderten Effekte von den Ansätzen [4-24.1] und [4-24.4] ausgehen. Für Gemische aus zwei ungeladenen Teilchenarten ($N = 2$, $z_i = 0$) ergibt sich aus Gl. [4-24.1], [4-24.3] und [4-24.4] mit $\alpha_{22} \equiv A$, $\alpha_{2Q} \equiv B, \alpha_{Q2} \equiv B', \alpha_{QQ} \equiv C$:

$$\vec{J}_2^* = A\,(\vec{X}_2^* - \vec{X}_1^*) - B\,\frac{\operatorname{grad} T}{T}, \qquad [4\text{-}26.23]$$

$$\vec{J}_Q = B'\,(\vec{X}_2^* - \vec{X}_1^*) - C\,\frac{\operatorname{grad} T}{T}. \qquad [4\text{-}26.24]$$

Darin sind A, B, B' und C die phänomenologischen Koeffizienten. Auf Grund von Gl. [6], [4-20.18], [4-24.2] und [4-24.6] gilt:

$$\vec{X}_2^* - \vec{X}_1^* = \left(\frac{V_1}{M_1} - \frac{V_2}{M_2}\right) \operatorname{grad} P - \frac{M_1 x_1 + M_2 x_2}{M_1 M_2 x_1} \left(\frac{\partial \mu_2}{\partial x_2}\right)_{T,P} \operatorname{grad} x_2, \qquad [4\text{-}26.25]$$

$$B = B', \qquad [4\text{-}26.26]$$

[1]) Vgl. K. E. Grew und T. L. Ibbs, Thermal Diffusion in Gases (Cambridge 1952) sowie H. J. V. Tyrrell, Diffusion and Heat Flow in Liquids (London 1961).

worin μ_2 das chemische Potential der Teilchenart 2 bedeutet. Hierbei darf auch ein Schwere- oder Zentrifugalfeld zugelassen werden, da nach Gl. [4-24.2] der betreffende Term in Gl. [25] herausfällt. Gl. [26] ist Ausdruck des ONSAGERschen Reziprozitätssatzes[1]).

Die Thermodynamik der irreversiblen Prozesse sagt also aus: Alle betrachteten Transportvorgänge werden durch drei unabhängige Koeffizienten (z. B. A, B und C) beschrieben. Da wir bei der empirischen Behandlung der Effekte sechs (prinzipiell meßbare) Transportgrößen (D, D_P, D_T, λ_0, ζ, β) eingeführt haben, muß es drei unabhängige Zusammenhänge zwischen diesen Größen geben.

Vergleichen wir die Koeffizienten in Gl. [12] und [23] bzw. in Gl. [14] und [24], so finden wir bei Berücksichtigung von Gl. [5], [6] und [25]:

$$D = A \frac{\varrho^2 \overline{V}^3}{M_1^2 M_2^2 x_1} \left(\frac{\partial \mu_2}{\partial x_2}\right)_{T,P}, \qquad [4\text{-}26.27]$$

$$D_P = A \frac{\varrho \overline{V}^2 P}{M_1 M_2} \left(\frac{V_2}{M_2} - \frac{V_1}{M_1}\right), \qquad [4\text{-}26.28]$$

$$D_T = -B \frac{\varrho \overline{V}^2}{M_1 M_2}, \qquad [4\text{-}26.29]$$

$$\lambda_0 = \frac{C}{T}, \qquad [4\text{-}26.30]$$

$$\zeta = B' \left(\frac{V_2}{M_2} - \frac{V_1}{M_1}\right), \qquad [4\text{-}26.31]$$

$$\beta = -B' \frac{\varrho \overline{V}}{M_1 M_2 x_1} \left(\frac{\partial \mu_2}{\partial x_2}\right)_{T,P}. \qquad [4\text{-}26.32]$$

Dabei ist zu beachten, daß sowohl die phänomenologischen Koeffizienten (A, B, B', C) als auch die meßbaren Transportgrößen (D, D_P, D_T, λ_0, ζ, β) zunächst beliebige Funktionen der lokalen Zustandsvariablen (Temperatur, Druck, Konzentration) sein können.

Aus Gl. [27] und [28] folgt unmittelbar die Beziehung zwischen dem Druckdiffusionskoeffizienten D_P und dem Diffusionskoeffizienten D, wie sie uns schon aus Gl. [4-23.9] bekannt ist. Beachten wir Gl. [4-23.13] und Gl. [6], so erhalten wir:

$$D_P = DP \left(V_2 - \frac{M_2}{\varrho}\right) \frac{1}{(\partial \mu_2 / \partial x_2)_{T,P}}. \qquad [4\text{-}26.33]$$

Kombination von Gl. [31] mit Gl. [32] ergibt die Verknüpfung des Druckthermokoeffizienten ζ mit dem Diffusionsthermokoeffizienten β, die sich auf

[1]) Die thermodynamisch-phänomenologische Behandlung der Thermodiffusion im obigen Sinne findet sich prinzipiell zuerst bei J. MEIXNER, Ann. Physik [5] **39**, 333 (1941).

Grund von Gl. [4-23.13], [6] und [33] in folgender Form schreiben läßt[1]):

$$\zeta = -\frac{\beta\, D_P}{DP}\,. \qquad [4\text{-}26.34]$$

Die Beziehungen [33] und [34] wurden *ohne* den ONSAGERschen Reziprozitätssatz gewonnen.

Aus Gl. [3], [29] und [32] resultiert *mit* Berücksichtigung der ONSAGERschen Beziehung [26] der Zusammenhang zwischen dem Diffusionsthermokoeffizienten β und dem Thermodiffusionskoeffizienten D_T bzw. Thermodiffusionsfaktor α:

$$\beta = D_T \frac{1}{x_1 \overline{V}} \left(\frac{\partial \mu_2}{\partial x_2}\right)_{T,P} = D\,\alpha \frac{x_2}{\overline{V}} \left(\frac{\partial \mu_2}{\partial x_2}\right)_{T,P}. \qquad [4\text{-}26.35]$$

Diese allgemeine Gleichung[1])[2]) reduziert sich für ideale Gasgemische mit Gl. [4-23.10] auf den Ausdruck

$$\beta = \frac{D_T\, P}{x_1\, x_2} = D\,\alpha\, P, \qquad [4\text{-}26.36]$$

der bereits von MEIXNER[3]) abgeleitet wurde, nachdem zuvor die kinetische Gastheorie denselben Zusammenhang, allerdings nur für einatomige ideale Gase, ergeben hatte. Gl. [36] ist durch die Experimente von WALDMANN (s. oben) bestätigt worden. Man kann mit Hilfe von Gl. [35] generell den Thermodiffusionskoeffizienten D_T oder Thermodiffusionsfaktor α aus Messungen des Diffusionsthermoeffektes ermitteln.

Die Gleichungen [33], [34] und [35] stellen die gesuchten drei unabhängigen Beziehungen zwischen den sechs meßbaren Transportkoeffizienten dar. Man erkennt auch aus Gl. [33] bis [35], daß, Existenz von Diffusion und Thermodiffusion vorausgesetzt, die Druckdiffusion, der Diffusionsthermoeffekt und der Druckthermoeffekt auftreten *müssen*.

Aus Gl. [4], [18] und [35] folgt für die Überführungswärme $^*Q_2$:

$$-\frac{^*Q_2}{(\partial \mu_2/\partial x_2)_{T,P}} = \frac{D_T}{D} = \alpha\, x_1\, x_2 = s\, T\, x_1\, x_2. \qquad [4\text{-}26.37]$$

Einsetzen von Gl. [37] in Gl. [21] oder [22] liefert die Beziehung:

$$\left(\frac{\partial \mu_2}{\partial x_2}\right)_{T,P} \operatorname{grad} x_2 = (\operatorname{grad} \mu_2)_{T,P} = -\frac{^*Q_2}{T} \operatorname{grad} T \;(\operatorname{grad} P = 0, \text{stationärer Zustand}), \qquad [4\text{-}26.38]$$

in Übereinstimmung mit Gl. [4-24.25].

---

[1]) R. HAASE, Z. Elektrochem. **54,** 450 (1950).
[2]) R. HAASE, Z. Physik **127,** 1 (1950).
[3]) J. MEIXNER, Ann. Physik (5) **43,** 244 (1943).

Aus Gl. [19], [35] und [37] erhalten wir für den Zusammenhang zwischen den beiden Wärmeleitfähigkeiten[1]):

$$\lambda_0 - \lambda_\infty = \frac{D_T{}^2}{D}\,\frac{1}{T\,\overline{V}\,x_1}\left(\frac{\partial \mu_2}{\partial x_2}\right)_{T,P} = \frac{D\alpha^2\,x_1\,x_2{}^2}{T\,\overline{V}}\left(\frac{\partial \mu_2}{\partial x_2}\right)_{T,P}$$

$$= \frac{Ds^2\,T\,x_1\,x_2{}^2}{\overline{V}}\left(\frac{\partial \mu_2}{\partial x_2}\right)_{T,P} = \frac{D\,{}^*Q_2{}^2}{T\,\overline{V}\,x_1\,(\partial \mu_2/\partial x_2)_{T,P}}. \qquad [4\text{-}26.39]$$

Der positiv-definite Charakter der lokalen Entropieerzeugung führt gemäß [4-14.6] auf folgende Ungleichungen:

$$A > 0, \quad C > 0, \quad A\,C - B^2 > 0. \qquad [4\text{-}26.40]$$

Setzt man stabile oder metastabile Phasen (bei Ausschluß von kritischen Punkten) voraus, so gilt gemäß Gl. [1-22.34] und [1-22.38]:

$$\left(\frac{\partial \mu_2}{\partial x_2}\right)_{T,P} > 0. \qquad [4\text{-}26.41]$$

Damit ergeben sich bei Beachtung von Gl. [27], [29], [30] und [39] die Aussagen[1]):

$$D > 0, \quad \lambda_\infty > 0, \quad \lambda_0 > \lambda_\infty, \qquad [4\text{-}26.42]$$

$$D_T{}^2 < \frac{D\lambda_0\,T\,\overline{V}\,x_1}{(\partial \mu_2/\partial x_2)_{T,P}}. \qquad [4\text{-}26.43]$$

Die Beziehungen [42] sind uns schon bekannt. Die Ungleichung [43] läßt das Vorzeichen von D_T offen, legt aber eine obere Grenze für den Betrag dieser Größe fest. Sie stellt die Verallgemeinerung einer von MEIXNER[2]) angegebenen Ungleichung dar[3]).

c) *Meßwerte des Thermodiffusionsfaktors für Gase.* Zur Charakterisierung der Thermodiffusion in binären Gasgemischen benutzt man in der modernen Literatur fast ausschließlich den Thermodiffusionsfaktor α. Diese Größe ist dimensionslos und weniger konzentrationsabhängig als der Thermodiffusionskoeffizient D_T.

Man findet empirisch, daß α eine Funktion der Temperatur, des Druckes und der Konzentration ist und – selbst bei demselben System – sowohl positiv als auch negativ sein kann. (Wir erinnern daran, daß die Aussage $\alpha > 0$ Anreicherung der leichteren Komponente im wärmeren Gebiet bedeutet.)

Die kinetische Gastheorie, die für die Thermodiffusion insbesondere von CHAPMAN und ENSKOG entwickelt wurde, gestattet lediglich für ideale Gas-

---

[1]) R. HAASE, Z. Physik **127**, 1 (1950); Z. Elektrochem. **54**, 450 (1950).

[2]) J. MEIXNER, Ann. Physik [5] **43**, 244 (1943).

[3]) Über Vereinfachungen der Formeln [35], [39] und [43] bei der Anwendung auf ideale flüssige Mischungen, ideal verdünnte Lösungen und ideale Gasgemische findet sich Näheres bei R. HAASE, Z. Elektrochem. **62**, 1043 (1958).

gemische – und auch hier nur unter bestimmten Voraussetzungen – eine Berechnung von α aus molekularen Daten. Daher beziehen sich die älteren Messungen hauptsächlich auf niedrige Drucke.

In neuerer Zeit interessiert man sich in wachsendem Maße für reale Gasgemische und für das kritische Verdampfungsgebiet. In diesem Zusammenhang kennzeichnet man die Thermodiffusion in idealen Gasgemischen durch den Grenzwert

$$\lim_{P \to 0} \alpha \equiv \alpha_0, \tag{4-26.44}$$

der nur noch von der Temperatur und von der Konzentration abhängt.

In § 4.23 hatten wir gezeigt, daß aus der generellen Verknüpfung zwischen Druckdiffusion und Diffusion eine Beziehung (Gl. [4-23.18]) abgeleitet werden kann, die den Druckdiffusionsfaktor σ bei beliebigem Druck aus dem Grenzwert σ_0 (gültig für $P \to 0$) zu berechnen erlaubt, falls die Zustandsgleichung des Gasgemisches bekannt ist. Die Thermodynamik der irreversiblen Prozesse liefert zwar keinen analogen Zusammenhang für den Thermodiffusionsfaktor, weil eine allgemeine Verknüpfung zwischen Thermodiffusion und Diffusion nicht existiert; man kann aber versuchen, durch Analogieschlüsse eine Beziehung zwischen α und α_0 zu gewinnen.

Die Betrachtung von Gl. [4-23.18] legt einen solchen Analogieschluß nahe. Zunächst wird man die dimensionslose Größe σ bzw. σ_0 durch die dimensionslose Größe α bzw. α_0 ersetzen. Sodann wird man sich daran erinnern, daß in der klassischen Thermodynamik die partielle molare Enthalpie H_i für die Temperaturabhängigkeit eines Effektes eine ähnliche Rolle spielt wie das partielle Molvolumen V_i für die Druckabhängigkeit. Man wird dementsprechend an die Stelle von $P(V_i - V_{0i})$ den dimensionsgleichen Ausdruck $H_i - H_{0i}$ setzen, wobei

$$H_{0i} \equiv \lim_{P \to 0} H_i \tag{4-26.45}$$

der Grenzwert der partiellen molaren Enthalpie des Stoffes i ($i = 1, 2$) für verschwindenden Druck und damit gleichzeitig die molare Enthalpie des reinen idealen Gases i bei der vorgegebenen Temperatur ist. Man erhält so folgenden Analogieansatz[1]):

$$\alpha = \frac{\alpha_0 (M_1 x_1 + M_2 x_2) RT + M_1 (H_2 - H_{02}) - M_2 (H_1 - H_{01})}{(M_1 x_1 + M_2 x_2)\, x_2\, (\partial \mu_2 / \partial x_2)_{T,P}}. \tag{4-26.46}$$

Hierin bedeutet R die Gaskonstante.

[1]) R. Haase, Z. Physik **127**, 1 (1950); Z. physik. Chem. **196**, 219 (1950). Die Argumentation wird besonders plausibel, wenn man den zweiten und dritten Term der Klammer in Gl. [13a] mit Gl. [1-12.8] und [1-12.12] folgendermaßen schreibt:

$$\mp T x_1 x_2 \left[\frac{\sigma}{P V_i}\left(\operatorname{grad}\frac{\mu_i}{T}\right)_{T,x_i} + \frac{a}{H_i}\left(\operatorname{grad}\frac{\mu_i}{T}\right)_{P,x_i}\right].$$

Wenn der Grenzwert α_0 in Abhängigkeit von Temperatur und Zusammensetzung bekannt ist (aus der kinetischen Theorie oder aus der Extrapolation von Meßdaten), liefert Gl. [46] den Thermodiffusionsfaktor α für jeden beliebigen Druck, falls man die Zustandsgleichung des Gasgemisches kennt, mit deren Hilfe die Größen $H_i - H_{0i}$ und $(\partial\mu_2/\partial x_2)_{T,P}$ auswertbar sind. Man kann also die Funktion $\alpha\ (x_2, T, P)$ aus der Funktion $\alpha_0\ (x_2, T)$ ohne freie Parameter gewinnen.

Die Abbildungen 17, 18 und 19 zeigen, daß der Ansatz [46] alle wesentlichen Züge der Druckabhängigkeit des Thermodiffusionsfaktors bei binären Gasmischungen richtig wiedergibt, wobei in manchen Fällen sogar fast quantita-

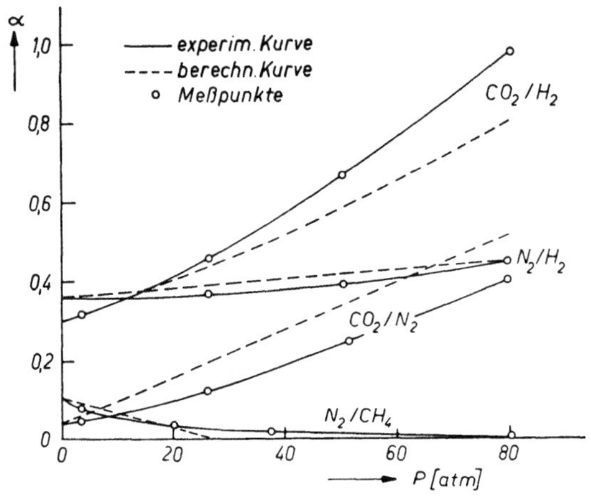

Abb. 17. Thermodiffusionsfaktor α in Abhängigkeit vom Druck P für etwa äquimolare Gasgemische bei rund 360° K nach HAASE[1])

tive Übereinstimmung erzielt wird. Die Meßpunkte stammen von BECKER[2]). Den berechneten Kurven liegt die verkürzte BEATTIE-BRIDGEMANsche Zustandsgleichung (mit drei Parametern) zugrunde.

RUTHERFORD und ROOF[3]) haben die Thermodiffusion im System n-Butan-Methan experimentell untersucht, wobei sie sich vom flüssigen Zustandsgebiet her der kritischen Verdampfungskurve näherten. Dabei hat sich gezeigt, daß der Thermodiffusionsfaktor α an kritischen Punkten unendlich wird. Dieses Resultat ist ebenfalls in Gl. [46] enthalten; denn gemäß

---

[1]) R. HAASE, Z. physik. Chem. **196,** 219 (1950).

[2]) E. W. BECKER, Z. Naturforschg. **5a,** 457 (1950); J. Chem. Physics **19,** 131 (1951).

[3]) W. M. RUTHERFORD und J. G. ROOF, J. Physic. Chem. **63,** 1506 (1959).

Gl. [1-22.41] gilt die Beziehung

$$\left(\frac{\partial \mu_2}{\partial x_2}\right)_{T,P} = 0 \text{ (kritischer Punkt)} \qquad [4\text{-}26.47]$$

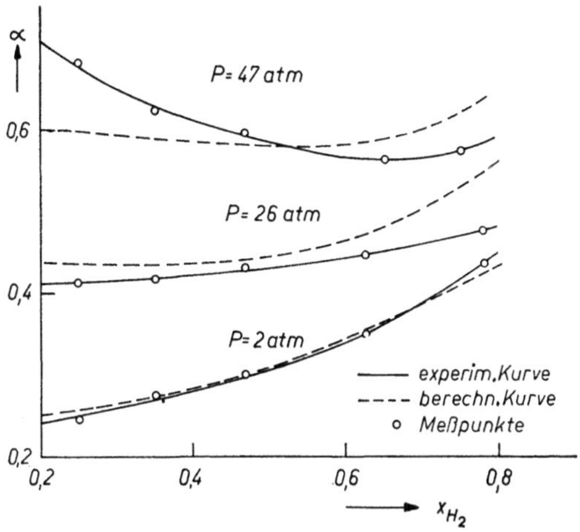

Abb. 18. Thermodiffusionsfaktor α als Funktion des Molenbruches x_{H_2} des Wasserstoffes für das Gasgemisch CO_2—H_2 bei rund 360 °K nach HAASE[1])

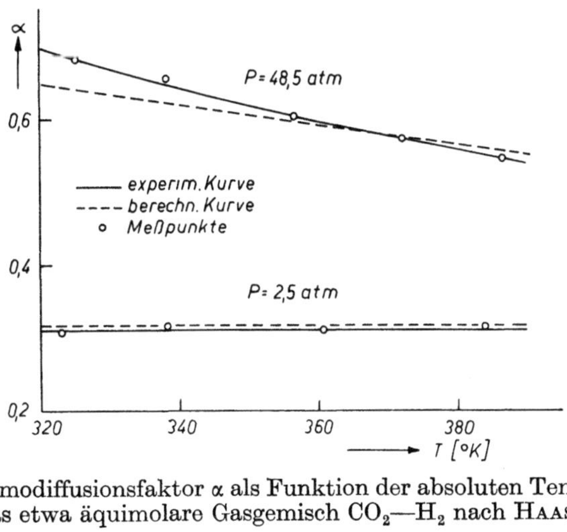

Abb. 19. Thermodiffusionsfaktor α als Funktion der absoluten Temperatur T für das etwa äquimolare Gasgemisch CO_2—H_2 nach HAASE[1])

für jedes Zweistoffsystem. Darüber hinaus kann man für das genannte binäre System die Größe α_0 aus einem kinetischen Ansatz von CHAPMAN und COWLING, die thermodynamischen Funktionen aus der Zustandsgleichung

[1]) R. HAASE, Z. physik. Chem. **196**, 219 (1950).

von BENEDICT, WEBB und RUBIN ermitteln und hiermit Gl. [46] prüfen. Dabei resultiert eine sehr befriedigende Übereinstimmung zwischen den gemessenen und den nach Gl. [46] berechneten Werten des Thermodiffusionsfaktors[1]). Dieses Ergebnis ist bemerkenswert, weil damit die Brauchbarkeit von Gl. [46] sogar für den flüssigen Zustand erwiesen ist.

Aus Gl. [37] und [46] folgt, daß die Überführungswärme $^*Q_2$ auch an kritischen Verdampfungspunkten endlich und von Null verschieden ist. Legt man die letzte Aussage – ohne Bezugsnahme auf Gl. [46] – als These zugrunde, so muß nach Gl. [37] und [47] wiederum α unendlich werden.

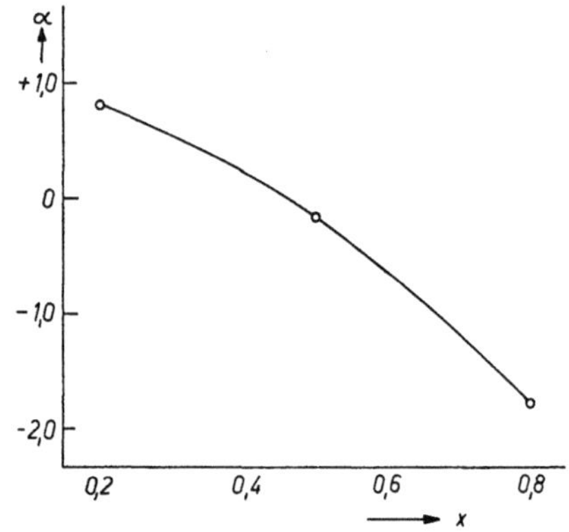

Abb. 20. Thermodiffusionsfaktor α für das flüssige Gemisch Benzol-Methanol bei 40° C in Abhängigkeit vom Molenbruch x des Benzols nach TICHACEK, KMAK und DRICKAMER[2])

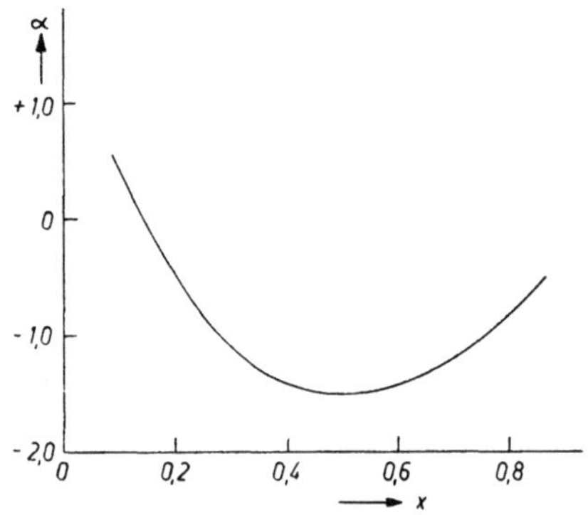

Abb. 21. Thermodiffusionsfaktor α für das flüssige Gemisch Äthanol-Wasser bei 25° C in Abhängigkeit vom Molenbruch x des Äthanols nach TICHACEK, KMAK und DRICKAMER[2])

[1]) W. M. RUTHERFORD, persönliche Mitteilung.

[2]) L. J. TICHACEK, W. S. KMAK und H. G. DRICKAMER, J. Physic. Chem. **60**, 660 (1956).

d) *Meßwerte des Thermodiffusionsfaktors für Flüssigkeiten.* Bei binären Nichtelektrolytlösungen verwendet man zur Beschreibung der Thermodiffusion entweder – wie bei Gasen – den Thermodiffusionsfaktor α oder – wie bei Elektrolytlösungen (§ 4.27) – den SORET-Koeffizienten $s = \alpha/T$. Der Einheitlichkeit halber benutzen wir hier die Größe α (und D_T in Abb. 23 aus besonderem Anlaß).

Der Thermodiffusionsfaktor α hängt auch bei Flüssigkeiten von der Temperatur, dem Druck und der Zusammensetzung ab. Falls man Untersuchungen im kritischen Verdampfungsgebiet (s. oben) ausschließt, kann man die Druckabhängigkeit vernachlässigen.

In Abb. 20 und 21 bringen wir zwei Beispiele für gemessene Werte des Thermodiffusionsfaktors α bei binären Nichtelektrolytmischungen[1] [2] [3] [4] [5]. In beiden Fällen wechselt α für gegebene Temperatur bei einer bestimmten Konzentration das Vorzeichen ($\alpha > 0$ bedeutet wieder Anreicherung der leichteren, also der zuletzt genannten Komponente im wärmeren Gebiet).

Aus Abb. 22 erkennt man, daß α bei Annäherung an einen kritischen Entmischungspunkt sehr rasch anwächst. Wir schließen hieraus:

$$\alpha \to \infty \text{ (kritischer Punkt)}, \qquad [4\text{-}26.48]$$

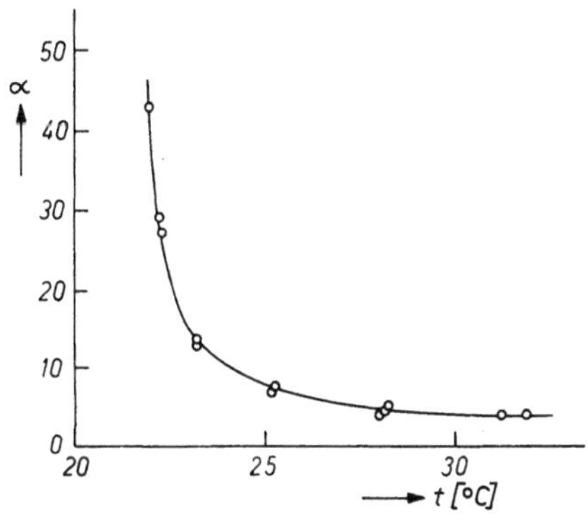

Abb. 22. Thermodiffusionsfaktor α als Funktion der Celsius-Temperatur t für das äquimolare flüssige Gemisch Nitrobenzol-n-Hexan nach THOMAES[6]). Der kritische Entmischungspunkt liegt bei 19,9 ± 0,1 °C und entspricht etwa der äquimolaren Mischung.

---

[1]) I. PRIGOGINE, L. DE BROUCKÈRE und R. AMAND, Physica **16**, 577, 851 (1950); I. PRIGOGINE, L. DE BROUCKÈRE und R. BUESS, Physica **18**, 915 (1952).

[2]) G. THOMAES, Physica **17**, 885 (1951); J. Chem. Physics **25**, 32 (1956).

[3]) L. J. TICHACEK, W. S. KMAK und H. G. DRICKAMER, J. Physic. Chem. **60**, 660 (1956); L. J. TICHACEK und H. G. DRICKAMER, ibid. **60**, 820 (1956).

[4]) F. H. HORNE und R. J. BEARMAN, J. Chem. Physics **37**, 2842, 2857 (1962).

[5]) Eine neuere Zusammenfassung findet sich bei H. J.V. TYRRELL, Diffusion and Heat Flow in Liquids (London 1961).

[6]) G. THOMAES, J. Chem. Physics **25**, 32 (1956).

in Übereinstimmung mit den obigen Ausführungen über kritische Verdampfungspunkte. Nimmt man wieder an, daß die Überführungswärme $^*Q_2$ am kritischen Punkt nicht verschwindet[1]), so folgt aus Gl. [37] und [47] unmittelbar die Aussage [48].

In § 4.17 hatten wir für den Diffusionskoeffizienten D gefunden (vgl. Gl. [4-17.45] und Abb. 11, S. 309):

$$D = 0 \text{ (kritischer Punkt)}. \qquad [4\text{-}26.49]$$

Der Thermodiffusionskoeffizient (s. Gl. [3])

$$D_T = D\,\alpha\, x_1\, x_2$$

ist also zunächst am kritischen Punkt unbestimmt. Kombinieren wir aber für das untersuchte äquimolare Gemisch Nitrobenzol-n-Hexan die Meßwerte von D (Abb. 11) mit denen von α (Abb. 22), so erhalten wir für D_T bzw. $1/D_T$ als Funktion der Temperatur eine Kurve (Abb. 23), aus der hervorgeht:

$$D_T \to \infty \text{ (kritischer Punkt)}. \qquad [4\text{-}26.50]$$

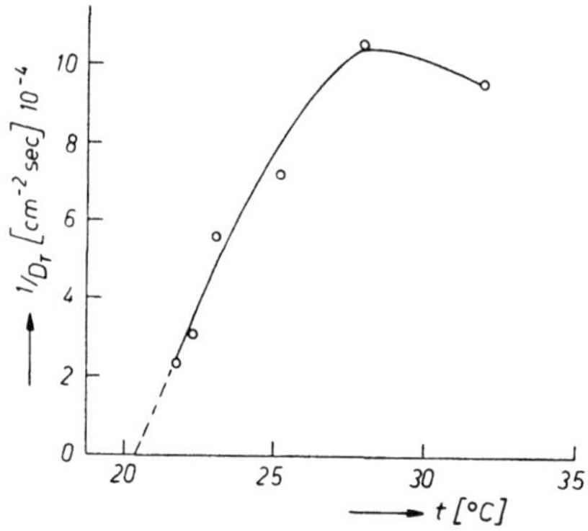

Abb. 23. Reziproker Wert des Thermodiffusionskoeffizienten D_T als Funktion der Celsius-Temperatur t für das äquimolare flüssige Gemisch Nitrobenzol-n-Hexan (vgl. Abb. 11 und Abb. 22)

§ 4.27. Thermodiffusion in Elektrolytlösungen

a) *Allgemeines.* In einer Elektrolytlösung, in der Konzentrations- und Temperaturgradienten herrschen, müssen wiederum Diffusion, Thermodiffusion, Wärmeleitung und der Diffusionsthermoeffekt (§ 4.26) auftreten.

[1]) Dies wäre an Hand von Gl. [37] nachprüfbar, wenn hinreichend genaue Werte von α und von $\partial\mu_2/\partial x_2$ für die Nähe des kritischen Punktes vorlägen.

Tatsächlich wurde das Phänomen der Thermodiffusion zuerst bei einer Elektrolytlösung entdeckt (LUDWIG 1856).

Wir sehen hier von Druckgradienten und äußeren Kraftfeldern ab. Außerdem setzen wir der Einfachheit halber ein neutrales Lösungsmittel (Komponente 1 = Teilchenart 1) und einen einzigen Elektrolyten (Komponente 2) mit zwei Ionenarten (Kationen = Teilchenart +, Anionen = Teilchenart —, undissoziierte Elektrolytmoleküle = Teilchenart u) voraus.

Wie aus den Betrachtungen in § 4.18 (S. 314) hervorgeht, haben wir im vorliegenden Falle infolge der Elektroneutralität und des sich überall rasch einstellenden Dissoziationsgleichgewichtes lediglich zwei unabhängig wandernde Stoffe und demgemäß nur einen unabhängigen Konzentrationsgradienten bzw. Diffusionsstrom. Wir können also den gesamten Formalismus der empirischen Beschreibung der Effekte aus § 4.26 (Abschnitt a) übernehmen. Nur die Formulierung der Bedingungen für den stationären Zustand bedarf einer besonderen Untersuchung, da jetzt die Dissoziationsreaktion berücksichtigt werden muß.

Gemäß Gl. [4-18.4] sind die Diffusionsströme $\vec{J}_+$, $\vec{J}_-$ und $\vec{J}_u$ der Kationen, Anionen und undissoziierten Elektrolytmoleküle wie folgt mit dem Diffusionsstrom $\vec{J}_2$ des Elektrolyten verknüpft:

$$\vec{J}_+ = \nu_+ \alpha \vec{J}_2, \quad \vec{J}_- = \nu_- \alpha \vec{J}_2, \quad \vec{J}_u = (1 - \alpha) \vec{J}_2, \qquad [4\text{-}27.1]$$

$$\nu \vec{J}_u + \vec{J}_+ + \vec{J}_- = \nu \vec{J}_2. \qquad [4\text{-}27.2]$$

Hierin bedeutet α den Dissoziationsgrad des Elektrolyten, ν_+ bzw. ν_- die Zerfallszahl für die Kationen bzw. Anionen und ν ($= \nu_+ + \nu_-$) deren Summe.

Bei Elektrolytlösungen benutzt man zur Kennzeichnung der Thermodiffusion den SORET-Koeffizienten s. Außerdem verwendet man praktisch nur das HITTORFsche oder FICKsche Bezugssystem und sieht von einer Formulierung der Gesetze für das Lösungsmittel ab. Es genügt also, wenn wir zur Beschreibung von Diffusion und Thermodiffusion Gl. [4-26.4], [4-26.8] und [4-26.10b] heranziehen. Wir finden dann mit grad $P = 0$ (P = Druck):

$${}_1\vec{J}_2 = -\frac{D}{x_1 \overline{\overline{V}}} (\operatorname{grad} x_2 - s\, x_1 x_2 \operatorname{grad} T), \qquad [4\text{-}27.3]$$

$${}_w\vec{J}_2 = -D \frac{V_1}{\overline{\overline{V}}^2} (\operatorname{grad} x_2 - s\, x_1 x_2 \operatorname{grad} T). \qquad [4\text{-}27.4]$$

Dabei ist ${}_1\vec{J}_2$ bzw. ${}_w\vec{J}_2$ der Diffusionsstrom des Elektrolyten im HITTORFschen bzw. FICKschen Bezugssystem, D der Diffusionskoeffizient, $\overline{\overline{V}}$ das Molvolumen, T die absolute Temperatur, V_1 das partielle Molvolumen des Lösungsmittels und x_1 bzw. x_2 der (stöchiometrische) Molenbruch des Lösungsmittels bzw. Elektrolyten.

Die für Elektrolytlösungen gebräuchlichste Konzentrationsvariable ist die Molarität m oder die molare Volumenkonzentration c_2 des Elektrolyten. Wir erhalten aus Gl. [1-19.12], [1-22.20] sowie Gl. [4-17.26] bis [4-17.29]:

$$\frac{1}{x_1 x_2} \operatorname{grad} x_2 = \frac{1}{c_1 c_2 \overline{V}^2} \operatorname{grad} x_2 = \frac{1}{m} \operatorname{grad} m, \qquad [4\text{-}27.5]$$

$$\operatorname{grad} x_2 = \frac{\overline{V}^2}{V_1} (\operatorname{grad} c_2 + c_2 \alpha_T \operatorname{grad} T), \qquad [4\text{-}27.6]$$

worin c_1 die molare Volumenkonzentration des Lösungsmittels und α_T der Ausdehnungskoeffizient der Lösung ist.

Wir leiten aus Gl. [4] bis [6] ab:

$$_w\vec{J}_2 = - D\, c_1 c_2 V_1 \left(\frac{1}{m} \operatorname{grad} m - s \operatorname{grad} T\right) \qquad [4\text{-}27.7]$$

oder

$$_w\vec{J}_2 = - D\, (\operatorname{grad} c_2 + c_2 \alpha_T \operatorname{grad} T - s\, c_1 c_2 V_1 \operatorname{grad} T). \qquad [4\text{-}27.8]$$

Der Term mit α_T in Gl. [8] hat nichts mit Thermodiffusion zu tun; er beschreibt vielmehr den Einfluß der thermischen Ausdehnung, die sich speziell bei Benutzung der Konzentrationsvariablen c_2 explizit bemerkbar macht. Gl. [8] stellt den Ausgangspunkt für die praktische Auswertung von Thermodiffusionsversuchen an Elektrolytlösungen dar[1]).

Bei der thermodynamisch-phänomenologischen Behandlung des Problems können wir uns darauf beschränken zu zeigen, wie der SORET-Koeffizient mit der Überführungswärme des Elektrolyten zusammenhängt. Es ist klar, daß die phänomenologischen Koeffizienten in den Ansätzen [4-24.9] und [4-24.10] mit Größen wie den Ionenbeweglichkeiten (§ 4.16], dem Diffusionskoeffizienten (§ 4.18), der Wärmeleitfähigkeit (§ 4.24) und dem SORET-Koeffizienten in Verbindung gebracht werden können. Doch interessieren diese (sehr komplizierten) Beziehungen für das Folgende nicht.

b) *Stationärer Zustand.* Der stationäre Zustand (ohne Konvektion) wird zunächst durch Gl. [4-4.23] beschrieben. Bei Anwendung auf unseren Fall

---

[1]) Vgl. J. N. AGAR, Trans. Faraday Soc. **56**, 776 (1960).

resultiert folgendes Gleichungssystem[1]):

$$\left.\begin{aligned} \operatorname{div} {}_w\vec{J}_u &= -w, \\ \operatorname{div} {}_w\vec{J}_+ &= \nu_+ w, \\ \operatorname{div} {}_w\vec{J}_- &= \nu_- w, \end{aligned}\right\} \qquad [4\text{-}27.9]$$

wobei ${}_w\vec{J}_i$ der Diffusionsstrom der Teilchenart i im FICKschen Bezugssystem und w die Reaktionsgeschwindigkeit der Dissoziationsreaktion ist. Multipliziert man die erste Gleichung in [9] mit ν und addiert dann die drei Gleichungen, so findet man mit Gl. [2]:

$$\nu \operatorname{div} {}_w\vec{J}_2 = 0. \qquad [4\text{-}27.10]$$

Liegen Konzentrations- und Temperaturgradienten in einer Raumrichtung (eindimensionales Problem) und ist das Versuchsgefäß geschlossen (vgl. S. 250), so folgt aus Gl. [10]:

$${}_w\vec{J}_2 = 0, \qquad [4\text{-}27.11]$$

woraus man wie früher schließt:

$$\vec{J}_2 = 0. \qquad [4\text{-}27.12]$$

Hieraus wiederum ergibt sich mit Gl. [1]:

$$\vec{J}_i = 0 \; (i = +, -, u). \qquad [4\text{-}27.13]$$

Gl. [4-24.22] ist also erfüllt. Damit ist auch Gl. [4-24.24] und speziell Gl. [4-24.31] anwendbar.

Bezeichnet man mit $^*Q_i$ ($i = +, -, u$) bzw. $^*Q_2$ die Überführungswärme (im HITTORFschen Bezugssystem) der Teilchenart i bzw. des Elektrolyten, so erhält man aus Gl. [4-24.30] und [4-24.31]:

$$^*Q_2 = {}^*Q_u = \nu_+ {}^*Q_+ + \nu_- {}^*Q_- \equiv {}^*Q, \qquad [4\text{-}27.14]$$

$$\left(\frac{\partial \mu_2}{\partial m}\right)_{T,P} \operatorname{grad} m = -\frac{^*Q}{T} \operatorname{grad} T. \qquad [4\text{-}27.15]$$

[1]) Obwohl die Bedingung des lokalen Dissoziationsgleichgewichtes formal auf die Beziehung $w = 0$ führt, muss in den obigen Gleichungen $w \neq 0$ gesetzt werden; denn im Sinne der Mengenbilanz kommt der stationäre Zustand dadurch zustande, daß jede Teilchenart, die z. B. durch Diffusion oder Thermodiffusion in das betreffende Volumenelement eintritt, sofort durch die Reaktion wieder weggeschafft wird, so daß die Konzentrationen aller Partikelsorten zeitlich konstant bleiben. Vorgänge bei „währendem chemischen Gleichgewicht" sind eben nur im Hinblick auf thermodynamische Zustandsfunktionen, nicht aber im Zusammenhang mit dem Ablauf wirklicher Prozesse denkbar (vgl. S. 122).

Hierin ist μ_2 das chemische Potential des Elektrolyten. Bei der Ableitung von Gl. [15] haben wir die Methoden der Thermodynamik der irreversiblen Prozesse und insbesondere ONSAGERS Reziprozitätssatz benutzt.

Aus Gl. [7] und [11] finden wir für den stationären Zustand:

$$\frac{1}{m} \operatorname{grad} m = s \operatorname{grad} T. \qquad [4\text{-}27.16]$$

Diese Beziehung wird oft als Definition des SORET-Koeffizienten verwendet.

Vergleich von Gl. [15] mit Gl. [16] führt auf den Zusammenhang zwischen der Überführungswärme $^*Q$ des Elektrolyten und dem SORET-Koeffizienten s:

$$^*Q = -s\, T\, m \left(\frac{\partial \mu_2}{\partial m}\right)_{T,P}. \qquad [4\text{-}27.17]$$

Hieraus folgt mit Gl. [4-19.21]:

$$^*Q = -\nu\, R T^2 \left[1 + \left(\frac{\partial \ln \gamma}{\partial \ln m}\right)_{T,P}\right] s, \qquad [4\text{-}27.18]$$

wobei R die Gaskonstante und γ den konventionellen Aktivitätskoeffizienten bezeichnet. Verfügt man über Meßwerte für s und γ, so kann man nach Gl. [18] $^*Q$ ermitteln. Der Klammerausdruck in Gl. [18] nimmt im Grenzfalle $m \to 0$ den Wert 1 an (vgl. Gl. [4-18.42]).

Die Beziehungen [14], [17] und [18] sind allgemein, d. h. in ihrer Gültigkeit nicht auf den stationären Zustand beschränkt.

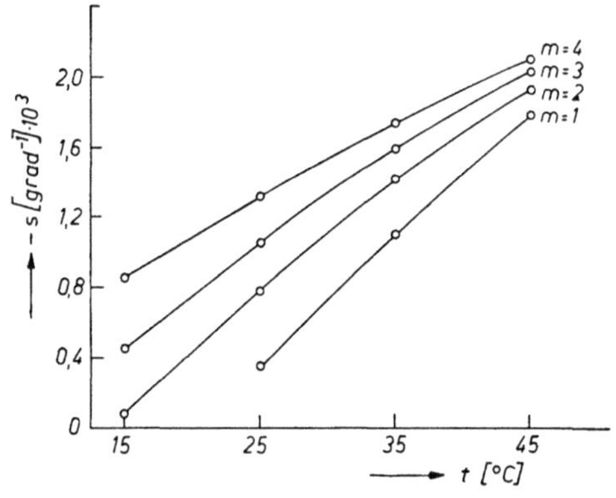

Abb. 24. Soret-Koeffizient s in Abhängigkeit von der Celsius-Temperatur t für wäßrige Lösungen von Kaliumchlorid (m = Molarität in mol kg^{-1}) nach LONGSWORTH[1])

[1]) L. G. LONGSWORTH, J. Physic. Chem. **61**, 1557 (1957).

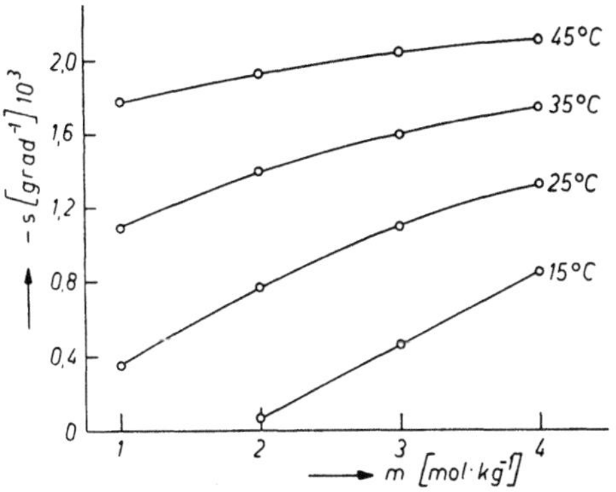

Abb. 25. Soret-Koeffizient s in Abhängigkeit von der Molarität m für wäßrige Lösungen von Kaliumchlorid nach LONGSWORTH[1])

c) *Meßwerte.* Die SORET-Koeffizienten von wäßrigen Elektrolytlösungen[2]) liegen in der Größenordnung von 10^{-3} grad^{-1}. Sie haben meist negatives Vorzeichen. (Dies bedeutet nach Gl. [16] Anreicherung des Elektrolyten im kälteren Gebiet.) Sie sind stark konzentrations- und temperaturabhängig. Typische Beispiele finden sich in Abb. 24 und Abb. 25. (Bei hohen Verdünnungen nimmt allerdings der Betrag von s mit steigender Konzentration ab, vgl. Abb. 26 und Abb. 27.) In einigen Fällen erfolgt Vorzeichenumkehr bei einer bestimmten Konzentration für vorgegebene Temperatur, so beim Kaliumjodid, für das bei kleinen Konzentrationen der SORET-Koeffizient s negativ (die Überführungswärme $^*Q$ also positiv) ist, während bei höheren Konzentrationen s positive Werte ($^*Q$ demnach negative Werte) aufweist (s. Abb. 26).

Die theoretisch interessanteste Größe ist die Überführungswärme $^*Q$, insbesondere im Bereich verdünnter Lösungen, weil nur hier einfache Gesetzmäßigkeiten zu erwarten sind. Diesbezügliche Untersuchungen sind in neuerer Zeit von AGAR und Mitarb.[3])[4])[5])[6]) durchgeführt worden.

---

[1]) L. G. LONGSWORTH, J. Physic. Chem. **61**, 1557 (1957).

[2]) Von den älteren Messungen sind insbesondere diejenigen von TANNER[7]) hervorzuheben. Eine neuere Zusammenstellung und Diskussion von Meßdaten findet sich bei TYRRELL[8]).

[3]) J. N. AGAR und J. C. R. TURNER, Proc. Roy. Soc. (A) **255**, 307 (1960); J. Physic. Chem. **64**, 1000 (1960).

[4]) P. N. SNOWDON und J. C. R. TURNER, Trans. Faraday Soc. **56**, 1409, 1812 (1960).

[5]) N. H. SAGERT und W. G. BRECK, Trans. Faraday Soc. **57**, 436 (1961).

[6]) A. D. PAYTON und J. C. R. TURNER, Trans. Faraday Soc. **58**, 55 (1962).

[7]) C. C. TANNER. Trans. Faraday Soc. **23**, 75 (1927); **49**, 611 (1953).

[8]) H. J. V. TYRRELL, Diffusion and Heat Flow in Liquids (London 1961).

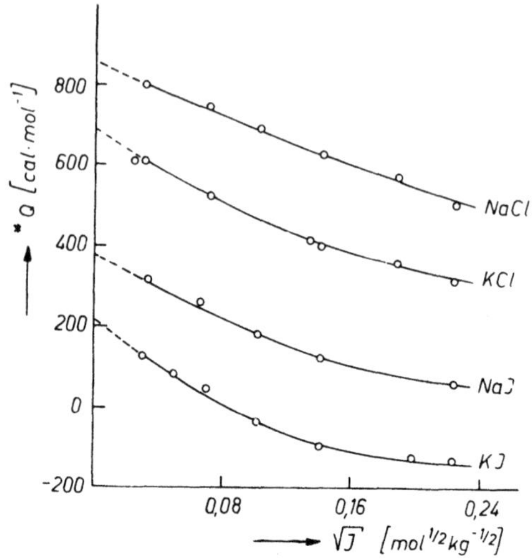

Abb. 26. Überführungswärmen *Q von Alkalihalogeniden in wäßriger Lösung bei 25,3 °C in Abhängigkeit von der Ionenstärke I nach SNOWDON und TURNER[1])

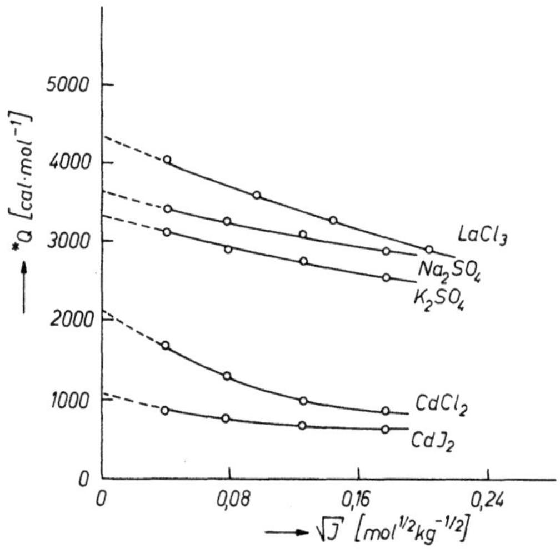

Abb. 27. Überführungswärmen *Q von mehrwertigen Salzen in wäßriger Lösung bei 25,3 °C in Abhängigkeit von der Ionenstärke I nach SNOWDON und TURNER[1])

[1]) P. N. SNOWDON und J. C. R. TURNER, Trans. Faraday Soc. **56**, 1812 (1960).

Aus den Daten in Abb. 26 und Abb. 27 lassen sich folgende Gesetzmäßigkeiten ableiten:

1. Die Grenzwerte für unendliche Verdünnung (s. Gl. [18])

$$\lim_{m\to 0} {}^*Q \equiv {}^*Q^0 = -\nu R T^2 s_0 \quad (s_0 = \lim_{m\to 0} s) \qquad [4\text{-}27.19]$$

sind bei vorgegebenem Lösungsmittel und fester Temperatur additiv in Ionenanteilen. In der Beziehung (s. Gl. [14])

$${}^*Q^0 = \nu_+ {}^*Q_+{}^0 + \nu_- {}^*Q_-{}^0 \qquad [4\text{-}27.20]$$

müssen also die Grenzwerte ${}^*Q_+{}^0$ und ${}^*Q_-{}^0$ der (einzeln nicht meßbaren) Ionenüberführungswärmen unter den genannten Bedingungen individuelle Größen und mithin unabhängig von der Natur des Gegenions sein. Man kann daher ${}^*Q_i{}^0$ für eine willkürlich herausgegriffene Ionenart i (hier: Cl^-) gleich Null setzen und erhält dann bestimmte Zahlenwerte für alle übrigen Ionensorten, aus deren Kombination nach Gl. [20] die Werte für die meßbare Größe ${}^*Q^0$ ablesbar sind (Tab. 14).

2. Bei sehr hoher Verdünnung gilt die Formel

$${}^*Q = \nu_+ {}^*Q_+ + \nu_- {}^*Q_- = {}^*Q^0 + q^0 \sqrt{I}, \qquad [4\text{-}27.21]$$

worin q^0 eine Konstante und

$$I \equiv \frac{1}{2} (z_+{}^2 \nu_+ + z_-{}^2 \nu_-)\, m \qquad [4\text{-}27.22]$$

die „Ionenstärke" des Elektrolyten bedeutet (z_i = elektrochemische Valenz der Ionenart i).

3. Bei verdünnten Lösungen – für ein-einwertige Elektrolyte sogar im gesamten in Abb. 26 dargestellten Konzentrationsgebiet – sind die ${}^*Q$-Werte wieder annähernd additiv in Ionenanteilen, wenn man einen festen Wert der Ionenstärke I betrachtet. Dabei scheint allerdings für mehrwertige Elektrolyte die Additivität – wenn überhaupt – erst bei so niedrigen Konzentrationen gewährleistet zu sein, daß diese jenseits der bisher experimentell zugänglichen Bereiche liegen. Wir können daher mit Gl. [20] und [21] folgenden Ansatz für verdünnte Lösungen machen, der für ein-einwertige Elektrolyte mit guter, für mehrwertige Elektrolyte mit fraglicher Näherung gilt:

$${}^*Q_i = {}^*Q_i{}^0 + q_i{}^0 \sqrt{I} \quad (i = +, -)\,. \qquad [4\text{-}27.23]$$

Dabei ist $q_i{}^0$ – wie ${}^*Q_i{}^0$ – bei gegebenem Lösungsmittel und fester Temperatur eine für das Ion i charakteristische Konstante. Der Vergleich mit Gl. [20]

und [21] ergibt:

$$q^0 = \nu_+ q_+^0 + \nu_- q_-^0. \qquad [4\text{-}27.24]$$

Wir kommen auf diese Gesetzmäßigkeiten in § 4.31 zurück.

Tabelle 14

Konventionelle Werte der Ionenüberführungswärmen bei unendlicher Verdünnung ($^*Q_i^0$) für wäßrige Lösungen bei rund 25° C nach SNOWDON und TURNER[1]) sowie PAYTON und TURNER[2])

Ion i	$^*Q_i^\circ$ cal mol^{-1}
Na^+	850
K^+	690
Mg^{++}	2380
Ba^{++}	2680
Cd^{++}	2100
La^{+++}	4300
Cl^-	(0)
I^-	–470
SO_4^{--}	1920

d) *Thermodiffusionspotential.* In einer (bezüglich der Konzentrationen) homogenen Elektrolytlösung, die sich in einem Temperaturfeld befindet, kommt durch die Ionenwanderung praktisch augenblicklich ein inneres elektrisches Feld zustande. Diesem elektrostatischen Feld entspricht ein elektrisches Potential φ_0, das wir – in Analogie zum Diffusionspotential und Sedimentationspotential – als *Thermodiffusionspotential* (im engeren Sinne) bezeichnen wollen. Nach einiger Zeit entstehen in der Lösung durch den SORET-Effekt auch Konzentrationsgradienten, die zu einem Diffusionspotential führen. Die Summe von Thermodiffusionspotential (im engeren Sinne) und Diffusionspotential wollen wir als „Thermodiffusionspotential im weiteren Sinne" bezeichnen (Symbol: φ_{Th}). Im stationären Zustand nimmt die Größe φ_{Th} den speziellen Wert φ_∞ an.

Aus Gl. [4-24.58] folgt unmittelbar für das Thermodiffusionspotential φ_{Th} im weiteren Sinne, wenn wir wiederum von Druckgradienten und äußeren Kraftfeldern absehen ($\vec{g} = 0$), aber vorläufig noch beliebig viele Teilchenarten (N) zulassen:

$$\mathfrak{F} \operatorname{grad} \varphi_{\mathrm{Th}} = -\sum_{k=2}^{N} \tau_k \left[(\operatorname{grad} \mu_k)_{T,P} + \frac{^*Q_k}{T} \operatorname{grad} T\right]. \qquad [4\text{-}27.25]$$

[1]) P. N. SNOWDON und J. C. R. TURNER. Trans. Faraday Soc. **56**, 1812 (1960).
[2]) A. D. PAYTON und J. C. R. TURNER, Trans. Faraday Soc. **58**, 55 (1962).

Die Partikelsorte 1 ist hierbei das Lösungsmittel. Ferner bedeutet $\mathfrak{F}$ die FARADAYsche Konstante, τ_k bzw. μ_k bzw. $^*Q_k$ die reduzierte Überführungszahl bzw. das chemische Potential bzw. die Überführungswärme der Teilchenart k.

Der Ausdruck für das Thermodiffusionspotential φ_0 im engeren Sinne ergibt sich sofort aus Gl. [25] mit $(\operatorname{grad} \mu_k)_{T,P} = 0$:

$$\mathfrak{F} \operatorname{grad} \varphi_0 = -\sum_{k=2}^{N} \frac{\tau_k \, ^*Q_k}{T} \operatorname{grad} T. \qquad [4\text{-}27.26]$$

Die Beziehung für den stationären Wert φ_∞ des Thermodiffusionspotentials resultiert aus Gl. [4-24.59] mit $\vec{g} = 0$:

$$z_i \mathfrak{F} \operatorname{grad} \varphi_\infty = -(\operatorname{grad} \mu_i)_{T,P} - \frac{^*Q_i}{T} \operatorname{grad} T \;(i = 2, 3, \ldots N). \qquad [4\text{-}27.27]$$

Der Index i oder k in den vorangehenden Formeln bezieht sich auf beliebige Partikelsorten, das Lösungsmittel ausgenommen. Bei neutralen Molekülarten ist die Bedingung $z_i = 0$ zu beachten.

Wir beschränken die weitere Diskussion wiederum auf Lösungen eines einzigen Elektrolyten mit zwei Ionenarten. Dann führt Gl. [27] auf die Beziehungen [4-24.26] bis [4-24.31], die wir oben schon benutzt haben. Die Vereinfachungen aber, die sich aus Gl. [25] ergeben, bedürfen einer näheren Untersuchung.

Aus Gl. [25] leiten wir bei Berücksichtigung von Gl. [4-16.42] für den betrachteten Spezialfall ab:

$$\begin{aligned} -\mathfrak{F} \operatorname{grad} \varphi_{\mathrm{Th}} &= \frac{t_+}{z_+}\left[(\operatorname{grad} \mu_+)_{T,P} + \frac{^*Q_+}{T} \operatorname{grad} T\right] \\ &+ \frac{t_-}{z_-}\left[(\operatorname{grad} \mu_-)_{T,P} + \frac{^*Q_-}{T} \operatorname{grad} T\right] \\ &+ \tau_u\left[(\operatorname{grad} \mu_u)_{T,P} + \frac{^*Q_u}{T} \operatorname{grad} T\right]. \end{aligned} \qquad [4\text{-}27.28]$$

Hierin ist t_+ bzw. t_- die HITTORFsche Überführungszahl der Kationen bzw. Anionen und τ_u die reduzierte Überführungszahl der undissoziierten Elektrolytmoleküle. Auf Grund der Beziehungen [4-16.16], [4-16.52], [4-24.28], [4-24.29] und [14] gilt:

$$t_+ + t_- = 1, \qquad [4\text{-}27.29]$$

$$z_+ \nu_+ + z_- \nu_- = 0, \qquad [4\text{-}27.30]$$

$$\nu_+ \mu_+ + \nu_- \mu_- = \mu_u = \mu_2, \qquad [4\text{-}27.31]$$

$$\nu_+ \, ^*Q_+ + \nu_- \, ^*Q_- = {^*Q_u} = {^*Q}, \qquad [4\text{-}27.32]$$

$$t_+ + z_+ \nu_+ \tau_u = \vartheta_+, \quad t_- + z_- \nu_- \tau_u = \vartheta_-, \qquad [4\text{-}27.33]$$

wobei ϑ_+ bzw. ϑ_- die Brutto-Überführungszahl des kationischen bzw. anionischen Bestandteils des Elektrolyten ist. Aus Gl. [28] bis [33] folgt:

$$\begin{aligned} -\mathfrak{F}\,\mathrm{grad}\,\varphi_{\mathrm{Th}} &= \frac{1}{z_-}\left[(\mathrm{grad}\,\mu_-)_{T,P} + \frac{{}^*Q_-}{T}\,\mathrm{grad}\,T\right] \\ &+ \frac{\vartheta_+}{z_+\nu_+}\left[(\mathrm{grad}\,\mu_2)_{T,P} + \frac{{}^*Q}{T}\,\mathrm{grad}\,T\right] \\ &= \frac{1}{z_+}\left[(\mathrm{grad}\,\mu_+)_{T,P} + \frac{{}^*Q_+}{T}\,\mathrm{grad}\,T\right] \\ &+ \frac{\vartheta_-}{z_-\nu_-}\left[(\mathrm{grad}\,\mu_2)_{T,P} + \frac{{}^*Q}{T}\,\mathrm{grad}\,T\right]. \end{aligned} \qquad [4\text{-}27.34]$$

Hierin kann

$$(\mathrm{grad}\,\mu_i)_{T,P} = \left(\frac{\partial\mu_i}{\partial m}\right)_{T,P}\mathrm{grad}\,m \quad (i = +, -), \qquad [4\text{-}27.35]$$

$$(\mathrm{grad}\,\mu_2)_{T,P} = \left(\frac{\partial\mu_2}{\partial m}\right)_{T,P}\mathrm{grad}\,m \qquad [4\text{-}27.36]$$

gesetzt werden.

Thermodiffusionspotentiale sind nicht meßbar. Erst durch Kombination von Thermodiffusionspotentialdifferenzen mit anderen elektrischen Potentialdifferenzen kommt die experimentell bestimmbare EMK einer nichtisothermen galvanischen Kette zustande (vgl. § 4.29 und § 4.30). Besonders deutlich zeigt dies Gl. [34]: Außer den meßbaren Größen ϑ_+, ϑ_-, $(\partial\mu_2/\partial m)_{T,P}$ und $^*Q$ enthält der Gradient des Thermodiffusionspotentials die experimentell nicht ermittelbaren Größen $(\partial\mu_i/\partial m)_{T,P}$ und $^*Q_i$ $(i = +, -)$.

Thermodiffusionspotentiale können auch in festen oder geschmolzenen Elektrolyten auftreten. In diesem Falle wählt man als Partikelsorte 1, d. h. als Bezugsteilchenart des Hittorfschen Bezugssystems, eine geeignete Ionenart. Hat man Ionenkristalle mit zwei Ionensorten (z. B. festes AgCl) oder Salzschmelzen mit zwei Ionenarten ohne neutrale Moleküle (z. B. geschmolzenes $AgNO_3$) vor sich, so betrachtet man entweder die Kationen oder die Anionen als Bezugsteilchenart. Wählt man die zweite Alternative, so findet man mit Gl. [4-16.10]: $t_+ = 1$, $t_- = 0$, $\tau_u = 0$. Hier ergeben Gl. [27] und Gl. [28] infolge des Wegfalls von Konzentrationsgradienten dasselbe Resultat:

$$-z_+\mathfrak{F}\,\mathrm{grad}\,\varphi_{\mathrm{Th}} = \frac{{}^*Q_+}{T}\,\mathrm{grad}\,T. \qquad [4\text{-}27.37]$$

Dieser Ausdruck, in dem $^*Q_+$ die Überführungswärme der Kationen, gemessen relativ zu den Anionen, bedeutet, ist der Formel [4-25.19] für das thermoelektrische Potential in Elektronenleitern (ohne Konzentrationsgradienten) vollkommen analog. Thermoketten mit festen oder geschmolzenen Elektrolyten (Salzen) werden in § 4.29 (S. 437) behandelt.

§ 4.28. Wärmeleitung in reagierenden Medien

Wir haben bisher die Wärmeleitung nur bei Abwesenheit von chemischen Reaktionen betrachtet (vgl. § 4.24). Läßt man Reaktionen zu, so wird der Wärmetransport ein komplizierterer Prozeß; denn, qualitativ gesehen, muß auch ein Transport von Reaktionswärme im Konzentrations- und Temperaturfeld erfolgen und sich dem normalen Wärmeleitungsmechanismus überlagern. Wir wollen dieses Problem jetzt quantitativ mit Hilfe der Methoden der Thermodynamik der irreversiblen Prozesse behandeln.

Wir können bei der Diskussion der praktisch interessierenden Fälle folgende Voraussetzungen machen:

1. fluide Medien mit schleichenden Bewegungen,
2. keine äußeren Kraftfelder,
3. Fehlen von Raumladungen,
4. kein Stromdurchgang,
5. keine Druckänderung.

Dann gilt nach Gl. [4-5.18], [4-6.12], [4-6.15] und [4-6.18] mit der Näherung $c_k \vec{v_k} \approx {}_v\vec{J_k}$ (vgl. unten):

$$\frac{\overline{C}_P}{\overline{V}} \frac{\partial T}{\partial t} = -\operatorname{div}\left(\vec{J_Q} + \sum_{k=1}^{N} H_k \, {}_v\vec{J_k}\right) - \sum_{k=1}^{N} H_k \frac{\partial c_k}{\partial t} . \qquad [4\text{-}28.1]$$

Hierin bedeutet $\overline{C}_P$ die Molwärme für konstanten Druck, $\overline{V}$ das Molvolumen, T die absolute Temperatur, t die Zeit, $\vec{J_Q}$ den Wärmestrom, H_k die partielle molare Enthalpie der Teilchenart k, ${}_v\vec{J_k}$ den Diffusionsstrom der Partikelsorte k im Schwerpunktssystem, c_k bzw. $\vec{v_k}$ die molare Volumenkonzentration bzw. Geschwindigkeit der Teilchenart k und N die Zahl der Partikelsorten.

Es ist schon an dieser Stelle offensichtlich, daß die Rolle, die in der normalen Wärmeleitungsgleichung dem Wärmestrom $\vec{J_Q}$ zukommt, nunmehr von der Größe (s. Gl. [4-3.14], [4-3.15] und [4-7.5])

$$\vec{J_Q^*} \equiv \vec{J_Q} + \sum_{k=1}^{N} H_k \, {}_v\vec{J_k} = \vec{J_Q} + \sum_{k=1}^{N} h_k \vec{J_k^*} = \vec{J_Q} + \sum_{i=1}^{N-1} (h_i - h_N) \vec{J_i^*} \qquad [4\text{-}28.2]$$

übernommen wird. Dabei ist $\vec{J_k^*}$ der durch Gl. [4-3.14] definierte Diffusionsstrom und h_k die partielle spezifische Enthalpie des Stoffes k.

Praktisch wird die Wärmeleitfähigkeit meist für den stationären Zustand gemessen. Es gelten dann die Bedingungen

$$\frac{\partial c_k}{\partial t} = 0 \ (k = 1, 2, \ldots N), \frac{\partial T}{\partial t} = 0 \ \text{(stationärer Zustand)}. \qquad [4\text{-}28.3]$$

Aus Gl. [1] und [2] folgt hiermit:

$$\frac{\overline{C}_P}{\overline{V}} \frac{\partial T}{\partial t} = -\operatorname{div} \vec{J}_Q^* = 0 \ \text{(stationärer Zustand)}. \qquad [4\text{-}28.4]$$

Weiterhin ergibt sich aus Gl. [4-4.1]:

$$\operatorname{div}(c_k \vec{v_k}) = \sum_r \nu_{kr} w_r \ \text{(stationärer Zustand)}. \qquad [4\text{-}28.5]$$

Darin bedeutet w_r die Reaktionsgeschwindigkeit der chemischen Reaktion r und ν_{kr} den stöchiometrischen Koeffizienten der Teilchenart k in der Reaktion r.

Der weiteren Diskussion legen wir den einfachsten Fall zugrunde: ein fluides System mit Konzentrations- und Temperaturgradienten, das zwei ungeladene Teilchenarten enthält, zwischen denen eine einzige Reaktion abläuft. Es kann sich dabei um eine Umlagerungs-, Anregungs-, Dissoziations- oder Assoziationsreaktion handeln. Wir schreiben als Reaktionsschema:

$$[1] \rightleftharpoons \nu\,[2]. \qquad [4\text{-}28.6]$$

Für Umlagerungs- oder Anregungsreaktionen ist $\nu = 1$. Als Beispiel für Dissoziationen oder Assoziationen führen wir an:

$$N_2O_4 \rightleftharpoons 2\,NO_2,$$

$$HF \rightleftharpoons \frac{1}{6}\,(HF)_6$$

mit $\nu = 2$ bzw. $\nu = \frac{1}{6}$. Offenbar gilt für den Zusammenhang zwischen den Molmassen M_1 und M_2 der beiden Partikelsorten:

$$M_1 = \nu\, M_2. \qquad [4\text{-}28.7]$$

Ferner erhalten wir für die mittlere Molmasse (das „mittlere Molekulargewicht"):

$$\overline{M} = M_1 x_1 + M_2 x_2 = M_2 (\nu\, x_1 + x_2), \qquad [4\text{-}28.8]$$

wobei x_i der Molenbruch der Teilchenart i ist. Bezeichnen wir mit α den Dissoziationsgrad (Assoziationsgrad, Umlagerungsgrad usw.), so finden wir weiterhin:

$$\alpha = \frac{x_2}{\nu\, x_1 + x_2} = \frac{M_2\, x_2}{\overline{M}}\,. \qquad [4\text{-}28.9]$$

Schließlich folgt aus Gl. [1-12.8], [1-14.2], [1-14.22] und [1-22.34]:

$$x_1 \left(\frac{\partial \mu_1}{\partial x_1}\right)_{T,P} = x_2 \left(\frac{\partial \mu_2}{\partial x_2}\right)_{T,P}, \qquad [4\text{-}28.10]$$

$$A = \mu_1 - \nu\, \mu_2, \qquad [4\text{-}28.11]$$

$$-\,T^2 \left(\frac{\partial\,(A/T)}{\partial\, T}\right)_{P,x_1} = -\,h_{TP} = H_1 - \nu\, H_2. \qquad [4\text{-}28.12]$$

Dabei bedeutet μ_i das chemische Potential der Teilchenart i, A die Affinität der chemischen Reaktion, P den Druck und h_{TP} die Reaktionsenthalpie. Aus Gl. [10] bis [12] ergibt sich endlich mit grad $P = 0$:

$$\operatorname{grad}\left(\frac{A}{T}\right) = \frac{h_{TP}}{T^2}\operatorname{grad} T + \frac{\nu\, x_1 + x_2}{x_2\, T}\left(\frac{\partial \mu_1}{\partial x_1}\right)_{T,P}\operatorname{grad} x_1. \qquad [4\text{-}28.13]$$

Für $N = 2$ reduziert sich Gl. [2] mit Gl. [7] und [12] auf den Ausdruck:

$$\vec{J}_Q^{\,*} = \vec{J}_Q - h_{TP}\; {}_{v}\vec{J}_1. \qquad [4\text{-}28.14]$$

Mit Hilfe von Gl. [4-26.6], [4-26.12], [4-26.14] und [4-26.35] sowie Gl. [8] und [10] resultiert hieraus unter der Bedingung grad $P = 0$:

$$\vec{J}_Q^{\,*} = -\left(\lambda_0 - \frac{M_2\, h_{TP}\, D_T}{\overline{M}\,\overline{V}\,T}\right)\operatorname{grad} T + \frac{M_2\, x_2\, h_{TP}\, D - \overline{M}\,(\partial\mu_1/\partial x_1)_{T,P}\, D_T}{x_2\,\overline{M}\,\overline{V}}\operatorname{grad} x_1. \qquad [4\text{-}28.15]$$

Hierin ist λ_0 nach § 4.26 die Wärmeleitfähigkeit für homogene Durchmischung (bei gehemmter Reaktion), D_T der Thermodiffusionskoeffizient, D der Diffusionskoeffizient und $\overline{V}$ das Molvolumen. In Gl. [15] ist der ONSAGERsche Reziprozitätssatz enthalten[1]).

---

[1]) Qualitativ besagt Gl. [15], daß der Wärmetransport in einem reagierenden System auf vier Ursachen beruht. Es handelt sich nämlich um

a) normale Wärmeleitung (Term $-\,\lambda_0$ grad T),
b) Diffusionsthermoeffekt (Term mit $-\,D_T$ grad x_1),
c) Transport von Reaktionswärme im Temperaturgradienten (Term mit $h_{TP}\, D_T$ grad T),
d) Transport von Reaktionswärme im Konzentrationsgradienten (Term mit $h_{TP}\, D$ grad x_1).

Daß der Diffusionsthermoeffekt im wesentlichen durch den Thermodiffusionskoeffizienten D_T beschrieben wird, ist durch ONSAGERS Reziprozitätssatz bedingt (§ 4.26).

Wir setzen nun der Einfachheit halber voraus, daß die Reaktion überall so schnell abläuft, daß lokales chemisches Gleichgewicht herrscht[1]). Es gilt also nach Gl. [1-21.19]:

$$A = 0. \qquad [4\text{-}28.16]$$

Da diese Bedingung für jedes Volumenelement erfüllt sein soll, können wir auch schreiben:

$$\operatorname{grad}\left(\frac{A}{T}\right) = 0. \qquad [4\text{-}28.17]$$

Aus Gl. [13] und [17] folgt sofort:

$$\frac{h_{TP}}{T} \operatorname{grad} T = -\frac{\nu x_1 + x_2}{x_2}\left(\frac{\partial \mu_1}{\partial x_1}\right)_{T,P} \operatorname{grad} x_1 \qquad [4\text{-}28.18]$$

(währendes Gleichgewicht).

Damit ist ein Zusammenhang zwischen dem Temperatur- und dem Konzentrationsgradienten hergestellt.

Aus Gl. [8], [15] und [18] leiten wir ab:

$$\vec{J}_Q^* = -\lambda_A \operatorname{grad} T \text{ (währendes Gleichgewicht)} \qquad [4\text{-}28.19]$$

mit

$$\lambda_A \equiv \lambda_0 + \frac{x_2 h_{TP}^2 D}{(\nu x_1 + x_2)^2 \overline{V} T (\partial\mu_1/\partial x_1)_{T,P}} - \frac{2 h_{TP} D_T}{(\nu x_1 + x_2) \overline{V} T}. \qquad [4\text{-}28.20]$$

Durch Einsetzen von Gl. [19] in Gl. [4] ergibt sich:

$$\frac{\overline{C}_P}{\overline{V}} \frac{\partial T}{\partial t} = \operatorname{div}(\lambda_A \operatorname{grad} T) = 0 \qquad [4\text{-}28.21]$$

(stationärer Zustand bei währendem Gleichgewicht).

Wir bezeichnen die nach Gl. [21] meßbare Größe λ_A als *Wärmeleitfähigkeit bei währendem chemischen Gleichgewicht.* Diese Größe wird gemäß Gl. [20] auf die Wärmeleitfähigkeit λ_0 für homogene Durchmischung (bei gehemmter Reaktion), den Diffusionskoeffizienten D, den Thermodiffusionskoeffizienten

---

[1]) Will man diese Voraussetzung fallen lassen und damit die Wärmeleitung bei verzögerter Gleichgewichtseinstellung behandeln (vgl. unten), so hat man an Stelle von Gl. [16] von Gl. [4-24.7] auszugehen, die in unserem Falle auf einen linearen Zusammenhang zwischen Reaktionsgeschwindigkeit w und Affinität A führt, der für Gleichgewichtsnähe gilt:

$$w = a A,$$

worin a ein phänomenologischer Koeffizient ist. Die Durchrechnung des Problems wird dann viel komplizierter[2]).

[2]) J. Meixner, Z. Naturforschg. **7a**, 553 (1952).

D_T und die thermodynamischen Eigenschaften des Gemisches zurückgeführt[1] [2] [3] [4].

Für den stationären Zustand folgt durch Anwendung von Gl. [5] auf die Reaktion [6]:

$$\operatorname{div}(c_1 \vec{v}_1) = -w, \quad \operatorname{div}(c_2 \vec{v}_2) = \nu w,$$

worin w die Geschwindigkeit der betrachteten Reaktion ist. Aus den beiden Gleichungen finden wir mit Hilfe von Gl. [4-3.5], [4-3.12] und Gl. [7]:

$$\operatorname{div}(\nu c_1 \vec{v}_1 + c_2 \vec{v}_2) = \frac{1}{M_2} \operatorname{div}(\varrho_1 \vec{v}_1 + \varrho_2 \vec{v}_2) = \frac{1}{M_2} \operatorname{div}(\varrho \vec{v}) = 0,$$

also:

$$\operatorname{div}(\varrho \vec{v}) = \varrho \operatorname{div} \vec{v} + \vec{v} \operatorname{grad} \varrho = 0.$$

Hierbei bedeutet ϱ_i die Partialdichte der Teilchenart i, ϱ die Dichte und $\vec{v}$ die Schwerpunktsgeschwindigkeit. Dasselbe Resultat erhält man auch direkt aus Gl. [4-4.4] mit $\partial \varrho / \partial t = 0$. Setzt man $\vec{v} \operatorname{grad} \varrho \approx 0$ – also nach Gl. [4-4.6]: $d\varrho/dt \approx 0$ –, so ergibt sich:

$$\operatorname{div} \vec{v} \approx 0 \text{ (stationärer Zustand)}.$$

Es ist demnach in diesem Falle erlaubt, die Konvektionsfreiheit durch die Bedingung $\vec{v} \approx 0$ zu beschreiben und demgemäß von Gl. [1] anstatt von der Beziehung [4-24.48] auszugehen, deren Verwendung bei anderen Problemen (vgl. § 4.26) vorteilhafter ist.

Stellt das reagierende Medium ein ideales Gasgemisch dar, so gilt:

$$\bar{V} = \frac{RT}{P}, \quad \left(\frac{\partial \mu_1}{\partial x_1}\right)_{T,P} = \frac{RT}{x_1}. \qquad [4\text{-}28.22]$$

Mit Gl. [9] folgt aus Gl. [20] und [22]:

$$\lambda_A = \lambda_0 + \frac{\alpha(1-\alpha) P h_{TP}^2 D}{\nu R^2 T^3} - \frac{2 \alpha P h_{TP} D_T}{x_2 R T^2} \qquad [4\text{-}28.23]$$

$$\text{(ideales Gasgemisch)}.$$

Man kann die Größen λ_0, D und D_T für ideale Gasgemische an Hand von Aussagen der kinetischen Gastheorie und von experimentellen Daten für Molekülarten, die den jeweils betrachteten Teilchensorten ähnlich sind, berechnen oder mindestens abschätzen. Dabei ergibt sich zunächst, daß der Term mit D_T innerhalb der Unsicherheits- bzw. Fehlergrenzen bei der

---

[1] E. U. Franck, Z. physik. Chem. **201**, 16 (1952).
[2] J. Meixner, Z. Naturforschg. **7a**, 553 (1952).
[3] I. Prigogine und R. Buess, Bull. Acad. Roy. Belgique (Cl. Sc.) **38**, 711 (1952).
[4] R. Haase, Z. Naturforschg. **8a**, 729 (1953).

numerischen Auswertung von λ_0 bzw. der Messung von λ_A liegt. Wir schreiben daher an Stelle von Gl. [23]:

$$\lambda_A = \lambda_0 + \frac{\alpha(1-\alpha) P h_{TP}^2 D}{\nu R^2 T^3} . \qquad [4\text{-}28.24]$$

Diese Formel[1]) entspricht einer von NERNST[2]) abgeleiteten Gleichung.

Die NERNSTsche Beziehung erhält man, wenn man $\nu = 2$ setzt (Dissoziationsreaktion des Typs $N_2O_4 \rightleftharpoons 2\,NO_2$) und berücksichtigt, daß der von NERNST benutzte Diffusionskoeffizient D' mit unserem Diffusionskoeffizienten D wie folgt zusammenhängt:

$$D' = \frac{D}{\nu x_1 + x_2} = \frac{D}{2x_1 + x_2} = \frac{1}{2}(1+\alpha) D. \; .$$

Hiermit findet man aus Gl. [24]:

$$\lambda_A = \lambda_0 + \frac{\alpha(1-\alpha) P h_{TP}^2 D'}{(1+\alpha) R^2 T^3} ,$$

die NERNSTsche Formel.

Bei der Anwendung von Gl. [24] auf konkrete Fälle müssen außer λ_0 und D (vgl. oben) die Größen α (als Funktion von T und P) und h_{TP} bekannt sein. Man erhält sie aus der gemessenen Gleichgewichtskonstanten der betreffenden Reaktion (h_{TP} auch aus der kalorimetrischen Ermittlung der Reaktionswärme). Der auffallendste Zug von Gl. [24] ist die starke Temperatur- und Druckabhängigkeit von λ_A gegenüber der normalen Wärmeleitfähigkeit λ_0.

In Abb. 28 bzw. Abb. 29 bringen wir eine Gegenüberstellung der nach Gl. [24] berechneten Werte von λ_A zu gemessenen Wärmeleitfähigkeiten für Stickstofftetroxyd ($N_2O_4 \rightleftharpoons 2\,NO_2$) bzw. Fluorwasserstoff $\left[HF \rightleftharpoons \frac{1}{6}(HF)_6\right]$. Man erkennt, daß die Übereinstimmung recht gut ist[3]).

In anderen Fällen muß man die verzögerte Gleichgewichtseinstellung bei Wärmeleitungsmessungen berücksichtigen. Auch dieses Problem kann thermodynamisch-phänomenologisch behandelt werden[4])[5])[6]). Ebenso läßt

---

[1]) R. HAASE, Z. Naturforschg. **8a**, 729 (1953).

[2]) W. NERNST, Festschrift LUDWIG BOLTZMANN (Leipzig 1904) 904.

[3]) Weiteres Material bezüglich der experimentellen Prüfung von Gl. [24] bzw. einer Verallgemeinerung dieser Formel auf reagierende gasförmige Mehrstoffsysteme findet sich z. B. bei K. P. COFFIN, J. Chem. Physics **31**, 1290 (1959); R. S. BROKAW, J. Chem. Physics **32**, 1005 (1960); B. N. SRIVASTAVA und A. K. BARUA, J. Chem. Physics **35**, 329 (1961); P. K. CHAKRABORTI, J. Chem. Physics **38**, 575 (1963).

[4]) J. MEIXNER, Z. Naturforschg. **7a**, 553 (1952).

[5]) E. U. FRANCK und W. SPALTHOFF, Z. Elektrochem. **58**, 374 (1954).

[6]) Eine sehr gründliche Untersuchung des Problems der Wärmeleitung bei verzögerter Gleichgewichtseinstellung findet sich bei R. S. BROKAW, J. Chem. Physics **35**, 1569 (1961).

sich auf diese Weise die Frage des Zusammenhangs der Wärmeleitfähigkeit mehratomiger Gase mit den Rotations- und Schwingungsfreiheitsgraden untersuchen[1]).

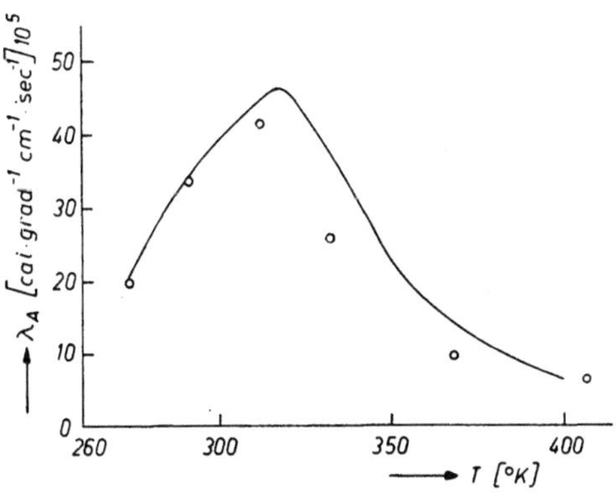

Abb. 28. Wärmeleitfähigkeit λ_A von dissoziierendem Stickstofftetroxyd in Abhängigkeit von der absoluten Temperatur T bei einem Druck von 257,5 Torr nach FRANCK und SPALTHOFF[2])

○ = Meßwerte
— = berechnet nach Gl. [24]

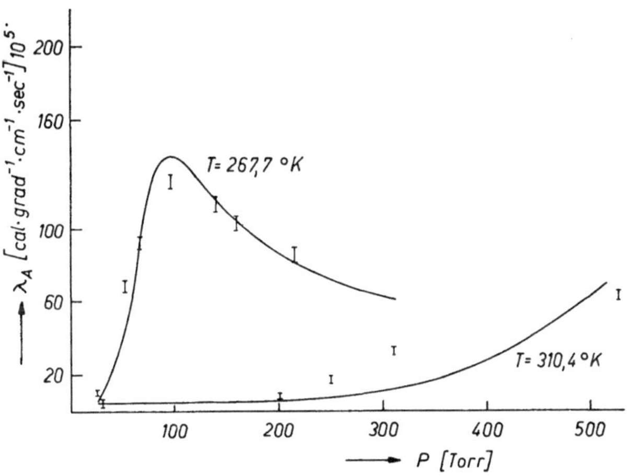

Abb. 29. Wärmeleitfähigkeit λ_A von assoziierendem Fluorwasserstoff in Abhängigkeit vom Druck P bei zwei Temperaturen nach BUTLER und BROKAW[3])

I = Meßwerte von FRANCK und SPALTHOFF[4])
— = berechnet nach Gl. [24]

[1]) J. MEIXNER, Z. Naturforschg. **8a**, 69 (1953).
[2]) E. U. FRANCK und W. SPALTHOFF, Z. Elektrochem. **58**, 374 (1954).
[3]) J. N. BUTLER und R. S. BROKAW, J. Chem. Physics **26**, 1636 (1957).
[4]) E. U. FRANCK und W. SPALTHOFF, Naturwiss. **40**, 580 (1953).

Schließlich legt der Vergleich zwischen dem Temperaturverlauf der Wärmeleitfähigkeit für ein normales Gas (Abb. 13, S. 368) mit demjenigen für ein dissoziierendes oder assoziierendes Gas (Abb. 28 oder Abb. 29) den Versuch nahe, das abnorme Verhalten des Wassers gegenüber anderen Flüssigkeiten (Abb. 14, S. 368) ebenfalls auf chemische Reaktionen (Assoziationen) zurückzuführen[1]).

§ 4.29. Thermoketten

a) *Allgemeines.* Eine *Thermokette* ist eine nichtisotherme galvanische Kette mit dem Phasenschema

	|		*a*		*b*		*c*		*d*		|
		End-phase (A)	|	Elek-trode (B)	|	Elektro-lyt-lösung	|	Elek-trode (B)	|	End-phase (A)	
Temperatur:	T_0		T_1		T_1		T_2		T_2		T_0
Potential:	|	φ_{I} φ_{II}	|	φ_{III}	|	φ_{IV} φ_{V}	|	φ_{VI}	|	φ_{VII} φ_{VIII}	|

Dabei ist T_0 die Zimmertemperatur, auf der sich die Meßinstrumente befinden, T_1 bzw. T_2 die Temperatur der ersten bzw. zweiten Elektrode mit der jeweils unmittelbar angrenzenden Schicht der Elektrolytlösung. In der Lösung herrschen im allgemeinsten Falle neben einem Temperaturgefälle auch Konzentrationsgradienten. Die Lösung kann aus beliebigen Stoffen (Elektrolyten und Nichtelektrolyten) bestehen, soll aber stets diejenige Ionenart enthalten, für welche die Elektroden reversibel sind, z. B. Ag^+-Ionen im Falle von Ag-Elektroden oder Cl^--Ionen im Falle von Ag/AgCl-Elektroden. Die Endphase, in der ebenfalls ein Temperaturgefälle vorliegt, ist die Elektrodenableitung, z. B. ein Draht aus Silber, Platin oder Kupfer. Von Druckgradienten und äußeren Kraftfeldern wird hier abgesehen.

Auch Thermoketten, die an Stelle der Elektrolytlösung einen festen bzw. geschmolzenen Elektrolyten enthalten, sind untersucht worden. So beziehen sich gerade viele der frühesten experimentellen Arbeiten auf geschmolzene Salze (Andrews 1837, Hankel 1858, Glasstone und Tribe 1881, Poincaré 1890) und auf feste Salze (Chaperon 1886, Thiele 1925, Reinhold 1928–1933). Wir geben unten einige Hinweise auf diese Typen von Thermoketten.

Die ersten Messungen an Thermoketten mit Elektrolytlösungen sind ebenfalls sehr alt (Wild 1858, Bouty 1879–1881, Gockel 1885–1893, Eberling 1887,

---

[1]) M. Eigen, Z. Elektrochem. **56**, 176 (1952).

G. MEYER 1888, HAGENBACH 1894–1896, RICHARDS 1897). Die unten gegebene Darstellung ist zunächst auf solche Thermoketten zugeschnitten.

Bei allen Typen von Thermoketten, die ja irreversible galvanische Ketten darstellen, fällt die genauere experimentelle und theoretische Untersuchung in die neueste Zeit, weil eine adäquate Beschreibung der Versuchsergebnisse erst durch die Thermodynamik der irreversiblen Prozesse ermöglicht wird[1][2][3].

Auf den PELTIER-Effekt bei Thermoketten, den wir hier nicht behandeln, sei nur hingewiesen[4]. Es ergibt sich eine der THOMSONschen Beziehung [4-25.60] analoge Gleichung[2].

Die EMK der Thermokette, die wir mit Φ bezeichnen, ist vereinbarungsgemäß die Differenz zwischen dem elektrischen Potential in der rechten Endphase und demjenigen in der linken Endphase, gemessen bei Stromlosigkeit. Nach unserem Phasenschema gilt also:

$$\begin{aligned}\Phi = \varphi_{\mathrm{VIII}} - \varphi_{\mathrm{I}} &= (\varphi_{\mathrm{VIII}} - \varphi_{\mathrm{VII}}) + (\varphi_{\mathrm{VII}} - \varphi_{\mathrm{VI}}) \\ &+ (\varphi_{\mathrm{VI}} - \varphi_{\mathrm{V}}) + (\varphi_{\mathrm{V}} - \varphi_{\mathrm{IV}}) + (\varphi_{\mathrm{IV}} - \varphi_{\mathrm{III}}) \\ &+ (\varphi_{\mathrm{III}} - \varphi_{\mathrm{II}}) + (\varphi_{\mathrm{II}} - \varphi_{\mathrm{I}}). \qquad [4\text{-}29.1]\end{aligned}$$

Dabei beruhen die Potentialdifferenzen $\varphi_{\mathrm{VIII}} - \varphi_{\mathrm{VII}}$ und $\varphi_{\mathrm{II}} - \varphi_{\mathrm{I}}$ auf thermoelektrischen Potentialen (§ 4.25) und die Größe $\varphi_{\mathrm{V}} - \varphi_{\mathrm{IV}}$ auf einem Thermodiffusionspotential im weiteren Sinne (§ 4.27). Alle übrigen Potentialdifferenzen sind – lokales elektrochemisches Gleichgewicht an den Phasengrenzen *a*, *b*, *c* und *d* vorausgesetzt – Gleichgewichtspotentialdifferenzen („Kontaktpotentiale“ bzw. „Elektrodenpotentiale“) und damit aus den Gleichgewichtsbedingungen der klassischen Thermodynamik ermittelbar.

Geht man von einer (bezüglich der Konzentrationen) homogenen Elektrolytlösung aus, so mißt man anfänglich (zur Zeit $t = 0$) eine bestimmte EMK der Kette, die wir als „Anfangswert“ Φ_0 bezeichnen wollen. Im Laufe der Zeit bauen sich durch die Thermodiffusion in der Lösung Konzentrationsgradienten auf, wobei sich dem Thermodiffusionspotential im engeren Sinne noch ein Diffusionspotential überlagert (§ 4.27). Die EMK der Kette ist also eine Funktion der Zeit. Im stationären Endzustand (zur Zeit $t \to \infty$), bei dem sich Diffusion und Thermodiffusion in der Lösung aufheben, mißt man den „Endwert“ Φ_∞ der EMK der Kette.

---

[1] J. N. AGAR und W. G. BRECK, Trans. Faraday Soc. **53**, 167 (1957); W. G. BRECK und J. N. AGAR, ibid. **53**, 179 (1957); J. N. AGAR, Revs. Pure Appl. Chem. **8**, 1 (1958); Artikel in: The Structure of Electrolytic Solutions (Herausgeber: W. J. HAMER), 200 (New York 1959).

[2] R. HAASE, Trans. Faraday Soc. **49**, 724 (1953); Z. physik. Chem. Neue Folge **11**, 379 (1957); **13**, 21 (1957); **14**, 292 (1958); R. HAASE und H. SCHÖNERT, ibid. **25**, 193 (1960); R. HAASE, K. HOCH und H. SCHÖNERT, ibid. **27**, 421 (1961); R. HAASE und G. BEHREND, ibid. **31**, 375 (1962).

[3] H. J. V. TYRRELL, Diffusion and Heat Flow in Liquids (London 1961).

[4] E. LANGE und T. HESSE, Z. Elektrochem. **38**, 428 (1932); **39**, 374 (1933).

Wir definieren mit

$$\Delta T \equiv T_2 - T_1 \qquad [4\text{-}29.2]$$

folgenden Grenzwert:

$$\varepsilon \equiv \lim_{\Delta T \to 0} \frac{\Phi}{\Delta T}, \qquad [4\text{-}29.3]$$

den wir die *Thermokraft* der Thermokette nennen (vgl. S. 382). Dementsprechend heißt der Ausdruck

$$\varepsilon_0 \equiv \lim_{\Delta T \to 0} \frac{\Phi_0}{\Delta T}$$

bzw.

$$\varepsilon_\infty \equiv \lim_{\Delta T \to 0} \frac{\Phi_\infty}{\Delta T}$$

„Anfangswert“ bzw. „Endwert“ der Thermokraft der Thermokette. Nach unserem Phasenschema und Gl. [3] bedeutet ein positiver bzw. negativer Wert von ε, daß die wärmere bzw. kältere Elektrode dem positiven Pol entspricht. Wir können für die EMK der Thermokette gemäß Gl. [2] und [3] schreiben:

$$\Phi = \varepsilon \Delta T + \text{höhere Terme} \qquad [4\text{-}29.4]$$

oder

$$\Phi = \int_{T_1}^{T_2} \varepsilon \, dT, \qquad [4\text{-}29.5]$$

wobei ε als Funktion der Temperatur T anzusehen ist.

Die Phasengrenzen a und d sind für die Elektronen (Index $_\ominus$), die Phasengrenzen b und c für eine bestimmte Ionenart der Lösung (Index $_i$) reversibel. Wir bezeichnen Größen, die sich auf die Endphasensubstanz bzw. die Elektrodensubstanzen beziehen, mit dem Index $_A$ bzw. $_B$, während Größen ohne Index die Lösung kennzeichnen sollen. Ferner sei $\mathfrak{F}$ die FARADAYsche Konstante, z_i die elektrochemische Valenz des Ions i und $\mu_\ominus$ bzw. μ_i das chemische Potential der Elektronen bzw. der Ionenart i. Wir erhalten dann für die Kontakt- und Elektrodenpotentiale an den Phasengrenzen a, b, c und d aus der allgemeinen Bedingung [1-20.13] für elektrochemisches Gleichgewicht folgende Ausdrücke:

$$\mathfrak{F}(\varphi_{\mathrm{VII}} - \varphi_{\mathrm{VI}}) = (\mu_\ominus)_A - (\mu_\ominus)_B \text{ (Temperatur } T_2), \qquad [4\text{-}29.6]$$

$$\mathfrak{F}(\varphi_{\mathrm{III}} - \varphi_{\mathrm{II}}) = (\mu_\ominus)_B - (\mu_\ominus)_A \text{ (Temperatur } T_1), \qquad [4\text{-}29.7]$$

$$\mathfrak{F}(\varphi_{\mathrm{VI}} - \varphi_{\mathrm{V}}) = \frac{1}{z_i}[\mu_i - (\mu_i)_B] \text{ (Temperatur } T_2), \qquad [4\text{-}29.8]$$

$$\mathfrak{F}(\varphi_{\mathrm{IV}} - \varphi_{\mathrm{III}}) = \frac{1}{z_i}[(\mu_i)_B - \mu_i] \text{ (Temperatur } T_1). \qquad [4\text{-}29.9]$$

Es sei m_k die Molarität des Stoffes k in der Lösung an der Phasengrenze b (soweit m_k als unabhängige Konzentrationsvariable wählbar ist), $m_k + \Delta m_k$ die entsprechende Größe an der Phasengrenze c, $S_\ominus$ bzw. $(S_i)_B$ bzw. S_i die partielle molare Entropie der Elektronen bzw. der Ionenart i in der Elektrode bzw. in der Lösung und P der Druck. Wir finden dann mit den Abkürzungen

$$\Delta\,\varphi_{\text{het}} \equiv (\varphi_{\text{VII}} - \varphi_{\text{VI}}) + (\varphi_{\text{III}} - \varphi_{\text{II}}) + (\varphi_{\text{VI}} - \varphi_{\text{V}}) + (\varphi_{\text{IV}} - \varphi_{\text{III}}), \qquad [4\text{-}29.10]$$

$$\frac{dm_k}{dT} \equiv \lim_{\Delta T \to 0} \frac{\Delta m_k}{\Delta T}, \qquad [4\text{-}29.11]$$

$$\mu_{ik} \equiv \left(\frac{\partial \mu_i}{\partial m_k}\right)_{T,P,m_j}, \qquad [4\text{-}29.12]$$

wobei m_j für alle unabhängigen Molaritäten außer m_k steht, und mit den thermodynamischen Beziehungen (vgl. Gl. [1-12.7])

$$\left(\frac{\partial \mu_\ominus}{\partial T}\right)_P = -S_\ominus, \left(\frac{\partial (\mu_i)_B}{\partial T}\right)_P = -(S_i)_B, \qquad [4\text{-}29.13]$$

$$d\mu_i = -S_i\,dT + \sum_k \mu_{ik}\,dm_k \quad (P = \text{const}) \qquad [4\text{-}29.14]$$

aus Gl. [2] und [6] bis [9] folgende Formel:

$$z_i \mathfrak{F} \lim_{\Delta T \to 0} \frac{\Delta \varphi_{\text{het}}}{\Delta T} = (S_i)_B + z_i (S_\ominus)_B - z_i (S_\ominus)_A - S_i + \sum_k \mu_{ik} \frac{dm_k}{dT}. \qquad [4\text{-}29.15]$$

Nun gilt (vgl. S. 350):

$$(S_i)_B + z_i (S_\ominus)_B = S_a. \qquad [4\text{-}29.16]$$

Hierin bedeutet S_a eine bestimmte Linearkombination von partiellen molaren Entropien in den Elektrodensubstanzen (im einfachsten Falle, d. h. bei Elektroden erster Art, die partielle molare Entropie der betreffenden neutralen Atomart in der Elektrode). Es läßt sich z. B. zeigen[1]), daß folgende Aussagen gültig sind:

$S_a = \overline{S}_{\text{Ag}}$ (molare Entropie des festen Silbers)
für Ag-Elektroden (reversibel für Ag^+),

$S_a = S_{\text{Cd}}$ (partielle molare Entropie des Cadmiums in der Mischung)
für Cd-Amalgam-Elektroden (reversibel für Cd^{++}),

[1]) R. Haase, Z. physik. Chem. Neue Folge **11**, 379 (1957).

$S_a = \frac{1}{2}\,\overline{S}_{H_2}$ ($\overline{S}_{H_2}$ = molare Entropie des gasförmigen Wasserstoffes) für H_2-Elektroden (reversibel für H^+),

$S_a = \overline{S}_{AgCl} - \overline{S}_{Ag}$ ($\overline{S}_{AgCl}$ = molare Entropie des festen Silberchlorids) für Ag/AgCl-Elektroden (reversibel für Cl^-).

Aus Gl. [15] und [16] ergibt sich:

$$z_i \mathfrak{F} \lim_{\Delta T \to 0} \frac{\Delta \varphi_{\overline{het}}}{\Delta T} = S_a - z_i (S_\ominus)_A - S_i + \sum_k \mu_{ik} \frac{dm_k}{dT}. \qquad [4\text{-}29.17]$$

Dieser Ausdruck stellt – nach Division durch $z_i \mathfrak{F}$ – gemäß Gl. [1], [3] und [10] den Beitrag der „Heterogeneffekte“ (Kontakt- und Elektrodenpotentiale) zur Thermokraft der Thermokette dar.

Für die auf thermoelektrischen Potentialen beruhenden Potentialdifferenzen gilt nach Gl. [2] und [4-25.19] (vgl. auch Gl. [4-25.37]):

$$\mathfrak{F}\,[(\varphi_{\mathrm{VIII}} - \varphi_{\mathrm{VII}}) + (\varphi_{\mathrm{II}} - \varphi_{\mathrm{I}})] = [(S_\ominus)_A - ({}^*S_\ominus)_A]\,\Delta T + \text{höhere Terme}, \qquad [4\text{-}29.18]$$

worin $({}^*S_\ominus)_A$ die Überführungsentropie der Elektronen in der Endphase bedeutet. Endlich ergibt Gl. [4-27.25] mit Gl. [2] und [12] für die Potentialdifferenz, die durch das Thermodiffusionspotential in der Elektrolytlösung bedingt ist:

$$\mathfrak{F}\,(\varphi_{\mathrm{V}} - \varphi_{\mathrm{IV}}) = -\sum_j \frac{\tau_j\, {}^*Q_j}{T}\,\Delta T - \sum_{j,k} \tau_j\, \mu_{jk}\, \Delta m_k + \text{höhere Terme}, \qquad [4\text{-}29.19]$$

wobei j irgendeine (geladene oder ungeladene) Teilchenart der Lösung (außer dem Lösungsmittel), τ_j bzw. ${}^*Q_j$ die reduzierte Überführungszahl bzw. Überführungswärme dieser Teilchensorte und μ_{jk} die zu μ_{ik} in Gl. [12] analoge Größe bezeichnet. Mit der Abkürzung

$$\Delta\,\varphi_{\mathrm{hom}} \equiv (\varphi_{\mathrm{VIII}} - \varphi_{\mathrm{VII}}) + (\varphi_{\mathrm{II}} - \varphi_{\mathrm{I}}) + (\varphi_{\mathrm{V}} - \varphi_{\mathrm{IV}}) \qquad [4\text{-}29.20]$$

folgt aus Gl. [11], [18] und [19]:

$$\mathfrak{F} \lim_{\Delta T \to 0} \frac{\Delta \varphi_{\mathrm{hom}}}{\Delta T} = (S_\ominus)_A - ({}^*S_\ominus)_A - \sum_j \frac{\tau_j\, {}^*Q_j}{T} - \sum_{j,k} \tau_j\, \mu_{jk} \frac{dm_k}{dT}. \qquad [4\text{-}29.21]$$

Dieser Ausdruck stellt – nach Division durch $\mathfrak{F}$ – gemäß Gl. [1], [3] und [20] den Beitrag der „Homogeneffekte“ (thermoelektrische Potentiale und

Thermodiffusionspotential im weiteren Sinne) zur Thermokraft der Thermokette dar.

Durch Zusammenfassung von Gl. [1], [3], [10],[17], [20] und [21] gelangen wir zu folgender Formel:

$$\mathfrak{F}\,\varepsilon = \frac{S_a}{z_i} - ({}^*S_\ominus)_A^{\cdot\cdot} - \frac{S_i}{z_i} - \sum_j \frac{\tau_j\,{}^*Q_j}{T} + \sum_k \left(\frac{\mu_{ik}}{z_i} - \sum_j \tau_j\,\mu_{jk}\right)\frac{dm_k}{dT}. \qquad [4\text{-}29.22]$$

Dies ist die allgemeine Gleichung für die Thermokraft einer Thermokette[1]). Wir wiederholen, daß die Teilchenart i diejenige Ionensorte ist, für welche die Elektroden reversibel sind, der Index j jede beliebige Teilchenart der Lösung außer dem Lösungsmittel und der Index k alle Stoffe in der Lösung bezeichnet, deren Konzentrationen unabhängig sind.

Der Anfangswert ε_0 der Thermokraft ergibt sich aus Gl. [22] mit $dm_k/dT = 0$:

$$\mathfrak{F}\,\varepsilon_0 = \frac{S_a}{z_i} - ({}^*S_\ominus)_A - \frac{S_i}{z_i} - \sum_j \frac{\tau_j\,{}^*Q_j}{T}. \qquad [4\text{-}29.23]$$

Der Endwert ε_∞ der Thermokraft resultiert gemäß Gl. [19], [4-27.25] und [4-27.27], wenn man in Gl. [22] die Terme

$$\sum_j \frac{\tau_j\,{}^*Q_j}{T} + \sum_{j,k} \tau_j\,\mu_{jk}\frac{dm_k}{dT}$$

durch den Ausdruck

$$\frac{1}{z_i}\left(\sum_k \mu_{ik}\frac{dm_k}{dT} + \frac{{}^*Q_i}{T}\right)$$

ersetzt. Mit Hilfe der Beziehung [4-24.20]

$${}^*S_i = \frac{{}^*Q_i}{T} + S_i, \qquad [4\text{-}29.24]$$

wobei ${}^*S_i$ die Überführungsentropie der Ionenart i in der Lösung bedeutet, erhält man:

$$\mathfrak{F}\,\varepsilon_\infty = \frac{S_a}{z_i} - ({}^*S_\ominus)_A - \frac{{}^*S_i}{z_i}. \qquad [4\text{-}29.25]$$

Trotz ihres einfachen Aussehens gilt Gl. [25], wie Gl. [22] und [23], für beliebige Lösungen. Die Spezialisierung auf Lösungen eines einzigen Elektrolyten mit zwei Ionenarten in einem einzigen neutralen Lösungsmittel bringt nur bei Gl. [22] und [23], nicht aber bei Gl. [25] Vereinfachungen (s. unten).

---

[1]) Vgl. R. Haase, Z. physik. Chem. Neue Folge **11**, 379 (1957).

Die Größe S_a läßt sich – bis auf eine willkürliche additive Konstante – aus Gleichgewichtsdaten gewinnen. Die Willkür im Zahlenwert wird durch die PLANCKsche Normierung (S. 433) beseitigt. Man findet also aus der Messung von ε_∞ gemäß Gl. [25] konventionelle Werte des Ausdrucks

$$*S_i + z_i\,(*S_\ominus)_A. \qquad [4\text{-}29.26]$$

Legt man auch die Elektronenüberführungsentropie $(*S_\ominus)_A$ durch eine Normierung (S. 389) numerisch fest, so gelangt man zu konventionellen Werten der Ionenüberführungsentropie $*S_i$ (vgl. unten und § 4.31).

b) *Spezialfall eines einzigen Elektrolyten mit zwei Ionenarten.* Wir setzen nun voraus, daß die Lösung in der Thermokette nur ein neutrales Lösungsmittel (Komponente 1) und einen einzigen Elektrolyten (Komponente 2) mit zwei Ionenarten (Kationen = Teilchenart +, Anionen = Teilchenart —) enthält. Es sind also neben Lösungsmittelmolekülen und undissoziierten Elektrolytmolekülen (Teilchenart u) keine weiteren neutralen Partikelsorten vorhanden. Als unabhängige Konzentrationsvariable wählen wir die Molarität m des Elektrolyten, dessen chemisches Potential wir mit μ_2 bezeichnen. Der Index $_i$ charakterisiert nach wie vor diejenige Ionenart, für welche die Elektroden reversibel sind, so daß die Teilchenart i entweder den Kationen (Index $_+$) oder den Anionen (Index $_-$) entspricht. Wir schreiben zur Abkürzung:

$$\mu_j' \equiv \left(\frac{\partial \mu_j}{\partial m}\right)_{T,P} \quad (j = i, +, —, u), \quad \mu_2' \equiv \left(\frac{\partial \mu_2}{\partial m}\right)_{T,P}. \qquad [4\text{-}29.27]$$

Gl. [4-16.42] und Gl. [22] ergeben mit Gl. [27] für den hier betrachteten Spezialfall:

$$\begin{aligned}\mathfrak{F}\varepsilon = \frac{S_a}{z_i} - (*S_\ominus)_A - \frac{S_i}{z_i} - \frac{1}{T}\left(\frac{t_+}{z_+}\,*Q_+ + \frac{t_-}{z_-}\,*Q_- + \tau_u\,*Q_u\right)\\ + \left(\frac{1}{z_i}\mu_i' - \frac{t_+}{z_+}\mu_+' - \frac{t_-}{z_-}\mu_-' - \tau_u\,\mu_u'\right)\frac{dm}{dT}. \qquad [4\text{-}29.28]\end{aligned}$$

Darin bedeutet t_+ bzw. t_- die HITTORFsche Überführungszahl der Kationen bzw. Anionen.

Durch Vergleich von Gl. [4-27.28] mit Gl. [4-27.34] folgt bei Beachtung von Gl. [4-27.35], [4-27.36] und Gl. [27]:

$$\begin{aligned}\frac{1}{T}\left(\frac{t_+}{z_+}\,*Q_+ + \frac{t_-}{z_-}\,*Q_- + \tau_u\,*Q_u\right) + \left(\frac{t_+}{z_+}\cdot\mu_+' + \frac{t_-}{z_-}\mu_-' + \tau_u\mu_u'\right)\frac{dm}{dT}\\ = \frac{1}{z_-}\left(\mu_-'\frac{dm}{dT} + \frac{*Q_-}{T}\right) + \frac{\vartheta_+}{z_+\nu_+}\left(\mu_2'\frac{dm}{dT} + \frac{*Q}{T}\right)\\ = \frac{1}{z_+}\left(\mu_+'\frac{dm}{dT} + \frac{*Q_+}{T}\right) + \frac{\vartheta_-}{z_-\nu_-}\left(\mu_2'\frac{dm}{dT} + \frac{*Q}{T}\right). \qquad [4\text{-}29.29]\end{aligned}$$

Hierbei ist ν_+ bzw. ν_- die Zerfallszahl für die Kationen bzw. Anionen, ϑ_+ bzw. ϑ_- die Brutto-Überführungszahl des kationischen bzw. anionischen Bestandteils des Elektrolyten und $^*Q$ die Überführungswärme des Elektrolyten.

Bei Berücksichtigung von Gl. [24] erhält man durch Zusammenfassung von Gl. [28] und [29]:

$$\mathfrak{F}\varepsilon = \frac{S_a}{z_i} - ({}^*S_\ominus)_A - \frac{{}^*S_i}{z_i} + \frac{1-\vartheta_i}{z_i\nu_i}\left(\frac{{}^*Q}{T} + \mu_2' \frac{dm}{dT}\right). \qquad [4\text{-}29.30]$$

Diese Gleichung gilt für die Thermokraft ε zu einem beliebigen Zeitpunkt (mit beliebiger Konzentrationsverteilung in der Lösung). Wie in der entsprechenden Formel [4-19.19] bzw. [4-22.21] für eine Konzentrationskette bzw. eine Gravitations- oder Zentrifugalkette, tritt in Gl. [30] die Brutto-Überführungszahl ϑ_i auf.

Der Anfangswert ε_0 der Thermokraft resultiert aus Gl. [30] mit $dm/dT = 0$ (homogene Lösung):

$$\mathfrak{F}\varepsilon_0 = \frac{S_a}{z_i} - ({}^*S_\ominus)_A - \frac{{}^*S_i}{z_i} + \frac{1-\vartheta_i}{z_i\nu_i}\frac{{}^*Q}{T}. \qquad [4\text{-}29.31]$$

Für die Differenz der Thermokräfte $(\varepsilon - \varepsilon_0)$ folgt aus Gl. [30] und [31]:

$$\mathfrak{F}(\varepsilon - \varepsilon_0) = \frac{1-\vartheta_i}{z_i\nu_i}\mu_2' \frac{dm}{dT}. \qquad [4\text{-}29.32]$$

Wie aus Gl. [32] mit Gl. [5] und [27] hervorgeht, ist die Differenz der EMK-Werte $(\Phi - \Phi_0)$ gleich der EMK der entsprechenden isothermen Konzentrationskette, gegeben durch Gl. [4-19.19].

Nach Gl. [4-19.21], [4-19.22] und Gl. [27] haben wir:

$$\begin{aligned} \mu_2' &= \nu RT\left[\frac{1}{m} + \left(\frac{\partial \ln \gamma}{\partial m}\right)_{T,P}\right], \\ \frac{\mu_2'}{z_i\nu_i} &= \pm\left(\frac{1}{z_+} - \frac{1}{z_-}\right) RT\left[\frac{1}{m} + \left(\frac{\partial \ln \gamma}{\partial m}\right)_{T,P}\right], \end{aligned} \qquad [4\text{-}29.33]$$

worin $\nu = \nu_+ + \nu_-$, R die Gaskonstante, γ der konventionelle Aktivitätskoeffizient ist und das obere bzw. untere Vorzeichen gilt, wenn die Ionenart i das Kation bzw. Anion darstellt.

Für den stationären Zustand leiten wir aus Gl. [4-27.15] und Gl. [27] ab:

$$\mu_2' \frac{dm}{dT} = -\frac{{}^*Q}{T} \text{ (stationärer Zustand)}. \qquad [4\text{-}29.34]$$

Diese Beziehung ergibt mit Gl. [30] den Endwert ε_∞ der Thermokraft:

$$\mathfrak{F}\,\varepsilon_\infty = \frac{S_a}{z_i} - ({}^*S_\ominus)_A - \frac{{}^*S_i}{z_i}\,, \qquad [4\text{-}29.35]$$

in Übereinstimmung mit Gl. [25].

Nach Gl. [4-27.16] gilt für den SORET-Koeffizienten s:

$$s = \frac{1}{m}\,\frac{dm}{dT} \text{ (stationärer Zustand)}. \qquad [4\text{-}29.36]$$

Daraus findet man mit Gl. [32] und [33]:

$$\varepsilon_\infty - \varepsilon_0 = \pm\left(\frac{1}{z_+} - \frac{1}{z_-}\right)\frac{RT}{\mathfrak{F}}\left[1 + \left(\frac{\partial \ln \gamma}{\partial \ln m}\right)_{T,P}\right](1 - \vartheta_i)\, s\,, \qquad [4\text{-}29.37]$$

also einen Zusammenhang[1]) zwischen den drei meßbaren Größen s, ε_0 und ε_∞.

Aus Gl. [14], [24], [33], [34] und [36] folgt mit [4-27.31] und [4-27.32]:

$${}^*Q = -\,\nu\, RT^2\left[1 + \left(\frac{\partial \ln \gamma}{\partial \ln m}\right)_{T,P}\right] s\,, \qquad [4\text{-}29.38]$$

$$\nu_+\,{}^*S_+ + \nu_-\,{}^*S_- = \frac{{}^*Q}{T} + S_2 = S_2 - \nu\, RT\left[1 + \left(\frac{\partial \ln \gamma}{\partial \ln m}\right)_{T,P}\right] s\,. \qquad [4\text{-}29.39]$$

Gl. [38] ist mit Gl. [4-27.18] identisch[2]). Wie aus Gl. [39] ersichtlich ist, läßt sich bei Kenntnis der partiellen molaren Entropie S_2 des Elektrolyten aus

[1]) R. HAASE, Trans. Faraday Soc. **49**, 724 (1953); Z. physik. Chem. Neue Folge **14**, 292 (1958).

[2]) Kombiniert man Gl. [37] mit Gl. [38] und Gl. [4-19.22], so erhält man die Beziehung[1]):

$${}^*Q = \frac{z_i\,\nu_i\,\mathfrak{F}\,T\,(\varepsilon_0 - \varepsilon_\infty)}{1 - \vartheta_i}\,. \qquad [4\text{-}29.38a]$$

Eine Prüfung der Konsistenz von SORET-Effekt-Daten (s) mit EMK-Messungen an Thermoketten (ε_0, ε_∞) kann also bei Konntnis der Aktivitätskoeffizienten (γ) und Überführungszahlen (ϑ_i) entweder direkt gemäß Gl. [37] oder durch Vergleich der aus Gl. [38] berechneten Überführungswärmen $^*Q$ mit den nach Gl. [38a] ermittelten $^*Q$-Werten erfolgen[3]).

Setzt man umgekehrt die SORET-Koeffizienten und die EMK-Messungen als sicher voraus, so läßt sich prinzipiell mit Hilfe von Gl. [37] entweder ϑ_i (bei Kenntnis von γ) oder γ (bei Kenntnis von ϑ_i) aus experimentellen Daten bestimmen. Wie bei allen früheren Betrachtungen an Lösungen eines einzigen Elektrolyten mit zwei Ionenarten, ergibt sich auch hier: Die unmittelbar der Messung zugängliche Größe ist die Brutto-Überführungszahl ϑ_i (nicht die HITTORFsche Überführungszahl $t_i = \vartheta_i - z_i \nu_i \tau_v$) bzw. der konventionelle Aktivitätskoeffizient γ (nicht der mittlere praktische Ionenaktivitätskoeffizient $\gamma_\pm = \gamma/\alpha$, s. S. 63).

[3]) Vgl. L. G. LONGSWORTH, Artikel in: The Structure of Elektrolytic Solutions (Herausgeber: W. J. HAMER), 183 (New York 1959).

dem SORET-Koeffizienten s eine Linearkombination der Überführungsentropien der Ionen experimentell gewinnen[1]).

Die Größen S_a, S_2, γ und ϑ_i sind aus Meßdaten zugänglich. Dabei sind die Werte für S_a und S_2 in der üblichen Weise (PLANCKsche Normierung, s. unten) und der Wert für $(^*S_\ominus)_A$ durch die früher beschriebene Konvention (vgl. Tab. 13, S. 390) numerisch festgelegt. Man erhält demnach *konventionelle Ionenüberführungsentropien* $^*S_+$ und $^*S_-$ auf folgendem Wege[2]):

1. aus Messungen von ε_0 und s nach Gl. [31], [38] und [39],
2. aus Messungen von ε_0 und ε_∞ nach Gl. [31], [35] und [39].

Daß nur zwei der drei Meßgrößen s, ε_0 und ε_∞ unabhängig sind, geht aus Gl. [37] hervor.

In § 4.31 werden wir die so ermittelten konventionellen Ionenüberführungsentropien näher diskutieren. Der Ausdruck „konventionelle Überführungsentropie" ist dabei nicht im Sinne einer willkürlichen Aufspaltung einer für den Elektrolyten geltenden Transportgröße in einzelne Ionenanteile zu verstehen – wie etwa bei den konventionellen Ionenüberführungswärmen in Tab. 14, S. 414 –, sondern hat nach obigem eine tiefere physikalische Bedeutung: Der Nullpunktswert der Entropie jedes reinen kondensierten Stoffes im inneren Gleichgewicht bzw. der Überführungsentropie der Elektronen in jedem Metall wird gleich Null gesetzt, weil dies der formal einfachste Weg ist, die Gültigkeit des (modernisierten) NERNSTschen Wärmetheorems bzw. das Verschwinden der Thermokraft jedes Thermoelementes am absoluten Nullpunkt (S. 389) zu berücksichtigen. Die Festsetzung bezüglich der Nullpunktsentropie reiner Phasen ist als „PLANCKsche Normierung" bekannt.

c) *Messungen.* Die primär gemessenen Größen sind die EMK der Thermokette (Φ) und die (absoluten) Elektrodentemperaturen (T_1 und T_2). Ist die Thermokraft ε im betrachteten Temperaturintervall konstant, so gilt nach

---

[1]) Für die partielle molare Entropie S_2 des Elektrolyten in der Lösung gilt nach Gl. [1-12.7] und [1-19.26]:

$$S_2 = S_2{}^0 - \nu R \left[\ln (\nu_\pm m\gamma) + T \left(\frac{\partial \ln \gamma}{\partial T}\right)_{P,m}\right]$$

mit

$$\nu_\pm{}^\nu \equiv \nu_+{}^{\nu_+} \nu_-{}^{\nu_-}.$$

Hierin ist $S_2{}^0$ ein nur von T und P abhängiger Standardwert. Bei der numerischen Festlegung dieses Standardwertes wird die PLANCKsche Normierung benötigt. Wie man weiterhin erkennt, ist zur Auswertung der Messungen die Kenntnis des Aktivitätskoeffizienten γ in Abhängigkeit von Konzentration *und* Temperatur erforderlich.

[2]) R. HAASE, Z. physik. Chem. Neue Folge **13**, 21 (1957); **14**, 292 (1958).

Gl. [2] und [5]:

$$\frac{\Phi}{T_2 - T_1} = \frac{\Phi}{\Delta T} = \varepsilon .$$

Die Annahme ε = const ist für Temperaturunterschiede, die 5° C nicht überschreiten, mit guter Näherung erfüllt[1]).

Man kann nun aber zeigen[2]), daß eine solche einfache Ermittlung von ε nicht an die beschränkte Voraussetzung ε = const gebunden ist. Wie aus Messungen über größere Temperaturbereiche[3]) hervorgeht, hat ε häufig die auch von Thermoelementen bekannte Gestalt:

$$\varepsilon = a + b\,T, \qquad [4\text{-}29.40]$$

wobei a und b für gegebene Elektrolytkonzentrationen Konstanten sind. Dieser Ansatz führt mit Gl. [2] und [5] auf den Ausdruck

$$\frac{\Phi}{\Delta T} = a + b\,T_m = \varepsilon\,(T_m) \qquad [4\text{-}29.41]$$

mit

$$T_m \equiv \frac{1}{2}\,(T_1 + T_2). \qquad [4\text{-}29.42]$$

Wenn also $\Phi/\Delta\, T$ eine lineare Funktion der mittleren Temperatur T_m ist, darf $\Phi/\Delta\, T$ mit der für die mittlere Temperatur T_m gültigen Thermokraft $\varepsilon\,(T_m)$ identifiziert werden. In Abb. 30 bringen wir ein Beispiel für die

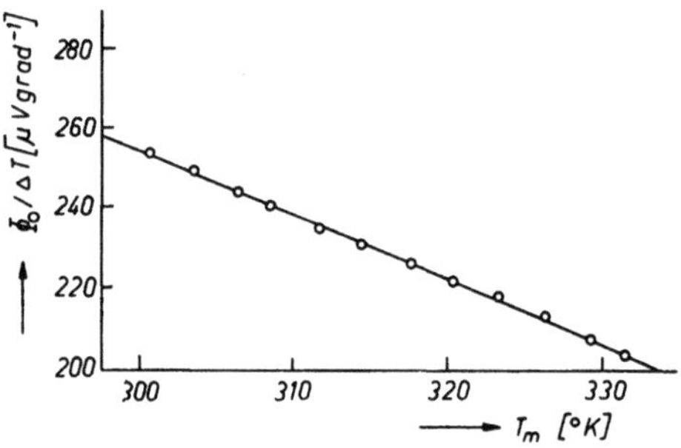

Abb. 30. Quotient aus Anfangswert Φ_0 der EMK und Temperaturdifferenz ΔT der Elektroden in Abhängigkeit von der mittleren (absoluten) Temperatur T_m gemäß Messungen von LEVIN und BONILLA[3]) an der Thermokette [43] für 1.0014 n wäßrige KCl-Lösung nach TYRRELL[2])

[1]) Vgl. R. HAASE und H. SCHÖNERT, Z. physik. Chem. Neue Folge **25**, 193 (1960).
[2]) H. J. V. TYRRELL, Diffusion and Heat Flow in Liquids (London 1961).
[3]) H. LEVIN und C. F. BONILLA, J. Electrochem. Soc. **98**, 388 (1951).

Prüfung von Gl. [41]. Die Messungen beziehen sich auf Anfangswerte der EMK (Φ_0) der Thermokette

$$\underset{T_0}{|}\ \mathrm{Ag}\ \underset{T_1}{|}\ \mathrm{AgCl}\ \underset{T_1}{|}\ \mathrm{KCl\,(aq)}\ \underset{T_2}{|}\ \mathrm{AgCl}\ \underset{T_2}{|}\ \mathrm{Ag}\ \underset{T_0}{|} \qquad [4\text{-}29.43]$$

Die Ergebnisse sind nicht immer so günstig wie im Falle von Abb. 30. Gl. [41] dürfte jedoch bis zu Temperaturdifferenzen von etwa 20° C anwendbar sein.

Die normale experimentelle Anordnung für eine Thermokette mit Ag/AgCl-Elektroden und wäßriger Kaliumchloridlösung sieht folgendermaßen aus:

$$\underset{T_0}{|}\ \mathrm{Cu}\ \underset{T_1}{|}\ \mathrm{Pt}\ \underset{T_1}{|}\ \mathrm{Ag}\ \underset{T_1}{|}\ \mathrm{AgCl}\ \underset{T_1}{|}\ \mathrm{KCl(aq)}\ \underset{T_2}{|}\ \mathrm{AgCl}\ \underset{T_2}{|}\ \mathrm{Ag}\ \underset{T_2}{|}\ \mathrm{Pt}\ \underset{T_2}{|}\ \mathrm{Cu}\ \underset{T_0}{|} \qquad [4\text{-}29.43a]$$

Dabei ist Cu (Kupferdraht) die Endphase (Elektrodenableitung), in der ein Temperaturgradient herrscht. Die Einschaltung von Pt-Drähten zwischen Endphasen und Elektroden ist ohne Einfluß auf die EMK der Kette. Ebenso ist der Wert der Raumtemperatur T_0 belanglos. Die EMK der obigen Thermokette ist aber nicht identisch mit derjenigen der Kette [43], da dort Ag (Silberdraht) die Endphase mit dem Temperaturgefälle darstellt. Nach Gl. [30] und [4-25.46] ist der Unterschied in den Thermokräften der Thermoketten [43] und [43a] bei vorgegebener Elektrolytkonzentration gleich dem Betrag der Thermokraft eines aus Cu und Ag bestehenden Thermoelementes.

Die Konzentrationsabhängigkeit von ε_0 bzw. ε_∞ im Falle eines einzigen Elektrolyten mit zwei Ionenarten ergibt sich aus Gl. [31] bzw. [35]. Bei hoher Verdünnung sind ϑ_i und $^*Q$ von der Gestalt (vgl. Gl. [4-16.35], [4-16.40] und Gl. [4-27.21]): $\alpha + \beta\sqrt{I}$, worin α und β bei vorgegebener Temperatur Konstanten darstellen und I die Ionenstärke des Elektrolyten bedeutet. Wie weiterhin in § 4.31 gezeigt wird, hat $^*S_i$ für kleine Konzentrationen die Form:

$$^*S_i = {}^*S_i{}^0 - R\ln(\nu_i m) + \alpha_i\sqrt{I},$$

wobei $^*S_i$ und α_i für feste Temperatur konstant sind. Damit folgt aus Gl. [31] bzw. [35], daß der Ausdruck

$$\mathfrak{F}\varepsilon_0 - \frac{R}{z_i}\ln(\nu_i m) \equiv \eta_0 \qquad [4\text{-}29.44]$$

bzw.

$$\mathfrak{F}\varepsilon_\infty - \frac{R}{z_i}\ln(\nu_i m) \equiv \eta_\infty \qquad [4\text{-}29.45]$$

bei hinreichend kleinen Konzentrationen eine lineare Funktion von $\sqrt{I}$ sein muß. Dies wird an Hand von ε_0-Messungen für die Thermokette [43a] mit

HCl (statt KCl) in Abb. 31 gezeigt. (Für diese Thermokette gilt: $z_i = -1$, $\nu_i = 1, I = m$.)

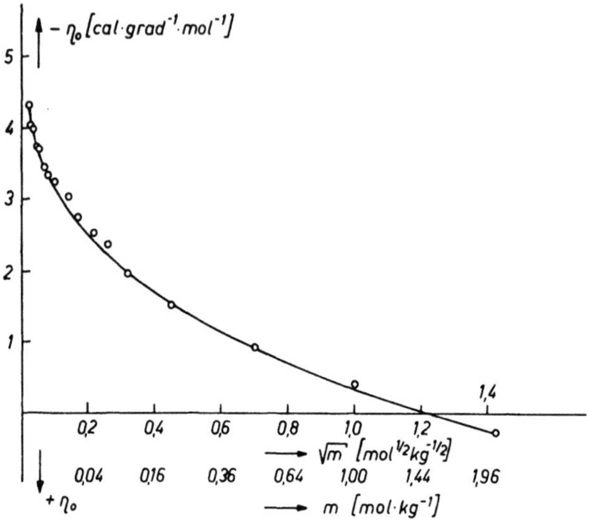

Abb. 31. Die Größe η_0 gemäß Gl. [44] als Funktion der Molarität m des Elektrolyten für die Thermokette [43a] mit HCl (statt KCl) bei einer mittleren Temperatur von 25 °C nach HAASE und SCHÖNERT[1])

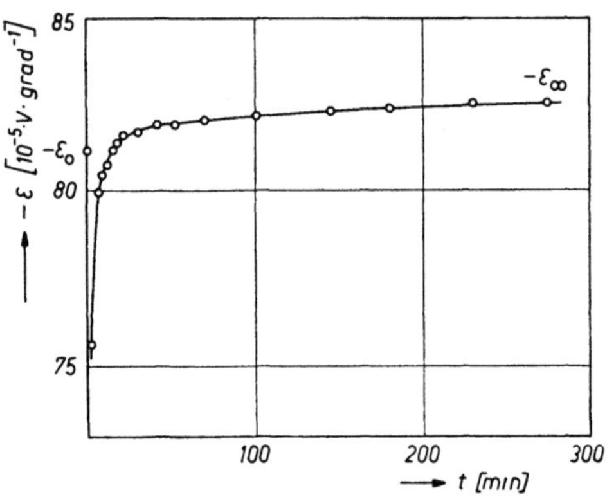

Abb. 32. Thermokraft ε der Thermokette [46] als Funktion der Zeit t bei einer mittleren Temperatur von 25 °C und einer Molarität des Elektrolyten von 0,001 mol kg^{-1} nach HAASE und BEHREND[2])

[1]) R. HAASE und H. SCHÖNERT, Z. physik. Chem. Neue Folge **25**, 193 (1960).
[2]) R. HAASE und G. BEHREND, Z. physik. Chem. Neue Folge **31**, 375 (1962).

In Abb. 32 bringen wir die gemessene zeitliche Änderung der Thermokraft der Thermokette

$$\underset{T_0}{|}\ \mathrm{Pt}\ \underset{T_1}{|}\ \mathrm{Ag}\ \underset{T_1}{|}\ \mathrm{AgNO_3\,(aq)}\ \underset{T_2}{|}\ \mathrm{Ag}\ \underset{T_2}{|}\ \mathrm{Pt}\ \underset{T_0}{|} \qquad [4\text{-}29.46]$$

bei gegebenen Werten der mittleren Temperatur und der Elektrolytkonzentration. [Die $\varepsilon\,(t)$-Kurve beginnt nicht bei ε_0, da sich die in der Lösung wirksame Temperaturdifferenz erst nach einiger Zeit einstellt.] Aus Kurven dieses Typs sind die ε_∞ -Werte für verschiedene Temperaturen und Konzentrationen bestimmbar.

d) *Thermoketten mit festen oder geschmolzenen Elektrolyten.* Will man die Grundgleichung [22] auf Thermoketten mit festen oder geschmolzenen Elektrolyten übertragen, so muß man die Frage des Bezugssystems für die Definition der Transportgrößen (Überführungszahlen, Überführungswärmen, Überführungsentropien) sorgfältig untersuchen[1]).

In unseren bisher entwickelten Gleichungen ist das HITTORFsche Bezugssystem zugrunde gelegt worden: Die Geschwindigkeit einer herausgegriffenen Teilchenart wird als Bezugsgeschwindigkeit angesehen. Diese Bezugsteilchenart entspricht bei Elektronenleitern den Ionen im Kristallgitter und bei Elektrolytlösungen dem Lösungsmittel. Es kann nun der gesamte Formalismus auch für feste oder geschmolzene Elektrolyte beibehalten werden, wenn man eine geeignete Ionensorte als Bezugsteilchenart definiert (vgl. S. 416). Wir erklären dieses Verfahren im folgenden für den einfachsten Fall.

Wir betrachten einen Ionenkristall mit zwei Ionensorten (etwa festes Silberchlorid) oder eine ionisierte Schmelze mit zwei Ionenarten ohne neutrale Teilchen (etwa geschmolzenes Silbernitrat). Wir setzen weiterhin der Einfachheit halber voraus, daß bei den entsprechenden Thermoketten die Elektroden aus demjenigen Metall (M) in fester Form bestehen, dessen Ionen im festen oder geschmolzenen Salz (MX_n) auftreten. Wir haben also eine Thermokette des Typs

$$\mathrm{M}\ \underset{T_1}{|}\ \mathrm{MX}_n\ \underset{T_2}{|}\ \mathrm{M} \qquad [4\text{-}29.47]$$

---

[1]) Die hierbei möglichen Mißverständnisse haben zu unterschiedlichen Interpretationen der Versuchsergebnisse geführt[2]) [3]) [4]).

[2]) H. HOLTAN jr., Electric Potentials in Thermocouples and Thermocells, Diss. (Utrecht 1953); Proc. Kon. Ned. Akadem. Wetensch. Amsterdam (B) **56**, 498 (1953).

[3]) B. R. SUNDHEIM und J. ROSENSTREICH, J. Physic. Chem. **63**, 419 (1959).

[4]) A. R. NICHOLS und C. T. LANGFORD, J. Electrochem. Soc. **107**, 842 (1960).

Beispiele sind:

$$\underset{T_1}{\mathrm{Ag}\,|}\;\mathrm{AgCl\ (fest)}\;\underset{T_2}{|\,\mathrm{Ag}} \qquad [4\text{-}29.48]$$

$$\underset{T_1}{\mathrm{Pb}\,|}\;\mathrm{PbCl_2\ (fest)}\;\underset{T_2}{|\,\mathrm{Pb}} \qquad [4\text{-}29.49]$$

$$\underset{T_1}{\mathrm{Ag}\,|}\;\mathrm{AgNO_3\ (flüssig)}\;\underset{T_2}{|\,\mathrm{Ag}} \qquad [4\text{-}29.50]$$

In solchen Thermoketten ist kein Soret-Effekt möglich. Es gilt also in Gl. [22]: $dm_k/dT = 0$. Weiterhin muß in Gl. [22] der Index i sich im vorliegenden Falle auf die Kationen (Metallionen) beziehen. Wenn wir nun die Anionen (Index $_-$) bzw. Kationen (Index $_+$) als Bezugsteilchenart wählen, finden wir mit Gl. [4-16.10] und [4-16.42] für die in Gl. [22] verbleibende Summe:

$$\sum_j \tau_j\,{}^*Q_j = \tau_+\,{}^*Q_+ = \frac{t_+}{z_+}\,{}^*Q_+ = \frac{{}^*Q_+}{z_+}$$

bzw.

$$\sum_j \tau_j\,{}^*Q_j = \tau_-\,{}^*Q_- = \frac{t_-}{z_-}\,{}^*Q_- = \frac{{}^*Q_-}{z_-}\,.$$

Hierin ist ${}^*Q_+$ bzw. ${}^*Q_-$ die Überführungswärme der Kationen bzw. Anionen im festen oder geschmolzenen Salz, gemessen relativ zu den Anionen bzw. Kationen. Wie ersichtlich, fällt die Hittorfsche Überführungszahl t_+ bzw. t_-, die bei unserer Wahl des Bezugssystems stets den Wert 1 hat, aus der Formel heraus. Beachten wir schließlich noch die Beziehungen

$$\nu_+ z_+ + \nu_- z_- = 0,$$
$$\nu_+ S_+ + \nu_- S_- = \overline{S}_{\mathrm{MX}_n}\,,$$
$$S_a = \overline{S}_{\mathrm{M}},$$

wobei $\overline{S}_{\mathrm{M}}$ bzw. $\overline{S}_{\mathrm{MX}_n}$ die molare Entropie des festen Elektrodenmetalls bzw. des festen oder geschmolzenen Salzes bedeutet, so ergibt sich aus Gl. [22] und [24] die einfache Formel (vgl. Gl. [25]):

$$\mathfrak{F}\,\varepsilon = \frac{1}{z_+}\,\overline{S}_{\mathrm{M}} - ({}^*S_\ominus)_A - \frac{1}{z_+}\,{}^*S_+ \qquad [4\text{-}29.51]$$

bzw.

$$\mathfrak{F}\,\varepsilon = \frac{1}{z_+\nu_+}\,(\nu_+\,\overline{S}_{\mathrm{M}} - \overline{S}_{\mathrm{MX}_n}) - ({}^*S_\ominus)_A - \frac{1}{z_-}\,{}^*S_-\,. \qquad [4\text{-}29.52]$$

Darin bezeichnet $^*S_+$ bzw. $^*S_-$ die Überführungsentropie der Kationen bzw. Anionen im festen oder geschmolzenen Salz, gemessen relativ zu den Anionen bzw. Kationen. Vergleich von Gl. [51] mit Gl. [52] führt auf den Zusammenhang:

$$\nu_+ \, ^*S_+ + \nu_- \, ^*S_- = \overline{S}_{\mathrm{MX}_n}\,. \qquad [4\text{-}29.53]$$

Aus der letzten Gleichung folgt mit Gl. [24]:

$$^*Q \equiv \nu_+ \, ^*Q_+ + \nu_- \, ^*Q_- = 0\,. \qquad [4\text{-}29.54]$$

Gl. [51] und [54] sind in Übereinstimmung mit den Ausführungen von PITZER[1])[2]).

Mit Hilfe von Gl. [51] bis [53] können konventionelle Ionenüberführungsentropien ($^*S_+$ und $^*S_-$) in festen oder geschmolzenen Salzen aus EMK-Messungen an Thermoketten vom Typ [48] und [49] oder [50] gewonnen werden. Beispiele mit Erläuterungen findet man in § 4.31 (Tab. 16 und 17, S. 448 und S. 449).

§ 4.30. Elektrolytische Thermoelemente

Ein *elektrolytisches Thermoelement* ist eine nichtisotherme galvanische Kette mit dem Phasenschema

$$\underset{T_0}{|}\ \text{Endphase}\ \underset{T_1}{|}\ \text{Elektrode}\ \underset{T_1}{|}\ \text{Lösung I}\ \underset{\alpha\ \ T_1\ \ \beta}{\overset{a}{\|}}\ \text{Lösung II}\ \underset{\gamma\ \ T_2\ \ \delta}{\overset{b}{\|}}\ \text{Lösung I}\ \underset{T_1}{\overset{c}{|}}\ \text{Elektrode}\ \underset{T_1}{|}\ \text{Endphase}\ \underset{T_0}{|}$$

Die Endphasen und Elektroden sind jeweils einander gleich. Die Lösungen I und II enthalten verschiedene Elektrolyte im gleichen Lösungsmittel. In der Lösung I soll diejenige Ionenart vorkommen, für welche die Elektroden reversibel sind. An den mit $\|$ bezeichneten Stellen befinden sich „Brückenlösungen" (vgl. S. 328). T_0 ist die Zimmertemperatur, während T_1 und T_2 die Temperaturen der beiden Flüssigkeitsverbindungen darstellen. Es wird abgesehen von Druckgradienten und äußeren Kraftfeldern, aber auch von Konzentrationsgradienten und damit vom SORET-Effekt. Bei der EMK-Messung muß man also „Anfangswerte" bestimmen (vgl. S. 425).

Die meßbare EMK der obigen Kette setzt sich aus Diffusionspotentialen an den Phasengrenzen a und b sowie Thermodiffusionspotentialen im Inneren der Lösung II (zwischen a und b) und im Inneren der Lösung I (zwischen b und c) zusammen. Alle übrigen Potentialdifferenzen (Kontakt- und

[1]) K. S. PITZER, J. Physic. Chem. **65**, 147 (1961).

[2]) Allerdings basieren die Überlegungen von PITZER noch auf der quasithermodynamischen Theorie von EASTMAN und WAGNER (vgl. S. 211).

Elektrodenpotentiale sowie thermoelektrische Potentiale) heben sich gegenseitig auf. Denkt man sich an den Stellen α, β, γ und δ passende Elektroden eingesetzt, so erkennt man, daß unser elektrolytisches Thermoelement einer Kombination zweier Thermoketten mit zwei Konzentrationsketten (mit Überführung) entspricht.

Als Beispiel eines experimentell untersuchten elektrolytischen Thermoelementes behandeln wir die Kette[1][2]

$$\underset{T_0}{|}\,\mathrm{Cu}\,\underset{T_1}{|}\,\mathrm{Pt}\,|\,\mathrm{Ag}\,|\,\mathrm{AgCl}\,\underset{T_1}{|}\,\mathrm{HCl\,(aq)}\,\underset{\uparrow\alpha\;T_1\;\uparrow\beta}{\|}\,\mathrm{KCl\,(aq)}\,\underset{\uparrow\gamma\;T_2\;\uparrow\delta}{\|}\,\mathrm{HCl\,(aq)}\,\underset{T_1}{|}\,\mathrm{AgCl}\,|\,\mathrm{Ag}\,|\,\mathrm{Pt}\,\underset{T_1}{|}\,\mathrm{Cu}\,\underset{T_0}{|} \qquad \text{(A)}$$

Dabei haben die wäßrigen Lösungen von HCl und KCl gleiche Konzentrationen. Die EMK dieser nichtisothermen Kette sei Φ, die Thermokraft $\varepsilon\;(\approx \Phi/\Delta T, \Delta T = T_2 - T_1)$.

Wir betrachten nun die isothermen Konzentrationsketten (vgl. S. 329)

Temperatur T_1: $\mathrm{Ag}\,|\,\mathrm{AgCl}\,|\,\mathrm{HCl\,(aq)}\,\|\,\mathrm{KCl\,(aq)}\,|\,\mathrm{AgCl}\,|\,\mathrm{Ag}$ (B)

Temperatur T_2: $\mathrm{Ag}\,|\,\mathrm{AgCl}\,|\,\mathrm{KCl\,(aq)}\,\|\,\mathrm{HCl\,(aq)}\,|\,\mathrm{AgCl}\,|\,\mathrm{Ag}$ (C)

und die Thermoketten (vgl. S. 435)

$$\underset{T_0}{|}\,\mathrm{Cu}\,\underset{T_1}{|}\,\mathrm{Pt}\,|\,\mathrm{Ag}\,|\,\mathrm{AgCl}\,\underset{T_1}{|}\,\mathrm{KCl\,(aq)}\,\underset{T_2}{|}\,\mathrm{AgCl}\,|\,\mathrm{Ag}\,|\,\mathrm{Pt}\,\underset{T_2}{|}\,\mathrm{Cu}\,\underset{T_0}{|} \qquad \text{(I)}$$

$$\underset{T_0}{|}\,\mathrm{Cu}\,\underset{T_1}{|}\,\mathrm{Pt}\,|\,\mathrm{Ag}\,|\,\mathrm{AgCl}\,\underset{T_1}{|}\,\mathrm{HCl\,(aq)}\,\underset{T_2}{|}\,\mathrm{AgCl}\,|\,\mathrm{Ag}\,|\,\mathrm{Pt}\,\underset{T_2}{|}\,\mathrm{Cu}\,\underset{T_0}{|} \qquad \text{(II)}$$

und nennen die EMK-Werte dieser Ketten der Reihe nach $\Phi_1, \Phi_2, \Phi_{\mathrm{I}}, \Phi_{\mathrm{II}}$. Die Thermokräfte (Anfangswerte) der beiden Thermoketten seien $\varepsilon_{\mathrm{I}}\;(\approx \Phi_{\mathrm{I}}/\Delta T)$ und $\varepsilon_{\mathrm{II}}\;(\approx \Phi_{\mathrm{II}}/\Delta T)$.

Denkt man sich im elektrolytischen Thermoelement (A) bei α und β (Temperatur T_1) sowie bei γ und δ (Temperatur T_2) Ag/AgCl-Elektroden eingeführt, so gelangt man zu folgender Beziehung:

$$\Phi = \Phi_1 + \Phi_2 + \Phi_{\mathrm{I}} - \Phi_{\mathrm{II}}$$

oder

$$\varepsilon = \varepsilon' + \varepsilon_{\mathrm{I}} - \varepsilon_{\mathrm{II}} \qquad [4\text{-}30.1]$$

mit

$$\varepsilon' \equiv \frac{\Phi_1 + \Phi_2}{T_2 - T_1}\,. \qquad [4\text{-}30.2]$$

Man kann also die Thermokraft ε des elektrolytischen Thermoelementes auf die Thermokräfte ε_{I} und $\varepsilon_{\mathrm{II}}$ zweier Thermoketten und den Ausdruck ε' zu-

---

[1] R. Haase und P.-F. Sauermann, Z. physik. Chem. Neue Folge **27**, 42 (1961).

[2] Es gibt nur wenige ältere Untersuchungen (Wild 1858. Duane 1898, Podszus 1908).

zurückführen. Die Größe ε' müßte strenggenommen aus EMK-Messungen an den isothermen Konzentrationsketten (B) und (C) gewonnen werden, wobei die Flüssigkeitsverbindungen in genau derselben (reproduzierbaren) Weise wie im elektrolytischen Thermoelement (A) einzurichten wären. Die experimentelle Verifizierung von Gl. [1] bedingt demnach recht umständliche Meßverfahren, ohne zu neuen Erkenntnissen zu führen. Wir beschränken daher die folgende Diskussion auf einige einfache Betrachtungen an bereits vorhandenen Meßdaten.

Setzt man hinreichend verdünnte Lösungen voraus, so ist das Elektrodenpotential unabhängig von der Natur des Kations (H^+ oder K^+) in den wäßrigen Chloridlösungen. Die EMK der isothermen Konzentrationsketten ist daher in dieser Näherung allein durch das Diffusionspotential an den Flüssigkeitsverbindungen bestimmt.

Wie nun schon seit langem bekannt ist (vgl. S. 330), sind im allgemeinen Diffusionspotentiale in Lösungen von zwei oder mehr Elektrolyten weder experimentell noch theoretisch ermittelbar, ja oft gar nicht reproduzierbar. Ein einfacher Fall liegt aber vor, wenn zwei ideal verdünnte Lösungen ein-einwertiger Elektrolyte der gleichen Konzentration, die eine gemeinsame Ionenart enthalten, in bestimmter Weise aneinander grenzen. Hier ergeben die Rechnungen von PLANCK[1]) und HENDERSON[2]) dasselbe Resultat, so daß man annehmen darf, daß der Wert des Diffusionspotentials in diesem speziellen Falle von der Struktur der Übergangsschicht zwischen den beiden Elektrolytlösungen unabhängig ist[3]).

Nehmen wir also in den isothermen Konzentrationsketten (B) und (C) ideal verdünnte Lösungen an, so ergibt die PLANCK-HENDERSONsche Formel für den Ausdruck [2]:

$$\varepsilon' = \frac{R}{\mathfrak{F}}\left(\frac{T_1}{T_2 - T_1}\ln\frac{(\Lambda_1)_{\mathrm{HCl}}}{(\Lambda_2)_{\mathrm{HCl}}} + \frac{T_1}{T_2 - T_1}\ln\frac{(\Lambda_2)_{\mathrm{KCl}}}{(\Lambda_1)_{\mathrm{KCl}}} + \ln\frac{(\Lambda_2)_{\mathrm{KCl}}}{(\Lambda_2)_{\mathrm{HCl}}}\right). \quad [4\text{-}30.3]$$

Hierin bedeutet R die Gaskonstante, $\mathfrak{F}$ die FARADAYsche Konstante und Λ_1 bzw. Λ_2 die Äquivalentleitfähigkeit der wäßrigen Lösung von HCl oder KCl bei der Temperatur T_1 bzw. T_2 im Grenzfalle unendlicher Verdünnung.

Nach obigem muß der aus der Thermokraft ε des elektrolytischen Thermoelementes (A) und Gl. [3] bestimmte Ausdruck $\varepsilon - \varepsilon'$ gemäß Gl. [1] mit der Größe $\varepsilon_{\mathrm{I}} - \varepsilon_{\mathrm{II}}$, ermittelt aus den Thermokräften der Thermoketten (I) und (II), um so besser übereinstimmen, je verdünnter die Lösungen sind. Abb. 33 bestätigt diese Aussage.

---

[1]) M. PLANCK, Wied. Ann. **39**, 161 (1890); **40**, 561 (1890).

[2]) P. HENDERSON, Z. physik. Chem. **59**, 118 (1907); **63**, 325 (1908).

[3]) Im Falle des elektrolytischen Thermoelementes (A) wurden gut reproduzierbare „fließende Grenzschichten" verwandt.

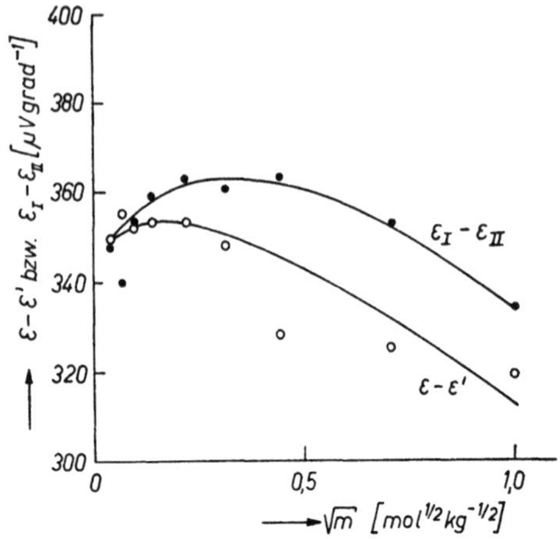

Abb. 33. Die Differenz $\varepsilon - \varepsilon'$ bzw. $\varepsilon_I - \varepsilon_{II}$, ermittelt aus Messungen am elektrolytischen Thermoelement (A) und Gl. [3] bzw. aus Messungen an den Thermoketten (I) und (II), in Abhängigkeit von der Molarität m des Elektrolyten bei einer mittleren Temperatur von 25 °C nach HAASE und SAUERMANN[1])

○ $\varepsilon - \varepsilon'$

● $\varepsilon_I - \varepsilon_{II}$

§ 4.31. Überführungsentropien von Ionen

a) *Elektrolytlösungen.* Nach § 4.29 kann man für die Lösung eines einzigen Elektrolyten mit zwei Ionenarten aus EMK-Messungen an Thermoketten und SORET-Koeffizienten die konventionellen Überführungsentropien $^*S_+$ und $^*S_-$ der Kationen und Anionen experimentell bestimmen. Mit diesen Größen, die für die nichtisothermen Transporterscheinungen in Elektrolytlösungen (von reiner Wärmeleitung abgesehen) in ähnlicher Weise charakteristisch sind wie die Ionenbeweglichkeiten für isotherme Vorgänge (Elektrizitätsleitung und Diffusion), wollen wir uns nun näher beschäftigen.

Die Definition [4-24.20] liefert den Zusammenhang:

$$^*S_i = \frac{^*Q_i}{T} + S_i \; (i = +, -), \qquad [4\text{-}31.1]$$

worin T die absolute Temperatur, $^*Q_i$ die Überführungswärme der Ionenart i und S_i die partielle molare Entropie der Ionenart i bedeutet. Sowohl $^*S_i$ als auch $^*Q_i$ werden im HITTORFschen Bezugssystem gemessen, wobei das Lösungsmittel die Bezugsteilchenart darstellt.

[1]) R. HAASE und P.-F. SAUERMANN, Z physik. Chem. Neue Folge **27**, 42 (1961).

Nach der klassischen Thermodynamik gilt (vgl. Gl. [1-12.7], [1-19.15] und [1-19.16]):

$$S_i = S_i^0 - R\left[\ln (m_i \gamma_i) + T\left(\frac{\partial \ln \gamma_i}{\partial T}\right)_{P,m}\right] \qquad [4\text{-}31.2]$$

mit

$$\lim_{m \to 0} \gamma_i = 1. \qquad [4\text{-}31.3]$$

Darin ist S_i^0 der Standardwert der partiellen molaren Entropie der Ionenart i, der bei fester Temperatur[1]) und vorgegebenem Lösungsmittel nur von der Natur des Ions i abhängt[2]), R die Gaskonstante, m_i die Molarität der Ionensorte i, γ_i der praktische Aktivitätskoeffizient der Ionenart i, P der Druck und m die Molarität des Elektrolyten.

Für die Überführungswärme $^*Q_i$ der Ionenart i können wir auf Grund unserer Kenntnisse über Soret-Koeffizienten (S. 413) ansetzen:

$$^*Q_i = {}^*Q_i^0 + q_i \qquad [4\text{-}31.4]$$

mit

$$\lim_{m \to 0} q_i = 0. \qquad [4\text{-}31.5]$$

$^*Q_i^0$, der Grenzwert von $^*Q_i$ bei unendlicher Verdünnung, ist wie S_i^0 bei konstanter Temperatur und gegebenem Lösungsmittel eine individuelle, d. h. für die Ionensorte i charakteristische Konstante, also unabhängig von der Natur des Gegenions. Die Größe q_i schließlich ist eine Konzentrationsfunktion, die bei $m = 0$ verschwindet.

Aus Gl. [1] bis [5] ergibt sich[3])[4]):

$$^*S_i = {}^*S_i^0 - R \ln m_i - R\left[\ln \gamma_i + T\left(\frac{\partial \ln \gamma_i}{\partial T}\right)_{P,m}\right] + \frac{q_i}{T} \qquad [4\text{-}31.6]$$

---

[1]) Vom geringfügigen Einfluß des Druckes sehen wir bei Elektrolytlösungen stets ab.

[2]) Dies bedeutet, daß der Standardwert S_2^0 der partiellen molaren Entropie des Elektrolyten in der Lösung (vgl. Fußnote 1, S. 433)

$$S_2^0 = \nu_+ S_+^0 + \nu_- S_-^0$$

additiv in Ionenteilen ist. Man kann also für Zwecke der Tabellierung, ähnlich wie bei den Überführungswärmen (Tab. 14, S. 414), den S_i^0-Wert für eine bestimmte Ionenart willkürlich gleich Null setzen und erhält damit zahlenmäßig festgelegte Werte für die S_i^0 der übrigen Ionensorten. Geht man von der üblichen Normierung $S^0_{\mathrm{H}^+} = 0$ (für wäßrige Lösungen bei 25 °C) aus, so findet man die S_i^0-Werte, die in Tab. 15, S. 447, angeführt sind.

[3]) R. Haase, Z. physik. Chem. Neue Folge **13**, 21 (1957); R. Haase, K. Hoch und H. Schönert, ibid. **27**, 421 (1961).

[4]) Bei korrekterer Formulierung ist mit den hier benutzten Einheiten an die Stelle von $\ln m_i$ bzw. $\ln \gamma_i$ der Ausdruck $\ln \frac{m_i}{\mathrm{mol\,kg^{-1}}}$ bzw. $\ln \frac{\gamma_i}{\mathrm{kg\,mol^{-1}}}$ zu

(Forts. S. 444)

mit

$$*S_i^0 \equiv S_i^0 + \frac{*Q_i^0}{T}\,, \qquad [4\text{-}31.7]$$

$$*S_i^0 = \lim_{m\to 0}\,(*S_i + R\ln m_i)\,. \qquad [4\text{-}31.8]$$

Die Größe $*S_i^0$ ist der *Standardwert* der (konventionellen) Überführungsentropie. Sie stellt nach Gl. [7] bei fester Temperatur und vorgegebenem Lösungsmittel eine für das Ion i charakteristische Konstante dar. Ihre experimentelle Bestimmbarkeit beruht auf Gl. [8].

Einfache Gesetzmäßigkeiten sind nur bei hinreichend hoher Verdünnung zu erwarten. Da in diesem Falle der Elektrolyt vollständig dissoziiert ist, gilt zunächst gemäß Gl. [1-19.13]:

$$m_i = \nu_i\, m\,, \qquad [4\text{-}31.9]$$

worin ν_i die Zerfallszahl für die Ionenart i bedeutet. Ferner erhalten wir nach dem DEBYE-HÜCKELschen Grenzgesetz:

$$\ln \gamma_i = -\,a\,z_i^2\,\sqrt{I}\,. \qquad [4\text{-}31.10]$$

Hierbei ist z_i die elektrochemische Valenz des Ions i, I die Ionenstärke des Elektrolyten (Gl. [4-27.22]) und a eine Größe, die nur von der Temperatur und der Natur des Lösungsmittels abhängt und ebenfalls von der Theorie vorausgesagt wird (Gl. [4-16.40e]). Schließlich folgt aus den SORET-Effekt-Daten nach Gl. [4-27.23] und Gl. [4]:

$$q_i = q_i^0\,\sqrt{I}\,, \qquad [4\text{-}31.11]$$

worin q_i^0 bei fester Temperatur und gegebenem Lösungsmittel eine für das Ion i charakteristische Konstante darstellt[1])[2]).

(Forts. v. S. 443)

setzen; denn sowohl die Molarität als auch der praktische Aktivitätskoeffizient sind dimensionierte Größen. Entsprechend ist Gl. [3] in der Form

$$\lim_{m\to 0} \frac{\gamma_i}{\text{kg mol}^{-1}} = 1$$

zu schreiben.

[1]) Bei mehrwertigen Elektrolyten könnte der Koeffizient von $\sqrt{I}$, wie bei der Ionenbeweglichkeit nach dem ONSAGERschen Grenzgesetz [4-16.40], auch von der Natur des Gegenions abhängen (vgl. S. 413). Indessen gilt nach neueren Messungen K. HOCH) Gl. [11] auch für wäßrige Lösungen von $CaCl_2$, $SrCl_2$, $BaCl_2$ une $LaCl_3$.

[2]) Für den (meßbaren) konventionellen Aktivitätskoeffizienten γ ergibt sich aus Gl. [10] sowie Gl. [1-19.8], [1-19.9], [1-19.17] und [1-19.18] mit $\alpha = 1$ (vollständige Dissoziation):

$$\ln \gamma = a\,z_+\,z_-\,\sqrt{I}\,.$$

In dieser Form ist das DEBYE-HÜCKELsche Grenzgesetz experimentell bestätigt, und zwar als Gleichung der Grenztangente für die Kurve $\ln \gamma\,(\sqrt{I})$ bei $I = 0$.

Mit der Abkürzung

$$\sigma_i \equiv {}^*S_i + R \ln (\nu_i\, m) \qquad [4\text{-}31.12]$$

finden wir aus Gl. [6] bis [11]:

$$\sigma_i = {}^*S_i^0 + \alpha_i \sqrt{I} \qquad [4\text{-}31.13]$$

mit

$$\alpha_i \equiv z_i^2\, R \left[a + T \left(\frac{\partial a}{\partial T}\right)_P\right] + \frac{q_i^0}{T}\,, \qquad [4\text{-}31.14]$$

$$ {}^*S_i^0 = \lim_{m \to 0} \sigma_i. \qquad [4\text{-}31.15]$$

Trägt man also σ_i gegen $\sqrt{I}$ auf, so erhält man bei hoher Verdünnung eine Gerade. Dabei hängen der Schnittpunkt mit der Ordinatenachse (${}^*S_i^0$) und die Steigung der Geraden (α_i) bei konstanter Temperatur und vorgegebenem Lösungsmittel nur von der Natur des Ions i ab. Neuere Messungen an sehr verdünnten Lösungen bestätigen diese Aussage[1]). In Abb. 34 ist ein Beispiel dargestellt. Tab. 15 gibt eine Übersicht über die so ermittelten Konstanten ${}^*S_i^0$ und α_i für Ionen in wäßriger Lösung bei 25° C. Die experimentellen Daten sind noch nicht genau genug, um eine Tabellierung der q_i^0-Werte, die aus Gl. [14] berechenbar sind, lohnend erscheinen zu lassen[2])[3]).

Abb. 35 bringt ein Beispiel für den Verlauf der Funktion $\sigma_i\left(\sqrt{I}\right)$ über einen größeren Konzentrationsbereich. Wie man deutlich erkennt, wird Gl. [13] bei konzentrierteren Lösungen ungültig; die Formel stellt vielmehr nur, wie das Debye-Hückelsche Grenzgesetz, die Gleichung der Grenztangente dar.

Es sei erwähnt, daß im Gültigkeitsbereich von Gl. [13] auf Grund von Gl. [4-29.39] und Gl. [12] unbekannte Soret-Koeffizienten aus den in Tab. 15 zusammengestellten Konstanten berechnet werden können[1]).

Die Aufspaltung der meßbaren Größe ${}^*S_i^0$ in S_i^0 und ${}^*Q_i^0/T$ gemäß Gl. [7] ist willkürlich. Legt man aber die S_i^0-Werte für wäßrige Lösungen bei 25°C durch eine Normierung fest (etwa durch die übliche, auch in Tab. 15 benutzte Festsetzung $S^0_{\mathrm{H}^+} = 0$), so ist damit ${}^*Q_i^0$ durch die aus Gl. [7] folgende Beziehung

$${}^*Q_i^0 = T\,({}^*S_i^0 - S_i^0) \qquad [4\text{-}31.16]$$

[1]) R. Haase, K. Hoch und H. Schönert, Z. physik. Chem. Neue Folge **27**, 421 (1961); R. Haase und G. Behrend, ibid. **31**, 375 (1962).

[2]) Die molekularstatistische Theorie von Helfand und Kirkwood[4]) führt ebenfalls auf einen Ausdruck der Form [13].

[3]) Die ersten veröffentlichten Werte von ${}^*S_i^0$ stammen von Choroschin und Temkin[5]), deren Auswertungsmethode jedoch auf die Annahme $\alpha_i = 0$ hinausläuft.

[4]) E. Helfand und J. G. Kirkwood, J. Chem. Physics **32**, 857 (1960).

[5]) A. W. Choroschin und M. I. Temkin, J. physic. Chem. (russ.) **26**, 773 (1952).

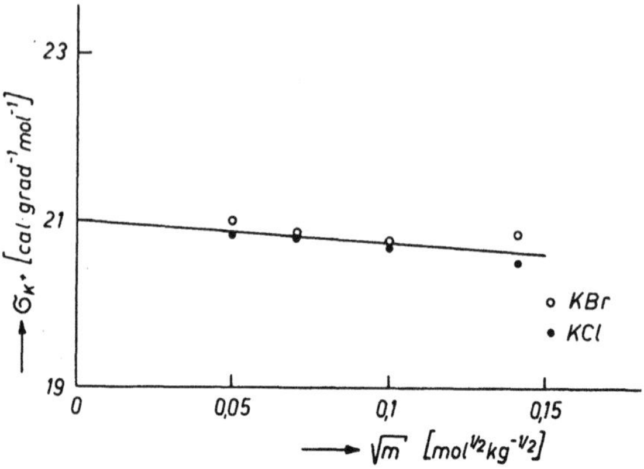

Abb. 34. Die Funktion $\sigma_{K^+} = {}^*S_{K^+} + R \ln m$ in Abhängigkeit von der Molarität m des Elektrolyten für wäßrige Lösungen von KCl und KBr bei 25 °C nach HAASE, HOCH und SCHÖNERT[1]). (Es gilt hier: $\nu_i = 1$, $I = m$)

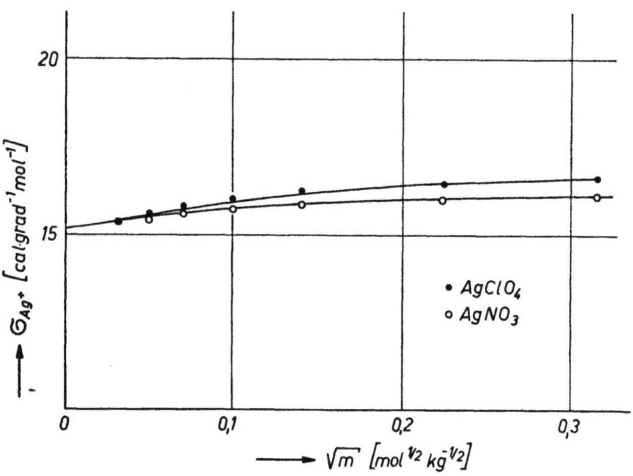

Abb. 35. Die Funktion $\sigma_{Ag^+} = {}^*S_{Ag^+} + R \ln m$ in Abhängigkeit von der Molarität m des Elektrolyten für wäßrige Lösungen von $AgNO_3$ und $AgClO_4$ bei 25 °C nach HAASE und BEHREND[2]). (Es gilt hier: $\nu_i = 1$, $I = m$)

für wäßrige Lösungen bei 25° C ebenfalls zahlenmäßig bestimmt. Ermitteln wir nun auf diesem Wege z. B. die Größe ${}^*Q_i{}^0$ für das Ion Cl^-, so ergibt sich ein bestimmter numerischer Wert ${}^*Q^0_{Cl^-}$, der von Null verschieden ist, während in Tab. 14 (S. 414) ${}^*Q^0_{Cl^-} = 0$ gesetzt worden ist. Addiert man daher den

[1]) R. HAASE, K. HOCH und H. SCHÖNERT, Z. physik. Chem. Neue Folge **27**, 421 (1961).

[2]) R. HAASE und G. BEHREND, Z. physik. Chem. Neue Folge **31**, 375 (1962).

neuen Wert für $-z_- \, {}^*Q^0_{Cl^-}$ zu den Zahlen für die Anionen in Tab. 14 und subtrahiert die Größe $z_+ \, {}^*Q^0_{Cl^-}$ von den Zahlen für die Kationen in Tab. 14, so erhält man die in der letzten Spalte in Tab. 15 aufgeführten Werte (mit der Bezeichnung „nach Tabelle 14"). Diese müssen nach unseren Ausführungen mit den aus Gl. [16] berechneten Werten für ${}^*Q_i{}^0$ übereinstimmen. Das Ausmaß dieser Übereinstimmung, das ebenfalls aus Tab. 15 ersichtlich ist, stellt ein Kriterium für die Güte der Messungen dar. Falls ${}^*S_i{}^0$ allein aus Bestimmungen von ε_∞ nach Gl. [4-29.35] ermittelt wurde – wie etwa bei Ag^+ –, handelt es sich sogar um eine Prüfung unabhängiger Messungen, da ja ${}^*Q_i{}^0$ nach Tab. 14 aus SORET-Effekt-Daten und $S_i{}^0$ aus Gleichgewichtsdaten gewonnen worden ist. Leider sind aber nur in wenigen Fällen genaue experimentelle Unterlagen über den SORET-Effekt und die EMK von Thermoketten bei denselben hochverdünnten Elektrolytlösungen vorhanden, so daß zurzeit lediglich für 3 Ionenarten die Konsistenzprüfung nach Gl. [16] möglich ist (Tab. 15).

Tabelle 15

Konstanten in Gl. [13][1]), $S_i{}^0$-Werte[2]), ${}^*Q_i{}^0$-Werte aus Gl. [16] und ${}^*Q_i{}^0$-Werte nach Tab. 14 (S. 414)[3]) für Ionen in wäßriger Lösung bei 25 °C

Ion i	${}^*S_i{}^0$ cal grad^{-1} mol^{-1}	α_i cal grad^{-1} mol$^{-\frac{3}{2}}$kg$^{\frac{1}{2}}$	$S_i{}^0$ cal grad^{-1} mol^{-1}	${}^*Q_i{}^0$ [cal mol^{-1}] aus Gl. [16]	nach Tabelle 14
Cl^-	19,3	−0,8	13,2	1820	(1820)
Br^-	25,3	−0,3	19,3	1790	—
I^-	28,1	5,2	26,1	600	1350
NO_3^-	37,8	1,3	35,0	830	—
ClO_4^-	45,3	1,8	43,2	630	—
H^+	5,6	−0,3	(0,0)	1670	—
Li^+	−0,6	−7,3	3,4	−1190	—
Na^+	11,6	2,4	14,4	− 830	− 970
K^+	21,0	−2,9	24,5	−1040	−1130
NH_4^+	22,2	−2,6	27,0	−1430	—
Rb^+	27,3	0,2	29,7	− 720	—
Cs^+	29,6	−1,0	31,8	− 660	—
Ag^+	15,2	8,2	17,7	− 750	—

b) *Feste und geschmolzene Elektrolyte.* Nach Gl. [4-29.51] und [4-29.53] lassen sich aus EMK-Messungen an Thermoketten des Typs [4-29.47] für feste und geschmolzene Elektrolyte die Überführungsentropien der Kationen

[1]) R. HAASE, K. HOCH und H. SCHÖNERT, Z. physik. Chem. Neue Folge **27**, 421 (1961). R. HAASE und G. BEHREND, ibid. **31**, 375 (1962).

[2]) W. M. LATIMER, Oxidation Potentials, 2. Aufl. (Englewood Cliffs, N. J., 1956).

[3]) Umgerechnet von ${}^*Q^0_{Cl^-} = 0$ auf ${}^*Q^0_{Cl^-} = 1820$ cal mol^{-1} (s. Text).

und Anionen ($*S_+$ und $*S_-$) ermitteln. Es handelt sich dabei wieder um konventionelle Werte, da die in Gl. [4-29.51] und [4-29.53] auftretenden molaren Entropien ($\bar{S}_M$ und $\bar{S}_{MX_n}$) bzw. Elektronenüberführungsentropien [$(*S_\ominus)_A$] durch die PLANCKsche Normierung bzw. auf die früher (S. 389) beschriebene Weise numerisch festgelegt sind. Wir verwenden das HITTORFsche Bezugssystem und wählen als Bezugsteilchenart für $*S_+$ die Anionen, für $*S_-$ die Kationen des festen oder geschmolzenen Elektrolyten.

In Tab. 16 bringen wir für feste Salze die von PITZER[1]) nach Gl. [4-29.51] aus Literaturdaten bestimmten Kationenüberführungsentropien $*S_+$ und die daraus von uns mit Hilfe von Gl. [4-29.53] abgeleiteten Anionen-

Tabelle 16

Konventionelle Überführungsentropien der Kationen und Anionen ($*S_+$ und $*S_-$) in festen Salzen ($\bar{S}_{MX_n}$ = molare Entropie des festen Salzes)

Salz	Temperatur °K	$\bar{S}_{MX_n}$ cal grad^{-1} mol^{-1}	$*S_+$ cal grad^{-1} mol^{-1}	$*S_-$ cal grad^{-1} mol^{-1}	Bemerkungen
AgCl	400	26,8	44,0	—17,2	Kationenleiter
	500	29,9	41,0	—11,1	
	600	32,5	37,6	— 5,1	
	700	34,8	31,8	+ 3,0	
AgBr	400	29,5	46,0	—16,5	Kationenleiter
	500	32,8	39,2	— 6,4	
	600	35,8	32,8	+ 3,0	
AgI (II)	400	31,5	40,6	— 9,1	Kationenleiter
AgI (I)	500	38,1	26,3	+11,8	
	600	40,5	27,4	+13,1	
CuCl	400	25,6	33,0	— 7,4	Kationenleiter
	500	28,8	32,6	— 3,8	
	600	31,8	32,0	— 0,2	
CuBr	400	*26,9	46,0	—19,1	Kationenleiter
	500	*29,9	40,6	—10,7	
	600	*32,4	35,0	— 2,6	
CuI (III)	400	*26,9	33,0	— 6,1	Kationenleiter
	500	*29,9	32,6	— 2,7	
	600	*32,4	32,0	+ 0,4	
CuI (I)	750		22,0		
$PbCl_2$	500	42,4	46,0	— 1,8	Kationenleiter
$PbBr_2$	500	48,6	40,0	+ 4,3	Anionenleiter
PbI_2	550	54,4	2,0	+26,2	Anionen- und
	650	57,9	12,5	+22,7	Kationenleiter

*) Geschätzt.

[1]) K. S. PITZER, J. Physic. Chem. **65**, 147 (1961).

überführungsentropien $*S_-$. Die hierbei benutzten Werte[1]) für die molaren Entropien der festen Salze ($\bar{S}_{MX_n}$) finden sich ebenfalls dort. Schließlich haben wir die Tabelle durch die Angabe ergänzt, ob es sich um einen Kationenleiter oder um einen Anionenleiter oder um einen Mischleiter handelt. Bei den hier betrachteten Salzen kommt in dem untersuchten Temperaturbereich Elektronenleitung nicht in Frage. Für reine Kationenleiter bzw. reine Anionenleiter fällt das gewählte Bezugssystem dann mit dem Kristallgitter zusammen, wenn man $*S_+$ bzw. $*S_-$ betrachtet. Wie ersichtlich, ist $*S_+$ stets positiv und fast immer von erheblichem Betrage, während $*S_-$ auch negativ sein und bei einer bestimmten Temperatur einen Vorzeichenwechsel aufweisen kann.

In Tab. 17 finden sich die entsprechenden Angaben für Salzschmelzen. Die $*S_+$-Werte stammen für CuCl von NICHOLS und LANGFORD[2]), sonst von PITZER[3]). Selbstverständlich zeigen geschmolzene Salze stets gleichzeitig Kationen- und Anionenleitung.

Tabelle 17

Konventionelle Überführungsentropien der Kationen und Anionen (S_+^* und $*S_-$) in Salzschmelzen. ($\bar{S}_{MX_n}$ = molare Entropie des geschmolzenen Salzes)

Salz	Temperatur °K	$\bar{S}_{MX_n}$ cal grad^{-1} mol^{-1}	$*S_+$ cal grad^{-1} mol^{-1}	$*S_-$ cal grad^{-1} mol^{-1}
$AgNO_3$	500	54,0	21,0	33
AgCl	800	41,2	26	15,2
AgBr	750	42,6	27	15,6
AgI	850	45,2	27	18,2
CuCl	735	39,1	23,7	15,4
	798	40,4	24,2	16,2
	861	41,6	24,7	16.9
$ZnCl_2$	600		8	
$SnCl_2$	600		22	

[1]) Die Werte für $\bar{S}_{MX_n}$ wurden (auch bei den geschmolzenen Salzen) dem Tabellenwerk von LANDOLT und BÖRNSTEIN[4]) sowie der Zusammenstellung von KELLEY[5]) entnommen.

[2]) A. R. NICHOLS und C. T. LANGFORD, J. Electrochem. Soc. **107**, 842 (1960).

[3]) K. S. PITZER, J. Physic. Chem. **65**, 147 (1961).

[4]) LANDOLT-BÖRNSTEIN, II. Band, 4. Teil (Berlin-Göttingen-Heidelberg 1961).

[5]) K. K. KELLEY, U.S. Dept. Interior, Bur. Mines, Bull. 584 (1960).

D. Kompliziertere Prozesse

§ 4.32. Innere Reibung

a) *Allgemeines.* Als *innere Reibung* bezeichnet man die Entstehung von Reibungsdrucken durch Geschwindigkeitsgefälle in einem strömenden fluiden Medium. Wir betrachten hier nur isotrope Systeme ohne Rotationsbewegungen und ohne elektromagnetische Felder[1]).

Benutzen wir ein rechtwinkliges Koordinatensystem (Ortskoordinaten z_1, z_2, z_3), so haben wir zunächst neun Reibungsdrucke P_{ij} $(i, j = 1, 2, 3)$ und neun Geschwindigkeitsgefälle $\partial v_i/\partial z_j$ (v_i = Komponente der Schwerpunktsgeschwindigkeit $\vec{v}$, $\partial/\partial z_j$ = Operator der Differentiation nach einer Raumkoordinate bei fester Zeit). Wegen der Symmetriebeziehungen (vgl. S. 253)

$$P_{ij} = P_{ji} \; (i, j = 1, 2, 3) \qquad [4\text{-}32.1]$$

und

$$X_{ij} = X_{ji} \; (i, j = 1, 2, 3) \qquad [4\text{-}32.2]$$

mit (vgl. Gl. [4-12.5])

$$X_{ij} \equiv -\frac{1}{2}\left(\frac{\partial v_i}{\partial z_j} + \frac{\partial v_j}{\partial z_i}\right) \quad (i, j = 1, 2, 3) \qquad [4\text{-}32.3]$$

verbleiben aber nur sechs unabhängige Reibungsdrucke (z. B. die Normaldrucke P_{11}, P_{22}, P_{33} und die Tangentialdrucke P_{12}, P_{13}, P_{23}) und sechs unabhängige Kombinationen von Geschwindigkeitsgefällen (X_{11} usw.).

Den letzten Term in der Dissipationsfunktion [4-12.2] schreiben wir mit Gl. [1] und [2] in folgender Form:

$$\Psi_\eta = \sum_{i=1}^{3} \sum_{j=1}^{3} P_{ij} X_{ij} = P_{11} X_{11} + P_{22} X_{22} + P_{33} X_{33} + 2 P_{12} X_{12} + 2 P_{13} X_{13} + 2 P_{23} X_{23}. \qquad [4\text{-}32.4]$$

Es treten also in diesem Term sechs unabhängige generalisierte Ströme (Reibungsdrucke oder „Impulsströme") und sechs unabhängige generalisierte Kräfte auf.

Das strömende Medium kann beliebige Temperatur-, Druck- und Konzentrationsgradienten aufweisen sowie reaktionsfähige Teilchenarten enthalten.

---

[1]) Den Fall eines strömenden Mediums in einer Zentrifuge oder in einem Magnetfeld, bei dem die Reziprozitätsbeziehungen in einer besonders komplizierten Form (§ 4.35) zu berücksichtigen sind, untersucht HOOYMAN[2]). Die verwickelte Hydrodynamik des flüssigen Heliums II im Lichte der Thermodynamik der irreversiblen Prozesse wird von PRIGOGINE und MAZUR[3]) behandelt.

[2]) G. J. HOOYMAN, Diss. (Leiden 1955).

[3]) I. PRIGOGINE und P. MAZUR, Physica **17**, 661 (1951); P. MAZUR und I. PRIGOGINE, ibid. **17**, 680 (1951).

Es sind daher neben der inneren Reibung noch andere Transporterscheinungen (Diffusion, Wärmeleitung, Thermodiffusion usw.) sowie chemische Reaktionen möglich. Die erstgenannten Prozesse brauchen wir jedoch wegen des Symmetrieprinzips von CURIE (S. 275) bei der Aufstellung von phänomenologischen Ansätzen für die innere Reibung nicht zu berücksichtigen. Die chemischen Reaktionen hingegen müssen beachtet werden, da prinzipiell eine Kopplung zwischen diesen und der inneren Reibung in Frage kommt. Wir behalten daher in dem generellen Ausdruck [4-12.2] für die Dissipationsfunktion Ψ in isotropen Medien ohne Elektrisierung und Magnetisierung die beiden letzten Terme bei:

$$\Psi = \sum_r w_r A_r + \Psi_\eta \geq 0\,, \qquad [4\text{-}32.5]$$

worin w_r bzw. A_r die Reaktionsgeschwindigkeit bzw. Affinität der Reaktion r bedeutet und die Summe über alle unabhängigen chemischen Reaktionen zu erstrecken ist.

b) *Schubviskosität und Volumenviskosität.* Zunächst sehen wir von chemischen Reaktionen ab. Der maßgebende Teil der Dissipationsfunktion lautet dann gemäß Gl. [4] und [5]:

$$\begin{aligned}\Psi = \Psi_\eta = P_{11} X_{11} + P_{22} X_{22} + P_{33} X_{33} \\ + 2 P_{12} X_{12} + 2 P_{13} X_{13} + 2 P_{23} X_{23} \geqslant 0\,. \qquad [4\text{-}32.6]\end{aligned}$$

Nach der allgemeinen Methodik der Thermodynamik der irreversiblen Prozesse würde man erwarten, daß für Gleichgewichtsnähe, d. h. nicht zu große Werte der Geschwindigkeitsgefälle, phänomenologische Ansätze gelten, die gemäß Gl. [6] auf 6 lineare Gleichungen mit 36 Koeffizienten führen. Nun zeigt aber eine Überlegung, die analog der entsprechenden Betrachtung an der Spannungs-Dehnungs-Beziehung (dem verallgemeinerten HOOKEschen Gesetz) bei isotropen elastischen Festkörpern verläuft, daß infolge der Isotropie des fluiden Mediums 6 unabhängige Gleichungen mit nur 2 unabhängigen Koeffizienten verbleiben[1]):

$$P_{ij} = P_{ji} = 2\eta X_{ij} + \left(\zeta - \frac{2}{3}\eta\right)\delta_{ij}(X_{11} + X_{22} + X_{33}) \quad (i, j = 1, 2, 3)\,. \qquad [4\text{-}32.7]$$

Hierbei bedeutet δ_{ij} das KRONECKERsche Symbol ($\delta_{ij} = 1$ für $i = j$, $\delta_{ij} = 0$ für $i \neq j$). Man nennt η die *Schubviskosität* (oder auch einfach *Viskosität*) und ζ die *Volumenviskosität* (oder *Druckviskosität*). Gl. [7] ist im Einklang mit der Erfahrung, falls man Phänomene wie „Strukturviskosität" ausschließt.

[1]) Vgl. z. B. A. SOMMERFELD, Vorlesungen über Theoretische Physik, Band II: Mechanik der deformierbaren Medien, 4. Aufl. (Leipzig 1957).

Einsetzen von Gl. [7] in Gl. [6] ergibt die Aussagen: $\eta \geqslant 0$, $\zeta \geqslant 0$. Mit $\zeta = 0$ folgt aus Gl. [6] und [7] ein Ausdruck, der als „RAYLEIGHsche Dissipationsfunktion" bekannt ist und auf den der Name „Dissipationsfunktion" für Ψ ganz allgemein zurückgeht.

Bei Beachtung von Gl. [3] und der Beziehung

$$\operatorname{div} \vec{v} = \frac{\partial v_1}{\partial z_1} + \frac{\partial v_2}{\partial z_2} + \frac{\partial v_3}{\partial z_3} \qquad [4\text{-}32.8]$$

kann man Gl. [7] auch so formulieren:

$$P_{ij} = P_{ji} = -\eta \left(\frac{\partial v_i}{\partial z_j} + \frac{\partial v_j}{\partial z_i} \right) + \left(\frac{2}{3} \eta - \zeta \right) \delta_{ij} \operatorname{div} \vec{v} \; (i, j = 1, 2, 3). \qquad [4\text{-}32.9]$$

Der Ansatz [7] bzw. [9] geht prinzipiell schon auf ST. VENANT (1843) und STOKES (1845) zurück. In der Tat wird in Gl. [7] oder [9] nichts weiter als eine lineare Abhängigkeit der Reibungsdrucke von den Geschwindigkeitsgefällen vorausgesetzt und die Isotropie des Mediums berücksichtigt.

In einer *inkompressiblen Flüssigkeit*, wie man sie bei vielen Problemen der Hydrodynamik annehmen darf, ist die Dichte örtlich und zeitlich konstant. Es gilt also nach Gl. [4-4.4]:

$$\operatorname{div} \vec{v} = 0 \text{ (Inkompressibilitätsbedingung)}. \qquad [4\text{-}32.10]$$

Hier entfällt der zweite Term in Gl. [9] auch für $i = j$. Durch Einsetzen von Gl. [9] und [10] in Gl. [4-5.11] entsteht die Gleichung von NAVIER (1822) und STOKES (1845). Wir werden jedoch im folgenden stets den allgemeineren Fall eines kompressiblen fluiden Mediums betrachten.

Tritt nur *eine* Geschwindigkeitskomponente (v_1) auf, deren Gefälle in Richtung der z_2-Achse liegt, so vereinfacht sich Gl. [9] zu dem bekannten elementaren Ausdruck:

$$P_{12} = -\eta \frac{\partial v_1}{\partial z_2}. \qquad [4\text{-}32.11]$$

Dies ist das Gesetz von NEWTON (1687).

Wenn ein Volumenelement eines fluiden Mediums gleichmäßig, d. h. bei Erhaltung der Gestalt, komprimiert oder expandiert wird, so gilt:

$$\frac{\partial v_1}{\partial z_1} = \frac{\partial v_2}{\partial z_2} = \frac{\partial v_3}{\partial z_3} = \frac{1}{3} \operatorname{div} \vec{v}.$$

Damit folgt aus Gl. [9]:

$$P_{ii} = -\zeta \operatorname{div} \vec{v} \; (i, = 1, 2, 3). \qquad [4\text{-}32.12]$$

Hieraus erhellt die Bedeutung der Volumenviskosität: ζ ist ein Maß für den allseitig gleichen zusätzlichen Normaldruck, der bei allseitig gleicher

Deformation in einem fluiden Medium entsteht. Dabei ist wegen $\zeta > 0$ (vgl. oben) P_{ii} positiv, wenn eine Kompression ($\operatorname{div} \vec{v} < 0$) vorliegt.

Während die Größe η als „Viskosität" in allen Tabellen zugänglich ist (vgl. Tab. 18), waren bis vor kurzem Meßwerte für die Volumenviskosität ζ nicht vorhanden. Erst durch die von ECKART[1]) angeregten experimentellen Untersuchungen von LIEBERMANN[2]) über die Schallausbreitung in Flüssigkeiten sind solche Werte bekannt geworden.

Tabelle 18

Viskosität (Schubviskosität) η für fluide Einstoffsysteme bei Atmosphärendruck[3])[4])

Stoff	Temperatur	$10^4\,\eta$ Poise ($= \mathrm{g\,cm^{-1}\,sec^{-1}}$)
Argon (Gas)	100° K	0,839
	200° K	1,594
	300° K	2,269
Wasser (flüssig)	0° C	178,7
	25° C	89,03
	50° C	54,67
	75° C	37,88
	100° C	28,29
Cyanwasserstoff (flüssig)	18° C	20,6
Benzol (flüssig)	25° C	60,28
Äthanol (flüssig)	25° C	107,8
Schwefelsäure (flüssig)	25° C	2454
Glycerin (flüssig)	25° C	94500

Die Schubviskosität η von Gasen und Flüssigkeiten hängt erfahrungsgemäß stark von der Temperatur, wenig vom Druck und merklich (bei Mischungen) von der Zusammensetzung ab. Nach den Messungen von LIEBERMANN[2]) an Wasser scheint die Druckviskosität ζ praktisch dieselbe Temperaturabhängigkeit wie η aufzuweisen. Im übrigen ist nach LIEBERMANN der Zahlenwert für das Verhältnis ζ/η bei Flüssigkeiten beträchtlich. So beträgt η für Wasser bei rund 17° C etwa 10^{-2} Poise (1 Poise $= 1\,\mathrm{g\,cm^{-1}\,sec^{-1}}$), während der entsprechende Wert von ζ bei etwa $3 \cdot 10^{-2}$ Poise liegt.

[1]) C. ECKART, Physic. Rev. **73**, 68 (1948).
[2]) L. N. LIEBERMANN, Physic. Rev. **75**, 1415 (1949).
[3]) E. A. GUGGENHEIM und J. E. PRUE, Physicochemical Calculations (Amsterdam 1955) 27.
[4]) R. A. ROBINSON und R. H. STOKES, Electrolyte Solutions, 2. Aufl. (London 1959) 457.

Für Benzol und Schwefelkohlenstoff bei rund 17° C ist der Quotient ζ/η sogar größer als 100.

Die kinetische Gastheorie[1][2]) ergibt für einatomige ideale Gase: $\zeta = 0$. Bei mehratomigen idealen Gasen sowie bei realen Gasen ist aber auch nach der kinetischen Theorie die Aussage $\zeta > 0$ zu erwarten. Die entsprechende Molekulartheorie für Flüssigkeiten ist noch wenig entwickelt. In fast allen Fällen führt man jedoch die Volumenviskosität auf molekulare Relaxationsprozesse zurück[3]).

c) *Chemische Viskosität.* Bei Ablauf von chemischen Reaktionen in strömenden Medien ist der Ansatz [7] oder [9] nicht mehr allgemein genug, wie aus der Betrachtung der Dissipationsfunktion [5] hervorgeht. Es ist bei der Aufstellung der phänomenologischen Ansätze jetzt eine Kopplung zwischen Reaktionen und innerer Reibung in Betracht zu ziehen. Die Tensorelemente P_{ij} können also linear von den skalaren Affinitäten A_r (nach Multiplikation mit dem Einheitstensor δ_{ij}) abhängen. Entsprechend sind die skalaren Reaktionsgeschwindigkeiten w_r als lineare Funktionen nicht nur der Affinitäten, sondern auch von $X_{11} + X_{22} + X_{33} (= -\operatorname{div} \vec{v})$ anzusetzen. (Die letzte Größe stellt die „skalare Invariante" oder „Spur" des Tensors X_{ij} dar.) Wir erhalten demnach bei Beachtung von Gl. [3], [4] und [5] folgendes Gleichungssystem[4]):

$$P_{ij} = P_{ji} = -\eta \left(\frac{\partial v_i}{\partial z_j} + \frac{\partial v_j}{\partial z_i} \right) + \left(\frac{2}{3} \eta - \zeta \right) \delta_{ij} \operatorname{div} \vec{v} + \delta_{ij} \sum_{r=1}^{R} \lambda_r A_r \; (i, j = 1, 2, 3), \qquad [4\text{-}32.13]$$

$$w_r = \sum_{s=1}^{R} a_{rs} A_s - \lambda_r' \operatorname{div} \vec{v} \; (r = 1, 2, \ldots R). \qquad [4\text{-}32.14]$$

Hierin bedeutet R die Zahl der unabhängigen Reaktionen. Die a_{rs}, λ_r und λ_r' sind phänomenologische Koeffizienten. Gl. [13] verallgemeinert Gl. [9], während Gl. [14] die Generalisierung des linearen Ansatzes [4-24.7] für chemische Reaktionen in Gleichgewichtsnähe darstellt.

---

[1]) S. Chapman und T. G. Cowling, The Mathematical Theory of Non-Uniform Gases (Cambridge 1953).

[2]) J. O. Hirschfelder, C. F. Curtiss und R. B. Bird, Molecular Theory of Gases and Liquids (New York-London 1954).

[3]) Eine ausführliche Bibliographie über alle Arbeiten, die mit der Volumenviskosität zusammenhängen, geben Karim und Rosenhead[5]). In der angelsächsischen Literatur heißt η bzw. ζ meist „shear viscosity" bzw. „bulk viscosity", während die Größe $\zeta - \frac{2}{3}\eta$ häufig als „second viscosity" bezeichnet wird.

[4]) J. Meixner und H. G. Reik, Handbuch der Physik, Band III/2, 427 (Berlin-Göttingen-Heidelberg 1959).

[5]) S. M. Karim und L. Rosenhead, Revs. Mod. Physics **24**, 108 (1952).

Für die Koeffizienten a_{rs} gilt der ONSAGERsche Reziprozitätssatz in der gewohnten Form [4-24.8]:

$$a_{rs} = a_{sr} \quad (r, s = 1, 2, \ldots R). \qquad [4\text{-}32.15]$$

In den Größen λ_r und λ_r' jedoch haben wir nach § 1.26 (S. 103) „CASIMIRsche Koeffizienten" vor uns, da die Affinitäten „Kräfte vom α-Typ", die Geschwindigkeitsgefälle (hier $-\operatorname{div}\vec{v}$) aber „Kräfte vom β-Typ" sind[1]). Es ist also die Reziprozitätsbeziehung [1-26.3] anzuwenden, die im vorliegenden Falle ergibt:

$$\lambda_r = -\lambda_r' \quad (r = 1, 2, \ldots R). \qquad [4\text{-}32.16]$$

Wir bezeichnen λ_r als die *chemische Viskosität*, die der Reaktion r zugeordnet ist.

Bei Spezialisierung auf eine einzige Reaktion (Reaktionsgeschwindigkeit w, Affinität A) folgt aus Gl. [13], [14] und [16] das Gleichungssystem:

$$P_{ij} = P_{ji} = -\eta\left(\frac{\partial v_i}{\partial z_j} + \frac{\partial v_j}{\partial z_i}\right) + \left(\frac{2}{3}\eta - \zeta\right)\delta_{ij}\operatorname{div}\vec{v} + \delta_{ij}\,\lambda\,A \quad (i, j = 1, 2, 3), \qquad [4\text{-}32.17]$$

$$w = a\,A + \lambda\operatorname{div}\vec{v} \qquad [4\text{-}32.18]$$

mit den vier Koeffizienten η (Schubviskosität), ζ (Volumenviskosität), λ (chemische Viskosität) und a. Dabei braucht der Begriff der „chemischen Reaktion" nicht wörtlich verstanden zu werden: Es kann sich um irgendeine Umwandlung (Relaxationsprozeß, vgl. § 2.14) handeln.

Da die experimentelle Verifizierung der obigen Beziehungen, wie bei der Volumenviskosität (vgl. oben), praktisch nur über Messungen der Schallausbreitung möglich ist, führen wir als unabhängige Variable zur Beschreibung des thermodynamischen Zustandes eines Volumenelementes an Stelle von Temperatur und Druck die spezifische Entropie s und das spezifische Volumen v (die reziproke Dichte) ein (vgl. § 2.14)[2]). Wir wollen im folgenden Transporteffekte wie Diffusion, Wärmeleitung, Thermodiffusion usw. vernachlässigen, also die Diffusionsströme und den Wärmestrom gleich Null setzen. Dann genügt zur Festlegung der intensiven Zustandsgrößen neben s und v eine weitere Variable ξ, die den Charakter einer „Reaktionslaufzahl" hat und im vorliegenden Falle am zweckmäßigsten

[1]) Bei Zeitumkehr behalten die A_r ihre Werte, während $-\operatorname{div}\vec{v}$, wie überhaupt jedes Geschwindigkeitsgefälle, das Vorzeichen umkehrt.

[2]) Das spezifische Volumen v darf nicht mit der Schwerpunktsgeschwindigkeit $\vec{v}$ verwechselt werden!

durch die Differentialbeziehung

$$d\,\xi = \frac{\varrho}{\nu_k M_k} dy_k$$

definiert wird (ϱ = Dichte, ν_k = stöchiometrischer Koeffizient, M_k = Molmasse, y_k = Massenbruch der Teilchenart k). Demgemäß folgt aus Gl. [4-4.20] mit $\vec{J}_k^* = 0$ (keine Diffusionsströme):

$$\frac{d\xi}{dt} = w.$$

Dabei bedeutet der Operator d/dt die totale (substantielle) Differentiation nach der Zeit (vgl. Gl. [4-4.5]). Führen wir mit Gl. [2-9.19] die Relaxationszeit τ der Reaktion (für adiabatisch-isochoren Ablauf) ein, so finden wir aus Gl. [18] und der letzten Beziehung[1]):

$$\frac{d\xi}{dt} = \lambda \operatorname{div} \vec{v} - \frac{1}{\tau} \left(\frac{\partial \xi}{\partial A}\right)_{s,v} A. \qquad [4\text{-}32.19]$$

Ferner können wir infolge der Gleichgewichtsnähe ansetzen:

$$\frac{d\xi}{dt} \approx \frac{d\bar{\xi}}{dt}, \qquad [4\text{-}32.20]$$

---

[1]) Daß Gl. [2-9.19] von homogenen Systemen auf den vorliegenden Fall übertragen werden darf, sieht man folgendermaßen ein: Die Affinität A der chemischen Reaktion in jedem Volumenelement ist eine Funktion der gewählten unabhängigen Variablen:

$$A = A\,(s, v, \xi).$$

Es gilt daher für adiabatisch-isochore Zustandsänderungen in Gleichgewichtsnähe (Entwicklung um den Gleichgewichtszustand $A = 0$, $\xi = \bar{\xi}$ für s = const, v = const):

$$A = \left(\frac{\partial A}{\partial \xi}\right)_{s,v} (\xi - \bar{\xi}).$$

Sind keine Geschwindigkeitsgefälle vorhanden, betrachten wir also die chemische Reaktion als einzigen irreversiblen Prozeß, so folgt aus Gl. [18] mit $\operatorname{div} \vec{v} = 0$:

$$w = \frac{d\xi}{dt} = a A = a \left(\frac{\partial A}{\partial \xi}\right)_{s,v} (\xi - \bar{\xi})$$

oder mit a = const (vgl. § 2.9):

$$\xi - \bar{\xi} = C\, e^{-\frac{t}{\tau}},$$

wobei

$$\tau \equiv -\frac{1}{a} \left(\frac{\partial \xi}{\partial A}\right)_{s,v}$$

die Relaxationszeit und C eine Integrationskonstante ist.

worin $\bar{\xi}$ den Gleichgewichtswert der Reaktionslaufzahl ξ bedeutet. Da $\bar{\xi}$ nur von s und v abhängt, schreiben wir weiterhin:

$$\frac{d\bar{\xi}}{dt} = \left(\frac{\partial\bar{\xi}}{\partial s}\right)_v \frac{ds}{dt} + \left(\frac{\partial\bar{\xi}}{\partial v}\right)_s \frac{dv}{dt} \,. \qquad [4\text{-}32.21]$$

Mit $1/v = \varrho$ folgt aus Gl. [4-4.8]:

$$\frac{dv}{dt} = v \operatorname{div} \vec{v} \,. \qquad [4\text{-}32.22]$$

Auf Grund von Gl. [4-9.7] und [4-9.8], der vorausgesetzten Vernachlässigung von Diffusionsströmen und Wärmestrom sowie der Tatsache, daß die lokale Entropieerzeugung und damit die Dissipationsfunktion nur Terme zweiter Ordnung in $\operatorname{div}\vec{v}$ und A enthält (vgl. Gl. [5], [17] und [18]), können wir in der hier betrachteten Näherung setzen:

$$\frac{ds}{dt} \approx 0 \,. \qquad [4\text{-}32.23]$$

Aus Gl. [19] bis [23] ergibt sich:

$$A = \tau \left(\frac{\partial A}{\partial \xi}\right)_{s,v} \left[\lambda - v \left(\frac{\partial\bar{\xi}}{\partial v}\right)_s\right] \operatorname{div}\vec{v} \,. \qquad [4\text{-}32.24]$$

Damit ist die Affinität A zur Divergenz der Schwerpunktsgeschwindigkeit $\vec{v}$ in Beziehung gebracht.

Durch Einsetzen von Gl. [24] in Gl. [17] erhalten wir schließlich für die Reibungsdrucke:

$$P_{ij} = P_{ji} = -\eta \left(\frac{\partial v_i}{\partial z_j} + \frac{\partial v_j}{\partial z_i}\right) + \left(\frac{2}{3}\eta - \zeta - \zeta'\right) \delta_{ij} \operatorname{div}\vec{v} \qquad [4\text{-}32.25]$$

mit

$$\zeta' \equiv \tau \left(\frac{\partial A}{\partial \xi}\right)_{s,v} \lambda \left[v \left(\frac{\partial\bar{\xi}}{\partial v}\right)_s - \lambda\right] . \qquad [4\text{-}32.26]$$

Die chemische Reaktion liefert also formal einen Beitrag zur Volumenviskosität. Würden wir $\zeta = 0$ setzen, so hätten wir infolge von Gl. [25] und [26] eine – experimentell vom „Normalfall“ nicht unterscheidbare – Volumenviskosität vom Betrage [26].

Dieses Resultat[1]) legt den Gedanken nahe, daß *jede* gemessene Volumenviskosität auf verzögerter Gleichgewichtseinstellung von inneren Umwandlungen (thermischen Relaxationen usw.) beruht, die Volumenviskosität also nur den phänomenologischen Ersatz für die explizite Betrachtung von molekularen Relaxationsprozessen darstellt. Diese Auffassung[1]) deckt sich auch mit den meisten bisherigen kinetischen Deutungsversuchen (vgl. oben).

---

[1]) J. Meixner, Z. Physik **131**, 456 (1952).

§ 4.33. Rotierende Systeme

Ein System befinde sich in einem Zentrifugalfeld. Die Winkelgeschwindigkeit (Kreisfrequenz) sei mit $\vec{\omega}$ bezeichnet. Dann wirkt im Abstand $\vec{r}$ von der Rotationsachse auf ein Mol der Teilchenart k die Kraft (Summe aus Zentrifugalkraft und CORIOLIS-Kraft)

$$\vec{K_k} = M_k (\omega^2 \vec{r} + 2 \vec{v_k} \times \vec{\omega}), \qquad [4\text{-}33.1]$$

worin M_k die Molmasse (das „Molekulargewicht"), $\vec{v_k}$ die mittlere Geschwindigkeit der Teilchensorte k (relativ zum rotierenden System) und $\vec{v_k} \times \vec{\omega}$ das Vektorprodukt aus den Vektoren $\vec{v_k}$ und $\vec{\omega}$ bedeutet. Sehen wir vom Schwerefeld und von elektromagnetischen Feldern ab, so stellt Gl. [1] den allgemeinen Ausdruck für die molare Kraft in bezug auf die Partikelart k dar.

Wie aus unseren Ausführungen in § 1.21 ersichtlich ist, spielt die Coriolis-Kraft bei der Formulierung der Gleichgewichtsbedingungen keine Rolle, da sie keinen Beitrag zum Potential der äußeren Kraftfelder liefert. Wir wollen nun untersuchen, ob bei Ablauf von irreversiblen Prozessen in rotierenden Systemen (Sedimentation usw.) die Coriolis-Kraft zu berücksichtigen ist. (Bei unseren Betrachtungen in § 4.14, § 4.15 und § 4.20 hatten wir Transversaleffekte explizit oder implizit ausgeschlossen.)

Setzen wir der Einfachheit halber ein fluides Medium mit schleichenden Bewegungen voraus, so lautet nach Gl. [4-5.13] das Kraftgesetz:

$$\sum_k c_k \vec{K_k} = \operatorname{grad} P . \qquad [4\text{-}33.2]$$

Hierbei ist c_k die molare Volumenkonzentration der Teilchenart k und P der Druck.

Offensichtlich hat unter den hier vorausgesetzten Bedingungen $\vec{K_k}$ in Gl. [1] und [2] dieselbe Bedeutung. Demnach ergibt sich:

$$\sum_k M_k c_k (\omega^2 \vec{r} + 2 \vec{v_k} \times \vec{\omega}) = \operatorname{grad} P . \qquad [4\text{-}33.3]$$

Nun gilt infolge von Gl. [4-3.5], [4-3.6] und [4-3.12]:

$$\sum_k M_k c_k = \varrho , \quad \sum_k M_k c_k \vec{v_k} = \varrho \vec{v} , \qquad [4\text{-}33.4]$$

worin ϱ die Dichte und $\vec{v}$ die Schwerpunktsgeschwindigkeit ist. Damit finden wir aus Gl. [3]:

$$\varrho (\omega^2 \vec{r} + 2 \vec{v} \times \vec{\omega}) = \operatorname{grad} P . \qquad [4\text{-}33.5]$$

Dies ist die explizite Formulierung von Gl. [2] für den vorliegenden Fall.

In der Energiebilanz [4-6.4] fallen die Coriolis-Kräfte heraus, weil sie nicht zur potentiellen Energie in äußeren Kraftfeldern beitragen (vgl. oben). Dies kann man auch formal durch Einsetzen von Gl. [1] bestätigen.

Die Dissipationsfunktion in der Formulierung [4-12.2] enthält auf Grund von Gl. [4-3.5], [4-3.11], [4-3.12], [4-3.13], [4-12.4] und Gl. [1] überhaupt keinen Term, der sich explizit auf das Zentrifugalfeld bezieht. Dies liegt daran, daß in Gl. [4-12.2] das Schwerpunktssystem benutzt wird. Geht man zu anderen Bezugssystemen über, so gelangen Zentrifugal- und Coriolis-Kräfte in die Formel für die Dissipationsfunktion. Dies erkennt man z. B. daran, daß beim Übergang von Gl. [4-8.15] zu Gl. [4-10.4] die Beziehung [4-10.2] wesentlich ist, die ihrerseits wieder auf das Kraftgesetz [2] zurückgeht. Wir betrachten diese Formulierungen im folgenden etwas genauer.

Wir setzen wiederum, wie in Gl. [2], fluide Medien mit schleichenden Bewegungen voraus. Wir definieren weiterhin als Diffusionsstrom $\vec{J_k}$ der Teilchenart k:

$$\vec{J_k} \equiv c_k (\vec{v_k} - \vec{\varphi}). \qquad [4\text{-}33.6]$$

Dabei ist $\vec{\varphi}$ eine beliebige Bezugsgeschwindigkeit ($\vec{\omega}$ in Gl. [4-3.1]), so daß $\vec{J_k}$ den Vektor der Diffusionsstromdichte der Partikelsorte k für ein beliebiges Bezugssystem darstellt. Ferner sehen wir von chemischen Reaktionen ab. Wir können dann die Dissipationsfunktion Ψ gemäß Gl. [4-12.3], [4-12.4] und [4-12.14] in folgender Form schreiben:

$$\Psi = -\vec{J_Q}\,\frac{\operatorname{grad} T}{T} + \sum_k \vec{J_k}\left[\vec{K_k} - (\operatorname{grad}\mu_k)_T\right]. \qquad [4\text{-}33.7]$$

Hierin bedeutet $\vec{J_Q}$ den Wärmestrom (Vektor der Wärmestromdichte), T die absolute Temperatur und μ_k das chemische Potential der Teilchenart k. Die Summe ist über alle vorhandenen Partikelsorten zu erstrecken.

Aus Gl. [1], [4] und [6] folgt:

$$\sum_k \vec{J_k}\vec{K_k} = \sum_k M_k \vec{J_k}\,\omega^2 \vec{r} + 2\sum_k M_k \vec{J_k}(\vec{v_k}\times\vec{\omega}),$$

$$\sum_k M_k \vec{J_k}(\vec{v_k}\times\vec{\omega}) = \sum_k M_k c_k (\vec{v_k}-\vec{\varphi})(\vec{v_k}\times\vec{\omega})$$

$$= -\varrho\vec{\varphi}(\vec{v}\times\vec{\omega}) = \varrho(\vec{v}-\vec{\varphi})(\vec{v}\times\vec{\omega}) = \sum_k M_k \vec{J_k}(\vec{v}\times\vec{\omega}),$$

also:

$$\sum_k \vec{J_k}\vec{K_k} = \sum_k M_k \vec{J_k}(\omega^2\vec{r} + 2\,\vec{v}\times\vec{\omega}). \qquad [4\text{-}33.8]$$

Ferner gilt gemäß Gl. [4-15.2]:

$$(\operatorname{grad} \mu_k)_T = V_k \operatorname{grad} P + (\operatorname{grad} \mu_k)_{T,P} . \qquad [4\text{-}33.9]$$

Dabei ist V_k das partielle Molvolumen der Teilchenart k.

Aus Gl, [7] bis [9] ergibt sich mit Gl. [5]:

$$\Psi = -\vec{J}_Q \frac{\operatorname{grad} T}{T} + \sum_k \vec{J}_k \left[(M_k - \varrho V_k)(\omega^2 \vec{r} + 2 \vec{v} \times \vec{\omega}) - (\operatorname{grad} \mu_k)_{T,P}\right] . \qquad [4\text{-}33.10]$$

Dies ist der allgemeine Ausdruck[1]) für die Dissipationsfunktion in einem rotierenden fluiden System mit schleichenden Bewegungen bei Ausschluß von chemischen Reaktionen und von allen Kraftfeldern außer dem Zentrifugalfeld. (Da wir auch von elektrischen Feldern absehen, gilt die Formel nur für ungeladene Teilchenarten. Die Erweiterung der Beziehung auf Systeme mit geladenen Partikelsorten bietet aber keinerlei Schwierigkeiten.)

In Gl. [10] sind die „Ströme" $\vec{J}_k$ und die „Kräfte"

$$\vec{X}_k \equiv (M_k - \varrho V_k)(\omega^2 \vec{r} + 2 \vec{v} \times \vec{\omega}) - (\operatorname{grad} \mu_k)_{T,P} \qquad [4\text{-}33.11]$$

nicht alle unabhängig; denn es gelten nach Gl. [4-3.4], [4-20.17], [4-20.18] und Gl. [4] die Identitäten:

$$\sum_k \frac{\varphi_k}{c_k} \vec{J}_k = 0 , \qquad [4\text{-}33.12]$$

$$\sum_k c_k \vec{X}_k = 0 , \qquad [4\text{-}33.13]$$

wobei die φ_k die Gewichtsfaktoren für die Mittelung der Geschwindigkeiten (ω_k in Gl. [4-3.4]) darstellen. Führt man an Stelle von $\vec{J}_k$ speziell den Diffusionsstrom im Hittorfschen Bezugssystem [4-3.30]

$${}_1\vec{J}_k \equiv c_k (\vec{v}_k - \vec{v}_1) \qquad [4\text{-}33.14]$$

ein ($\vec{\varphi} \equiv \vec{v}_1$, ${}_1\vec{J}_1 \equiv 0$), so erhält man aus Gl. [10] und [11], in Analogie zu Gl. [4-12.17]:

$$\Psi = -\vec{J}_Q \frac{\operatorname{grad} T}{T} + \sum_{k=2}^{N} {}_1\vec{J}_k \vec{X}_k . \qquad [4\text{-}33.15]$$

---

[1]) G. J. Hooyman, H. Holtan jr., P. Mazur und S. R. de Groot, Physica **19**, 1095 (1953).

Hierin bedeutet N die Zahl der Teilchenarten. Man erkennt, daß in Gl. [15] nur noch unabhängige „Ströme“ und „Kräfte“ auftreten.

Wir beschränken die weitere Diskussion auf isotherme Systeme (grad T = 0). Dann findet man aus Gl. [15] für die Dissipationsfunktion:

$$\Psi = \sum_{k=2}^{N} {}_1\vec{J}_k \, \vec{X}_k. \qquad [4\text{-}33.16]$$

Von diesem Ausdruck hat man auszugehen, wenn man die phänomenologischen Ansätze für Diffusion und Sedimentation in ihrer allgemeinsten Form aufstellen will.

Bei Versuchen mit Zentrifugen oder Ultrazentrifugen ist stets die Bedingung

$$\left| \vec{v} \times \vec{\omega} \right| \ll \left| \omega^2 \vec{r} \right| \qquad [4\text{-}33.17]$$

erfüllt. Daher reduziert sich Gl. [16] mit Gl. [11] auf den Ausdruck:

$$\Psi = \sum_{k=2}^{N} {}_1\vec{J}_k \left[(M_k - \varrho \, V_k) \, \omega^2 \vec{r} - (\operatorname{grad} \mu_k)_{T,P} \right]. \qquad [4\text{-}33.18]$$

Auch wenn die Coriolis-Kraft in dieser Beziehung nicht mehr explizit auftritt, so wirkt sie sich doch indirekt aus: Die Bewegungen der einzelnen Teilchen werden durch Kräfte, die senkrecht zu ihrer Bewegungsrichtung und zur Rotationsachse stehen und den Teilchengeschwindigkeiten proportional sind, beeinflußt. Dies bedingt Vorzugsrichtungen im Medium und eine Modifikation der „mikroskopischen Reversibilität“. Demgemäß muß man die Komponenten der Vektoren in Gl. [18] gesondert betrachten und die Reziprozitätsbeziehungen in einer besonderen Form anschreiben. Wir verschieben indessen die Behandlung dieser Komplikationen auf später (§ 4.35) und sehen hier von allen „Transversaleffekten“ ab. Die phänomenologischen Ansätze nehmen dann die gewohnte Gestalt an (vgl. Gl. [4-15.10]):

$$\begin{aligned} {}_1\vec{J}_i = \sum_{k=2}^{N} a_{ik} \Big[& (M_k - \varrho \, V_k) \, \omega^2 \vec{r} \\ & - (\operatorname{grad} \mu_k)_{T,P} \Big] \quad (i = 2, 3, \ldots N), \end{aligned} \qquad [4\text{-}33.19]$$

worin die a_{ik} die phänomenologischen Koeffizienten sind.

Mit $\omega = 0$ (kein Zentrifugalfeld) erhalten wir aus Gl. [19] die in § 4.17 benutzten Ansätze [4-17.47] für die Diffusion in Mehrstoffsystemen.

Mit $(\operatorname{grad} \mu_k)_{T,P} = 0$ (keine Konzentrationsgradienten) finden wir:

$$_1\vec{J}_i = \sum_{k=2}^{N} a_{ik} (M_k - \varrho V_k) \omega^2 \vec{r} \quad (i = 2, 3, \ldots N). \qquad [4\text{-}33.20]$$

Diese Gleichungen beschreiben offensichtlich die Sedimentation in Mehrstoffsystemen.

Wegen des Zusammenhangs [4-17.50]

$$_1\vec{J}_i = \sum_{k=2}^{N} \varepsilon_{ik}\, _w\vec{J}_k \quad (i = 2, 3, \ldots N) \qquad [4\text{-}33.21]$$

mit

$$\varepsilon_{ik} \equiv \delta_{ik} + \frac{c_i V_k}{c_1 V_1}, \qquad [4\text{-}33.22]$$

worin δ_{ik} das KRONECKERsche Symbol ($\delta_{ik} = 1$ für $i = k$, $\delta_{ik} = 0$ für $i \neq k$) und $_w\vec{J}_k$ den Diffusionsstrom der Teilchenart k im FICKschen Bezugssystem bedeutet, können wir die Gleichungen [4-20.2]

$$_w\vec{J}_k = c_k s_k \omega^2 \vec{r} \quad (k = 2, 3, \ldots N), \qquad [4\text{-}33.23]$$

mit denen die Sedimentationskoeffizienten s_k eingeführt werden, wie folgt formulieren:

$$_1\vec{J}_i = \sum_{k=2}^{N} c_k \varepsilon_{ik} s_k \omega^2 \vec{r} \quad (i = 2, 3, \ldots N). \qquad [4\text{-}33.24]$$

Hieraus erkennen wir, daß die phänomenologischen Ansätze [20] in Übereinstimmung mit den empirischen Ansätzen [23] für die Sedimentation sind.

Koeffizientenvergleich in Gl. [20] und [24] führt auf den Zusammenhang:

$$\sum_{k=2}^{N} a_{ik} (M_k - \varrho V_k) = \sum_{k=2}^{N} c_k \varepsilon_{ik} s_k \quad (i = 2, 3, \ldots N), \qquad [4\text{-}33.25]$$

also auf eine Beziehung zwischen den phänomenologischen Koeffizienten und den Sedimentationskoeffizienten.

Der ONSAGERsche Reziprozitätssatz [4-24.12]

$$a_{ik} = a_{ki} \quad (i, k = 2, 3, \ldots N) \qquad [4\text{-}33.26]$$

liefert mit Gl. [25] eine Verknüpfung zwischen den Sedimentationskoeffizienten eines Mehrstoffsystems. Diese Verknüpfung, auf deren explizite Formulierung wir hier wegen des Mangels an entsprechenden experimentellen Daten verzichten, resultiert auch aus Gl. [4-17.60] und [4-20.25].

§ 4.34. Materie im elektromagnetischen Feld

a) *Definitionen und Grundgesetze.* Wir betrachten ein elektromagnetisches Feld im Vakuum oder im materieerfüllten Raum. Das Medium kann dabei zunächst isotrop oder anisotrop sein.

Bei der Formulierung der Grundgesetze bedienen wir uns des „rationellen" Begriffssystems. In diesem System enthalten die fundamentalen Differentialgleichungen der Elektrodynamik den Faktor $4\,\pi$ nicht, während in den integrierten Beziehungen für den kugelsymmetrischen Fall (z. B. Punktladungen oder geladene Kugeln) die Zahl $4\,\pi$ häufig auftritt. Im „orthodoxen" Begriffssystem, das wir hier nicht benutzen, ist die Situation umgekehrt[1]).

Die *elektrische Feldstärke* $\vec{\mathfrak{E}}$ ist in jedem Punkt eines elektromagnetischen Feldes ihrer Größe und Richtung nach dadurch festgelegt, daß in diesem Punkt auf eine kleine ruhende Probeladung q die Kraft $q\,\vec{\mathfrak{E}}$ wirkt. Dabei ist q je nach dem Vorzeichen der Ladung positiv oder negativ.

Analog definieren wir die *magnetische Induktion* $\vec{\mathfrak{B}}$ durch folgende Aussage: Die Kraft auf ein Längenelement $\vec{d\,s}$ eines kleinen linearen Probeleiters, der in ein magnetisches Feld gebracht wird und durch den ein elektrischer Strom der Stärke i fließt, ist durch das Vektorprodukt $i\,\vec{d\,s}\times\vec{\mathfrak{B}}$ gegeben. Der magnetische Vektor $\vec{\mathfrak{B}}$ entspricht mithin dem elektrischen Vektor $\vec{\mathfrak{E}}$.

Wenn sich eine Ladung q mit der Geschwindigkeit $\vec{v}$ relativ zu einem elektromagnetischen Feld bewegt, so stellt das Produkt $q\,\vec{v}$ das Analogon zum „Stromelement" $i\,\vec{d\,s}$ dar. Nach obigem gilt somit für die Kraft $\vec{\mathfrak{K}}$ auf die bewegte Ladung:

$$\vec{\mathfrak{K}} = q\,(\vec{\mathfrak{E}} + \vec{v}\times\vec{\mathfrak{B}}). \qquad [4\text{-}34.1]$$

Sind die Ladungen in einem Medium kontinuierlich verteilt, so ordnet man jeder geladenen Teilchenart k eine elektrochemische Valenz z_k (positive bzw. negative ganze Zahl für positive bzw. negative Teilchen) zu. $\mathfrak{F}$ sei die FARADAYsche Konstante. Dann bedeutet $z_k\,\mathfrak{F}$ die Ladung eines Mols der Partikelsorte k. Haben die Teilchen der Sorte k die mittlere Geschwindigkeit $\vec{v_k}$ (relativ zum elektromagnetischen Feld), so ergibt sich aus Gl. [1] für die auf

[1]) Die Frage des Begriffssystems („rationell" oder „orthodox") hat nichts mit dem Problem des Maßsystems zu tun, sondern ist durch unterschiedliche Definitionen gewisser Grundgrößen bedingt. Man kann in jedem der Begriffssysteme beliebige Einheiten verwenden. Wir kommen unten auf die Frage der Dimensionen und Einheiten zurück.

ein Mol der Partikelsorte k wirkende Kraft, die wir hier mit $\vec{L}_k$ bezeichnen:

$$\vec{L}_k = z_k \mathfrak{F} (\vec{\mathfrak{E}} + \vec{v}_k \times \vec{\mathfrak{B}}). \qquad [4\text{-}34.2]$$

Gl. [1] oder [2] ist der Ausdruck für die „LORENTZ-Kraft". (Manchmal wird, wie früher in unserem Text, nur der zweite, auf das magnetische Feld bezügliche Term der rechten Seite von Gl. [1] oder [2] als „LORENTZ Kraft" bezeichnet.) Bei polarisierbarer Materie gibt es noch weitere makroskopische Kräfte, von denen später (S. 472) die Rede sein wird. Gl. [1] oder [2] stellt lediglich die auf die „wahren" Ladungen wirkende Kraft dar[1]).

Aus den Grundvektoren $\vec{\mathfrak{E}}$ und $\vec{\mathfrak{B}}$ leiten sich unmittelbar ab: das *elektrische Potential* φ (eine skalare Größe) und das *magnetische Vektorpotential* $\vec{\mathfrak{A}}$ (ein Vektor). Die genannten Größen sind durch folgende Gleichungen definiert[2]):

$$\vec{\mathfrak{E}} = -\operatorname{grad} \varphi \text{ (elektrostatisches Feld)}, \qquad [4\text{-}34.3]$$

$$\vec{\mathfrak{B}} = \operatorname{rot} \vec{\mathfrak{A}}. \qquad [4\text{-}34.4]$$

Dabei gilt Gl. [3] für ein elektrostatisches Feld, Gl. [4] für ein beliebiges elektromagnetisches Feld.

Bringt man in ein elektrostatisches Feld einen kleinen Plattenkondensator, mißt die influenzierte Ladung für diejenige Orientierung der parallelen Platten, in der die größte Influenzladung entsteht, und dividiert diese

[1]) Im mikrophysikalischen Sinne, d. h. bei Betrachtung eines einzelnen geladenen Teilchens, etwa eines Elektrons oder eines Ions, existiert keine andere Kraft als die durch Gl. [2] gegebene, die dann noch durch die LOSCHMIDTsche Konstante zu teilen ist, so daß an die Stelle der FARADAYschen Konstanten die Elementarladung tritt. Allerdings sind $\vec{\mathfrak{E}}$ und $\vec{\mathfrak{B}}$ hier die „effektiven", d. h. am Orte des Teilchens wirksamen, nicht die makroskopischen Werte der elektrischen Feldstärke und magnetischen Induktion.

[2]) Die Größe rot $\vec{a}$ (wobei $\vec{a}$ ein beliebiger Vektor ist) stellt einen Vektor dar und heißt „Rotation von $\vec{a}$" oder „Rotor von $\vec{a}$" (englisch: curl $\vec{a}$). Sind x, y und z Raumkoordinaten, so gilt für die kartesischen Komponenten von rot $\vec{a}$:

$$(\operatorname{rot} \vec{a})_x = \frac{\partial a_z}{\partial y} - \frac{\partial a_y}{\partial z},$$

$$(\operatorname{rot} \vec{a})_y = \frac{\partial a_x}{\partial z} - \frac{\partial a_z}{\partial x},$$

$$(\operatorname{rot} \vec{a})_z = \frac{\partial a_y}{\partial x} - \frac{\partial a_x}{\partial y},$$

wobei a_x, a_y und a_z die kartesischen Komponenten von $\vec{a}$ bedeuten und alle Differentiationen bei fester Zeit auszuführen sind.

Maximalladung durch die Fläche des Kondensators, so erhält man den Betrag der *elektrischen Verschiebung* $\vec{\mathfrak{D}}$. Die Richtung dieses Vektors ist gleich derjenigen, die von der negativen zur positiven Influenzladung führt und auf der Kondensatorebene senkrecht steht.

Wir definieren schließlich einen zu $\vec{\mathfrak{D}}$ analogen Vektor für ein magnetisches Feld. Dazu bringen wir an die betreffende Stelle des Magnetfeldes eine kleine zylindrische Probespule (Windungszahl w), die gleichmäßig gewickelt ist und deren Länge l im Verhältnis zum Durchmesser groß ist, schicken einen elektrischen Strom durch die Spule und variieren die Stromstärke i und die Orientierung der Spule so lange, bis das ursprüngliche Magnetfeld durch das Spulenfeld kompensiert wird. Dann definiert der Ausdruck $i\,w/l$ den Betrag der *magnetischen Feldstärke* $\vec{\mathfrak{H}}$. Die Richtung dieses Vektors ist gleich derjenigen, die vom Nordpol zum Südpol der Spule führt.

In isotropen Medien fallen die Richtungen von $\vec{\mathfrak{E}}$ und $\vec{\mathfrak{D}}$ bzw. von $\vec{\mathfrak{B}}$ und $\vec{\mathfrak{H}}$ zusammen. Bei anisotropen Körpern ist dies nicht mehr der Fall.

Die vier Vektoren $\vec{\mathfrak{E}}$, $\vec{\mathfrak{B}}$, $\vec{\mathfrak{D}}$ und $\vec{\mathfrak{H}}$ sind durch die MAXWELL*schen Gleichungen* miteinander verknüpft (MAXWELL 1864):

$$\operatorname{rot} \vec{\mathfrak{E}} + \dot{\vec{\mathfrak{B}}} = 0, \qquad [4\text{-}34.5]$$

$$\operatorname{rot} \vec{\mathfrak{H}} - \dot{\vec{\mathfrak{D}}} = \vec{I}. \qquad [4\text{-}34.6]$$

Dabei bedeutet ein Punkt über einem Symbol die Ableitung nach der Zeit bei festem Ort. Der Vektor $\vec{I}$ ist, wie früher, die elektrische Stromdichte.

Die Gleichungen [5] und [6] sind noch zu ergänzen durch die Aussagen:

$$\operatorname{div} \vec{\mathfrak{D}} = \varrho_{\mathrm{el}}, \qquad [4\text{-}34.7]$$

$$\operatorname{div} \vec{\mathfrak{B}} = 0. \qquad [4\text{-}34.8]$$

Hierin bedeutet ϱ_{el} die Ladungsdichte (Raumdichte der elektrischen Ladung). Ist c_k die molare Volumenkonzentration der Teilchenart k, so gilt:

$$\varrho_{\mathrm{el}} = \sum_k c_k\, z_k\, \mathfrak{F}. \qquad [4\text{-}34.9]$$

Gl. [8] rechtfertigt die Zulässigkeit der Einführung des Vektorpotentials $\vec{\mathfrak{A}}$ in Gl. [4]; denn es ist: $\operatorname{div} \operatorname{rot} \vec{\mathfrak{A}} = 0$.

Aus Gl. [3], [4] und [5] ergibt sich mit der Vektoridentität rot grad $\varphi = 0$:

$$\vec{\mathfrak{E}} = -\operatorname{grad}\varphi - \dot{\vec{\mathfrak{A}}}. \qquad [4\text{-}34.10]$$

Für zeitlich konstante oder verschwindende Magnetfelder ($\dot{\vec{\mathfrak{A}}} = 0$) reduziert sich Gl. [10] auf Gl. [3].

Alle bisherigen Beziehungen gelten in gleicher Weise für das Vakuum und für beliebige (isotrope oder anisotrope) Medien. Die jetzt zu besprechenden „Materialgleichungen" sind jedoch in ihrem Gültigkeitsbereich beschränkter.

b) *Materialgleichungen.* Wir beginnen mit den Beziehungen für das *Vakuum*. Hier haben wir die Zusammenhänge:

$$\vec{\mathfrak{D}} = \varepsilon_0 \vec{\mathfrak{E}}, \qquad [4\text{-}34.11]$$

$$\vec{\mathfrak{B}} = \mu_0 \vec{\mathfrak{H}}. \qquad [4\text{-}34.12]$$

Dabei sind ε_0 und μ_0 universelle Konstanten. Die Größe ε_0 heißt *elektrische Fundamentalkonstante* (auch „Influenzkonstante" oder „absolute Dielektrizitätskonstante des Vakuums"), die Größe μ_0 *magnetische Fundamentalkonstante* (auch „Induktionskonstante" oder „absolute Permeabilität des Vakuums"). Aus den Maxwellschen Gleichungen [5] und [6] läßt sich mit Hilfe von Gl. [11] und [12] für die Lichtgeschwindigkeit c_0 im Vakuum ableiten:

$$c_0 = (\varepsilon_0 \mu_0)^{-\frac{1}{2}}. \qquad [4\text{-}34.13]$$

Für den materieerfüllten Raum gelten die Beziehungen [11] und [12] nicht mehr. Wir definieren für ein beliebiges (isotropes oder anisotropes) Medium zwei neue Vektoren $\vec{\mathfrak{P}}$ und $\vec{\mathfrak{M}}$:

$$\vec{\mathfrak{D}} \equiv \varepsilon_0 \vec{\mathfrak{E}} + \vec{\mathfrak{P}}, \qquad [4\text{-}34.14]$$

$$\vec{\mathfrak{B}} \equiv \mu_0 \vec{\mathfrak{H}} + \vec{\mathfrak{M}}. \qquad [4\text{-}34.15]$$

$\vec{\mathfrak{P}}$ wird *elektrische Polarisation*, $\vec{\mathfrak{M}}$ *Magnetisierung* genannt. Diese beiden Größen verschwinden nach Gl. [11] und [12] für das Vakuum.

Häufig wird auch die Größe

$$\vec{\mathfrak{M}}' \equiv \frac{\vec{\mathfrak{B}}}{\mu_0} - \vec{\mathfrak{H}} = \frac{\vec{\mathfrak{M}}}{\mu_0},$$

die das magnetische Moment der Volumeneinheit darstellt, als „Magnetisierung" bezeichnet. $\vec{\mathfrak{M}}'$ ist insofern das Analogon zur elektrischen Polarisation $\vec{\mathfrak{P}}$, als diese als elektrisches Moment der Volumeneinheit interpretiert werden kann. Die Definition [15] hat den Vorteil, daß die so eingeführte Größe $\vec{\mathfrak{M}}$ im Ausdruck für die reversible Magnetisierungsarbeit genau dem Vektor $\vec{\mathfrak{P}}$ in der Beziehung für die reversible Elektrisierungsarbeit entspricht (vgl. S. 6).

Beschränken wir die weitere Diskussion auf ein *isotropes Medium* und schließen ferromagnetische (und „ferroelektrische") Substanzen aus, so erhalten wir an Stelle von Gl. [11] und [12] folgende Zusammenhänge:

$$\vec{\mathfrak{D}} = \varepsilon_m \vec{\mathfrak{E}}, \qquad [4\text{-}34.16]$$

$$\vec{\mathfrak{B}} = \mu_m \vec{\mathfrak{H}}. \qquad [4\text{-}34.17]$$

Darin sind ε_m und μ_m „Materialkonstanten", d. h. von der Art und dem Zustand (Temperatur, Druck, Zusammensetzung) des Mediums abhängige Koeffizienten. Die Größe ε_m heißt *absolute Dielektrizitätskonstante*, die Größe μ_m *absolute Permeabilität*. Der dimensionslose Ausdruck

$$\varepsilon \equiv \frac{\varepsilon_m}{\varepsilon_0} \qquad [4\text{-}34.18]$$

bzw.

$$\mu \equiv \frac{\mu_m}{\mu_0} \qquad [4\text{-}34.19]$$

wird als *relative Dielektrizitätskonstante* (abgekürzt: DK) bzw. als *relative Permeabilität* bezeichnet. Es sind diese Größen, die sich in den Tabellenwerken finden (neben der „magnetischen Suszeptibilität", vgl. unten).

Aus Gl. [14] bis [19] folgt:

$$\vec{\mathfrak{P}} = \psi \vec{\mathfrak{E}}, \qquad [4\text{-}34.20]$$

$$\vec{\mathfrak{M}} = \chi \vec{\mathfrak{H}} \qquad [4\text{-}34.21]$$

mit

$$\psi \equiv \varepsilon_0 (\varepsilon - 1), \quad \chi \equiv \mu_0 (\mu - 1). \qquad [4\text{-}34.22]$$

Aus historischen Gründen nennt man die dimensionslose Größe

$$\frac{\varepsilon - 1}{4\pi} = \frac{\psi}{4\pi\varepsilon_0}$$

„elektrische Suszeptibilität". Analog heißt der dimensionslose Ausdruck

$$\frac{\mu - 1}{4\pi} = \frac{\chi}{4\pi\mu_0}$$

„magnetische Suszeptibilität". Diese wird häufig anstelle von μ tabelliert.

Wir werden die in ihrem Gültigkeitsbereich beschränkten Beziehungen [16] und [17] bzw. [20] und [21] im folgenden nur an einer einzigen Stelle (Gl. [83]) ohne weitere Verwendung in den Grundgleichungen benutzen.

c) *Dimensionen und Einheiten.* In der Frage der *Dimensionen* gehen wir so vor, daß wir neben den dimensionellen Grundgrößen Länge (l), Zeit (t) und Energie (E) eine vierte Grundgröße, die Ladung (q), einführen. Damit ergibt sich folgende Übersicht über die Dimensionen der wichtigsten elektromagnetischen Größen:

Tabelle 19

Symbol	Name	Dimension
q	Ladung	q
i	elektrische Stromstärke	$t^{-1}\,q$
$\vec{I}$	elektrische Stromdichte	$l^{-2}\,t^{-1}\,q$
$\vec{\mathfrak{E}}$	elektrische Feldstärke	$l^{-1}\,Eq^{-1}$
φ	elektrisches Potential	Eq^{-1}
$\vec{\mathfrak{D}}$	elektrische Verschiebung	$l^{-2}\,q$
$\vec{\mathfrak{P}}$	elektrische Polarisation	$l^{-2}\,q$
ε_0	elektrische Fundamentalkonstante	$l^{-1}\,E^{-1}\,q^2$
ε_m	absolute Dielektrizitätskonstante	$l^{-1}\,E^{-1}\,q^2$
$\vec{\mathfrak{B}}$	magnetische Induktion	$l^{-2}\,t\,E\,q^{-1}$
$\vec{\mathfrak{A}}$	magnetisches Vektorpotential	$l^{-1}\,t\,E\,q^{-1}$
$\vec{\mathfrak{H}}$	magnetische Feldstärke	$l^{-1}\,t^{-1}\,q$
$\vec{\mathfrak{M}}$	Magnetisierung	$l^{-2}\,t\,E\,q^{-1}$
μ_0	magnetische Fundamentalkonstante	$l^{-1}\,t^2\,E\,q^{-2}$
μ_m	absolute Permeabilität	$l^{-1}\,t^2\,E\,q^{-2}$

Als *Einheiten* sind gebräuchlich:

l : 1 cm oder 1 m $\equiv 10^2$ cm,

t : 1 sec,

E: 1 erg oder 1 Joule $\equiv 10^7$ erg,

q : 1 Franklin oder 1 Coul $\equiv \frac{1}{10}\,C_0$ Franklin, wobei die Einheit „Franklin" durch die Beziehung[1])

$$\varepsilon_0 = \frac{1}{4\pi} \frac{\text{Franklin}^2}{\text{erg cm}} \qquad [4\text{-}34.23]$$

und der Zahlenfaktor C_0 durch die Gleichung

$$c_0 = C_0 \frac{\text{cm}}{\text{sec}} \qquad [4\text{-}34.24]$$

festgelegt ist ($C_0 \approx 2{,}9979 \cdot 10^{10}$).

Als abgeleitete Einheiten benutzen wir[2]):

q: 1 Dekacoul $\equiv$ 10 Coul $= C_0$ Franklin,

i: 1 Amp $\equiv$ 1 Coul sec^{-1},

φ: 1 Volt $\equiv$ 1 Joule Coul^{-1},

$\vec{\mathfrak{B}}$: 1 Gauß $\equiv 10^{-4}$ Volt sec m^{-2},

$\vec{\mathfrak{H}}$: 1 Oersted $\equiv \frac{1}{4\pi} 10^3$ Amp m^{-1}.

---

[1]) Nach dem COULOMBschen Gesetz gilt für den Betrag K der Kraft zwischen zwei gleichen Punktladungen q im Abstand r im Vakuum, wie aus Gl. [1] und [7] ableitbar:

$$K = \frac{q^2}{4\pi\varepsilon_0 r^2}.$$

Mit Gl. [23] folgt also für $K = 1$ dyn $= 1$ erg cm^{-1}, $r = 1$ cm: $q = 1$ Franklin. Vgl. E. A. GUGGENHEIM, Nature **148**, 751 (1941).

[2]) Die von uns schon mehrfach verwendete Widerstandseinheit „Ohm" (Ω) sowie die in der Elektrotechnik gebräuchlichen Einheiten für die Kapazität (Farad) und Induktivität (Henry) ordnen sich hier ebenfalls ein:

1 $\Omega \equiv$ 1 Volt Amp^{-1},
1 Farad $\equiv$ 1 Coul Volt^{-1},
1 Henry $\equiv$ 1 Joule Amp^{-2}.

Die international vereinbarten Abkürzungen für die praktischen Einheiten sind:
A für Amp (Ampère),
C für Coul (Coulomb),
F für Farad,
H für Henry,
J für Joule,
V für Volt.
Außerdem wird vorgeschlagen:
Fr für Franklin.

Zu dem gesamten Fragenkomplex der Rationalisierungen, Dimensionen und Einheiten sei auf das Buch von STILLE[3]) verwiesen.

[3]) U. STILLE, Messen und Rechnen in der Physik, 2. Aufl. (Braunschweig 1961).

Aus Gl. [13], [23] und [24] resultiert damit für die elektrische bzw. magnetische Fundamentalkonstante ε_0 bzw. μ_0:

$$\varepsilon_0 = \frac{10^{11}}{4\pi\,C_0^2}\,\frac{\text{Coul}^2}{\text{Joule m}} = \frac{10^{11}}{4\,\pi\,C_0^2}\,\frac{\text{Amp sec}}{\text{Volt m}}\,, \qquad [4\text{-}34.25]$$

$$\mu_0 = \frac{4\,\pi}{C_0^2}\,\frac{\text{erg sec}^2}{\text{Franklin}^2\,\text{cm}}\,, \qquad [4\text{-}34.26]$$

$$\mu_0 = \frac{4\,\pi}{10^7}\,\frac{\text{Joule sec}^2}{\text{Coul}^2\,\text{m}} = \frac{4\,\pi}{10^7}\,\frac{\text{Volt sec}}{\text{Amp m}} = 1\,\frac{\text{Gauß}}{\text{Oersted}}\,. \qquad [4\text{-}34.27]$$

Im *orthodoxen* Begriffssystem sind die elektrische Fundamentalkonstante ε_0' und die magnetische Fundamentalkonstante μ_0' durch die Beziehungen

$$\varepsilon_0' \equiv 4\,\pi\,\varepsilon_0\,,$$

$$\mu_0' \equiv \frac{\mu_0}{4\,\pi}$$

gegeben. Daraus folgt mit Gl. [23] und [26]:

$$\varepsilon_0' = 1\,\frac{\text{Franklin}^2}{\text{erg cm}}\,,$$

$$\mu_0' = 1\,\frac{\text{erg sec}^2}{\text{Dekacoul}^2\,\text{cm}}\,.$$

Die Einheit „Franklin“ (= „elektrostatische Ladungseinheit“) bzw. „Dekacoulomb“ (= „elektromagnetische Ladungseinheit“) ist also so festgelegt, daß die Konstante ε_0' bzw. μ_0' den Zahlenwert 1 erhält, wenn man die genannte Einheit neben den mechanischen *cgs*-Einheiten verwendet.

d) *Mengen- und Ladungsbilanz.* Die mittlere Geschwindigkeit der Teilchen der Sorte k in irgendeinem Volumenelement eines Mediums sei $\vec{v}_k$. Ist $\vec{v}$ die Schwerpunktsgeschwindigkeit des Volumenelementes, so stellt der Vektor

$${}_v\vec{J}_k \equiv c_k(\vec{v}_k - \vec{v}) \qquad [4\text{-}34.28]$$

die Diffusionsstromdichte der Teilchenart k im Schwerpunktssystem dar (s. Gl. [4-3.11]).

Die elektrische Stromdichte $\vec{I}$, die in Gl. [6] auftritt, ist durch den Ausdruck

$$\vec{I} = \mathfrak{F}\sum_k z_k\,c_k\,\vec{v}_k \qquad [4\text{-}34.29]$$

gegeben. Nach Gl. [9] und [28] ist der Vektor $\vec{I}$ in Gl. [29] in zwei Anteile zerlegbar:

$$\vec{I} = \vec{I}_v + \vec{i} \qquad [4\text{-}34.30]$$

mit

$$\vec{I}_v \equiv \mathfrak{F} \sum_k z_k c_k \vec{v} = \varrho_{\text{el}} \vec{v}, \qquad [4\text{-}34.31]$$

$$\vec{i} \equiv \mathfrak{F} \sum_k z_k \, {}_v\vec{J}_k. \qquad [4\text{-}34.32]$$

Dabei kann $\vec{I}_v$ als die Dichte des „Konvektionsstromes" und $\vec{i}$ als die Dichte des „Leitungsstromes" angesehen werden. Bei einem Isolator gilt nämlich für jede geladene Teilchenart k ($z_k \neq 0$): ${}_v\vec{J}_k = 0$, also: $\vec{i} = 0$, $\vec{I} = \vec{I}_v$, während bei einem Elektrizitätsleiter die Elektroneutralitätsbedingung (Bedingung für Verschwinden der Raumladung)

$$\varrho_{\text{el}} = \mathfrak{F} \sum_k z_k c_k = 0 \text{ (Leiter)} \qquad [4\text{-}34.33]$$

erfüllt sein muß, so daß $\vec{I}_v = 0$, $\vec{I} = \vec{i}$ wird. Im letzten Falle ist $\vec{i}$ unabhängig vom Bezugssystem (vgl. S. 246).

Nach Gl. [4-4.1] und [4-4.12] hat die lokale Mengenbilanz folgende Form:

$$\frac{\partial c_k}{\partial t} = -\operatorname{div}(c_k \vec{v}_k) + \sum_r \nu_{kr} w_r = -\operatorname{div}(c_k \vec{v})$$
$$-\operatorname{div} {}_v\vec{J}_k + \sum_r \nu_{kr} w_r. \qquad [4\text{-}34.34]$$

Hierin bedeutet der Operator $\partial/\partial t$ die Ableitung nach der Zeit (t) bei festem Ort, ν_{kr} den stöchiometrischen Koeffizienten der Partikelsorte k in der chemischen Reaktion r und w_r die auf die Volumeneinheit bezogene Reaktionsgeschwindigkeit der Reaktion r. Die Summen sind über alle Reaktionen zu erstrecken.

Der Satz von der Erhaltung der Ladung, angewandt auf chemische Reaktionen, fordert:

$$\sum_k z_k \nu_{kr} = 0, \qquad [4\text{-}34.35]$$

wobei die Summe über alle reagierenden Stoffe zu bilden ist und die Gleichung für jede einzelne Reaktion gilt.

Multiplizieren wir Gl. [34] mit $z_k\mathfrak{F}$, summieren über alle Stoffe k und beachten Gl. [9], [29] und [35], so finden wir:

$$\frac{\partial \varrho_{\text{el}}}{\partial t} = -\operatorname{div} \vec{I}. \qquad [4\text{-}34.36]$$

Für Leiter folgt gemäß Gl. [30] bis [33] aus Gl. [36]:

$$\operatorname{div} \vec{I} = \operatorname{div} \vec{i} = 0 \text{ (Leiter)}. \qquad [4\text{-}34.37]$$

Gl. [36] ist das Analogon zur lokalen Bilanz [4-4.4] für die Gesamtmasse. Gl. [37] entspricht der Bedingung [4-32.10] für inkompressible Flüssigkeiten.

Wir betrachten hier wie im folgenden stets den allgemeinsten Fall, wie er auch schon in den MAXWELLschen Gleichungen vorgesehen ist: Das Medium, das sich im elektromagnetischen Feld befindet, enthält sowohl Raumladungen als auch bewegliche geladene Teilchenarten und ist polarisierbar, stellt mithin einen Übergang zwischen einem „Leiter" und einem „Isolator" („Dielektrikum") dar.

e) *Impulssatz.* Der Impulssatz in der Form [4-5.1] und die daraus folgende Beziehung [4-5.8] können auf jedes isotrope Medium ohne Reibungsdrucke angewendet werden. Wir schreiben also ($v^2 \equiv \vec{v}\,\vec{v}$):

$$\varrho \frac{d\vec{v}}{dt} = \vec{\mathfrak{K}}_V - \operatorname{grad} P, \qquad [4\text{-}34.38]$$

$$\frac{\partial}{\partial t}\left(\frac{\varrho}{2} v^2\right) + \operatorname{div}\left(\frac{\varrho}{2} v^2 \vec{v}\right) = \vec{v}\,(\vec{\mathfrak{K}}_V - \operatorname{grad} P). \qquad [4\text{-}34.39]$$

Dabei bedeutet ϱ die Dichte, $d\vec{v}/dt$ die Schwerpunktsbeschleunigung, $\vec{\mathfrak{K}}_V$ die Resultante der Kraftdichte der äußeren Kräfte und P den Druck.

Wir wollen keine anderen äußeren Felder als das elektromagnetische Feld zulassen. Dann ist $\vec{\mathfrak{K}}_V$ die Resultante der Kraftdichte der „ponderomotorischen Kräfte". Es gilt:

$$\vec{\mathfrak{K}}_V = \vec{\mathfrak{K}}'_V + \vec{\mathfrak{K}}''_V + \vec{\mathfrak{K}}'''_V. \qquad [4\text{-}34.40]$$

Hierin ist

$$\vec{\mathfrak{K}}'_V = \sum_k c_k \vec{L}_k$$

die LORENTZ-Kraft je Volumeneinheit, die sich mit Gl. [2], [9] und [29] in folgender Gestalt darstellen läßt:

$$\vec{\mathfrak{K}}'_V = \varrho_{\text{el}}\,\vec{\mathfrak{E}} + \vec{I} \times \vec{\mathfrak{B}}. \qquad [4\text{-}34.41]$$

Die Bedeutung der Vektoren $\vec{\mathfrak{K}}''_V$ und $\vec{\mathfrak{K}}'''_V$ wird im folgenden näher erklärt.

Der Vektor $\vec{\mathfrak{K}}''_V$ ist die Kraft je Volumeneinheit, die von der elektrischen Polarisation herrührt und auch bei einem ungeladenen Isolator auftritt. Sie kann in verschiedener Weise formuliert werden. Die scheinbar voneinander abweichenden Formeln in der Literatur („HELMHOLTZ-Kraft", „KELVIN-Kraft" usw.) kommen dadurch zustande, daß für die einzelnen Fälle der Druck P in Gl. [38] unterschiedliche Bedeutung hat. Wie sich zeigen läßt[1]), ist die Formulierung als „KELVIN-Kraft" die vom makrophysikalischen Standpunkt einfachste:

$$\vec{\mathfrak{K}}_V'' = (\mathrm{Grad}\, \vec{\mathfrak{E}})\ \vec{\mathfrak{P}}. \qquad [4\text{-}34.42]$$

Dabei bedeutet Grad $\vec{\mathfrak{E}}$ den Vektorgradienten von $\vec{\mathfrak{E}}$. Die kartesischen Komponenten des Vektors $(\mathrm{Grad}\, \vec{b})\ \vec{a}$ sind: $\sum_i a_i \frac{\partial b_i}{\partial z_k}$ $(i, k = 1, 2, 3)$, worin z_1, z_2, z_3 die Ortskoordinaten sind und der Operator $\partial/\partial z_k$ die Ableitung nach dem Ort bei fester Zeit anzeigt. Der Ausdruck [42] entspricht der Kraft auf einen Dipol in einem inhomogenen elektrischen Feld[2]).

Der Vektor $\vec{\mathfrak{K}}_V'''$ endlich ist die Kraft je Volumeneinheit, soweit sie von der magnetischen Polarisation herrührt. Da in den Ausdrücken für die Elektrisierungs- und Magnetisierungsarbeit die Vektoren $\vec{\mathfrak{E}}$ und $\vec{\mathfrak{P}}$ den Vektoren $\vec{\mathfrak{H}}$ und $\vec{\mathfrak{M}}$ entsprechen (S. 6), setzen wir in Analogie zu Gl. [42] an:

$$\vec{\mathfrak{K}}_V''' = (\mathrm{Grad}\, \vec{\mathfrak{H}})\ \vec{\mathfrak{M}}. \qquad [4\text{-}34.43]$$

Für die von einem Magnetfeld ausgehende Kraftwirkung ist nach Gl. [1] oder [41] bzw. nach Gl. [43] die magnetische Induktion $\vec{\mathfrak{B}}$ bzw. die magnetische Feldstärke $\vec{\mathfrak{H}}$ maßgebend, wenn es sich um eine bewegte Ladung bzw. um einen magnetisierten Körper handelt.

Wir erhalten aus Gl. [40] bis [43] als resultierende Kraftdichte:

$$\vec{\mathfrak{K}}_V = \varrho_{\mathrm{el}}\, \vec{\mathfrak{E}} + \vec{I} \times \vec{\mathfrak{B}} + (\mathrm{Grad}\, \vec{\mathfrak{E}})\ \vec{\mathfrak{P}} + (\mathrm{Grad}\, \vec{\mathfrak{H}})\ \vec{\mathfrak{M}}. \qquad [4\text{-}34.44]$$

Tragen wir Gl. [44] in Gl. [38] ein, so haben wir die Formulierung des Impulssatzes für ein Volumenelement eines isotropen Mediums im elektro-

[1]) P. MAZUR und I. PRIGOGINE, Mém. Acad. Roy. Belgique (Classe Sciences), Tome 28, Fasc. 1 (Brüssel 1953).

[2]) Vom molekularphysikalischen Standpunkt kommt die elektrische Polarisation dadurch zustande, daß die Moleküle des Mediums, falls sie von Natur aus Dipole sind, im äußeren elektrischen Feld teilweise ausgerichtet werden und daß weiterhin stets durch das Feld induzierte Dipole in den Molekülen entstehen. Die Kraftwirkung des Feldes auf diese molekularen Dipole berechnet sich dann nach Gl. [2] (vgl. die Fußnote auf S. 464), wobei unter $\vec{\mathfrak{E}}$ zunächst die effektive elektrische Feldstärke des resultierenden inhomogenen Feldes zu verstehen ist. Bei Übertragung ins Makroskopische ergibt sich Gl. [42], da in einem makrophysikalischen Ausdruck naturgemäß die „innere" Feldstärke nicht vorkommen kann.

magnetischen Feld bei Ausschluß von innerer Reibung sowie von Schwere- und Zentrifugalfeldern.

f) *Energiebilanz.* Die MAXWELLschen Gleichungen [5] und [6] ergeben bei Multiplikation der ersten bzw. zweiten Gleichung mit $\vec{\mathfrak{H}}$ bzw. $\vec{\mathfrak{E}}$, anschließende Subtraktion und Verwendung der Identität

$$\vec{\mathfrak{H}} \operatorname{rot} \vec{\mathfrak{E}} - \vec{\mathfrak{E}} \operatorname{rot} \vec{\mathfrak{H}} = \operatorname{div} (\vec{\mathfrak{E}} \times \vec{\mathfrak{H}}) \qquad [4\text{-}34.45]$$

folgende Beziehung:

$$\vec{\mathfrak{E}}\,\dot{\vec{\mathfrak{D}}} + \vec{\mathfrak{H}}\,\dot{\vec{\mathfrak{B}}} + \operatorname{div} (\vec{\mathfrak{E}} \times \vec{\mathfrak{H}}) = - \vec{\mathfrak{E}}\,\vec{I}.$$

Das Vektorprodukt $\vec{\mathfrak{E}} \times \vec{\mathfrak{H}}$ heißt „POYNTINGscher Vektor". Bei Beachtung von Gl. [14] und [15] resultiert hieraus:

$$\frac{\partial}{\partial t}\left(\frac{\varepsilon_0}{2}\,\mathfrak{E}^2 + \frac{\mu_0}{2}\,\mathfrak{H}^2\right) = - \operatorname{div} (\vec{\mathfrak{E}} \times \vec{\mathfrak{H}}) - \vec{\mathfrak{E}}\,\vec{I} - \vec{\mathfrak{E}}\,\frac{\partial \vec{\mathfrak{P}}}{\partial t} - \vec{\mathfrak{H}}\,\frac{\partial \vec{\mathfrak{M}}}{\partial t}. \qquad [4\text{-}34.46]$$

Es liegt nun nahe, die Größe

$$E_V^* \equiv \frac{\varepsilon_0}{2}\,\mathfrak{E}^2 + \frac{\mu_0}{2}\,\mathfrak{H}^2 \qquad [4\text{-}34.47]$$

in Anbetracht ihrer Dimension und des Bilanzcharakters von Gl. [46] als Dichte der „elektromagnetischen Energie" zu bezeichnen[1]). Entsprechend wird man den Vektor $\vec{\mathfrak{E}} \times \vec{\mathfrak{H}}$ als „elektromagnetischen Energiestrom" (Stromdichte der elektromagnetischen Energie) auffassen. Gl. [46] ist dann nach Integration über das Volumen und die Zeit so zu interpretieren: Die Zunahme der im Felde lokalisierten elektromagnetischen Energie des betreffenden Systems ist gleich der durch die Begrenzungsflächen des abgegrenzten Volumens in das System fließenden elektromagnetischen Energie (beschrieben durch das entsprechende Oberflächenintegral, das aus dem Term mit dem POYNTINGschen Vektor entsteht), vermindert um die vom Felde geleistete Arbeit, nämlich die elektrische Arbeit an stromdurchflossenen Gebieten und die (reversible) Elektrisierungs- und Magneti-

---

[1]) Die MAXWELLsche Definition der Dichte der elektromagnetischen Energie

$$(E_V^*)_{\text{Maxwell}} \equiv \frac{1}{2}\,(\vec{\mathfrak{E}}\,\vec{\mathfrak{D}} + \vec{\mathfrak{H}}\,\vec{\mathfrak{B}})$$

führt zu Komplikationen, sobald Dielektrizitätskonstante und Permeabilität nicht zeitlich konstant sind.

sierungsarbeit an polarisierbaren Bereichen (vgl. Gl. [1-3.5]). Diese Aussage ist noch ergänzungsbedürftig, da eine vollständige „Energiebilanz" auch Begriffe wie „kinetische Energie", „mechanische Arbeit", „innere Energie" und „Wärme" enthalten muß.

Die erste Ergänzung können wir mit Hilfe des Impulssatzes [38] vornehmen. Aus Gl. [39] und [44] folgt nämlich für isotrope Systeme ohne Schwere- und Zentrifugalfelder bei Ausschluß von innerer Reibung:

$$\frac{\partial}{\partial t}\left(\frac{\varrho}{2}\,v^2\right) = -\operatorname{div}\left(\frac{\varrho}{2}\,v^2\,\vec{v}\right) - \vec{v}\operatorname{grad} P$$
$$+\,\vec{v}\,[\varrho_{\text{el}}\,\vec{\mathfrak{E}} + \vec{I}\times\vec{\mathfrak{B}} + (\operatorname{Grad}\vec{\mathfrak{E}})\,\vec{\mathfrak{P}} + (\operatorname{Grad}\vec{\mathfrak{H}})\,\vec{\mathfrak{M}}]. \qquad [4\text{-}34.48]$$

Da $\frac{\varrho}{2}\,v^2$ die Dichte der makroskopischen kinetischen Energie des betrachteten Volumenelementes (bezogen auf den Schwerpunkt) darstellt, ist Gl. [48] als lokale Bilanz der kinetischen Energie anzusehen.

Mit Gl. [30] und [31] sowie der Abkürzung

$$L \equiv [\vec{i}\times\vec{\mathfrak{B}} + (\operatorname{Grad}\vec{\mathfrak{E}})\,\vec{\mathfrak{P}} + (\operatorname{Grad}\vec{\mathfrak{H}})\,\vec{\mathfrak{M}}\,]\,\vec{v} \qquad [4\text{-}34.49]$$

folgt durch Addition von Gl. [46] zu Gl. [48] bei Beachtung von Gl. [47]:

$$\frac{\partial}{\partial t}\left(E_V^* + \frac{\varrho}{2}\,v^2\right) = -\operatorname{div}\left(\vec{\mathfrak{E}}\times\vec{\mathfrak{H}} + \frac{\varrho}{2}\,v^2\,\vec{v}\right) - \vec{v}\operatorname{grad} P$$
$$-\,\vec{i}\,\vec{\mathfrak{E}} - \vec{\mathfrak{E}}\,\frac{\partial\vec{\mathfrak{P}}}{\partial t} - \vec{\mathfrak{H}}\,\frac{\partial\vec{\mathfrak{M}}}{\partial t} + L. \qquad [4\text{-}34.50]$$

Diese Beziehung ist nach obigem die lokale Bilanz für die Summe aus elektromagnetischer und kinetischer Energie bei isotropen Systemen ohne Schwere- und Zentrifugalfelder bei Ausschluß von innerer Reibung.

Für die innere Energie formulieren wir zunächst eine unspezifizierte lokale Bilanz, im Anschluß an Gl. [4-2.4]:

$$\frac{\partial U_V}{\partial t} = -\operatorname{div}\vec{J}_U + q\,(U). \qquad [4\text{-}34.51]$$

Hierin bedeutet U_V die Dichte der inneren Energie des Bereiches, der Vektor $\vec{J}_U$ die Stromdichte der inneren Energie und $q\,(U)$ die lokale Erzeugung der inneren Energie.

Man wird nun die Größe

$$E_V \equiv E_V^* + \frac{\varrho}{2}\,v^2 + U_V$$

als Dichte der gesamten Energie interpretieren. Mit Gl. [50] und [51] wird man also schreiben:

$$\frac{\partial E_V}{\partial t} = \frac{\partial}{\partial t}\left(E_V^* + \frac{\varrho}{2}\,v^2 + U_V\right) = -\operatorname{div}\left(\vec{\mathfrak{E}}\times\vec{\mathfrak{H}} + \frac{\varrho}{2}\,v^2\,\vec{v} + \vec{J}_U\right)$$
$$-\vec{v}\,\mathrm{grad}\,P - \vec{i}\,\vec{\mathfrak{E}} - \vec{\mathfrak{E}}\,\frac{\partial\vec{\mathfrak{P}}}{\partial t} - \vec{\mathfrak{H}}\,\frac{\partial\vec{\mathfrak{M}}}{\partial t} + L + q\,(U). \qquad [4\text{-}34.52]$$

Diese Bilanzgleichung soll für isotrope Systeme ohne innere Reibung sowie ohne Schwere- und Zentrifugalfelder gelten.

Damit die genannten Interpretationen sinnvoll sind, müssen wir für die gesamte Energie einen Erhaltungssatz fordern. Gl. [52] muß mithin die Form

$$\frac{\partial E_V}{\partial t} = -\operatorname{div}\vec{J}_E \qquad [4\text{-}34.53]$$

haben, wobei der Vektor $\vec{J}_E$ die Stromdichte der Gesamtenergie bezeichnet. Aus Gl. [52] und [53] folgt sofort:

$$\vec{J}_E = \vec{\mathfrak{E}}\times\vec{\mathfrak{H}} + \frac{\varrho}{2}\,v^2\,\vec{v} + \vec{J}_U\,, \qquad [4\text{-}34.54]$$

$$q\,(U) = \vec{v}\,\mathrm{grad}\,P + \vec{i}\,\vec{\mathfrak{E}} + \vec{\mathfrak{E}}\,\frac{\partial\vec{\mathfrak{P}}}{\partial t} + \mathfrak{H}\,\frac{\partial\vec{\mathfrak{M}}}{\partial t} - L. \qquad [4\text{-}34.55]$$

Der Ausdruck für den Vektor $\vec{J}_U$ ist innerhalb gewisser Grenzen willkürlich, da die Definition des „Wärmestromes" bei Systemen in elektromagnetischen Feldern nicht von vornherein festliegt. Wenn wir aber den Anschluß an unsere früheren Konventionen bekommen wollen, müssen wir verlangen, daß für Systeme in stationären elektromagnetischen Feldern ohne elektrische und magnetische Polarisation Gl. [52] mit Gl. [4-6.4] identisch wird. Die auch dann noch verbleibende Unbestimmtheit beseitigen wir durch eine sinngemäße Übertragung von Gl. [4-6.10] auf Systeme in beliebigen elektromagnetischen Feldern. Wir können nämlich für die Stromdichte der inneren Energie in Gl. [4-6.10] mit Hilfe von Gl. [4-6.11] und [4-6.13] schreiben:

$$\vec{J}_U = H_V\,\vec{v} + \vec{J}_Q + \sum_k H_k\,{}_v\vec{J}_k\,, \qquad [4\text{-}34.56]$$

worin H_V die Enthalpiedichte $(= U_V + P)$, H_k die partielle molare Enthalpie der Teilchenart k und $\vec{J}_Q$ den Wärmestrom (Vektor der Wärmestromdichte) bedeutet. Wir behalten Gl. [56] auch in unserem Falle bei, müssen aber nun den Begriff „Enthalpie" entsprechend verallgemeinern und mit Gl. [1-12.26] für die Enthalpiedichte ansetzen:

$$H_V = U_V + P - \vec{\mathfrak{E}}\,\vec{\mathfrak{P}} - \vec{\mathfrak{H}}\,\vec{\mathfrak{M}}. \qquad [4\text{-}34.57]$$

Damit ist der „Wärmestrom" auch für Systeme in beliebigen elektromagnetischen Feldern durch Gl. [56] eindeutig festgelegt.

Aus Gl. [52], [55], [56] und [57] resultiert die endgültige Form der lokalen Bilanz für die Gesamtenergie:

$$\frac{\partial E_V}{\partial t} = \frac{\partial}{\partial t}\left(E_V^* + \frac{\varrho}{2}v^2 + U_V\right) = -\operatorname{div}\left(\vec{\mathfrak{E}} \times \vec{\mathfrak{H}} + \frac{\varrho}{2}v^2\vec{v} + U_V\vec{v} + P\vec{v} - \vec{\mathfrak{E}}\,\vec{\mathfrak{P}}\,\vec{v} - \vec{\mathfrak{H}}\,\vec{\mathfrak{M}}\,\vec{v} + \vec{J}_Q + \sum_k H_k\,{}_v\vec{J}_k\right). \qquad [4\text{-}34.58]$$

Wir überzeugen uns jetzt davon, daß sich Gl. [58] unter gewissen Bedingungen (vgl. oben) auf Gl. [4-6.4] reduziert.

Für ein System in einem stationären elektromagnetischen Feld ohne elektrische und magnetische Polarisation gilt:

$$\dot{\vec{\mathfrak{B}}} = 0, \quad \dot{\vec{\mathfrak{D}}} = 0, \quad \vec{\mathfrak{P}} = 0, \quad \vec{\mathfrak{M}} = 0, \qquad [4\text{-}34.59]$$

also wegen Gl. [5], [6], [14], [15], [45] und [47]:

$$\operatorname{rot}\vec{\mathfrak{E}} = 0, \quad \operatorname{rot}\vec{\mathfrak{H}} = \vec{I}, \quad -\vec{\mathfrak{E}}\,\vec{I} = \operatorname{div}(\vec{\mathfrak{E}} \times \vec{\mathfrak{H}}), \quad \partial E_V^*/\partial t = 0. \qquad [4\text{-}34.60]$$

Damit ergibt sich aus Gl. [58]:

$$\frac{\partial}{\partial t}\left(\frac{\varrho}{2}v^2 + U_V\right) = -\operatorname{div}\left(\frac{\varrho}{2}v^2\vec{v} + U_V\vec{v} + P\vec{v} + \vec{J}_Q + \sum_k H_k\,{}_v\vec{J}_k\right) + \vec{\mathfrak{E}}\,\vec{I}. \qquad [4\text{-}34.61]$$

Diese Beziehung wird mit Gl. [4-6.4] identisch, wenn man die Voraussetzung des Fehlens von Schwere- und Zentrifugalfeldern berücksichtigt und demgemäß in Gl. [4-6.4] die aus Gl. [2] und [29] folgende Beziehung

$$\sum_k \vec{K}_k c_k \vec{v}_k = \sum_k \vec{L}_k c_k \vec{v}_k = \vec{I}\,\vec{\mathfrak{E}}$$

einsetzt.

Vergleicht man Gl. [58] mit Gl. [61], so erkennt man nochmals, daß unsere Definitionen sinnvoll sind: In Gl. [58] addiert sich auf der linken Seite zur Dichte der kinetischen und inneren Energie die Dichte der elektromagnetischen Energie, während auf der rechten Seite zur konvektiven

Strömung der kinetischen und inneren Energie der POYNTINGsche Vektor tritt, dessen negative Divergenz nach Gl. [60] im Falle der Gültigkeit von Gl. [61] zum JOULEschen Term $\vec{\mathfrak{E}}\,\vec{I}$ wird. Außerdem ist auf der rechten Seite von Gl. [58] zum Glied $-\operatorname{div}(P\,\vec{v})$, das die mechanische Arbeit (reversible Volumenarbeit) beschreibt und auch in Gl. [61] erscheint, noch der Ausdruck $\operatorname{div}(\vec{\mathfrak{E}}\,\vec{\mathfrak{P}}\,\vec{v} + \vec{\mathfrak{H}}\,\vec{\mathfrak{M}}\,\vec{v})$ hinzuzufügen, der sich auf die (reversible) Elektrisierungs- und Magnetisierungsarbeit bezieht.

Mit Hilfe der aus Gl. [1-6.10] folgenden Identität

$$H_V' = \sum_k c_k H_k \qquad [4\text{-}34.62]$$

leiten wir aus Gl. [28], [49], [51], [55] und [56] die explizite Form der lokalen Bilanz für die innere Energie ab:

$$\frac{\partial U_V}{\partial t} = -\operatorname{div}\Big(\vec{J}_Q + \sum_k H_k\, c_k\, \vec{v}_k\Big) + \vec{v}\,[\operatorname{grad} P - (\operatorname{Grad}\vec{\mathfrak{E}})\,\vec{\mathfrak{P}} - (\operatorname{Grad}\vec{\mathfrak{H}})\,\vec{\mathfrak{M}}]$$
$$+\,\vec{\mathfrak{E}}\,\frac{\partial\vec{\mathfrak{P}}}{\partial t} + \vec{\mathfrak{H}}\,\frac{\partial\vec{\mathfrak{M}}}{\partial t} + \vec{i}\,(\vec{\mathfrak{E}} + \vec{v}\times\vec{\mathfrak{B}})\,. \qquad [4\text{-}34.63]$$

Diese Gleichung entspricht der Beziehung [4-8.3], die bei der Ermittlung der Entropiebilanz für die in § 4.8 behandelten Systeme benutzt worden ist. Wir werden daher Gl. [63] bei der Aufstellung der Entropiebilanz für die hier betrachteten isotropen Systeme in elektromagnetischen Feldern (ohne innere Reibung sowie ohne Schwere- und Zentrifugalfelder) verwenden. Gl. [63] enthält bereits den Impulssatz.

Die Ausdrücke [58] und [63] verallgemeinern die von MAZUR und PRIGOGINE[1]) angegebenen Gleichungen, in denen das elektrische Feld als langsam veränderlich angesehen und der Einfluß eines magnetischen Feldes vernachlässigt wird.

Wie aus unseren allgemeinen Ausführungen auf S. 13 hervorgeht, ist die innere Energie eine Funktion der inneren Zustandsvariablen des betrachteten Materiebereiches. Bei Polarisation der Materie im elektromagnetischen Feld sind neben Temperatur, Druck und Mengenvariablen auch die elektrische Feldstärke $\vec{\mathfrak{E}}$ und die magnetische Feldstärke $\vec{\mathfrak{H}}$ als

---

[1]) P. MAZUR und I. PRIGOGINE, Mém. Acad. roy. Belgique (Classe Sciences), Tome 28, Fasc. 1 (Brüssel 1953). Die weiteren Unterschiede in der Darstellungsweise dieser Autoren gegenüber der unseren beruhen auf einer anderen Definition des „Wärmestromes" und auf der Verwendung des „orthodoxen" Begriffssystems der Elektrodynamik.

innere Zustandsvariable anzusehen. Von den letztgenannten Variablen hängt also nicht nur die elektromagnetische Energie, sondern auch die innere Energie eines polarisierbaren Mediums ab.

Sehr deutlich erkennt man schon an dieser Stelle, daß eine generelle Form der Kontinuumsphysik weder von der Mechanik noch von der Elektrodynamik allein geliefert wird, sondern daß erst die Thermodynamik die Möglichkeit der allgemeinsten makroskopischen Beschreibung eines beliebigen Systems bietet.

g) *Entropiebilanz.* Für jedes Volumenelement eines isotropen Systems mit Elektrisierung und Magnetisierung gilt bei hinreichend langsamem Verlauf der irreversiblen Prozesse (vgl. § 1.23 und § 4.1) die verallgemeinerte GIBBSsche Hauptgleichung in der Gestalt [1-12.25]. Ersetzen wir die Differentiale in Gl. [1-12.25] durch die partiellen Ableitungen nach der Zeit bei festem Ort (Operator $\partial/\partial t$), so erhalten wir für die lokale Zunahmegeschwindigkeit der Entropiedichte S_V im betrachteten Volumenelement:

$$\frac{\partial S_V}{\partial t} = \frac{1}{T}\left(\frac{\partial U_V}{\partial t} - \vec{\mathfrak{E}}\,\frac{\partial \vec{\mathfrak{P}}}{\partial t} - \vec{\mathfrak{H}}\,\frac{\partial \vec{\mathfrak{M}}}{\partial t} - \sum_k \mu_k \frac{\partial c_k}{\partial t}\right). \qquad [4\text{-}34.64]$$

Hierin ist T die absolute Temperatur und μ_k das chemische Potential der Teilchenart k.

Denselben Gültigkeitsbereich wie Gl. [64] hat die verallgemeinerte GIBBS-DUHEMsche Beziehung in der Form [1-13.7] ,aus der wir unmittelbar ableiten:

$$\operatorname{grad} P - (\operatorname{Grad} \vec{\mathfrak{E}})\, \vec{\mathfrak{P}} - (\operatorname{Grad} \vec{\mathfrak{H}})\, \vec{\mathfrak{M}} = \sum_k c_k\, (\operatorname{grad} \mu_k)_T\,. \qquad [4\text{-}34.65]$$

Dabei bedeutet $(\operatorname{grad} \mu_k)_T$ den Gradienten von μ_k nach Abzug des Terms mit grad T.

Wir haben weiterhin gemäß Gl. [1-12.6], [1-12.8] und [1-14.2] die Beziehungen:

$$\mu_k = H_k - T S_k\,, \qquad [4\text{-}34.66]$$

$$\operatorname{grad}\left(\frac{\mu_k}{T}\right) = -\frac{H_k}{T^2} \operatorname{grad} T + \frac{1}{T} (\operatorname{grad} \mu_k)_T\,, \qquad [4\text{-}34.67]$$

$$A_r = -\sum_k \nu_{kr}\, \mu_k\,, \qquad [4\text{-}34.68]$$

worin S_k die partielle molare Entropie der Teilchenart k und A_r die Affinität der chemischen Reaktion r bezeichnet.

Wir benutzen ferner die Vektoridentitäten:

$$\frac{1}{T}\operatorname{div}\vec{J}_Q = \operatorname{div}\left(\frac{\vec{J}_Q}{T}\right) + \frac{\vec{J}_Q}{T^2}\operatorname{grad} T, \qquad [4\text{-}34.69]$$

$$\frac{1}{T}\operatorname{div}\sum_k H_k c_k \vec{v}_k = \operatorname{div}\frac{\sum\limits_k H_k c_k \vec{v}_k}{T} + \frac{\sum\limits_k H_k c_k \vec{v}_k}{T^2}\operatorname{grad} T, \qquad [4\text{-}34.70]$$

$$\sum_k \frac{\mu_k}{T}\operatorname{div}(c_k \vec{v}_k) = \operatorname{div}\left(\sum_k \frac{\mu_k}{T} c_k \vec{v}_k\right) - \sum_k c_k \vec{v}_k \operatorname{grad}\left(\frac{\mu_k}{T}\right). \qquad [4\text{-}34.71]$$

Setzen wir Gl. [34] und [63] in Gl. [64] ein und berücksichtigen Gl. [28] sowie Gl. [65] bis [71], so finden wir die Gleichung für die lokale Bilanz der Entropie (vgl. Gl. [4-8.13] bis [4-8.15]):

$$\frac{\partial S_V}{\partial t} = -\operatorname{div}\vec{J}_S + \vartheta \qquad [4\text{-}34.72]$$

mit

$$\vec{J}_S \equiv \frac{\vec{J}_Q}{T} + \sum_k c_k S_k \vec{v}_k, \qquad [4\text{-}34.73]$$

$$\vartheta \equiv -\frac{1}{T^2}\vec{J}_Q \operatorname{grad} T - \frac{1}{T}\sum_k {}_v\vec{J}_k (\operatorname{grad}\mu_k)_T$$
$$+ \frac{1}{T}\sum_r w_r A_r + \frac{1}{T}\vec{i}\,(\vec{\mathfrak{E}} + \vec{v}\times\vec{\mathfrak{B}}). \qquad [4\text{-}34.74]$$

Der Vektor $\vec{J}_S$ ist der *Entropiestrom* (genauer: die Stromdichte der Entropie) und ϑ die *lokale Entropieerzeugung*. Für diese ist wieder, wie in [4-8.16], zu fordern:

$$\vartheta \geqslant 0, \qquad [4\text{-}34.75]$$

wobei das Ungleichheitszeichen für wirklichen (irreversiblen) Ablauf der Prozesse im Inneren des Volumenelementes und das Gleichheitszeichen für den reversiblen Grenzfall (insbesondere das Gleichgewicht) gültig ist.

Die obige Form der Entropiebilanz ist, gemäß unseren Voraussetzungen bei der Ableitung von Gl. [63], auf isotrope Systeme in beliebigen elektromagnetischen Feldern anwendbar, falls man von Schwere- und Zentrifugalfeldern sowie von innerer Reibung absieht. Demgegenüber gelten die Beziehungen [4-8.13] bis [4-8.15] für isotrope Systeme mit innerer Reibung, die sich in stationären äußeren Kraftfeldern (Schwere- und Zentrifugalfeldern oder stationären elektromagnetischen Feldern) befinden, aber keine elektrische oder magnetische Polarisation aufweisen. Entsprechend sind die Ausdrücke für den Entropiestrom [4-8.14] und [73] zwar gleich, die Formeln für die lokale Entropieerzeugung [4-8.15] und [74] aber voneinander verschieden[1]).

h) *Dissipationsfunktion.* Das Charakteristikum für den Ablauf von irreversiblen Prozessen stellt die lokale Entropieerzeugung oder auch die *Dissipationsfunktion* (vgl. Gl. [4-12.1])

$$\Psi \equiv T\vartheta \qquad [4\text{-}34.76]$$

dar. Beachten wir Gl. [32], die den „Leitungsstrom" $\vec{i}$ mit den „Diffusionsströmen" ${}_v\vec{J}_k$ verknüpft, so erhalten wir aus Gl. [74] bis [76] für die Dissipationsfunktion in unserem Falle[3]):

$$\Psi = \vec{J}_Q \vec{X}_Q + \sum_k {}_v\vec{J}_k \vec{X}_k + \sum_r w_r A_r \geqslant 0 \qquad [4\text{-}34.77]$$

mit

$$\vec{X}_Q \equiv -\frac{1}{T}\,\text{grad}\,T, \qquad [4\text{-}34.78]$$

$$\vec{X}_k \equiv z_k \mathfrak{F}\,(\vec{\mathfrak{E}} + \vec{v} \times \vec{\mathfrak{B}}) - (\text{grad}\,\mu_k)_T\,. \qquad [4\text{-}34.79]$$

Die Größen $\vec{J}_Q$, ${}_v\vec{J}_k$ und w_r sind die *generalisierten Ströme*, die Ausdrücke $\vec{X}_Q$, $\vec{X}_k$ und A_r die *generalisierten Kräfte.*

Ein scheinbarer formaler Unterschied zwischen Gl. [77] und der Beziehung [4-12.2] besteht darin, daß in Gl. [4-12.2] die dem Diffusionsstrom ${}_v\vec{J}_k$ konjugierte generalisierte Kraft die Gestalt [4-12.4]

$$\vec{X}_k = \vec{K}_k - (\text{grad}\,\mu_k)_T$$

hat, wobei $\vec{K}_k$ die auf ein Mol der Teilchensorte k wirkende äußere Kraft ist. Für diese gilt gemäß Gl. [2], wenn man von Schwere- und Zentrifugal-

---

[1]) In dem jüngst erschienenen Werk von DE GROOT und MAZUR[2]) ist die Entropiebilanz für polarisierbare Systeme in elektromagnetischen Feldern für einen anderen Fall formuliert: Reibungsdrucke werden berücksichtigt, und anstelle der chemischen Reaktionen – die ja im allgemeinsten Sinne Relaxationserscheinungen einschließen – werden die elektrische und magnetische Relaxation explizit eingeführt, und zwar dadurch, daß zwischen den „Augenblickswerten" und den „Gleichgewichtswerten" des elektrischen und magnetischen Feldes unterschieden wird. Das letzte Verfahren entspricht der früher von uns (S. 49) bei elastischen Medien besprochenen Unterscheidung zwischen „innerer" und „äußerer" Zugkraft. Eine derartige Differenz erscheint ja schon bei homogenen Systemen in der „dissipierten Leistung" und damit in der Dissipationsfunktion (S. 96).

[2]) S. R. DE GROOT und P. MAZUR, Non-Equilibrium Thermodynamics (Amsterdam 1962).

[3]) Vgl. I. PRIGOGINE, J. Chim. Phys. **49**, 79 (1952).

feldern (wie hier stets) sowie von Elektrisierung und Magnetisierung, wie in Gl. [4-12.2], absieht:

$$\vec{K}_k = z_k \mathfrak{F} \, (\vec{\mathfrak{E}} + \vec{v}_k \times \vec{\mathfrak{B}}).$$

Bildet man nun die Summe (vgl. Gl. [28])

$$\sum_k {}_v\vec{J}_k \, \vec{K}_k = \sum_k c_k \, (\vec{v}_k - \vec{v}) \, \vec{K}_k ,$$

so erhält man mit $\vec{v}_k \, (\vec{v}_k \times \vec{\mathfrak{B}}) = 0$, $\vec{v} \, (\vec{v} \times \vec{\mathfrak{B}}) = 0$:

$$\sum_k {}_v\vec{J}_k \, \vec{K}_k = \sum_k {}_v\vec{J}_k \, z_k \mathfrak{F} \, (\vec{\mathfrak{E}} + \vec{v} \times \vec{\mathfrak{B}}),$$

also denselben Ausdruck wie in Gl. [79].

Bei polarisierbaren Medien in beliebigen elektromagnetischen Feldern hat demnach die Dissipationsfunktion *formal* dieselbe Gestalt wie bei Systemen ohne Elektrisierung und Magnetisierung in stationären elektromagnetischen Feldern, wenn man für die letzten an Stelle von $\vec{K}_k$ die Größe

$$z_k \mathfrak{F} \, (\vec{\mathfrak{E}} + \vec{v} \times \vec{\mathfrak{B}})$$

einführt. Bei näherem Zusehen bestehen aber der Sache nach wesentliche Unterschiede, wie im folgenden gezeigt wird.

Mit Gl. [10] und der Definition [1-20.15] des elektrochemischen Potentials

$$\eta_k \equiv \mu_k + z_k \mathfrak{F} \varphi \qquad [4\text{-}34.80]$$

schreibt sich die generalisierte Kraft [79]:

$$\vec{X}_k = -(\operatorname{grad} \eta_k)_T + z_k \mathfrak{F} \left(\vec{v} \times \vec{\mathfrak{B}} - \frac{\partial \vec{\mathfrak{A}}}{\partial t} \right). \qquad [4\text{-}34.81]$$

Betrachtet man nur stationäre Felder, so entfällt der Term mit $\partial \vec{\mathfrak{A}} / \partial t$. Beschränkt man die Diskussion weiterhin auf elektrostatische Felder, verschwindet auch das Glied mit $\vec{v} \times \vec{\mathfrak{B}}$. Im letzten Falle reduziert sich die dem Diffusionsstrom konjugierte generalisierte Kraft auf den Ausdruck

$$\vec{X}_k = -(\operatorname{grad} \eta_k)_T ,$$

wie er bei normalen elektrochemischen Problemen auftritt (vgl. Gl. [4-15.11] und Gl. [4-24.2]).

Bei Systemen in beliebigen elektromagnetischen Feldern muß der generelle Ausdruck [79] oder [81] beibehalten werden. Das elektrochemische

Potential spielt demnach lediglich für Systeme in elektrostatischen Feldern eine fundamentale Rolle[1]).

Nach den Ergebnissen der Elektrodynamik bewegter Medien[2]) hängen die elektrische Feldstärke $\vec{\mathfrak{E}}$ und die magnetische Induktion $\vec{\mathfrak{B}}$ vom Bezugssystem des Beobachters ab. Die Summe

$$\vec{\mathfrak{E}} + \vec{\omega} \times \vec{\mathfrak{B}},$$

worin $\vec{\omega}$ die jeweilige Bezugsgeschwindigkeit bedeutet, stellt aber eine invariante Größe dar[3]). Es ist daher vom Standpunkt der allgemeinen Theorie befriedigend, daß ein solcher Ausdruck in Gl. [79] erscheint.

Bisher haben wir nur die Unterschiede zwischen stationären und nichtstationären Feldern behandelt. Es bleibt noch zu diskutieren, wie sich ein polarisierbares Medium von einem nichtpolarisierbaren Medium unterscheidet.

Bei Systemen ohne Elektrisierung und Magnetisierung sind die chemischen Potentiale μ_k nur Funktionen der Temperatur, des Druckes und der Zusammensetzung. Tritt hingegen elektrische oder magnetische Polarisation auf, so hängen die μ_k auch von der elektrischen oder magnetischen Feldstärke ab. Wir können sogar sofort angeben, wie diese Abhängigkeit aussieht. Es folgt nämlich aus Gl. [1-12.34] und [1-12.35]:

$$d\mu_k = -\left(\frac{\partial \vec{\mathfrak{P}}}{\partial c_k}\right)_{T,\vec{\mathfrak{E}},\vec{\mathfrak{H}},c_j} d\vec{\mathfrak{E}} - \left(\frac{\partial \vec{\mathfrak{M}}}{\partial c_k}\right)_{T,\vec{\mathfrak{E}},\vec{\mathfrak{H}},c_j} d\vec{\mathfrak{H}} + \sum_{i=1}^{N} \left(\frac{\partial \mu_k}{\partial c_i}\right)_{T,\vec{\mathfrak{E}},\vec{\mathfrak{H}},c_j} dc_i \quad (T = \text{const}). \qquad [4\text{-}34.82]$$

Hierbei sind T, $\vec{\mathfrak{E}}$, $\vec{\mathfrak{H}}$ und $c_1, c_2, \ldots c_N$ (N = Zahl der Teilchenarten) als unabhängige Variable gewählt worden. Der Index c_j zeigt die Konstanz aller Konzentrationen außer derjenigen, nach der differenziert wird, an. Bei Beachtung von Gl. [20] und [21] ergibt sich durch Integration aus Gl. [82]:

$$\mu_k = \mu_k^0 - \frac{1}{2}\left(\frac{\partial \psi}{\partial c_k}\right)_{T,c_j} \mathfrak{E}^2 \; (T = \text{const}, \vec{\mathfrak{H}} = \text{const}, c_i = \text{const}), \qquad [4\text{-}34.83\text{a}]$$

$$\mu_k = \mu_k^0 - \frac{1}{2}\left(\frac{\partial \chi}{\partial c_k}\right)_{T,c_j} \mathfrak{H}^2 \; (T = \text{const}, \vec{\mathfrak{E}} = \text{const}, c_i = \text{const}). \qquad [4\text{-}34.83\text{b}]$$

[1]) Vgl. I. Prigogine, J. Chim. Phys. **49**, 79 (1952); I. Prigogine, P. Mazur und R. Defay, ibid. **50**, 146 (1953); S. R. de Groot, P. Mazur und H. A. Tolhoek, Physica **19**, 549 (1953).

[2]) Vgl. A. Sommerfeld, Vorlesungen über Theoretische Physik, Band III: Elektrodynamik 248 (Leipzig 1949).

[3]) Siehe Gl. [89] und [90].

Die Größe $\mu_k{}^0$ in Gl. [83a] bzw. [83b] bedeutet denjenigen Wert des chemischen Potentials der Teilchenart k, der bei der betreffenden Temperatur und Zusammensetzung ohne elektrisches bzw. magnetisches Feld gefunden wird. Wie man mit Hilfe von Gl. [22] erkennt, ist $\mu_k{}^0$ von μ_k verschieden, wenn die Dielektrizitätskonstante bzw. Permeabilität des Mediums konzentrationsabhängig (bei Einstoffsystemen druck- oder dichteabhängig) ist[1]). Es sei darauf hingewiesen, daß außer in Gl. [83] an keiner Stelle unserer thermodynamischen Betrachtungen in diesem Paragraphen die „Materialgleichungen" [16] und [17] benutzt werden.

Die Diffusionsströme in der Dissipationsfunktion [77] sind durch die Identität [4-3.13]

$$\sum_k M_k \, {}_v\vec{J}_k = 0 \qquad [4\text{-}34.84]$$

miteinander verknüpft (M_k = Molmasse der Teilchenart k). Anstatt einen Diffusionsstrom in der Dissipationsfunktion mit Hilfe von Gl. [84] zu eliminieren (vgl. Gl. [4-12.12]), beschreiten wir hier sogleich den einfacheren Weg, der dem Verfahren auf S. 273 entspricht, das auf die Beziehung [4-12.17] führt.

Wir setzen „mechanisches Gleichgewicht", speziell bei fluiden Medien also „schleichende Bewegungen" voraus[3]). Dann verschwindet die Schwerpunktsbeschleunigung $d\vec{v}/dt$ in Gl. [38], und wir erhalten mit Gl. [44] und [65]:

$$\varrho_{\text{el}} \vec{\mathfrak{E}} + \vec{I} \times \vec{\mathfrak{B}} + (\text{Grad}\, \vec{\mathfrak{E}})\, \vec{\mathfrak{P}} + (\text{Grad}\, \vec{\mathfrak{H}})\, \vec{\mathfrak{M}} = \text{grad}\, P, \qquad [4\text{-}34.85]$$

$$\varrho_{\text{el}} \vec{\mathfrak{E}} + \vec{I} \times \vec{\mathfrak{B}} = \sum_k c_k\, (\text{grad}\, \mu_k)_T\,. \qquad [4\text{-}34.86]$$

Mit Gl. [9], [28], [29] und [79] leiten wir für den zweiten Term auf der rechten Seite von Gl. [77] ab:

$$\begin{aligned}\sum_k {}_v\vec{J}_k \vec{X}_k &= \sum_k c_k\, (\vec{v}_k - \vec{v})\, [z_k \mathfrak{F}\, (\vec{\mathfrak{E}} + \vec{v} \times \vec{\mathfrak{B}}) - (\text{grad}\, \mu_k)_T] \\ &= \vec{I}\, (\vec{\mathfrak{E}} + \vec{v} \times \vec{\mathfrak{B}}) - \sum_k c_k \vec{v}_k\, (\text{grad}\, \mu_k)_T \\ &\quad - \vec{v}\, [\varrho_{\text{el}} \vec{\mathfrak{E}} - \sum_k c_k\, (\text{grad}\, \mu_k)_T]\,.\end{aligned}$$

---

[1]) Eine prinzipiell ähnliche Ableitung von Gl. [83a] findet sich schon bei MAZUR und PRIGOGINE[2]).

[2]) P. MAZUR und I. PRIGOGINE, Mém. Acad. roy. Belgique (Classe Sciences), Tome 28, Fasc. 1 (Brüssel 1953).

[3]) Da wir die folgenden Gleichungen nur zur Formulierung der Gleichgewichtsbedingungen benutzen, bestehen keine Bedenken bezüglich des mechanischen Gleichgewichtes in Festkörpern (vgl. S. 255).

Gl. [86] führt hiermit auf die Formel:

$$\sum {}_v\vec{J}_k \vec{X}_k = \vec{I}\,\vec{\mathfrak{E}} - \sum_k c_k \vec{v}_k (\operatorname{grad} \mu_k)_T$$
$$= \sum_k c_k \vec{v}_k [z_k \mathfrak{F}\,\vec{\mathfrak{E}} - (\operatorname{grad} \mu_k)_T]. \qquad [4\text{-}34.87]$$

Bedenken wir, daß für eine beliebige Bezugsgeschwindigkeit $\vec{\omega}$ nach Gl. [9], [29] und [86] gilt:

$$\vec{\omega} \sum_k c_k [z_k \mathfrak{F}\,\vec{\mathfrak{E}} - (\operatorname{grad} \mu_k)_T] = -\vec{\omega}\,(\vec{I} \times \mathfrak{B})$$
$$= \vec{I}\,(\vec{\omega} \times \vec{\mathfrak{B}}) = \mathfrak{F} \sum_k z_k c_k (\vec{v}_k - \vec{\omega})\,(\vec{\omega} \times \vec{\mathfrak{B}}),$$

so gelangen wir mit der Definition (vgl. Gl. [4-3.1])

$$\vec{J}_k \equiv c_k (\vec{v}_k - \vec{\omega}) \qquad [4\text{-}34.88]$$

und Gl. [87] zu der Beziehung:

$$\sum_k {}_v\vec{J}_k \vec{X}_k = \sum_k \vec{J}_k \vec{X}_k{}' \qquad [4\text{-}34.89]$$

mit

$$\vec{X}_k{}' \equiv z_k \mathfrak{F}\,(\vec{\mathfrak{E}} + \vec{\omega} \times \vec{\mathfrak{B}}) - (\operatorname{grad} \mu_k)_T. \qquad [4\text{-}34.90]$$

In Gl. [89] und [90] besteht wegen Gl. [4-3.4] bzw. Gl. [86] zwischen den „Strömen" $\vec{J}_k$ bzw. den „Kräften" $\vec{X}_k{}'$ immer noch eine lineare Verknüpfung. Wir eliminieren die abhängigen Größen am einfachsten dadurch, daß wir das Hittorfsche Bezugssystem benutzen (vgl. Gl. [4-3.30]):

$$\vec{\omega} \equiv \vec{v}_1, \quad {}_1\vec{J}_k \equiv c_k (\vec{v}_k - \vec{v}_1), \quad {}_1\vec{J}_1 \equiv 0. \qquad [4\text{-}34.91]$$

Mit Gl. [89] und [91] schreibt sich die Dissipationsfunktion [77] für ein System mit N Teilchenarten und R linear unabhängigen chemischen Reaktionen:

$$\Psi = \vec{J}_Q \vec{X}_Q + \sum_{k=2}^{N} {}_1\vec{J}_k \vec{X}_k{}' + \sum_{r=1}^{R} w_r A_r \geqslant 0, \qquad [4\text{-}34.92]$$

in Analogie zu Gl. [4-12.17]. In Gl. [92], die für mechanisches Gleichgewicht gilt, sind alle „Ströme" ($\vec{J}_Q$, ${}_1\vec{J}_2$, ${}_1\vec{J}_3$, ... ${}_1\vec{J}_N$, w_1, w_2, ... w_R) bzw.

alle „Kräfte" $(\vec{X}_Q, \vec{X}_2', \vec{X}_3', \ldots \vec{X}_N', A_1, A_2, \ldots A_R)$ voneinander unabhängig[1]).

i) *Gleichgewichtsbedingungen.* Wenn *lokales Gleichgewicht* herrscht, müssen in jedem Volumenelement des Systems die unabhängigen „Ströme" und die unabhängigen „Kräfte" verschwinden, so daß die Dissipationsfunktion unter beliebigen Bedingungen überall Null wird.

Aus dem Verschwinden der „Kräfte" folgt mit Gl. [10], [78], [80], [90] [91] und [92]:

$$\operatorname{grad} T = 0, \quad T = \text{const}, \qquad [4\text{-}34.93]$$

$$z_k \mathfrak{F} (\vec{\mathfrak{E}} + \vec{v}_1 \times \vec{\mathfrak{B}}) = (\operatorname{grad} \mu_k)_T = \operatorname{grad} \mu_k \; (k = 2, 3, \ldots N) \qquad [4\text{-}34.94]$$

oder

$$z_k \mathfrak{F} \left(\vec{v}_1 \times \vec{\mathfrak{B}} - \frac{\partial \vec{\mathfrak{A}}}{\partial t}\right) = (\operatorname{grad} \eta_k)_T = \operatorname{grad} \eta_k \quad (k = 2, 3, \ldots N), \qquad [4\text{-}34.95]$$

$$A_r = 0 \; (r = 1, 2, \ldots R). \qquad [4\text{-}34.96]$$

Die Gleichgewichtsbedingungen [93] und [96] erscheinen selbstverständlich. Die Beziehungen [94] und [95] hingegen bedürfen einiger Kommentare.

Setzen wir ein *elektrostatisches Feld* voraus ($\vec{\mathfrak{B}} = 0$, $\partial \vec{\mathfrak{A}}/\partial t = 0$), so leiten wir aus Gl. [94] und [95] ab:

$$\operatorname{grad} \mu_k = z_k \mathfrak{F} \vec{\mathfrak{E}}, \qquad [4\text{-}34.97]$$

$$\operatorname{grad} \eta_k = 0, \quad \eta_k = \text{const}. \qquad [4\text{-}34.98]$$

Die Beziehungen [97] und [98] sind in Übereinstimmung mit den Gleichungen [1-21.20] bis [1-21.22], die schon mit der globalen Methodik der klassischen Thermodynamik gewonnen worden sind. Aber es zeigt sich hier, daß diese einfachen Gleichgewichtsbedingungen auch für elektrisierte Medien gelten. Dabei wird die Abhängigkeit der μ_k bzw. η_k von der elektrischen Feldstärke durch Gl. [82] beschrieben.

---

[1]) Obwohl wir Gl. [92] im folgenden nur zur Formulierung der Gleichgewichtsbedingungen verwenden, ist es evident, daß die Dissipationsfunktion in dieser Gestalt den Ausgangspunkt für die Beschreibung mannigfacher irreversibler Prozesse darstellt. Alle Probleme, bei deren phänomenologischer Behandlung die Voraussetzung des mechanischen Gleichgewichtes erlaubt ist, können hiermit erfaßt werden. Dazu gehören u. a. Elektrizitätsleitung, Diffusion, Wärmeleitung und Thermodiffusion in fluiden Medien bei Gegenwart von beliebigen elektromagnetischen Feldern mit Einschluß der elektrischen und magnetischen Polarisation. Damit stehen in Zusammenhang die von HANSSEN[2]) experimentell und theoretisch untersuchten Effekte, die auftreten, wenn galvanische Ketten in ein äußeres Magnetfeld gebracht werden.

[2]) K.-J. HANSSEN, Z. Naturforschg. **9a**, 323, 919 (1954).

Wie aus dem Vergleich von Gl. [95] mit Gl. [98] hervorgeht, spielt das elektrochemische Potential η_k nur bei Systemen in elektrostatischen Feldern die Rolle einer gleichgewichtsbestimmenden Größe. Im allgemeinsten Falle sind die Bedingungen für die Gleichgewichtsverteilung der verschiedenen Stoffe in einem elektromagnetischen Felde nicht durch die Konstanz einer Größe von der Art eines „Potentials“ ausdrückbar.

Wir haben hier zeitlich veränderliche Felder und makroskopische Bewegungen im System zugelassen. Dadurch können in den Bedingungen für *lokales* Gleichgewicht, gültig für jedes Volumenelement, Größen wie $\vec{v}_1$ und $\partial\vec{\mathfrak{A}}/\partial t$ auftreten. Diese Größen verschwinden in den Bedingungsgleichungen für *globales* Gleichgewicht, das sich auf das Gesamtsystem bezieht und nur für ruhende Systeme in stationären Feldern definierbar ist (§ 1.17 bis § 1.21).

Nach Gl. [91] gilt für lokales Gleichgewicht, da hier alle unabhängigen „Ströme“ verschwinden:

$$_1\vec{J}_k = c_k\,(\vec{v}_k - \vec{v}_1) = 0 \quad (k = 1, 2, \ldots N),$$

also

$$\vec{v}_1 = \vec{v}_2 = \ldots = \vec{v}_N.$$

Hieraus folgt mit Gl. [4-3.2] und [4-3.3] für jede beliebige Bezugsgeschwindigkeit $\vec{\omega}$ und damit auch für die Schwerpunktsgeschwindigkeit $\vec{v}$:

$$\vec{\omega} = \vec{v} = \vec{v}_1 = \vec{v}_2 = \ldots \vec{v}_N. \qquad [4\text{-}34.99]$$

Man darf also in den Gleichgewichtsbedingungen [94] und [95] an Stelle von $\vec{v}_1$ die Geschwindigkeit irgendeiner Teilchensorte (insbesondere die Geschwindigkeit der jeweils betrachteten Partikelart) oder jede beliebige mittlere Geschwindigkeit einsetzen. Dies bestätigt noch einmal, daß die Vektorsumme

$$\vec{\mathfrak{E}} + \vec{\omega} \times \vec{\mathfrak{B}}$$

die Rolle einer Invariante bei Änderungen des Bezugssystems spielt.

Mit Hilfe der letzten Aussage können wir schließlich zeigen, daß die Beziehungen [94] und [95] nicht nur für $k = 2, 3, \ldots N$, sondern auch für $k = 1$ gelten. Wir dürfen nämlich nach Gl. [99] an Stelle von Gl. [94] schreiben:

$$z_k\,\mathfrak{F}\,(\vec{\mathfrak{E}} + \vec{v}_k \times \vec{\mathfrak{B}}) = (\operatorname{grad} \mu_k)_T \quad (k = 2, 3, \ldots N). \qquad [4\text{-}34.100]$$

Gl. [86] ergibt mit Gl. [9] und [29]:

$$\mathfrak{F} \sum_{k=1}^{N} z_k c_k (\vec{\mathfrak{E}} + \vec{v}_k \times \vec{\mathfrak{B}}) = \sum_{k=1}^{N} c_k (\operatorname{grad} \mu_k)_T . \qquad [4\text{-}34.101]$$

Aus den letzten beiden Gleichungen resultiert:

$$z_1 \mathfrak{F} (\vec{\mathfrak{E}} + \vec{v}_1 \times \vec{\mathfrak{B}}) = (\operatorname{grad} \mu_1)_T . \qquad [4\text{-}34.102]$$

Damit ist die obige Behauptung bewiesen.

Wenn wir die Beziehungen [100] und [102] mit Gl. [2] vergleichen, stellen wir fest, daß wir diese Gleichgewichtsbedingungen auch in der kürzeren Gestalt (vgl. Gl. [1-21.24])

$$\operatorname{grad} \mu_k = (\operatorname{grad} \mu_k)_T = \vec{L}_k \quad (k = 1, 2, \ldots N) \qquad [4\text{-}34.103]$$

schreiben können, wobei $\vec{L}_k$ die molare Lorentz-Kraft für die Teilchenart k bedeutet. Gl. [103] ist, zusammen mit den Beziehungen [93] und [96]

$$\operatorname{grad} T = 0, \quad A_r = 0 \quad (r = 1, 2, \ldots R), \qquad [4\text{-}34.104]$$

zweifellos die prägnanteste Formulierung der Bedingungen für lokales Gleichgewicht bei Systemen in beliebigen elektromagnetischen Feldern.

Gemäß Gl. [68] und [104] muß die Gleichgewichtsbedingung

$$\sum_{k=1}^{N} \nu_{kr} \operatorname{grad} \mu_k = 0 \quad (r = 1, 2, \ldots R) \qquad [4\text{-}34.105]$$

erfüllt sein. Diese Beziehung scheint zunächst der aus Gl. [103] ableitbaren Gleichung

$$\sum_{k=1}^{N} \nu_{kr} \operatorname{grad} \mu_k = \sum_{k=1}^{N} \nu_{kr} \vec{L}_k \quad (r = 1, 2, \ldots R)$$

zu widersprechen. Es folgt nun aber aus Gl. [2], [35] und [99]:

$$\sum_{k=1}^{N} \nu_{kr} \vec{L}_k = 0 \quad (r = 1, 2, \ldots R),$$

womit der Bedingung [105] genügt wird.

j) *Verallgemeinerung des Ohmschen Gesetzes.* Wir betrachten Systeme ohne chemische Reaktionen und ohne Gradienten der molaren Volumenkonzentrationen, die außerdem entweder unpolarisierbar sind oder örtlich konstante Felder aufweisen. Dann ergibt sich aus Gl. [74] bis [76] mit Gl. [82]

für die Dissipationsfunktion:

$$\Psi = -\vec{J}_Q \frac{\operatorname{grad} T}{T} + \vec{i}\,(\vec{\mathfrak{E}} + \vec{v}\times\vec{\mathfrak{B}}) \geqslant 0. \qquad [4\text{-}34.106]$$

Diese Beziehung wird im folgenden speziell auf Elektronenleiter angewandt werden, soll aber hier zunächst für den allgemeineren Fall untersucht werden.

Wir sehen vorerst von den Komplikationen ab, die durch die galvanomagnetischen und thermomagnetischen Effekte (§ 4.36) verursacht werden und eine Komponentenzerlegung der Vektoren in Gl. [106] notwendig machen. Auch setzen wir der Einfachheit halber örtlich konstante Temperatur (grad $T = 0$) voraus. Dann gilt für „Gleichgewichtsnähe" der einfache phänomenologische Ansatz:

$$\vec{i} = \varkappa\,(\vec{\mathfrak{E}} + \vec{v}\times\vec{\mathfrak{B}}). \qquad [4\text{-}34.107]$$

Der phänomenologische Koeffizient $\varkappa$ ist offenbar eine generalisierte „spezifische elektrische Leitfähigkeit". Gl. [107] stellt die Verallgemeinerung des OHMschen Gesetzes [4-16.24] auf Systeme in beliebigen elektromagnetischen Feldern dar.

Es ist interessant, daß auch die relativistische Elektrodynamik das OHMsche Gesetz in der Form [107] liefert (MINKOWSKI 1908), falls $\vec{v}$ klein gegen die Lichtgeschwindigkeit ist[1]).

k) *Elektronenleiter.* Unter normalen Versuchsbedingungen sind bei Elektronenleitern die Voraussetzungen, die auf Gl. [106] führen, erfüllt. Darüber hinaus können wir gewöhnlich ruhende Systeme annehmen, also gemäß Gl. [4-24.51] die Schwerpunktsgeschwindigkeit $\vec{v}$ vernachlässigen. Wir erhalten demnach aus Gl. [106] für die Dissipationsfunktion bei ruhenden Elektronenleitern:

$$\Psi = -\vec{J}_Q \frac{\operatorname{grad} T}{T} + \vec{I}\,\vec{\mathfrak{E}} \geqslant 0, \qquad [4\text{-}34.108]$$

da nach Gl. [30] bis [33] bei allen Elektrizitätsleitern die Leitungsstromdichte $\vec{i}$ mit der gesamten Stromdichte $\vec{I}$ zusammenfällt.

Gl. [108], in der das magnetische Feld nicht mehr explizit erscheint, stellt den Ausgangspunkt für unsere Diskussion der galvanomagnetischen und thermomagnetischen Effekte in Elektronenleitern dar (§ 4.36).

---

[1]) Vgl. A. SOMMERFELD, Vorlesungen über Theoretische Physik, Band III: Elektrodynamik 291 (Leipzig 1949).

Ist kein Magnetfeld vorhanden, so führt Gl. [108] auf die uns schon bekannten phänomenologischen Ansätze [4-25.1] und [4-25.2], welche die Elektrizitätsleitung, Wärmeleitung und thermoelektrischen Effekte in Elekt onenleitern beschreiben.

§ 4.35. Reziprozitätsbeziehungen für Systeme in Zentrifugal- und Magnetfeldern

Auf die Teilchen eines Systems, das sich in einem Zentrifugalfeld (§ 4.33) oder in einem magnetischen Feld (§ 4.34) befindet, wirkt neben der Zentrifugalkraft bzw. der elektrostatischen Kraft noch die CORIOLIS-Kraft bzw. der magnetische Anteil der LORENTZ-Kraft. Die letztgenannten Kräfte stehen senkrecht zur augenblicklichen Bewegungsrichtung der Teilchen und senkrecht zur Rotationsachse bzw. Richtung des Magnetfeldes und sind dem Betrage nach der Teilchengeschwindigkeit proportional. Diese Tatsachen wirken sich in dreifacher Hinsicht aus:

1. Auch ein ursprünglich isotropes System weist, wenn es in eine Zentrifuge oder in ein magnetisches Feld gebracht wird, Vorzugsrichtungen auf. Demgemäß müssen die in der Dissipationsfunktion enthaltenen „Ströme“ und „Kräfte“ in ihre Komponenten aufgespalten und die phänomenologischen Ansätze für diese Komponenten einzeln formuliert werden, genau wie bei anisotropen Medien (§ 4.37).

2. Die phänomenologischen Koeffizienten α_{ij} sind Funktionen der Winkelgeschwindigkeit $\vec{\omega}$ bzw. der magnetischen Induktion $\vec{\mathfrak{B}}$. Dies ist auch dann noch der Fall, wenn unter den jeweiligen Versuchsbedingungen die CORIOLIS-Kraft bzw. der magnetische Anteil der LORENTZ-Kraft in der Dissipationsfunktion nicht mehr explizit vorkommt (vgl. Gl. [4-33.18] bzw. Gl. [4-34.108]).

3. Die Reziprozitätsbeziehungen müssen in der Form [1-26.4] geschrieben werden. Diese Gestalt des Reziprozitätssatzes ergibt sich aus der Tatsache, daß zur Wahrung des „Prinzips der mikroskopischen Reversibilität“ bei Zeitumkehr auch die Richtung des Zentrifugal- bzw. Magnetfeldes umgekehrt werden muß[1]).

Schreiben wir die phänomenologischen Ansätze in der Form

$$J_i = \sum_j \alpha_{ij} X_j \qquad [4\text{-}35.1]$$

---

[1]) Eine modernisierte und vervollständigte molekularstatistische Ableitung der ONSAGER-CASIMIRschen Reziprozitätsbeziehungen [1-26.4] für Systeme in Magnetfeldern findet sich bei DE GROOT und Mitarb. [2])

[2]) P. MAZUR und S. R. DE GROOT, Physica **19**, 961 (1953); R. FIESCHI, S. R. DE GROOT und P. MAZUR, ibid. **20**, 67 (1954); R. FIESCHI, S. R. DE GROOT, P. MAZUR und J. VLIEGER, ibid. **20**, 245 (1954).

(J_i = generalisierte Ströme, X_j = generalisierte Kräfte), so besagt der ONSAGER-CASIMIRsche Reziprozitätssatz [1-26.4]:

$$\alpha_{ij}(\vec{\omega}) = \varepsilon_i\, \varepsilon_j\, \alpha_{ji}(-\vec{\omega}) \qquad [4\text{-}35.2]$$

bzw.

$$\alpha_{ij}(\vec{\mathfrak{B}}) = \varepsilon_i\, \varepsilon_j\, \alpha_{ji}(-\vec{\mathfrak{B}}). \qquad [4\text{-}35.3]$$

Hierin ist $\varepsilon_i = 1$ bzw. $\varepsilon_j = 1$, wenn X_i bzw. X_j in bezug auf Zeitumkehr gerade („Kraft vom α-Typ“) ist, während $\varepsilon_i = -1$ bzw. $\varepsilon_j = -1$ gilt, wenn X_i bzw. X_j bezüglich Zeitumkehr ungerade („Kraft vom β-Typ“) ist.

Auch für $i = j$ ($\alpha_{ij} = \alpha_{ji} = \alpha_{ii}$, $\varepsilon_i \varepsilon_j = \varepsilon_i^2 = 1$) macht Gl. [2] bzw. [3] eine Aussage: Der phänomenologische Koeffizient α_{ii} muß eine gerade Funktion von $\vec{\omega}$ bzw. $\vec{\mathfrak{B}}$ sein. Im einfachsten Falle ist α_{ii} unabhängig von $\vec{\omega}$ bzw. $\vec{\mathfrak{B}}$.

Die Anwendung der obigen Beziehungen auf rotierende Systeme ist zur Zeit ohne praktisches Interesse. Die für Magnetfelder gültige Aussage [3] hingegen ist für die Behandlung der galvanomagnetischen und thermomagnetischen Effekte (§ 4.36) von ausschlaggebender Bedeutung.

§ 4.36. Galvanomagnetische und thermomagnetische Effekte

a) *Allgemeines.* Galvanomagnetische und thermomagnetische Effekte treten auf, wenn Elektrizitätsleiter, die von einem elektrischen Strom durchflossen werden oder sich in einem Temperaturgefälle befinden, in ein äußeres Magnetfeld gebracht werden[1]). Das bekannteste Beispiel ist der „HALL-Effekt“: In einem isothermen Leiter, durch den ein elektrischer Strom senkrecht zum magnetischen Feld fließt, wird ein elektrisches Feld erzeugt, das senkrecht zu der aus Strom- und Magnetfeldrichtung gebildeten Ebene steht („galvanomagnetischer Transversaleffekt“).

Wir betrachten hier der Einfachheit halber nur isotrope ruhende Elektronenleiter ohne Konzentrationsgradienten und ohne chemische Reaktionen, die sich in homogenen Feldern befinden. Damit schließen wir u. a. „Heterogeneffekte“ aus, die durch das Aneinandergrenzen verschiedener Materialien oder verschieden magnetisierter Bereiche zustande kommen und

---

[1]) Zusammenfassende Darstellungen dieser Effekte finden sich z. B. bei MEISSNER[2]) und JAN[3]). Eine generelle Behandlung vom Standpunkt der Elektronentheorie der Metalle gibt MEIXNER[4]).

[2]) W. MEISSNER, Handbuch der Experimentalphysik, Band 11, 2. Teil 311 (Leipzig 1935).

[3]) J.-P. JAN. Solid State Physics **5**, 1 (1957).

[4]) J. MEIXNER, Ann. Physik (5) **35**, 701 (1939); (5) **40**, 165 (1941).

beim experimentellen Nachweis gewisser Effekte eine Rolle spielen (vgl. § 4.25).

Unter den genannten Bedingungen hat die Dissipationsfunktion Ψ die einfache Gestalt [4-34.108]:

$$\Psi = -\vec{J}_Q \frac{\operatorname{grad} T}{T} + \vec{I}\,\vec{\mathfrak{E}}\,. \qquad [4\text{-}36.1]$$

Hierin bedeutet T die absolute Temperatur, $\vec{J}_Q$ den Wärmestrom (Vektor der Wärmestromdichte), $\vec{I}$ die elektrische Stromdichte und $\vec{\mathfrak{E}}$ die elektrische Feldstärke. Wegen des Magnetfeldes müssen wir jetzt die Vektoren in Gl. [1] in ihre räumlichen Komponenten aufspalten (§ 4.35).

Wir benutzen ein rechtwinkliges Koordinatensystem (Ortskoordinaten x, y, z) und bezeichnen die räumlichen (kartesischen) Komponenten von $\vec{J}_Q$ mit J_x, J_y, J_z, diejenigen von

$$\vec{X}_Q \equiv -\frac{1}{T} \operatorname{grad} T$$

mit X_x, X_y, X_z, diejenigen von $\vec{I}$ mit I_x, I_y, I_z und diejenigen von $\vec{\mathfrak{E}}$ mit $\mathfrak{E}_x$, $\mathfrak{E}_y$, $\mathfrak{E}_z$. Es gilt also gemäß Gl. [1]:

$$\Psi = J_x X_x + J_y X_y + J_z X_z + I_x \mathfrak{E}_x + I_y \mathfrak{E}_y + I_z \mathfrak{E}_z \qquad [4\text{-}36.2]$$

mit

$$X_x \equiv -\frac{1}{T}\frac{\partial T}{\partial x}\,, \quad X_y \equiv -\frac{1}{T}\frac{\partial T}{\partial y}\,, \quad X_z \equiv -\frac{1}{T}\frac{\partial T}{\partial z}\,, \qquad [4\text{-}36.3]$$

wobei z. B. der Operator $\partial/\partial x$ die Ableitung nach der Ortskoordinate x bei fester Zeit anzeigt.

Die irreversiblen Prozesse werden nun in erster Näherung („Gleichgewichtsnähe") durch die „phänomenologischen Ansätze" beschrieben, d. h. durch homogene lineare Beziehungen zwischen den sechs „Strömen" (J_x usw.) und den sechs „Kräften" (X_x usw.) in Gl. [2], wobei die „phänomenologischen Koeffizienten", die wir mit α_{11}, α_{12} usw. bezeichnen, Funktionen der magnetischen Induktion $\vec{\mathfrak{B}}$ sind (vgl. Gl. [4-35.1]). Aus praktischen Gründen ist es hier angebracht, die Komponenten der elektrischen Stromdichte (I_x, I_y, I_z) neben den Größen X_x, X_y, X_z als unabhängige Variable zu betrachten, die Rolle der „Ströme" und „Kräfte" also bei den letzten drei Termen in Gl. [2] zu vertauschen. Wir erhalten dann folgendes lineares Gleichungssystem:

$$\left.\begin{aligned}
\mathfrak{E}_x &= \alpha_{11} I_x + \alpha_{12} I_y + \alpha_{13} I_z + \alpha_{14} X_x + \alpha_{15} X_y + \alpha_{16} X_z, \\
\mathfrak{E}_y &= \alpha_{21} I_x + \alpha_{22} I_y + \alpha_{23} I_z + \alpha_{24} X_x + \alpha_{25} X_y + \alpha_{26} X_z, \\
\mathfrak{E}_z &= \alpha_{31} I_x + \alpha_{32} I_y + \alpha_{33} I_z + \alpha_{34} X_x + \alpha_{35} X_y + \alpha_{36} X_z, \\
J_x &= \alpha_{41} I_x + \alpha_{42} I_y + \alpha_{43} I_z + \alpha_{44} X_x + \alpha_{45} X_y + \alpha_{46} X_z, \\
J_y &+ \alpha_{51} I_x + \alpha_{52} I_y + \alpha_{53} I_z + \alpha_{54} X_x + \alpha_{55} X_y + \alpha_{56} X_z, \\
J_z &= \alpha_{61} I_x + \alpha_{62} I_y + \alpha_{63} I_z + \alpha_{64} X_x + \alpha_{65} X_y + \alpha_{66} X_z.
\end{aligned}\right\} \qquad [4\text{-}36.4]$$

Von den 36 Koeffizienten dieses Gleichungssystems sind nicht alle unabhängig. Aus der Voraussetzung der Isotropie des Mediums (bei Abwesenheit des Magnetfeldes) und aus dem ONSAGER-CASIMIRschen Reziprozitätssatz (§ 4.35) folgen vielmehr gewisse Beziehungen zwischen den Koeffizienten, wie wir unten sehen wenden.

Es läßt sich zeigen (vgl. § 4.37), daß obiges Gleichungssystem die entsprechenden Vorgänge in anisotropen Medien ebenfalls wiedergibt.

Führen wir zur Verkürzung der Schreibweise die Tensoren

$$\varrho \equiv \begin{pmatrix} \alpha_{11} & \alpha_{12} & \alpha_{13} \\ \alpha_{21} & \alpha_{22} & \alpha_{23} \\ \alpha_{31} & \alpha_{32} & \alpha_{33} \end{pmatrix}, \qquad [4\text{-}36.5]$$

$$\sigma \equiv \begin{pmatrix} \alpha_{14} & \alpha_{15} & \alpha_{16} \\ \alpha_{24} & \alpha_{25} & \alpha_{26} \\ \alpha_{34} & \alpha_{35} & \alpha_{36} \end{pmatrix}, \qquad [4\text{-}36.6]$$

$$-\frac{{}^*Q}{\mathfrak{F}} \equiv \begin{pmatrix} \alpha_{41} & \alpha_{42} & \alpha_{43} \\ \alpha_{51} & \alpha_{52} & \alpha_{53} \\ \alpha_{61} & \alpha_{62} & \alpha_{63} \end{pmatrix}, \qquad [4\text{-}36.7]$$

$$T\lambda \equiv \begin{pmatrix} \alpha_{44} & \alpha_{45} & \alpha_{46} \\ \alpha_{54} & \alpha_{55} & \alpha_{56} \\ \alpha_{64} & \alpha_{65} & \alpha_{66} \end{pmatrix} \qquad [4\text{-}36.8]$$

ein ($\mathfrak{F}$ = FARADAYsche Konstante), so können wir die sechs skalaren Beziehungen [4] durch zwei Vektorgleichungen ersetzen:

$$\vec{\mathfrak{E}} = \varrho \vec{I} + \sigma \vec{X}_Q, \qquad [4\text{-}36.9]$$

$$\vec{J}_Q = -\frac{{}^*Q}{\mathfrak{F}} \vec{I} + T\lambda \vec{X}_Q. \qquad [4\text{-}36.10]$$

Hierin ist ϱ der Tensor des spezifischen elektrischen Widerstandes (vgl. § 4.38), λ der Wärmeleitfähigkeitstensor (vgl. § 4.39), σ der Tensor der

Koeffizienten des thermoelektrischen Potentials und $*Q$ der Tensor der Elektronenüberführungswärme (vgl. unten).

Ist kein Magnetfeld vorhanden und das Medium isotrop, so entarten die Tensoren [5] bis [8] zu Skalaren. Wir schreiben dann Gl. [9] und [10] in der Gestalt

$$\vec{\mathfrak{E}} = a_{11}\vec{I} + a_{12}\vec{X}_Q\,, \qquad [4\text{-}36.11]$$

$$\vec{J}_Q = a_{21}\vec{I} + a_{22}\vec{X}_Q \qquad [4\text{-}36.12]$$

mit den vier skalaren Koeffizienten a_{11}, a_{12}, a_{21} und a_{22}. Es ist nun zu beachten, daß in bezug auf Zeitumkehr $\vec{X}_Q$ gerade, $\vec{I}$ aber ungerade ist. (Bei einer Zeittransformation $t \to -t$ kehrt der Strom die Richtung um, während der Temperaturgradient erhalten bleibt.) Es gilt also hier der Reziprozitätssatz in der Form [1-26.3]:

$$a_{12} = -a_{21}\,. \qquad [4\text{-}36.13]$$

Durch Vergleich von Gl. [9] und [10] mit Gl. [11] und [12] folgt bei Berücksichtigung von Gl. [13]:

$$\vec{\mathfrak{E}} = \varrho\,\vec{I} - \frac{*Q}{\mathfrak{F}T}\,\mathrm{grad}\,T\,, \qquad [4\text{-}36.14]$$

$$\vec{J}_Q = -\frac{*Q}{\mathfrak{F}}\,\vec{I} - \lambda\,\mathrm{grad}\,T\,. \qquad [4\text{-}36.15]$$

Dieses Gleichungssystem stimmt genau mit Gl. [4-25.16] und [4-25.17] überein, wobei ϱ der spezifische elektrische Widerstand (der reziproke Wert der spezifischen elektrischen Leitfähigkeit), $*Q$ die Elektronenüberführungswärme und λ die Wärmeleitfähigkeit (für den stromlosen Zustand) ist. Die Größe $*Q/\mathfrak{F}T$ in Gl. [14] kann man den „Koeffizienten des thermoelektrischen Potentials" nennen. Hieraus erhellt unsere Bezeichnungsweise in Gl. [9] und [10] für den allgemeineren Fall. Die Beziehungen [14] und [15] beschreiben Elektrizitätsleitung, Wärmeleitung und thermoelektrische Erscheinungen in isotropen Elektronenleitern ohne Magnetfeld (vgl. § 4.25).

Wie oben schon angedeutet, ist im allgemeinsten Falle in Gl. [4] oder [9] und [10] die Darstellung folgender irreversibler Prozesse enthalten: Elektrizitätsleitung, Wärmeleitung, thermoelektrische, galvanomagnetische und thermomagnetische Effekte in anisotropen Elektronenleitern. Soweit nicht die betreffenden Kristallklassen Symmetriebeziehungen bedingen, macht nur der ONSAGER-CASIMIRsche Reziprozitätssatz [4-35.3] Aussagen über die Koeffizienten. Da sich nach Gl. [4-35.3] für die 36 Koeffizienten unseres Gleichungssystems 15 unabhängige Beziehungen ergeben, verbleiben 21 unabhängige Koeffizienten im generellen Falle[1]).

---

[1]) J. MEIXNER, Ann. Physik (5) **40**, 165 (1941).

Nach der Diskussion der Prozesse in anisotropen Medien im allgemeinen (§ 4.37) werden wir die Elektrizitätsleitung (§ 4.38) und Wärmeleitung (§ 4.39) in anisotropen Systemen ohne Magnetfeld noch genauer besprechen. Hier befassen wir uns nur, wie eingangs angekündigt, mit den Effekten in isotropen Medien mit Magnetfeld.

Ein isotroper Elektronenleiter (z. B. ein flüssiges Metall, ein metallischer Einkristall des kubischen Systems oder ein polykristallines Metall ohne Vorzugsrichtungen der Kristallite) werde in ein äußeres magnetisches Feld (magnetische Induktion $\vec{\mathfrak{B}}$) gebracht. Der Vektor $\vec{\mathfrak{B}}$ habe die Richtung der z-Achse. Die Isotropie des Mediums (in der x-y-Ebene) verlangt dann, daß bei einer beliebigen Drehung des Koordinatensystems um die z-Achse die Gleichungen [4] oder [9] und [10] unverändert bleiben. Diese Invarianzbedingung wirkt sich mathematisch wie folgt aus: In den Tensoren [5] bis [8] verschwinden jeweils die beiden ersten Elemente der letzten Zeile und der letzten Spalte; das zweite Element der ersten Zeile wird umgekehrt gleich dem zweiten Element der ersten Spalte; die ersten beiden Elemente der Hauptdiagonale werden identisch. Wir finden also allein aus der Voraussetzung der Isotropie des Mediums:

$$\left.\begin{array}{llll}
\alpha_{11} = \alpha_{22}, & \alpha_{12} = -\alpha_{21}, & \alpha_{13} = \alpha_{31} = \alpha_{23} = \alpha_{32} = 0, \\
\alpha_{14} = \alpha_{25}, & \alpha_{15} = -\alpha_{24}, & \alpha_{16} = \alpha_{34} = \alpha_{26} = \alpha_{35} = 0, \\
\alpha_{41} = \alpha_{52}, & \alpha_{42} = -\alpha_{51}, & \alpha_{43} = \alpha_{61} - \alpha_{53} = \alpha_{62} = 0, \\
\alpha_{44} = \alpha_{55}, & \alpha_{45} = -\alpha_{54}, & \alpha_{46} = \alpha_{64} = \alpha_{56} = \alpha_{65} = 0.
\end{array}\right\} \qquad [4\text{-}36.16]$$

Damit schreibt sich das Gleichungssystem [4]:

$$\left.\begin{array}{ll}
\mathfrak{E}_x = & \alpha_{11} I_x + \alpha_{12} I_y + \alpha_{14} X_x + \alpha_{15} X_y, \\
\mathfrak{E}_y = & -\alpha_{12} I_x + \alpha_{11} I_y - \alpha_{15} X_x + \alpha_{14} X_y, \\
\mathfrak{E}_z = & \alpha_{33} I_z + \alpha_{36} X_z, \\
J_x = & \alpha_{41} I_x + \alpha_{42} I_y + \alpha_{44} X_x + \alpha_{45} X_y, \\
J_y = & -\alpha_{42} I_x + \alpha_{41} I_y - \alpha_{45} X_x + \alpha_{44} X_y, \\
J_z = & \alpha_{63} I_z + \alpha_{66} X_z.
\end{array}\right\} \qquad [4\text{-}36.17]$$

Dies sind 6 lineare Gleichungen mit 12 verschiedenen skalaren Koeffizienten. In der Tat existieren bei isotropen Elektronenleitern 12 Elementareffekte.

Aus Symmetriegründen gelten weiterhin für isotrope Systeme folgende Aussagen:

$$\alpha_{11}, \alpha_{14}, \alpha_{33}, \alpha_{36}, \alpha_{41}, \alpha_{44}, \alpha_{63} \text{ und } \alpha_{66} \text{ sind gerade Funktionen von } \vec{\mathfrak{B}}, \qquad [4\text{-}36.18]$$

$$\alpha_{12}, \alpha_{15}, \alpha_{42} \text{ und } \alpha_{45} \text{ sind ungerade Funktionen von } \vec{\mathfrak{B}}. \qquad [4\text{-}36.19]$$

Der ONSAGER-CASIMIRsche Reziprozitätssatz führt gemäß Gl. [4-35.3] auf folgende Beziehungen (vgl. Gl. [16], [18] und [19]):

$$\alpha_{12}(\vec{\mathfrak{B}}) = \alpha_{21}(-\vec{\mathfrak{B}}) = -\alpha_{12}(-\vec{\mathfrak{B}}), \quad [4\text{-}36.20]$$

$$\alpha_{14}(\vec{\mathfrak{B}}) = -\alpha_{41}(-\vec{\mathfrak{B}}) = -\alpha_{41}(\vec{\mathfrak{B}}), \quad [4\text{-}36.21]$$

$$\alpha_{15}(\vec{\mathfrak{B}}) = -\alpha_{51}(-\vec{\mathfrak{B}}) = \alpha_{42}(-\vec{\mathfrak{B}}) = -\alpha_{42}(\vec{\mathfrak{B}}), \quad [4\text{-}36.22]$$

$$\alpha_{36}(\vec{\mathfrak{B}}) = -\alpha_{63}(-\vec{\mathfrak{B}}) = -\alpha_{63}(\vec{\mathfrak{B}}), \quad [4\text{-}36.23]$$

$$\alpha_{45}(\vec{\mathfrak{B}}) = \alpha_{54}(-\vec{\mathfrak{B}}) = -\alpha_{45}(-\vec{\mathfrak{B}}). \quad [4\text{-}36.24]$$

Dabei sind Gl. [20] und [24] schon in [16] und [19] enthalten. Es verbleiben mithin drei „echte" Reziprozitätsbeziehungen. Also sind nur neun Effekte unabhängig[1]).

Wir notieren der Deutlichkeit halber noch einmal die drei unabhängigen Aussagen, die sich aus dem Reziprozitätssatz nach Gl. [21] bis [23] für die Koeffizienten in Gl. [17] ergeben:

$$\alpha_{14} = -\alpha_{41}, \quad [4\text{-}36.25]$$

$$\alpha_{15} = -\alpha_{42}, \quad [4\text{-}36.26]$$

$$\alpha_{36} = -\alpha_{63}. \quad [4\text{-}36.27]$$

Diesen drei Beziehungen entsprechen drei unabhängige Zusammenhänge zwischen den zwölf Elementareffekten.

b) *Klassifikation der Effekte.* Bei der Zuordnung der meßbaren Effekte zu den 12 Elementareffekten, d. h. zu den 12 Koeffizienten des Gleichungssystems [17], muß man beachten, daß sich gewisse Effekte in „isotherme" und „adiabatische" Phänomene aufspalten, also „Doppeleffekte" darstellen, und daß weiterhin bestimmte Erscheinungen erst meßbar werden, wenn man mehrere Leiter zu einem heterogenen System kombiniert, das einem Thermoelement entspricht (vgl. § 4.25). Wir sehen hier der Kürze halber von den Heterogeneffekten und den adiabatischen Erscheinungen bei den Doppeleffekten ab. Wir besprechen also nur die einfachen Homogeneffekte (Lokaleffekte).

Unter den genannten Bedingungen ergibt sich aus Gl. [3] und [17] das Klassifikationsschema der Tabelle 20. Dabei ist zu bedenken, daß von den 20 Termen auf der rechten Seite des linearen Gleichungssystems [17] von

---

[1]) J. MEIXNER, Ann. Physik (5) **40**, 165 (1941).

vornherein nur 12 wirklich voneinander verschieden sind. So beschreibt die Beziehung

$$\mathfrak{E}_x = \alpha_{12} I_y \quad (I_x = 0, \quad X_x = 0, \quad X_y = 0)$$

prinzipiell dieselbe Erscheinung wie die Gleichung

$$\mathfrak{E}_y = -\alpha_{12} I_x \quad (I_y = 0, \quad X_x = 0, \quad X_y = 0).$$

Viele Effekte tragen die Namen ihrer Entdecker (ETTINGSHAUSEN, HALL, LEDUC, NERNST, RIGHI). Das durch die beiden letzten Formeln dargestellte Phänomen z. B. ist der schon eingangs erwähnte „HALL-Effekt" (Abb. 36).

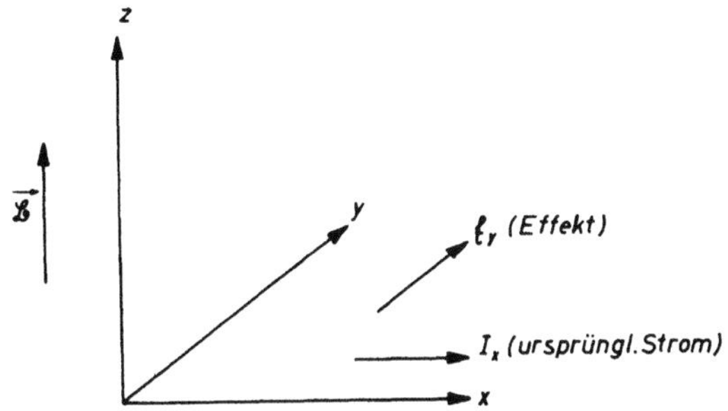

Abb. 36. HALL-Effekt (HALL 1879): Ein elektrischer Strom in der x-Richtung (Stromdichte I_x) erzeugt bei Anwesenheit eines Magnetfeldes in der z-Richtung (magnetische Induktion $\vec{\mathfrak{B}}$) ein elektrisches Feld in der y-Richtung (Feldstärke $\mathfrak{E}_y$)

Die beiden thermomagnetischen Longitudinaleffekte im Transversalfeld (Effekte 9 und 10 in Tab. 20) heißen manchmal auch „2. RIGHI-LEDUC-Effekt" und „2. ETTINGSHAUSEN-NERNST-Effekt". Während diese Bezeichnungen überflüssig sind, sollte für den Effekt 6, der in der einschlägigen Literatur keinen Namen trägt, eine kurze Benennung eingeführt werden. Es wird hier die Bezeichnung „KELVIN-Effekt" vorgeschlagen, da WILLIAM THOMSON (Lord KELVIN) schon 1856 thermoelektrische Erscheinungen in Magnetfeldern experimentell untersuchte. Der „KELVIN-Effekt" hängt in der Tat, wie der NERNST-Effekt (Effekt 4), mit dem PELTIER-Effekt in magnetischen Feldern zusammen. Entsprechend ist zwischen diesen Erscheinungen und den Effekten 10 und 12 (den thermoelektrischen Potentialen in Magnetfeldern) eine der THOMSONschen Beziehung [4-25.69] analoge Verknüpfung zu erwarten (vgl. unten).

Nach den Aussagen [18] und [19] sind die Koeffizienten, welche die Transversaleffekte (HALL-Effekt, ETTINGSHAUSEN-Effekt, RIGHI-LEDUC-Effekt und ETTINGSHAUSEN-NERNST-Effekt) beschreiben, ungerade Funktionen der magnetischen Induktion $\vec{\mathfrak{B}}$, während alle übrigen Koeffizienten

Tabelle 20

Klassifikation der galvanomagnetischen und thermomagnetischen Elementareffekte bei isotropen Elektronenleitern (x, y, z = kartesische Koordinaten; T = absolute Temperatur; $\mathfrak{E}_x$, $\mathfrak{E}_y$, $\mathfrak{E}_z$ = Komponenten der elektrischen Feldstärke; I_x, I_y, I_z = Komponenten der elektrischen Stromdichte; J_x, J_y, J_z = Komponenten der Wärmestromdichte. Die magnetische Induktion $\vec{\mathfrak{B}}$ liegt in der z-Richtung).

Klasse	Effekt	Bedingungen	Beschreibung des Effektes
Galvanomagnetische Transversaleffekte	1. Hall-Effekt (1879)	$I_y = 0, \partial T/\partial x = 0, \partial T/\partial y = 0$	$\frac{\mathfrak{E}_y}{I_x} = -\alpha_{12} \equiv -a_H \mathfrak{B}$
	2. Ettingshausen-Effekt (1887)	$I_y = 0, \partial T/\partial x = 0, J_y = 0$	$\frac{\partial T/\partial y}{I_x} = -T\frac{\alpha_{42}}{\alpha_{44}} \equiv \chi \equiv a_E \mathfrak{B}$
Galvanomagnetische Longitudinaleffekte im Transversalfeld	3. Elektrizitätsleitung im transversalen Magnetfeld	$I_y = 0, \partial T/\partial x = 0, \partial T/\partial y = 0$	$\frac{\mathfrak{E}_x}{I_x} = \alpha_{11} \equiv \varrho_{tr}$
	4. Nernst-Effekt (1887)	$I_y = 0, \partial T/\partial y = 0, J_x = 0$	$\frac{\partial T/\partial x}{I_x} = T\frac{\alpha_{41}}{\alpha_{44}} \equiv \nu$
Galvanomagnetische Longitudinaleffekte im Longitudinalfeld	5. Elektrizitätsleitung im longitudinalen Magnetfeld	$\partial T/\partial z = 0$	$\frac{\mathfrak{E}_z}{I_z} = \alpha_{33}$
	6. „Kelvin-Effekt"	$J_z = 0$	$\frac{\partial T/\partial z}{I_z} = T\frac{\alpha_{63}}{\alpha_{66}} \equiv \beta$
Thermomagnetische Transversaleffekte	7. Righi-Leduc-Effekt (1887)	$I_x = 0, I_y = 0, J_y = 0$	$\frac{\partial T/\partial y}{\partial T/\partial x} = \frac{\alpha_{45}}{\alpha_{44}} \equiv -a_{RL} \mathfrak{B}$
	8. Ettingshausen-Nernst-Effekt (1886)	$I_x = 0, I_y = 0, \partial T/\partial y = 0$	$\frac{E_y}{\partial T/\partial x} = \frac{\alpha_{15}}{T} \equiv \eta \equiv a_{EN} \mathfrak{B}$
Thermomagnetische Longitudinaleffekte im Transversalfeld	9. Wärmeleitung im transversalen Magnetfeld	$I_x = 0, I_y = 0, \partial T/\partial y = 0$	$-\frac{J_x}{\partial T/\partial x} = \frac{\alpha_{44}}{T} \equiv \lambda_{tr}$

Tabelle 20 (Fortsetzung)

Klasse	Effekt	Bedingungen	Beschreibung des Effektes
Thermomagnetische Longitudinaleffekte im Longitudinalfeld	10. Thermoelektrisches Potential im transversalen Magnetfeld	$I_x = 0,\ I_y = 0,$ $\partial T/\partial y = 0$	$\frac{\mathfrak{E}_x}{\partial T/\partial x} = -\frac{\alpha_{14}}{T} \equiv \zeta$
	11. Wärmeleitung im longitudinalen Magnetfeld	$I_z = 0$	$-\frac{J_z}{\partial T/\partial z} = \frac{\alpha_{66}}{T} \equiv \lambda_1$
	12. Thermoelektrisches Potential im longitudinalen Magnetfeld	$I_z = 0$	$\frac{\mathfrak{E}_z}{\partial T/\partial z} = -\frac{\alpha_{36}}{T} \equiv \gamma$

gerade Funktionen von $\vec{\mathfrak{B}}$ darstellen. Man wird daher in erster Näherung für die Koeffizienten der Transversaleffekte Proportionalität zu $\mathfrak{B}$ (= Betrag der magnetischen Induktion) erwarten, wie dies auch im allgemeinen experimentell bestätigt ist. Demgegenüber haben die Koeffizienten der übrigen Effekte erfahrungsgemäß meist die Gestalt $a + b\,\mathfrak{B}^2$, worin a und b (temperaturabhängige) Materialkonstanten sind.

Für die „Materialkonstanten" der Transversaleffekte (s. Tab. 20)

$$\frac{\alpha_{12}}{\mathfrak{B}} = a_{\mathrm{H}} \text{ (Hall-Koeffizient)}, \qquad [4\text{-}36.28]$$

$$-T\frac{\alpha_{42}}{\alpha_{44}\mathfrak{B}} = \frac{\chi}{\mathfrak{B}} = a_{\mathrm{E}} \text{ (Ettingshausen-Koeffizient)}, \qquad [4\text{-}36.29]$$

$$-\frac{\alpha_{45}}{\alpha_{44}\mathfrak{B}} = a_{\mathrm{RL}} \text{ (Righi-Leduc-Koeffizient)}, \qquad [4\text{-}36.30]$$

$$\frac{\alpha_{15}}{T\mathfrak{B}} = \frac{\eta}{\mathfrak{B}} = a_{\mathrm{EN}} \text{ (Ettingshausen-Nernst-Koeffizient)} \qquad [4\text{-}36.31]$$

geben wir in Tab. 21 einige Beispiele (Kupfer bei drei Temperaturen).

c) *Zusammenhänge zwischen den Effekten.* Durch Anwendung der Definitionen in Tab. 20 auf die Reziprozitätsbeziehungen [25] bis [27] erhält man die folgenden drei expliziten Verknüpfungen zwischen den

Tabelle 21

Koeffizienten der Transversaleffekte für Kupfer nach HALL[1])

Temperatur	$a_H \cdot 10^{11}$ m³ sec⁻¹ Amp⁻¹	$a_E \cdot 10^8$ m³ sec⁻¹ grad Amp⁻¹ Volt⁻¹	$a_{RL} \cdot 10^3$ m² sec⁻¹ Volt⁻¹	$a_{EN} \cdot 10^8$ m² sec⁻¹ grad⁻¹
25 °C	5,36	1,446	2,698	2,155
55 °C	5,37	1,544	2,448	2,104
85 °C	5,38	1,674	2,272	2,014

Effekten:

$$\lambda_{tr}\,\chi = T\,\eta, \qquad [4\text{-}36.32]$$

$$\lambda_{tr}\,\nu = T\,\zeta, \qquad [4\text{-}36.33]$$

$$\lambda_l\,\beta = T\,\gamma. \qquad [4\text{-}36.34]$$

Hierin bedeutet λ_{tr} bzw. λ_l die Wärmeleitfähigkeit im transversalen bzw. longitudinalen Magnetfeld.

Gl. [32] formuliert einen Zusammenhang zwischen dem ETTINGSHAUSEN-Effekt (χ) und dem ETTINGSHAUSEN-NERNST-Effekt (η). Diese Beziehung wurde bereits von BRIDGMAN (1929) angegeben.

Gl. [33] stellt eine Verknüpfung zwischen dem NERNST-Effekt (ν) und dem thermoelektrischen Potential im transversalen Magnetfeld (ζ) dar[2]). Sie entspricht einer Erweiterung der THOMSONschen Beziehung [4-25.69] auf Systeme in transversalen Magnetfeldern.

Gl. [34] endlich beschreibt den Zusammenhang zwischen dem KELVIN-Effekt (β) und dem thermoelektrischen Potential im longitudinalen Magnetfeld (γ)[3]). Sie entspricht der Erweiterung der THOMSONschen Beziehung [4-25.69] auf Systeme in longitudinalen Magnetfeldern.

Ausreichende experimentelle Daten liegen nur zur BRIDGMANschen Beziehung [32] vor, die man nach Gl. [29] und [31] auch in der Form

$$\lambda_{tr}\,a_E = T\,a_{EN} \qquad [4\text{-}36.35]$$

schreiben kann. In Tab. 22 findet sich eine Zusammenstellung von Meßdaten. Die Bestätigung von Gl. [35] ist nicht allzu beeindruckend. Es muß jedoch beachtet werden, daß die Messungen sehr schwierig und oft schlecht reproduzierbar sind. Im einzigen Falle, bei dem alle Untersuchungen an derselben Probe durchgeführt wurden, nämlich beim Arsen[4]), ist Gl. [35]

[1]) E. H. HALL, Proc. Amer. Acad. Arts Sci. **72**, 301 (1938).
[2]) P. MAZUR und I. PRIGOGINE, J. Physique Radium **12**, 616 (1951).
[3]) R. FIESCHI, S. R. DE GROOT und P. MAZUR, Physica **20**, 259 (1954).
[4]) N. C. LITTLE, Physic. Rev. **28**, 418 (1926).

fast quantitativ erfüllt. Ebenfalls gute Übereinstimmung erhält man für Wismut, bei dem alle Effekte ungewöhnlich groß sind und dementsprechend zahlreiche Versuchsergebnisse vorliegen.

Es sei schließlich noch bemerkt, daß in der Literatur oft weitere Beziehungen zwischen den Effekten angegeben werden. Diese sind keine Konsequenzen des ONSAGER-CASIMIRschen Reziprozitätssatzes, sondern basieren auf bestimmten Modellen der Elektronentheorie. Der bekannteste Zusammenhang dieser Art verknüpft den HALL-Koeffizienten a_{H} mit dem spezifischen elektrischen Widerstand (der reziproken spezifischen elektrischen Leitfähigkeit) im transversalen Magnetfeld ϱ_{tr} und dem RIGHI-LEDUC-Koeffizienten a_{RL}:

$$a_{\mathrm{H}} = \varrho_{\mathrm{tr}}\, a_{\mathrm{RL}}\,. \qquad [4\text{-}36.36]$$

Gl. [36] ist experimentell gut bestätigt. Durch Kombination dieser Beziehung mit Gl. [35] findet man:

$$\frac{a_{\mathrm{H}}\, a_{\mathrm{EN}}}{a_{\mathrm{RL}}\, a_{\mathrm{E}}} = \frac{\varrho_{\mathrm{tr}}\, \lambda_{\mathrm{tr}}}{T}\,. \qquad [4\text{-}36.37]$$

Die Übertragung des WIEDEMANN-FRANZ-SOMMERFELDschen Gesetzes auf Metalle in Magnetfeldern würde für die „LORENZsche Konstante"

$$L \equiv \frac{\varrho_{\mathrm{tr}}\, \lambda_{\mathrm{tr}}}{T} \qquad [4\text{-}36.38]$$

den universellen Wert (s. S. 369)

$$L = \frac{\pi^2}{3}\left(\frac{R}{\mathfrak{F}}\right)^2 \approx 2{,}44 \cdot 10^{-8}\ \mathrm{Volt}^2\,\mathrm{grad}^{-2} \qquad [4\text{-}36.39]$$

liefern (R = Gaskonstante). Die Daten in Tab. 21 ergeben mit Gl. [37] und [38] folgende Werte für Kupfer:

$$L = 2{,}96 \cdot 10^{-8}\ \mathrm{Volt}^2\,\mathrm{grad}^{-2}\ (25^\circ\ \mathrm{C}),$$
$$L = 2{,}99 \cdot 10^{-8}\ \mathrm{Volt}^2\,\mathrm{grad}^{-2}\ (55^\circ\ \mathrm{C}),$$
$$L = 2{,}38 \cdot 10^{-8}\ \mathrm{Volt}^2\,\mathrm{grad}^{-2}\ (85^\circ\ \mathrm{C}),$$

in leidlicher Übereinstimmung mit Gl. [39]. Im einzelnen ist die Situation bezüglich der Gültigkeit des WIEDEMANN-FRANZschen Gesetzes bei Metallen in Magnetfeldern recht kompliziert[1]).

---

[1]) Vgl. J.-P. JAN, Solid State Physics **5**, 1 (1957).

Tabelle 22

Experimentelle Prüfung der BRIDGMANschen Beziehung $\lambda_{tr}\ a_E = T\,a_{EN}$ für mehrere Metalle bei Temperaturen um 20 °C nach MILLER[1])

Metall	$\frac{\lambda_{tr}\,a_E}{T} \cdot 10^8$ $m^2\,sec^{-1}\,grad^{-1}$	$a_{EN} \cdot 10^8$ $m^2\,sec^{-1}\,grad^{-1}$	$\frac{\lambda_{tr}\,a_E}{T\,a_{EN}}$
Ag	2,2	1,8	1,22
Al	0,60	0,42	1,43
As	22,0	22,5	0,98
Au	1,2	1,8	0,66
Bi	2200	2340	0,94
Cd	0,9	1,2	0,75
Co	22,0	21,9	1,00
Cu	2	1,9	1,05
Fe	8,6	9,5	0,91
Ni	22,0	30,4	0,72
Pd	4,00	3,26	1,23
Sb	220	176	1,25
Zn	1,00	0,73	1,37

§ 4.37. Prozesse in anisotropen Systemen

Nachdem wir in § 4.34 gezeigt haben, wie sich der Übergang von stationären zu beliebigen elektromagnetischen Feldern auf unsere Grundgleichungen (Mengenbilanz, Impulssatz, Energiebilanz, Entropiebilanz usw.) auswirkt, wollen wir jetzt untersuchen, wie die genannten Gleichungen abzuändern sind, wenn man die Voraussetzung der Isotropie des Mediums aufgibt. Wir werden aber, um nicht alle Komplikationen gleichzeitig berücksichtigen zu müssen, wieder stationäre äußere Kraftfelder voraussetzen sowie von elektrischer und magnetischer Polarisation absehen. Wir lassen neben elastischen Spannungen auch Reibungsdrucke zu, schließen also „viskoelastische Körper" in unsere Betrachtung ein. Wir behandeln mithin Prozesse in beliebigen anisotropen Systemen, soweit Elektrisierung und Magnetisierung keine Rolle spielen und eventuelle äußere Felder zeitlich konstant sind.

Die Rechnungen vereinfachen sich erheblich, wenn wir nicht, wie in § 4.8 und § 4.34, von den Bilanzgleichungen mit den lokalen Zeitableitungen (Operator $\partial/\partial t$), sondern von den entsprechenden Beziehungen mit den substantiellen Differentialquotienten (Operator d/dt) ausgehen (s. Gl. 4-4.5]).

---

[1]) D. G. MILLER, Chem. Revs. **60**, 15 (1960).

Die lokale *Mengenbilanz* schreiben wir in der Form [4-4.20]:

$$\varrho \frac{dy_k}{dt} = -\operatorname{div}\vec{J}_k^* + M_k \sum_r \nu_{kr} w_r \,. \qquad [4\text{-}37.1]$$

Hierin bedeutet ϱ die Dichte, y_k den Massenbruch der Teilchenart k, $\vec{J}_k^*$ die durch Gl. [4-3.14] definierte Größe, also die Diffusionsstromdichte oder kurz den ,,Diffusionsstrom" der Teilchenart k (im Schwerpunktssystem), M_k die Molmasse der Partikelsorte k, ν_{kr} den stöchiometrischen Koeffizienten der Teilchenart k in der chemischen Reaktion r und w_r die (auf die Volumeneinheit bezogene) Reaktionsgeschwindigkeit der Reaktion r. Nach Gl. [4-3.11] und [4-3.14] gilt der Zusammenhang:

$$\vec{J}_k^* = M_k \, {}_v\vec{J}_k = M_k c_k (\vec{v}_k - \vec{v}) \,, \qquad [4\text{-}37.2]$$

wobei $\vec{v}$ die Schwerpunktsgeschwindigkeit, ${}_v\vec{J}_k$ der durch Gl. [4-3.11] definierte Diffusionsstrom, c_k die molare Volumenkonzentration und $\vec{v}_k$ die Geschwindigkeit der Partikelsorte k ist.

Auch der *Impulssatz* in der Form [4-5.11] und die daraus folgende Beziehung [4-5.12] können übernommen werden, falls man unter Π (,,Drucktensor") folgenden Tensor versteht:

$$\Pi = \begin{pmatrix} P_{11} - \tau_{11} & P_{12} - \tau_{12} & P_{13} - \tau_{13} \\ P_{21} - \tau_{21} & P_{22} - \tau_{22} & P_{23} - \tau_{23} \\ P_{31} - \tau_{31} & P_{32} - \tau_{32} & P_{33} - \tau_{33} \end{pmatrix} \qquad [4\text{-}37.3]$$

Dabei sind die $P_{ij}\,(= P_{ji})$ die Reibungsdrucke und die $\tau_{ij}\,(= \tau_{ji})$ die Spannungskomponenten $(i, j = 1, 2, 3)$. Bei Strömungsfreiheit bzw. für rein elastische Medien reduziert sich Π – nach Vorzeichenumkehr – auf den Spannungstensor im Sinne der Elastizitätstheorie.

Gl. [4-5.12] lautet nun:

$$\frac{\partial}{\partial t}\left(\frac{\varrho}{2} v^2\right) + \operatorname{div}\left(\frac{\varrho}{2} v^2 \vec{v}\right) = \vec{v}\left(\sum_k c_k \vec{K}_k - \operatorname{Div}\Pi\right). \qquad [4\text{-}37.4]$$

Hierin ist $\vec{K}_k$ die auf ein Mol der Partikelsorte k wirkende äußere Kraft und $\operatorname{Div}\Pi$ die Tensordivergenz von Π, also ein Vektor mit den kartesischen Komponenten

$$\sum_{j=1}^{3} \frac{\partial (P_{ij} - \tau_{ij})}{\partial z_j} \quad (i = 1, 2, 3) \,, \qquad [4\text{-}37.5]$$

wobei z_1, z_2, z_3 die Raumkoordinaten sind und der Operator $\partial/\partial z_j$ die Ableitung nach einer Ortskoordinate bei fester Zeit kennzeichnet.

Es sei $\overrightarrow{\Pi v}$ ein Vektor mit den kartesischen Komponenten

$$\sum_{j=1}^{3} (P_{ij} - \tau_{ij})\, v_j \quad (i = 1, 2, 3)\,, \tag{4-37.6}$$

worin v_1, v_2, v_3 die kartesischen Komponenten von $\vec{v}$ sind. Dann ist div $(\overrightarrow{\Pi v})$ der dem Term div $(\overrightarrow{P v})$ entsprechende Ausdruck in Gl. [4-6.4], der die Deformationsarbeit je Volumen- und Zeiteinheit beschreibt. Wir können also die für isotrope Medien ohne innere Reibung gültige Beziehung [4-6.4] einfach dadurch auf anisotrope Systeme mit innerer Reibung erweitern, daß wir div $(\overrightarrow{P v})$ durch div $(\overrightarrow{\Pi v})$ ersetzen. Die so erhaltene lokale *Energiebilanz* vereinfachen wir sogleich durch Berücksichtigung von Gl. [2] und [4] sowie der Identität

$$\operatorname{div} (\overrightarrow{\Pi v}) = \vec{v}\, \operatorname{Div} \Pi + \Pi : \operatorname{Grad} \vec{v}\,, \tag{4-37.7}$$

wobei Grad $\vec{v}$ der Vektorgradient von $\vec{v}$ (also ein Tensor) ist und das Zeichen: das innere Produkt zweier Tensoren nach zweimaliger Kontraktion bedeutet, demnach auf eine skalare Größe führt. Wir finden mithin bei Beachtung von Gl. [4-6.16]:

$$\varrho \frac{du}{dt} = \frac{\partial U_V}{\partial t} + \operatorname{div} (U_V \vec{v}) = - \operatorname{div} \left(\vec{J_Q} + \sum_k H_k\, {}_v\vec{J_k}\right) + \sum_k \vec{K_k}\, {}_v\vec{J_k} - \Pi : \operatorname{Grad} \vec{v}\,. \tag{4-37.8}$$

Darin ist u die spezifische innere Energie, U_V die Dichte der inneren Energie, $\vec{J_Q}$ der Wärmestrom (Vektor der Wärmestromdichte) und H_k die partielle molare Enthalpie der Teilchenart k. Gl. [8] faßt Impulssatz und Energiebilanz zusammen.

Die Komponentendarstellung des letzten Terms in Gl. [8] lautet[1]):

$$\Pi : \operatorname{Grad} \vec{v} = \sum_{i=1}^{3} \sum_{j=1}^{3} (P_{ij} - \tau_{ij}) \frac{\partial v_i}{\partial z_j} \equiv \sum_{i,j} (P_{ij} - \tau_{ij}) \frac{\partial v_i}{\partial z_j} = \sum_{i,j} P_{ij} \frac{\partial v_i}{\partial z_j} - \sum_{i,j} \tau_{ij} \frac{d\varepsilon_{ij}}{dt}\,. \tag{4-37.9}$$

[1]) Es gilt für die substantielle Ableitung *(d/dt)* der Komponenten des symmetrischen Dehnungstensors:

$$\frac{d\varepsilon_{ij}}{dt} = \frac{\partial \varepsilon_{ij}}{\partial t} + \vec{v}\, \operatorname{grad} \varepsilon_{ij} = \frac{1}{2}\left(\frac{\partial v_i}{\partial z_j} + \frac{\partial v_j}{\partial z_i}\right) \quad (i, j = 1, 2, 3).$$

Hierbei sind die ε_{ij} ($= \varepsilon_{ji}$) die Dehnungskomponenten (Komponenten des Verzerrungstensors).

Für isotrope Medien gilt:

$$\tau_{12} = \tau_{21} = \tau_{13} = \tau_{31} = \tau_{23} = \tau_{32} = 0, \quad \tau_{11} = \tau_{22} = \tau_{33} = -P,$$

also nach Gl. [9]:

$$\sum_{i,j} \tau_{ij} \frac{d\varepsilon_{ij}}{dt} = \sum_{i,j} \tau_{ij} \frac{\partial v_i}{\partial z_j} = -P \operatorname{div} \vec{v},$$

worin P der statische Druck ist. Demnach reduziert sich Gl. [8] bei Isotropie auf Gl. [4-6.9], wie es sein muß.

Bei hinreichend langsamem Ablauf der irreversiblen Prozesse gilt für jedes Volumenelement eines anisotropen Mediums ohne Elektrisierung und Magnetisierung die verallgemeinerte Gibbssche Hauptgleichung in der Gestalt [1-9.14]:

$$T \frac{ds}{dt} = \frac{du}{dt} - \frac{1}{\varrho} \sum_{i,j} \tau_{ij} \frac{d\varepsilon_{ij}}{dt} - \sum_k \mu_k^* \frac{dy_k}{dt} \qquad [4\text{-}37.10]$$

mit (Gl. [1-9.15])

$$\mu_k^* = \frac{\mu_k}{M_k}. \qquad [4\text{-}37.11]$$

Hierin ist T die absolute Temperatur, s die spezifische Entropie und μ_k bzw. μ_k^* das molare (also das bisher von uns benutzte) bzw. das spezifische chemische Potential der Teilchenart k.

Die Differentialquotienten dy_k/dt und du/dt in Gl. [10] substituieren wir aus Gl. [1] und [8], berücksichtigen Gl. [2], [9] und [11] und setzen

$$\vec{J}_Q^* \equiv \vec{J}_Q + \sum_k H_k \, {}_v\vec{J}_k. \qquad [4\text{-}37.12]$$

Wir erhalten dann:

$$\varrho \frac{ds}{dt} = \frac{1}{T} \sum_k \vec{K}_k \, {}_v\vec{J}_k - \frac{1}{T} \sum_{i,j} P_{ij} \frac{\partial v_i}{\partial z_j} - \frac{1}{T} \sum_k \sum_r \nu_{kr} \mu_k w_r$$
$$- \frac{1}{T} \operatorname{div} \vec{J}_Q^* + \frac{1}{T} \sum_k \mu_k \operatorname{div} {}_v\vec{J}_k. \qquad [4\text{-}37.13]$$

Mit den Vektoridentitäten

$$\frac{1}{T} \operatorname{div} \vec{J}_Q^* = \operatorname{div} \left(\frac{\vec{J}_Q^*}{T} \right) + \vec{J}_Q^* \frac{\operatorname{grad} T}{T^2}, \qquad [4\text{-}37.14]$$

$$\frac{1}{T} \sum_k \mu_k \operatorname{div} {}_v\vec{J}_k = \operatorname{div} \sum_k \frac{1}{T} (\mu_k \, {}_v\vec{J}_k) - \sum_k {}_v\vec{J}_k \operatorname{grad} \frac{\mu_k}{T}, \qquad [4\text{-}37.15]$$

den allgemeinen thermodynamischen Beziehungen (vgl. Gl. [4-34.66] bis [4-34.68] sowie Gl. [4-9.3])

$$A_r = -\sum_k \nu_{kr} \mu_k , \qquad [4\text{-}37.16]$$

$$\operatorname{grad}\left(\frac{\mu_k}{T}\right) = -\frac{H_k}{T^2} \operatorname{grad} T + \frac{1}{T} (\operatorname{grad} \mu_k)_T , \qquad [4\text{-}37.17]$$

$$\mu_k = H_k - T S_k , \qquad [4\text{-}37.18]$$

$$S_V = \sum_k c_k S_k , \qquad [4\text{-}37.19]$$

wobei A_r die Affinität der Reaktion r, S_k die partielle molare Entropie der Teilchensorte k und S_V die Entropiedichte bedeutet, sowie der Identität (vgl. Gl. [4-4.19])

$$\varrho \frac{ds}{dt} = \frac{\partial S_V}{\partial t} + \operatorname{div} (S_V \vec{v}) \qquad [4\text{-}37.20]$$

leiten wir aus Gl. [12] und [13] ab:

$$\frac{\partial S_V}{\partial t} = -\operatorname{div} \vec{J}_S + \vartheta \qquad [4\text{-}37.21]$$

mit

$$\vec{J}_S \equiv \frac{\vec{J}_Q}{T} + \sum_k c_k S_k \vec{v}_k , \qquad [4\text{-}37.22]$$

$$\vartheta \equiv -\frac{1}{T^2} \vec{J}_Q \operatorname{grad} T + \frac{1}{T} \sum_k {}_v\vec{J}_k [\vec{K}_k - (\operatorname{grad} \mu_k)_T]$$
$$+ \frac{1}{T} \sum_r w_r A_r - \frac{1}{T} \sum_{i,j} P_{ij} \frac{\partial v_i}{\partial z_j} . \qquad [4\text{-}37.23]$$

Gl. [21] ist die lokale *Entropiebilanz* mit dem *Entropiestrom* $\vec{J}_S$ und der *lokalen Entropieerzeugung* ϑ, die durch Gl. [22] und [23] gegeben sind. Auch ist für die Größe ϑ wieder zu fordern, daß sie bei wirklichem (irreversiblem) Ablauf der Prozesse positiv ist und für den reversiblen Grenzfall (insbesondere bei Gleichgewicht) verschwindet (vgl. S. 266):

$$\vartheta \geqslant 0 . \qquad [4\text{-}37.24]$$

Die Beziehungen [21] bis [23] stimmen formal mit Gl. [4-8.13] bis [4-8.15] überein. Die Anisotropie des Mediums macht sich nur darin bemerkbar, daß die chemischen Potentiale μ_k außer von Temperatur und Zusammensetzung auch von den Spannungskomponenten τ_{ij} (oder den Dehnungskomponenten ε_{ij}) abhängen. Bei isotropen Medien braucht man an Stelle der letzten Zustandsvariablen nur den Druck (oder die Dichte) zu betrachten.

Für die *Dissipationsfunktion*

$$\Psi \equiv T\,\vartheta \qquad [4\text{-}37.25]$$

können wir gemäß Gl. [23] und [24] schreiben (vgl. Gl. [4-12.2] bis [4-12.5]):

$$\Psi = \vec{J}_Q \vec{X}_Q + \sum_k {}_v\vec{J}_k \vec{X}_k + \sum_r w_r A_r + \sum_{i,j} P_{ij} X_{ij} \geqslant 0 \qquad [4\text{-}37.26]$$

mit

$$\vec{X}_Q \equiv -\frac{1}{T}\,\mathrm{grad}\,T, \qquad [4\text{-}37.27]$$

$$\vec{X}_k \equiv \vec{K}_k - (\mathrm{grad}\,\mu_k)_T, \qquad [4\text{-}37.28]$$

$$X_{ij} \equiv -\frac{1}{2}\left(\frac{\partial v_i}{\partial z_j} + \frac{\partial v_j}{\partial z_i}\right) \quad (i, j = 1, 2, 3). \qquad [4\text{-}37.29]$$

Die Größen $\vec{J}_Q$, ${}_v\vec{J}_k$, w_r und P_{ij} sind die *generalisierten Ströme*, die Ausdrücke $\vec{X}_Q$, $\vec{X}_k$, A_r und X_{ij} die *generalisierten Kräfte*.

Faßt man Relaxationsvorgänge als „innere Umwandlungen“ auf und beschreibt sie formal wie chemische Reaktionen (vgl. § 2.11), so kann Gl. [26] als Ausgangspunkt zu einer thermodynamisch-phänomenologischen Theorie der Transporterscheinungen in anisotropen Medien mit „innerer Dämpfung“ dienen, die sich in Zusammenhang mit der „Nachwirkungstheorie“ bringen läßt[1]).

Sind keine Geschwindigkeitsgefälle sowie keine Gradienten der Konzentrationen und Spannungskomponenten vorhanden, so gilt:

$$X_{ij} = 0, \quad (\mathrm{grad}\,\mu_k)_T = 0. \qquad [4\text{-}37.30]$$

Dann reduziert sich die Dissipationsfunktion [26] auf den Ausdruck

$$\Psi = \vec{J}_Q \vec{X}_Q + \sum_k {}_v\vec{J}_k \vec{K}_k + \sum_r w_r A_r \geqslant 0. \qquad [4\text{-}37.31]$$

Hierin sind wiederum zwei wichtige Sonderfälle enthalten, die wir nun besprechen.

Sieht man einerseits von Temperaturgradienten und äußeren Kräften ab, so hat man:

$$\vec{X}_Q = 0, \quad \vec{K}_k = 0 \qquad [4\text{-}37.32]$$

[1]) Vgl. J. MEIXNER, Proc. Roy. Soc. (London) **A 226**, 57 (1954).

und damit gemäß Gl. [31]:

$$\Psi = \sum_r w_r A_r \geqslant 0\,, \qquad [4\text{-}37.33]$$

genau wie bei chemischen Reaktionen in homogenen isotropen Medien (s. Gl. [2-2.13]). Da indessen die Affinitäten A_r jetzt von der Temperatur, der Zusammensetzung und den Spannungs- oder Dehnungskomponenten abhängen, ist die explizite Durchrechnung der aus Gl. [33] folgenden Ansätze komplizierter als bei isotropen Systemen. Auf diese Weise läßt sich aber eine thermodynamische Theorie der elastischen Relaxation entwickeln[1])[2]).

Schließt man andererseits chemische Reaktionen sowie innere Umwandlungen aus und betrachtet als äußere Kraftfelder nur elektromagnetische Felder, die nach unseren Grundvoraussetzungen stationär sein müssen und nicht zur Polarisation der Materie führen dürfen, so gilt gemäß Gl. [2] sowie Gl. [4-34.2] und [4-34.29] für ruhende Medien:

$$w_r = 0, \quad \sum_k {}_v\vec{J}_k\,\vec{K}_k = \vec{I}\,\vec{\mathfrak{E}}, \qquad [4\text{-}37.34]$$

worin $\vec{I}$ die elektrische Stromdichte und $\vec{\mathfrak{E}}$ die elektrische Feldstärke bedeutet. Damit folgt aus Gl. [31]:

$$\Psi = \vec{J}_Q \vec{X}_Q + \vec{I}\,\vec{\mathfrak{E}} \geqslant 0\,, \qquad [4\text{-}37.35]$$

in Übereinstimmung mit Gl. [4-34.108].

Wir formulieren wieder *phänomenologische Ansätze* als erste Näherung einer Beschreibung der irreversiblen Prozesse in anisotropen Systemen. Wir müssen jetzt aber in Gl. [26] die skalaren Ströme sowie alle Komponenten der vektoriellen und tensoriellen Ströme als homogene lineare Funktionen der skalaren Kräfte sowie aller Komponenten der vektoriellen und tensoriellen Kräfte ansetzen[3]). Dieses Verfahren ist uns schon aus § 4.35 und § 4.36 bekannt, da isotrope Systeme in Magnetfeldern ebenfalls Vorzugsrichtungen aufweisen.

Zur Aufstellung der phänomenologischen Ansätze für ruhende anisotrope Elektronenleiter in stationären elektromagnetischen Feldern hat man von

---

[1]) J. Meixner, Z. Naturforschg. **9a**, 654 (1954).

[2]) G. Falk und J. Meixner, Z. Naturforschg. **11a**, 782 (1956).

[3]) Das Symmetrieprinzip von P. Curie (S. 275) wird hier ungültig. Die einzigen Einschränkungen, die von vornherein gelten, folgen aus eventuellen Symmetriebeziehungen des Kristalltyps; denn die phänomenologischen Ansätze müssen gegenüber den kristallographischen Decktransformationen kovariant sein (vgl. Tabelle 23 auf S. 516).

Gl. [35] auszugehen. Man gelangt dann zu dem linearen Gleichungssystem [4-36.4]. Damit ist die in § 4.36 aufgestellte Behauptung bewiesen, daß dieses Gleichungssystem die Elektrizitätsleitung und Wärmeleitung sowie die thermoelektrischen, galvanomagnetischen und thermomagnetischen Effekte auch in anisotropen Elektronenleitern beschreibt.

Der *Reziprozitätssatz* von ONSAGER und CASIMIR ist im allgemeinsten Falle in der Gestalt [4-35.3] anzuwenden. Unsere Beispiele in § 4.38 und § 4.39 beziehen sich aber auf Systeme ohne Magnetfeld, bei denen überdies nur „ONSAGERsche Koeffizienten" auftreten (§ 1.26). Die phänomenologischen Koeffizienten α_{ik} gehorchen also hier der einfachen Bedingung:

$$\alpha_{ik} = \alpha_{ki}. \quad [4\text{-}37.36]$$

Generell ist zu beachten, daß Symmetrieaussagen bei anisotropen Medien vier verschiedene Ursachen haben können. Betrachten wir eine Beziehung des Typs

$$a_{ik} = a_{ki}, \quad [4\text{-}37.37]$$

wobei die a_{ik} irgendwelche Größen (also nicht notwendigerweise phänomenologische Koeffizienten) sind. Dann kann diese Aussage folgen aus

1. den Grundgesetzen der Mechanik (z. B. Symmetrie des Dehnungs-, Spannungs- oder Reibungsdrucktensors, vgl. oben),
2. den Grundgesetzen der klassischen Thermodynamik (z. B. Symmetrie der Matrix der Elastizitätskonstanten oder des Tensors der Dielektrizitätskonstanten, vgl. § 4.38),
3. den geometrischen Symmetrieeigenschaften der betreffenden Kristallklasse (vgl. § 4.39),
4. den ONSAGERschen Reziprozitätsbeziehungen (z. B. Symmetrie der Viskositätsmatrix, des elektrischen Leitfähigkeitstensors oder des Wärmeleitfähigkeitstensors, vgl. § 4.38 und § 4.39).

§ 4.38. Elektrizitätsleitung und Elektrisierung in anisotropen Medien

a) *Elektrizitätsleitung.* Als einfachstes Beispiel der Elektrizitätsleitung in anisotropen Medien betrachten wir den Ladungstransport in anisotropen Elektronenleitern, etwa in Metallen mit nichtkubischem Kristallgitter. Von Temperaturgradienten, Konzentrationsgefällen (bei Mischkristallen), Gradienten der elastischen Spannungen, plastischem Verhalten und inneren Umwandlungen wird abgesehen. Auch sollen neben einem elektrostatischen Felde keine anderen äußeren Kraftfelder wirksam sein. Dann gilt gemäß

Gl. [4-37.35] für die Dissipationsfunktion:

$$\Psi = \vec{I}\,\vec{\mathfrak{E}} = I_x\,\mathfrak{E}_x + I_y\,\mathfrak{E}_y + I_z\,\mathfrak{E}_z\,. \qquad [4\text{-}38.1]$$

Dabei ist $\vec{I}$ die elektrische Stromdichte mit den kartesischen Komponenten I_x, I_y, I_z und $\vec{\mathfrak{E}}$ die elektrische Feldstärke mit den kartesischen Komponenten $\mathfrak{E}_x$, $\mathfrak{E}_y$, $\mathfrak{E}_z$.

Nach unseren Ausführungen in § 4.37 werden die irreversiblen Vorgänge in erster Näherung durch die phänomenologischen Ansätze beschrieben, die im Falle der Elektrizitätsleitung gemäß Gl. [1] ein System von drei linearen Gleichungen mit neun Koeffizienten darstellen:

$$\left.\begin{aligned} I_x &= \varkappa_{11}\,\mathfrak{E}_x + \varkappa_{12}\,\mathfrak{E}_y + \varkappa_{13}\,\mathfrak{E}_z\,,\\ I_y &= \varkappa_{21}\,\mathfrak{E}_x + \varkappa_{22}\,\mathfrak{E}_y + \varkappa_{23}\,\mathfrak{E}_z\,,\\ I_z &= \varkappa_{31}\,\mathfrak{E}_x + \varkappa_{32}\,\mathfrak{E}_y + \varkappa_{33}\,\mathfrak{E}_z\,. \end{aligned}\right\} \qquad [4\text{-}38.2]$$

Die skalaren Größen $\varkappa_{ij}$ $(i, j = 1, 2, 3)$ sind die phänomenologischen Koeffizienten. Sie hängen im allgemeinsten Falle von den lokalen Zustandsvariablen (Temperatur, Spannungskomponenten, Konzentrationen) ab.

Gl. [2] ist die Verallgemeinerung des OHMschen Gesetzes [4-16.24] auf anisotrope Medien. Dementsprechend bezeichnet man die Matrix

$$\varkappa = \begin{pmatrix} \varkappa_{11} & \varkappa_{12} & \varkappa_{13}\\ \varkappa_{21} & \varkappa_{22} & \varkappa_{23}\\ \varkappa_{31} & \varkappa_{32} & \varkappa_{33} \end{pmatrix} \qquad [4\text{-}38.3]$$

als Tensor der spezifischen elektrischen Leitfähigkeit. Die drei skalaren Beziehungen [2] lassen sich mit Hilfe von Gl. [3] symbolisch in eine Vektorgleichung zusammenfassen (vgl. Gl. [4-36.9]):

$$\vec{I} = \varkappa\,\vec{\mathfrak{E}}. \qquad [4\text{-}38.4]$$

Soweit nicht die betreffende Kristallklasse Symmetriebeziehungen und damit von vornherein eine Reduktion der unabhängigen Koeffizienten bedingt (vgl. Tabelle 23 auf S. 516), ergibt nur der ONSAGERsche Reziprozitätssatz [4-37.36] eine generelle Aussage:

$$\varkappa_{ij} = \varkappa_{ji} \quad (i, j = 1, 2, 3)\,. \qquad [4\text{-}38.5]$$

Der Leitfähigkeitstensor [3] ist also stets symmetrisch.

Obwohl man sich schon frühzeitig[1]) Gedanken über die Symmetrie des Leitfähigkeitstensors bei anisotropen Elektrizitätsleitern gemacht hat,

[1]) Vgl. W. VOIGT, Lehrbuch der Kristallphysik (Leipzig und Berlin 1910).

liegt bis heute kein ausreichendes experimentelles Material zur Prüfung von Gl. [5] vor. Dies erklärt sich teils durch den Mangel von metallischen Einkristallen mit den erforderlichen Symmetrieeigenschaften – fast alle Kristallgitter von Metallen haben eine zu hohe Symmetrie –, teils durch die große Empfindlichkeit von Widerstandsmessungen an Kristallen gegenüber Spuren von Verunreinigungen. Da die Situation im analogen Falle der Wärmeleitfähigkeit (§ 4.39) günstiger ist, verzichten wir hier auf eine weitere Diskussion der elektrischen Leitfähigkeit in kristallinen Medien.

b) *Elektrisierung.* Wir betrachten nun die elektrische Polarisation in einem anisotropen Isolator.

Der Ansatz für die kartesischen Komponenten $\mathfrak{P}_x$, $\mathfrak{P}_y$, $\mathfrak{P}_z$ der elektrischen Polarisation $\vec{\mathfrak{P}}$ in Abhängigkeit von den entsprechenden Komponenten der elektrischen Feldstärke bei elektrisierten anisotropen Medien lautet[1]):

$$\left.\begin{aligned} \mathfrak{P}_x &= \psi_{11}\,\mathfrak{E}_x + \psi_{12}\,\mathfrak{E}_y + \psi_{13}\,\mathfrak{E}_z\,, \\ \mathfrak{P}_y &= \psi_{21}\,\mathfrak{E}_x + \psi_{22}\,\mathfrak{E}_y + \psi_{23}\,\mathfrak{E}_z\,, \\ \mathfrak{P}_z &= \psi_{31}\,\mathfrak{E}_x + \psi_{32}\,\mathfrak{E}_y + \psi_{33}\,\mathfrak{E}_z \end{aligned}\right\} \qquad [4\text{-}38.6]$$

mit

$$\psi_{ij} \equiv \varepsilon_0\,(\varepsilon_{ij} - 1) \qquad (i, j = 1, 2, 3). \qquad [4\text{-}38.7]$$

Hierin bedeuten ε_0 die elektrische Fundamentalkonstante und die ε_{ij} die Komponenten der tensoriellen relativen Dielektrizitätskonstante (vgl. Gl. [4-34.20] und [4-34.22]). Die ψ_{ij} bzw. ε_{ij} sind „Materialkonstanten", d. h. abhängig von der Art des Mediums und von den lokalen Werten der intensiven Zustandsvariablen. Sie können also z. B. als Funktionen der Temperatur T, der Spannungskomponenten τ_{ij} und der Konzentrationen (molaren Volumenkonzentrationen) c_k der im betrachteten Bereich enthaltenen Stoffe dargestellt werden:

$$\psi_{ij} = \psi_{ij}\,(T, \tau_{ij}, c_k) \qquad (i, j = 1, 2, 3). \qquad [4\text{-}38.8]$$

Das Gleichungssystem [6] entspricht formal den Beziehungen [2], hat aber den Charakter einer Zustandsgleichung.

Nun besagt die verallgemeinerte Gibbssche Hauptgleichung in der Form [1-9.9] für unseren Fall, wenn man die Dehnungskomponenten mit e_{ij}

[1]) Dabei wird von Substanzen wie Seignettesalz abgesehen, da diese „ferroelektrisch" sind, d. h. Sättigungs- und Hysteresis-Erscheinungen zeigen, so daß die ψ_{ij} von der Feldstärke abhängen.

bezeichnet[1]):

$$T\,dS_V = dU_V - \sum_{i=1}^{3}\sum_{j=1}^{3}\tau_{ij}\,de_{ij} - \mathfrak{E}_x\,d\mathfrak{P}_x - \mathfrak{E}_y\,d\mathfrak{P}_y - \mathfrak{E}_z\,d\mathfrak{P}_z - \sum_k \mu_k\,dc_k. \qquad [4\text{-}38.9]$$

Hierbei ist S_V bzw. U_V die Entropiedichte bzw. Dichte der inneren Energie und μ_k das chemische Potential des Stoffes k. Führen wir mit Gl. [1-6.7] und [1-11.2] die Dichte der Freien Enthalpie ein:

$$G_V = U_V - TS_V - \sum_{i=1}^{3}\sum_{j=1}^{3}\tau_{ij}\,e_{ij} - \mathfrak{E}_x\mathfrak{P}_x - \mathfrak{E}_y\mathfrak{P}_y - \mathfrak{E}_z\mathfrak{P}_z, \qquad [4\text{-}38.10]$$

so erhalten wir mit Hilfe von Gl. [9]:

$$dG_V = -S_V\,dT - \sum_{i=1}^{3}\sum_{j=1}^{3}e_{ij}\,d\tau_{ij} - \mathfrak{P}_x\,d\mathfrak{E}_x - \mathfrak{P}_y\,d\mathfrak{E}_y - \mathfrak{P}_z\,d\mathfrak{E}_z + \sum_k \mu_k\,dc_k. \qquad [4\text{-}38.11]$$

Da G_V eine Zustandsfunktion ist – im Gegensatz zu Ψ in Gl. [1] –, können wir eine Aussage über die Koeffizienten ψ_{ij} des Gleichungssystems [6] machen, und zwar allein mit Hilfe der *klassischen* Thermodynamik. Es folgt nämlich aus Gl. [11]:

$$\frac{\partial^2 G_V}{\partial\mathfrak{E}_i\,\partial\mathfrak{E}_j} = -\frac{\partial\mathfrak{P}_i}{\partial\mathfrak{E}_j} = \frac{\partial^2 G_V}{\partial\mathfrak{E}_j\,\partial\mathfrak{E}_i} = -\frac{\partial\mathfrak{P}_j}{\partial\mathfrak{E}_i}$$

oder

$$\frac{\partial\mathfrak{P}_i}{\partial\mathfrak{E}_j} = \frac{\partial\mathfrak{P}_j}{\partial\mathfrak{E}_i} \quad (i, j = x, y, z). \qquad [4\text{-}38.12]$$

Damit ergibt sich aus Gl. [6] bis [8]:

$$\psi_{ij} = \psi_{ji}, \quad \varepsilon_{ij} = \varepsilon_{ji} \quad (i, j = 1, 2, 3). \qquad [4\text{-}38.13]$$

Der Tensor der DK ist also stets symmetrisch. Diese Aussage gilt, wie ersichtlich, ohne Rücksicht auf das Kristallsystem und hat auch nichts mit dem Onsagerschen Reziprozitätssatz zu tun[2]).

---

[1]) Siehe Gl. [1-3.6]. Wir setzen das Volumen V des betrachteten Bereiches gleich dem Bezugsvolumen V_0. Gl. [9] ist für $\mathfrak{P}_x = \mathfrak{P}_y = \mathfrak{P}_z = 0$ der Beziehung [4-37.10] äquivalent.

[2]) Die Reduktion der neun Koeffizienten des linearen Gleichungssystems [6] auf sechs unabhängige Koeffizienten durch klassisch-thermodynamische Überlegungen geht bereits auf W. Thomson (Lord Kelvin) zurück und ist in dem hervorragenden Buch von Voigt[3]) prinzipiell auf dem gleichen Wege wie oben bewiesen worden.

[3]) W. Voigt, Lehrbuch der Kristallphysik (Leipzig und Berlin 1910).

Für hinreichend kleine Deformationen kann man, in Analogie zu Gl. [6], zwischen den sechs unabhängigen Spannungskomponenten und den sechs unabhängigen Dehnungskomponenten einen linearen Ansatz aufstellen. Dieses „verallgemeinerte HOOKEsche Gesetz" (CAUCHY 1829) ist mithin ein System von 6 linearen Gleichungen mit 36 temperatur- und konzentrationsabhängigen Koeffizienten (den „Elastizitätskonstanten" ζ_{ij}). Aus Gl. [11] folgen dann auf analogem Wege wie oben mit Hilfe klassisch-thermodynamischer Überlegungen die Symmetrieaussagen (W. THOMSON 1855):

$$\zeta_{ij} = \zeta_{ji} \quad (i, j = 1, 2, \ldots 6).$$

Damit reduziert sich die Zahl der unabhängigen Elastizitätskonstanten von 36 auf 21.

Das genannte HOOKE-CAUCHYsche Gesetz ist, wie Gl. [6], eine „Zustandsgleichung", während Gl. [2] einen Ansatz für irreversible Prozesse darstellt.

Der Sache nach dem verallgemeinerten OHMschen Gesetz [2], der Form nach aber dem HOOKE-CAUCHYschen Gesetz analog ist der Ansatz für die innere Reibung in anisotropen Medien. Gemäß Gl. [4-37.26] führen hier die phänomenologischen Ansätze auf homogene lineare Beziehungen zwischen den sechs unabhängigen Reibungsdrucken und den sechs unabhängigen Kombinationen [4-37.29] der Geschwindigkeitsgefälle. Die 36 Koeffizienten dieses Gleichungssystems bilden die Viskositätsmatrix. Diese Matrix ist infolge des ONSAGERschen Reziprozitätssatzes [4-37.36] symmetrisch. Es gibt also auch hier im allgemeinen Falle 21 unabhängige Koeffizienten.

§ 4.39. Wärmeleitung in anisotropen Medien

In einem anisotropen Medium sollen Temperaturgradienten herrschen. Dabei sei von Geschwindigkeitsgefällen, Gradienten der Spannungskomponenten und Konzentrationen sowie von Reaktionen und äußeren Kraftfeldern abgesehen. Dann tritt als einziger irreversibler Prozeß in jedem Volumenelement Wärmeleitung auf, und es gilt gemäß Gl. [4-37.35] für die Dissipationsfunktion:

$$\Psi = \vec{J}_Q \vec{X}_Q = J_x X_x + J_y X_y + J_z X_z. \tag{4-39.1}$$

Darin ist $\vec{J}_Q$ der Wärmestrom (Vektor der Wärmestromdichte) mit den kartesischen Komponenten J_x, J_y, J_z und $\vec{X}_Q$ der Vektor (s. Gl. [4-37.27])

$$\vec{X}_Q \equiv -\frac{1}{T} \operatorname{grad} T \tag{4-39.2}$$

mit den kartesischen Komponenten

$$X_x = -\frac{1}{T}\frac{\partial T}{\partial x}, \quad X_y = -\frac{1}{T}\frac{\partial T}{\partial y}, \quad X_z = -\frac{1}{T}\frac{\partial T}{\partial z}, \tag{4-39.3}$$

wobei T die absolute Temperatur, x, y, z die Raumkoordinaten und die Operatoren $\partial/\partial x$, $\partial/\partial y$ und $\partial/\partial z$ die Ortsableitungen bei fester Zeit bedeuten.

Die phänomenologischen Ansätze, welche die Wärmeleitung in erster Näherung beschreiben, lauten nach § 4.37 und Gl. [1]:

$$\left.\begin{aligned} J_x &= \alpha_{11} X_x + \alpha_{12} X_y + \alpha_{13} X_z, \\ J_y &= \alpha_{21} X_x + \alpha_{22} X_y + \alpha_{23} X_z, \\ J_z &= \alpha_{31} X_x + \alpha_{32} X_y + \alpha_{33} X_z. \end{aligned}\right\} \qquad [4\text{-}39.4]$$

Die neun phänomenologischen Koeffizienten α_{ij} sind im allgemeinen Funktionen der lokalen Zustandsvariablen (Temperatur, Spannungskomponenten, Konzentrationen). Sie hängen mit den Wärmeleitfähigkeiten λ_{ij} gemäß Gl. [3] wie folgt zusammen:

$$\alpha_{ij} = T \lambda_{ij} \quad (i, j = 1, 2, 3). \qquad [4\text{-}39.5]$$

Die Matrix

$$\lambda = \begin{pmatrix} \lambda_{11} & \lambda_{12} & \lambda_{13} \\ \lambda_{21} & \lambda_{22} & \lambda_{23} \\ \lambda_{31} & \lambda_{32} & \lambda_{33} \end{pmatrix} \qquad [4\text{-}39.6]$$

heißt Wärmeleitfähigkeitstensor.

Gl. [4] ist die Verallgemeinerung des FOURIERschen Gesetzes [4-24.32] auf anisotrope Medien und wurde bereits 1832 von DUHAMEL (auf molekularphysikalischem Wege mit einigen Hypothesen) und dann auf allgemeinere Weise 1851 von STOKES begründet. Gl. [4] ist dem OHMschen Gesetz [4-38.2] für anisotrope Medien analog und hat erfahrungsgemäß, wie dieses, einen weiten Gültigkeitsbereich; ein Versagen von Gl. [4] ist nur bei extrem großen Temperaturgradienten zu erwarten, entsprechend der Tatsache, daß erst bei sehr hohen Feldstärken das OHMsche Gesetz ungültig wird.

Der ONSAGERsche Reziprozitätssatz [4-37.36] fordert:

$$\alpha_{ij} = \alpha_{ji} \quad (i, j = 1, 2, 3) \qquad [4\text{-}39.7]$$

oder nach Gl. [5]:

$$\lambda_{ij} = \lambda_{ji} \quad (i, j = 1, 2, 3). \qquad [4\text{-}39.8]$$

Der Wärmeleitfähigkeitstensor [6] ist also stets symmetrisch.

Die Aussage [8] wurde schon frühzeitig vermutet (DUHAMEL 1832) und durch Messungen wahrscheinlich gemacht (DE SENARMONT 1848). Aber erst SORET (1893) und VOIGT (1903) haben die Versuchsmethodik so verfeinert, daß von einer experimentellen Bestätigung der Beziehung [8] gesprochen werden kann. Dieser Befund gehört zu denjenigen Tatsachen, die ONSAGER (1931) auf seinen Reziprozitätssatz führten.

Ehe man Versuche auf diesem Gebiet diskutiert, muß man sich darüber klar werden, welche Aussagen *allein aus den geometrischen Symmetriebeziehungen* für die verschiedenen Kristalltypen folgen. Der allgemeine Ansatz [4] mit 9 Koeffizienten gilt nämlich nur für die Kristallklassen des triklinen Systems, während sich z. B. reguläre Kristalle isotrop verhalten, d. h. von vornherein nur einen einzigen unabhängigen Koeffizienten aufweisen.

Man erhält die in Tab. 23 dargestellte Übersicht[1]), die übrigens für die Koeffizienten jedes linearen Gleichungssystems vom Typ [4], also z. B. auch für die Koeffizienten in Gl. [4-38.2] und [4-38.6] gilt[2]).

Der einfachste nicht-triviale Fall, bei dem die Gültigkeit der ONSAGERschen Reziprozitätsbeziehungen [8] geprüft werden kann, bezieht sich nach Tab. 23 auf die Kristallklassen 12 und 13 des trigonalen Systems, die Kristallklassen 17, 18 und 20 des tetragonalen Systems sowie die Kristallklassen 24, 25 und 27 des hexagonalen Systems. In allen diesen Fällen reduziert sich das lineare Gleichungssystem [4] mit [3] und [5] auf folgende Gleichungen:

$$\left.\begin{aligned} J_x &= -\lambda_{11}\frac{\partial T}{\partial x} - \lambda_{12}\frac{\partial T}{\partial y}\,, \\ J_y &= \lambda_{12}\frac{\partial T}{\partial x} - \lambda_{11}\frac{\partial T}{\partial y}\,, \\ J_z &= -\lambda_{33}\frac{\partial T}{\partial z}\,. \end{aligned}\right\} \qquad [4\text{-}39.9]$$

Der ONSAGERsche Reziprozitätssatz [8] besagt hier:

$$\lambda_{12} = \lambda_{21}\,.$$

Diese Beziehung ist mit der aus Gl. [6] und [9] folgenden Aussage

$$\lambda_{12} = -\lambda_{21}$$

nur unter der Bedingung

$$\lambda_{12} = 0 \qquad [4\text{-}39.10]$$

verträglich. Ein Test des Reziprozitätssatzes läuft also einfach auf eine experimentelle Prüfung von Gl. [10] an geeigneten Kristallen (z. B. Dolomit, Scheelit oder Apatit) hinaus.

---

[1]) W. VOIGT, Lehrbuch der Kristallphysik (Leipzig und Berlin 1910).

[2]) Dabei sind die Koeffizienten im Hauptkoordinatensystem dargestellt. Die Koordinatenachsen fallen also so weit wie möglich mit den kristallographischen Hauptachsen zusammen.

Tabelle 23

Kristallsystem	Kristallklassen (mit Beispielen)	Koeffizientenschema (Wärmeleitfähigkeits-tensor)
triklin	1,2 (1: Kupfersulfat)	$\begin{matrix} \lambda_{11} & \lambda_{12} & \lambda_{13} \\ \lambda_{21} & \lambda_{22} & \lambda_{23} \\ \lambda_{31} & \lambda_{32} & \lambda_{33} \end{matrix}$
monoklin	3, 4, 5 (3: Gips, 5: Zucker)	$\begin{matrix} \lambda_{11} & \lambda_{12} & 0 \\ \lambda_{21} & \lambda_{22} & 0 \\ 0 & 0 & \lambda_{33} \end{matrix}$
rhombisch	6, 7, 8 (6: Topas, 7: Seignettesalz, 8: Kieselzinkerz)	$\begin{matrix} \lambda_{11} & 0 & 0 \\ 0 & \lambda_{22} & 0 \\ 0 & 0 & \lambda_{33} \end{matrix}$
trigonal	9, 10, 11 (9: Kalkspat, 10: Quarz, 11: Turmalin)	$\begin{matrix} \lambda_{11} & 0 & 0 \\ 0 & \lambda_{22} & 0 \\ 0 & 0 & \lambda_{33} \end{matrix}$
trigonal	12, 13 (12: Dolomit, 13: Natriumperjodat)	$\begin{matrix} \lambda_{11} & \lambda_{12} & 0 \\ -\lambda_{12} & \lambda_{11} & 0 \\ 0 & 0 & \lambda_{33} \end{matrix}$
tetragonal	14, 15, 16, 19 (14: Rutil, 15: Nickelsulfat, 19: Kupferkies)	$\begin{matrix} \lambda_{11} & 0 & 0 \\ 0 & \lambda_{11} & 0 \\ 0 & 0 & \lambda_{33} \end{matrix}$
tetragonal	17, 18, 20 (17: Scheelit)	$\begin{matrix} \lambda_{11} & \lambda_{12} & 0 \\ -\lambda_{12} & \lambda_{11} & 0 \\ 0 & 0 & \lambda_{33} \end{matrix}$
hexagonal	21,22. 23, 26 (21: Beryll, 23: Silberjodid)	$\begin{matrix} \lambda_{11} & 0 & 0 \\ 0 & \lambda_{11} & 0 \\ 0 & 0 & \lambda_{33} \end{matrix}$
hexagonal	24, 25, 27 (24: Apatit, 25: Nephelin)	$\begin{matrix} \lambda_{11} & \lambda_{12} & 0 \\ -\lambda_{12} & \lambda_{11} & 0 \\ 0 & 0 & \lambda_{33} \end{matrix}$
regulär (kubisch)	28, 29, 30, 31, 32 (28: Steinsalz, 29: Sylvin, 30: Zinkblende, 31: Pyrit, 32: Natriumchlorat)	$\begin{matrix} \lambda_{11} & 0 & 0 \\ 0 & \lambda_{11} & 0 \\ 0 & 0 & \lambda_{11} \end{matrix}$

Von den verschiedenen Versuchsanordnungen[1][2] sei nur die empfindlichste Meßmethodik besprochen, die von P. Curie (1893) vorgeschlagen und später von Voigt (1903) durchgeführt wurde.

[1] W. Voigt, Lehrbuch der Kristallphysik (Leipzig und Berlin 1910).
[2] D. G. Miller, Chem. Rev. **60**, 15 (1960).

Eine lange, dünne Platte werde aus einem Kristall der soeben genannten Art senkrecht zu der in der z-Richtung liegenden kristallographischen Hauptachse herausgeschnitten, so daß die x-y-Ebene in eine Hauptebene fällt. Man bringe nun die Plattenenden in Kontakt mit zwei Thermostaten der Temperaturen T_A und T_B (Abb. 37). Durch einen Kunstgriff (s. unten)

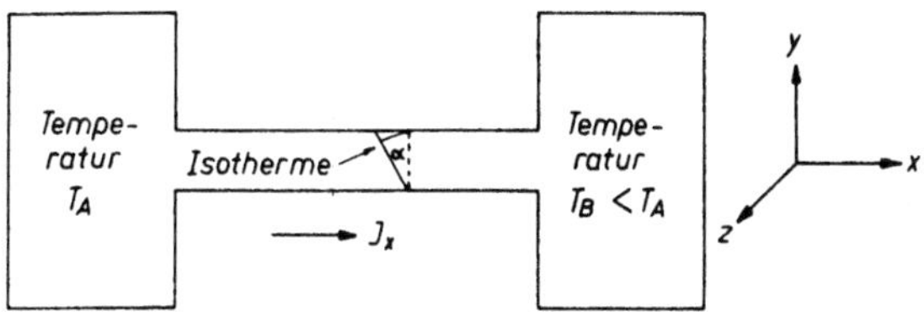

Abb. 37. Schema der Versuchsanordnung nach CURIE und VOIGT

erreicht man, daß der Wärmestrom in der y-Richtung praktisch verschwindet. Man findet dann aus Gl. [9]:

$$J_x = -\lambda_{11} \frac{\partial T}{\partial x} - \lambda_{12} \frac{\partial T}{\partial y}, \qquad [4\text{-}39.11\,a]$$

$$0 = \lambda_{12} \frac{\partial T}{\partial x} - \lambda_{11} \frac{\partial T}{\partial y}, \qquad [4\text{-}39.11\,b]$$

wobei der Wärmestrom in der z-Richtung irrelevant ist. Aus Gl. [11 b] folgt:

$$\frac{\partial T}{\partial y} \Big/ \frac{\partial T}{\partial x} = \frac{\lambda_{12}}{\lambda_{11}}. \qquad [4\text{-}39.12]$$

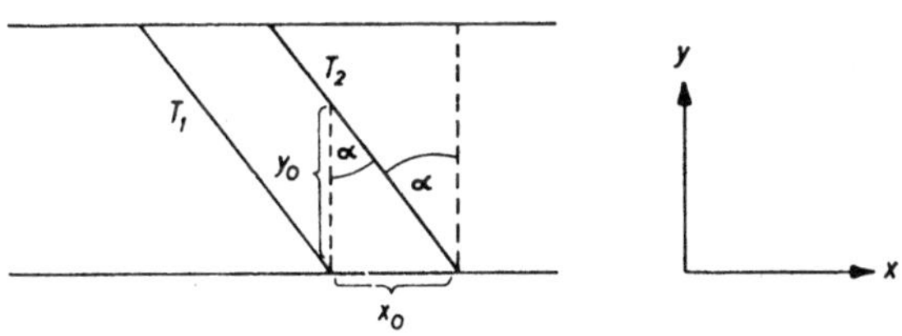

Abb. 38. Vergrößerter Ausschnitt aus der Plattenoberfläche in Abb. 37 (T_1 und T_2 sind zwei benachbarte Isothermen). Es gilt:

$$\frac{\partial T}{\partial x} = \frac{T_2 - T_1}{x_0} = \frac{T_2 - T_1}{y_0 \operatorname{tg} \alpha}, \qquad \frac{\partial T}{\partial y} = \frac{T_2 - T_1}{y_0},$$

also:

$$\frac{\partial T}{\partial y} \Big/ \frac{\partial T}{\partial x} = \operatorname{tg} \alpha .$$

Bilden die Isothermen (d. h. die Kurven $T = \text{const}$) auf der Oberfläche der Platte einen Winkel α mit der y-Richtung (s. Abb. 37), so läßt sich ableiten (Abb. 38):

$$\frac{\lambda_{12}}{\lambda_{11}} = \operatorname{tg} \alpha . \qquad [4\text{-}39.13]$$

Für $\lambda_{12} = 0$ (Gl. [10]) muß also $\alpha = 0$ sein.

Bei der praktischen Durchführung der Versuche benutzte VOIGT (1903) die „Methode der Zwillingsplatten": Er halbierte die Kristallplatte entlang der x-Achse, drehte die eine Hälfte um die x-Achse und kittete die beiden Hälften zusammen (Abb. 39). Bei dieser Anordnung, die zu V-förmigen Isothermen führt, darf man voraussetzen, daß in der Nähe der Schnittfläche

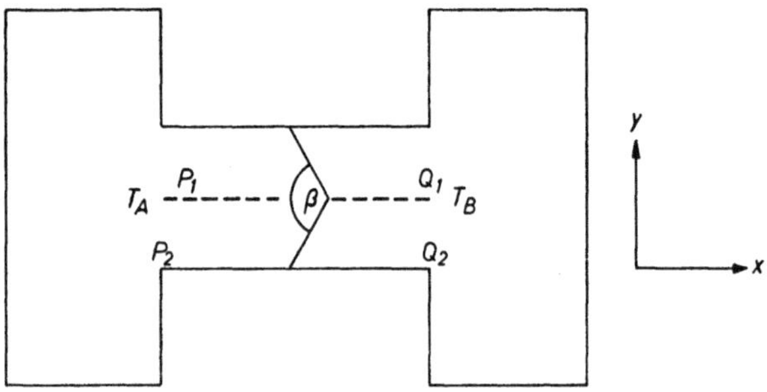

Abb. 39. Schema der Zwillingsplattenmethode nach VOIGT: Die Schnittfläche (gestrichelte Linie) trennt die beiden Plattenhälften, wobei die obere Hälfte die ursprüngliche Lage hat (Abb. 37) und die untere Hälfte um die x-Achse so gedreht ist, daß die ursprünglich benachbarten Punkte P_1 und P_2 bzw. Q_1 und Q_2 nicht mehr beisammen liegen. Die Isothermen der beiden Plattenhälften schließen den Winkel $\beta = \pi - 2\alpha$ ein.

kein Wärmestrom in der y-Richtung auftritt, wenn man den Winkel β (s. Abb. 39) in der Mitte der Platte nahe der Schnittfläche mißt. Die Isothermen werden durch auf die Platten in dünner Schicht aufgetragenes Wachs von geeignetem Schmelzpunkt sichtbar gemacht. (Das geschmolzene Wachs hinterläßt beim Erstarren deutliche Spuren.) Die Rolle des „Thermostaten" der Temperatur T_A übernimmt eine erhitzte dicke Kupferplatte, während das andere Ende der Kristallplatte (Temperatur T_B) sich auf Zimmertemperatur befindet. Aus Gl. [13] und Abb. 39 ergibt sich:

$$\frac{\lambda_{12}}{\lambda_{11}} = \operatorname{tg} \left(\frac{\pi}{2} - \frac{\beta}{2} \right). \qquad [4\text{-}39.14]$$

VOIGT beobachtete nun an mehreren Kristallproben von Dolomit und Apatit, daß der Winkel β innerhalb eines Meßfehlers von nicht mehr als 4′

den Wert 180° hatte, die Isothermen also praktisch in der y-Richtung lagen. Daraus folgt mit Gl. [14]:

$$\frac{\lambda_{12}}{\lambda_{11}} = 0$$

mit einer Unsicherheit von weniger als 0,05%. Dies ist eine eindrucksvolle Bestätigung der aus dem ONSAGERschen Reziprozitätssatz folgenden Aussage [10].

§ 4.40. Weitere Probleme

Bei unserer Darstellung der irreversiblen Prozesse in kontinuierlichen Systemen haben wir uns darauf beschränkt, die makroskopische Theorie generell zu entwickeln und als Beispiele solche Probleme zu wählen, die entweder als Illustrationen lehrreich oder in experimenteller Hinsicht gründlich erforscht sind. Wir haben die Diskussion von noch nicht abgeschlossenen Theorien sowie von experimentell zur Zeit wenig interessanten Anwendungen entweder kurz gefaßt oder fortgelassen. Auch sind wir, dem Plane dieser Monographie folgend, auf molekularstatistische oder kinetische Fragestellungen nicht eingegangen.

Es sollen nun einige kurze Hinweise auf neuere theoretische Entwicklungen gegeben werden, die aus den genannten Gründen bisher nicht gebracht wurden, aber doch erwähnenswert erscheinen, weil sie wahrscheinlich in der Zukunft große Bedeutung erlangen werden.

Zunächst sei darauf hingewiesen, daß es ein Gebiet gibt, auf das die Methoden der Thermodynamik der irreversiblen Prozesse noch nicht systematisch angewandt worden sind, obwohl der Formalismus prinzipiell feststeht: die thermodynamisch-phänomenologische Beschreibung der irreversiblen Vorgänge in *Grenzflächen*. Schwierigkeiten treten hier u. a. dadurch auf, daß Grenzflächenschichten bei Nichtgleichgewichtszuständen im allgemeinen nicht „autonom" sind[1]).

In gewissem Sinne eine Verallgemeinerung der bisherigen makroskopischen Theorie der irreversiblen Prozesse sind die thermodynamischen Untersuchungen von Vorgängen in Systemen mit stetig veränderlichen *inneren Freiheitsgraden* (vgl. § 1.16). Hierzu gehören Prozesse wie die Deformation von Makromolekülen im Strömungsfeld oder die Orientierung von Dipolmolekülen im elektromagnetischen Feld („dielektrische Relaxation"). Das Problem kann entweder durch eine sinngemäße Übertragung der Grundgleichungen der Theorie (Mengenbilanz, Impulssatz, Energie- und Entropiebilanz, lokale Entropieerzeugung, phänomenologischen Ansätze usw.) auf

[1]) Vgl. R. DEFAY und I. PRIGOGINE, Tension superficielle et adsorption (Liège 1951).

den inneren Konfigurationsraum[1]) oder durch eine Erweiterung der Theorie der Relaxationserscheinungen (vgl. § 2.11) auf Systeme mit unendlich vielen inneren Parametern[2]) gelöst werden. Auf diesem Wege läßt sich z. B. die DEBYEsche Formel für die Dipolrelaxation aus der thermodynamisch-phänomenologischen Theorie der irreversiblen Prozesse ableiten.

Den Übergang von der soeben skizzierten Problematik zu der generelleren Fragestellung der Statistischen Mechanik nach den Ursachen der Irreversibilität (s. unten) bilden allgemeine Untersuchungen über die Frequenzabhängigkeit thermodynamischer Größen und die Darstellung der Transportphänomene als Relaxationserscheinungen[3]).

Eine prinzipiell wichtige Erweiterung der makroskopischen Theorie – insbesondere auch für Systeme in elektromagnetischen Feldern – stellt ferner die *relativistische Thermodynamik der irreversiblen Prozesse* dar[3])[4])[5]).

Schließlich hat sich in den letzten Jahren die *Statistische Mechanik der irreversiblen Prozesse* in bemerkenswerter Weise entwickelt. Ihre Aufgabe besteht einerseits darin, die Begründung der fundamentalen Aussagen der Thermodynamik der irreversiblen Erscheinungen vom molekularphysikalischen Standpunkt zu liefern und damit auch den Gültigkeitsbereich der Theorie (vgl. § 1.23) abzustecken, andererseits aber in einer Durchrechnung des Ablaufs spezieller Prozesse. Am aktuellsten und interessantesten ist die allgemeine Frage, die schon von BOLTZMANN und GIBBS für den Bereich der klassischen Thermodynamik gestellt und teilweise beantwortet wurde: Warum weist jedes wirkliche makroskopische System irreversibles Verhalten auf, während die Gesetze für die Bewegung der einzelnen Teilchen die typische Reversibilität der klassischen Mechanik zeigen? Zur Lösung dieses Problems gibt es bis jetzt nur gewisse Ansatzpunkte, für deren Darlegung auf die Originalliteratur verwiesen sei[6–12]). Bezüglich der übrigen Frage-

---

[1]) I. PRIGOGINE und P. MAZUR, Physica **19**, 241 (1953).

[2]) Vgl. J. MEIXNER, Kolloid-Z. **134**, 3 (1953).

[3]) Vgl. J. MEIXNER und H. G. REIK, Handbuch der Physik, Band III/2, 483, 487, 494 (Berlin-Göttingen-Heidelberg 1959).

[4]) C. ECKART, Physic. Rev. **58**, 919 (1940).

[5]) G. A. KLUITENBERG, Diss. (Leiden 1954); G. A. KLUITENBERG, S. R. DE GROOT und P. MAZUR, Physica **19**, 698, 1079 (1953); G. A. KLUITENBERG und S. R. DE GROOT, Physica **20**, 199 (1954).

[6]) N. G. VAN KAMPEN, Physica **20**, 603 (1954); **23**, 641, 707 (1957).

[7]) L. VAN HOVE, Physica **21**, 517, 901 (1955); **22**, 343 (1956); **23**, 341 (1957).

[8]) H. N. V. TEMPERLEY, Proc. Cambridge Phil. Soc. **52**, Nr. 4, 712 (1956).

[9]) W. KOHN und J. M. LUTTINGER, Physic. Rev. **108**, 590 (1957).

[10]) E. W. MONTROLL und J. WARD, Physica **25**, 423 (1959).

[11]) I. PRIGOGINE und F. HENIN, J. Math. Phys. **1**, 349 (1960).

[12]) J. MEIXNER, Z. Naturforschg. **16a**, 721 (1961); J. MEIXNER und H. KÖNIG, Rheol. Acta **1**, 190 (1958).

stellungen der Molekularstatistik irreversibler Vorgänge begnügen wir uns mit dem Hinweis auf neuere Zusammenfassungen[1–5]).

---

[1]) H. GRAD, Comm. Pure Appl. Math. **5**, 455 (1952).
[2]) R. EISENSCHITZ, Statistical Theory of Irreversible Processes (Oxford 1958).
[3]) J. MEIXNER und H. G. REIK, Handbuch der Physik, Band III/2, 505 (Berlin-Göttingen-Heidelberg 1959).
[4]) S. R. DE GROOT und P. MAZUR, Non-Equilibrium Thermodynamics (Amsterdam 1962).
[5]) I. PRIGOGINE, Non-Equilibrium Statistical Mechanics (New York–London 1962).

5. Kapitel

Stationäre Zustände

§ 5.1. Einleitung

In § 1.17 wurde ein *stationärer Zustand* definiert als ein Nichtgleichgewichtszustand, in dem die intensiven Zustandsvariablen des Systems zeitlich konstant sind. Ist das System homogen, so haben die genannten Variablen überall dieselben Werte, sind also zeitlich und örtlich unveränderlich. Handelt es sich um ein heterogenes (diskontinuierliches) System, so sind die intensiven Variablen innerhalb einer Phase des Systems wieder konstant, können aber einen Sprung aufweisen, wenn man eine Phasengrenze passiert. Bei kontinuierlichen Systemen schließlich variieren die intensiven Größen im allgemeinen von Ort zu Ort.

Sind auch die Mengen der einzelnen Systembereiche, also etwa die Masse eines homogenen Systems oder die Mengen der Phasen eines heterogenen Systems oder die Massen der Volumenelemente eines kontinuierlichen Systems, zeitlich unveränderlich, so hängen die extensiven Größen des Systems ebenfalls nicht mehr von der Zeit ab. Ist die genannte Bedingung nicht erfüllt, so kann dies z. B. bedeuten: Einzelne Systembereiche wachsen an Menge auf Kosten anderer Bereiche, obwohl die intensiven Variablen zeitlich konstant sind. (Beispiel: Eine Phase eines Zweiphasensystems wird bei vorgegebenen Werten von Druck, Temperatur und Zusammensetzung aufgezehrt, während die andere Phase ständig an Menge zunimmt.)

Wir können mithin allgemein schreiben:

$$\frac{\partial \zeta}{\partial t} = 0 \text{ (stationärer Zustand)}, \qquad [5\text{-}1.1]$$

worin ζ irgendeine intensive Zustandsvariable eines beliebigen Systems, t die Zeit und $\partial/\partial t$ den Operator der Zeitableitung bei festem Ort bedeutet. Für eine extensive Zustandsfunktion Z, die sich auf das Gesamtsystem beziehen soll, gilt nach obigem:

$$\frac{dZ}{dt} = 0 \text{ (stationärer Zustand bei gegebenen Mengen der Systembereiche)}, \qquad [5\text{-}1.2]$$

wobei der totale Differentialquotient d/dt zu schreiben ist, weil für das Gesamtsystem der Ort als Variable ausfällt. Insbesondere erhalten wir hiermit für die totale Entropie S des Systems:

$$\frac{dS}{dt} = 0 \text{ (stationärer Zustand bei gegebenen Mengen der Systembereiche).} \quad [5\text{-}1.3]$$

Aus Gl. [1-24.3] und Gl. [3] folgt:

$$\frac{dS}{dt} = \frac{d_a S}{dt} + \frac{d_i S}{dt} = 0 \text{ (stationärer Zustand bei gegebenen Mengen der Systembereiche),} \quad [5\text{-}1.4]$$

worin $d_a S/dt$ die Entropieströmung und $d_i S/dt$ die Entropieerzeugung ist. Da bei stationären Zuständen ständig irreversible Prozesse im Inneren des Systems ablaufen, ergibt sich:

$$\frac{d_i S}{dt} > 0, \quad \frac{d_a S}{dt} = -\frac{d_i S}{dt} < 0. \quad [5\text{-}1.5]$$

Für *Gleichgewicht* hingegen finden wir:

$$\frac{d_i S}{dt} = 0 \text{ (Gleichgewicht).} \quad [5\text{-}1.6]$$

Da Gl. [4] auch in diesem Falle gültig bleibt, resultiert weiterhin:

$$\frac{d_a S}{dt} = 0 \text{ (Gleichgewicht).} \quad [5\text{-}1.7]$$

Die Beziehungen [5], [6] und [7] zeigen deutlich den Unterschied zwischen Gleichgewichtszuständen und stationären Nichtgleichgewichtszuständen.

Die Relationen [5] besagen, daß bei stationären Zuständen der genannten Art die positive Entropieerzeugung im Inneren des Systems durch eine negative Entropieströmung dauernd kompensiert wird. Diese negative Entropieströmung kann durch Wärme- oder Stoffaustausch des Systems mit der Umgebung oder durch beides zustande kommen. Handelt es sich nur um Wärmeaustausch, so muß offenbar ständig Wärme aus dem System in die Umgebung fließen (s. Gl. [2-2.11], [3-4.6] und [4-11.2])[1]. Aus [5] folgt allgemein, daß stationäre Zustände der betrachteten Art bei thermisch isolierten Systemen ($d_a S/dt = 0$) unmöglich sind.

Ganz generell beruht, wie schon in § 1.17 ausgeführt, ein stationärer Zustand auf einer dauernden Wechselwirkung zwischen System und Um-

[1]) Bei nicht-homogenen Systemen ist es allerdings nach Gl. [3-4.6] und [4-11.2] möglich, daß bestimmten Systemteilen Wärme aus der Umgebung zugeführt wird, während andere Teile des Systems Wärme an die Umgebung abgeben.

gebung, während ein Gleichgewichtszustand allein durch die Bedingungen im Inneren des Systems bestimmt wird.

Es ist nun eine interessante Frage, wie die Entropieerzeugung

$$\Theta \equiv \frac{d_i S}{dt} > 0 \qquad [5\text{-}1.8]$$

eines Systems, in dessen Innerem sich irreversible Prozesse abspielen, sich im Laufe der Zeit ändert, wenn das System einem stationären Zustand zustrebt. Dieses Problem ist in den letzten Jahren verschiedentlich untersucht und an Hand zahlreicher Beispiele erörtert worden[1–7]. Wir begnügen uns hier mit der Ableitung und Diskussion der wichtigsten allgemeinen Resultate und einiger Beispiele, wobei wir mit den einfachsten Fällen (chemischen Reaktionen in homogenen Systemen) im nächsten Paragraphen beginnen und dann allmählich zu komplizierteren Fällen übergehen.

§ 5.2. Homogene Systeme

In einem homogenen System, in dessen Innerem chemische Reaktionen ablaufen, kann ein stationärer Zustand dadurch zustande kommen, daß Temperatur und Druck durch die äußeren Bedingungen zeitlich konstant gehalten werden und ein geeigneter Materieaustausch mit der Umgebung dafür sorgt, daß die Konzentrationen aller Substanzen zeitunabhängig sind. Ein solches Reaktionssystem stellt mithin eine offene Phase dar. Als Beispiel sei ein homogenes System genannt, in dem sich ständig die Reaktion M → N bei gegebener Temperatur und gegebenem Druck abspielt und bei dem der Stoff M aus einem Reservoir nachgeliefert und der Stoff N dem Reaktionsgemisch entzogen wird, so daß unter geeigneten Versuchsbedingungen alle Konzentrationen konstant bleiben (Abb. 40).

Wir betrachten zunächst noch nicht den stationären Zustand, sondern denken uns eine offene Phase mit chemischen Reaktionen bei konstanten Werten der Temperatur und des Druckes zu einem beliebigen Zeitpunkt und

---

[1]) I. PRIGOGINE, Bull. Acad. Roy. Belg. (Classe Sciences) **31**, 600 (1945); **40**, 471 (1954); Étude thermodynamique des Phénomènes irréversibles (Paris-Liège 1947); Introduction to Thermodynamics of Irreversible Processes (Springfield, Illinois, 1955).

[2]) I. PRIGOGINE und R. DEFAY, Bull. Acad. Roy. Belg. (Classe Sciences) **32**, 694 (1946); **33**, 48 (1947).

[3]) H. WERGELAND, Kgl. Norske Vidensk. Selsk. **24**, 110 (1951).

[4]) P. MAZUR, Bull. Acad. Roy. Belg. (Classe Sciences) **38**, 182 (1952).

[5]) P. GLANSDORFF und I. PRIGOGINE, Physica **20**, 773 (1954).

[6]) P. GLANSDORFF und J. PASSELECQ, Bull. Acad. Roy. Belg. (Classe Sciences) **43**, 188 (1957).

[7]) R. HAASE, Z. Naturforschg. **6a**, 522 (1951); **8a**, 729 (1953); Med. Grundlagenforschg., Band II (Stuttgart 1959) 717.

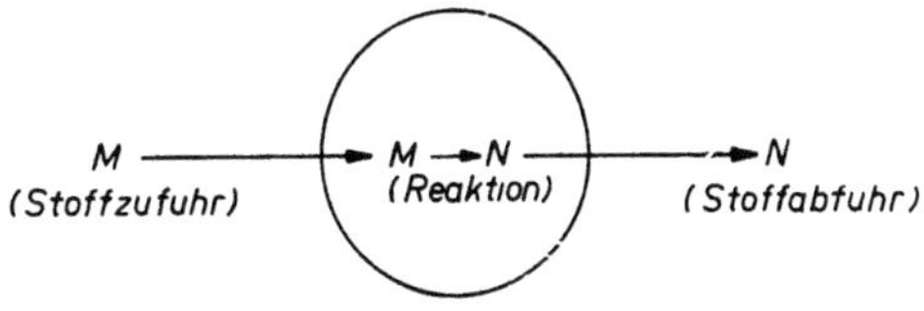

Abb. 40. Offene Phase mit chemischer Reaktion im Inneren.

fragen nach der zeitlichen Änderung der Entropieerzeugung dieses homogenen Systems. Die Variabilität der Entropieerzeugung mit der Zeit muß hier also durch eine zeitliche Änderung der Konzentrationen der verschiedenen Substanzen bedingt sein.

Nach Gl. [2-2.12] gilt für die Entropieerzeugung Θ in unserem System:

$$\Theta = \frac{1}{T} \sum_r w_r A_r > 0 . \qquad [5\text{-}2.1]$$

Hierin ist T die absolute Temperatur, w_r die Reaktionsgeschwindigkeit und A_r die Affinität der Reaktion r. Daraus folgt für T = const:

$$\frac{d\Theta}{dt} = \Lambda + \Xi \qquad [5\text{-}2.2]$$

mit

$$\Lambda \equiv \frac{1}{T} \sum_r A_r \frac{dw_r}{dt} , \qquad [5\text{-}2.3]$$

$$\Xi \equiv \frac{1}{T} \sum_r w_r \frac{dA_r}{dt} , \qquad [5\text{-}2.4]$$

worin t die Zeit bedeutet.

Wir verwenden als unabhängige Variable die Temperatur T (= const), den Druck P (= const) und die Molzahlen n_i der verschiedenen Teilchenarten, die im Reaktionssystem enthalten sind. Wir finden aus Gl. [2-2.3] und [2-2.6]:

$$\frac{dn_i}{dt} = \sum_r \nu_{ir} w_r + \frac{d_a n_i}{dt} , \qquad [5\text{-}2.5]$$

$$\frac{dA_r}{dt} = - \sum_i \nu_{ir} \frac{d\mu_i}{dt} , \qquad [5\text{-}2.6]$$

$$\frac{d\mu_i}{dt} = \sum_k \mu_{ik} \frac{dn_k}{dt} \qquad [5\text{-}2.7]$$

mit (s. Gl. [1-12.5] und [1-12.17])

$$\mu_{ik} \equiv \left(\frac{\partial \mu_i}{\partial n_k}\right)_{T,P,n_j} = \left(\frac{\partial^2 G}{\partial n_i \, \partial n_k}\right)_{T,P,n_j} . \qquad [5\text{-}2.8]$$

Dabei ist ν_{ir} der stöchiometrische Koeffizient der Teilchenart i in der Reaktion r, $d_a n_i$ die Zunahme der Molzahl des Stoffes i durch Zufuhr aus der Umgebung während des Zeitelementes dt, μ_i das chemische Potential der Partikelsorte i und G die Freie Enthalpie der Phase. Der Index n_j bei den Differentialquotienten in Gl. [8] bedeutet, daß alle Molzahlen außer denjenigen, nach denen differenziert wird, konstant zu halten sind.

Durch Einsetzen von Gl. [5] bis [7] in Gl. [4] erhalten wir:

$$\Xi = \frac{1}{T} \sum_i \sum_k \mu_{ik} \left(\frac{d_a n_i}{dt} - \frac{dn_i}{dt} \right) \frac{dn_k}{dt} \,. \qquad [5\text{-}2.9]$$

Die allgemeine Stabilitätsbedingung [1-22.7] besagt nun in Verbindung mit Gl. [8]:

$$\sum_i \sum_k \mu_{ik} \alpha_i \alpha_k \geqslant 0 \,, \qquad [5\text{-}2.10]$$

wobei die α_i und α_k beliebige Variable sind. Das Gleichheitszeichen in [10] gilt, wenn

1. reine Mengenänderungen der Phase bei konstanter Zusammensetzung betrachtet werden (S. 80),
2. Stabilitätsgrenzen oder kritische Phasen vorliegen (S. 84),
3. die Variablen α_i oder α_k verschwinden.

Die ersten beiden Fälle sind hier uninteressant. In der nachfolgenden Diskussion wird demgemäß nur die dritte Möglichkeit in Betracht gezogen.

Man erkennt, daß man mit Hilfe von [10] allein noch keine Vorzeichenaussage über den Ausdruck [9] ableiten kann. Eine eindeutige Aussage ergibt sich jedoch, wenn man folgende Voraussetzungen macht:

a) Der Materieaustausch mit der Umgebung ist so geregelt, daß die Mengen gewisser Stoffe von vornherein konstant sind, während für alle übrigen Substanzen die Begrenzungen des Systems gesperrt sind.

b) Die Gesamtmenge der Phase ist konstant.

c) Die chemischen Potentiale derjenigen Stoffe (Index i), für die eine Zu- oder Abfuhr stattfindet, hängen nicht von den Konzentrationen der übrigen Substanzen ab, so daß $\mu_{ik} = 0$ für $i \neq k$ wird[1]).

---

[1]) Gilt z. B. der Ansatz (wie bei idealen Gasgemischen, idealen Mischungen und ideal verdünnten Lösungen, im folgenden kurz „ideale Systeme" genannt):

$$\mu_i = \mu_i^0\,(T, P) + RT \ln x_i,$$

worin μ_i^0 ein Standardwert des chemischen Potentials, R die Gaskonstante und $x_i = n_i/n$ (n = Gesamtmolzahl) der Molenbruch des Stoffes i ist, so folgt mit $n = \text{const}$: $\mu_{ik} = 0$ für $i \neq k$.

Ein Beispiel stellt ein ideales System dar, in dem die Reaktion

$$\mathrm{M} \rightarrow \ldots \rightarrow \mathrm{N}$$

vor sich geht, die vom Ausgangsstoff M über alle möglichen Zwischenstufen zum Endprodukt N führt und bei dem die Mengen der Substanzen M und N durch geeigneten Materieaustausch mit der Umgebung, der nur diese Stoffe betrifft, konstant gehalten werden. Dann sind die Mengen der Zwischenprodukte zunächst infolge des ständigen Ablaufs der Reaktion zeitlich variabel, bis sie in einem eventuellen stationären Endzustand ebenfalls konstant werden.

Wie offensichtlich, fallen unter den genannten Voraussetzungen in Gl. [9] alle Terme heraus, die sich auf die zu- oder abgeführten Stoffe (beim obigen Beispiel M und N) beziehen. Weiterhin verschwindet für die übrigen Substanzen der Term $d_a n_i/dt$ in Gl. [9]. Wir finden dementsprechend aus Gl. [9] und [10]:

$$\Xi = -\frac{1}{T} \sum_i \sum_k \mu_{ik} \frac{dn_i}{dt} \frac{dn_k}{dt} \leqslant 0. \qquad [5\text{-}2.11]$$

Dabei gilt das Gleichheitszeichen für

$$\frac{dn_i}{dt} = 0, \quad \frac{dn_k}{dt} = 0,$$

also für den stationären Zustand (bei konstanter Gesamtmenge der Phase). Die Größe Ξ ist demnach stets negativ, solange zeitliche Änderungen der Molzahlen (Konzentrationen) auftreten. Im stationären Endzustand verschwindet sie, erreicht mithin bei Stationarität ihren Maximalwert.

Wir wollen nun annehmen, daß alle chemischen Reaktionen in Gleichgewichtsnähe ablaufen. Dann gelten gemäß Gl. [2-4.1] die phänomenologischen Ansätze

$$w_r = \sum_s a_{rs} A_s \qquad [5\text{-}2.12]$$

und nach Gl. [2-4.2] für die phänomenologischen Koeffizienten a_{rs} die ONSAGERschen Reziprozitätsbeziehungen

$$a_{rs} = a_{sr}. \qquad [5\text{-}2.13]$$

Wir setzen weiterhin voraus, daß die phänomenologischen Koeffizienten zeitunabhängig sind. Dies bedeutet, daß außer der Temperatur und dem Druck eventuell einige weitere Variable konstant gehalten werden müssen (vgl. S. 126). Wir finden dann aus Gl. [2], [3], [4], [11], [12] und [13]:

$$\Lambda = \Xi, \quad \frac{d\Theta}{dt} = 2\,\Xi \leqslant 0. \qquad [5\text{-}2.14]$$

Demnach nimmt unter den genannten speziellen Bedingungen die Entropieerzeugung Θ ständig ab, bis sie im stationären Zustand einen (positiven) Minimalwert erreicht.

Die beiden Aussagen [11] und [14] sind, wie in den folgenden Paragraphen gezeigt wird, auf kompliziertere Systeme sinngemäß übertragbar.

Man kann an Hand spezieller Reaktionsmechanismen noch untersuchen, unter welchen Bedingungen das Theorem vom Minimum der Entropieerzeugung auf stationäre Nichtgleichgewichtszustände, die weit vom Gleichgewicht entfernt sind, anwendbar ist. Wir gehen hierauf nicht näher ein, sondern verweisen auf die Originalliteratur[1][2][3].

§ 5.3. Heterogene (diskontinuierliche) Systeme

Wir betrachten nur denjenigen Typ von heterogenen (diskontinuierlichen) Systemen, der im 3. Kapitel fast ausschließlich behandelt worden ist: ein geschlossenes „Ventilsystem“, d. h. ein aus zwei homogenen Teilsystemen (Phasen) bestehendes Gebilde, das insgesamt mit der Umgebung keinen Materieaustausch zeigt, bei dem sich aber zwischen den beiden Phasen durch ein Ventil (Kapillare, Membran usw.) Stoff-, Elektrizitäts- und Wärmeaustausch abspielen können. Die beiden einzelnen Phasen sind also offene Systeme, während das Gesamtsystem geschlossen ist. Auch setzen wir, wie im 3. Kapitel, kleine Temperatur-, Druck-, Potential- und Konzentrationsdifferenzen zwischen den beiden Phasen des Ventilsystems voraus.

Ein solches System stellt einen Grenzfall eines kontinuierlichen Systems dar. Wir wollen daher hier das Problem des Zeitverlaufs der Entropieerzeugung nicht für den allgemeinsten Fall diskutieren, da dieser für kontinuierliche Systeme in § 5.4 erörtert wird, sondern uns auf die Betrachtung eines Sonderfalls beschränken, der nicht direkt in den Ausführungen in § 5.4 enthalten ist, da wir dort den Druck als zeitlich konstant voraussetzen, hier uns aber für ein System mit zeitlich variablen Drucken besonders interessieren[4].

Der soeben genannte Sonderfall betrifft ein nicht-isothermes fluides Einstoffsystem ohne elektrische Potentialdifferenzen, bei dem das Ventil

---

[1] K. G. Denbigh, Trans. Faraday Soc. **48**, 389 (1952).

[2] A. E. Nielsen, Bull. Acad. roy. Belg. (Classe Sciences) **40**, 539 (1954).

[3] H. C. Mel, Bull. Acad. roy. Belg. (Classe Sciences) **40**, 834 (1954).

[4] Der hier von vornherein ausgeschlossene Fall eines Flüssigkeit-Dampf-Systems wird ebenfalls nicht von unseren Rechnungen in § 5.4 erfaßt. Für ein binäres Flüssigkeit-Dampf-System mit azeotropem Punkt haben Prigogine und Defay[5]) einen Zusammenhang zwischen Minimum der Entropieerzeugung und stationären Zuständen (azeotropen Umwandlungen) abgeleitet.

[5] I. Prigogine und R. Defay, Bull. Acad. roy. Belg. (Classe Sciences) **32**, 694 (1946); **33**, 48 (1947).

Materie- und Wärmetransport zwischen den beiden Phasen sowie den Aufbau eines Druckunterschiedes zuläßt (§ 3.10). Es können sich also Permeation, Wärmeleitung (durch das Ventil) und thermomechanische Phänomene (KNUDSEN-Effekt, Springbrunneneffekt, Thermoosmose, mechanokalorische Effekte) abspielen. Die Entropieerzeugung Θ hat hier gemäß Gl. [3-5.2], [3-5.8], [3-5.9], [3-5.10] und [3-5.11] die einfache Gestalt:

$$\Theta = \frac{1}{T}\left(J_1 \overline{V} \Delta P + J_Q \frac{\Delta T}{T}\right) > 0. \qquad [5\text{-}3.1]$$

Dabei ist T die mittlere absolute Temperatur des Systems, $\overline{V}$ das Molvolumen bei der mittleren Temperatur und beim mittleren Druck des Systems, J_1 der Materiestrom ($= dn/dt$, n = Molzahl der Substanz in der ersten Phase, t = Zeit), ΔP die Differenz zwischen dem Druck in der zweiten Phase und demjenigen in der ersten Phase, ΔT der entsprechende Temperaturunterschied und J_Q der Wärmestrom oder genauer die in der Zeiteinheit von der zweiten Phase in die erste Phase strömende Wärme (vgl. Gl. [3-3.7] sowie Abb. 7, S. 212).

Wir setzen T und ΔT als konstant voraus, denken uns also die Temperaturen der beiden homogenen Teilsysteme durch die Versuchsbedingungen (Thermostaten) zu jedem Zeitpunkt fest vorgegeben. Dann werden sich die Größen ΔP, J_1 und J_Q so lange ändern, bis im stationären Endzustand der Materiestrom durch das Ventil verschwindet ($J_1 = 0$) und demgemäß ΔP und J_Q konstante Werte annehmen. Die stationäre Druckdifferenz ΔP_{stat} ist die „thermomechanische Druckdifferenz" (vgl. § 3.10 und § 3.11). Das Molvolumen $\overline{V}$ können wir als zeitunabhängig ansehen, da die mittlere Temperatur bzw. der mittlere Druck sich nicht ändert bzw. praktisch konstant bleibt.

Aus Gl. [1] folgt unter den angegebenen Bedingungen:

$$\frac{d\Theta}{dt} = \Lambda + \Xi \qquad [5\text{-}3.2]$$

mit

$$\Lambda \equiv \frac{1}{T}\left(\overline{V} \Delta P \frac{dJ_1}{dt} + \frac{\Delta T}{T} \frac{dJ_Q}{dt}\right), \qquad [5\text{-}3.3]$$

$$\Xi \equiv \frac{\overline{V}}{T} J_1 \frac{d\Delta P}{dt}, \qquad [5\text{-}3.4]$$

in Analogie zu Gl. [5-2.2] bis [5-2.4]. Da nun nach obigem J_1 und $d\Delta P/dt$ entweder entgegengesetztes Vorzeichen haben (im instationären Falle, wenn der Druck derjenigen Phase wächst, in die hinein Materie transportiert wird) oder gleichzeitig verschwinden (im stationären Endzustand), so ergibt sich aus Gl. [4]:

$$\Xi \leqslant 0, \tag{5-3.5}$$

in Analogie zu [5-2.11]. Dabei gilt das Gleichheitszeichen für den stationären Zustand.

Man kann sich davon überzeugen, daß die Ungleichung [5] denselben Hintergrund wie die Aussage [5-2.11] hat. Während nämlich bei [5-2.11] die Bedingung [5-2.10] für *chemische Stabilität* wesentlich ist, stellt hier die Bedingung für *mechanische Stabilität* das vorzeichenentscheidende Kriterium dar. Um dies einzusehen, schreiben wir für die Zunahmegeschwindigkeiten der Volumina V' und V'' der beiden Phasen, die konstante Temperaturen T' und T'', aber variable Molzahlen n' und n'' und variable Drucke P' und P'' aufweisen:

$$\frac{dV'}{dt} = \overline{V}' \frac{dn'}{dt} - \chi' V' \frac{dP'}{dt},$$

$$\frac{dV''}{dt} = \overline{V}'' \frac{dn''}{dt} - \chi'' V'' \frac{dP''}{dt},$$

wobei $\overline{V}$ das Molvolumen ($= V/n$) und χ die Kompressibilität (s. Gl. [1-22.12]) der betreffenden Phase ist. Nach unseren Definitionen gilt:

$$J_1 = \frac{dn'}{dt} = -\frac{dn''}{dt}, \quad \frac{d\Delta P}{dt} = \frac{dP''}{dt} - \frac{dP'}{dt}.$$

Da wir die Versuchsbedingungen *prinzipiell* immer so einrichten können, daß die Volumina V' und V'' zeitlich konstant bleiben, leiten wir ab:

$$J_1 = n' \chi' \frac{dP'}{dt} = -n'' \chi'' \frac{dP''}{dt}.$$

Mit der Stabilitätsbedingung [1-22.13]

$$\chi > 0$$

ergibt sich also, daß die Größen J_1 und $d\Delta P/dt$, falls sie nicht beide verschwinden, stets entgegengesetztes Vorzeichen aufweisen. Damit ist die oben intuitiv begründete Vorzeichenaussage exakt auf die Bedingung für mechanische Stabilität zurückgeführt.

Bereits in Gl. [1] sind kleine Werte von ΔT und ΔP vorausgesetzt. Dies bedeutet aber Gleichgewichtsnähe (vgl. § 3.5). Also können wir auch die phänomenologischen Ansätze [3-10.14] und [3-10.15] anwenden:

$$\left.\begin{aligned} J_1 &= \alpha_{11} \overline{V} \Delta P + \alpha_{1Q} \frac{\Delta T}{T}, \\ J_Q &= \alpha_{Q1} \overline{V} \Delta P + \alpha_{QQ} \frac{\Delta T}{T}. \end{aligned}\right\} \tag{5-3.6}$$

Infolge der Zeitunabhängigkeit der mittleren Temperatur und des mittleren Druckes (vgl. oben) sind die phänomenologischen Koeffizienten α_{11}, α_{1Q}, α_{Q1} und α_{QQ} konstant. Ferner gilt ONSAGERS Reziprozitätssatz:

$$\alpha_{1Q} = \alpha_{Q1}. \qquad [5\text{-}3.7]$$

Wir erhalten mithin aus Gl. [2] bis [7]:

$$\Lambda = \Xi, \quad \frac{d\Theta}{dt} = 2\,\Xi \leqslant 0, \qquad [5\text{-}3.8]$$

in Analogie zu Gl. [5-2.14]. Die Entropieerzeugung nimmt demnach ständig ab, bis sie im stationären Endzustand einen (positiven) Minimalwert erreicht.

Interessant ist noch die Frage nach der zeitlichen Änderung der gesamten Entropie unseres heterogenen Systems. Diese Frage läßt sich für den speziellen Fall des KNUDSEN-Effektes (vgl. § 3.10 und § 3.11) exakt beantworten, weil hier die stationäre Druckdifferenz allein durch die Temperaturen der beiden Teilsysteme bestimmt wird und weil auf jedes der Teilsysteme die Zustandsgleichung für ideale Gase anwendbar ist.

Die Volumina der beiden gasgefüllten Kammern (Phasen ′ und ″) beim KNUDSEN-Versuch seien konstant und gleich groß ($\equiv V$). Die (variablen) Drucke bzw. Molzahlen in den beiden Teilsystemen sollen für den Ausgangszustand mit P_0' und P_0'' bzw. mit n_0' und n_0'', für den stationären Endzustand mit P_∞' und P_∞'' bzw. mit n_∞' und n_∞'' bezeichnet werden. Dann gilt nach der Zustandsgleichung (R = Gaskonstante):

$$\left.\begin{array}{ll} P_0'\,V = n_0'\,RT', & P_0''\,V = n_0''\,RT'', \\ P_\infty'\,V = n_\infty'\,RT', & P_\infty''V = n_\infty''\,RT''. \end{array}\right\} \qquad [5\text{-}3.9]$$

Außerdem liefert uns die kinetische Gastheorie, in Übereinstimmung mit der Erfahrung, die Beziehung (s. Gl. [3-11.11]):

$$\frac{P_\infty'}{P_\infty''} = \sqrt{\tau} \qquad [5\text{-}3.10]$$

mit

$$\tau \equiv \frac{T'}{T''}. \qquad [5\text{-}3.11]$$

Dabei ist, wie schon oben in der allgemeinen Diskussion, die Näherung

$$|\Delta T| = |T'' - T'| \ll T \qquad [5\text{-}3.12]$$

zugrunde gelegt, worin T die mittlere absolute Temperatur des Systems bedeutet. Aus Gl. [11] und [12] erhalten wir:

$$1 - \tau \approx \frac{\Delta T}{T}. \qquad [5\text{-}3.13]$$

Aus Gl. [9], [10] und [11] folgt:

$$\frac{n_0''}{n_0'} = \tau \frac{P_0''}{P_0'} , \tag{5-3.14}$$

$$\frac{n_\infty''}{n_\infty'} = \sqrt{\tau} . \tag{5-3.15}$$

Ferner gilt:

$$n_0' + n_0'' = n_\infty' + n_\infty''. \tag{5-3.16}$$

Mit Hilfe der klassischen Thermodynamik leitet man bei Voraussetzung idealer Gase für die Entropien S_0 und S_∞ des gesamten heterogenen Systems im Anfangszustand und im stationären Endzustand folgende Formeln ab:

$$S_0 = n_0' \left(\sigma' - R \ln \frac{n_0'}{V}\right) + n_0'' \left(\sigma'' - R \ln \frac{n_0''}{V}\right), \tag{5-3.17}$$

$$S_\infty = n_\infty' \left(\sigma' - R \ln \frac{n_\infty'}{V}\right) + n_\infty'' \left(\sigma'' - R \ln \frac{n_\infty''}{V}\right). \tag{5-3.18}$$

Darin ist σ eine von der Temperatur abhängige Funktion. Mit Gl. [1-22.16] und [1-22.17] können wir schreiben:

$$T \frac{d\sigma}{dT} = \overline{C}_V > 0, \tag{5-3.19}$$

wobei $\overline{C}_V$ die Molwärme für konstantes Volumen darstellt. Wir finden also:

$$\sigma'' - \sigma' \approx \overline{C}_V \frac{\Delta T}{T} , \tag{5-3.20}$$

worin sich $\overline{C}_V$ auf die mittlere Temperatur des Systems bezieht. Aus Gl. [16] bis [20] gewinnen wir den angenäherten Ausdruck für die Entropiedifferenz:

$$\begin{aligned} S_\infty - S_0 \approx\ & (n_\infty'' - n_0'') \overline{C}_V \frac{\Delta T}{T} \\ & + R\,(n_0' \ln n_0' + n_0'' \ln n_0'' - n_\infty' \ln n_\infty' - n_\infty'' \ln n_\infty''). \end{aligned} \tag{5-3.21}$$

Die hier angenommene Näherung $\overline{C}_V = \text{const.}$ ist wegen der Voraussetzung [12] erlaubt.

Wir müssen jetzt den Ausgangszustand spezifizieren. Wir betrachten zwei Fälle:

a) Das System ist anfänglich bezüglich der Konzentration (n_0/V) homogen. Dann sind die Ausgangsdrucke in den beiden Teilsystemen voneinander verschieden. Es gilt, wie aus Gl. [14] bis [16] ersichtlich:

$$n_0' = n_0'' \equiv n_0, \qquad [5\text{-}3.22]$$

$$n_\infty' = \frac{2\,n_0}{1+\sqrt{\tau}}, \qquad [5\text{-}3.23]$$

$$n_\infty'' = \frac{2\,n_0\sqrt{\tau}}{1+\sqrt{\tau}}, \qquad [5\text{-}3.24]$$

$$\frac{P_0'}{P_0''} = \tau. \qquad [5\text{-}3.25]$$

Einsetzen von Gl. [22] bis [24] in Gl. [21] ergibt bei Entwicklung der Logarithmen und Berücksichtigung von Gl. [13] und [19]:

$$S_\infty - S_0 \approx -\frac{n_0}{16}\,(4\,\overline{C}_V + R)\left(\frac{\Delta T}{T}\right)^2 < 0. \qquad [5\text{-}3.26]$$

Die Entropie des Systems im stationären Endzustand ist also *kleiner* als diejenige im Anfangszustand mit gleichmäßiger Konzentrationsverteilung[1]).

b) Das System ist anfänglich bezüglich des Druckes homogen. Dann sind die Ausgangskonzentrationen (Ausgangsmengen) in den beiden Teilsystemen voneinander verschieden. Es gilt, wie aus Gl. [14] bis [16] ersichtlich:

$$P_0' = P_0'', \qquad [5\text{-}3.27]$$

$$n_0'' = n_0'\,\tau \equiv n_0\,\tau, \qquad [5\text{-}3.28]$$

$$n_\infty' = n_0\,\frac{1+\tau}{1+\sqrt{\tau}}, \qquad [5\text{-}3.29]$$

$$n_\infty'' = n_0\,\frac{(1+\tau)\sqrt{\tau}}{1+\sqrt{\tau}}. \qquad [5\text{-}3.30]$$

Einsetzen von Gl. [28] bis [30] in Gl. [21] ergibt bei Entwicklung der Logarithmen und Berücksichtigung von Gl. [13] und [19]:

$$S_\infty - S_0 \approx \frac{n_0}{16}\,(4\,\overline{C}_V + 3\,R)\left(\frac{\Delta T}{T}\right)^2 > 0. \qquad [5\text{-}3.31]$$

Die Entropie des Systems im stationären Endzustand ist also *größer* als diejenige im Anfangszustand mit gleichmäßiger Druckverteilung.

---

[1]) Dieses Resultat hat bereits PRIGOGINE[2]) gewonnen.

[2]) I. PRIGOGINE, Étude Thermodynamique des Phénomènes irréversibles (Paris-Liège 1947); Introduction to Thermodynamics of Irreversible Processes (Springfield, Illinois 1955).

Während in unserem Beispiel die *Entropieerzeugung* gemäß Gl. [8] bei Annäherung an einem stationären Zustand stets abnimmt, kann die *Entropie* des Systems bei diesem Vorgang nach [26] und [31] je nach den gewählten Anfangsbedingungen wachsen oder abnehmen. Beurteilt man den Grad der „Heterogenität" des Systems nach der Konzentrationsverteilung, so kann man mit Gl. [15], [22] und [28] die Aussagen [26] und [31] wie folgt zusammenfassen: Die Entropie des Systems nimmt mit wachsender Konzentrationsdifferenz ab. Sieht man jedoch die Druckverteilung als Maß der „Heterogenität" des Systems an, so kann man mit Gl. [10], [25] und [27] die Aussagen [26] und [31] so interpretieren: Die Entropie des Systems nimmt mit wachsendem Druckunterschied zu.

§ 5.4. Kontinuierliche Systeme

Für ein kontinuierliches System, in dessen Innerem sich irreversible Prozesse (Elektrizitätsleitung, Diffusion, Wärmeleitung, Thermodiffusion, chemische Reaktionen usw.) abspielen, ist das Problem des Zeitverlaufs der Entropieerzeugung naturgemäß viel komplizierter als für ein homogenes oder heterogenes (diskontinuierliches) System. Trotzdem läßt sich die Frage prinzipiell nach dem gleichen Schema, wie es in § 5.2 und § 5.3 entwickelt wurde, beantworten[1]).

Wir spalten die Änderung der lokalen Entropieerzeugung ϑ in zwei Teile auf (s. Gl. [1-24.8] und [1-24.23]):

$$\vartheta = \frac{1}{T}\sum_i J_i X_i = \sum_i J_i X_i' > 0, \qquad [5\text{-}4.1]$$

$$d\vartheta = d_J\vartheta + d_X\vartheta \qquad [5\text{-}4.2]$$

mit

$$d_J\vartheta \equiv \sum_i X_i' \, dJ_i, \; d_X\vartheta \equiv \sum_i J_i \, dX_i'. \qquad [5\text{-}4.3]$$

Hierin bedeutet T die absolute Temperatur des betrachteten Volumenelementes, J_i einen generalisierten Strom und X_i die zugehörige generalisierte Kraft. Ferner ist

$$X_i' \equiv \frac{1}{T} X_i. \qquad [5\text{-}4.4]$$

[1]) Dieses Schema wurde sogar speziell für kontinuierliche Systeme von Glansdorff und Prigogine[2]) entwickelt. Die genannte Arbeit liegt der vorliegenden Darstellung im wesentlichen zugrunde.

[2]) P. Glansdorff und I. Prigogine, Physica **20**, 773 (1954). Vgl. auch P. Glansdorff und J. Passelecq, Bull. Acad. Roy. Belg. (Classe Sciences) **43**, 188 (1957).

Für die gesamte Entropieerzeugung Θ des kontinuierlichen Systems gilt:

$$\Theta = \int \vartheta \, dV\,, \qquad [5\text{-}4.5]$$

wobei dV ein Volumenelement bedeutet und die Integration über den gesamten Raum, den das System ausfüllt, zu erstrecken ist. Schreiben wir

$$d_J\vartheta \equiv \lambda\, dt\,, \quad d_X\vartheta \equiv \xi\, dt\,, \qquad [5\text{-}4.6]$$

worin t die Zeit ist, so erhalten wir aus Gl. [1] bis [5], wenn wir uns das System in eine raumfeste Hülle, die aber stoffdurchlässig sein darf, eingeschlossen denken:

$$\frac{d\Theta}{dt} = \Lambda + \Xi \qquad [5\text{-}4.7]$$

mit

$$\Lambda \equiv \int \lambda\, dV = \int \Big(\sum_i X_i' \frac{\partial J_i}{\partial t}\Big)\, dV\,, \qquad [5\text{-}4.8]$$

$$\Xi \equiv \int \xi\, dV = \int \Big(\sum_i J_i \frac{\partial X_i'}{\partial t}\Big)\, dV\,. \qquad [5\text{-}4.9]$$

Dabei bezeichnet der Operator $\partial/\partial t$ die partielle Ableitung nach der Zeit bei festem Ort. Die Beziehungen [7] bis [9] stellen die Übertragung von Gl. [5-2.2] bis [5-2.4] bzw. von Gl. [5-3.2] bis [5-3.4] auf kontinuierliche Systeme dar.

Unser Augenmerk richten wir zunächst wieder auf die Größe Ξ, die durch Gl. [9] gegeben ist.

Der Einfachheit halber beschränken wir die Diskussion auf isotrope Systeme ohne elektrische und magnetische Polarisation. Auch wird von innerer Reibung abgesehen. Dann findet man aus Gl. [4-8.15] mit Gl. [1], [2], [3] und [6]:

$$\xi = \sum_i J_i \frac{\partial X_i'}{\partial t} = \vec{J}_Q \frac{\partial}{\partial t}\Big(\operatorname{grad}\frac{1}{T}\Big) + \sum_k {}_v\vec{J}_k \frac{\partial}{\partial t}\Big[\frac{\vec{K}_k}{T} - \frac{(\operatorname{grad}\mu_k)_T}{T}\Big]$$
$$+ \sum_r w_r \frac{\partial}{\partial t}\Big(\frac{A_r}{T}\Big)\,. \qquad [5\text{-}4.10]$$

Hierin bedeutet $\vec{J}_Q$ den Wärmestrom, ${}_v\vec{J}_k$ den Diffusionsstrom der Teilchenart k (im Schwerpunktssystem), $\vec{K}_k$ die molare äußere Kraft, die auf die Partikelsorte k wirkt, μ_k das chemische Potential der Teilchenart k, w_r die (auf die Volumeneinheit bezogene) Reaktionsgeschwindigkeit der chemischen Reaktion r und A_r die Affinität der Reaktion r.

Mit Hilfe von Gl. [4-8.6], [4-8.7] und [4-8.9] erhalten wir:

$$\vec{J}_Q \operatorname{grad} \frac{1}{T} = \operatorname{div} \frac{\vec{J}_Q}{T} - \frac{1}{T} \operatorname{div} \vec{J}_Q \,, \qquad [5\text{-}4.11]$$

$$\frac{1}{T} (\operatorname{grad} \mu_k)_T = \operatorname{grad} \frac{\mu_k}{T} - H_k \operatorname{grad} \frac{1}{T} \,, \qquad [5\text{-}4.12]$$

$$_v\vec{J}_k \operatorname{grad} \frac{\mu_k}{T} = \operatorname{div} \left(\frac{\mu_k}{T} \, _v\vec{J}_k \right) - \frac{\mu_k}{T} \operatorname{div} \, _v\vec{J}_k \,, \qquad [5\text{-}4.13]$$

wobei H_k die partielle molare Enthalpie der Teilchenart k ist. Mit der Definition [4-7.5]

$$\vec{J}_Q^* \equiv \vec{J}_Q + \sum_k H_k \, _v\vec{J}_k \qquad [5\text{-}4.14]$$

folgt aus Gl. [11] bis [13]:

$$\vec{J}_Q \operatorname{grad} \frac{1}{T} - \sum_k \frac{1}{T} \, _v\vec{J}_k (\operatorname{grad} \mu_k)_T = \vec{J}_Q^* \operatorname{grad} \frac{1}{T} - \sum_k \, _v\vec{J}_k \operatorname{grad} \frac{\mu_k}{T}$$

$$= \operatorname{div} \frac{\vec{J}_Q^*}{T} - \frac{1}{T} \operatorname{div} \vec{J}_Q^* - \sum_k \operatorname{div} \left(\frac{\mu_k}{T} \, _v\vec{J}_k \right) + \sum_k \frac{\mu_k}{T} \operatorname{div} \, _v\vec{J}_k . \qquad [5\text{-}4.15]$$

Damit können wir die Gradienten in Gl. [10] eliminieren.

Beim Übergang von ξ zu Ξ berücksichtigen wir Gl. [15] und verwenden den GAUSSschen Satz. Außerdem setzen wir zeitliche Konstanz der äußeren Kräfte voraus:

$$\frac{\partial \vec{K}_k}{\partial t} = 0 . \qquad [5\text{-}4.16]$$

Wir leiten dann aus Gl. [9] und [10] ab:

$$\Xi = \Xi_\Omega + \Xi_V \qquad [5\text{-}4.17]$$

mit dem Oberflächenintegral

$$\Xi_\Omega = \int \left[J_{Qn}^* \frac{\partial}{\partial t} \left(\frac{1}{T} \right) - \sum_k \, _vJ_{kn} \frac{\partial}{\partial t} \left(\frac{\mu_k}{T} \right) \right] d\Omega \qquad [5\text{-}4.18]$$

und dem Volumenintegral

$$\Xi_V = \int \left[-\frac{\partial}{\partial t} \left(\frac{1}{T} \right) \operatorname{div} \vec{J}_Q^* + \sum_k \, _v\vec{J}_k \, \vec{K}_k \frac{\partial}{\partial t} \left(\frac{1}{T} \right) \right.$$

$$\left. + \sum_k \frac{\partial}{\partial t} \left(\frac{\mu_k}{T} \operatorname{div} \, _v\vec{J}_k + \sum_r w_r \frac{\partial}{\partial t} \left(\frac{A_r}{T} \right) \right] d V , \qquad [5\text{-}4.19]$$

wobei $d\Omega$ ein Flächenelement der geschlossenen Oberfläche, J^*_{Qn} die Normalkomponente von $\vec{J}^*_Q$ und ${}_vJ_{kn}$ die Normalkomponente von ${}_v\vec{J}_k$ ist.

Wir nehmen weiterhin an, daß eventuelle Strömungsvorgänge so weit abgeklungen sind, daß der Druck P zeitunabhängig und die Schwerpunktsgeschwindigkeit $\vec{v}$ vernachlässigbar klein ist:

$$\frac{\partial P}{\partial t} = 0, \quad \vec{v} = 0. \qquad [5\text{-}4.20]$$

Dann ergibt sich aus Gl. [4-4.12], [4-6.5], [4-6.12], [4-6.15] und [4-6.18] mit Gl. [14]:

$$\operatorname{div} {}_v\vec{J}_k = -\frac{\partial c_k}{\partial t} + \sum_r \nu_{kr} w_r, \qquad [5\text{-}4.21]$$

$$-\operatorname{div} \vec{J}^*_Q = -\sum_k {}_v\vec{J}_k \vec{K}_k + \sum_k H_k \frac{\partial c_k}{\partial t} + \frac{\bar{C}_P}{\bar{V}} \frac{\partial T}{\partial t}. \qquad [5\text{-}4.22]$$

Darin bedeutet c_k die molare Volumenkonzentration der Partikelsorte k, ν_{kr} den stöchiometrischen Koeffizienten der Teilchenart k in der Reaktion r, $\bar{V}$ das Molvolumen und $\bar{C}_P$ die Molwärme für konstanten Druck. Ferner gelten die allgemeinen thermodynamischen Zusammenhänge (vgl. Gl. [5-2.6] und Gl. [12]):

$$\left(\frac{\partial (\mu_k/T)}{\partial T}\right)_{P,c} = -\frac{H_k}{T^2}, \qquad [5\text{-}4.23]$$

$$A_r = -\sum_k \nu_{kr} \mu_k, \qquad [5\text{-}4.24]$$

wobei der Index c Konstanz aller unabhängigen Konzentrationen anzeigt. Aus Gl. [23] folgt:

$$\frac{\partial}{\partial t}\left(\frac{\mu_k}{T}\right) = -\frac{H_k}{T^2}\frac{\partial T}{\partial t} + \frac{1}{T}\mu_{ki}\sum_i \frac{\partial c_i}{\partial t} \qquad [5\text{-}4.25]$$

mit

$$\mu_{ki} \equiv \left(\frac{\partial \mu_k}{\partial c_i}\right)_{T,P,c_j\ (j \neq i)}. \qquad [5\text{-}4.26]$$

In Gl. [25] ist die Summe über alle unabhängigen Konzentrationen zu erstrecken.

Durch Eintragen von Gl. [21], [22], [24] und [25] in Gl. [19] resultiert endlich:

$$\Xi_V = -\int \left[\frac{1}{T^2}\frac{\bar{C}_P}{\bar{V}}\left(\frac{\partial T}{\partial t}\right)^2 + \frac{1}{T}\sum_i \sum_k \mu_{ki} \frac{\partial c_i}{\partial t}\frac{\partial c_k}{\partial t}\right] dV. \qquad [5\text{-}4.27]$$

Aus den Stabilitätsbedingungen [5-2.10] und [1-22.15] ergibt sich[1]):

$$\Xi_V \leqslant 0, \qquad [5\text{-}4.28]$$

worin das Gleichheitszeichen nur für den Fall

$$\frac{\partial T}{\partial t} = 0, \ \frac{\partial c_i}{\partial t} = 0, \ \frac{\partial c_k}{\partial t} = 0,$$

also für den stationären Zustand, gültig ist.

Wir fordern nun Randbedingungen, die ein Verschwinden des Oberflächenintegrals [18] zur Folge haben. Das ist z. B. dann der Fall, wenn das System thermisch isoliert ist oder wenn überall an den Begrenzungsflächen des Systems die Temperatur und die Konzentrationen aller Stoffe zeitunabhängige Werte haben oder wenn bei zeitlich konstanter Temperatur die Systemoberfläche stoffundurchlässig ist oder wenn teils die einen, teils die anderen Bedingungen gelten. Unter diesen ziemlich allgemeinen Nebenbedingungen gilt nach Gl. [17] und [28]:

$$\Xi \leqslant 0, \qquad [5\text{-}4.29]$$

wie in [5-2.11] und [5-3.5]. Auch hier sind die Stabilitätsbedingungen zur Gewinnung der Vorzeichenaussage entscheidend: Beim Übergang von Gl. [27] zu [28] haben wir die Bedingungen für thermische und stoffliche Stabilität benutzt.

Die Ungleichung [29] setzt, wie ersichtlich, keineswegs Gleichgewichtsnähe voraus. Wenn wir aber eine Aussage über die Entropieerzeugung Θ selbst gewinnen wollen, müssen wir die genannte Voraussetzung machen. Dann dürfen wir phänomenologische Ansätze der Form (s. Gl. [1])

$$J_i = \sum_k \alpha_{ik} X'_k \qquad [5\text{-}4.30]$$

aufstellen und Onsagers Reziprozitätssatz

$$\alpha_{ik} = \alpha_{ki} \qquad [5\text{-}4.31]$$

anwenden. Sehen wir überdies die phänomenologischen Koeffizienten α_{ik} als konstant an, so finden wir aus Gl. [3] und [6] bis [9] für die Bedingungen, unter denen [29] gültig ist:

$$\Lambda = \Xi, \ \frac{d\Theta}{dt} = 2\,\Xi \leqslant 0, \qquad [5\text{-}4.32]$$

[1]) Beim Ersatz der n_i durch die c_i in [5-2.10] schließen wir lediglich den Fall der Mengenänderungen bei konstanter Zusammensetzung aus (vgl. S. 80). Die Bedingungen [5-2.10] bedeuten jetzt chemische Stabilität sowie Stabilität gegenüber Entmischung. Die Beziehung [1-22.15] zeigt thermische Stabilität an ($\overline{C}_P > 0$).

in Analogie zu [5-2.14] und [5-3.8]. Die Entropieerzeugung nimmt also in diesem Falle ständig ab, bis sie im stationären Endzustand einen (positiven] Minimalwert erreicht.

§ 5.5. Anwendungen auf biologische Systeme

Ein Lebewesen oder ein Teil eines Organismus ist vom thermodynamischen Standpunkt ein offenes System, in dessen Innerem ständig irreversible Prozesse (chemische Reaktionen, Osmose, Diffusion usw.) ablaufen. Die Vorgänge im Inneren führen zu einer positiven Entropieerzeugung, die Umwelteinflüsse zu einer Entropieströmung mit zunächst unbestimmtem Vorzeichen. Die Gesamtentropie kann im Laufe der Zeit prinzipiell sowohl zu- als auch abnehmen, wie dies bei jedem offenen (genauer: jedem nicht thermisch isolierten) System der Fall ist. Wir werden daher die Begriffsbildungen der Thermodynamik der irreversiblen Prozesse in offenen Systemen auf biologische Systeme anwenden[1]).

Sieht man von anomalen Zuständen, kurzzeitigen Schwankungen und rhythmischen Vorgängen (Krankheit, Schlaf, gesteigerter oder verminderter Tätigkeit usw.) ab, so befindet sich ein *ausgewachsener* Organismus in einem *stationären Zustand* mit konstanten Massen der einzelnen Systembereiche. Nach Gl. [5-1.4] ist also die Entropie eines normalen erwachsenen Lebewesens zeitlich konstant, so daß die Entropieströmung negativ und dem Betrage nach gleich der Entropieerzeugung wird.

Läßt man den Wärmeaustausch mit der Umwelt beiseite (da dieser in beiden Richtungen stattfinden kann, je nach Art des Lebewesens und nach Umgebungstemperatur), so kommt die negative Entropieströmung durch Ein- und Ausfuhr von Materie unterschiedlicher chemischer Beschaffenheit zustande, hängt also u. a. mit dem kleineren „Entropiewert" der Nahrungsmittel im Vergleich zu demjenigen der Ausscheidungsprodukte zusammen. In diesem Sinne ist der Ausspruch von SCHRÖDINGER[5]) zu verstehen: „Der Organismus nährt sich von negativer Entropie".

---

[1]) Daß zwischen der „Strukturbildung" in der Natur und dem Zweiten Hauptsatz der Thermodynamik kein Widerspruch besteht, läßt sich in allen Einzelheiten begründen[2]). Die Anwendung der Methoden der Thermodynamik der irreversiblen Prozesse auf biologische Probleme wurde erstmalig von PRIGOGINE und WIAME[3]) versucht[4]).

[2]) R. HAASE, Z. Elektrochem. **55**, 566 (1951); Naturwiss. **44**, 409 (1957); Med. Grundlagenforschg., Band II, 717 (Stuttgart 1959).

[3]) I. PRIGOGINE und J. M. WIAME, Experientia **2**, 451 (1946).

[4]) Vgl. auch F. JUNG, Naturwiss. **43**, 73 (1956).

[5]) E. SCHRÖDINGER, Was ist Leben? Deutsche Übersetzung, 2. Aufl. (München 1951).

Nun muß aber im stationären Zustand nach Gl. [5-1.2] auch die innere Energie des Organismus zeitunabhängig sein. Dies ist nur möglich, wenn die Verminderung der inneren Energie durch die vom Lebewesen dauernd geleistete äußere Arbeit (und die eventuelle Wärmeabgabe an die Umgebung) durch eine Erhöhung der inneren Energie beim Materieaustausch mit der Umgebung kompensiert wird. Bei diesem Stoffaustausch (Nahrungsaufnahme, Atmung, Ausscheidung von Abbauprodukten) müssen demgemäß im Durchschnitt die aufgenommenen Substanzen einen höheren „Energiewert" als die Abscheidungsprodukte besitzen. Wir haben also das obige Zitat durch die – nahezu triviale – Feststellung zu ergänzen: „Der Organismus nährt sich auch von positiver Energie".

Die beiden Aussagen bringen lediglich die Gültigkeit des Ersten und Zweiten Hauptsatzes bei biologischen Systemen (hier speziell im stationären Endzustand) zum Ausdruck.

Während des Wachstums und der individuellen (ontogenetischen) Entwicklung entspricht ein Lebewesen einem instationären offenen System mit irreversiblen Prozessen im Inneren, das einem stationären Zustand (der Entwicklungsendstufe) zustrebt. Treibt man die Analogie zu normalen thermodynamischen Systemen noch weiter, so wird man vermuten, daß die Entropieerzeugung des Organismus, wenn man sie auf ein gegebenes Volumen bezieht, im Laufe der Zeit abnimmt und im stationären Endzustand einen (positiven) Minimalwert erreicht, wie dies nach § 5.2 bis 5.4 unter ganz bestimmten Voraussetzungen bei den verschiedensten thermodynamischen Systemen der Fall ist. Nahegelegt wird diese These durch eine häufig gemachte Beobachtung, wonach die relative (auf die Massen- oder Volumeneinheit bezogene) Stoffwechselintensität eines Lebewesens im Laufe der individuellen Entwicklung abnimmt und beim erwachsenen Organismus ein Minimum erreicht. Indessen hat dieses biologische Minimalprinzip ebensowenig generelle Gültigkeit wie das genannte Prinzip der minimalen Entropieerzeugung. Deshalb ist eine gewisse Zurückhaltung bei der Anwendung solcher Extremalprinzipien auf Lebewesen angebracht.

Genauer gesagt, ist die Situation nach Experimenten an vielen Tierarten folgende[1]): Die Stoffwechselintensität v, etwa gemessen als Aufnahmegeschwindigkeit des Sauerstoffes oder als Abgabegeschwindigkeit des Kohlendioxyds, hängt mit der Masse m des Individuums (die im Laufe der Entwicklung stetig zunimmt) nach dem allgemeinen Gesetz

$$v = a m^b$$

---

[1]) L. von Bertalanffy, Biophysik der Fließgleichgewichte (Braunschweig 1953); L. von Bertalanffy und W. J. Pirozynski, Biol. Bull. **105**, 240 (1953).

zusammen, wobei a und b für die betreffende Tierart oder Tiergruppe charakteristische positive Konstanten sind. Bei vielen tierischen Organismen (z. B. Säugetieren, Fischen, Muscheln) gilt: $b = 2/3$, so daß die relative Stoffwechselintensität (v/m) mit zunehmender Masse abnimmt und im Entwicklungsendstadium einen Minimalwert aufweist. Hier ist offensichtlich die Größe v der Oberfläche proportional („Oberflächenregel"). Bei anderen Tieren (z. B. Insekten und Schnirkelschnecken der Familie Helicidae) findet man: $b = 1$, so daß v/m konstant ist, im Widerspruch zum obengenannten Minimalprinzip. Schließlich kennt man noch einen dritten Stoffwechseltyp (z. B. Süßwasserlungenschnecken der Familie Planorbidae), bei dem der Exponent b zwischen 1 und 2/3 liegt. Hier gilt wieder das Gesetz der Abnahme von v/m im Laufe der Entwicklung.

Namenverzeichnis

Sachverzeichnis

Weitere einschlägige Literatur

Einführung in die Ramanspektroskopie. Von Prof. Dr. J. BRANDMÜLLER–Bamberg und Dr. H. MOSER–München. Unter der Mitarbeit von H. KRIEGSMANN–Berlin und G. MATZ–Ludwigshafen. Mit einem Geleitwort von Sir C. V. RAMAN–Bangalore *(Wissenschaftliche Forschungsberichte, Band 70)*
XVI, 515 Seiten, 193 Abb., 72 Tab. 1962. Brosch. DM 90,—; Ganzl. DM 94,—

Einführung in die Ultrarotspektroskopie. Von Dr. W. BRÜGEL–Ludwigshafen *(Wissenschaftliche Forschungsberichte, Band 62)* 3. Auflage.
XII, 462 Seiten, 196 Abb., 35 Tab. 1962. Brosch. DM 62,—; Ganzl. DM 66,—

Prinzipien des chemischen Gleichgewichts. Eine Thermodynamik für Chemiker und Chemie-Ingenieure. Von Prof. Dr. K. DENBIGH–Edinburgh und Cambridge. Übersetzt von Dr. H. OEL-Würzburg.
XVIII, 474 Seiten, 47 Abb., 15 Tab. 1959. Ganzl. DM 50,—

Einführung in die Mikrowellenphysik. Von Prof. Dr. G. KLAGES–Mainz *(Wissenschaftliche Forschungsberichte, Band 64)*
XI, 279 Seiten, 135 Abb. 1956. Brosch. DM 29,—; Ganzl. DM 31,—

Einführung in die Halbleiterphysik. Von Prof. Dr. H. MÜSER–Frankfurt/M. *(Wissenschaftliche Forschungsberichte, Band 68)*
XVI, 237 Seiten, 35 Abb., 2 Tab. 1960. Brosch. DM 40,—; Ganzl. DM 43,—

Temperaturstrahlung. Von Dr. W. PEPPERHOFF–Duisburg-Huckingen *(Wissenschaftliche Forschungsberichte, Band 65)*
XI, 281 Seiten, 166 Abb., 26 Tab. 1956. Brosch. DM 37,50; Ganzl. DM 39,50

Thermodynamische Grundlagen der physikalischen Chemie. Von Dr.-Ing. H. SCHUNCK–Bonn.
VIII, 258 Seiten, 108 Abb., 1953. Brosch. DM 31,—; Ganzl. DM 33,—

Einführung in die Vektorrechnung für Naturwissenschaftler und Chemiker. Von Prof. Dr. H. SIRK †.
XII, 124 Seiten, 60 Abb. 1958. Ganzl. DM 16,—

Kurzes Lehrbuch der physikalischen Chemie. Von Prof. Dr. H. ULICH † 14./15. neubearbeitete Auflage von Prof. Dr. W. JOST–Göttingen.
XVI, 446 Seiten, 117 Abb., 63 Tab. 1963. Ganzl. DM 23.40

DR. DIETRICH STEINKOPFF VERLAG · DARMSTADT

GPSR Compliance

The European Union's (EU) General Product Safety Regulation (GPSR) is a set of rules that requires consumer products to be safe and our obligations to ensure this.

If you have any concerns about our products, you can contact us on ProductSafety@springernature.com

In case Publisher is established outside the EU, the EU authorized representative is:

Springer Nature Customer Service Center GmbH
Europaplatz 3
69115 Heidelberg, Germany

Batch number: 10577896

Printed by Printforce, the Netherlands